"十四五"职业教育国家规划教材

高等职业教育新形态一体化教材

高等数学及其应用

（第四版）

主　编　吕同富

副主编　刘世金　周晓燕　黄晓妃

　　　　代美丽　刘亚南　佘卫强

　　　　金晶晶

中国教育出版传媒集团

高等教育出版社·北京

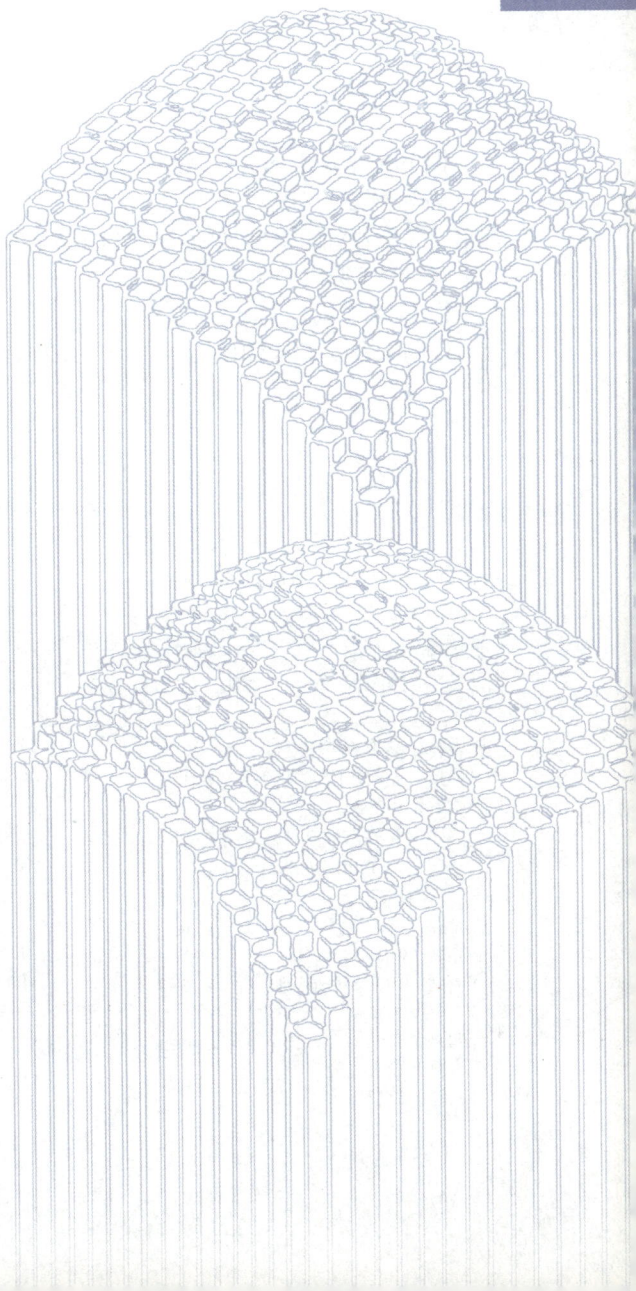

内容简介

　　本书是"十四五"职业教育国家规划教材。本书根据近年来高职数学教育教学改革的需要，遵循立德树人根本要求，融入党的二十大精神，在第三版的基础上修订而成。

　　本书内容包括：极限与连续、导数与微分、导数的应用、不定积分、定积分及其应用、微分方程、向量与空间解析几何、多元函数微分学、多元函数积分学。本书突出数学与专业技能的融合，案例丰富，图文并茂，形象直观，契合高职学生学习特点。本书对增加学生学习数学兴趣，增强学生对数学概念的理解，培养学生解决实际问题的能力大有裨益。本书的习题答案以二维码形式放在书中，供师生参考；教师如需获取本书授课用PPT等其他配套资源，请登录"高等教育出版社产品信息检索系统"（http://xuanshu.hep.com.cn/）免费下载。

　　本书既可作为高职和本科院校理工类相关专业"高等数学"课程教材，也可作为教师和研究人员的重要参考书。

图书在版编目（CIP）数据

高等数学及其应用／吕同富主编．--4版．
北京：高等教育出版社，2024.8（2025.5重印）
　ISBN 978-7-04-062422-9

Ⅰ．O13

中国国家版本馆 CIP 数据核字第 2024K4U552 号

GAODENG SHUXUE JIQI YINGYONG

策划编辑　崔梅萍	责任编辑　崔梅萍	封面设计　李卫青	版式设计　童　丹	
责任绘图　杨伟露	责任校对　窦丽娜	责任印制　刘思涵		

出版发行	高等教育出版社	网　　址	http://www.hep.edu.cn
社　　址	北京市西城区德外大街4号		http://www.hep.com.cn
邮政编码	100120	网上订购	http://www.hepmall.com.cn
印　　刷	三河市骏杰印刷有限公司		http://www.hepmall.com
开　　本	787mm×1092mm 1/16		http://www.hepmall.cn
印　　张	23.5	版　　次	2010 年 7 月第 1 版
字　　数	600 千字		2024 年 8 月第 4 版
购书热线	010-58581118	印　　次	2025 年 5 月第 2 次印刷
咨询电话	400-810-0598	定　　价	49.80 元

第四版前言

本书自 2010 年第一版出版以来，为适应时代进步和教学改革的需要，出版了 3 个版本，得到了很多同仁的认可和鼓励，第三版获评"十四五"职业教育国家规划教材。

此次修订，根据新时代国家人才培养的需要以及学生身心发展规律，结合"十四五"职业教育国家规划教材评审专家和广大读者的建议，融入党的二十大精神，对原书的内容作了适当的增删。在保持原书特色的前提下，对体例、格式、叙述、内容等方面作了适当的修订，力求使原书的优点得到发扬，缺点得到克服。修订后的第四版更符合现代高等教育数学教学改革创新实际，不仅有利于传授知识，更有利于培养学生解决实际问题的能力；不仅有利于创新人才的培养，更有利于学生的长远发展。修订后的第四版有以下特点：

1. 融入数学文化。本书通过知识背景的介绍，让学生了解知识的起源与科技发展进步的过程，用数学家故事激发学生的学习动力和兴趣，用数学文化开阔视野和好奇心，把立德树人目标落实于润物无声中。

2. 揭示数学思想。例题承前启后，逻辑递进，由浅入深，逐渐展开。不仅把数学的思想方法娓娓道来，更把一般科学发展的过程展现得栩栩如生，蕴含思政元素，培养学生良好的政治素质、道德品质和健全人格，培养学生辩证唯物主义思想，引导学生树立正确的世界观、人生观、价值观。

3. 应用贯穿始终。本书有实际应用问题 150 个，各种插图 429 张，经典例题 226 个，涉及古今中外多个领域。解决实际问题融入数学建模思想，展示数学在解决实际问题中的应用，培养学生解决实际问题的能力。

4. 数字资源丰富。本书利用"移动互联网 + 信息化技术"，开发了"炫酷高等数学"微信公众号，制作了 200 个左右数字资源，包括程序、文本、图片、视频、动画以及部分全国信息化教学大赛获奖者的经典作品等，将抽象的数学，变得生动直观有趣。本书配套的教学课件 PPT 美观大方，层次清晰，重点突出。相关数字教学资源可到高等教育出版社网站下载，或给作者发 E-mail 索取。

此次再版由吕同富教授执笔。参加修订的有刘世金、周晓燕、代美丽、黄晓妃、刘亚南、佘卫强、金晶晶等。全书由吕同富统稿。高等教育出版社崔梅萍编辑，十几年来自始至终给作者以支持和鼓励，这次再版又认真编辑审校了书稿，纠正了书中的很多不妥和疏漏。清华大学白峰杉教授为本书第 1 版作序推荐。这里向他们及本书所列参考文献的作者们，以及为本书再版给予热心支持和帮助的朋友们，表示衷心的感谢。

本书可作为高职和本科院校理工科类学生"高等数学"课程教材或参考书，也可作为应用型本科和成人高校相关教材。

吕同富

ltongfu@126.com

2024 年 5 月

第一版前言

改革是永恒的主题。《中国教育和改革发展纲要》要求我们各级学校都要积极地开展各个领域的改革，要求在改革中求生存求发展。然而数学作为高职教育的基础课，教学改革发展缓慢，举步维艰。为了进一步适应高职数学教学改革的需要，作者做了艰苦的探索和研究，历时两年完成了这本《高等数学及其应用》，希望它能在改革的大潮中激起一点浪花。

本书突出"高职"特色，注重培养学生的实践能力，基础理论以"实用为主、够用为度"，基础知识广而不深，要求学生会用就行。基本应用技能贯穿始终。文字叙述准确，简明扼要，通俗易懂。"以例释理"，理论联系实际。每部分知识既是教材的有效组成部分，又相对独立完整，具有一定的可剪裁性和拼接性，可根据不同的培养目标将内容裁剪、拼接，使前后课程互相衔接，浑然一体。内容覆盖面广，满足了专业大类对理论、技能及其基本素质的要求，同时可满足深入学习的需要，不是学多少编多少，而是给学生留了一定的学习空间，有利于培养学生再学习的能力。

本书内容紧密结合专业要求。站在专业的最前沿，与生产实际紧密相连，与相关专业的市场接轨，渗透专业素质的培养。以介绍成熟、稳定、广泛应用的数学知识为主线，同时介绍新知识、新方法、新技术等，并适当介绍科技发展的趋势，使学生能够适应未来技术进步的需要。与职业培养目标保持一致，及时更新了教材中过时的内容，增加了市场迫切要求的新知识，使学生在毕业时能够适应企业的要求。强调用情景真实的"实际问题"，营造现实工作过程中待解决问题的情境；主张用问题启动学生的思维，鼓励学生基于解决问题的学习、基于"实际应用"的学习；通过设计各种情境真实的"实际问题"，开拓学生的创新思维与想象空间；充分利用各种信息为学生提供跨学科的知识链接，提高学生的综合素质与能力。

本书取材新颖、阐述严谨、内容丰富、重点突出、推导简洁、思路清晰、深入浅出、富有启发性，便于教学与自学。图文并茂，有各种插图450多幅，不仅从不同的视角展现了计算机及其相关数学软件在现代数学教学中的作用，更使抽象的数学变得生动直观。基于实际应用是本书的特色。书中除了传统意义的习题外，引入了160多个应用实例，简要地介绍了微积分在理工农医、天文地理、航天通信、科学计算、国防建设、民用生活等各方面的实际应用，展示了微积分的强大威力和不可替代的重要地位。

本书在高等教育出版社的指导下，由中国数学会会员、中国职业技术教育学会教学工作委员会高职数学研究会委员吕同富教授编写。参加本书部分章节编写的还有：金明华副教授编写了本书的全部习题和答案，王英副教授编写了第五章的部分内容，韦华教授编写了第四章的部分内容，另外还有杨凤翔教授、韩红副教授、汤风香、陈益军老师参加了部分内容的编写。全书由吕同富教授统稿。

清华大学白峰杉教授，认真地审阅了书稿，从科学谋篇到整体布局、从开篇绪论到内容细节等，提出了很多宝贵的修改意见。高等教育出版社邓雁城编辑，两年来自始至终给作者以支持和鼓励，作者深知没有邓老师的帮助这本书也许无法问世，还有高等教育出版社李茜老师用高度的责任感认真地编辑审校了书稿，纠正了原稿中很多错误，这里向他们及本书所列参考文献的作者们，以及为本书出版给予热心支持和帮助的朋友们，表示衷心的感谢。

~~~~~~

本书可作为高职高专理工科相关专业"高等数学"课程教材，也可作为本科院校理工科学生"高等数学"课程参考用书。

如果说想引领中国高职数学改革的发展方向，那是狂妄。不过作者真的想编写一本好书，让读者感到这就是我想要看的书，让老师感到这就是我想用的教材、让学生感到读了这本书受益匪浅、让专家感到这本书真的与众不同而且实用……当然做到这些很不容易，这需要对教育无限的热爱和敬业精神来支撑才有可能完成。

《高等数学及其应用》是高职数学教学改革的一个尝试，效果如何还有待实践的检验。希望广大师生和同仁在使用过程中能给作者以指教，把高等数学教学改革进一步推向深入。

吕同富

ltongfu@126.com

2010 年 5 月

第 一 版 序

　　吕同富教授主编的《高等数学及其应用》是针对高等职业院校特点的一部新教材。该书的突出特色包括：

　　1. 作者在构思本教材时，从"将数学建模的思想融入数学基础课教学"的角度进行了思考，值得肯定；本书借鉴国内外优秀教材，大量使用了应用实例引出问题，这在目前国内同类教材中是比较少见的，也是本书的亮点；作者所选用的百余个"实际问题"作为应用示例，无疑会有助于激发学生的学习热情，培养学生的应用能力；

　　2. 与传统的教材相比，作者也努力融文化性于数学内容。很多篇章的"实际问题"涉及古今中外，相映成趣，通而不同，很有启发性，也增添了教材的趣味性；

　　3. 将现代数学软件融入数学基础课程教学，无疑非常有意义，这可以是本书进一步修订和改版的努力目标，如果本书能够在这方面有所推进，无疑会成为另外一个亮点。

　　高职的特色决定其数学课程无疑应当是突出实用性。但数学教育中实用性 (或称工具性) 与文化性 (或称思维性) 的矛盾与平衡，是多年来备受关注但始终困扰不断的问题。数学作为理性思维的重要载体，对学生理性思维发展的作用也是不应当忽视的。即便是高职的学生也是属于中国受过高等教育的群体，数学的教育如何培养学生的理性思维，是需要认真思考和研究的课题。

　　希望作者与出版社共同努力，经过教学的实践，将本书打造成为精品。

白峰杉

2010 年 4 月于清华园

目　　录

第 1 章 极限与连续

学习目标与要求

◆ 理解函数的极限与连续的概念，掌握函数的极限的性质和运算法则.

◆ 掌握函数的极限存在的两边夹法则和两个重要极限.

◆ 会用函数的极限方法分析解决实际问题.

◆ 理解无穷大和无穷小的概念，掌握无穷小的比较.

◆ 掌握用极限判断函数在某点的连续性的方法.

◆ 掌握闭区间上连续函数的性质.

1.1 极限思想的产生与发展

1. 极限思想的产生与发展

(1) 极限思想的由来

与其他科学思想方法一样，极限思想也是社会实践的产物. 极限思想可以追溯到古代. 刘徽的割圆术是早期极限思想的应用；古希腊人的穷竭法也蕴涵了极限思想. 到了 16 世纪，荷兰数学家斯泰文在考察三角形重心的过程中改进了古希腊人的穷竭法，他借助几何直观、大胆地运用极限思想思考问题，在无意中把"极限方法"发展成为一个实用概念.

(2) 极限思想的发展

极限思想的进一步发展与微积分的建立紧密相连. 16 世纪的欧洲处于资本主义萌芽时期，生产力得到极大的发展，生产和技术中大量的问题，只用初等数学的方法已无法解决，要求数学突破只研究常量的传统范围，而提供能够用于描述和研究运动、变化过程的新工具，这是促进极限发展、建立微积分的社会背景.

早期牛顿和莱布尼茨以无穷小概念为基础建立微积分，后来因遇到了逻辑困难，他们接受了极限思想. 牛顿用位移的增量 Δs 与时间的增量 Δt 之比 $\dfrac{\Delta s}{\Delta t}$ 表示运动物体的平均速度，让 Δt 无限趋近于零，得到物体的瞬时速度，并由此引出函数的导数概念和微分学理论. 他意识到极限概念的重要性，试图以极限概念作为微积分的基础，他说："两个量和量之比，如果在有限时间内不断趋于相等，且在这一时间终止前互相靠近，使得其差小于任意给定的差，则最终就成为相等." 但牛顿的极限概念也是建立在几何直观基础上，因而无法得出极限的严格表述. 牛顿所运用的极限概念，只是接近于直观性的语言描述："如果当 n 无限增大时，a_n 无限接近于常数 A，则称 a_n 以 A 为极限." 这种描述性语言，人们容易接受. 但是，这种定义没有定量地给出两个"无限过程"之间的联系，不能作为科学论证的逻辑基础. 正因为当时缺乏严格的极限定义，微积分理论才受到人们的怀疑与攻击，例如，在瞬时速度概念中，究竟 Δt 是否等于零? 如果说是零，怎么能用它去做除法呢? 如果它不是零，又怎么能把包含着它的那些项去掉呢? 这就是数学史上所说的无穷小悖论. 英国哲学家、大主教贝克莱对微积分的攻击最为激烈，他说微积分的推导是"分明的诡辩". 贝克莱之所以激烈地攻击微积分，是由于当时的微积分缺乏牢固的理论基础，连牛顿自己也无法摆脱极限概念中的混乱. 这个事实表明，弄清极限概念，建立严格的微积分理论基础，不但是数学本身所需要的，而且有着认识论上的重大意义.

(3) 极限思想的完善

极限思想的完善与微积分的严格化有密切联系. 在很长一段时间里，微积分理论基础的问题，许多人都曾尝试解决，但未能如愿以偿. 这是因为数学的研究对象已从常量扩展到变量，而人们对变量数学特有的规律还不十分清楚，对变量数学和常量数学的区别和联系还缺乏了解，对有限和无限的对立统一关系还不明确. 这样，人们使用习惯了的处理常量数学的传统思想方法，就不能适应变量数学的新需要，仅用旧的概念说明不了这种"零"与"非零"相互转化的辩证关系. 到了 18 世纪，罗宾斯、达朗贝尔与海利尔等人先后明确地表示必须将极限作为微积分的基础概念，并且都对极限做出过各自的定义. 其中达朗贝尔的定义是："一个量是另一个量的极限，假如第二个量比任意给定的值更为接近第一个量"，它接近于现在极限的正确定义. 然而，这些人的定义都无法摆脱对几何直观的依赖. 事情也只能如此，因为 19 世纪以前的算术和几何概念大部分都是建立在几何量的概念上.

首先用极限概念给出函数的导数正确定义的是捷克数学家波尔查诺，他把函数 $y = f(x)$ 的导数 $f'(x)$ 定义为差商 $\dfrac{\Delta y}{\Delta x}$ 的极限，他强调指出 $f'(x)$ 不是两个零的商. 波尔查诺的思想很有价值，但关于极限的本质他仍未说清楚.

到了 19 世纪，法国数学家柯西在前人工作的基础上，比较完整地阐述了极限概念及其理论，他在《分析教程》中指出："当一个变量逐次所取的值无限趋近于一个定值，最终使变量的值和该定值之差要多小就多小，这个定值就叫作所有其他值的极限值，特别地，当一个变量的数值（绝对值）无限地减小使之收敛到极限零，就说这个变量成为无穷小." 柯西把无穷小视为以零为极限的变量，这就澄清了无穷小"似零非零"的模糊认识，这就是说，在变化过程中，它的值可以是非零，但它变化的趋向是"零"，可以无限地接近于零. 柯西试图消除极限概念中的几何直观，作出极限的明确定义，然后去完成牛顿的愿望. 但柯西的叙述中还存在描述性的词语，如"无限趋近""要多小就多小"等，因此，还保留着几何和物理的直观痕迹，没有达到彻底严密化的程度.

为了排除极限概念中的直观痕迹，魏尔斯特拉斯提出了极限的静态的定义，给微积分提供了严格的理论基础. 所谓 a_n 无限趋近于 A，是指："如果对任意给定的 $\varepsilon > 0$，存在自然数 N，使得当 $n > N$ 时，不等式 $|a_n - A| < \varepsilon$ 恒成立". 这个定义，借助不等式，通过 ε 和 N 之间的关系，定量地、具体地刻画了两个"无限过程"之间的联系. 因此，这样的定义是严格的定义，可以作为科学论证的基础，至今仍在微积分书籍中使用. 在该定义中，涉及的仅仅是数及其大小关系，此外只是给定、存在、任意等词语，已经摆脱了"趋近"一词，不再求助于运动的直观.

自从解析几何和微积分问世以后，运动进入了数学，人们有可能对物理过程进行动态研究. 之后，魏尔斯特拉斯建立的 $\varepsilon\text{-}N$ 语言，则用静态的定义刻画变量的变化趋势. 这种"静态—动态—

静态"的螺旋式的演变, 反映了数学发展的辩证规律.

2. 极限思想的思维功能

极限思想在现代数学乃至物理学等学科中有着广泛的应用, 这由它本身固有的思维功能所决定. 极限思想揭示了变量与常量、无限与有限的对立统一关系, 是唯物辩证法的对立统一规律在数学领域中的应用. 借助极限思想, 人们可以从有限认识无限, 从"不变"认识"变", 从直线形认识曲线形, 从量变认识质变, 从近似认识精确. 无限与有限有本质的不同, 但二者又有联系, 无限是有限的发展. 无限个数的和不是一般的代数和, 把它定义为"部分和"的极限, 就是借助极限的思想方法, 从有限来认识无限. "变"与"不变"反映了事物运动变化与相对静止两种不同状态, 但它们在一定条件下又可相互转化, 这种转化是"数学科学的有力杠杆之一". 例如, 要求变速直线运动的瞬时速度, 用初等方法无法解决, 困难在于速度是变量. 为此, 人们先在小范围内用匀速代替变速, 并求其平均速度, 把瞬时速度定义为平均速度的极限, 就是借助于极限的思想方法, 从"不变"认识"变". 曲线与直线有着本质的差异, 但在一定条件下也可相互转化, 正如恩格斯所说: "直线和曲线在微分中终于等同起来了". 善于利用这种对立统一关系是处理数学问题的重要手段之一. 直线形的面积容易求得, 求曲线形的面积问题用初等的方法是不能解决的. 刘徽用圆内接多边形逼近圆, 一般地, 人们用小矩形的面积来逼近曲边梯形的面积, 都是借助于极限的思想方法, 从直线形来认识曲线形. 量变和质变既有区别又有联系, 两者之间有着辩证的关系. 量变能引起质变, 质和量的互变规律是辩证法的基本规律之一, 在数学研究工作中起着重要作用. 对任何一个圆内接正多边形来说, 当它边数加倍后, 得到的还是内接正多边形, 是量变而不是质变; 但是, 不断地让边数加倍, 经过无限过程之后, 多边形就"变"成圆, 多边形面积便转化为圆面积. 这就是借助于极限的思想方法, 从量变来认识质变. 近似与精确是对立统一的关系, 两者在一定条件下也可相互转化, 这种转化是数学应用于实际计算的重要诀窍. 前面所讲到的"部分和""平均速度""圆内接正多边形面积", 分别是相应的"无穷级数和""瞬时速度""圆面积"的近似值, 取极限后就可得到相应的精确值. 这都是借助于极限的思想方法, 从近似来认识精确.

3. 建立概念的极限思想

极限的思想方法贯穿微积分课程的始终. 可以说微积分中的几乎所有的概念都离不开极限. 在几乎所有的微积分著作中, 都是先介绍函数理论和极限的思想方法, 然后利用极限的思想方法给出连续函数、导数、定积分、级数的敛散性、多元函数的偏导数、无穷积分和瑕积分的敛散性、重积分和曲线积分与曲面积分的概念.

4. 解决问题的极限思想

极限的思想方法是微积分乃至全部高等数学必不可少的一种重要方法, 也是微积分与初等数学的本质区别. 微积分之所以能解决许多初等数学无法解决的问题 (例如求瞬时速度、曲线弧长、曲边形面积、曲面体体积等问题), 正是由于它采用了极限的思想方法. 有时我们要确定某一个量, 首先确定的不是这个量的本身而是它的近似值, 而且所确定的近似值也不仅仅是一个而是一连串越来越准确的近似值; 然后通过考察这一连串近似值的趋向, 把那个量的准确值确定下来. 这就是运用了极限的思想方法.

5. 极限思想与 π 的计算

前面提到计算圆的面积问题, 这里不能不提到一些数学家的名字.

(1) 第一个用科学方法寻求圆周率数值的人: 阿基米德

阿基米德在《圆的度量》(公元前 3 世纪) 中用圆内接和外切正多边形的周长确定圆周长的上

下界, 从正六边形开始, 逐次加倍计算到正 96 边形, 得到 $\left(3+\dfrac{10}{71}\right)<\pi<\left(3+\dfrac{1}{7}\right)$, 开创了圆周率计算的几何方法 (亦称古典方法, 或阿基米德方法), 得出的 π 值精确到小数点后两位.

　　(2) 中国数学家刘徽与祖冲之对 π 的贡献

　　中国数学家刘徽在注释《九章算术》(公元 263 年) 时只用圆内接正多边形就求得 π 的近似值, 也得出精确到两位小数的 π 值, 他的方法被后人称为割圆术. 他用割圆术一直算到圆内接正 192 边形. 南北朝时期著名数学家祖冲之进一步得出精确到小数点后 7 位的 π 值 (约 5 世纪下半叶), 给出不足近似值 3.141 592 6 和过剩近似值 3.141 592 7, 还得到两个近似分数值, 密率 $\dfrac{355}{113}$ 和约率 $\dfrac{22}{7}$. 他的辉煌成就比欧洲至少早了 1 000 年.

　　(3) 群雄逐鹿 π

　　密率在西方直到 1573 年才由德国人奥托得到, 1625 年发表于荷兰工程师安托尼斯的著作中, 欧洲称之为安托尼斯率. 阿拉伯数学家卡西在 15 世纪初求得圆周率 17 位精确小数值, 打破祖冲之保持近千年的纪录. 德国数学家柯伦·鲁道夫于 1596 年将 π 值算到 20 位小数值, 后投入毕生精力, 于 1610 年算到小数点后 35 位, 该数值用他的名字被称为鲁道夫数. 无穷乘积式、无穷连分数、无穷级数等各种 π 值表达式纷纷出现, π 值计算精度也迅速增加. 1706 年英国数学家梅钦计算 π 值突破 100 位小数大关. 1873 年另一位英国数学家尚可斯将 π 值计算到小数点后 707 位, 可惜他的结果从 528 位起错了. 到 1948 年英国的弗格森和美国的伦奇共同发表了 π 的 808 位小数值, 成为人工计算圆周率值的最高纪录.

　　(4) 电子计算机的出现使 π 值计算有了突飞猛进的发展

　　1949 年美国首次用计算机（ENIAC）计算 π 值, 算到 2 037 位小数. 1989 年美国哥伦比亚大学研究人员用巨型电子计算机计算出 π 值小数点后 4.8 亿位数, 后又继续算到小数点后 10.1 亿位数. 至今, 最新纪录是小数点后 25 769.803 7 亿位.

1.2　函数的极限

1.2.1　函数的极限

实际问题 1.1　圆的周长与面积

　　在生产和实践中, 人类首先学会求正方形、矩形、三角形、平行四边形、梯形、任意多边形的周长和面积. 在很早以前, 人们求圆的周长和面积还是一件很困难的事情, 还不知道圆的周长 $=2\pi r$, 圆的面积 $=\pi r^2$, 也不知道 π 的值是多少. 我国古代数学家刘徽为了计算圆的周长和面积, 于魏景元四年 (公元 263 年) 创立了 "割圆术". 刘徽借助圆的内接正多边形序列定义了圆的周长和面积. 刘徽的做法是: 作圆的第一个内接正多边形 (正六边形), 平分每条边所对的弧作第二个内接正多边形 (正十二边形), 以下用同样的方法, 继续作圆的第三个内接正多边形 (正二十四边形), 圆的第四个内接正多边形 (正四十八边形), $\cdots$, 如图 1.1 所示.

显然无论正多边形的边数怎样多, 每个圆内接正多边形的周长和面积都容易求得. 于是得到圆的内接正多边形周长序列

$$P_6, P_{12}, P_{24}, \cdots, P_{2^{n-1} \times 6}, \cdots, \tag{1.1}$$

以及圆的内接正多边形面积序列

$$A_6, A_{12}, A_{24}, \cdots, A_{2^{n-1} \times 6}, \cdots. \tag{1.2}$$

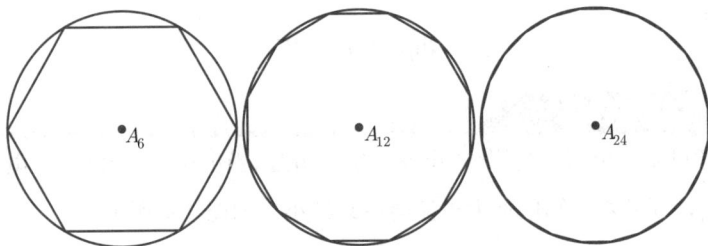

图 1.1 正多边形逼近圆

其中, 通项 $P_{2^{n-1} \times 6}$ 表示第 n 次作的正 $2^{n-1} \times 6$ 边形的周长, 通项 $A_{2^{n-1} \times 6}$ 表示第 n 次作的正 $2^{n-1} \times 6$ 边形的面积. 显然, 正多边形周长序列逼近了圆的周长, 正多边形面积序列逼近了圆的面积.

刘徽说: "割之弥细, 所失弥少, 割之又割, 以至于不可割, 则与圆周合体而无所失矣." 对于正多边形的周长, 当 n 无限增大时, 圆的内接正多边形的周长序列 $\{P_{2^{n-1} \times 6}\}$ 将逐渐稳定趋于某个数 l. "割之弥细", 用圆的内接正多边形的周长近似代替圆的周长, 而圆的周长 "所失弥少"; 当 "割之又割, 以至于不可割", 即圆的内接正多边形的边数成倍无限增加时, 圆的内接正多边形的极限位置 "则与圆周合体", 此时, 圆的内接正多边形的周长序列 $\{P_{2^{n-1} \times 6}\}$ 稳定于某个常数 l, l 就是圆的周长, 只有在无限的过程中才能真正 "无所失矣".

序列 $\{P_{2^{n-1} \times 6}\}$ 稳定于某个常数 l, l 就是圆的周长, 只有在无限的过程中才能真正 "无所失矣".

图 1.1 的渐近过程很快, 我们可以放慢了看一下, 如图 1.2 所示 (这不是刘徽当时的原作).

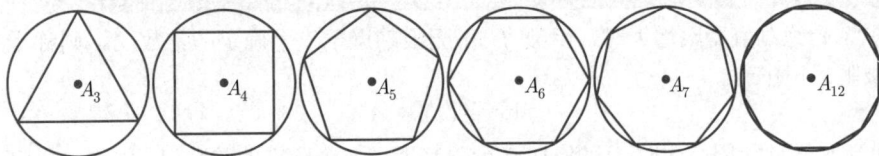

图 1.2 正多边形逼近圆

根据上述分析, 圆的周长可以这样定义: 若圆的内接正多边形的周长序列 $\{P_{2^{n-1} \times 6}\}$ 稳定于某个数 l(当 n 无限增大时), 则 l 为圆的周长.

圆是曲边形, 它的内接多边形是直边形, 二者有本质区别, 但是这个区别又不绝对, 当 "圆的内接正多边形的边数无限增加" 时, 圆的内接正多边形转化为圆周. 因此, 在无限的过程中, 直边形能转化为曲边形. 即在无限的过程中, 由直边形的周长序列得到了曲边形的周长. 这就是极限思想和方法在定义圆的周长时的应用.

根据圆周长的定义, 可以计算出半径为 r 的圆周长 $C = 2\pi r$.

实际问题 1.2　温度下降趋势

将一个温度为 500℃ 的物体移到室温为 25℃ 的房间中，观察温度变化趋势.

结果发现，开始高温物体温度降低很快，迅速降到 400℃、300℃、200℃、100℃……随着时间的延长，高温物体温度下降越来越慢，经验告诉我们，如果"时间足够长"，这个物体的温度将降至室温 25℃. 如图 1.3 所示.

用符号表示为

$$\lim_{t \to +\infty} T(t) = 25.$$

2 扫一扫

实际问题 1.3　电阻对电流的影响

由欧姆定律可知，电压＝电阻 × 电流，$U = RI$，当电压 U 一定时，电流 I 与电阻 R 成反比，$I = \dfrac{U}{R}$，即随着电阻的增大电流会越来越小. 如图 1.4 所示.

用符号表示为

$$\lim_{R \to +\infty} I(R) = 0.$$

3 扫一扫

$I = \dfrac{U}{R}$

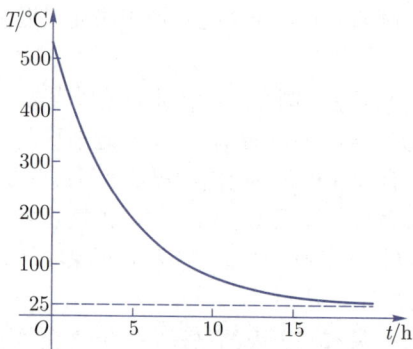

图 1.3　物体温度越来越小　　　　图 1.4　电流强度越来越小

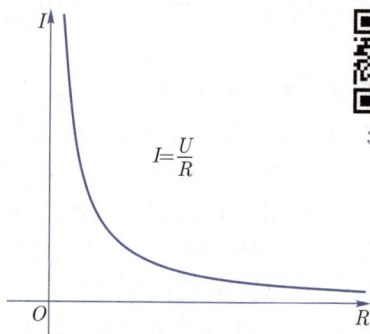

◆ **定义 1.1　自变量趋于无穷时，函数 ① 极限的描述性定义**

如果当 x 绝对值无限增大时，函数 $f(x)$ 无限趋近于一个确定的常数 A，则称 A 为函数 $f(x)$ 的极限. 记作

$$\lim_{x \to \infty} f(x) = A. \tag{1.3}$$

如果当 x 正向无限增大时，函数 $f(x)$ 无限趋近于一个确定的常数 A，则称 A 为函数 $f(x)$ 的极限. 记作

$$\lim_{x \to +\infty} f(x) = A. \tag{1.4}$$

如果当 $x < 0$，且 $|x|$ 无限增大时，函数 $f(x)$ 无限趋近于一个确定的常数 A，则称 A 为函数 $f(x)$ 的极限. 记作

$$\lim_{x \to -\infty} f(x) = A. \tag{1.5}$$

---

① 设 x 和 y 是两个变量，D 是一个给定的实数集，如果对于每一个数 $x \in D$，变量 y 按照一定法则总有确定的数值和它对应，则称 y 是 x 的函数，记作 $y = f(x)$. 数集 D 称为这个函数的定义域，x 称为自变量，y 称为因变量.

经典例题 1.1　观察研究函数 $y = \dfrac{1}{x^2}, y = \dfrac{2x}{x-3}, y = \dfrac{x^2-1}{x^2+1}$ 的图像 (图 1.5～图1.7) 可知

$$\lim_{x \to \infty} \frac{1}{x^2} = 0, \qquad \lim_{x \to \infty} \frac{2x}{x-3} = 2, \qquad \lim_{x \to \infty} \frac{x^2-1}{x^2+1} = 1.$$

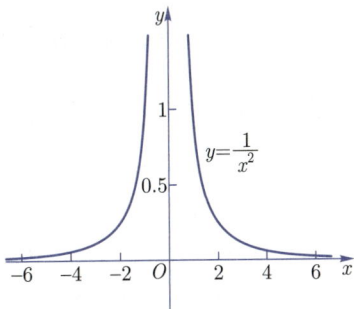

图 1.5

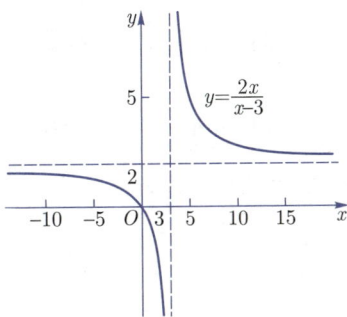

图 1.6

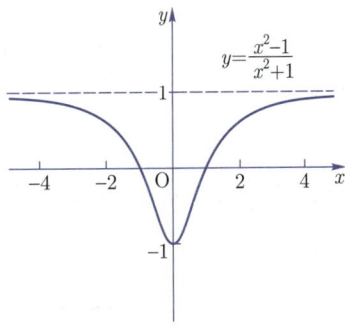

图 1.7

经典例题 1.2　观察研究函数 $y = \arctan x, y = \dfrac{\sqrt{2x^2+1}}{3x-5}$ 的图像 (图 1.8、图1.9) 可知

$$\lim_{x \to +\infty} \arctan x = \frac{\pi}{2}, \qquad\qquad \lim_{x \to -\infty} \arctan x = -\frac{\pi}{2},$$

$$\lim_{x \to +\infty} \frac{\sqrt{2x^2+1}}{3x-5} = \frac{\sqrt{2}}{3}, \qquad\qquad \lim_{x \to -\infty} \frac{\sqrt{2x^2+1}}{3x-5} = -\frac{\sqrt{2}}{3}.$$

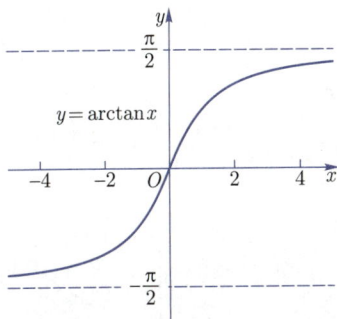

图 1.8

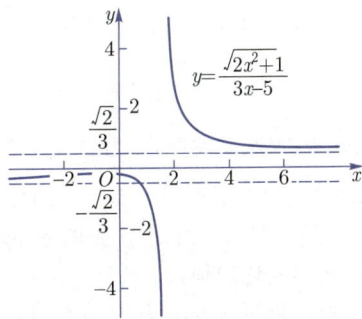

图 1.9

实际问题 1.4　夜间路灯下，行人影子变化趋势

　　你夜间走在街道上，假如距你 x m 远的正前方有一盏高 H m 的路灯. 如图 1.10 所示，随着你距离路灯越来越近，你会发现身后的影子越来越短，当你走到路灯的正下方发现影子不见了. 也就是说，随着你越来越接近路灯，你身后影子的长度越来越趋于 0.

　　当你走过路灯转身返回时，发现了同样的现象. 即随着你越来越接近路灯，你身后影子的长度越来越趋于 0. 事实上，不论你从哪个方向向路灯走来，随着你越来越接近路灯，你身后影子的长度都越来越趋于 0.

【解】 设人的身高为 h m，影长为 y m，如图 1.11 所示．由相似三角形，有 $\dfrac{y}{x+y}=\dfrac{h}{H}$，于是得影长 y 与距离 x 的函数关系

$$y=\frac{h}{H-h}x \quad \left(\frac{h}{H-h} \text{ 是常数}\right).$$

显然，当 x（人与灯正下方的距离）越来越趋近于 0 时，函数值 y（人影的长度）也越来越趋近于 0，即

$$\lim_{x\to 0}y=\lim_{x\to 0}\frac{h}{H-h}x=0,$$

也就是当人逐渐走向灯的正下方时，人影的长度逐渐趋近于 0．

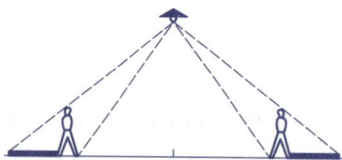

图 1.10　行人的影子

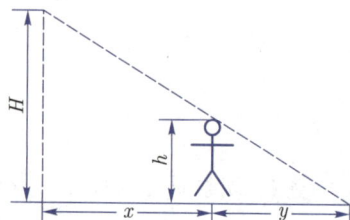

图 1.11　行人的影子

经典例题 1.3 研究函数 $f(x)=\dfrac{x^2-1}{x-1}$ 在 $x=1$ 附近的变化趋势．

【解】 对 $x\neq 1$，可通过对分子因式分解化简为

$$f(x)=\frac{(x-1)(x+1)}{x-1}=x+1, x\neq 1,$$

因此，$f(x)$ 的图像是挖掉点 $(1,2)$ 的直线 $y=x+1$，如图 1.12 所示．

研究函数 $f(x)$ 在点 $x=1$ 附近的变化趋势，虽然 $f(1)$ 没有定义，但可取一系列趋近 1 的 x 值，计算 $f(x)$ 的值（表 1.1），观察变化趋势．

结果发现，随着 x 的值从左边无限趋近 1，函数 $f(x)$ 的值无限趋近 2．把这个过程称为当 x 的值趋近 1^- 时，$f(x)$ 的左极限是 2．记作

$$\lim_{x\to 1^-}f(x)=\lim_{x\to 1^-}\frac{x^2-1}{x-1}=2.$$

随着 x 的值从右边无限趋近 1 时，函数 $f(x)$ 的值无限趋近 2．把这个过程称为当 x 的值趋近 1^+ 时，$f(x)$ 的右极限是 2．记作

$$\lim_{x\to 1^+}f(x)=\lim_{x\to 1^+}\frac{x^2-1}{x-1}=2.$$

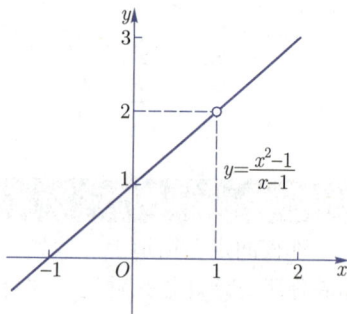

图 1.12

不难发现

$$\lim_{x\to 1^-}f(x)=\lim_{x\to 1^+}f(x)=\lim_{x\to 1^-}\frac{x^2-1}{x-1}=\lim_{x\to 1^+}\frac{x^2-1}{x-1}=2.$$

表 1.1 计 算 结 果

x	$f(x)$	x	$f(x)$
1.1	2.1	0.9	1.9
1.01	2.01	0.99	1.99
1.001	2.001	0.999	1.999
$\vdots$	$\vdots$	$\vdots$	$\vdots$
$x \to 1^+$	$f(x) \to 2$	$x \to 1^-$	$f(x) \to 2$

为叙述方便，先给出邻域的概念：设 $x_0 \in \mathbb{R}$，$\forall \delta > 0$，数集 $\{x||x - x_0| < \delta\}$ 表示为 $U(x_0, \delta)$，即

$$U(x_0, \delta) = \{x||x - x_0| < \delta\} = (x_0 - \delta, x_0 + \delta)$$

称为 x_0 的 δ 邻域. 当不需要说明邻域半径 δ 时，通常是对某个确定的邻域半径 δ，常将其表示为 $U(x_0)$，简称 x_0 的邻域.

数集 $\{x|0 < |x - x_0| < \delta\}$ 表示为 $\mathring{U}(x_0, \delta)$，即

$$\mathring{U}(x_0, \delta) = \{x|0 < |x - x_0| < \delta\} = (x_0 - \delta, x_0 + \delta) - \{x_0\},$$

在点 x_0 的邻域中去掉 x_0，称为 x_0 的去心 δ 邻域. 当不需要注明邻域半径 δ 时，通常是指某个确定的邻域半径 δ，常将其表示为 $\mathring{U}(x_0)$，简称 x_0 的去心邻域.

♦ **定义 1.2**　**自变量趋于 x_0 点函数极限的描述性定义**

设函数 $f(x)$ 除了可能在点 x_0 没有定义外，在点 x_0 的去心邻域有定义. 如果对充分接近 x_0 的 x，$f(x)$ 能任意接近 A，则称 A 是函数 $f(x)$ 的极限：当 x 趋于 x_0 时，记作

$$\lim_{x \to x_0} f(x) = A. \tag{1.6}$$

设函数 $f(x)$ 至少在点 x_0 的左侧 $(x_0 - \delta < x < x_0)$ 有定义. 如果对点 x_0 左侧充分接近 x_0 的 x，函数 $f(x)$ 能任意接近 A，则称当 x 趋于 x_0^- 时，A 是 $f(x)$ 的左极限. 记作 $f(x_0^-)$，即

$$f(x_0^-) = \lim_{x \to x_0^-} f(x) = A. \tag{1.7}$$

设函数 $f(x)$ 至少在点 x_0 的右侧 $(x_0 < x < x_0 + \delta)$ 有定义. 如果对点 x_0 右侧充分接近 x_0 的 x，函数 $f(x)$ 能任意接近 A，则称当 x 趋于 x_0^+ 时，A 是 $f(x)$ 的右极限. 记作 $f(x_0^+)$，即

$$f(x_0^+) = \lim_{x \to x_0^+} f(x) = A. \tag{1.8}$$

根据 x_0 点极限描述性定义，不难得到下面结论.

◆ **定理 1.1** 　**函数 $f(x)$ 在点 x_0 存在极限的充要条件**

　　函数 $f(x)$ 在点 x_0 的邻域内有定义，其极限存在的充要条件是，函数 $f(x)$ 在点 x_0 的左极限和右极限都存在且相等．即

$$\lim_{x \to x_0^-} f(x) = \lim_{x \to x_0^+} f(x) = A. \tag{1.9}$$

　　"充分接近""任意接近"都是不确切的描述，它们的含义依赖于不同的情况．对于精加工的机械师来说，"接近"可能是在千分之几厘米之内．对于天文学家来说，"接近"可能是在几千光年之内．但这个定义足够清楚，能使我们识别和计算特定函数的极限．

　　从图 1.12、图 1.13、图 1.14 可看出，当 x 趋近 1 时，这三个函数的极限都是 2. 不仅如此，图 1.12 函数在 $x = 1$ 没有定义，图 1.13 函数在 $x = 1$ 的定义是 1，图 1.14 函数在 $x = 1$ 的定义是 2. 尽管它们在 $x = 1$ 点的定义情况不同，但这并不影响它们在 $x = 1$ 点极限值的存在．还有对于图 1.14 "极限值等于函数值"，这是一个有待于进一步关注的情况．

　　在定义 1.2 所描述的极限定义图 1.13、图 1.14 中，$x \to x_0$ 的方式是任意的，可以左边，也可以右边．

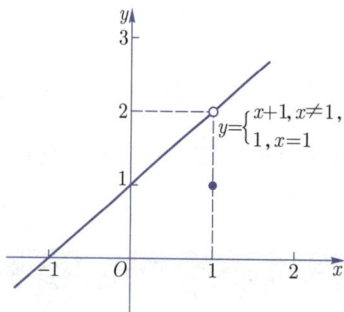

图 1.13

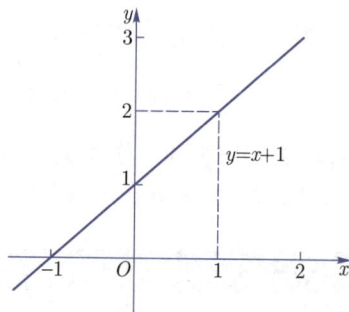

图 1.14

◸ **经典例题 1.4** 　赫维赛德（Heaviside）函数定义为

$$H(t) = \begin{cases} 1, & t \geqslant 0, \\ 0, & t < 0. \end{cases}$$

7 扫一扫

这个函数是以电机工程师赫维赛德 (1850—1925) 的名字命名的，可以用来描述在 $t = 0$ 时刻接通的电流．如图 1.15 所示．

　　当 t 从左边趋近于 0 时，$H(t)$ 趋近于 0，即 $\lim_{t \to 0^-} H(t) = 0$. 当 t 从右边趋近于 0 时，$H(t)$ 趋近于 1，即 $\lim_{t \to 0^+} H(t) = 1$. 当 t 趋近于 0 时，$H(t)$ 不趋近于一个常数，因此 $\lim_{t \to 0} H(t)$ 不存在．

◸ **经典例题 1.5** 　讨论函数

$$f(x) = \begin{cases} x - 1, & x < 0, \\ 0, & x = 0, \\ x + 1, & x > 0 \end{cases}$$

8 扫一扫

当 $x \to 0$ 时是否有极限．

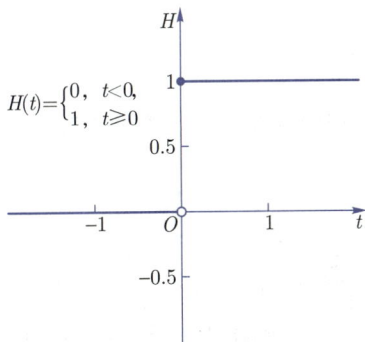

图 1.15 在 0 点的极限情况

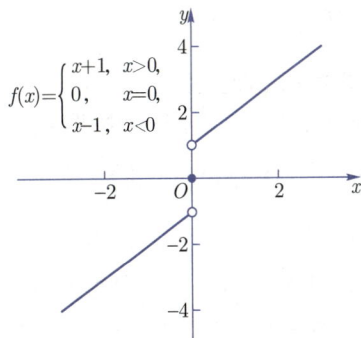

图 1.16 在 0 点的极限情况

【解】 由图 1.16 可知

$$\lim_{x\to 0^-} f(x) = \lim_{x\to 0^-}(x-1) = -1, \qquad \lim_{x\to 0^+} f(x) = \lim_{x\to 0^+}(x+1) = 1.$$

因为 $\lim\limits_{x\to 0^-} f(x) \neq \lim\limits_{x\to 0^+} f(x)$，所以 $\lim\limits_{x\to 0} f(x)$ 不存在.

以上两例是函数在某点左、右极限都存在，但函数在该点极限不存在的例子. 函数在某点极限不存在的例子还有如下情形.

经典例题 1.6 （与无穷有关的极限）研究函数 $y = \dfrac{1}{x}$ 在 0 点的极限情况.

【解】 由图 1.17 可知

$$\lim_{x\to 0^-} f(x) = \lim_{x\to 0^-} \frac{1}{x} = -\infty, \qquad \lim_{x\to 0^+} f(x) = \lim_{x\to 0^+} \frac{1}{x} = +\infty.$$

9 扫一扫

左极限 $\lim\limits_{x\to 0^-} \dfrac{1}{x}$，右极限 $\lim\limits_{x\to 0^+} \dfrac{1}{x}$ 都不存在，所以函数 $y = f(x) = \dfrac{1}{x}$ 的极限 $\lim\limits_{x\to 0} \dfrac{1}{x}$ 不存在.

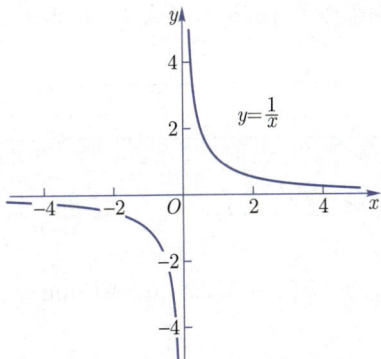

图 1.17 在 0 点是无穷

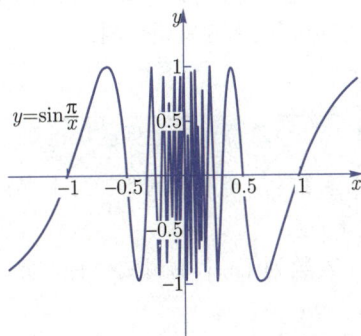

图 1.18 在 0 点振荡

经典例题 1.7 振荡敏感函数 $y = \sin\dfrac{\pi}{x}$ 在 0 点的极限情况.

【解】 由图 1.18可知，当 x 趋近于 0 时，函数 $y = \sin\dfrac{\pi}{x}$ 振荡，不趋于任何值.

10 扫一扫

1.2.2　函数极限的性质

1. 函数极限的性质

下面只介绍 $x \to x_0$ 时函数极限的性质，其他变化过程中的极限也有类似的性质.

> ♦ **定理 1.2　函数极限的性质**
>
> (1) (唯一性) 若 $\lim\limits_{x \to x_0} f(x) = A, \lim\limits_{x \to x_0} f(x) = B$, 则 $A = B$.
>
> (2) (有界性) 若 $\lim\limits_{x \to x_0} f(x) = A$, 则函数 $f(x)$ 在 $\mathring{U}(x_0)$ 有界.
>
> (3) (保号性) 若 $\lim\limits_{x \to x_0} f(x) = A$, 且 $A > 0$(或 $A < 0$), 则在 $\mathring{U}(x_0)$ 内有 $f(x) > 0$(或 $f(x) < 0$).
>
> 若 $\lim\limits_{x \to x_0} f(x) = A$, 且在 $\mathring{U}(x_0)$ 内有 $f(x) \geqslant 0$(或 $f(x) \leqslant 0$), 则 $A \geqslant 0$(或 $A \leqslant 0$).
>
> (4) (两边夹) 若在 $\mathring{U}(x_0)$ 内有
> $$g(x) \leqslant f(x) \leqslant h(x),$$
> 且
> $$\lim_{x \to x_0} g(x) = \lim_{x \to x_0} h(x) = A,$$
> 则 $\lim\limits_{x \to x_0} f(x)$ 存在, 且
> $$\lim_{x \to x_0} f(x) = A.$$

2. 单调有界数列收敛准则

> ♦ **定义 1.3　单调数列**
>
> 若数列 $\{x_n\}$ 满足条件 $x_1 \leqslant x_2 \leqslant \cdots \leqslant x_n \leqslant x_{n+1} \leqslant \cdots$, 则称数列 $\{x_n\}$ 单调增加；若数列 $\{x_n\}$ 满足条件 $x_1 \geqslant x_2 \geqslant \cdots \geqslant x_n \geqslant x_{n+1} \geqslant \cdots$, 则称数列 $\{x_n\}$ 单调减少. 单调增加或单调减少的数列统称为单调数列.

> ♦ **定理 1.3　单调有界数列收敛准则**
>
> (1) 若数列 $\{x_n\}$ 单调增加有上界, 即 $\exists M$ 使得 $x_n \leqslant M$ $(n = 1, 2, \cdots)$, 则 $\lim\limits_{n \to \infty} x_n$ 存在且不大于 M;
>
> (2) 若数列 $\{x_n\}$ 单调减少有下界, 即 $\exists m$ 使得 $x_n \geqslant m$ $(n = 1, 2, \cdots)$, 则 $\lim\limits_{n \to \infty} x_n$ 存在且不小于 m.

1.3　极限的运算

前面用列表法和图像法求解了一些极限问题，但这两种方法都有局限性. 为了进一步计算函数的极限，给出极限的四则运算法则.

♦ **定理 1.4 极限运算法则**

若 $\lim f(x) = A, \lim g(x) = B$, 则

(1) $\lim(f(x) \pm g(x)) = \lim f(x) \pm \lim g(x) = A \pm B$;

两个函数代数和的极限等于函数极限的代数和 (可推广到有限多个函数的情形).

(2) $\lim(f(x) \cdot g(x)) = \lim f(x) \cdot \lim g(x) = A \cdot B$;

两个函数乘积的极限等于函数极限的乘积 (可推广到有限多个函数的情形).

(3) 当 $B \neq 0$ 时, $\lim \dfrac{f(x)}{g(x)} = \dfrac{\lim f(x)}{\lim g(x)} = \dfrac{A}{B}$.

两个函数商的极限, 当分母的极限不为零时, 等于这两个函数极限的商.

♠ **推论 1.4.1**

若 C 为常数, n 为正整数, $\lim f(x) = A$, 则有

(1) $\lim(Cf(x)) = C \lim f(x) = CA$, 即常数因子可以提到极限符号外面.

(2) $\lim(f(x))^n = (\lim f(x))^n = A^n$, 即函数 n 次幂的极限, 等于极限的 n 次幂.

实际问题 1.5 产品价格预测

设一产品价格 (单位: 元) 满足 $P(t) = 20 - 20\mathrm{e}^{-0.5t}$, 请你对该产品价格作一个长期预测.

【解】 对该产品销售价格作长期预测, 方法之一是求 $\lim\limits_{t \to \infty} P(t)$ 的值, 如图 1.19 所示.

$$\lim_{t \to \infty} P(t) = \lim_{t \to \infty} (20 - 20\mathrm{e}^{-0.5t}) = \lim_{t \to \infty} 20 - \lim_{t \to \infty} 20\mathrm{e}^{-0.5t}$$
$$= \lim_{t \to \infty} 20 - 20 \lim_{t \to \infty} \mathrm{e}^{-0.5t} = 20 - 0 = 20.$$

该产品的长期价格为 20 元.

11 扫一扫

实际问题 1.6 某野生鱼数量

通过诸多手段测得水中某野生鱼数量 N(单位: 条) 与时间 t 满足关系

$$N = \frac{1\,000}{1 + 9\mathrm{e}^{-0.115\,8t}},$$

问该水域中最多有多少该种鱼?

【解】 求该种鱼的数量, 实质是对鱼群数量的一个长期估计, 求 $\lim\limits_{t \to \infty} N(t)$ 即可.

$$\lim_{t \to \infty} N(t) = \lim_{t \to \infty} \frac{1\,000}{1 + 9\mathrm{e}^{-0.115\,8t}} = \frac{1\,000}{1 + 0} = 1\,000.$$

该种野生鱼现存余量 1 000 条. 如图 1.20 所示.

12 扫一扫

实际问题 1.7 断路电阻的极限算法

有一 10 Ω 电阻与一可变电阻 R_1 并联, 电路的总电阻为 $R = \dfrac{10R_1}{10 + R_1}$, 当有可变电阻 R_1 的支路断开时, 电路的总电阻是多少?

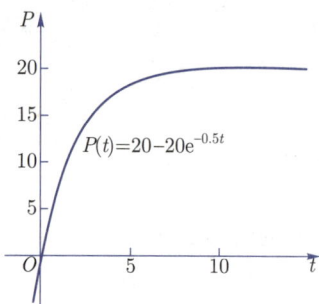

图 1.19　产品价格函数　　　图 1.20　野生鱼数量关于 t 的函数　　　图 1.21　销量与时间关系

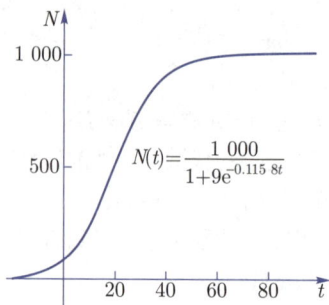

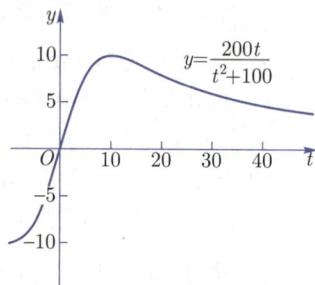

【解】　当含有可变电阻 R_1 的支路断开时，电路的总电阻

$$R = \lim_{R_1 \to \infty} \frac{10R_1}{10 + R_1} = \lim_{R_1 \to \infty} \frac{10}{\dfrac{10}{R_1} + 1} = 10.$$

实际问题 1.8　产品销量变化趋势

某新型产品一上市销量迅速上升，然后随时间延长，销量越来越少，其销量 y 与时间 t 的关系为 $y = \dfrac{200t}{t^2 + 100}$，问该产品长期销售前景如何？

【解】　该产品长期销售量是对远期销售前景的一个预测，即求 $\lim\limits_{t \to \infty} y$.

$$\lim_{t \to \infty} y = \lim_{t \to \infty} \frac{200t}{t^2 + 100} = \lim_{t \to \infty} \frac{\dfrac{200}{t}}{1 + \dfrac{100}{t^2}} = \frac{0}{1 + 0} = 0,$$

13 扫一扫

随着时间的推移，人们对该产品越来越失去信心，转而去购买其他产品. 看来企业要想生存下去，必须不断地开发新产品以满足人们不断增长的新需求，如图 1.21 所示.

实际问题 1.9　割线斜率变化趋势

设 $y = \sqrt{x}$ 上两点 $P(1,1), Q(x, \sqrt{x})$，研究割线 PQ 斜率的变化趋势.

【解】　如图 1.22 所示，割线 PQ 的斜率为

$$k = \frac{\sqrt{x} - 1}{x - 1}.$$

14 扫一扫

当 x 趋近于 1 时，Q 点越来越趋近于 P 点，当 Q 点与 P 点重合时，割线 PQ 的极限位置就是曲线 $y = \sqrt{x}$ 过点 $P(1,1)$ 的切线.

由于 $\lim\limits_{x \to 1}(x - 1) = 0$，商的极限运算法则不能直接使用，可先对分子有理化，约去分子分母含有 0 的公因子，然后再求极限.

$$\lim_{x \to 1} \frac{\sqrt{x} - 1}{x - 1} = \lim_{x \to 1} \frac{(\sqrt{x} - 1)(\sqrt{x} + 1)}{(x - 1)(\sqrt{x} + 1)} = \lim_{x \to 1} \frac{1}{\sqrt{x} + 1} = \frac{1}{\sqrt{1} + 1} = \frac{1}{2},$$

因此, 可得曲线 $y = \sqrt{x}$ 过点 $P(1,1)$ 的切线方程为

$$y = \frac{1}{2}(x-1) + 1.$$

用类似的方法可求 (令 $x + 1 = t$ 立即可转化为前边题目)

$$\lim_{x \to 0} \frac{\sqrt{1+x}-1}{x} = \lim_{x \to 0} \frac{(\sqrt{1+x}-1)(\sqrt{1+x}+1)}{x(\sqrt{1+x}+1)} = \lim_{x \to 0} \frac{1}{\sqrt{1+x}+1} = \frac{1}{\sqrt{1}+1} = \frac{1}{2}.$$

经典例题 1.8 应用两边夹法则求 $\lim\limits_{x \to 0} x^2 \sin \frac{1}{x}$.

【解】 首先注意到不能用

$$\lim_{x \to 0} x^2 \sin \frac{1}{x} = \lim_{x \to 0} x^2 \lim_{x \to 0} \sin \frac{1}{x},$$

15 扫一扫

因为 $\lim\limits_{x \to 0} \sin \frac{1}{x}$ 极限不存在, 可参考图 1.18 . 然而, 因为

$$-1 \leqslant \sin \frac{1}{x} \leqslant 1,$$

有

$$-x^2 \leqslant x^2 \sin \frac{1}{x} \leqslant x^2,$$

又

$$\lim_{x \to 0} x^2 = \lim_{x \to 0} (-x^2) = 0,$$

用两边夹法则, 有

$$\lim_{x \to 0} x^2 \sin \frac{1}{x} = 0.$$

如图 1.23 所示.

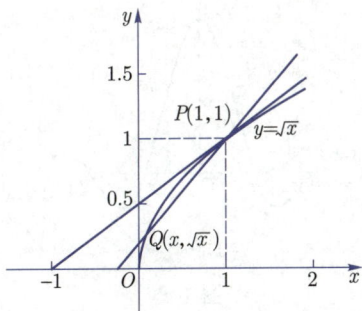

图 1.22 PQ 斜率变化

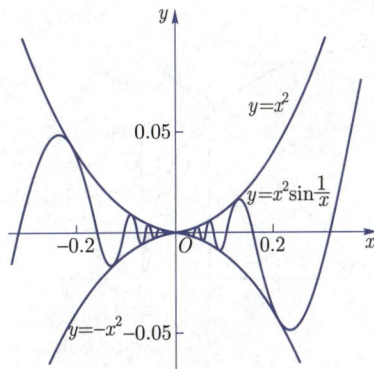

图 1.23 两边夹

1.3.1　复合函数 ① 的极限法则

> ♦ **定理 1.5　复合函数的极限**
>
> 　　若函数 $y = f(u)$，$u = \varphi(x)$ 满足条件：
> 　（1）$\lim\limits_{u \to a} f(u) = A$；
> 　（2）当 $x \neq x_0$ 时，$\varphi(x) \neq a$，且 $\lim\limits_{x \to x_0} \varphi(x) = a$，
> 则 $\lim\limits_{x \to x_0} f(\varphi(x)) = \lim\limits_{u \to a} f(u) = A$.

1.3.2　两个重要极限

1. $\lim\limits_{x \to 0} \dfrac{\sin x}{x} = 1$

【证明】　因为 $\dfrac{\sin(-x)}{-x} = \dfrac{-\sin x}{-x} = \dfrac{\sin x}{x}$，所以只需讨论 $x > 0$ 时的情形即可.

16 扫一扫

作单位圆在第一象限部分如图 1.24 所示，设圆心角是 $x\left(0 < x < \dfrac{\pi}{2}\right)$，过 A 作切线与 OP 的延长线交于 T. 于是，$\triangle AOP$ 的面积 < 扇形 AOP 的面积 < $\triangle AOT$ 的面积，即

$$\frac{1}{2}\sin x < \frac{1}{2}x < \frac{1}{2}\tan x,$$

同除以 $\dfrac{1}{2}\sin x$ 并取它们的倒数，得

$$\cos x < \frac{\sin x}{x} < 1,$$

又因为 $\lim\limits_{x \to 0} \cos x = 1$，由两边夹法则得

$$\lim_{x \to 0} \frac{\sin x}{x} = 1.$$

如图 1.25 所示.

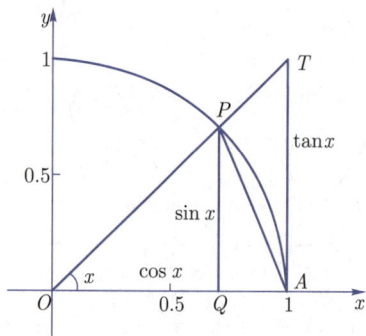

图 1.24

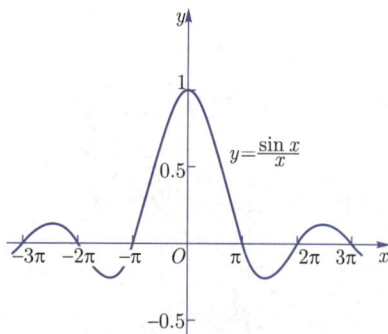

图 1.25

---

　　① 设函数 $y = f(u)$ 的定义域为 D_f，函数 $u = g(x)$ 的定义域为 D_g，其值域 $R_g \subset D_f$，则 $y = f[g(x)], x \in D_g$ 称为由函数 $u = g(x)$ 与函数 $y = f(u)$ 所构成的复合函数，它的定义域为 D_g，变量 u 称为中间变量.

这个重要极限有很多用途，下面列举几例.

经典例题 1.9 验证圆面积公式 $A = \pi r^2$.

【解】 易得半径为 r 的圆的内接正 n 边形面积

$$A_n = \frac{r^2}{2} n \sin \frac{2\pi}{n} (n \geqslant 3),$$

求极限得

$$\lim_{n\to\infty} A_n = \lim_{n\to\infty} \left(\frac{r^2}{2} n \sin \frac{2\pi}{n} \right) = r^2 \lim_{n\to\infty} \left(\frac{\sin \frac{2\pi}{n}}{\frac{2\pi}{n}} \times \pi \right) = \pi r^2 \lim_{n\to\infty} \frac{\sin \frac{2\pi}{n}}{\frac{2\pi}{n}} = \pi r^2.$$

经典例题 1.10 求极限 $\lim_{x\to 0} \dfrac{1 - \cos x}{x^2}$.

【解】 $\lim_{x\to 0} \dfrac{1 - \cos x}{x^2} = \lim_{x\to 0} \dfrac{2 \sin^2 \frac{x}{2}}{x^2} = \lim_{x\to 0} \dfrac{1}{2} \left(\dfrac{\sin \frac{x}{2}}{\frac{x}{2}} \right)^2 = \dfrac{1}{2}.$

经典例题 1.11 求极限 $\lim_{x\to 0} \dfrac{\tan x - \sin x}{\sin^3 x}$.

【解】 $\lim_{x\to 0} \dfrac{\tan x - \sin x}{\sin^3 x} = \lim_{x\to 0} \dfrac{1 - \cos x}{\sin^2 x \cos x} = \lim_{x\to 0} \left(\dfrac{1}{\cos x} \dfrac{1 - \cos x}{x^2} \dfrac{x^2}{\sin^2 x} \right) = \dfrac{1}{2}.$

经典例题 1.12 求极限 $\lim_{x\to a} \dfrac{\sin x - \sin a}{x - a}$.

【解】 $\lim_{x\to a} \dfrac{\sin x - \sin a}{x - a} = \lim_{x\to a} \dfrac{2 \cos \frac{x+a}{2} \sin \frac{x-a}{2}}{x - a} = \lim_{x\to a} \left(\cos \frac{x+a}{2} \dfrac{\sin \frac{x-a}{2}}{\frac{x-a}{2}} \right)$

$$= \lim_{x\to a} \cos \frac{x+a}{2} \lim_{x\to a} \frac{\sin \frac{x-a}{2}}{\frac{x-a}{2}} = \cos a.$$

2. $\lim_{x\to\infty} \left(1 + \dfrac{1}{x} \right)^x = \mathrm{e}$ $\left(\lim_{x\to 0} (1 + x)^{\frac{1}{x}} = \mathrm{e} \right)$.

列出 $\left(1 + \dfrac{1}{x} \right)^x$ 的数值表，观察变化趋势，如表 1.2 所示.

由表 1.2 可以看出，当 $x \to \infty$ 时，$\left(1 + \dfrac{1}{x} \right)^x$ 的值无

限趋近于 e. 即 $\lim_{x\to\infty} \left(1 + \dfrac{1}{x} \right)^x = \mathrm{e}$，如图 1.26 所示. 公式

还可以写成 $\lim_{x\to 0} (1 + x)^{\frac{1}{x}} = \mathrm{e}$.

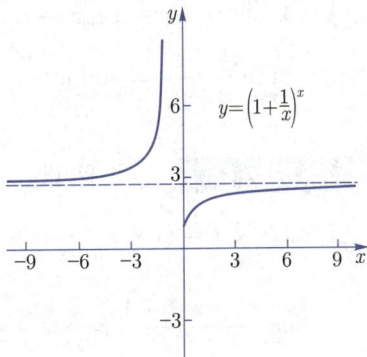

图 1.26

表 1.2　计 算 结 果

x	1	5	10	100	1 000	10 000	$\cdots$
$\left(1+\dfrac{1}{x}\right)^{x}$	2	2.488	2.594	2.705	2.717	2.718	$\cdots$

经典例题 1.13　求极限 $\lim\limits_{x\to 0}\dfrac{\ln(1+x)}{x}$.

【解】 $\lim\limits_{x\to 0}\dfrac{\ln(1+x)}{x}=\lim\limits_{x\to 0}\ln(1+x)^{\frac{1}{x}}=\ln\left(\lim\limits_{x\to 0}(1+x)^{\frac{1}{x}}\right)=\ln\mathrm{e}=1.$

经典例题 1.14　求极限 $\lim\limits_{x\to a}\dfrac{\ln x-\ln a}{x-a}, a>0.$

【解】 $\lim\limits_{x\to a}\dfrac{\ln x-\ln a}{x-a}=\lim\limits_{x\to a}\left(\dfrac{1}{x-a}\ln\dfrac{x}{a}\right)=\lim\limits_{x\to a}\ln\left(1+\dfrac{x-a}{a}\right)^{\frac{1}{x-a}}$

$\qquad=\lim\limits_{x\to a}\ln\left(\left(1+\dfrac{x-a}{a}\right)^{\frac{a}{x-a}}\right)^{\frac{1}{a}}=\dfrac{1}{a}\ln\left(\lim\limits_{x\to a}\left(1+\dfrac{x-a}{a}\right)^{\frac{a}{x-a}}\right)$

$\qquad=\dfrac{1}{a}\ln\mathrm{e}=\dfrac{1}{a}.$

经典例题 1.15　求极限 $\lim\limits_{x\to 0}\dfrac{a^{x}-1}{x}, a>0.$

【解】 设 $y=a^{x}-1$ 或 $x=\dfrac{\ln(1+y)}{\ln a}$，则 $x\to 0\Leftrightarrow y\to 0$，有

$\lim\limits_{x\to 0}\dfrac{a^{x}-1}{x}=\lim\limits_{y\to 0}\dfrac{y\ln a}{\ln(1+y)}=\ln a\lim\limits_{y\to 0}\dfrac{y}{\ln(1+y)}=\dfrac{\ln a}{\lim\limits_{y\to 0}\dfrac{\ln(1+y)}{y}}=\ln a.$

经典例题 1.16　求极限 $\lim\limits_{x\to\alpha}\dfrac{a^{x}-a^{\alpha}}{x-\alpha}.$

【解】 设 $y=x-\alpha$, $x\to\alpha\Leftrightarrow y\to 0$，有

$\lim\limits_{x\to\alpha}\dfrac{a^{x}-a^{\alpha}}{x-\alpha}=\lim\limits_{x\to\alpha}a^{\alpha}\dfrac{a^{x-\alpha}-1}{x-\alpha}=a^{\alpha}\lim\limits_{x\to\alpha}\dfrac{a^{x-\alpha}-1}{x-\alpha}=a^{\alpha}\lim\limits_{y\to 0}\dfrac{a^{y}-1}{y}=a^{\alpha}\ln a.$

经典例题 1.17　求极限 $\lim\limits_{x\to 0}\dfrac{(1+x)^{a}-1}{x}.$

【解】 设 $y=(1+x)^{a}-1$ 或 $a\ln(1+x)=\ln(1+y)$. $x\to 0\Leftrightarrow y\to 0$，有

$\lim\limits_{x\to 0}\dfrac{(1+x)^{a}-1}{x}=\lim\limits_{x\to 0}\dfrac{y}{x}=\lim\limits_{x\to 0}\left(\dfrac{a\ln(1+x)}{x}\dfrac{y}{\ln(1+y)}\right)=a\dfrac{\lim\limits_{x\to 0}\dfrac{\ln(1+x)}{x}}{\lim\limits_{y\to 0}\dfrac{\ln(1+y)}{y}}=a.$

后面有多处用到两个重要极限，特别是将用它们推出导数的重要公式.

实际问题 1.10　复利问题

　　某人以本金现值 A_0 元进行一次投资，投资的年利率为 r，如果以年为单位计算复利（即每年计息一次，并把利息加入下一年的本金，重复计息），则 t 年后，资金总额终值将变为

$$A_t = A_0(1 + r)^t.$$

而若以月为单位计算复利，则 t 年后，资金总额终值将变为

$$A_t = A_0\left(1 + \frac{r}{12}\right)^{12t}.$$

以此类推，若以天为单位计算复利，则 t 年后的资金总额终值为

$$A_t = A_0\left(1 + \frac{r}{365}\right)^{365t}.$$

一般地，若以 $\frac{1}{n}$ 年为单位计算复利，则 t 年后的资金总额终值为

$$A_t = A_0\left(1 + \frac{r}{n}\right)^{nt},$$

当 $n \to \infty$ 时，即每时每刻计算复利（称为**连续复利**），则 t 年后的资金总额终值变为

$$\lim_{n\to\infty} A_0\left(1 + \frac{r}{n}\right)^{nt} = A_0 \lim_{n\to\infty}\left[\left(1 + \frac{r}{n}\right)^{\frac{n}{r}}\right]^{rt} = A_0 e^{rt}.$$

实际问题 1.11　资金的时间价值

　　一投资者用 20 000 元投资 5 年，设年利率为 6%，试分别按单利、复利、每年按 4 次复利和连续复利计息方式计算，到第 5 年末，该投资者应得本利和各为多少？

【解】　(1) 按单利计算

$$A_5 = A_0 \times (1 + 0.06 \times 5) = 20\,000 \times 1.3 = 26\,000\ (\text{元}).$$

(2) 按复利计算

$$A_5 = A_0 \times (1 + 0.06)^5 = 20\,000 \times 1.338\,23 = 26\,764.6\ (\text{元}).$$

(3) 按年复利 4 次计算

$$A_5 = A_0 \times \left(1 + \frac{0.06}{4}\right)^{4\times5} = 20\,000 \times 1.015^{20} = 20\,000 \times 1.346\,86 = 26\,937.20\ (\text{元}).$$

(4) 按连续复利计算

$$A_5 = A_0 \times e^{0.06\times5} = 20\,000 \times e^{0.3} = 26\,997.20\ (\text{元}).$$

实际问题 1.12　人口增长问题

　　设人口自然增长符合模型 $A = A_0 e^{rt}$，若年增长率（出生率与死亡率之差）为 1%，问几年后人口翻一番？

【解】　这个问题符合公式

$$A = \lim_{n\to\infty} A_0\left(1 + \frac{r}{n}\right)^{nt} = \lim_{n\to\infty} A_0\left[\left(1 + \frac{r}{n}\right)^{\frac{n}{r}}\right]^{rt} = A_0 e^{rt}$$

所反映的规律，即 $A = A_0 e^{rt}$，其中 A_0 表示原来的人口数，$r = 1\%$，根据题意，若有 $A = 2A_0$，

求 t. 因为 $A = 2A_0 = A_0 e^{0.01t}$，等式两边取自然对数，得 $\ln 2 = 0.01t$，所以 $t = \dfrac{\ln 2}{0.01} \approx 69$（年）.

1.3.3 无穷小

1. 无穷小定义

实际问题 1.13　单摆摆角

单摆离开铅直位置的偏度可以用 θ 来度量，这角度可规定正负. 如果让单摆开始摆动，则由于机械摩擦力和空气阻力，随着摆动振幅的不断减小，角 θ 无限趋近于零（如图 1.27 所示）.

实际问题 1.14　弹跳的球

一只球从 100 m 的高空掉下，每次弹回的高度为前一次高度的 $\dfrac{2}{3}$，一直这样运动下去，用球的第 $1,2,3,\cdots,n,\cdots$ 次的高度来表示球的运动规律，得

$$100, 100\left(\frac{2}{3}\right), 100\left(\frac{2}{3}\right)^2, \cdots, 100\left(\frac{2}{3}\right)^{n-1}, \cdots.$$

$\left\{100\left(\dfrac{2}{3}\right)^{n-1}\right\}$ 是公比小于 1 的等比数列，极限为

$$\lim_{n\to\infty} 100\left(\frac{2}{3}\right)^{n-1} = 0,$$

即当弹回的次数无限增加时，球弹回的高度趋近于零（如图 1.28 所示）.

18 扫一扫

19 扫一扫

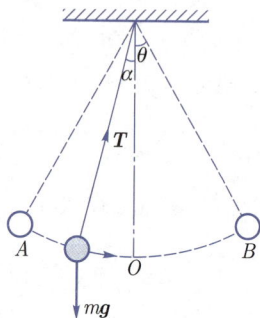

图 1.27　单摆偏度越来越小

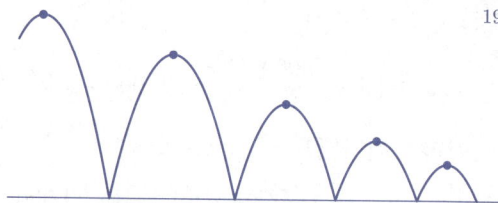

图 1.28　弹跳的球

还有，把石子投入水中，水波向四周传开，水波的振幅随时间的增加而逐渐减小并趋近于零（如图 1.29 所示）；电容器放电时，电压随时间的增加而逐渐减小并趋近于零；又如，若 $f(x) = x - 1$，当 $x \to 1$ 时，$f(x) \to 0$. 对于这种以零为极限的变量，给出下面定义.

♦ 定义 1.4　无穷小定义

如果 $x \to x_0$（或 $x \to \infty$）时，函数 $f(x)$ 的极限为 0，则称 $f(x)$ 为无穷小.

图 1.29 水波的振幅

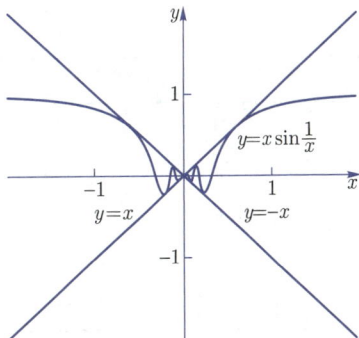

图 1.30

2. 无穷小性质

♦ **定理 1.6   无穷小有如下结论**

(1) 有限个无穷小的代数和仍为无穷小；

(2) 有界变量与无穷小的乘积仍为无穷小；

(3) 常数乘无穷小仍为无穷小；

(4) 有限个无穷小的乘积仍为无穷小.

经典例题 1.18   求 $\lim\limits_{x \to 0}\left(x\sin\dfrac{1}{x}\right)$.

【解】 当 $x \to 0$ 时，$\sin\dfrac{1}{x}$ 是有界变量，根据无穷小性质 2 可知

$$\lim_{x \to 0}\left(x\sin\frac{1}{x}\right) = 0.$$

20 扫一扫

如图 1.30 所示.

3. 无穷小与极限的关系

极限 $\lim\limits_{x \to x_0} f(x) = A$，表示当 $x \to x_0$ 时，函数 $f(x)$ 趋近于常数 A. 显然，$f(x)$ 趋近于 A 等价于 $f(x) - A$ 趋近于零. 即当 $x \to x_0$ 时，变量 $f(x) - A$ 是无穷小.

容易看出，无穷小与极限之间存在如下结论.

♦ **定理 1.7   无穷小与极限的关系**

函数 $f(x)$ 以 A 为极限的充要条件是 $f(x)$ 等于 A 与一个无穷小之和. 即

$$\lim_{x \to x_0} f(x) = A \Leftrightarrow f(x) = A + \alpha, \quad \lim_{x \to x_0} \alpha = 0.$$

4. 无穷小比较

不难知道，当 $x \to 0$ 时，$2x \to 0$，$x^2 \to 0$. 现将它们趋近于零的情况列出，如表 1.3 所示.

当 $x \to 0$，虽然 $2x$ 和 x^2 两个无穷小都趋近于零，但它们趋近于零的速度不同. 表 1.3 中的数据表明，在 $x \to 0$ 的过程中，$x^2 \to 0$ 比 $2x \to 0$ "快些"，而 $2x \to 0$ 与 $x \to 0$ "快慢相近".

表 1.3　计 算 结 果

x	$2x$	x^2
0.1	0.2	0.01
0.01	0.02	0.000 1
0.001	0.002	0.000 001
$\vdots$	$\vdots$	$\vdots$
$\to 0$	$\to 0$	$\to 0$

♦ **定义 1.5　两个无穷小的关系**

设 α, β 是同一变化过程中的两个无穷小.

(1) 如果 $\lim \dfrac{\alpha}{\beta} = 0$，则称 α 是比 β 高阶的无穷小，记为 $\alpha = o(\beta)$.

(2) 如果 $\lim \dfrac{\alpha}{\beta} = C$（$C$ 是不为零的常数），则称 α 与 β 是同阶无穷小，记为 $\alpha = O(\beta)$.

特别地，当 $C = 1$ 时，称 α 与 β 是等价无穷小，记为 $\alpha \sim \beta$.

经典例题 1.19　当 $x \to 0$ 时，x，$3x$，x^3 都是无穷小.

【解】　由于

$$\lim_{x \to 0} \frac{x^3}{x} = \lim_{x \to 0} x^2 = 0,$$

所以，当 $x \to 0$ 时，x^3 是比 x 高阶的无穷小；由于

$$\lim_{x \to 0} \frac{3x}{x} = 3,$$

所以，当 $x \to 0$ 时，$3x$ 与 x 是同阶无穷小.

经典例题 1.20　当 $x \to \infty$ 时，比较无穷小 $\dfrac{1}{x}$ 与 $\dfrac{1}{x^2}$.

【解】　当 $x \to \infty$ 时，$\dfrac{1}{x^2}, \dfrac{1}{x}$ 都是无穷小. 由于

$$\lim_{x \to \infty} \frac{\frac{1}{x^2}}{\frac{1}{x}} = \lim_{x \to \infty} \frac{1}{x} = 0,$$

所以，当 $x \to \infty$ 时，$\dfrac{1}{x^2}$ 是比 $\dfrac{1}{x}$ 高阶的无穷小.

经典例题 1.21　当 $x \to 0$ 时，比较无穷小 $\dfrac{1}{1-x} - 1 - x$ 与 x^2.

【解】　因为

$$\lim_{x \to 0} \frac{\frac{1}{1-x} - 1 - x}{x^2} = \lim_{x \to 0} \frac{1 - (1+x)(1-x)}{x^2(1-x)} = \lim_{x \to 0} \frac{x^2}{x^2(1-x)} = \lim_{x \to 0} \frac{1}{1-x} = 1,$$

所以，当 $x \to 0$ 时，$\dfrac{1}{1-x} - 1 - x$ 与 x^2 是等价无穷小，即 $\dfrac{1}{1-x} - 1 - x \sim x^2$.

实际问题 1.15　高速问题

一个人从 A 地出发，以 30 km/h 的速度到达 B 地，问他从 B 地回到 A 地的速度要达到多少，才能使得往返的平均速度达到 60 km/h？

【解】　假设 A, B 两地的距离为 s，从 B 地到 A 地的速度为 v，往返的平均速度为 $\overline{v}$，从 A 到 B 的时间 t_1，从 B 到 A 的时间 t_2，分别为

$$t_1 = \frac{s}{30}, \quad t_2 = \frac{s}{v},$$

往返 A, B 两地所花费的时间为

$$t_1 + t_2 = \frac{s}{30} + \frac{s}{v},$$

往返 A, B 两地的平均速度为

$$\overline{v} = \frac{2s}{t_1 + t_2} = \frac{2s}{\dfrac{s}{30} + \dfrac{s}{v}} = \frac{60}{1 + \dfrac{30}{v}}.$$

在 $\overline{v} = \dfrac{60}{1 + \dfrac{30}{v}}$ 中，只有当 $v \to \infty$ 时，才有 $\overline{v} = 60$，即 $\overline{v} = \lim\limits_{v \to \infty} \dfrac{60}{1 + \dfrac{30}{v}} = 60$. 这是真正的"高速".

◆ 定义 1.6　无穷大定义

当 $x \to x_0$（或 $x \to \infty$ ）时，如果函数 $f(x)$ 的绝对值无限增大，则称 $f(x)$ 为无穷大，记为 $\lim\limits_{x \to x_0} f(x) = \infty$（或 $\lim\limits_{x \to \infty} f(x) = \infty$）.

∞ 不是一个数，不表示极限存在，是极限不存在的一种特殊表示.

例如，当 $x \to 1$ 时，$\left| \dfrac{1}{x-1} \right|$ 无限增大，所以 $\lim\limits_{x \to 1} \left| \dfrac{1}{x-1} \right| = \infty$. 又如，当 $x \to \left(\dfrac{\pi}{2} \right)^+$ 时，$\tan x$ 取负值且绝对值无限增大，所以 $\lim\limits_{x \to (\frac{\pi}{2})^+} \tan x = -\infty$.

◆ 定理 1.8　无穷大与无穷小的关系

若 $f(x)$ 为无穷大，则 $\dfrac{1}{f(x)}$ 为无穷小. 反之，若 $f(x)$ 为无穷小，且 $f(x) \neq 0$，则 $\dfrac{1}{f(x)}$ 为无穷大.

经典例题 1.22　求 $\lim\limits_{x \to 1} \dfrac{x}{x-1}$.

【解】　因为

$$\lim_{x \to 1} \frac{x-1}{x} = 0,$$

故

$$\lim_{x \to 1} \frac{x}{x-1} = \infty.$$

经典例题 1.23   求下列极限：

(1) $\lim\limits_{x\to\infty}\dfrac{3x^3-4x^2+2}{7x^3+5x-3}$; (2) $\lim\limits_{x\to\infty}\dfrac{3x^2-2x-1}{2x^3-x^2+5}$; (3) $\lim\limits_{x\to\infty}\dfrac{2x^3-x^2+5}{3x^2-2x-1}$.

【解】 (1) 原式 $=\lim\limits_{x\to\infty}\dfrac{3-\dfrac{4}{x}+\dfrac{2}{x^3}}{7+\dfrac{5}{x^2}-\dfrac{3}{x^3}}=\dfrac{\lim\limits_{x\to\infty}\left(3-\dfrac{4}{x}+\dfrac{2}{x^3}\right)}{\lim\limits_{x\to\infty}\left(7+\dfrac{5}{x^2}-\dfrac{3}{x^3}\right)}=\dfrac{3-0+0}{7+0-0}=\dfrac{3}{7}.$

(2) 原式 $=\lim\limits_{x\to\infty}\dfrac{\dfrac{3}{x}-\dfrac{2}{x^2}-\dfrac{1}{x^3}}{2-\dfrac{1}{x}+\dfrac{5}{x^3}}=\dfrac{0}{2}=0.$

(3) 因为 $\lim\limits_{x\to\infty}\dfrac{3x^2-2x-1}{2x^3-x^2+5}=0$, 所以 $\lim\limits_{x\to\infty}\dfrac{2x^3-x^2+5}{3x^2-2x-1}=\infty.$

一般地，当 $a_0\neq 0,b_0\neq 0$ 时，有

$$\lim_{x\to\infty}\frac{a_0x^m+a_1x^{m-1}+\cdots+a_m}{b_0x^n+b_1x^{n-1}+\cdots+b_n}=\begin{cases}0,&m<n;\\\dfrac{a_0}{b_0},&m=n;\\\infty,&m>n.\end{cases}$$

◆ **定理 1.9   等价无穷小代换定理**

如果 $\alpha\sim\alpha',\beta\sim\beta'$, 且 $\lim\dfrac{\alpha'f(x)}{\beta'g(x)}$ 存在，则 $\lim\dfrac{\alpha f(x)}{\beta g(x)}=\lim\dfrac{\alpha'f(x)}{\beta'g(x)}.$

常用的等价无穷小量：当 $x\to 0$ 时，有

$$\sin x\sim x\sim\tan x\sim\arcsin x\sim(\mathrm{e}^x-1)\sim\ln(1+x),$$

$$(1-\cos x)\sim\frac{x^2}{2},\quad((1+x)^\mu-1)\sim\mu x\ (\mu\text{ 为常数},\ \mu\neq 0).$$

经典例题 1.24   求极限 $\lim\limits_{x\to 0}\dfrac{(x+2)\sin x}{\arcsin 2x}.$

【解】 函数 $f(x)=\lim\limits_{x\to 0}\dfrac{(x+2)\sin x}{\arcsin 2x}$ 中，含有 $\arcsin 2x$ 和 $\sin x$ 两个无穷小因子，且当 $x\to 0$ 时，$\sin\sim x$, $\arcsin 2x\sim 2x$, 因此用等价无穷小代换，得

$$\lim_{x\to 0}\frac{(x+2)\sin x}{\arcsin 2x}=\lim_{x\to 0}\frac{(x+2)x}{2x}=\lim_{x\to 0}\frac{x+2}{2}=1.$$

经典例题 1.25   求极限 $\lim\limits_{x\to 0}\dfrac{x^3+2x^2}{\left(\sin\dfrac{x}{3}\right)^2}.$

【解】 当 $x\to 0$ 时，分子和分母的极限同时为零，可以利用无穷小等价代换，当 $\dfrac{x}{3}\to 0$ 时，$\sin\dfrac{x}{3}\sim\dfrac{x}{3}$, 于是有

$$\lim_{x\to 0}\frac{x^3+2x^2}{\left(\sin\dfrac{x}{3}\right)^2}=\lim_{x\to 0}\frac{x^3+2x^2}{\left(\dfrac{x}{3}\right)^2}=9\lim_{x\to 0}\frac{x^3+2x^2}{x^2}=9\lim_{x\to 0}(x+2)=18.$$

经典例题 1.26 求极限 $\lim\limits_{x\to\infty} x(\mathrm{e}^{2\sin\frac{1}{x}}-1)$.

【解】 令 $t=\dfrac{1}{x}$，当 $x\to\infty$ 时，$t\to 0$，$\mathrm{e}^{2\sin t}-1\sim 2\sin t$，则

$$\lim_{x\to\infty} x(\mathrm{e}^{2\sin\frac{1}{x}}-1)=\lim_{t\to 0}\frac{\mathrm{e}^{2\sin t}-1}{t}=\lim_{t\to 0}\frac{2\sin t}{t}=2.$$

实际问题 1.16 污染湖泊的治理问题

假设某个湖泊中污染物的总量为 a，且污染物均匀混合在湖水中，现在采用不断地从上游引入清水、从下游放出的方法来稀释受污染的湖水. 假设在这个过程中湖水的总量不变，且每周内可排除污染物残留量的 $\dfrac{1}{5}$，试问这种方法能把污染的湖泊治理干净吗？

【解】 由题意知，累计清污总量是一个首项为 $\dfrac{1}{5}a$，公比为 $\dfrac{4}{5}$ 的等比数列的前 n 项和的极限

$$S=\lim_{n\to\infty}S_n=\lim_{n\to\infty}\sum_{i=1}^{n}\frac{a}{5}\left(\frac{4}{5}\right)^{i-1}=\lim_{n\to\infty}\frac{\dfrac{a}{5}\left[1-\left(\dfrac{4}{5}\right)^n\right]}{1-\dfrac{4}{5}}=a.$$

所以这种方法可以把污染的湖泊治理干净.

1.3.4 无穷远极限与铅直、水平渐近线

1. 铅直渐近线

经典例题 1.27 讨论极限 $\lim\limits_{x\to 0}\dfrac{1}{x^2}$.

【解】 当 x 趋近于 0 时，x^2 也趋近于 0，因此，$\dfrac{1}{x^2}$ 会变得很大. 从图 1.31

21 扫一扫

可以看出，$f(x)$ 的值可以通过使 x 与 0 充分接近而变得任意大，因此 $f(x)$ 的值不趋向一个数，故 $\lim\limits_{x\to 0}\dfrac{1}{x^2}$ 不存在. 即

$$\lim_{x\to 0}\frac{1}{x^2}=+\infty.$$

让 x 与 0 充分接近，可以使 $\dfrac{1}{x^2}$ 变得任意大.

经典例题 1.28 讨论极限 $\lim\limits_{x\to 3}\dfrac{2x}{x-3}$.

【解】 如果 x 接近 3 但比 3 大，那么 $x-3$ 是一个小的正数，而 $2x$ 接近 6. 因此，$\dfrac{2x}{x-3}$ 是一个大的正数. 因此

$$\lim_{x\to 3^+}\frac{2x}{x-3}=+\infty.$$

同样地，如果 x 接近 3 但比 3 小，那么 $x-3$ 是一个绝对值很小的负数，但 $2x$ 仍然是一个接近 6 的正数. 因此，$\dfrac{2x}{x-3}$ 是一个绝对值很大的负数. 因此

$$\lim_{x\to 3^-} \frac{2x}{x-3} = -\infty.$$

如图 1.32 所示，直线 $x = 3$ 是一条铅直渐近线.

经典例题 1.29　找出 $f(x) = \tan x$ 的铅直渐近线.

【解】　因为

$$\tan x = \frac{\sin x}{\cos x},$$

在 $x = 0$ 处，可能会有铅直渐近线. 事实上，因为当 $x \to \left(\dfrac{\pi}{2}\right)^-$ 时，$\cos x \to 0^+$，当 $x \to \left(\dfrac{\pi}{2}\right)^+$ 时，$\cos x \to 0^-$，而当 x 在 $\dfrac{\pi}{2}$ 附近时，$\sin x$ 为正，故

$$\lim_{x\to\frac{\pi}{2}^-} \tan x = +\infty, \qquad\qquad \lim_{x\to\frac{\pi}{2}^+} \tan x = -\infty,$$

因此，$x = \dfrac{\pi}{2}$ 是一条铅直渐近线. 同理，$x = \dfrac{(2k+1)\pi}{2}$ $(k \in \mathbb{Z})$ 是 $f(x) = \tan x$ 的全部铅直渐近线. 如图 1.33 所示.

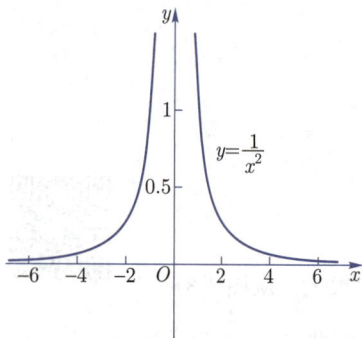

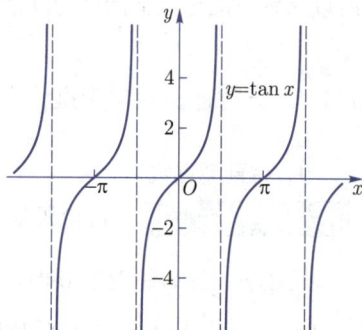

图 1.31　铅直渐近线　　　　图 1.32　铅直渐近线　　　　图 1.33　铅直渐近线

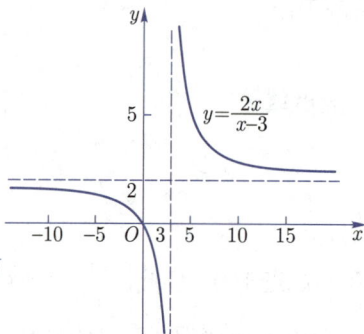

2. 水平渐近线

铅直渐近线中讨论的是，设 x 趋近于一个常数，结果使 y 值变得任意大. 下面设 x 趋近于无限大，看 y 如何变化.

经典例题 1.30　研究 $f(x) = \dfrac{x^2 - 1}{x^2 + 1}$ 的水平渐近线.

22 扫一扫

【解】　如图 1.34 所示，当 x 无限增大时，$f(x)$ 的值越来越接近 1. 事实上

$$\lim_{x\to\infty} \frac{x^2-1}{x^2+1} = \lim_{x\to\infty} \frac{1-\dfrac{1}{x^2}}{1+\dfrac{1}{x^2}} = 1,$$

这表示，当 x 越来越大时，$f(x)$ 的值越来越接近 1，即 $f(x)$ 以 $y = 1$ 为水平渐近线.

经典例题 1.31 研究 $f(x) = \dfrac{3x^2 - x - 2}{5x^2 + 4x + 1}$ 的水平渐近线.

【解】 如图 1.35 所示,当 x 无限增大时,$f(x)$ 的值越来越接近 $\dfrac{3}{5}$. 事实上

$$\lim_{x\to\infty} \frac{3x^2 - x - 2}{5x^2 + 4x + 1} = \lim_{x\to\infty} \frac{3 - \dfrac{1}{x} - \dfrac{2}{x^2}}{5 + \dfrac{4}{x} + \dfrac{1}{x^2}} = \frac{3}{5}.$$

这表示,当 x 越来越大时,$f(x)$ 的值越来越接近 $\dfrac{3}{5}$,即 $f(x)$ 以 $y = \dfrac{3}{5}$ 为水平渐近线.

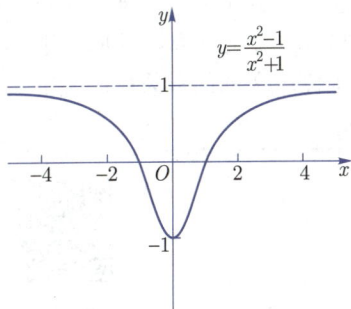

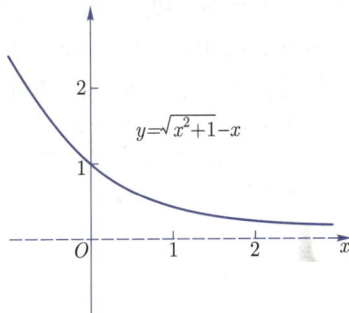

图 1.34 水平渐近线　　　　图 1.35 水平渐近线　　　　图 1.36 水平渐近线

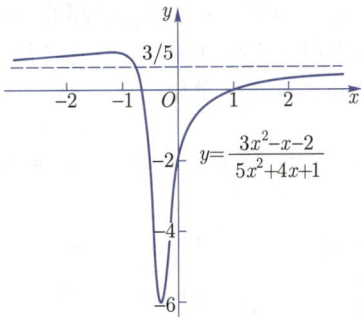

经典例题 1.32 研究 $f(x) = \sqrt{x^2 + 1} - x$ 的水平渐近线.

【解】 如图 1.36 所示,当 x 无限增大时,$f(x)$ 的值越来越接近 0. 事实上

$$\lim_{x\to+\infty} (\sqrt{x^2 + 1} - x) = \lim_{x\to+\infty} \frac{(\sqrt{x^2 + 1} - x)(\sqrt{x^2 + 1} + x)}{\sqrt{x^2 + 1} + x}$$

$$= \lim_{x\to+\infty} \frac{1}{\sqrt{x^2 + 1} + x} = \lim_{x\to+\infty} \frac{\dfrac{1}{x}}{\dfrac{\sqrt{x^2 + 1} + x}{x}}$$

$$= \lim_{x\to+\infty} \frac{\dfrac{1}{x}}{\sqrt{1 + \dfrac{1}{x^2}} + 1} = \frac{0}{\sqrt{1 + 0} + 1} = 0.$$

这表示,当 x 越来越大时,$f(x)$ 的值越来越接近 0,即 $f(x)$ 以 $y = 0$ 为水平渐近线.

1.4　函数的连续性

　　液体的流动,气温的逐渐上升,压力的持续增加,植物的不断生长等都与“连续”有关.“连续”的数学定义与连续一词在实际生活中的含义非常接近. 一个连续的过程是逐渐进行的过程,没有间断或者没有阶跃的过程. 如果函数 $y = f(x)$ 的图像可以用笔在纸上连续运动画出,则这个函数是连续函数.

　　连续函数是物体在空间运动的数量描述,是连续物理过程的数学表示. 18 世纪、19 世纪人类

几乎没有去寻找其他类型的运动形式. 当 1920 年物理学家发现光进入粒子而且受热的原子以离散的频率发射光波时，人们大为惊讶，由于这些发现和其他发现以及在计算机科学、统计学和数学建模中大量应用间断函数，连续性问题则成为在实践中和理论上都有重大意义的问题之一.

1.4.1　函数连续的概念

1. 函数的连续性

实际问题 1.17　邮政计价

　　当邮件的质量小于等于 20 g 时邮费为 0.8 元，当邮件的质量大于 20 g 小于等于 100 g 时每 20 g 邮费为 0.8 元，当邮件的质量超过 100 g 时超过部分邮费按 2 元计算，且每个邮件的质量不超过 200 g. 求邮件邮寄费用 y(单位：元) 与质量 x(单位：g) 的函数关系式，并用图表示上述函数关系.

【解】　考察函数

$$y = \begin{cases} 0.8, & 0 < x \leqslant 20, \\ 0.8 \times \dfrac{x}{20}, & 20 < x \leqslant 100, \\ 6, & 100 < x \leqslant 200 \end{cases}$$

23 扫一扫

在区间 (0，200] 各点的极限. 结果发现，当 $0 < x_0 < 20$ 时，函数的极限值等于函数值，

$$\lim_{x \to x_0} f(x) = f(x_0) = 0.8, \quad 0 < x_0 < 20.$$

当 $x_0 = 20$ 时，函数的极限值等于函数值，

$$\lim_{x \to 20^-} f(x) = \lim_{x \to 20^+} f(x) = f(20) = 0.8.$$

当 $20 < x_0 < 100$ 时，函数的极限值等于函数值，

$$\lim_{x \to x_0} f(x) = f(x_0) = 0.8 \times \frac{x_0}{20}, \quad 20 < x_0 < 100.$$

当 $100 < x_0 \leqslant 200$ 时，函数的极限值等于函数值，

$$\lim_{x \to x_0} f(x) = f(x_0) = 6, \quad 100 < x_0 \leqslant 200.$$

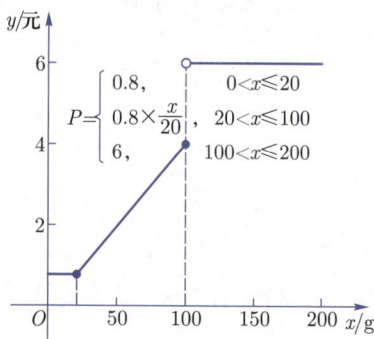

图 1.37　邮政计价

当 $x_0 = 100$ 时，

$$\lim_{x \to 100^-} f(x) = f(100^-) = 0.8 \times \frac{100}{20} = 4,$$

$$\lim_{x \to 100^+} f(x) = f(100^+) = 6,$$

$$f(100^-) \neq f(100^+).$$

此时，函数的极限值不存在，当然不等于函数值. 函数图像如图 1.37 所示.

　　上面事实可以总结如下：已知函数 $f(x)$ 在点 x_0 存在极限 A，即 $\lim\limits_{x \to x_0} f(x) = A$，$x_0$ 可能属于函数 $f(x)$ 的定义域，也可能不属于函数 $f(x)$ 的定义域；即使 x_0 属于函数 $f(x)$ 的定义域，$f(x_0)$ 也不一定等于 A. $f(x_0) = A$ 有着特殊的意义. 从图 1.37 可以看出，这时函数具有连续性.

♦ 定义 1.7　函数连续性定义

设函数 $f(x)$ 在 $U(x_0)$ 有定义，若函数 $f(x)$ 在点 x_0 存在极限，且极限等于 $f(x_0)$，即

$$\lim_{x \to x_0} f(x) = f(x_0), \tag{1.10}$$

则称 $f(x)$ 在点 x_0 连续，x_0 是函数 $f(x)$ 的连续点.

函数 $f(x)$ 在点 x_0 连续，不仅要求 x_0 属于 $f(x)$ 的定义域，而且要求 (1.10) 式成立. 因此，函数 $f(x)$ 在点 x_0 连续比函数 $f(x)$ 在点 x_0 存在极限有更高的要求. (1.10) 式可改写为

$$\lim_{x \to x_0} (f(x) - f(x_0)) = 0.$$

♦ 定理 1.10

设 $\Delta x = x - x_0$，$\Delta y = f(x) - f(x_0)$，则 $f(x)$ 在点 x_0 连续当且仅当

$$\lim_{\Delta x \to 0} \Delta y = \lim_{x \to x_0} (f(x) - f(x_0)) = 0. \tag{1.11}$$

这说明了连续的本质：当自变量变化微小时，函数值相应变化也很微小.

♦ 定义 1.8　左连续、右连续定义

如果

$$\lim_{x \to x_0^-} f(x) = f(x_0), \tag{1.12}$$

则称函数 $f(x)$ 在点 x_0 左连续. 如果

$$\lim_{x \to x_0^+} f(x) = f(x_0), \tag{1.13}$$

则称函数 $f(x)$ 在点 x_0 右连续.

♦ 定理 1.11　连续的充要条件

$f(x)$ 在点 x_0 连续的充要条件是 $f(x)$ 在点 x_0 不仅左连续而且右连续.

♦ 定义 1.9　区间连续定义

如果函数 $f(x)$ 在区间 I 的每一点都连续，则函数 $f(x)$ 在区间 I 连续.

2. 函数 $f(x)$ 在点 x_0 连续性检验

函数 $f(x)$ 在点 x_0 连续，当且仅当满足下列条件：

(1) $f(x_0)$ 存在 (x_0 在 $f(x)$ 定义域中)；

(2) $\lim_{x \to x_0} f(x)$ 存在 (当 $x \to x_0$ 时 $f(x)$ 有极限)；

(3) $\lim_{x \to x_0} f(x) = f(x_0)$(极限值等于函数值).

3. 函数的间断点

由函数 $y = f(x)$ 在点 x_0 连续的定义可知，函数 $y = f(x)$ 在点 x_0 不连续有下列三种情况之一：

(1) 函数 $f(x)$ 在点 x_0 的去心邻域 $\mathring{U}(x_0)$ 内有定义 (在点 x_0 没有定义)；

(2) 虽然在点 x_0 有定义，但 $\lim\limits_{x \to x_0} f(x)$ 不存在；

(3) 虽然在点 x_0 有定义，且 $\lim\limits_{x \to x_0} f(x)$ 存在，但 $\lim\limits_{x \to x_0} f(x) \neq f(x_0)$，

则称函数 $f(x)$ 在点 x_0 不连续，点 x_0 称为函数 $y = f(x)$ 的不连续点或间断点.

例如，函数 $y = \dfrac{1}{x}$，在 $x = 0$ 没有定义，所以 $x = 0$ 是函数 $y = \dfrac{1}{x}$ 的间断点.

4. 间断点的分类

◆ **定义 1.10　间断点的分类**

设 x_0 是函数 $f(x)$ 的间断点，如果当 $x \to x_0$ 时，左、右极限都存在，则称 x_0 为 $f(x)$ 的第一类间断点；否则，称 x_0 为 $f(x)$ 的第二类间断点.

第一类间断点又分为：

(1) 如果 $\lim\limits_{x \to x_0^-} f(x)$ 与 $\lim\limits_{x \to x_0^+} f(x)$ 均存在且相等，即 $\lim\limits_{x \to x_0} f(x)$ 存在，称 x_0 为可去间断点；

(2) 如果 $\lim\limits_{x \to x_0^-} f(x)$ 与 $\lim\limits_{x \to x_0^+} f(x)$ 均存在但不相等，称 x_0 为 $f(x)$ 的不可去间断点或跳跃间断点.

经典例题 1.33　讨论函数 $f(x) = \dfrac{x^2 - 1}{x + 1}$ 在 $x = -1$ 的连续性.

【解】　因为函数 $f(x) = \dfrac{x^2 - 1}{x + 1}$ 在 $x = -1$ 没有定义，所以函数 $f(x)$ 在 $x = -1$ 处不连续.

经典例题 1.34　求函数 $f(x) = \begin{cases} x + 1, & x > 0, \\ 0, & x = 0, \\ x - 1, & x < 0 \end{cases}$ 的间断点，并说明类型.

【解】　$f(x)$ 在 $x = 0$ 有定义，但

$$\lim_{x \to 0^-} f(x) = -1 \neq \lim_{x \to 0^+} f(x) = 1,$$

所以点 $x = 0$ 是函数 $f(x)$ 的间断点，且为第一类间断点 (不可去).

实际问题 1.18　个人所得税计算公式

个人所得税使用超额累进税率的计算方法（见表 1.4）.

缴税额＝全月应纳税所得额 × 税率－全月应纳税所得额速算扣除数

全月应纳税所得额＝（应发工资额－四金）－5 000 元

实发工资额＝应发工资额－四金－缴税额

扣除标准：2018 年 10 月份起，个税按 5 000 元/月的起征标准计算.

表 1.4　工资、薪金所得适用个人所得税 7 级超额累进税率表

级数	全月应纳税所得额 x	税率/%	速算扣除数/元
1	$x \leqslant 3\,000$	3	0
2	$3\,000 < x \leqslant 12\,000$	10	210
3	$12\,000 < x \leqslant 25\,000$	20	1\,410
4	$25\,000 < x \leqslant 35\,000$	25	2\,660
5	$35\,000 < x \leqslant 55\,000$	30	4\,410
6	$55\,000 < x \leqslant 80\,000$	35	7\,160
7	$80\,000 < x$	45	15\,160

因此得工资、薪金个人所得税计算函数

$$f(x) = \begin{cases} 0.03x, & x \leqslant 3\,000, \\ 0.10x - 210, & 3\,000 < x \leqslant 12\,000, \\ 0.20x - 1\,410, & 12\,000 < x \leqslant 25\,000, \\ 0.25x - 2\,660, & 25\,000 < x \leqslant 35\,000, \\ 0.30x - 4\,410, & 35\,000 < x \leqslant 55\,000, \\ 0.35x - 7\,160, & 55\,000 < x \leqslant 80\,000, \\ 0.45x - 15\,160, & 80\,000 < x. \end{cases}$$

个税计算方法步骤：

① 在表1.4列示的 7 级中，找到自己相对应的税率及速算扣除数；

② 算出自己的应纳税所得额 = 本人月收入 − 个税"起征点"5\,000 元；

③ 算出自己的个税 = 应纳税所得额 × 对应的税率 − 速算扣除数.

经典例题 1.35 某公司职员在扣除三险一金后的月收入为 10\,000 元，位于上表中的第 2 档，求其每月个税.

【解】 此收入对应的税率为 10%，速算扣除数为 210，则应纳税所得额为

$$(10\,000 - 5\,000) \times 10\% - 210 = 290(元).$$

经典例题 1.36 设 $f(x) = \begin{cases} x^2, & x \leqslant 1, \\ 1 + x, & x > 1. \end{cases}$ 讨论 $f(x)$ 在 $x = 1$ 的连续性.

【解】 因为 $f(1) = 1$，而

$$\lim_{x \to 1^-} f(x) = \lim_{x \to 1^-} x^2 = 1, \qquad \lim_{x \to 1^+} f(x) = \lim_{x \to 1^+} (1 + x) = 2,$$

24 扫一扫

所以 $\lim_{x \to 1} f(x)$ 不存在，则函数 $f(x)$ 在 $x = 1$ 处不连续，如图 1.38 所示.

经典例题 1.37 讨论函数 $f(x) = \begin{cases} 2x^2 - x + 1, & x \leqslant 0, \\ \dfrac{\sin x}{x}, & x > 0 \end{cases}$ 在 $x = 0$ 的连续性.

【解】 因为

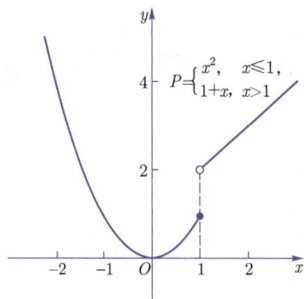

图 1.38

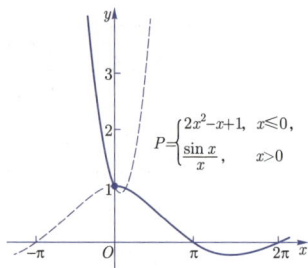

图 1.39

$$\lim_{x \to 0^-} f(x) = \lim_{x \to 0^-} (2x^2 - x + 1) = 1, \qquad \lim_{x \to 0^+} f(x) = \lim_{x \to 0^+} \frac{\sin x}{x} = 1,$$

所以 $\lim\limits_{x \to 0} f(x) = 1 = f(0)$. 由定义可知，函数 $f(x)$ 在点 $x = 0$ 处连续. 如图 1.39 所示.

1.4.2　初等函数的连续性

1. 基本初等函数 ① 的连续性

基本初等函数在定义域内都是连续函数 (图 1.40—图1.45). 例如，指数函数 $y = a^x (a > 0, a \neq 1)$ 在定义域 $\mathbb{R}$ 上是连续函数.

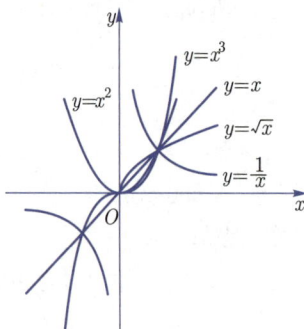

图 1.40

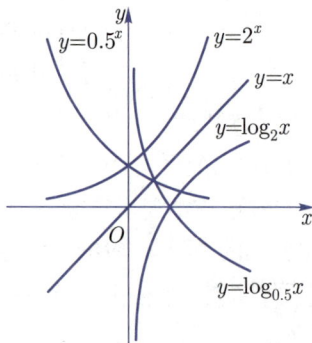

图 1.41

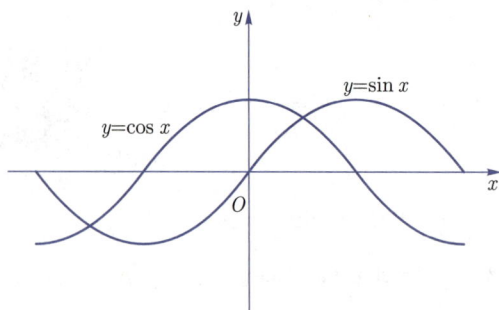

图 1.42

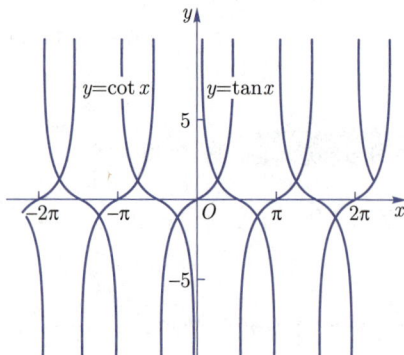

图 1.43

---

① 幂函数、指数函数、对数函数、三角函数和反三角函数统称为基本初等函数.

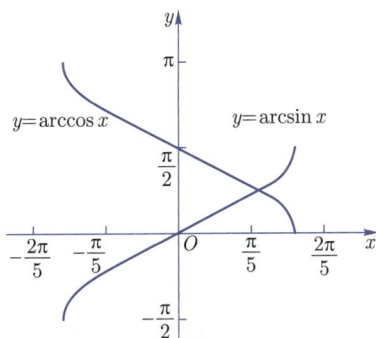

图 1.44

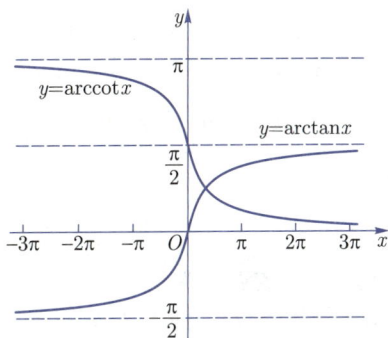

图 1.45

2. 连续函数的和、差、积、商的连续性

> ♦ **定理 1.12   和差积商连续性**
>
> 如果函数 $f(x)$ 和 $g(x)$ 在点 x_0 连续, 那么它们的和、差、积、商 (分母不为零) 仍在点 x_0 连续, 即
>
> $$\lim_{x \to x_0} (f(x) \pm g(x)) = f(x_0) \pm g(x_0),$$
>
> $$\lim_{x \to x_0} (f(x)g(x)) = f(x_0)g(x_0),$$
>
> $$\lim_{x \to x_0} \frac{f(x)}{g(x)} = \frac{f(x_0)}{g(x_0)} \quad (g(x_0) \neq 0).$$

3. 反函数 ① 的连续性

> ♦ **定理 1.13   反函数的连续性**
>
> 如果函数 $y = f(x)$ 在某区间单值、单调增加（或减少）且连续, 则它的反函数 $y = f^{-1}(x)$ 也在对应的区间严格单调增加（或减少）且连续.

例如, $\sin x$ 在 $\left[-\dfrac{\pi}{2}, \dfrac{\pi}{2}\right]$ 单调增加且连续, 所以它的反函数 $y = \arcsin x$ 在 $[-1, 1]$ 也单调增加且连续. 同样地, $y = \arccos x$ 在 $[-1, 1]$ 单调减少且连续. 总之, 反三角函数 $y = \arcsin x$, $y = \arccos x$, $y = \arctan x$, $y = \operatorname{arccot} x$ 在它们的定义域内都是连续函数.

4. 复合函数的连续性

> ♦ **定理 1.14   复合函数的连续性**
>
> 设函数 $u = \varphi(x)$ 在点 x_0 连续, 而函数 $y = f(u)$ 在 $u_0 = \varphi(x_0)$ 连续, 则复合函数 $y = f(\varphi(x))$ 在点 x_0 也连续.

---

① 设单值、单调函数 $y = f(x)$ 的定义域为 D, 值域为 w, 则对于任一 $y \in w$ 必有 $x \in D$, 使 $x = f^{-1}(y)$ 成立, 它称为 $y = f(x)$ 的反函数, 其定义域为 w, 值域为 D. 习惯上 x 为自变量, y 为因变量, 于是将 $x = f^{-1}(y)$ 记为 $y = f^{-1}(x)$.

此定理表明, 由连续函数复合而成的复合函数仍是连续函数. 因此复合函数求极限时, 极限符号 "lim" 和函数记号 "f" 等可以交换, 即

$$\lim_{x \to x_0} f(\varphi(x)) = f(\lim_{x \to x_0} \varphi(x)) = f(\varphi(\lim_{x \to x_0} x)) = f(\varphi(x_0))$$

或

$$\lim_{x \to x_0} f(\varphi(x)) = \lim_{u \to u_0} f(u).$$

5. 初等函数的连续性

由基本初等函数经有限次四则运算及有限次复合运算所生成的并且能用一个式子表示的函数称为初等函数. 由基本初等函数的连续性, 连续函数的和、差、积、商的连续性, 反函数的连续性以及复合函数的连续性可得下列重要结论: 一切初等函数 (定义域仅是孤立点集的除外) 在定义区间内都是连续函数.

若 x_0 是初等函数定义区间内的点, 由上述结论则有 $\lim_{x \to x_0} f(x) = f(x_0)$. 关于分段函数的连续性, 除按上述结论考虑每一段函数的连续性外, 要重点讨论分段点的连续性.

1.4.3　闭区间上连续函数的性质

◆ **定理 1.15　有界性定理**

若函数 $f(x)$ 在闭区间 $[a, b]$ 上连续, 则函数 $f(x)$ 在闭区间 $[a, b]$ 上有界. 如图 1.46 所示.

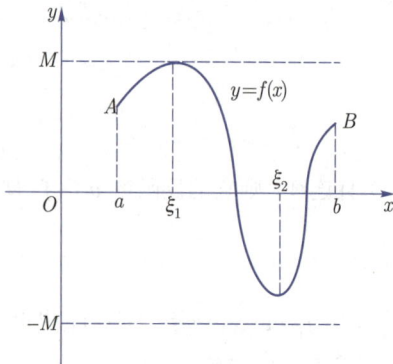

图 1.46　有界性定理　　　　　　　图 1.47　最值定理

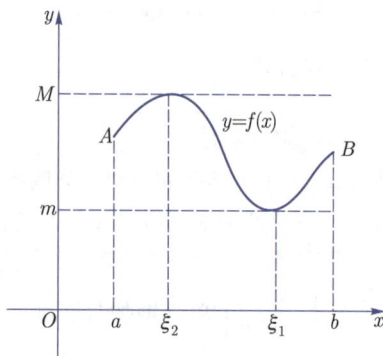

◆ **定理 1.16　最大值和最小值定理**

若函数 $f(x)$ 在闭区间 $[a, b]$ 上连续, 则函数 $f(x)$ 在闭区间 $[a, b]$ 上有最大值 M 和最小值 m. 即存在 $\xi_1, \xi_2 \in [a, b]$, 使 $f(\xi_1) = m$ 与 $f(\xi_2) = M$, 且任意 $x \in [a, b]$, 有 $m \leqslant f(x) \leqslant M$.

一般来说, 开区间上的连续函数可能取不到最大值或最小值. 例如函数 $f(x) = x$ 在 $(0, 1)$ 上既取不到最大值也取不到最小值.

如图 1.47 所示, 若函数 $f(x)$ 在闭区间 $[a, b]$ 上连续, 则函数 $f(x)$ 在闭区间 $[a, b]$ 上至少存在一点 $\xi_1 \in [a, b]$, 使得函数值 $f(\xi_1)$ 为最小值, 即 $f(\xi_1) \leqslant f(x)$; 又至少存在一点 $\xi_2 \in [a, b]$, 使得函数值 $f(\xi_2)$ 为最大值, 即 $f(x) \leqslant f(\xi_2)$.

◆ **定理 1.17   零点定理**

若函数 $f(x)$ 在闭区间 $[a,b]$ 上连续，且 $f(a)f(b) < 0$(即 $f(a)$ 与 $f(b)$ 异号)，则至少存在一点 $\xi \in (a,b)$，使

$$f(\xi) = 0.$$

定理 1.16 的几何意义是，若 $y = f(x)$ 在闭区间 $[a,b]$ 上是连续曲线，且连续曲线的始点 $(a, f(a))$ 与终点 $(b, f(b))$ 分别在 x 轴的两侧，则此连续曲线至少与 x 轴有一个交点.

◆ **定理 1.18   介值定理**

设函数 $f(x)$ 在闭区间 $[a,b]$ 上连续，m 与 M 分别是函数 $f(x)$ 在闭区间 $[a,b]$ 上的最小值与最大值，c 是 m 与 M 之间的任意数 $(m \leqslant c \leqslant M)$，则在闭区间 $[a,b]$ 上至少有一点 $\xi(\xi \in [a,b])$，使得 $f(\xi) = c$. 如图 1.48 所示.

经典例题 1.38   求证方程 $x - \sin x - 1 = 0$ 在 $[0, \pi]$ 上至少存在一个实根 ξ.

【证明】 设 $f(x) = x - \sin x - 1$，显然 $f(x)$ 是初等函数，因此 $f(x)$ 在闭区间 $[0, \pi]$ 上连续. 又 $f(0) = -1 < 0$，$f(\pi) = \pi - 1 > 0$，由介值定理得，在 $[0, \pi]$ 上至少存在一点 ξ，使得 $f(\xi) = 0$，即 $\xi - \sin \xi - 1 = 0$ $(\xi \in [0, \pi])$. 这个等式说明方程 $x - \sin x - 1 = 0$ 在 $[0, \pi]$ 上至少存在一个实根. 如图 1.49 所示.

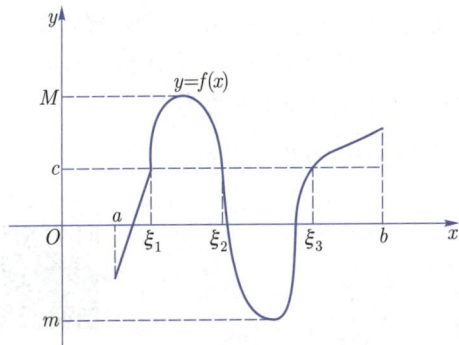

图 1.48

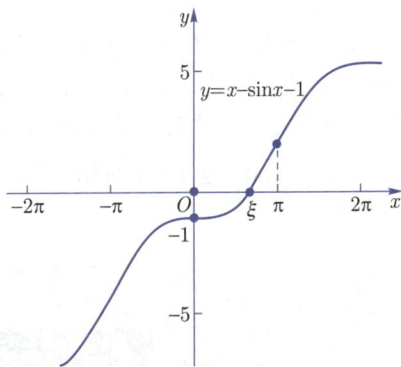

图 1.49

26 扫一扫

实际问题 1.19   水池造价

建造一个容积为 V 的无盖长方体水池，它的底面为正方形，现池底的单位面积造价为侧面积造价的 3 倍，试建立总造价与底面边长的函数关系.

【解】 设水池高为 h，底面边长为 x，总造价为 C，侧面单位造价为 a，由已知 $V = x^2 h$，可得水池深度 $h = \dfrac{V}{x^2}$，侧面积 $S = 4xh = 4x\dfrac{V}{x^2} = \dfrac{4V}{x}$，从而得总造价

$$C(x) = 3ax^2 + \frac{4aV}{x} \quad (x > 0).$$

实际问题 1.20　灯柱的高度与照度

在半径为 R 的圆形场地中央的上方有一盏灯，试将场地边缘照度表示成灯的高度的函数.（根据物理学知识，照度 J 与 $\sin\theta$ 成正比，与半径 R 的平方成反比，即 $J = k\dfrac{\sin\theta}{R^2}$. 其中比例常数 k 由灯光强度决定，θ 是边缘光线与底面的夹角.）

【解】 设灯的高度为 h，照度为 J，如图 1.50 所示.

因为
$$\sin\theta = \frac{h}{r}, \quad r = \sqrt{h^2 + R^2},$$

所以
$$\sin\theta = \frac{h}{r} = \frac{h}{\sqrt{h^2 + R^2}}.$$
$$J(h) = k\frac{\sin\theta}{R^2} = \frac{kh}{R^2\sqrt{h^2 + R^2}}.$$

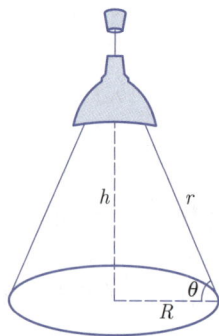

图 1.50　照度

实际问题 1.21　立交桥上两车之间的最近距离

某立交桥上、下是两互相垂直的公路，一条是东西走向，一条是南北走向. 现有一辆车在桥下南方 100 m 处，以 20 m/s 的速度向北行驶，而另一辆车在桥上西方 150 m 处，以 20 m/s 速度向东行驶，已知桥高为 10 m，试建立两车之间距离 s 与时间 t 的函数关系.

【解】 设 t 时刻两车之间的距离为 s，则在时刻 t，桥下由南向北行驶的汽车的位置是 $100 - 20t$，而桥上由西向东行驶的汽车的位置是 $150 - 20t$，两辆汽车的位置恰好是立方体相对的两个顶点，它们之间的距离就是长方体对角线的长度，因此在时刻 t 两辆汽车的距离为
$$s = \sqrt{(100 - 20t)^2 + (150 - 20t)^2} = \sqrt{800t^2 - 10\,000t + 32\,500}.$$

♣ 习　题　1 ♣

习题 1 答案

一、填空题

1. 如果函数 $f(x)$ 的定义域为 $[1, 2]$，则函数 $f(1 - \ln x)$ 的定义域为_____.
2. 函数 $f(x) = \mathrm{e}^{\sin^2 x}$ 的复合过程为_____.
3. $\lim\limits_{n\to\infty} \dfrac{(3n+7)^3(2n+1)^2}{(5n+9)^4(n+2)} = $_____.
4. $\lim\limits_{n\to\infty} \left(1 + \dfrac{1}{3} + \dfrac{1}{3^2} + \cdots + \dfrac{1}{3^{n-1}}\right) = $_____.
5. $\lim\limits_{x\to 1} \dfrac{x^3 - 1}{x - 1} = $_____.
6. 设 $y = x - 2\arctan x$，则 $\lim\limits_{x\to-\infty}(y - x) = $_____.
7. $\lim\limits_{n\to\infty} \dfrac{n\sin(n!)}{\sqrt{2n^3 + 3n + 5}} = $_____.

8. $\lim\limits_{x\to\infty}\left(1+\dfrac{k}{x}\right)^x = 3$，则 $k = $ _____.

9. $\lim\limits_{x\to 0}\sqrt[x]{1+3x} = $ _____.

10. $\lim\limits_{x\to\infty}\dfrac{3x^2+5}{5x+3}\sin\dfrac{2}{x} = $ _____.

11. 函数 $f(x) = \dfrac{x^3+3x+5}{x^2+x-6}$ 的连续区间为_____.

12. 设 $f(x) = \begin{cases} x+2, & x\leqslant 0, \\ \dfrac{\tan x}{x}, & x>0, \end{cases}$ 则 $x=0$ 是函数 $f(x)$ 的第_____类间断点.

13. 设 $\lim\limits_{x\to -1}\dfrac{x^2+ax+4}{x+1} = 3$，则 $a = $ _____.

14. 当 $x\to 0$ 时，$\sqrt[3]{1+ax}-1$ 与 $\sin 2x$ 为等价无穷小，则 $a = $ _____.

15. 设函数 $f(x) = \begin{cases} \dfrac{\ln(1+2x^2)}{\sin^2 x}, & x>0, \\ a+x^2, & x\leqslant 0, \end{cases}$ 则 $a = $ _____时，$f(x)$ 在 $(-\infty,+\infty)$ 上连续.

16. $y = \dfrac{|x-1|}{x^2-1}$，$x=1$ 为第_____类_____间断点.

17. 函数 $y=f(x)$ 是连续奇函数，且 $f(-1)=1$，则 $\lim\limits_{x\to 1}f(x) = $ _____.

18. 曲线 $f(x) = \dfrac{x+1}{x^2-1}$ 的水平渐近线为_____，铅直渐近线_____.

二、选择题

1. 下列函数中为初等函数的是（　　）.

   (A) 绝对值函数 $f(x) = |x|$

   (B) 取整函数 $f(x) = [x] = n, n\leqslant x < n+1$

   (C) 符号函数 $f(x) = \operatorname{sgn}x = \begin{cases} 1, & x>0, \\ 0, & x=0, \\ -1, & x<0 \end{cases}$

   (D) 狄利克雷函数 $D(x) = \begin{cases} 1, & x\in \text{有理数}, \\ 0, & x\in \text{无理数} \end{cases}$

2. 已知数列 $\{2+(-1)^n\}$，则该数列（　　）.

   (A) 收敛于 1 　　(B) 收敛于 3 　　(C) 发散 　　(D) 以上结论都不对

3. $\lim\limits_{x\to\infty}f(x) = A$ 是 $\lim\limits_{x\to +\infty}f(x) = \lim\limits_{x\to -\infty}f(x) = A$ 成立的（　　）.

   (A) 充分条件 　　(B) 必要条件 　　(C) 充分必要条件 　　(D) 无关条件

4. 下列极限错误的是（　　）.

   (A) $\lim\limits_{x\to 0}e^{\frac{1}{x}} = \infty$ 　　(B) $\lim\limits_{x\to 0^-}e^{\frac{1}{x}} = 0$ 　　(C) $\lim\limits_{x\to 0^+}e^{\frac{1}{x}} = +\infty$ 　　(D) $\lim\limits_{x\to\infty}e^{\frac{1}{x}} = 1$

5. 当 $x\to 0^+$ 时，下列变量是无穷小的有（　　）.

   (A) $\dfrac{\sin x}{\sqrt{x}}$ 　　(B) 2^x+3^x-1 　　(C) $\ln x$ 　　(D) $\dfrac{\cos x}{x}$

6. 若 x 是无穷小，下面说法中错误的是（　　）.

   (A) x^2 是无穷小

   (B) $2x$ 是无穷小

   (C) $x-0.000\,01$ 是无穷小

   (D) $-x$ 是无穷小

7. 下列等式成立的是（　　）.

   (A) $\lim\limits_{x\to 0}\dfrac{\sin x}{x} = 0$ 　　(B) $\lim\limits_{x\to\infty}\dfrac{\sin x}{x} = 1$ 　　(C) $\lim\limits_{x\to 0}x\sin\dfrac{1}{x} = 1$ 　　(D) $\lim\limits_{x\to\infty}x\sin\dfrac{1}{x} = 1$

8. $\lim\limits_{n\to\infty}\left(1+\dfrac{1}{n}\right)^{(n+10\ 000)}$ 的值是 (　　).

(A) e　　　　　　　　(B) $e^{10\ 000}$　　　　　　(C) $e\cdot e^{10\ 000}$　　　　(D) 其他值

9. 当 $x\to\infty$ 时, $f(x)=x\sin x$ 是 (　　).

(A) 无穷大量　　　　(B) 无穷小量　　　　(C) 无界变量　　　　(D) 有界变量

10. 函数 $f(x)=\dfrac{\sin x}{x}+\dfrac{e^x}{2+x}+\ln(1+x)$ 的间断点个数是 (　　).

(A) 0　　　　　　　　(B) 1　　　　　　　　(C) 2　　　　　　　　(D) 3

11. 当 $x\to 0$ 时, $1-\cos x$ 是 $\sin^2 x$ 的 (　　).

(A) 高阶无穷小　　　　　　　　　　　　(B) 同阶无穷小, 但不等价

(C) 等价无穷小　　　　　　　　　　　　(D) 低阶无穷小

12. $f(x)$ 在 $x=x_0$ 处有定义是 $\lim\limits_{x\to x_0}f(x)$ 存在的 (　　).

(A) 充分条件　　　　(B) 必要条件　　　　(C) 充要条件　　　　(D) 无关条件

13. 函数 $f(x)=\begin{cases} x+\dfrac{\sin x}{x}, & x<0, \\ 0, & x=0, \\ x\cos\dfrac{1}{x}, & x>0, \end{cases}$ 则 $x=0$ 是 $f(x)$ 的 (　　).

(A) 连续点　　　　(B) 可去间断点　　　　(C) 跳跃间断点　　　　(D) 振荡间断点

14. $f(x)$ 在 $x=x_0$ 处极限存在是 $f(x)$ 在 $x=x_0$ 处连续的 (　　).

(A) 充分条件但非必要条件　　　　　　(B) 必要条件但非充分条件

(C) 充要条件　　　　　　　　　　　　(D) 无关条件

三、计算题

1. 求下列极限:

(1) $\lim\limits_{x\to 1}\dfrac{\sqrt{5x-4}-\sqrt{x}}{x-1}$;

(2) $\lim\limits_{x\to 1}\dfrac{x^2+3x+1}{(x-1)^2}$;

(3) $\lim\limits_{x\to\infty}\left(x\tan\dfrac{1}{x}+\dfrac{3-x-3x^2}{x^2+x}\right)$;

(4) $\lim\limits_{x\to\infty}\dfrac{x-\sin x}{x+\sin x}$;

(5) $\lim\limits_{x\to 0}\dfrac{\sin(\sin(\sin x))}{x}$;

(6) $\lim\limits_{n\to\infty}\dfrac{2^{n+1}+3^{n+1}}{2^n+3^n}$;

(7) $\lim\limits_{n\to\infty}n(\ln(n+1)-\ln n)$;

(8) $\lim\limits_{x\to 0}(1-3x)^{\frac{1}{x}+x}$;

(9) $\lim\limits_{n\to\infty}\sqrt[n]{1+2^n+3^n}$;

(10) $\lim\limits_{n\to\infty}\dfrac{1}{n+2}\left(1+2+3+\cdots+(n-1)-\dfrac{n^2}{2}\right)$;

(11) $\lim\limits_{x\to 0}\dfrac{2\sin x-\sin 2x}{x^3}$;

(12) $\lim\limits_{x\to\infty}\left(\dfrac{2x+3}{2x+1}\right)^{x+1}$;

(13) $\lim\limits_{x\to 1}\left(\dfrac{1}{x-1}-\dfrac{3}{x^3-1}\right)$;

(14) $\lim\limits_{x\to 1^-}\dfrac{x^2-1}{x-1}e^{-\frac{1}{x-1}}$;

(15) $\lim\limits_{x\to+\infty}x(\sqrt{x^2+1}-x)$;

(16) $\lim\limits_{x\to 0}\ln\dfrac{\sin x}{x}$;

(17) $\lim\limits_{x\to 0}\dfrac{e^{x-1}\ln(x+2)}{1+\cos x}$;

(18) $\lim\limits_{x\to+\infty}(\sqrt{x+\sqrt{x+\sqrt{x}}}-\sqrt{x})$.

2. 已知 $\lim\limits_{x\to\infty}\left(\dfrac{x+2a}{x-a}\right)^x=8$，求 a.

3. 若 $\lim\limits_{x\to\infty}\left(\dfrac{x^2+1}{x+1}+ax+b\right)=0$，试求常数 a,b 的值.

4. 设 $f(x)=\begin{cases}\mathrm{e}^{\frac{1}{x-1}}, & x>0, \\ \ln(1+x), & -1<x\leqslant 0,\end{cases}$ 求 $f(x)$ 的间断点，并说明间断点的类型.

5. 设函数 $f(x)=\begin{cases}\dfrac{\sqrt[3]{1-2x^2}-1}{\cos x-1}, & x>0, \\ x^2+x+a, & x\leqslant 0,\end{cases}$ 应当怎样选取 a，使得 $f(x)$ 在 $x=0$ 处连续？

6. 若 $\lim\limits_{x\to 2}\dfrac{x^2-3x+a}{x-2}=b$，求常数 a,b 的值.

四、证明题

1. 证明方程 $x\cdot 2^x=1$ 至少有一个小于 1 的正根.
2. 证明方程 $x=a\sin x+b\;(a>0,b>0)$ 至少有一个正根，并且它不超过 $a+b$.

五、应用题

1. 假设某种传染病流行 t 天后，传染的人数 $N(t)$ 为

$$N(t)=\frac{10^6}{1+5\times 10^3\mathrm{e}^{-0.1t}},$$

(1) t 为多少天时，会有 50 万人传染上这种疾病？

(2) 若从长远考虑，将有多少人传染上这种疾病？

2. 某种细菌的繁殖速度在培养基充足等条件满足时，与当时已有的数量 A_0 成正比，即 $v=kA_0\;(k>0,k$ 为比例常数)，问经过时间 t 后细菌的数量是多少？

第 2 章 导数与微分

2

学习目标与要求

- ◆ 理解导数与微分的概念.
- ◆ 了解函数的连续性、可导性、可微性之间的关系.
- ◆ 掌握导数和微分的基本公式、四则运算法则、微分形式不变性.
- ◆ 熟练掌握复合函数、反函数、隐函数及参数方程所确定函数的微分法.
- ◆ 掌握高阶导数及常用的函数 n 阶导数公式.

2.1　导数的概念

2.1.1　切线与速度

实际问题 2.1　曲线的切线

　　一般曲线的切线问题.

1. 切线问题分析

　　如果一条直线与一个圆只有一个交点，则可以认为直线与圆的位置关系是相切. 对于一般曲线这个定义并不适用. 如图 2.1 和图 2.2 中直线和曲线的位置显然不是相切关系，而图 2.3 中二者确实是相切关系. 那么如何求曲线的切线呢？牛顿在 1660 年第一个提出了极限与导数的思想，并用其解决了切线问题. 实际上早在牛顿之前，牛顿的两位老师费马、巴罗就已成功地解决了切线问题. 下面我们看看牛顿是怎样求切线的.

2. 切线问题解决办法

　　设曲线 L 是函数 $f(x)$ 的图像，求在给定点 $P(x_0, y_0)$ 处曲线 L 的切线的斜率. 如图 2.4 所示，过点 $P(x_0, y_0)$ 及点 $Q(x_0 + \Delta x, y_0 + \Delta y)$ 作割线 PQ，当点 Q 沿着曲线 L 趋近点 P (图 2.5、图 2.6) 时，割线 PQ 的极限位置 PT，正是曲线 L 在点 P 处的切线.

　　设割线 PQ 的倾斜角为 β，则割线 PQ 的斜率为

$$\tan \beta = \frac{\Delta y}{\Delta x} = \frac{f(x_0 + \Delta x) - f(x_0)}{\Delta x}. \tag{2.1}$$

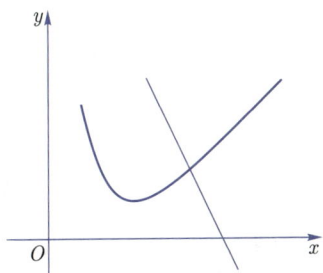

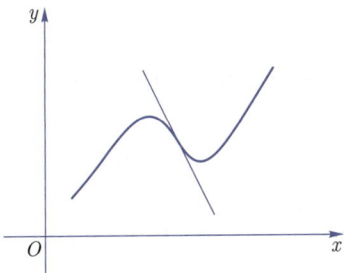

图 2.1　一个交点不相切　　　图 2.2　一个交点不相切　　　图 2.3　两个交点却相切

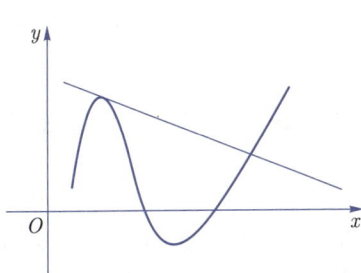

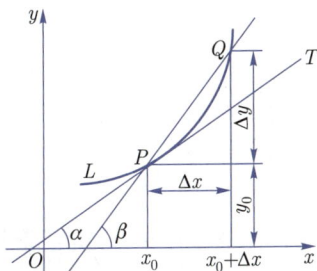

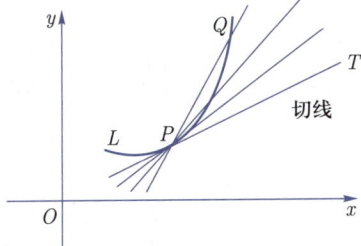

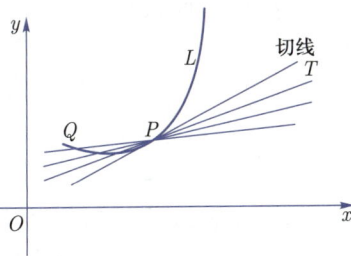

图 2.4　T 为切线　　　图 2.5　Q 点趋近 P 点　　　图 2.6　Q 点趋近 P 点

又设切线 PT 的倾斜角为 α，则切线 PT 的斜率为

$$k = \tan\alpha = \lim_{\beta \to \alpha} \frac{\Delta y}{\Delta x} = \lim_{\Delta x \to 0} \frac{\Delta y}{\Delta x} = \lim_{\Delta x \to 0} \frac{f(x_0 + \Delta x) - f(x_0)}{\Delta x} \quad \left(\alpha \neq \frac{\pi}{2}\right). \tag{2.2}$$

如果这个极限不存在（且不是无穷大），则曲线 L 在点 P 处没有切线.

实际问题 2.2　瞬时速度

变速运动瞬时速度问题.

1. 速度问题分析

由物理学知道，当物体做匀速直线运动时，它在任何时刻的速度可以用公式：速度 = 路程/时间，即

$$v = \frac{s}{t} \tag{2.3}$$

来计算. 但是在实际问题中遇到的运动有时是变速运动. 因此，上述公式只能表示物体走完某段路程的平均速度，而实际需要讨论的是物体运动过程中任一时刻的速度，即瞬时速度.

2. 瞬时速度问题解决办法

设某一物体做变速直线运动，运动规律为 $s = s(t)$，现在考察该物体在时刻 t_0 的瞬时速度. 如图 2.7 所示.

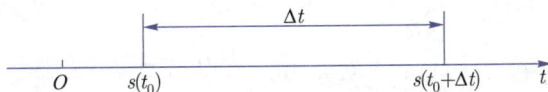

图 2.7

当时间由 t_0 变到 $t_0 + \Delta t$ 时，物体经过的路程为

$$\Delta s = s(t_0 + \Delta t) - s(t_0),$$

于是，Δt 这段时间内的平均速度为

$$\overline{v} = \frac{\Delta s}{\Delta t} = \frac{s(t_0 + \Delta t) - s(t_0)}{\Delta t}, \tag{2.4}$$

从整体看，是变速运动；但是从局部看，在一段很短的时间 Δt 内，运动速度变化不大，可以近似地看成匀速运动. 因此当 Δt 很小时，$\overline{v}$ 可以作为物体在 t_0 时刻的瞬时速度的近似值.

显然，$|\Delta t|$ 越小，$\overline{v}$ 就越接近物体在 t_0 时刻的瞬时速度，即若 $\Delta t \to 0$，$\dfrac{\Delta s}{\Delta t}$ 的极限即是物体在 t_0 时刻的瞬时速度

$$v(t_0) = \lim_{\Delta t \to 0} \overline{v} = \lim_{\Delta t \to 0} \frac{\Delta s}{\Delta t} = \lim_{\Delta t \to 0} \frac{s(t_0 + \Delta t) - s(t_0)}{\Delta t}. \tag{2.5}$$

2.1.2　导数的概念

切线与速度问题，虽然实际意义不同，但它们数量关系的本质一样，都是瞬时变化率，都可以归结为计算函数的增量与自变量增量之比当自变量增量趋近于零时的极限，这种形式的极限称为函数的导数.

♦ **定义 2.1　平均变化率**

设函数 $y = f(x)$ 在 $U(x_0)$ 有定义，$y = f(x)$ 在点 x_0 的增量 $\Delta y = f(x_0 + \Delta x) - f(x_0)$ 与引起这个增量的自变量增量 Δx 的比值

$$\frac{\Delta y}{\Delta x} = \frac{f(x_0 + \Delta x) - f(x_0)}{\Delta x} \tag{2.6}$$

称为函数 $y = f(x)$ 关于自变量 x 的平均变化率.

如 (2.1)、(2.4) 式都是平均变化率.

♦ **定义 2.2　导数的定义**

设函数 $y = f(x)$ 在 $U(x_0)$ 有定义，若函数 $y = f(x)$ 在点 x_0 的增量 $\Delta y = f(x_0 + \Delta x) - f(x_0)$ 与引起这个增量的自变量增量 Δx 的比值当 $\Delta x \to 0$ 时的极限

$$\lim_{\Delta x \to 0} \frac{\Delta y}{\Delta x} = \lim_{\Delta x \to 0} \frac{f(x_0 + \Delta x) - f(x_0)}{\Delta x} \tag{2.7}$$

存在，则称 $f(x)$ 在点 x_0 处可导. 此极限称为函数 $y = f(x)$ 在点 x_0 的导数 (或瞬时变化率)，记为

$$f'(x_0), \quad y'|_{x=x_0}, \quad \frac{\mathrm{d}y}{\mathrm{d}x}\bigg|_{x=x_0}, \quad \frac{\mathrm{d}f(x)}{\mathrm{d}x}\bigg|_{x=x_0},$$

即

$$f'(x_0) = \lim_{\Delta x \to 0} \frac{\Delta y}{\Delta x} = \lim_{\Delta x \to 0} \frac{f(x_0 + \Delta x) - f(x_0)}{\Delta x}. \tag{2.8}$$

如果极限 $\lim\limits_{\Delta x \to 0} \dfrac{\Delta y}{\Delta x}$ 不存在, 则称函数 $y = f(x)$ 在点 x_0 处不可导或导数不存在; 如果极限 $\lim\limits_{\Delta x \to 0} \dfrac{\Delta y}{\Delta x} = \infty$, 则称函数 $y = f(x)$ 在点 x_0 处的导数为无穷大. 设 $x = x_0 + \Delta x$, 当 $\Delta x \to 0$ 时, 有 $x \to x_0$, (2.8) 式可以写成

$$f'(x_0) = \lim_{x \to x_0} \frac{f(x) - f(x_0)}{x - x_0}. \tag{2.9}$$

由导数的定义可知前面两例中, $y = f(x)$ 在点 $P(x_0, y_0)$ 处切线的斜率是函数 $y = f(x)$ 在点 x_0 的导数, 即

$$\tan \alpha = f'(x_0). \tag{2.10}$$

做变速直线运动的物体在 t_0 时刻的瞬时速度 $v(t_0)$, 就是路程函数 $s(t)$ 在时间 t_0 处的导数, 即

$$v(t_0) = s'(t_0). \tag{2.11}$$

> **◆ 定义 2.3　函数在区间可导**
>
> 若函数 $y = f(x)$ 在开区间 (a, b) 内每一点都可导, 则称 $y = f(x)$ 在开区间 (a, b) 内可导. 这时函数 $y = f(x)$ 对于开区间 (a, b) 内每一个确定的 x 值, 都对应一个确定的导数值 $y' = f'(x)$, 因此构成了一个新的函数, 这个函数称为函数 $y = f(x)$ 的导数函数, 简称导数, 记为
>
> $$f'(x), \quad y', \quad \frac{\mathrm{d}y}{\mathrm{d}x}, \quad \frac{\mathrm{d}f(x)}{\mathrm{d}x},$$
>
> 即
>
> $$f'(x) = \lim_{\Delta x \to 0} \frac{\Delta y}{\Delta x} = \lim_{\Delta x \to 0} \frac{f(x + \Delta x) - f(x)}{\Delta x}. \tag{2.12}$$
>
> 显然, 函数 $y = f(x)$ 在点 x_0 的导数 $f'(x_0)$, 是导数函数 $f'(x)$ 在点 x_0 的函数值, 即
>
> $$f'(x_0) = f'(x)|_{x=x_0}$$

实际问题 2.3　导数的几何意义

由实际问题 2.1 可知, 函数 $y = f(x)$ 在点 x_0 的导数等于函数所表示的曲线 L 在点 $P(x_0, y_0)$ 的切线的斜率, 即 $f'(x_0) = \tan \alpha = k$.

事实上, 若 $f'(x_0)$ 存在, 则曲线 L 在点 $P(x_0, y_0)$ 的切线方程为

$$y - y_0 = f'(x_0)(x - x_0). \tag{2.13}$$

如果 $f'(x_0) = \infty$, 表明曲线 L 在该点的切线垂直于 x 轴, 则切线方程为

$$x = x_0.$$

过切点 $P(x_0, y_0)$ 且与切线垂直的直线称为曲线 L 在点 $P(x_0, y_0)$ 的法线.

如果 $f'(x_0) \neq 0$, 则过点 $P(x_0, y_0)$ 的法线方程为

$$y - y_0 = -\frac{1}{f'(x_0)}(x - x_0). \tag{2.14}$$

当 $f'(x_0) = 0$ 时, 表明曲线 L 在该点的法线垂直于 x 轴, 则法线方程为 $x = x_0$.

实际问题 2.4   电流

设有非恒定电流通过导线. 从某一时刻开始到时刻 t 通过该导线横截面的电荷量为 Q, 且 Q 为 t 的函数 $Q = Q(t)$, 求时刻 t_0 的电流 $I(t_0)$.

$$I(t_0) = Q'(t_0) = \lim_{\Delta t \to 0} \frac{\Delta Q}{\Delta t} = \lim_{\Delta t \to 0} \frac{Q(t_0 + \Delta t) - Q(t_0)}{\Delta t}. \tag{2.15}$$

实际问题 2.5   冷却速度

当物体的温度高于周围介质的温度时, 物体就会不断冷却. 若物体的温度 T 与时间 t 的函数关系为 $T = T(t)$, 请表示出物体在 t_0 时刻的冷却速度.

$$v(t_0) = T'(t_0) = \lim_{\Delta t \to 0} \frac{\Delta T}{\Delta t} = \lim_{\Delta t \to 0} \frac{T(t_0 + \Delta t) - T(t_0)}{\Delta t}. \tag{2.16}$$

经典例题 2.1   设 $f'(3) = 2$, 求 $\lim\limits_{h \to 0} \dfrac{f(3 - h) - f(3)}{2h}$.

【解】
$$\lim_{h \to 0} \frac{f(3 - h) - f(3)}{2h} = \lim_{h \to 0} \frac{f(3 + (-h)) - f(3)}{-h} \frac{1}{-2}$$
$$= -\frac{1}{2} f'(3) = -1.$$

经典例题 2.2   设 $f'(0) = 1$, 求 $\lim\limits_{x \to 0} \dfrac{f(x) - f(-x)}{x}$.

【解】
$$\lim_{x \to 0} \frac{f(x) - f(-x)}{x} = \lim_{x \to 0} \frac{f(x) - f(0) + f(0) - f(-x)}{x}$$
$$= \lim_{x \to 0} \frac{f(x) - f(0)}{x} + \lim_{x \to 0} \frac{f(0 - x) - f(0)}{-x}$$
$$= f'(0) + f'(0) = 2.$$

导数来自于极限, 极限有左极限和右极限, 所以导数也有左导数和右导数.

◆ 定义 2.4   左导数与右导数

若极限

$$\lim_{\Delta x \to 0^-} \frac{\Delta y}{\Delta x} = \lim_{\Delta x \to 0^-} \frac{f(x_0 + \Delta x) - f(x_0)}{\Delta x}, \tag{2.17}$$

$$\lim_{\Delta x \to 0^+} \frac{\Delta y}{\Delta x} = \lim_{\Delta x \to 0^+} \frac{f(x_0 + \Delta x) - f(x_0)}{\Delta x} \tag{2.18}$$

存在, 则分别称 $f(x)$ 在点 x_0 处左可导与右可导, 其极限 (2.17)、(2.18) 分别称为函数 $y = f(x)$ 在点 x_0 的左导数与右导数, 分别表示为 $f'(x_0^-), f'(x_0^+)$, 即

$$f'(x_0^-) = \lim_{\Delta x \to 0^-} \frac{f(x_0 + \Delta x) - f(x_0)}{\Delta x} = \lim_{x \to x_0^-} \frac{f(x) - f(x_0)}{x - x_0}, \tag{2.19}$$

$$f'(x_0^+) = \lim_{\Delta x \to 0^+} \frac{f(x_0 + \Delta x) - f(x_0)}{\Delta x} = \lim_{x \to x_0^+} \frac{f(x) - f(x_0)}{x - x_0}. \tag{2.20}$$

由极限存在定理得

♦ 定理 2.1　函数可导的充要条件

函数 $y = f(x)$ 在点 x_0 可导的充要条件是，函数 $f(x)$ 在点 x_0 的左导数和右导数都存在且相等，即

$$f'(x_0^-) = \lim_{x \to x_0^-} \frac{f(x) - f(x_0)}{x - x_0} = \lim_{x \to x_0^+} \frac{f(x) - f(x_0)}{x - x_0} = f'(x_0^+). \tag{2.21}$$

2.1.3　可导与连续

下面给出函数可导与函数连续的关系.

♦ 定理 2.2　可导与连续的关系

若函数 $y = f(x)$ 在点 x_0 可导，则函数 $y = f(x)$ 在点 x_0 连续.

【证明】　设在 x_0 点自变量的增量是 Δx，相应函数的增量是

$$\Delta y = f(x_0 + \Delta x) - f(x_0). \tag{2.22}$$

因为函数 $y = f(x)$ 在 $x = x_0$ 可导，所以有

$$\lim_{\Delta x \to 0} \frac{\Delta y}{\Delta x} = f'(x_0). \tag{2.23}$$

当 $\Delta x \neq 0$ 时，$\Delta y = \dfrac{\Delta y}{\Delta x} \Delta x$，于是

$$\lim_{\Delta x \to 0} \Delta y = \lim_{\Delta x \to 0} \left(\frac{\Delta y}{\Delta x} \Delta x \right) = \lim_{\Delta x \to 0} \frac{\Delta y}{\Delta x} \lim_{\Delta x \to 0} \Delta x = f'(x_0) \cdot 0 = 0. \tag{2.24}$$

于是，函数 $y = f(x)$ 在 $x = x_0$ 连续.

反之，如果函数 $y = f(x)$ 在 $x = x_0$ 连续，则函数在该点不一定可导. 即函数 $y = f(x)$ 在 $x = x_0$ 连续是它在该点可导的必要条件但不是充分条件.

经典例题 2.3　证明函数 $y = f(x) = |x|$ 在 $\mathbb{R}$ 上处处连续，但在 $x = 0$ 处不可导.

【证明】　如图 2.8 所示，函数 $y = f(x) = |x|$ 在 $\mathbb{R}$ 上处处连续. 在 $x = 0$ 处，

$$\Delta y = |0 + \Delta x| - |0| = |\Delta x|.$$

于是，$x = 0$ 点的右导数为

$$\lim_{\Delta x \to 0^+} \frac{\Delta y}{\Delta x} = \lim_{\Delta x \to 0^+} \frac{|\Delta x|}{\Delta x} = \lim_{\Delta x \to 0^+} \frac{\Delta x}{\Delta x} = 1, \quad (2.25)$$

$x = 0$ 点的左导数为

$$\lim_{\Delta x \to 0^-} \frac{\Delta y}{\Delta x} = \lim_{\Delta x \to 0^-} \frac{|\Delta x|}{\Delta x} = \lim_{\Delta x \to 0^-} \frac{-\Delta x}{\Delta x} = -1. \quad (2.26)$$

所以 $\lim\limits_{\Delta x \to 0} \dfrac{\Delta y}{\Delta x}$ 不存在，函数 $y = f(x) = |x|$ 在 $x = 0$ 不可导.

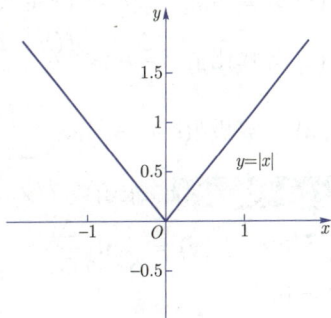

图 2.8　不可导

2.2   函数的求导法则

1. 实际问题分析

实际问题 2.6   气球体积关于半径的变化率

现向某气球注入气体，假定气体的压强不变．问当气球半径为 2 cm 时，气球的体积关于半径的变化率是多少？

【解】 气球的体积 V 与半径 r 之间的函数关系为

$$V = \frac{4}{3}\pi r^3, \tag{2.27}$$

气球的体积关于半径的变化率为

$$\frac{\mathrm{d}V}{\mathrm{d}r} = \lim_{\Delta r \to 0} \frac{\Delta V}{\Delta r}, \tag{2.28}$$

其中

$$\Delta V = \frac{4}{3}\pi(r+\Delta r)^3 - \frac{4}{3}\pi r^3 = \frac{4}{3}\pi((r+\Delta r)^3 - r^3)$$

$$= \frac{4}{3}\pi(3r^2\Delta r + 3r\Delta r^2 + \Delta r^3).$$

所以

$$\frac{\mathrm{d}V}{\mathrm{d}r} = \lim_{\Delta r \to 0} \frac{\Delta V}{\Delta r} = \lim_{\Delta r \to 0} \frac{\frac{4}{3}\pi(3r^2\Delta r + 3r\Delta r^2 + \Delta r^3)}{\Delta r} = 4\pi r^2. \tag{2.29}$$

半径为 2 cm 时，气球的体积关于半径的变化率为

$$\left.\frac{\mathrm{d}V}{\mathrm{d}r}\right|_{r=2} = 4\pi \times 2^2 = 16\pi \approx 50.3 \ (\mathrm{cm}^2).$$

2. 函数的求导步骤

由实际问题 2.6 及导数定义可得，求 $y = f(x)$ 导数的步骤：

(1) 计算增量：$\Delta y = f(x+\Delta x) - f(x)$；

(2) 计算比值：$\dfrac{\Delta y}{\Delta x} = \dfrac{f(x+\Delta x) - f(x)}{\Delta x}$；

(3) 计算极限：$y' = \lim\limits_{\Delta x \to 0} \dfrac{\Delta y}{\Delta x} = \lim\limits_{\Delta x \to 0} \dfrac{f(x+\Delta x) - f(x)}{\Delta x}$.

经典例题 2.4   求函数 $f(x) = c$ 的导数.

【解】 $f'(x) = \lim\limits_{\Delta x \to 0} \dfrac{\Delta y}{\Delta x} = \lim\limits_{\Delta x \to 0} \dfrac{f(x+\Delta x) - f(x)}{\Delta x} = \lim\limits_{\Delta x \to 0} \dfrac{c - c}{\Delta x} = 0.$
即 $c' = 0$.

经典例题 2.5 求函数 $f(x) = \sin x$ 的导数.

【解】 $f'(x) = \lim\limits_{\Delta x \to 0} \dfrac{\Delta y}{\Delta x} = \lim\limits_{\Delta x \to 0} \dfrac{f(x + \Delta x) - f(x)}{\Delta x}$

$$= \lim\limits_{\Delta x \to 0} \dfrac{\sin(x + \Delta x) - \sin x}{\Delta x} = \lim\limits_{\Delta x \to 0} \dfrac{2 \cos \dfrac{2x + \Delta x}{2} \sin \dfrac{\Delta x}{2}}{\Delta x}$$

$$= \lim\limits_{\Delta x \to 0} \dfrac{\sin \dfrac{\Delta x}{2}}{\dfrac{\Delta x}{2}} \lim\limits_{\Delta x \to 0} \cos\left(x + \dfrac{\Delta x}{2}\right) = \cos x.$$

即 $(\sin x)' = \cos x$. 类似地可求得 $(\cos x)' = -\sin x$.

经典例题 2.6 求函数 $f(x) = \log_a x (a > 0, a \neq 1)$ 的导数.

【解】 $f'(x) = \lim\limits_{\Delta x \to 0} \dfrac{\Delta y}{\Delta x} = \lim\limits_{\Delta x \to 0} \dfrac{f(x + \Delta x) - f(x)}{\Delta x} = \lim\limits_{\Delta x \to 0} \dfrac{\log_a(x + \Delta x) - \log_a x}{\Delta x}$

$$= \lim\limits_{\Delta x \to 0} \log_a \left[\left(1 + \dfrac{\Delta x}{x}\right)^{\frac{x}{\Delta x}}\right]^{\frac{1}{x}} = \dfrac{1}{x} \log_a \mathrm{e} = \dfrac{1}{x \ln a}.$$

即 $(\log_a x)' = \dfrac{1}{x \ln a}$.

特别地, 当 $a = \mathrm{e}$ 时, 即得自然对数的导数 $(\ln x)' = \dfrac{1}{x}$.

另外, 为了应用方便, 先给出幂函数的求导公式 $(x^a)' = ax^{a-1}$, 证明见经典例题 2.11.

2.2.1 导数的和差积商求导法则

用导数定义可以求出一些简单函数的导数, 但对于复杂函数的求导问题, 利用定义计算往往比较麻烦, 所以需要寻求其他方法.

♦ **定理 2.3 导数的和差积商求导法则**

设函数 $u(x), v(x)$ 可导, 则它们的和、差、积、商也可导, 且

(1) $(u(x) \pm v(x))' = u'(x) \pm v'(x)$,

$\quad (f_1(x) \pm f_2(x) \pm \cdots \pm f_n(x))' = f_1'(x) \pm f_2'(x) \pm \cdots \pm f_n'(x)$;

(2) $(u(x) \cdot v(x))' = u'(x)v(x) + v'(x)u(x)$,

$\quad (f_1(x) \cdot f_2(x) \cdot \cdots \cdot f_n(x))' = f_1'(x) \cdot f_2(x) \cdot \cdots \cdot f_n(x) + \cdots + f_1(x) \cdot f_2(x) \cdot \cdots \cdot f_n'(x)$;

(3) $(cu(x))' = cu'(x)$, c 是常数;

(4) $\left(\dfrac{u(x)}{v(x)}\right)' = \dfrac{u'(x)v(x) - v'(x)u(x)}{v^2(x)} (v(x) \neq 0)$.

经典例题 2.7 求 $y = \tan x$ 的导数.

【解】　$y' = (\tan x)' = \left(\dfrac{\sin x}{\cos x}\right)' = \dfrac{(\sin x)'\cos x - \sin x(\cos x)'}{\cos^2 x}$

$$= \dfrac{\cos^2 x + \sin^2 x}{\cos^2 x} = \dfrac{1}{\cos^2 x} = \sec^2 x,$$

即 $(\tan x)' = \sec^2 x$.

类似地可求得

$$(\cot x)' = -\csc^2 x, \quad (\sec x)' = \sec x\tan x, \quad (\csc x)' = -\csc x\cot x.$$

经典例题 2.8　已知 $f(x) = x(x-1)(x-2)\cdots(x-100)$，求 $f'(100)$ 的值.

【解】　$f'(x) = (x-1)(x-2)\cdots(x-100) + x(x-2)\cdots(x-100) +$

$$\cdots + x(x-1)(x-2)\cdots(x-99),$$

$$f(100) = 100!.$$

经典例题 2.9　设 $f(x) = \begin{cases} x^2\sin\dfrac{1}{x}, & x \neq 0, \\ 0, & x = 0, \end{cases}$　求 $f'(x)$.

【解】　当 $x \neq 0$ 时，$f'(x) = 2x\sin\dfrac{1}{x} + x^2\left(-\dfrac{1}{x^2}\right)\cos\dfrac{1}{x} = 2x\sin\dfrac{1}{x} - \cos\dfrac{1}{x}$，当 $x = 0$ 时，

$$f'(0) = \lim_{\Delta x \to 0}\dfrac{f(0+\Delta x)-f(0)}{\Delta x} = \lim_{\Delta x \to 0}\dfrac{(\Delta x)^2\sin\dfrac{1}{\Delta x}}{\Delta x} = \lim_{\Delta x \to 0}\Delta x\sin\dfrac{1}{\Delta x} = 0,$$

所以 $f'(x) = \begin{cases} 2x\sin\dfrac{1}{x} - \cos\dfrac{1}{x}, & x \neq 0, \\ 0, & x = 0. \end{cases}$

2.2.2　复合函数的求导法则

前面讨论了导数的和差积商的求导法则，下面给出复合函数的求导法则.

> **◆ 定理 2.4　复合函数的求导法则**
>
> 　　如果函数 $u = \varphi(x)$ 在 x 可导，函数 $y = f(u)$ 在对应 u 可导，则复合函数 $y = f(\varphi(x))$ 在 x 也可导，且有
> $$\dfrac{\mathrm{d}y}{\mathrm{d}x} = \dfrac{\mathrm{d}y}{\mathrm{d}u}\dfrac{\mathrm{d}u}{\mathrm{d}x} \tag{2.30}$$
> 或
> $$y'_x = y'_u u'_x, \quad f'(x) = f'(u)\varphi'(x). \tag{2.31}$$

该法则可以推广到有限次复合形成的复合函数.

经典例题 2.10　求下列函数的导数：

(1) $y = \sin 2x$；　　　　　　(2) $y = \sqrt{3x^2 + 1}$.

【解】　(1) 设 $y = \sin u, u = 2x$，则

$$y'_x = y'_u u'_x = (\sin u)'_u(2x)'_x = 2\cos u = 2\cos 2x.$$

(2) 设 $y = \sqrt{u}, u = 3x^2 + 1$，则

$$y'_x = y'_u u'_x = (\sqrt{u})'_u (3x^2 + 1)'_x = \frac{1}{2\sqrt{u}} 6x = \frac{3x}{\sqrt{3x^2 + 1}}.$$

经典例题 2.11 验证 $(x^a)' = ax^{a-1}$.

【证明】 设函数 $y = x^a = e^{a \ln x}$，令 $y = e^u, u = a \ln x$，则

$$y'_x = y'_u u'_x = e^{a \ln x} a \frac{1}{x} = ax^{a-1},$$

即 $(x^a)' = ax^{a-1}$.

实际问题 2.7 气球半径增加有多快

将气体充入气球，该气球体积的增加率为 $100 \ \text{cm}^3/\text{s}$，当气球直径达到 $50 \ \text{cm}$ 时，气球半径增加得有多快？

【解】 设气球的体积为 V，气球的半径为 r，则 $V = \frac{4}{3}\pi r^3$，于是

$$\frac{\mathrm{d}V}{\mathrm{d}t} = \frac{\mathrm{d}V}{\mathrm{d}r}\frac{\mathrm{d}r}{\mathrm{d}t} = 4\pi r^2 \frac{\mathrm{d}r}{\mathrm{d}t}, \tag{2.32}$$

解得

$$\frac{\mathrm{d}r}{\mathrm{d}t} = \frac{1}{4\pi r^2}\frac{\mathrm{d}V}{\mathrm{d}t}, \tag{2.33}$$

将 $r = 25, \frac{\mathrm{d}V}{\mathrm{d}t} = 100$ 代入得

$$\frac{\mathrm{d}r}{\mathrm{d}t} = \frac{1}{4\pi \times 25^2} \times 100 = \frac{1}{25\pi}. \tag{2.34}$$

气球半径的增加率为 $\frac{1}{25\pi} \ \text{cm/s}$.

实际问题 2.8 圆柱形水箱放水

以 $3\,000 \ \text{L/min}$ 的速度从圆柱形水箱向外放水，问水面下降的速度是多少？

【解】 设水箱中水的体积为 V，水面的高度为 h，圆柱的半径为 r，依题意有

$$V = \pi r^2 h, \tag{2.35}$$

于是

$$\frac{\mathrm{d}V}{\mathrm{d}t} = \pi r^2 \frac{\mathrm{d}h}{\mathrm{d}t}. \tag{2.36}$$

将 $\frac{\mathrm{d}V}{\mathrm{d}t} = -3\,000$ 代入并注意单位得

$$\frac{\mathrm{d}h}{\mathrm{d}t} = \frac{-3\,000}{1\,000\pi r^2} = -\frac{3}{\pi r^2}. \tag{2.37}$$

水面高度以 $\frac{3}{\pi r^2} \ \text{m/min}$ 速度下降.

从水平场地正在上升的一个热气球被距起飞点 500 m 远处的测距器跟踪. 在测距器仰角为 $\dfrac{\pi}{4}$ 的瞬间, 仰角以 0.14 rad/min 的速度增长. 在该瞬间气球上升有多快?

【解】　如图 2.9 所示, 设 θ 为测距器测得时刻 t 的仰角 (rad), y 为时刻 t 气球上升的高度 (m), t 表示时间 (min). θ、y 是 t 的可导函数, 且

$$y = 500\tan\theta,$$

两边对 t 求导数, 得

$$\frac{\mathrm{d}y}{\mathrm{d}t} = 500\sec^2\theta\frac{\mathrm{d}\theta}{\mathrm{d}t}, \tag{2.38}$$

又 $\theta = \dfrac{\pi}{4}$ 时, $\dfrac{\mathrm{d}\theta}{\mathrm{d}t} = 0.14$ rad/min, 所以

$$\frac{\mathrm{d}y}{\mathrm{d}t} = 500(\sqrt{2})^2(0.14) = 140. \tag{2.39}$$

气球上升的速度为 140 m/min.

30 扫一扫

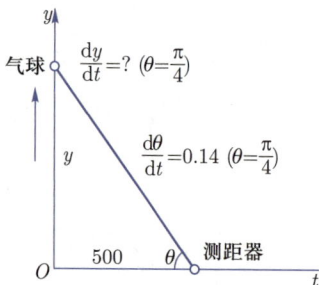

图 2.9　上升的气球

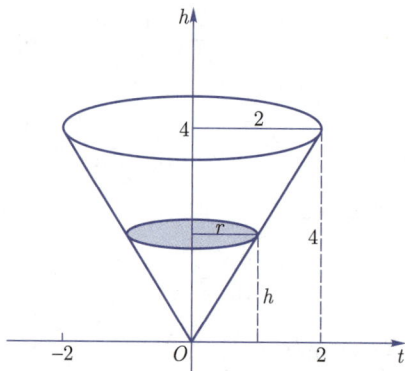

图 2.10　向水箱注水

31 扫一扫

一个圆锥形水箱, 锥底半径为 2 m, 高为 4 m, 如果水以 2 m³/min 的速度注入水箱, 当水深为 3 m 时, 水位上升的速度是多少?

【解】　如图 2.10 所示, 设 V, r 和 h 分别为 t 时刻水箱中水的体积、水面的半径和水面的高度, 其中 t 的单位是 min. 由题意得

$$V = \frac{1}{3}\pi r^2 h, \tag{2.40}$$

又由相似三角形知

$$\frac{r}{h} = \frac{2}{4}, \tag{2.41}$$

于是

$$V = \frac{1}{3}\pi\left(\frac{h}{2}\right)^2 h = \frac{\pi}{12}h^3, \tag{2.42}$$

两边对 t 求导数，得

$$\frac{\mathrm{d}V}{\mathrm{d}t} = \frac{\pi h^2}{4} \frac{\mathrm{d}h}{\mathrm{d}t}, \tag{2.43}$$

因此

$$\frac{\mathrm{d}h}{\mathrm{d}t} = \frac{4}{\pi h^2} \frac{\mathrm{d}V}{\mathrm{d}t}. \tag{2.44}$$

将 $h = 3 \text{ m}$，$\dfrac{\mathrm{d}V}{\mathrm{d}t} = 2 \text{ m}^3/\text{min}$，代入得

$$\frac{\mathrm{d}h}{\mathrm{d}t} = \frac{4 \times 2}{\pi \times 3^2} = \frac{8}{9\pi} \approx 0.28 \text{ m/min}. \tag{2.45}$$

水位上升的速率约为 0.28 m/min.

实际问题 2.11　拍摄运动的物体

　　某人以 4 m/s 的速度沿直路向前行走，一人拿着摄像机在距离道路 20 m 处对着行人拍摄，当摄像机距离道路最近的点与这个人之间的距离是 15 m 时，摄像机的旋转速度是多少？

　　【解】　如图 2.11 所示，设 x 为摄像机距离道路最近的点与这个人之间的距离，θ 为摄像机与道路垂直线之间的夹角. 依题意有

$$x = 20 \tan \theta, \tag{2.46}$$

32 扫一扫

两边对 t 求导数，得

$$\frac{\mathrm{d}x}{\mathrm{d}t} = 20 \sec^2 \theta \frac{\mathrm{d}\theta}{\mathrm{d}t}. \tag{2.47}$$

因此

$$\frac{\mathrm{d}\theta}{\mathrm{d}t} = \frac{1}{20} \cos^2 \theta \frac{\mathrm{d}x}{\mathrm{d}t} = \frac{1}{20} \cos^2 \theta \cdot 4 = \frac{1}{5} \cos^2 \theta. \tag{2.48}$$

当 $x = 15 \text{ m}$ 时，摄像机距行人 25 m，因此，$\cos \theta = \dfrac{4}{5}$，并且

$$\frac{\mathrm{d}\theta}{\mathrm{d}t} = \frac{1}{5} \left(\frac{4}{5} \right)^2 = \frac{16}{125} = 0.128. \tag{2.49}$$

摄像机旋转的速度为 0.128 rad/s.

实际问题 2.12　（选学）滑动的梯子

　　一个长 10 m 的梯子斜靠在垂直的墙壁上，如果梯子的底部以 1 m/s 的速度向远离墙的方向滑动，当梯子底部离墙 6 m 时，梯子的顶部以多快的速度沿墙壁下滑？

　　【解】　如图 2.12 所示，设梯子底部离墙脚距离为 x m，梯子顶部离地面距离为 y m. 依题意有

$$x^2 + y^2 = 100, \tag{2.50}$$

两边对 t 求导数，得

$$2x\frac{\mathrm{d}x}{\mathrm{d}t} + 2y\frac{\mathrm{d}y}{\mathrm{d}t} = 0. \tag{2.51}$$

解方程得

$$\frac{\mathrm{d}y}{\mathrm{d}t} = -\frac{x}{y}\frac{\mathrm{d}x}{\mathrm{d}t}. \tag{2.52}$$

由式 (2.50) 知，当 $x = 6$ 时，$y = 8$，将 $x = 6, y = 8, \dfrac{\mathrm{d}x}{\mathrm{d}t} = 1$ 代入式 (2.52) 得

$$\frac{\mathrm{d}y}{\mathrm{d}t} = -\frac{6}{8} \times 1 = -\frac{3}{4}. \tag{2.53}$$

梯子顶部沿墙以 0.75 m/s 的速度下滑.

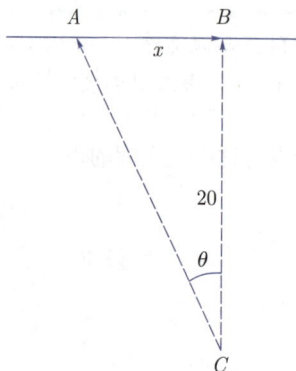

图 2.11　拍摄运动行人

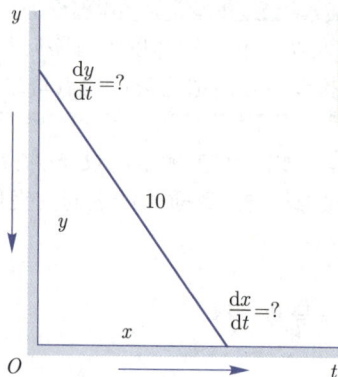

图 2.12　滑动的梯子

33 扫一扫

实际问题 2.13　海面油污的扩散问题

原油从一艘触礁的油轮上泄漏，在海平面上逐渐扩散形成圆柱形油层，其体积始终保持不变. 已知其厚度 h 的减少率与 h^3 成正比，试证明其半径的增长率与 r^3 成反比.

【证明】　由题意知油层的体积 $V = \pi r^2 h$，半径 r 和厚度 h 均为时间 t 的函数，即 $r = r(t)$，$h = h(t)$. 在等式 $V = \pi r^2 h$ 两边同时对 t 求导数，有

$$2rh\frac{\mathrm{d}r}{\mathrm{d}t} + r^2\frac{\mathrm{d}h}{\mathrm{d}t} = 0, \tag{2.54}$$

将题设条件 $\dfrac{\mathrm{d}h}{\mathrm{d}t} = -k_1 h^3$ 代入式 (2.54) 得

$$\frac{\mathrm{d}r}{\mathrm{d}t} = -\frac{r}{2h}\frac{\mathrm{d}h}{\mathrm{d}t} = -\frac{r}{2h}(-k_1 h^3) = \frac{k_1 r h^2}{2}, \tag{2.55}$$

将 $h = \dfrac{V}{\pi r^2}$ 代入式 (2.55) 得

$$\frac{\mathrm{d}r}{\mathrm{d}t} = \frac{k_1 r h^2}{2} = \frac{k_1 r}{2}\left(\frac{V}{\pi r^2}\right)^2 = \frac{k_1 V^2}{2\pi^2 r^3} = \frac{k_2}{r^3} \quad \left(k_2 = \frac{k_1 V^2}{2\pi^2}\right),$$

34 扫一扫

即半径 r 的增长率与 r^3 成反比.

实际问题 2.14 飞机俯冲

一架飞机沿抛物线 $y = x^2 + 1$ 的轨道向地面俯冲, x 轴取在地面上, 机翼到地面的距离以 100 m/s 的固定速度减少. 问机翼离地面 2 501 m 时, 机翼影子在地面上运动的速度是多少 (假设太阳光线是铅直的, 如图 2.13 所示)?

【解】 机翼到地面的距离以 100 m/s 的速度递减, 所以机翼垂直下降的速度是 $\frac{\mathrm{d}y}{\mathrm{d}t} = -100$ (取负号是因为下降, 方向向下). 因为太阳光是铅直的, 所以机翼影子在地面的运动速度就是飞机机翼的水平速度 $\frac{\mathrm{d}x}{\mathrm{d}t}$, 故本题是求当 $y = 2\,501$ 时 $\frac{\mathrm{d}x}{\mathrm{d}t}$ 的值. 由

$$y(t) = 1 + x^2(t), \tag{2.56}$$

两边对 t 求导, 得

$$\frac{\mathrm{d}y}{\mathrm{d}t} = 2x\frac{\mathrm{d}x}{\mathrm{d}t}, \tag{2.57}$$

由式 (2.56), 有 $x(t) = \pm\sqrt{y(t) - 1}$, 当 $y = 2501$ 时, $x = -50$, 把 $\frac{\mathrm{d}y}{\mathrm{d}t} = -100$ 代入式 (2.57) 即得 $\frac{\mathrm{d}x}{\mathrm{d}t} = 1$ (m/s).

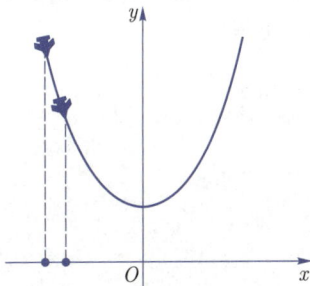

图 2.13 飞机俯冲

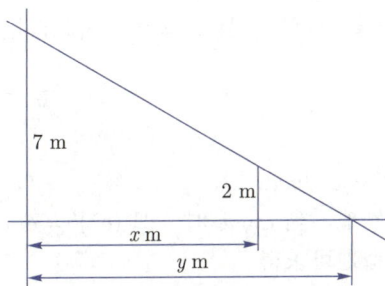

图 2.14 影子变化

实际问题 2.15 影子的变化

某人身高 2 m, 以 $\frac{5}{3}$ m/s 的速度向一高 7 m 的街灯走去 (如图 2.14 所示), 请问:
(1) 此人身影的头顶以多大的速度在移动? (2) 此人身影长度的变化率为多少?

【解】 在时间 t (s) 时, 设此人离街灯底部为 x (m), 此人身影头顶离街灯底部为 y (m). 由相似三角形定理得 $\frac{y}{7} = \frac{y - x}{2}$, 即 $5y = 7x$, 将上式左右两边分别对 t 求导得 $5\frac{\mathrm{d}y}{\mathrm{d}t} = 7\frac{\mathrm{d}x}{\mathrm{d}t}$, 由

$$\frac{\mathrm{d}x}{\mathrm{d}t} = -\frac{5}{3} \ \text{得}$$

$$\frac{\mathrm{d}y}{\mathrm{d}t} = \frac{7}{5}\frac{\mathrm{d}x}{\mathrm{d}t} = \frac{7}{5}\left(-\frac{5}{3}\right) = -\frac{7}{3},$$

此人身影的头顶移动速度为 $\dfrac{7}{3}$ m/s. 设 $l = y - x$ 为身影的长，则

$$\frac{\mathrm{d}l}{\mathrm{d}t} = \frac{\mathrm{d}y}{\mathrm{d}t} - \frac{\mathrm{d}x}{\mathrm{d}t} = -\frac{7}{3} + \frac{5}{3} = -\frac{2}{3},$$

此人身影长度的变化率为 $-\dfrac{2}{3}$ m/s.

2.2.3　反函数求导法则

为了求指数函数 (对数函数的反函数) 与反三角函数的导数，先给出反函数的求导法则.

> ◆ **定理 2.5　反函数求导法则**
>
> 若函数 $y = f(x)$ 在 x 的某邻域连续，并严格单调，函数 $y = f(x)$ 在 x 可导，且 $f'(x) \neq 0$，则它的反函数 $x = f^{-1}(y)$ 在 y 可导 ($y = f(x)$)，且有
>
> $$(f^{-1}(y))' = \frac{1}{f'(x)}$$
>
> 或
>
> $$y'_x = \frac{1}{x'_y}.$$

经典例题 2.12　求函数 $y = a^x(a > 0, a \neq 1)$ 的导数.

【解】 $y = a^x$ 是 $x = \log_a y(a > 0, a \neq 1)$ 的反函数，函数 $x = \log_a y(a > 0, a \neq 1)$ 在区间 $(0, +\infty)$ 单调可导，且 $x' \neq 0$，因此根据反函数的求导法则，可得

$$y'_x = \frac{1}{x'_y} = \frac{1}{\dfrac{1}{y \ln a}} = y \ln a = a^x \ln a,$$

即 $(a^x)' = a^x \ln a$.

特别地，当 $a = \mathrm{e}$ 时，即 $(\mathrm{e}^x)' = \mathrm{e}^x$.

类似地可求得

$$(\arcsin x)' = \frac{1}{\sqrt{1 - x^2}}, \qquad\qquad (\arccos x)' = -\frac{1}{\sqrt{1 - x^2}},$$

$$(\arctan x)' = \frac{1}{1 + x^2}, \qquad\qquad (\mathrm{arccot}\, x)' = -\frac{1}{1 + x^2}.$$

2.2.4　隐函数求导法则

1. 隐函数的导数

由函数的表示法我们知道，如果函数 y 是由一个含有 x 和 y 的方程 $F(x, y) = 0$ 所确定，如 $x^2 + y^2 = 4, y\mathrm{e}^x + \ln y = 1$ 等，这种形式称为隐函数. 下面举例说明直接由方程求它所确定的隐函数的导数.

经典例题 2.13 求由方程 $\mathrm{e}^{x+y} - xy = 0$ 确定的隐函数 y 的导数 y'.

【解】 方程两边对 x 求导有

$$\mathrm{e}^{x+y}(x+y)' - (y + xy') = 0,$$

即

$$\mathrm{e}^{x+y}(1 + y') - (y + xy') = 0,$$

故

$$y' = \frac{y - \mathrm{e}^{x+y}}{\mathrm{e}^{x+y} - x}.$$

经典例题 2.14 求曲线 $xy + \ln y = 1$ 在 $M(1,1)$ 的切线方程.

【解】 方程两边对 x 求导有

$$y + xy' + \frac{1}{y}y' = 0,$$

于是

$$y' = \frac{-y}{x + \dfrac{1}{y}} = \frac{-y^2}{xy + 1}.$$

$$k = y'|_{x=1, y=1} = -\frac{1}{2},$$

故曲线在 $M(1,1)$ 的切线方程为

$$y - 1 = -\frac{1}{2}(x - 1).$$

2. 对数求导法

经典例题 2.15 求函数 $y = \sqrt[3]{\dfrac{(x+1)^2}{(x-1)(x+2)}} \ (x > 1)$ 的导数.

【解】 等式两边取自然对数，

$$\ln y = \frac{1}{3}[2\ln(x+1) - \ln(x-1) - \ln(x+2)],$$

方程两边对 x 求导数，得

$$\frac{1}{y}y' = \frac{1}{3}\left(\frac{2(x+1)'}{x+1} - \frac{(x-1)'}{x-1} - \frac{(x+2)'}{x+2}\right) = \frac{1}{3}\left(\frac{2}{x+1} - \frac{1}{x-1} - \frac{1}{x+2}\right),$$

则

$$y' = \frac{1}{3}\sqrt[3]{\frac{(x+1)^2}{(x-1)(x+2)}}\left(\frac{2}{x+1} - \frac{1}{x-1} - \frac{1}{x+2}\right).$$

经典例题 2.16 求 $y = x^{\sin x} (x > 0)$ 的导数.

【解】 这个函数既不是幂函数也不是指数函数，通常称为幂指函数. 等式两边取自然对数得

$$\ln y = \sin x \ln x,$$

方程两边对 x 求导数，得

$$\frac{1}{y}y' = \cos x \ln x + \frac{1}{x}\sin x,$$

则

$$y' = y\left(\cos x \ln x + \frac{\sin x}{x}\right) = x^{\sin x}\left(\cos x \ln x + \frac{\sin x}{x}\right).$$

经典例题 2.17　求 $y = x^x$ 的导数.

【解】 **【方法 1】**（复合函数求导数）$y = x^x = \mathrm{e}^{x \ln x}$,

$$y' = \mathrm{e}^{x \ln x}(x' \ln x + x(\ln x)') = \mathrm{e}^{x \ln x}(\ln x + 1) = x^x(\ln x + 1).$$

【方法 2】（对数法求导数）$y = x^x$ 两边取对数得 $\ln y = x \ln x$，两边对 x 求导数得

$$\frac{1}{y}y' = \ln x + 1,$$

解得

$$y' = y(\ln x + 1) = x^x(\ln x + 1).$$

实际问题 2.16　高速公路上的追逐

　　正在追逐一辆逃逸汽车的警车从北向南驶向一个直角路口，逃逸汽车已拐过路口向东驶去．当警车离路口向北 0.6 km 而逃逸汽车离路口向东 0.8 km 时，警车用雷达测定两车之间距离正以 20 km/h 的速率增长．如果警车在该测量时刻以 60 km/h 的速率行驶，试问该瞬间逃逸汽车的速率是多少？

　　【解】　如图 2.15 所示，t 表示时间，$x(t)$ 表示时刻 t 逃遁汽车的位置，$y(t)$ 表示时刻 t 警车的位置，$s(t)$ 表示时刻 t 逃遁汽车与警车之间的距离．显然有

$$s^2 = x^2 + y^2,$$

两边对 t 求导数，得

$$2s\frac{\mathrm{d}s}{\mathrm{d}t} = 2x\frac{\mathrm{d}x}{\mathrm{d}t} + 2y\frac{\mathrm{d}y}{\mathrm{d}t}, \tag{2.58}$$

即

$$\frac{\mathrm{d}s}{\mathrm{d}t} = \frac{1}{s}\left(x\frac{\mathrm{d}x}{\mathrm{d}t} + y\frac{\mathrm{d}y}{\mathrm{d}t}\right) = \frac{1}{\sqrt{x^2 + y^2}}\left(x\frac{\mathrm{d}x}{\mathrm{d}t} + y\frac{\mathrm{d}y}{\mathrm{d}t}\right).$$

又 $x = 0.8$，$y = 0.6$，$\dfrac{\mathrm{d}y}{\mathrm{d}t} = -60$，$\dfrac{\mathrm{d}s}{\mathrm{d}t} = 20$，于是

$$20 = \frac{1}{\sqrt{0.8^2 + 0.6^2}}\left(0.8 \times \frac{\mathrm{d}x}{\mathrm{d}t} + 0.6 \times (-60)\right), \tag{2.59}$$

$$\frac{\mathrm{d}x}{\mathrm{d}t} = \frac{20 \times \sqrt{0.8^2 + 0.6^2} - 0.6 \times (-60)}{0.8} = 70. \tag{2.60}$$

逃逸汽车的行驶速率为 70 km/h.

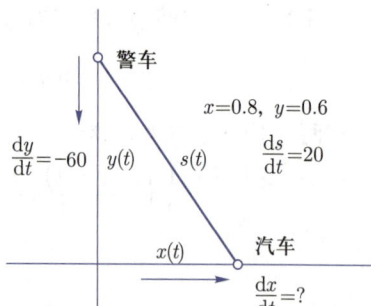

图 2.15　汽车与警车

2.2.5　参数方程的求导法则

参数方程

$$\begin{cases} x = \varphi(t), \\ y = \psi(t) \end{cases} \tag{2.61}$$

确定了 y 是 x 的函数，一般情况下消去参数 t 是很困难的，怎样求由参数方程确定的函数的导数呢？显然，将 $x = \varphi(t)$ 的反函数 $t = \varphi^{-1}(x)$ 代入 $y = \psi(t)$ 中得到复合函数 $y = \psi(\varphi^{-1}(x))$，再用复合函数与反函数的求导法则有

$$\frac{\mathrm{d}y}{\mathrm{d}x} = \frac{\mathrm{d}y}{\mathrm{d}t}\frac{\mathrm{d}t}{\mathrm{d}x} = \frac{\dfrac{\mathrm{d}y}{\mathrm{d}t}}{\dfrac{\mathrm{d}x}{\mathrm{d}t}} = \frac{y'_t}{x'_t}. \tag{2.62}$$

经典例题 2.18 已知椭圆的参数方程为 $\begin{cases} x = a\cos t, \\ y = b\sin t, \end{cases}$ 求椭圆在 $t = \dfrac{\pi}{4}$ 相应点的切线方程.

【解】 当 $t = \dfrac{\pi}{4}$ 时，椭圆上的相应点 M_0 的坐标 $x_0 = a\cos\dfrac{\pi}{4} = \dfrac{\sqrt{2}}{2}a$，$y_0 = b\sin\dfrac{\pi}{4} = \dfrac{\sqrt{2}}{2}b$，曲线在点 M_0 的切线斜率为

$$\left.\frac{\mathrm{d}y}{\mathrm{d}x}\right|_{t=\frac{\pi}{4}} = \left.\frac{(b\sin t)'}{(a\cos t)'}\right|_{t=\frac{\pi}{4}} = -\frac{b}{a},$$

则椭圆在点 M_0 的切线方程为

$$y - \frac{\sqrt{2}}{2}b = -\frac{b}{a}\left(x - \frac{\sqrt{2}}{2}a\right).$$

2.2.6 初等函数 [①] 求导

1. 基本初等函数求导公式

至此已求出基本初等函数导数，同时还推出了函数的和、差、积、商的求导法则，复合函数求导法则，反函数的求导法则，隐函数求导法则等. 因此，一切初等函数的求导问题已经解决. 为了应用方便，把基本初等函数求导公式归纳如下（表 2.1）：

表 2.1 基本初等函数求导公式

序号	导数	序号	导数
(1)	$(C)' = 0(C为常数)$	(9)	$(\tan x)' = \dfrac{1}{\cos^2 x} = \sec^2 x$
(2)	$(x^\alpha)' = \alpha x^{\alpha-1}$	(10)	$(\cot x)' = -\dfrac{1}{\sin^2 x} = -\csc^2 x$
(3)	$(\log_a x)' = \dfrac{1}{x\ln a}$	(11)	$(\sec x)' = \sec x\tan x$
(4)	$(\ln x)' = \dfrac{1}{x}$	(12)	$(\csc x)' = -\csc x\cot x$
(5)	$(a^x)' = a^x\ln a$	(13)	$(\arcsin x)' = \dfrac{1}{\sqrt{1-x^2}}$
(6)	$(\mathrm{e}^x)' = \mathrm{e}^x$	(14)	$(\arccos x)' = -\dfrac{1}{\sqrt{1-x^2}}$
(7)	$(\sin x)' = \cos x$	(15)	$(\arctan x)' = \dfrac{1}{1+x^2}$
(8)	$(\cos x)' = -\sin x$	(16)	$(\text{arccot}x)' = -\dfrac{1}{1+x^2}$

---

① 由常数和基本初等函数经过有限次四则运算和有限次的函数复合步骤所构成并可用一个式子表示的函数称为初等函数.

2. 求导公式应用实例

经典例题 2.19　求函数 $y = \cos x - \dfrac{1}{\sqrt[3]{x}} + \dfrac{1}{x} + \ln 3$ 的导数.

【解】　$y' = (\cos x)' - (x^{-\frac{1}{3}})' + (x^{-1})' + (\ln 3)'$

$$= -\sin x + \frac{1}{3}x^{-\frac{4}{3}} - x^{-2} + 0 = -\sin x + \frac{1}{3x\sqrt[3]{x}} - \frac{1}{x^2}.$$

经典例题 2.20　设函数 $f(x) = (1 + x^3)\left(5 - \dfrac{1}{x^2}\right)$，求 $f'(1), f'(-1)$.

【解】　$f'(x) = (1 + x^3)'\left(5 - \dfrac{1}{x^2}\right) + (1 + x^3)\left(5 - \dfrac{1}{x^2}\right)'$

$$= 3x^2\left(5 - \frac{1}{x^2}\right) + (1 + x^3)\frac{2}{x^3} = 15x^2 + \frac{2}{x^3} - 1.$$

则

$$f'(1) = 15 + 2 - 1 = 16,$$

$$f'(-1) = 15 - 2 - 1 = 12.$$

经典例题 2.21　求抛物线 $y = x^2$ 在点 $(1,1)$ 的切线方程和法线方程.

【解】　$y' = (x^2)' = 2x$，由导数的几何意义可知，曲线 $y = x^2$ 在点 $(1,1)$ 处的切线斜率为 $y'|_{x=1} = 2$，则所求切线方程为

$$y - 1 = 2(x - 1),$$

即

$$y = 2x - 1.$$

法线方程为

$$y - 1 = -\frac{1}{2}(x - 1),$$

即

$$y = -\frac{1}{2}x + \frac{3}{2}.$$

2.2.7　高阶导数及其应用

1. 高阶导数的概念

物体做变速直线运动，如果运动规律为 $s = s(t)$，则物体在某一时刻的瞬时速度 v 是路程 s 对时间 t 的导数，即 $v = s'(t) = \dfrac{\mathrm{d}s}{\mathrm{d}t}$. 物理学中把速度 v 对时间 t 的变化率称为加速度，即加速度是速度 v 对时间 t 的导数，也就是路程 s 的导函数的导数，称为 $s(t)$ 的二阶导数，记为

$$a = s''(t).$$

因此, 物体运动的加速度为 $a = v'(t) = s''(t)$.

一般地, 函数 $y = f(x)$ 的导数 $y' = f'(x)$ 仍是 x 的函数, 称为函数 $y = f(x)$ 的一阶导数. 如果一阶导数 $y' = f'(x)$ 仍是可导函数, 则称 $y' = f'(x)$ 的导数为函数 $y = f(x)$ 的二阶导数, 记为

$$y'', f''(x), \frac{\mathrm{d}^2 y}{\mathrm{d}x^2}, \frac{\mathrm{d}}{\mathrm{d}x}\left(\frac{\mathrm{d}y}{\mathrm{d}x}\right).$$

类似地, 函数 $y = f(x)$ 的二阶导数的导数称为函数 $y = f(x)$ 的三阶导数, 记为

$$y''', f'''(x), \frac{\mathrm{d}^3 y}{\mathrm{d}x^3}, \frac{\mathrm{d}}{\mathrm{d}x}\left(\frac{\mathrm{d}^2 y}{\mathrm{d}x^2}\right).$$

三阶导数的导数称为 $y = f(x)$ 的四阶导数, 记为

$$y^{(4)}, f^{(4)}(x), \frac{\mathrm{d}^4 y}{\mathrm{d}x^4}, \frac{\mathrm{d}}{\mathrm{d}x}\left(\frac{\mathrm{d}^3 y}{\mathrm{d}x^3}\right).$$

以此类推, 函数 $y = f(x)$ 的 $n - 1$ 阶导数的导数称为函数 $y = f(x)$ 的 n 阶导数, 记为

$$y^{(n)}, f^{(n)}(x), \frac{\mathrm{d}^n y}{\mathrm{d}x^n}, \frac{\mathrm{d}}{\mathrm{d}x}\left(\frac{\mathrm{d}^{n-1} y}{\mathrm{d}x^{n-1}}\right).$$

二阶及二阶以上的导数统称为高阶导数.

由此可见, 求高阶导数只需一次一次地求导数.

2. 高阶导数实例

经典例题 2.22 求下列函数的二阶导数:

(1) $y = ax + b \ (a \neq 0)$;   (2) $y = \cos^2 \frac{x}{2}$;   (3) $y = x^2(1 + \ln x)$.

【解】 (1) $y' = (ax + b)' = a$, $y'' = a' = 0$.

(2) $y' = 2\cos\frac{x}{2}\left(\cos\frac{x}{2}\right)' = 2\cos\frac{x}{2}\left(-\sin\frac{x}{2}\right)\left(\frac{x}{2}\right)' = -\frac{1}{2}\sin x$,

$$y'' = \left(-\frac{1}{2}\sin x\right)' = -\frac{1}{2}\cos x.$$

(3) $y' = (x^2)'(1 + \ln x) + x^2(1 + \ln x)' = 2x(1 + \ln x) + x^2\frac{1}{x} = 3x + 2x\ln x$,

$$y'' = 3 + 2\ln x + 2x\frac{1}{x} = 5 + 2\ln x.$$

经典例题 2.23 求指数函数 $y = \mathrm{e}^x$ 的 n 阶导数.

【解】 $y' = \mathrm{e}^x,$

$\qquad y'' = \mathrm{e}^x,$

$\qquad y''' = \mathrm{e}^x,$

$\qquad \vdots$

$\qquad y^{(n)} = \mathrm{e}^x.$

经典例题 2.24 求函数 $y = \sin x$ 的 n 阶导数.

【解】 $y' = \cos x = \sin\left(\dfrac{\pi}{2} + x\right),$

$$y'' = \cos\left(\dfrac{\pi}{2} + x\right) = \sin\left(\dfrac{\pi}{2} + \left(\dfrac{\pi}{2} + x\right)\right) = \sin\left(2 \times \dfrac{\pi}{2} + x\right),$$

$$y''' = \cos\left(2 \times \dfrac{\pi}{2} + x\right) = \sin\left(\dfrac{\pi}{2} + \left(2 \times \dfrac{\pi}{2} + x\right)\right) = \sin\left(3 \times \dfrac{\pi}{2} + x\right),$$

$$y^{(4)} = \cos\left(3 \times \dfrac{\pi}{2} + x\right) = \sin\left(\dfrac{\pi}{2} + \left(3 \times \dfrac{\pi}{2} + x\right)\right) = \sin\left(4 \times \dfrac{\pi}{2} + x\right),$$

$$\vdots$$

$$y^{(n)} = \sin\left(n \times \dfrac{\pi}{2} + x\right).$$

经典例题 2.25 设 $\begin{cases} x = t^2 + 2t, \\ y = t^3 - 3t - 9, \end{cases}$ 求 $\dfrac{\mathrm{d}^2 y}{\mathrm{d}x^2}$（参数方程求导数）.

【解】 $\dfrac{\mathrm{d}y}{\mathrm{d}x} = \dfrac{3t^2 - 3}{2t + 2} = \dfrac{3}{2}(t - 1),$

$$\dfrac{\mathrm{d}^2 y}{\mathrm{d}x^2} = \dfrac{\dfrac{\mathrm{d}}{\mathrm{d}t}\left(\dfrac{\mathrm{d}y}{\mathrm{d}x}\right)}{\dfrac{\mathrm{d}x}{\mathrm{d}t}} = \dfrac{\left(\dfrac{3}{2}(t - 1)\right)'}{(t^2 + 2t)'} = \dfrac{\dfrac{3}{2}}{2t + 2} = \dfrac{3}{4(t + 1)}.$$

2.3 微分及其应用

2.3.1 微分的概念

1. 微分的概念

一块正方形金属薄片受温度变化影响，边长由 x 变到 $x + \Delta x$，问此薄片的面积改变了多少？如图 2.16 所示.

设正方形的面积为 S，面积的增量为 ΔS，则

$$\Delta S = (x + \Delta x)^2 - x^2 = 2x\Delta x + (\Delta x)^2,$$

ΔS 由两部分组成. 第一部分 $2x\Delta x$ 是 Δx 的线性函数，当 $\Delta x \to 0$ 时，它是 Δx 的同阶无穷小；而第二部分 $(\Delta x)^2$，当 $\Delta x \to 0$ 时，是比 Δx 高阶的无穷小，即

$$\lim_{\Delta x \to 0} \dfrac{2x\Delta x}{\Delta x} = 2x, \ \lim_{\Delta x \to 0} \dfrac{(\Delta x)^2}{\Delta x} = 0.$$

因此，对 ΔS 来说，当 $|\Delta x|$ 很小时，$(\Delta x)^2$ 可以忽略不计，差 $\Delta S - 2x\Delta x$ 是一个比 Δx 高阶的无穷小，可以把 $2x\Delta x$ 作为 ΔS 的近似值，即 $\Delta S \approx 2x\Delta x$.

一般地，如果函数 $y = f(x)$ 可导，则有

$$\lim_{\Delta x \to 0} \dfrac{\Delta y}{\Delta x} = f'(x),$$

由无穷小量与极限的关系，有

$$\frac{\Delta y}{\Delta x} = f'(x) + \alpha \quad (\lim_{\Delta x \to 0} \alpha = 0),$$

即函数的增量可以表示为

$$\Delta y = f'(x)\Delta x + \alpha \Delta x.$$

上式右端表明 Δy 由两部分组成. 第一部分 $f'(x)\Delta x$ 是 Δx 的线性函数，当 $\Delta x \to 0$ 时，它是 Δx 的同阶无穷小，称为 Δy 的线性主部；而第二部分 $\alpha \Delta x$，当 $\Delta x \to 0$ 时，是比 Δx 高阶的无穷小. 因此，当 $|\Delta x|$ 很小时，我们就可以用 Δy 的线性主部 $f'(x)\Delta x$ 来近似代替 Δy，并称其为函数的微分.

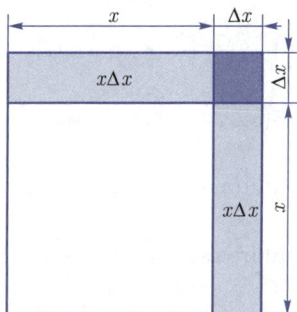

图 2.16

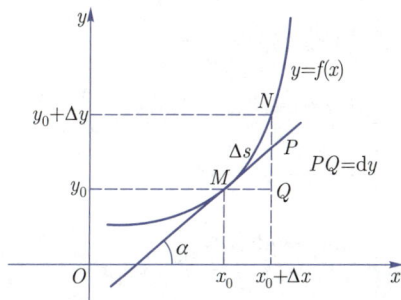

图 2.17 微分几何意义

♦ **定义 2.5   微分的定义**

设函数 $y = f(x)$ 在点 x 处可导，则 $f'(x)\Delta x$ 称为函数 $y = f(x)$ 在点 x 处的微分，记为 $\mathrm{d}y$，即

$$\mathrm{d}y = f'(x)\Delta x.$$

当 $\Delta x \to 0$ 时，设 $y = x$，得 $\mathrm{d}x = \Delta x$. $\mathrm{d}x$ 叫作自变量的微分. 从而有

$$\frac{\mathrm{d}y}{\mathrm{d}x} = f'(x).$$

这里 $\dfrac{\mathrm{d}y}{\mathrm{d}x}$ 可作为分式来处理，因此导数又称为微商.

2. 微分的几何意义

设函数 $y = f(x)$ 在点 x_0 可导. 如图 2.17 所示，MP 是曲线 $y = f(x)$ 上点 $M(x_0, y_0)$ 处的切线，它的倾角为 α，当横坐标 x 有增量 Δx 时，相应地曲线的纵坐标 y 也有增量 Δy，即对应曲线上的点 $N(x_0 + \Delta x, y_0 + \Delta y)$，$MQ = \Delta x, QN = \Delta y$，则 $PQ = MQ \tan \alpha = f'(x_0)\Delta x$，即 $\mathrm{d}y = PQ$. 因此，函数的微分 $\mathrm{d}y$ 是曲线 $y = f(x)$ 在 M 点切线纵坐标相应的增量. 而函数的增量 Δy 是曲线在 M 点纵坐标相应的增量. 用 $\mathrm{d}y$ 近似代替 Δy 产生的误差 $PN = |\Delta y - \mathrm{d}y|$ 是 Δx 的高阶无穷小，这说明在 M 点附近可以"以直代曲"，用切线段 MP 近似代替曲线段 $\overparen{MN}$.

37 扫一扫

⌐ **经典例题 2.26**   求函数 $y = xe^x$ 的微分.

【解】 $\mathrm{d}y = \mathrm{d}(xe^x) = (xe^x)'\mathrm{d}x = (e^x + xe^x)\mathrm{d}x = e^x(x+1)\mathrm{d}x.$

2.3.2　微分公式及其运算法则

显然，由导数公式和求导法则便可写出微分公式和法则.

1. 基本初等函数的微分公式

表 2.2　基本初等函数的微分公式

序号	微分公式	序号	微分公式
(1)	$\mathrm{d}(C) = 0\mathrm{d}x(C$是常数$)$	(9)	$\mathrm{d}(\tan x) = \dfrac{\mathrm{d}x}{\cos^2 x} = \sec^2 x\mathrm{d}x$
(2)	$\mathrm{d}(x^\alpha) = \alpha x^{\alpha-1}\mathrm{d}x$	(10)	$\mathrm{d}(\cot x) = -\dfrac{\mathrm{d}x}{\sin^2 x} = -\csc^2 x\mathrm{d}x$
(3)	$\mathrm{d}(\log_a x) = \dfrac{1}{x\ln a}\mathrm{d}x$	(11)	$\mathrm{d}(\sec x) = \sec x\tan x\mathrm{d}x$
(4)	$\mathrm{d}(\ln x) = \dfrac{1}{x}\mathrm{d}x$	(12)	$\mathrm{d}(\csc x) = -\csc x\cot x\mathrm{d}x$
(5)	$\mathrm{d}(a^x) = a^x\ln a\mathrm{d}x$	(13)	$\mathrm{d}(\arcsin x) = \dfrac{1}{\sqrt{1-x^2}}\mathrm{d}x$
(6)	$\mathrm{d}(\mathrm{e}^x) = \mathrm{e}^x\mathrm{d}x$	(14)	$\mathrm{d}(\arccos x) = -\dfrac{1}{\sqrt{1-x^2}}\mathrm{d}x$
(7)	$\mathrm{d}(\sin x) = \cos x\mathrm{d}x$	(15)	$\mathrm{d}(\arctan x) = \dfrac{1}{1+x^2}\mathrm{d}x$
(8)	$\mathrm{d}(\cos x) = -\sin x\mathrm{d}x$	(16)	$\mathrm{d}(\mathrm{arccot}x) = -\dfrac{1}{1+x^2}\mathrm{d}x$

2. 函数的和、差、积、商的微分法则

(1) $\mathrm{d}(u(x) \pm v(x)) = \mathrm{d}u(x) \pm \mathrm{d}v(x)$,

$\mathrm{d}(f_1(x) \pm f_2(x) \pm \cdots \pm f_n(x)) = \mathrm{d}f_1(x) \pm \mathrm{d}f_2(x) \pm \cdots \pm \mathrm{d}f_n(x)$;

(2) $\mathrm{d}(u(x) \cdot v(x)) = \mathrm{d}u(x) \cdot v(x) + \mathrm{d}v(x) \cdot u(x)$,

$\mathrm{d}(f_1(x) \cdot f_2(x) \cdot \cdots \cdot f_n(x)) = \mathrm{d}f_1(x) \cdot f_2(x) \cdot \cdots \cdot f_n(x) + \cdots + f_1(x)f_2(x) \cdot \cdots \cdot \mathrm{d}f_n(x)$;

(3) $\mathrm{d}(Cu(x)) = C\mathrm{d}(u(x))(C$为常数$)$;

(4) $\mathrm{d}\left(\dfrac{u(x)}{v(x)}\right) = \dfrac{v(x)\mathrm{d}u(x) - u(x)\mathrm{d}v(x)}{v^2(x)}(v(x) \neq 0)$.

3. 复合函数的微分法则

设 $y = f(u)$, $\quad u = \varphi(x)$, 则

$$\mathrm{d}y = y'_x\mathrm{d}x = y'_u u'_x\mathrm{d}x = f'(u)\varphi'(x)\mathrm{d}x,$$

$$\mathrm{d}y = f'(u)\mathrm{d}u.$$

由此可见，无论 u 是自变量还是中间变量，$y = f(u)$ 的微分总可以写成

$$\mathrm{d}y = f'(u)\mathrm{d}u.$$

这一性质称为微分形式的不变性.

▱ **经典例题 2.27**　设 $y = \mathrm{e}^{\sin^2 x}$, 求 $\mathrm{d}y$.

【解】 $y' = (\mathrm{e}^{\sin^2 x})' = 2\sin x \cos x \mathrm{e}^{\sin^2 x} = \sin 2x \mathrm{e}^{\sin^2 x}$,

$\mathrm{d}y = y'\mathrm{d}x = \sin 2x \mathrm{e}^{\sin^2 x}\mathrm{d}x.$

经典例题 2.28 求由方程 $y^3 = xy + 2x^2 + y^2$ 所确定的隐函数 $y = f(x)$ 的微分与导数.

【解】 方程两边求微分得

$$\mathrm{d}y^3 = \mathrm{d}(xy) + \mathrm{d}(2x^2) + \mathrm{d}y^2,$$

$$3y^2\mathrm{d}y = y\mathrm{d}x + x\mathrm{d}y + 4x\mathrm{d}x + 2y\mathrm{d}y,$$

$$\mathrm{d}y = \frac{y+4x}{3y^2-2y-x}\mathrm{d}x,$$

$$\frac{\mathrm{d}y}{\mathrm{d}x} = \frac{y+4x}{3y^2-2y-x}.$$

经典例题 2.29 求曲线 $xy + \ln y = 1$ 在点 $M(1,1)$ 的切线方程.

【解】【方法 1】（隐函数求导数）方程两边对 x 求导得

$$y + xy' + \frac{1}{y}y' = 0,$$

于是

$$y' = \frac{-y}{x+\dfrac{1}{y}} = \frac{-y^2}{xy+1},$$

$$k = y'|_{x=1,y=1} = -\frac{1}{2},$$

故曲线在点 $M(1,1)$ 的切线方程为

$$y - 1 = -\frac{1}{2}(x-1).$$

【方法 2】（反函数求导数）由方程 $xy + \ln y = 1$ 解得 $x = \dfrac{1-\ln y}{y}$，两边对 y 求导数得

$$\frac{\mathrm{d}x}{\mathrm{d}y} = \frac{-2+\ln y}{y^2}, \quad \frac{\mathrm{d}y}{\mathrm{d}x} = \frac{y^2}{-2+\ln y},$$

故曲线在点 $M(1,1)$ 的切线方程为

$$y - 1 = -\frac{1}{2}(x-1).$$

【方法 3】（微分法求导数）对方程 $xy + \ln y = 1$ 两边求微分得

$$y\mathrm{d}x + x\mathrm{d}y + \frac{1}{y}\mathrm{d}y = 0, \quad \frac{\mathrm{d}y}{\mathrm{d}x} = \frac{-y^2}{xy+1},$$

故曲线在点 $M(1,1)$ 的切线方程为

$$y - 1 = -\frac{1}{2}(x-1).$$

2.3.3 微分在近似计算中的应用

在工程问题中，经常会遇到一些复杂的计算公式，如果直接用这些公式进行计算，既费时又费力，利用微分往往可以把一些复杂的计算公式用简单的近似公式来代替.

当函数 $y = f(x)$ 在点 $x = x_0$ 处的导数 $f'(x_0) \neq 0$，且 $|\Delta x|$ 很小时，有

$$\Delta y = f(x_0 + \Delta x) - f(x_0) \approx \mathrm{d}y = f'(x_0)\Delta x. \tag{2.63}$$

一般地，$|\Delta x|$ 越小，式 (2.63) 近似程度越好，而且 $\mathrm{d}y$ 较 Δy 更容易计算，式 (2.63) 也可以表示为

$$f(x_0 + \Delta x) \approx f(x_0) + f'(x_0)\Delta x. \tag{2.64}$$

在式 (2.64) 中，令 $x = x_0 + \Delta x$，则有

$$f(x) \approx f(x_0) + f'(x_0)(x - x_0). \tag{2.65}$$

在式 (2.65) 中，当 $x_0 = 0$ 且 $|x|$ 很小时，有

$$f(x) \approx f(0) + f'(0)x. \tag{2.66}$$

应用式 (2.64)～式 (2.66) 都可以计算函数的近似值，当 $|x|$ 很小时，用公式 (2.66) 可以推得下面一些常用的近似公式，见表 2.3. 下面只证明近似公式（5）和近似公式（6）.

表 2.3 常用近似公式

序号	近似公式（$|x|$ 很小）	序号	近似公式（$|x|$ 很小）
(1)	$\sin x \approx x$	(5)	$\mathrm{e}^x \approx 1 + x$
(2)	$\tan x \approx x$	(6)	$(1+x)^{\frac{1}{n}} \approx 1 + \dfrac{x}{n}$
(3)	$\cos x \approx 1 - \dfrac{x^2}{2}$	(7)	$(1+x)^{\mu} \approx 1 + \mu x$
(4)	$\ln(1+x) \approx x$	(8)	$\arcsin x \approx x$

【证明】 (5) 设 $f(x) = \mathrm{e}^x$，于是

$$f(0) = 1, \quad f'(0) = \mathrm{e}^x\big|_{x=0} = 1,$$

代入式 (2.66) 得

$$\mathrm{e}^x \approx 1 + x.$$

(6) 设 $f(x) = \sqrt[n]{1+x}$，于是

$$f(0) = 1, \quad f'(0) = \frac{1}{n}(1+x)^{\frac{1}{n}-1}\Big|_{x=0} = \frac{1}{n},$$

代入式 (2.66) 得

$$\sqrt[n]{1+x} \approx 1 + \frac{x}{n}.$$

同理可推得其他近似公式.

经典例题 2.30 计算 $\arctan 1.05$ 的近似值.

【解】 设 $f(x) = \arctan x$，由式 (2.64)，有

$$\arctan(x_0 + \Delta x) \approx \arctan x_0 + \frac{1}{1 + x_0^2}\Delta x,$$

这里 $x_0 = 1$，$\Delta x = 0.05$，于是，有

$$\arctan 1.05 = \arctan(1 + 0.05) \approx \arctan 1 + \frac{1}{1 + 1^2} \times 0.05 = \frac{\pi}{4} + \frac{0.05}{2} \approx 0.810\ 4.$$

经典例题 2.31 计算 $\sqrt{1.05}$ 的近似值.

【解】 由近似公式 $\sqrt[n]{1 + x} \approx 1 + \dfrac{x}{n}$ 得

$$\sqrt{1.05} = \sqrt{1 + 0.05} \approx 1 + \frac{1}{2} \times 0.05 = 1.025.$$

直接开平方，得 $\sqrt{1.05} \approx 1.024\ 7$.

由上面两个结果可以看出，用 1.025 作为 $\sqrt{1.05}$ 的近似值，其误差不超过 0.001，这样的近似值已经可以满足一般应用的精度要求了. 如果开方次数较高，则更能体现微分近似计算的优势.

经典例题 2.32 求函数 $y = f(x) = x^3$ 在 $x_0 = 2$，$\Delta x = 0.02$ 时的增量与微分.

【解】 当 $\Delta x = 0.02$ 时，函数 $y = f(x) = x^3$ 在 $x_0 = 2$ 处的增量为

$$\Delta y = f(2 + 0.02) - f(2) = 2.02^3 - 2^3 = 0.242\ 408,$$

微分

$$\mathrm{d}y = f'(x)\mathrm{d}x = (x^3)'\Delta x = 3 \times 2^2 \times 0.02 = 0.24.$$

经典例题 2.33 一个球的体积从 972π cm^3 增大至 973π cm^3，试求其半径的增量的近似值.

【解】 设球的半径为 r，体积 $V = \dfrac{4}{3}\pi r^3$，则 $r = \sqrt[3]{\dfrac{3V}{4\pi}}$，且

$$\Delta r \approx \mathrm{d}r = \sqrt[3]{\frac{3}{4\pi}}\frac{1}{3\sqrt[3]{V^2}}\mathrm{d}V = \sqrt[3]{\frac{1}{36\pi}}\frac{1}{\sqrt[3]{V^2}}\mathrm{d}V,$$

已知 $V = 972\pi$，$\Delta V = 973\pi - 972\pi = \pi$，于是，有

$$\Delta r = \sqrt[3]{\frac{1}{36\pi(972\pi)^2}}\pi = (36 \times 972^2)^{-\frac{1}{3}} \approx 0.003.$$

即半径增量的近似值为 0.003 cm.

实际问题 2.17 电阻两端的电压

设有一电阻负载 $R = 25\ \Omega$，将负载功率 P 从 400 W 变到 401 W，求负载两端电压 U 的增量（如图 2.18 所示）.

【解】 由电学知识，负载功率 $P = \dfrac{U^2}{R}$，即 $U = \sqrt{RP}$，故

$$\mathrm{d}U = (\sqrt{RP})'_P\Delta P = \frac{\sqrt{R}}{2\sqrt{P}}\Delta P.$$

根据函数增量 Δy 的近似公式，电压的增量为

$$\Delta U \approx \mathrm{d}U = U'_P\Delta P = \frac{\sqrt{25}}{2\sqrt{400}} \times 1 = 0.125\ (\text{V}).$$

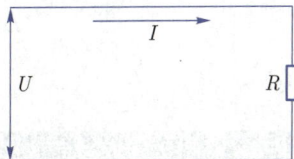

图 2.18 不可导

2.3.4　误差估计

在实际工程中，经常需要知道各种数据，但有时不易直接测量，可以先测量其他相关数据，然后根据某种公式算出所要的数据. 例如，为了知道球的体积 V，可以先测得球的半径 r，再由公式 $V = \dfrac{4}{3}\pi r^3$ 算出球的体积. 然而受测量仪器的精度、测量条件和测量方法等多种因素的影响，测量的数据往往带有误差，由此计算所得的结果自然也会有误差，如果我们知道了测量数据可能的最大误差，就可以利用微分求得所需要数据的最大误差.

◆ **定义 2.6　　绝对误差和相对误差**

假设量 x 可以直接度量，而依赖于 x 的量 y 则由函数 $y = f(x)$ 确定，若 x 的度量误差为 Δx，则 y 相应的误差为

$$\Delta y = f(x + \Delta x) - f(x),$$

称量 y 的绝对误差为 $|\Delta y|$，相对误差为 $\left|\dfrac{\Delta y}{y}\right|$.

在计算误差时，通常用 $|\mathrm{d}y|$ 代替 $|\Delta y|$，用 $\left|\dfrac{\mathrm{d}y}{y}\right|$ 代替 $\left|\dfrac{\Delta y}{y}\right|$，这样求出的误差称为误差的估计量.

实际问题 2.18　球体积的误差

经测量一个球的半径为 21 cm，该测量可能的最大误差为 0.05 cm，问：（1）通过半径的测量值所得的球的体积的最大误差是多少？（2）相对误差是多少？

【解】　设球的半径为 r，则球的体积 $V = \dfrac{4}{3}\pi r^3$.

(1) V 的绝对误差是 ΔV，可用微分

$$\mathrm{d}V = V'\Delta r = \left(\frac{4}{3}\pi r^3\right)' \Delta r = 4\pi r^2 \Delta r$$

近似代替，即 $\Delta V \approx \mathrm{d}V$，当 $r = 21$，$\Delta r = 0.05$ 时，

$$\Delta V \approx \mathrm{d}V = 4\pi \times 21^2 \times 0.05 \approx 277 \ (\mathrm{cm}^3),$$

即由于半径的最大误差为 0.05 cm，引起体积可能的最大误差约为 277 cm^3.

(2) 根据测量值计算球的体积为 $V = \dfrac{4}{3}\pi \times 21^3$，相对误差为

$$\frac{\Delta V}{V} \approx \frac{\mathrm{d}V}{V} = \frac{4\pi \times 21^2 \times 0.05}{\dfrac{4}{3}\pi \times 21^3} \approx 0.714\%.$$

实际问题 2.19　圆钢截面的误差

设所测得的圆钢截面直径 $d = 43$ mm，测量 d 的绝对误差 $|\Delta d| \leqslant 0.2$ mm，求圆钢截面面积的绝对误差和相对误差.

【解】　圆钢截面面积的近似值为 $A = \dfrac{\pi}{4}d^2 = \dfrac{\pi}{4} \times 43^2 = 462.25\pi \ (\text{mm}^2)$. 由 d 的测量误差 Δd 所引起的面积 A 的计算误差 ΔA, 可用微分 $\mathrm{d}A$ 来近似代替, 即

$$\Delta A \approx \mathrm{d}A = \left(\dfrac{\pi}{4}d^2\right)'_d \Delta d = \dfrac{1}{2}\pi d \Delta d.$$

绝对误差为 $|\Delta A| \approx \mathrm{d}A = \dfrac{43}{2}\pi \times 0.2 = 4.3\pi \approx 13.51 \ (\text{mm}^2)$;

相对误差为 $\left|\dfrac{\Delta A}{A}\right| \approx \left|\dfrac{\mathrm{d}A}{A}\right| = \dfrac{\frac{1}{2}\pi d|\Delta d|}{\frac{\pi}{4}d^2} = 2\left|\dfrac{\Delta d}{d}\right| = 2 \times \dfrac{0.2}{43} \approx 0.93\%$.

实际问题 2.20　铁箱体积的误差

有一个立方体铁箱, 边长为 $(70 \pm 0.1) \ \text{cm}$, 试估计其体积的绝对误差和相对误差.

【解】　设立方体铁箱的边长为 $l \ \text{cm}$, 体积为 $V \ \text{cm}^3$. 由于 $V = l^3$, 所以 $\mathrm{d}V = 3l^2 \Delta l$,

$$\dfrac{\mathrm{d}V}{V} = \dfrac{3l^2\Delta l}{l^3} = \dfrac{3\Delta l}{l},$$

已知 $l = 70 \pm 0.1$, 则

$$|\mathrm{d}V| = 3 \times 70^2 \times 0.1 = 1\,470 \ (\text{cm}^3),$$

$$\left|\dfrac{\mathrm{d}V}{V}\right| = \dfrac{3 \times 0.1}{70} \approx 0.43\%.$$

因此, 立方体铁箱体积的绝对误差为 $1\,470 \ \text{cm}^3$, 相对误差为 0.43%.

♣ 习　题　2 ♣

习题 2 答案

一、填空题

1. 设 $f(x)$ 在点 x_0 可导, 则 $\lim\limits_{h \to 0} \dfrac{f(x_0 - 2h) - f(x_0)}{h} = $ _____.

2. 设 $f'(1) = 1$, 则 $\lim\limits_{x \to 1} \dfrac{f(x) - f(1)}{x^2 - 1} = $ _____.

3. 设 $y = x^{\mathrm{e}} + \mathrm{e}^x + \mathrm{e}^{\mathrm{e}}$, 则 $y' = $ _____.

4. 函数 $f(x)$ 在 0 点可导, 且 $f(0) = 0$, 则 $\lim\limits_{x \to 0} \dfrac{f(x)}{x} = $ _____.

5. 已知 $y = \lg(x^2 + 1)$, 则 $y' = $ _____.

6. 设 $f(x) = \sin\dfrac{1}{x}$, 则 $f'\left(\dfrac{1}{\pi}\right) = $ _____.

7. 曲线 $y = x^2 + x - 3$ 在点 $(2, 3)$ 处的切线方程为_____.

8. 曲线 $y = \sqrt[3]{(x-1)^2} + 1$ 在点 $(1, 1)$ 处的切线方程为_____, 法线方程为_____.

9. 设 $y = x^2 \sin 3x$, 则 $y''|_{x=0} = $ _____.

10. 已知 $y = \ln\sqrt{x+1}$, 则 $y^{(5)} = $ _____.

11. 设 $f(x) = a^{2x} \ (a > 0, a \neq 1)$, 则 $f^{(n)}(x) = $ _____.

12. 设 $f(x) = \cos(3x)$，则 $f^{(n)}(x) =$ _____.

13. 设 $f(x) = x\sqrt{\dfrac{1-x}{1+x}}$，则 $f'(0) =$ _____.

14. 设 $y = f(\mathrm{e}^x)\mathrm{e}^{f(x)}$，则 $y' =$ _____.

15. 设函数 $y = \mathrm{e}^{x^2+1}$，则 $\mathrm{d}y|_{x=1}$ _____.

16. 设 $f\left(\dfrac{1+x}{x}\right) = \dfrac{x}{x-1}\ (x \neq 1)$，则 $f''(x) =$ _____.

17. 曲线 $\begin{cases} x = t\cos t, \\ y = t\sin t \end{cases}$ 在 $t = \dfrac{\pi}{2}$ 的法线方程为_____.

18. 曲线 $\mathrm{e}^{xy} + xy + y = 3$ 上对应于 $x = 0$ 处的切线方程是_____.

19. 已知 $f(x) = |x\mathrm{e}^{-2x}|$，则 $f'_+(0) =$ _____，$f'_-(0) =$ _____.

二、选择题

1. $f(x)$ 在点 x_0 处连续是 $f(x)$ 在点 x_0 处可导的 (　　).

    (A) 必要条件　　　　(B) 充分条件　　　　(C) 充要条件　　　　(D) 无关条件

2. 若 $f'(0) = 1$，则极限 $\lim\limits_{h\to 0} \dfrac{f(-h) - f(0)}{3h}$ 等于 (　　).

    (A) 1　　　　　　　(B) $\dfrac{1}{3}$　　　　　　(C) $-\dfrac{1}{3}$　　　　　(D) 3

3. 已知 $f(x) = \dfrac{1}{1+x}$，$f(x_0) = 5$，则 $f(f'(x_0)) =$ (　　).

    (A) 0　　　　　　　(B) $\dfrac{1}{6}$　　　　　　(C) $-\dfrac{1}{24}$　　　　(D) 1

4. 曲线 $f(x) = x^3 - 3x$ 上切线平行于 x 轴的点是 (　　).

    (A) $(0, 0)$　　　　(B) $(-2, 2)$　　　　(C) $(-1, 2)$　　　　(D) $(2, 2)$

5. 设 $f(x) = x(x-1)(x-2)\cdots(x-100)$，则 $f'(0)$ 等于 (　　).

    (A) $-99!$　　　　　(B) $99!$　　　　　　(C) $-100!$　　　　(D) $100!$

6. $f(x)$ 在点 x_0 处可导是 $f(x)$ 在点 x_0 处可微的 (　　).

    (A) 必要条件　　　　(B) 充分条件　　　　(C) 充要条件　　　　(D) 无关条件

7. 若 $f(u)$ 可导，且 $y = f(\ln^2 x)$，则 $\dfrac{\mathrm{d}y}{\mathrm{d}x} =$ (　　).

    (A) $f'(\ln^2 x)$　　(B) $2\ln x f'(\ln^2 x)$　　(C) $\dfrac{2\ln x}{x}(f(\ln^2 x))'$　　(D) $\dfrac{2\ln x}{x}f'(\ln^2 x)$

8. 设 $f'(x) = g(x)$，则 $\dfrac{\mathrm{d}}{\mathrm{d}x}f(\sin^2 x) =$ (　　).

    (A) $2g(x)\sin x$　　(B) $g(x)\sin 2x$　　(C) $g(\sin^2 x)$　　(D) $g(\sin^2 x)\sin 2x$

9. 经过点 $(1, 2)$ 且切线斜率为 $4x^3$ 的曲线方程为 (　　).

    (A) x^4　　　　　　(B) $x^4 + c$　　　　(C) $x^4 + 1$　　　　(D) $x^4 - 1$

10. 若 $f'(\sin^2 x) = \cos^2 x$，则 $f(x) =$ (　　).

    (A) $\sin x - \dfrac{1}{2}\sin^2 x + c$　(B) $x - \dfrac{1}{2}x^2 + c$　　(C) $\cos x - \sin x + c$　　(D) $\dfrac{1}{2}x^2 - x + c$

11. 下列函数在 $x = 0$ 处可导的是 (　　).

    (A) $y = |\sin x|$　　　　　　　　　　　　(B) $y = \sqrt[3]{x^2}$

    (C) $y = x^n, n \in \mathbb{Z}^+$　　　　　　(D) $y = \begin{cases} x\sin\dfrac{1}{x}, & x \neq 0, \\ 0, & x = 0. \end{cases}$

12. 设函数 $f(x) = x^n + \mathrm{e}^{-x}$，则 $f^{(n)}(x) = ($　　$)$.

 (A) $n!$ (B) $n! + \mathrm{e}^{-x}$ (C) $n! + n\mathrm{e}^{-x}$ (D) $n! + (-1)^n \mathrm{e}^{-x}$

13. 函数 $y = f(x)$，当 $\Delta x \to 0$ 时，$\Delta y - \mathrm{d}y$ 与 Δx 相比是 ($　　$).

 (A) 高阶无穷小   (B) 同阶无穷小   (C) 低阶无穷小   (D) 等价无穷小

14. 函数 $f(x)$ 在 x_0 处可微，则函数 $|f(x)|$ 在 x_0 处 ($　　$).

 (A) 可导   (B) 不可导   (C) 连续   (D) 不连续

15. 当 $x > 0$ 时，曲线 $y = x \sin \dfrac{1}{x}($　　$)$.

 (A) 仅有水平渐近线   (B) 仅有铅直渐近线

 (C) 有水平渐近线，又有铅直渐近线   (D) 无渐近线

三、计算题

1. 求下列函数的导数 y'：

 (1) $y = \dfrac{7}{x^4} + \dfrac{\mathrm{e}^x}{x^2} + \ln \tan \dfrac{\pi}{5}$;

 (2) $y = x^{a^a} + a^{x^a} + a^{a^x}$;

 (3) $y = x \arctan x - \ln \sqrt{1 + x^2}$;

 (4) $y = \sqrt{1 + x^2} \cdot \cos \ln 2x$;

 (5) $y = \ln(x + \sqrt{1 + x^2})$;

 (6) $y = \dfrac{1}{2}\left(x\sqrt{a^2 - x^2} - a^2 \arcsin \dfrac{x}{a} \right)$;

 (7) $y = \sin f(\sin x)$;

 (8) $y = \ln(\ln^2(\ln^3 x))$;

 (9) $y = \sqrt{x + \sqrt{x + \sqrt{x}}}$;

 (10) $y = \sqrt[5]{\dfrac{x - 5}{\sqrt[5]{x^2 + 2}}}$;

 (11) $y = a^{\arctan x^2} + x^{\sin x} (a > 0, a \neq 1)$;

 (12) $y = \left(\dfrac{a}{b} \right)^x \left(\dfrac{b}{x} \right)^a \left(\dfrac{x}{a} \right)^b$;

 (13) $y = x^{x^x}$.

2. 若 $f(t) = \lim\limits_{x \to \infty} t \left(1 + \dfrac{1}{x} \right)^{2tx}$，求 $f'(t)$.

3. 设 $f(x) = (x + 10)^6$，求 $f'''(2)$.

4. 设 $y = \ln \dfrac{x + 2}{x - 1}$，求 $y^{(n)}$.

5. 设曲线 $y = x^2 + 3x + 1$ 在 P_0 点处的切线方程为 $y = kx$，试求 P_0 点的坐标和 k 的值.

6. 试求过点 $M_0(-1, 1)$ 且与曲线 $2\mathrm{e}^x - 2\cos y = 1$ 上点 $\left(0, \dfrac{\pi}{3} \right)$ 处的切线相垂直的直线方程.

7. 设 $y = y(x)$ 是由方程 $y^2 \cos x = \sin 2x + \sqrt{1 + y}$ 所确定的函数，求 y'.

8. 方程 $\mathrm{e}^{x+y} + x + y^2 = 1$ 能确定隐函数 $y = y(x)$，试求 $\left. \dfrac{\mathrm{d}y}{\mathrm{d}x} \right|_{x=0}$.

9. 设曲线方程为 $y = x^x + \sqrt{5 - x^2}$，求此曲线在 $x = 1$ 处的切线方程.

10. 求曲线 $\begin{cases} x = \mathrm{e}^t \sin 2t, \\ y = \mathrm{e}^t \cos t \end{cases}$ 在点 $(0, 1)$ 处的法线方程.

11. 设 $y(x)$ 由参数方程 $\begin{cases} x = \cos t, \\ y = \sin t - t \cos t \end{cases}$ 确定，求 $\dfrac{\mathrm{d}y}{\mathrm{d}x}$ 及 $\dfrac{\mathrm{d}^2 y}{\mathrm{d}x^2}$.

12. 设 $y = x^3 - x$，分别取 $\Delta x = 1, 0.1, 0.01$，求出 Δy 及 $\mathrm{d}y$ 在 $x = 2$ 处的值.

13. 求由方程 $\ln \sqrt{x^2 + y^2} = \arctan \dfrac{y}{x}$ 确定的隐函数 $y = y(x)$ 的微分.

14. 方程 $y = 1 + xe^y$ 能确定隐函数 $y = y(x)$，试求 $\dfrac{\mathrm{d}y}{\mathrm{d}x}$ 及 $\dfrac{\mathrm{d}^2 y}{\mathrm{d}x^2}$.

四、证明题

1. 证明：双曲线 $xy = a^2$ 上任一点处的切线与两坐标轴构成的三角形的面积等于 $2a^2$.
2. 验证函数 $y = e^x \sin x$ 满足关系式 $y'' - 2y' + 2y = 0$.

五、应用题

1. 落在平静水面上的石头，产生同心波纹. 若最外一圈波纹半径的增大率总是 6 m/s，问在 2 s 末扰动水波的增大率为多少？

2. 溶液自深 18 cm、顶直径为 12 cm 的正圆锥形漏斗中漏入一直径为 10 cm 的圆柱形筒中. 开始时漏斗中装满了溶液. 已知当溶液在漏斗中深为 12 cm 时，其表面下降的速率为 1 cm/min. 问此时圆柱形筒中溶液表面上升的速率是多少？

3. 当太阳从头顶经过时，高 50 m 的建筑物在水平面上的影子长为 20 m，在该瞬间阳光和地面所成的角 θ 以 $0.27°/\text{min}$ 的速度增长. 建筑物的影子以什么速度缩短？（角度用弧度计算）

4. 一个气球正从一条水平路的直上方以速度 1 m/s 升起. 正当气球离地面 65 m 高时，一辆自行车以 17 m/s 的速度从气球下面经过. 问 3 s 后气球和自行车之间的距离增加有多快？

第 3 章 导数的应用

3.1 中值定理

3.1.1 罗尔定理

如图 3.1 所示, 函数 $y = f(x)$ 的图像在点 x_1, x_3 处出现"峰", 即函数值 $f(x_1), f(x_3)$ 是局部最大值. 函数 $y = f(x)$ 的图像在点 x_2, x_4 处出现"谷", 即函数值 $f(x_2), f(x_4)$ 是局部最小值. 对于这种点和对应的函数值, 有如下定义.

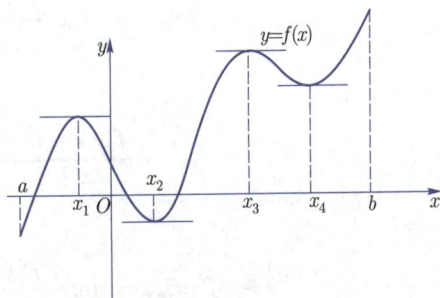

38 扫一扫

图 3.1 函数的极值

◆ **定义 3.1 函数的极值**

设函数 $f(x)$ 在区间 I 上有定义. 若 $x_0 \in I$, 且存在点 x_0 的某邻域 $U(x_0) \subset I$, 对于任意 $x \in U(x_0)$, 有

$$f(x) \leqslant f(x_0) \quad (或 f(x) \geqslant f(x_0)).$$

则称 x_0 是函数 $f(x)$ 的极大值点 (或极小值点), $f(x_0)$ 是函数 $f(x)$ 的极大值 (或极小值). 函数的极大值点和极小值点统称为函数的极值点, 函数的极大值和极小值统称为函数的极值.

由图 3.1 可以看出, 函数 $y = f(x)$ 在点 x_1, x_2, x_3, x_4 取得极值, 如果有切线, 则切线与 x 轴平行. 即在极值点, 如果函数 $y = f(x)$ 存在导数, 则导数为零. 反之不然. 即函数在导数等于 0 的点不一定取得极值.

例如, 函数 $f(x) = x^3, f'(0) = 0$, 但 $f(0)$ 不是函数的极值.

于是, 有下面的费马引理.

♣ 引理 3.1　费马引理

设函数 $f(x)$ 在区间 I 上有定义, 若函数 $f(x)$ 在点 x_0 可导, 且 x_0 是 $f(x)$ 的极值点, 则
$$f'(x_0) = 0.$$

【证明】　不妨设 x_0 是 $f(x)$ 的极大值点, 即存在点 x_0 的某邻域 $U(x_0) \subset I$, 对于 $\forall x \in U(x_0)$, 有
$$f(x) \leqslant f(x_0) \quad \text{或} \quad f(x) - f(x_0) \leqslant 0.$$

由已知条件和极限的保号性:

当 $x > x_0$ 时, 有
$$\frac{f(x) - f(x_0)}{x - x_0} \leqslant 0.$$

从而
$$f'(x_0^+) = \lim_{x \to x_0^+} \frac{f(x) - f(x_0)}{x - x_0} \leqslant 0. \tag{3.1}$$

当 $x < x_0$ 时, 有
$$\frac{f(x) - f(x_0)}{x - x_0} \geqslant 0.$$

从而
$$f'(x_0^-) = \lim_{x \to x_0^-} \frac{f(x) - f(x_0)}{x - x_0} \geqslant 0. \tag{3.2}$$

已知函数 $f(x)$ 在点 x_0 可导, 由式 (3.1) 和 (3.2), 有
$$f'(x_0) = f'(x_0^+) = f'(x_0^-) = 0.$$

科学家–费马–简介

费马 (Pierre Fermat, 1601—1665), 法国律师. 数学是费马的业余爱好, 虽然他是一个业余的数学家, 但他是解析几何两个创始人之一, 另一个是笛卡儿. 这使他成为创建微积分的先驱者之一.

♦ **定理 3.1　罗尔定理**

若函数 $y = f(x)$ 在闭区间 $[a, b]$ 连续，在开区间 (a, b) 内可导，且 $f(a) = f(b)$，则在 (a, b) 上至少存在一点 $\xi(\xi \in (a, b))$，使得

$$f'(\xi) = 0. \tag{3.3}$$

罗尔（Rolle，1652—1719），法国数学家. 罗尔定理发表于 1691 年.

罗尔定理的几何解释如图 3.2 所示，如果连续函数 $y = f(x)$ 在开区间 (a, b) 内的每一点都存在不垂直于 x 轴的切线，且两端点的纵坐标相等，则在 (a, b) 内至少存在一点 $C(\xi, f(\xi))$，使函数 $y = f(x)$ 在点 $C(\xi, f(\xi))$ 的切线平行于 x 轴.

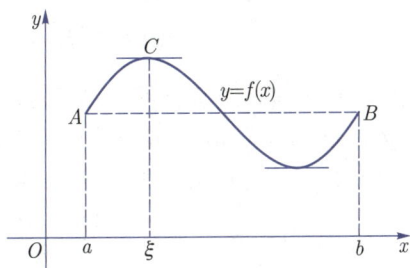

图 3.2　罗尔定理

【证明】　由费马引理，只须证明函数 $f(x)$ 在区间 (a, b) 内至少存在一个极值点 ξ. 由已知条件及闭区间连续函数的最值定理得，函数 $f(x)$ 在闭区间 $[a, b]$ 取到最小值 m 和最大值 M.

如果 $m = M$，则 $f(x)$ 在闭区间 $[a, b]$ 上是常数函数. 于是，$\forall x \in (a, b)$，有 $f'(x) = 0$. 即开区间 (a, b) 内任意点都可取作 ξ，使 $f'(\xi) = 0$.

如果 $m < M$，由 $f(a) = f(b)$，函数 $f(x)$ 在闭区间 $[a, b]$ 两个端点 a 与 b 的函数值 $f(a)$ 与 $f(b)$ 不可能一个是最大值一个是最小值，因此，函数 $f(x)$ 在开区间 (a, b) 内至少存在一个极值点 ξ. 根据费马引理有

$$f'(\xi) = 0.$$

39 扫一扫

3.1.2　拉格朗日中值定理

拉格朗日中值定理是微分学最重要的定理之一，也称微分学中值定理. 它是沟通函数与其导数的桥梁，是应用导数的局部性研究函数整体性的重要数学工具.

科学家-拉格朗日-简介

图 3.3　拉格朗日

拉格朗日（Lagrange，1735—1813，图 3.3），法国力学家、数学家，分析力学的奠基人. 最先提出速度势和流函数的概念，这些概念成为流体无旋运动理论的基础. 1764—1778 年，因研究月球平动等天体力学问题曾五次获得法国科学院奖. 在数学方面拉格朗日是变分法的奠基人之一，对代数方程的研究为伽罗瓦群论的建立起了先导作用.

♦ **定理 3.2　拉格朗日中值定理**

若函数 $y = f(x)$ 在闭区间 $[a, b]$ 上连续，在开区间 (a, b) 内可导，则在 (a, b) 内至少存在

一点 $\xi \in (a,b)$，使得

$$f'(\xi) = \frac{f(b) - f(a)}{b - a} \quad (\xi \in (a,b)). \tag{3.4}$$

【证明】　不难看出，当 $f(a) = f(b)$ 时，拉格朗日中值定理就是罗尔定理，即罗尔定理是拉格朗日中值定理的特殊情况．为了应用特殊的罗尔定理证明一般的拉格朗日中值定理，作辅助函数

$$\varphi(x) = f(x) - f(a) - \frac{f(b) - f(a)}{b - a}(x - a). \tag{3.5}$$

显然，函数 $\varphi(x)$ 在闭区间 $[a,b]$ 连续，在开区间 (a,b) 可导，又有 $\varphi(a) = \varphi(b) = 0$，根据罗尔定理，在 (a,b) 内至少存在一点 $\xi(\xi \in (a,b))$，使 $\varphi'(\xi) = 0$．而

$$\varphi'(x) = f'(x) - \frac{f(b) - f(a)}{b - a}.$$

于是

$$\varphi'(\xi) = f'(\xi) - \frac{f(b) - f(a)}{b - a} = 0,$$

即

$$f'(\xi) = \frac{f(b) - f(a)}{b - a}.$$

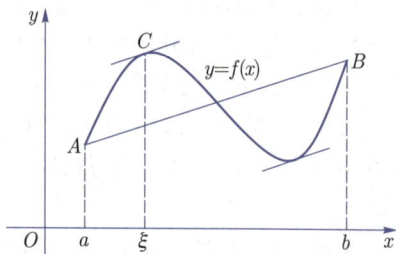

图 3.4　拉格朗日中值定理

拉格朗日中值定理的几何解释，如图 3.4 所示，如果连续函数 $y = f(x)$ 在开区间 (a,b) 内每一点都存在不垂直于 x 轴的切线，则在开区间 (a,b) 内至少存在一点 $\xi(\xi \in (a,b))$，使函数 $y = f(x)$ 在点 $C(\xi, f(\xi))$ 处的切线平行于弦 AB．

中值定理可以理解为：在某段间隔内存在这样一点，该点的瞬时变化率等于平均变化率．

中值定理的重要性在于可以利用它从函数的导数中获取函数的信息．

经典例题 3.1　估计函数的可能值．设 $f(x)$ 处处可导，$f(0) = -3$，对所有 x 有 $f'(x) \leqslant 5$．问 $f(2)$ 的最大值可能为多大？

【解】　已知 $f(x)$ 处处可导，因此，可以在区间 $[0,2]$ 上使用拉格朗日中值定理．所以存在 $\xi \in [0,2]$ 使

$$f(2) - f(0) = f'(\xi)(2 - 0).$$

于是有

$$f(2) = f(0) + 2f'(\xi) = -3 + 2f'(\xi),$$

又由 $f'(x) \leqslant 5$，可得 $f'(\xi) \leqslant 5$，因此，有

$$f(2) = -3 + 2f'(\xi) \leqslant -3 + 10 = 7.$$

所以 $f(2)$ 的最大值是 7．

常数的导数等于零，它的逆命题也成立，这就是下面的推论．

♠ 推论 3.2.1

如果函数 $y = f(x)$ 在开区间 (a,b) 内的导数 $f'(x)$ 恒为零，则函数 $y = f(x)$ 在区间 (a,b) 内是一个常数．

♠ **推论 3.2.2**

如果在开区间 (a,b) 内，$f'(x) = g'(x)$，则在开区间 (a,b) 内，$f(x)$ 与 $g(x)$ 只相差一个常数，即

$$f(x) = g(x) + C.$$

经典例题 3.2 证明当 $x > 0$ 时，$\dfrac{x}{x+1} < \ln(1+x) < x$.

【证明】 设 $f(x) = \ln(1+x)$，则 $f(x) = \ln(1+x)$ 在 $[0,x]$ 上满足拉格朗日中值定理条件，且

$$f(0) = 0, \quad f'(x) = \frac{1}{1+x},$$

由定理 $f(x) - f(0) = f'(\xi)(x-0)$ $(\xi \in (0,x))$ 得

$$\ln(1+x) = \frac{x}{1+\xi} (\xi \in (0,x)),$$

因为

$$1 < 1+\xi < 1+x,$$

所以

$$\frac{1}{1+x} < \frac{1}{1+\xi} < 1,$$

从而

$$\frac{x}{1+x} < \frac{x}{1+\xi} < x,$$

即

$$\frac{x}{x+1} < \ln(1+x) < x.$$

经典例题 3.3 当 $0 < a < b$ 时，证明 $\dfrac{b-a}{1+b^2} < \arctan b - \arctan a < \dfrac{b-a}{1+a^2}$.

【证明】 函数 $\arctan x$ 在 $[a,b]$ 上满足拉格朗日中值定理的条件，所以存在 $\xi \in (a,b)$，使

$$\arctan b - \arctan a = \frac{b-a}{1+\xi^2},$$

而

$$\frac{b-a}{1+b^2} < \frac{b-a}{1+\xi^2} < \frac{b-a}{1+a^2},$$

于是

$$\frac{b-a}{1+b^2} < \arctan b - \arctan a < \frac{b-a}{1+a^2}.$$

经典例题 3.4 （选学）若 $0 < x < y$，$p > 1$，证明 $px^{p-1}(y-x) < y^p - x^p < py^{p-1}(y-x)$.

【证明】 设 $f(t) = t^p$，显然 $f(t) = t^p$ 在 $[x,y]$ 上满足拉格朗日中值定理，于是，有

$$\frac{f(y) - f(x)}{y-x} = \frac{y^p - x^p}{y-x} = f'(\xi) = p\xi^{p-1} \quad (\xi \in (x,y)).$$

又因为 $0 < x < \xi < y$, $\quad p - 1 > 0$, 所以 $x^{p-1} < \xi^{p-1} < y^{p-1}$, 故

$$px^{p-1}(y-x) < y^p - x^p < py^{p-1}(y-x).$$

3.1.3　柯西中值定理

♦ **定理 3.3**　**柯西中值定理**

若函数 $f(x)$ 与 $g(x)$ 在闭区间 $[a,b]$ 上连续，在开区间 (a,b) 内可导，且 $\forall x \in (a,b)$，有 $g'(x) \neq 0$，则在 (a,b) 内至少存在一点 $\xi \in (a,b)$，使得

$$\frac{f'(\xi)}{g'(\xi)} = \frac{f(b) - f(a)}{g(b) - g(a)} \quad (\xi \in (a,b)). \tag{3.6}$$

【证明】　首先用反证法证明 $g(b) - g(a) \neq 0$. 假设 $g(b) - g(a) = 0$，即 $g(b) = g(a)$. 由罗尔定理可知，在 (a,b) 内至少存在一点 ξ 使 $g'(\xi) = 0$，与已知条件矛盾，故 $g(b) - g(a) \neq 0$. 其次作辅助函数

$$F(x) = f(x) - f(a) - \frac{f(b) - f(a)}{g(b) - g(a)}(g(x) - g(a)). \tag{3.7}$$

不难验证 $F(x)$ 满足罗尔定理条件. 于是在开区间 (a,b) 内至少存在一点 $\xi \in (a,b)$，使 $F'(\xi) = 0$. 而

$$F'(x) = f'(x) - \frac{f(b) - f(a)}{g(b) - g(a)}g'(x),$$

于是

$$F'(\xi) = f'(\xi) - \frac{f(b) - f(a)}{g(b) - g(a)}g'(\xi) = 0,$$

即

$$\frac{f'(\xi)}{g'(\xi)} = \frac{f(b) - f(a)}{g(b) - g(a)} \quad (\xi \in (a,b)).$$

不难看出，在柯西定理中，当 $g(x) = x$ 时，$g'(x) = 1$，$g(a) = a, g(b) = b$，则 (3.6) 就是

$$f'(\xi) = \frac{f(b) - f(a)}{b - a},$$

即拉格朗日中值定理是柯西中值定理的特殊情况.

科学家-柯西-简介

柯西（Cauchy, 1789—1857，图 3.5），法国数学家，一生写了 789 篇数学论文，是微积分严格化的第一人，是打下分析严格基础的先驱者. 在微分方程、数学物理（弹性理论，光学等）、代数等方面也有很大贡献. 并因此留给后人很多有用的数学工具：柯西-科瓦列夫娅定理，矩阵的对角化，复变函数中的留数的计算等.

图 3.5　柯西

3.2 洛必达法则与不定式

帕斯卡（Blaise Pascal，1623—1662），法国著名的数学家、物理学家、哲学家和散文家. 在物理学方面作出了突出的贡献，于 1653 年首次提出了著名的帕斯卡定律，发表了著名论文《液体平衡的论述》，论述了液体压强的传递问题.

科学家 洛必达 简介

图 3.6 洛必达

洛必达（L'Hospital，1661—1704，图 3.6）法国数学家，15 岁解决了帕斯卡的摆线难题，后来与莱布尼茨和牛顿同时解答了约翰伯努利的"最速降线"问题. 最重要的著作是《阐明曲线的无穷小分析》(1696)，这是世界上第一本系统的微分学教科书. 该书记载了一个著名定理 (洛必达法则). 但第一个发现这个定理的却是瑞士数学家约翰·伯努利.

1. $\dfrac{0}{0}$ 型，$\dfrac{\infty}{\infty}$ 型不定式

◆ **定理 3.4 洛必达法则 1**

若函数 $f(x)$ 与 $g(x)$ 满足条件
(1) 在点 x_0 的某去心邻域 $\overset{\circ}{U}(x_0)$ 内可导，且 $g'(x) \neq 0$；
(2) $\lim\limits_{x \to x_0} f(x) = 0$ 与 $\lim\limits_{x \to x_0} g(x) = 0$；
(3) $\lim\limits_{x \to x_0} \dfrac{f'(x)}{g'(x)} = l$，
则

$$\lim_{x \to x_0} \frac{f(x)}{g(x)} = \lim_{x \to x_0} \frac{f'(x)}{g'(x)} = l. \tag{3.8}$$

【证明】 将函数 $f(x)$ 与 $g(x)$ 在 $x = x_0$ 作连续开拓，即设

$$f_1(x) = \begin{cases} f(x), & x \neq x_0, \\ 0, & x = x_0, \end{cases} \qquad g_1(x) = \begin{cases} g(x), & x \neq x_0, \\ 0, & x = x_0. \end{cases}$$

对于任意 $x \in \overset{\circ}{U}(x_0)$，在以 x 与 x_0 为端点的区间，函数 $f_1(x)$ 与 $g_1(x)$ 满足柯西定理的条件. 因此，在 x 与 x_0 之间至少存在一点 ξ，使

$$\frac{f_1(x) - f_1(x_0)}{g_1(x) - g_1(x_0)} = \frac{f_1'(\xi)}{g_1'(\xi)}.$$

已知 $f_1(x_0) = g_1(x_0) = 0$，任意 $x \neq x_0$，有 $f_1(x) = f(x), g_1(x) = g(x), f_1'(\xi) = f'(\xi), g_1'(\xi) = g'(\xi)$，从而

$$\frac{f(x)}{g(x)} = \frac{f'(x)}{g'(x)}.$$

因为 ξ 在 x 与 x_0 之间, 所以当 $x \to x_0$ 时, 有 $\xi \to x_0$, 由条件 (3), 有

$$\lim_{x \to x_0} \frac{f(x)}{g(x)} = \lim_{\xi \to x_0} \frac{f'(\xi)}{g'(\xi)} = l = \lim_{x \to x_0} \frac{f'(x)}{g'(x)}.$$

◆ **定理 3.5　洛必达法则 2**

若函数 $f(x)$ 与 $g(x)$ 满足条件

(1) 存在 $A > 0$, 在 $(-\infty, A)$ 与 $(A, +\infty)$ 上可导, 且 $g'(x) \neq 0$;

(2) $\lim\limits_{x \to \infty} f(x) = 0$ 与 $\lim\limits_{x \to \infty} g(x) = 0$;

(3) $\lim\limits_{x \to \infty} \dfrac{f'(x)}{g'(x)} = l$,

则

$$\lim_{x \to \infty} \frac{f(x)}{g(x)} = \lim_{x \to \infty} \frac{f'(x)}{g'(x)} = l. \tag{3.9}$$

【证明】　设 $x = \dfrac{1}{y}$, 当 $x \to \infty$ 时, $y \to 0$. 于是, 函数 $f\left(\dfrac{1}{y}\right)$ 与 $g\left(\dfrac{1}{y}\right)$ 在 $y = 0$ 的邻域满足洛必达法则 1 的条件. 因此, 由洛必达法则 1 可证洛必达法则 2.

📐 **经典例题 3.5**　求极限 $\lim\limits_{x \to 0} \dfrac{a^x - b^x}{x} (a > 0, b > 0)$. $\left(\dfrac{0}{0}\right)$

【解】　由洛必达法则, 有

$$\lim_{x \to 0} \frac{a^x - b^x}{x} = \lim_{x \to 0} \frac{(a^x - b^x)'}{(x)'} = \lim_{x \to 0} \frac{a^x \ln a - b^x \ln b}{1} = \ln a - \ln b = \ln \frac{a}{b}.$$

📐 **经典例题 3.6**　求极限 $\lim\limits_{x \to +\infty} \dfrac{\dfrac{\pi}{2} - \arctan x}{\sin \dfrac{1}{x}}$. $\left(\dfrac{0}{0}\right)$

【解】　由洛必达法则, 有

$$\lim_{x \to +\infty} \frac{\dfrac{\pi}{2} - \arctan x}{\sin \dfrac{1}{x}} = \lim_{x \to +\infty} \frac{-\dfrac{1}{1 + x^2}}{-\dfrac{1}{x^2} \cos \dfrac{1}{x}} = \lim_{x \to +\infty} \frac{x^2}{1 + x^2} \frac{1}{\cos \dfrac{1}{x}} = 1.$$

◆ **定理 3.6　洛必达法则 3**

若函数 $f(x)$ 与 $g(x)$ 满足条件

(1) 在点 x_0 的某去心邻域 $\mathring{U}(x_0)$ 内可导, 且 $g'(x) \neq 0$;

(2) $\lim\limits_{x \to x_0} f(x) = \infty$ 与 $\lim\limits_{x \to x_0} g(x) = \infty$;

(3) $\lim\limits_{x \to x_0} \dfrac{f'(x)}{g'(x)} = l$,

则

$$\lim_{x \to x_0} \frac{f(x)}{g(x)} = \lim_{x \to x_0} \frac{f'(x)}{g'(x)} = l. \tag{3.10}$$

经典例题 3.7 求极限 $\displaystyle\lim_{x\to+\infty}\frac{\ln x}{x^\alpha}(\alpha>0)$. $\left(\dfrac{\infty}{\infty}\right)$

【解】 由洛必达法则，有

$$\lim_{x\to+\infty}\frac{\ln x}{x^\alpha}=\lim_{x\to+\infty}\frac{\dfrac{1}{x}}{\alpha x^{\alpha-1}}=\lim_{x\to+\infty}\frac{1}{\alpha x^\alpha}=0.$$

经典例题 3.8 求极限 $\displaystyle\lim_{x\to\frac{\pi}{2}}\frac{\tan x-2}{\sec x+3}$. $\left(\dfrac{\infty}{\infty}\right)$

【解】 由洛必达法则，有

$$\lim_{x\to\frac{\pi}{2}}\frac{\tan x-2}{\sec x+3}=\lim_{x\to\frac{\pi}{2}}\frac{\sec^2 x}{\sec x\tan x}=\lim_{x\to\frac{\pi}{2}}\frac{1}{\sin x}=1.$$

2. 其他类型不定式极限

经典例题 3.9 求极限 $\displaystyle\lim_{x\to0^+}x\ln x$. $(0\cdot\infty)$

【解】 这是 $0\cdot\infty$ 型不定式. 先变形为 $\dfrac{0}{0}$ 或 $\dfrac{\infty}{\infty}$ 型不定式.

$$\lim_{x\to0^+}x\ln x=\lim_{x\to0^+}\frac{\ln x}{\dfrac{1}{x}}=\lim_{x\to0^+}\frac{\dfrac{1}{x}}{-\dfrac{1}{x^2}}=\lim_{x\to0^+}(-x)=0.$$

经典例题 3.10 求极限 $\displaystyle\lim_{x\to0}\left(\frac{1}{x}-\frac{1}{\sin x}\right)$. $(\infty-\infty)$

【解】 这是 $\infty-\infty$ 型不定式. 通分后可变形为 $\dfrac{0}{0}$ 或 $\dfrac{\infty}{\infty}$ 型不定式.

$$\lim_{x\to0}\left(\frac{1}{x}-\frac{1}{\sin x}\right)=\lim_{x\to0}\frac{\sin x-x}{x\sin x}=\lim_{x\to0}\frac{\cos x-1}{\sin x+x\cos x}$$

$$=\lim_{x\to0}\frac{-\sin x}{\cos x+\cos x-x\sin x}=0.$$

经典例题 3.11 求极限 $\displaystyle\lim_{x\to1}\left(\frac{1}{\ln x}-\frac{1}{x-1}\right)$. $(\infty-\infty)$

【解】 $\displaystyle\lim_{x\to1}\left(\frac{1}{\ln x}-\frac{1}{x-1}\right)=\lim_{x\to1}\frac{x-1-\ln x}{(x-1)\ln x}=\lim_{x\to1}\frac{1-\dfrac{1}{x}}{\ln x+\dfrac{x-1}{x}}$

$$=\lim_{x\to1}\frac{x-1}{x\ln x+x-1}=\lim_{x\to1}\frac{1}{\ln x+1+1}=\frac{1}{2}.$$

经典例题 3.12 求极限 $\displaystyle\lim_{x\to0^+}x^x$. (0^0)

【解】 形如 $0^0,1^\infty,\infty^0$ 型不定式，可通过对数恒等式变形为 $\dfrac{0}{0}$ 型或 $\dfrac{\infty}{\infty}$ 型不定式.

$$1^\infty\Longrightarrow\mathrm{e}^{\infty\ln 1}\Longrightarrow\mathrm{e}^{\infty\cdot0}$$

$$0^0\Longrightarrow\mathrm{e}^{0\ln 0}\Longrightarrow\mathrm{e}^{0\cdot\infty}$$

$$\infty^0\Longrightarrow\mathrm{e}^{0\ln\infty}\Longrightarrow\mathrm{e}^{0\cdot\infty}$$

由于 $\lim\limits_{x\to 0^+} x^x = \lim\limits_{x\to 0^+} \mathrm{e}^{\ln x^x} = \lim\limits_{x\to 0^+} \mathrm{e}^{x\ln x}$，又

$$\lim\limits_{x\to 0^+} x\ln x = 0.$$

于是，有

$$\lim\limits_{x\to 0^+} x^x = \lim\limits_{x\to 0^+} \mathrm{e}^{x\ln x} = \mathrm{e}^0 = 1.$$

经典例题 3.13　求极限 $\lim\limits_{x\to 1} x^{\frac{1}{1-x}}$. (1^∞)

【解】　由于 $\lim\limits_{x\to 1} x^{\frac{1}{1-x}} = \lim\limits_{x\to 1} \mathrm{e}^{\ln x^{\frac{1}{1-x}}} = \lim\limits_{x\to 1} \mathrm{e}^{\frac{1}{1-x}\ln x}$，又

$$\lim\limits_{x\to 1} \frac{1}{1-x}\ln x = \lim\limits_{x\to 1} \frac{\ln x}{1-x} = \lim\limits_{x\to 1} \frac{\frac{1}{x}}{-1} = -1.$$

于是，有

$$\lim\limits_{x\to 1} x^{\frac{1}{1-x}} = \mathrm{e}^{-1}.$$

经典例题 3.14　求极限 $\lim\limits_{x\to +\infty} x^{\frac{1}{x}}$. (∞^0)

【解】　由于 $\lim\limits_{x\to +\infty} x^{\frac{1}{x}} = \lim\limits_{x\to +\infty} \mathrm{e}^{\ln x^{\frac{1}{x}}} = \lim\limits_{x\to +\infty} \mathrm{e}^{\frac{1}{x}\ln x}$，又

$$\lim\limits_{x\to +\infty} \frac{1}{x}\ln x = \lim\limits_{x\to +\infty} \frac{\ln x}{x} = \lim\limits_{x\to +\infty} \frac{\frac{1}{x}}{1} = 0,$$

于是，有

$$\lim\limits_{x\to +\infty} x^{\frac{1}{x}} = \mathrm{e}^0 = 1.$$

3.3　泰勒公式

3.3.1　泰勒公式

在初等函数中，多项式是最简单的函数. 因为多项式的运算只有加、减、乘三种运算且容易计算各阶导数. 如果能将有理分式函数，特别是无理函数和初等超越函数用多项式函数近似代替，而误差又能满足要求，显然这对函数性质的研究和函数值的近似计算有重要意义. 那么一个函数具有什么条件才能用多项式近似代替呢？这个多项式的系数与这个函数又有什么关系呢？

设有 n 次多项式

$$P(x) = a_0 + a_1 x + a_2 x^2 + \cdots + a_n x^n. \tag{3.11}$$

若改写为

$$P(x) = b_0 + b_1(x-a) + b_2(x-a)^2 + \cdots + b_n(x-a)^n, \tag{3.12}$$

则

$$b_k = \frac{P^{(k)}(a)}{k!}, k = 0, 1, \cdots, n; \quad P^{(0)}(a) = P(a) \tag{3.13}$$

或

$$P(x) = P(a) + \frac{P'(a)}{1!}(x-a) + \frac{P''(a)}{2!}(x-a)^2 + \cdots + \frac{P^{(n)}(a)}{n!}(x-a)^n. \tag{3.14}$$

由此可见，将 n 次多项式 $P(x)$ 按 $(x-a)$ 的幂展开，它的每项系数 b_k 由多项式 $P(x)$ 唯一确定，即 $b_k = \dfrac{P^{(k)}(a)}{k!}$.

将函数 $f(x)$ 与它的 n 次泰勒多项式 $T_n(x)$ 的差，表示成

$$R_n(x) = f(x) - T_n(x) \quad 或 \quad f(x) = T_n(x) + R_n(x).$$

$R_n(x)$ 称为函数 $f(x)$ 在 a 的 n 次泰勒余项，简称泰勒余项.

用泰勒多项式 $T_n(x)$ 近似代替函数 $f(x)$，必然带来误差，为此有定理 3.7.

♦ 定理 3.7　泰勒定理

若函数 $f(x)$ 在 a 处存在 n 阶导数，则任意 $x \in U(a)$，有

$$f(x) = T_n(x) + o((x-a)^n), \tag{3.15}$$

其中

$$T_n(x) = f(a) + \frac{f'(a)}{1!}(x-a) + \frac{f''(a)}{2!}(x-a)^2 + \cdots + \frac{f^{(n)}(a)}{n!}(x-a)^n.$$

称 $R_n(x) = o((x-a)^n)(x \to a)$ 为函数 $f(x)$ 在 a 处的 n 次皮亚诺余项.

特别地，当 $a = 0$ 时，函数 $f(x)$ 在 0 处存在 n 阶导数，式 (3.15) 变为

$$f(x) = f(0) + \frac{f'(0)}{1!}x + \frac{f''(0)}{2!}x^2 + \cdots + \frac{f^{(n)}(0)}{n!}x^n + o(x^n). \tag{3.16}$$

式 (3.16) 称为麦克劳林公式.

皮亚诺余项 $R_n(x) = o((x-a)^n)$ $(x \to a)$，只是给出了余项（或误差）的定性描述. 它不能估算余项（或误差）$R_n(x)$ 的值，因此还要进一步给出余项 $R_n(x)$ 的定量公式.

♦ 定理 3.8　泰勒中值定理

若函数 $f(x)$ 在 $U(a)$ 内存在 $n+1$ 阶导数，任意 $x \in \overset{\circ}{U}(a)$，函数 $G(t)$ 在以 a 与 x 为端点的闭区间 I 上连续，在其开区间内可导，且 $G'(t) \neq 0$，则 a 与 x 之间至少存在一点 c，使

$$f(x) = f(a) + \frac{f'(a)}{1!}(x-a) + \frac{f''(a)}{2!}(x-a)^2 + \cdots + \frac{f^{(n)}(a)}{n!}(x-a)^n +$$
$$\frac{f^{(n+1)}(c)}{n!G'(c)}(x-c)^n(G(x) - G(a)), \tag{3.17}$$

其中

$$R_n(x) = \frac{f^{(n+1)}(c)}{n!G'(c)}(x-c)^n(G(x) - G(a)). \tag{3.18}$$

由于 $G(t)$ 是任意的，取 $G(t) = (x-t)^{n+1}$，满足定理 3.8 的条件，有

$$G'(t) = -(n+1)(x-t)^n, \quad G(x) = 0, \quad G(a) = (x-a)^{n+1}.$$

将它们代入式 (3.18)，得拉格朗日余项

$$R_n(x) = \frac{f^{(n+1)}(c)}{(n+1)!}(x-a)^{n+1} \quad (c \text{ 在 } a \text{ 与 } x \text{ 之间}).$$

带有拉格朗日余项的泰勒公式与麦克劳林公式分别为

$$f(x) = f(a) + \frac{f'(a)}{1!}(x-a) + \frac{f''(a)}{2!}(x-a)^2 + \cdots + \frac{f^{(n)}(a)}{n!}(x-a)^n +$$
$$\frac{f^{(n+1)}(c)}{(n+1)!}(x-a)^{n+1} \quad (c \text{ 在 } a \text{ 与 } x \text{ 之间}). \tag{3.19}$$

$$f(x) = f(0) + \frac{f'(0)}{1!}x + \frac{f''(0)}{2!}x^2 + \cdots + \frac{f^{(n)}(0)}{n!}x^n +$$
$$\frac{f^{(n+1)}(c)}{(n+1)!}(x-a)^{n+1} \quad (c \text{ 在 } a \text{ 与 } x \text{ 之间}). \tag{3.20}$$

若设 $x = a + h$，则带有拉格朗日余项的泰勒公式 (3.19) 可改写成

$$f(a+h) = f(a) + \frac{f'(a)}{1!}h + \frac{f''(a)}{2!}h^2 + \cdots + \frac{f^{(n)}(a)}{n!}h^n +$$
$$\frac{f^{(n+1)}(a+\theta h)}{(n+1)!}h^{n+1} \quad (0 < \theta < 1). \tag{3.21}$$

再取 $G(t) = x - t$，则它也满足定理 3.8 的条件，有

$$G'(t) = -1, \quad G(x) = 0, \quad G(a) = x - a.$$

将它们代入式 (3.18)，得柯西余项

$$R_n(x) = \frac{f^{(n+1)}(c)}{n!}(x-c)^n(x-a) \quad (c \text{ 在 } a \text{ 与 } x \text{ 之间}).$$

带有柯西余项的麦克劳林公式是

$$f(x) = f(0) + \frac{f'(0)}{1!}x + \frac{f''(0)}{2!}x^2 + \cdots + \frac{f^{(n)}(0)}{n!}x^n +$$
$$\frac{f^{(n+1)}(\theta x)}{n!}(1-\theta)^n x^{n+1} \quad (0 < \theta < 1). \tag{3.22}$$

科学家–泰勒–简介

　　泰勒（Taylor，1685—1731，图 3.7）英国数学家，英国皇家学会会员，法学博士．泰勒定理开创了有限差分理论，使任何单变量函数都可展成幂级数．泰勒导出了弦的横向振动的基本频率公式，1775 年欧拉把泰勒级数用于微分学，拉格朗日用带余项的级数作为其函数论的基础，泰勒以函数的泰勒展式而闻名于世．

图 3.7　泰勒

3.3.2 几个常用函数的展开式

1. $f(x) = \mathrm{e}^x$

已知 $f^{(n)}(x) = \mathrm{e}^x, f(0) = 1$. 取拉格朗日余项，有

$$\mathrm{e}^x = 1 + \frac{1}{1!}x + \frac{1}{2!}x^2 + \cdots + \frac{1}{n!}x^n + \frac{x^{n+1}}{(n+1)!}\mathrm{e}^{\theta x}, 0 < \theta < 1. \tag{3.23}$$

2. $f(x) = \sin x$

已知 $f^{(n)}(x) = \sin\left(x + n\frac{\pi}{2}\right)$,

$$f^{(n)}(0) = \sin\frac{n\pi}{2} = \begin{cases} 0, & n = 2k, \\ (-1)^k, & n = 2k + 1. \end{cases}$$

$f(0) = 0, f'(0) = 1, f''(0) = 0, f'''(0) = -1, \cdots$, 以后依次 $1, 0, -1, 0$ 循环，设 $n = 2k$, 取拉格朗日余项，有

$$\sin x = x - \frac{x^3}{3!} + \cdots + (-1)^{k-1}\frac{x^{2k-1}}{(2k-1)!} +$$

$$(-1)^k\frac{x^{2k+1}}{(2k+1)!}\cos\theta x, 0 < \theta < 1. \tag{3.24}$$

图 3.8 显示了多项式逼近 $\sin x$ 的情形.

图 3.8 多项式逼近 $\sin x$

3. $f(x) = \cos x$

已知 $f^{(n)}(x) = \cos\left(x + n\frac{\pi}{2}\right)$,

$$f^{(n)}(0) = \cos\frac{n\pi}{2} = \begin{cases} (-1)^k, & n = 2k; \\ 0, & n = 2k - 1. \end{cases}$$

$f(0) = 1, f'(0) = 0, f''(0) = -1, f'''(0) = 0, \cdots$, 以后依次 $0, 1, 0, -1$ 循环，设 $n = 2k$, 取拉格朗日余项，有

$$\cos x = 1 - \frac{x^2}{2!} + \cdots + (-1)^k\frac{x^{2k}}{(2k)!} + (-1)^{k+1}\frac{x^{2k+2}}{(2k+2)!}\cos\theta x, 0 < \theta < 1. \tag{3.25}$$

4. $f(x) = \ln(1 + x)$

已知 $f^{(n)}(x) = (-1)^{n-1}\frac{(n-1)!}{(1+x)^n}$,

$$f^{(n)}(0) = (-1)^{n-1}(n - 1)!$$

取拉格朗日余项，有

$$\ln(1 + x) = x - \frac{x^2}{2} + \frac{x^3}{3} - \cdots + (-1)^{n-1}\frac{x^n}{n} + (-1)^n\frac{x^{n+1}}{(n+1)(1+\theta x)^{n+1}}, 0 < \theta < 1. \tag{3.26}$$

5. $f(x) = (1 + x)^\alpha$

已知

$$f^{(n)}(x) = \alpha(\alpha - 1)\cdots(\alpha - n + 1)(1 + x)^{\alpha - n},$$

$$f^{(n)}(0) = \alpha(\alpha - 1)\cdots(\alpha - n + 1).$$

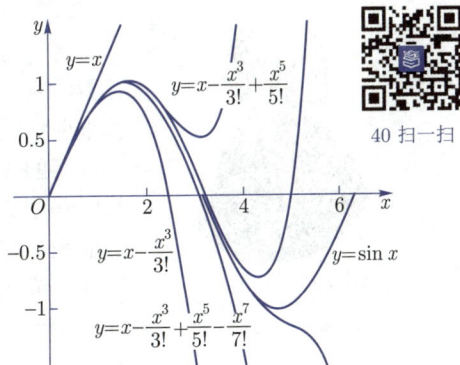

有

$$(1+x)^{\alpha} = 1 + \frac{\alpha}{1!}x + \frac{\alpha(\alpha-1)}{2!}x^2 + \cdots + \frac{\alpha(\alpha-1)\cdots(\alpha-n+1)}{n!}x^n + R_n(x). \tag{3.27}$$

其中 $R_n(x) = \dfrac{\alpha(\alpha-1)\cdots(\alpha-n+1)(\alpha-n)}{(n+1)!}(1+\theta x)^{\alpha-n-1}x^{n+1}, 0 < \theta < 1.$

科学家-麦克劳林-简介

麦克劳林（Colin Maclaurin，1698—1746，图 3.9），苏格兰数学家，爱丁堡大学教授. 麦克劳林在《构造几何》中描述了圆锥曲线的作法，讨论了圆锥曲线及高次平面曲线的性质. 1742 年撰写的《流数论》以泰勒级数作为工具，是对牛顿的流数法系统解释的第一本书. 独立于柯西以几何形式给出的无穷级数收敛的积分判别法，得到麦克劳林级数展开式. 创立了用行列式的方法求解线性方程组，即后来由克拉默重新发现的克拉默法则.

图 3.9   麦克劳林

3.4   函数的极值与最值

3.4.1   函数的单调性

先从几何直观分析单调函数的特性. 由图 3.10 可知，设 $y = f(x)$ 在 (a,b) 内可导，当函数 $y = f(x)$ 在 (a,b) 内单调增加时，函数 $y = f(x)$ 任一点的切线的斜率 $\tan\alpha = f'(x) > 0$. 由图 3.11 可知，当函数 $y = f(x)$ 在 (a,b) 单调减少时，函数 $y = f(x)$ 任一点切线的斜率 $\tan\alpha = f'(x) < 0$.

41 扫一扫

由此可见，函数的单调性可以利用导数来判定.

♦ 定理 3.9   函数的可导与单调

设函数 $y = f(x)$ 在 (a,b) 内可导.
(1) 如果在 (a,b) 内，$f'(x) > 0$，则函数 $y = f(x)$ 在 (a,b) 内单调增加；
(2) 如果在 (a,b) 内，$f'(x) < 0$，则函数 $y = f(x)$ 在 (a,b) 内单调减少.

【证明】   在区间 (a,b) 内任取两点 x_1，x_2 且 $x_1 < x_2$，由拉格朗日中值定理得

$$f(x_2) - f(x_1) = f'(\xi)(x_2 - x_1) \quad (\xi \in (x_1, x_2)).$$

若在 (a,b) 内，$f'(x) > 0$，则 $f'(\xi) > 0$，且 $x_2 - x_1 > 0$，从而 $f(x_1) < f(x_2)$. 所以 $y = f(x)$ 在 (a,b) 内单调增加.

同理，若在 (a,b) 内，$f'(x) < 0$，则 $f'(\xi) < 0$，且 $x_1 < x_2$，从而 $f(x_1) > f(x_2)$. 所以 $y = f(x)$ 在 (a,b) 单调减少.

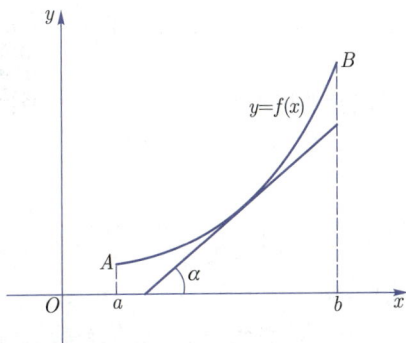

图 3.10 函数单调增加

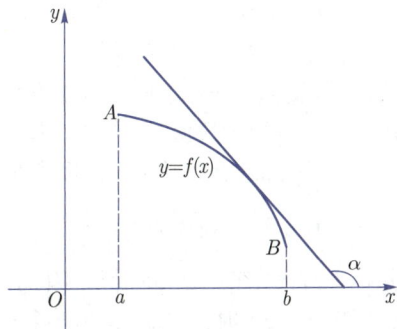

图 3.11 函数单调减少

经典例题 3.15 讨论函数 $f(x) = x - \sin x$ 在区间 $[0, 2\pi]$ 上的单调性.

【解】 因为在 $[0, 2\pi]$ 上，$f'(x) = 1 - \cos x \geqslant 0$，且仅当 $x_1 = 0, x_2 = 2\pi$ 时，$f'(x) = 1 - \cos x = 0$，所以函数 $f(x) = x - \sin x$ 在区间 $[0, 2\pi]$ 上单调增加.

经典例题 3.16 讨论函数 $f(x) = \sqrt[3]{x^2}$ 的单调性.

【解】 函数 $f(x) = \sqrt[3]{x^2}$ 在 $\mathbb{R}$ 上连续. 当 $x \neq 0$ 时，$f'(x) = \dfrac{2}{3\sqrt[3]{x}} \neq 0$，在 $(-\infty, 0)$ 上，$f'(x) < 0$，函数 $f(x) = \sqrt[3]{x^2}$ 单调减少；在 $(0, \infty)$ 上，$f'(x) > 0$，函数 $f(x) = \sqrt[3]{x^2}$ 单调增加.

由此可见，导数为零的点和导数不存在的点都可能是函数单调区间的分界点.

经典例题 3.17 当 $x > 0$ 时，证明 $\ln(1 + x) > x - \dfrac{1}{2}x^2$.

【证明】 令

$$f(x) = \ln(1 + x) - x + \frac{1}{2}x^2,$$

$f(x)$ 在 $(0, \infty)$ 上可导，且

$$f'(x) = \frac{1}{1 + x} - 1 + x = \frac{x^2}{1 + x},$$

当 $x > 0$ 时，$f'(x) = \dfrac{x^2}{1 + x} > 0$，所以，当 $x > 0$ 时，$f(x)$ 单调增加. 而 $f(0) = 0$，对于 $x > 0$，$f(x) > f(0) = 0$，所以 $\ln(1 + x) > x - \dfrac{1}{2}x^2$.

3.4.2 函数的极值

♦ **定理 3.10 必要条件**

设函数 $f(x)$ 在点 x_0 可导，且在点 x_0 取得极值，则 $f'(x_0) = 0$.

♦ **定义 3.2 驻点**

函数 $f(x)$ 导数等于零的点称为函数 $f(x)$ 的驻点.

可导函数的极值点必定是它的驻点，反之函数的驻点不一定是极值点．在导数不存在的连续点，函数也可能有极值．

例如，函数 $f(x) = |x|$ 在 $x = 0$ 不可导，但 $x = 0$ 是函数的极小值点．

因此，在求函数的极值时，首先是找出函数的驻点和一阶导数不存在的连续点，然后再判定是否为极值点．下面介绍极值存在的充分条件．

42 扫一扫

◆ **定理 3.11　第一判别法**

> 设函数 $f(x)$ 在点 x_0 的邻域 $U(x_0)$ 可导，且 $f'(x_0) = 0$.
>
> (1) 当 $x < x_0$ 时，$f'(x) > 0$，当 $x > x_0$ 时，$f'(x) < 0$，则 $f(x)$ 在点 x_0 取得极大值；
>
> (2) 当 $x < x_0$ 时，$f'(x) < 0$，当 $x > x_0$ 时，$f'(x) > 0$，则 $f(x)$ 在点 x_0 取得极小值；
>
> (3) 当 x 从 x_0 的左侧变到右侧时，若 $f'(x)$ 不变号，则 $f(x)$ 在点 x_0 无极值．

定理 3.11 中的三种情况分别参见图 3.12～ 图 3.14.

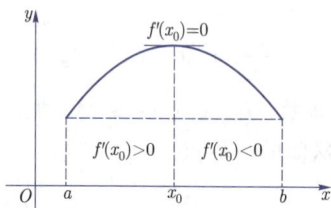

图 3.12　函数极大值　　　　图 3.13　函数极小值　　　　图 3.14　函数无极值

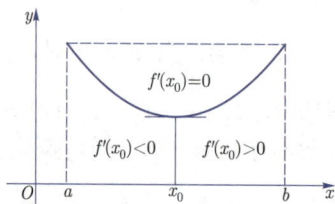

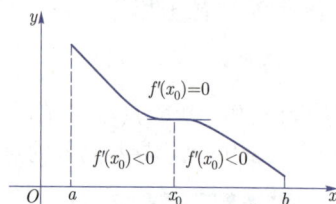

◆ **定理 3.12　第二判别法**

> 设函数 $f(x)$ 在点 x_0 具有二阶导数，且 $f'(x_0) = 0$，则
>
> (1) 当 $f''(x_0) < 0$ 时，函数 $f(x)$ 在点 x_0 取得极大值；
>
> (2) 当 $f''(x_0) > 0$ 时，函数 $f(x)$ 在点 x_0 取得极小值；
>
> (3) 当 $f''(x_0) = 0$ 时，失效．

经典例题 3.18　求函数 $f(x) = x^3 - 3x^2 - 9x + 5$ 的单调区间和极值．

【解】　$f'(x) = 3x^2 - 6x - 9 = 3(x+1)(x-3)$，令 $f'(x) = 0$，得驻点 $x_1 = -1$，$x_2 = 3$，列表讨论（表 3.1）．

43 扫一扫

所以函数 $f(x)$ 在区间 $(-1, 3)$ 内单调减少，在区间 $(-\infty, -1)$ 和 $(3, +\infty)$ 内单调增加，$f(x)$ 的极大值为 $f(-1) = 10$，极小值为 $f(3) = -22$．如图 3.15 所示．

表 3.1　列 表 讨 论

x	$(-\infty, -1)$	-1	$(-1, 3)$	3	$(3, +\infty)$
$f'(x)$	$+$	0	$-$	0	$+$
$f(x)$	↗	极大值 10	↘	极小值 -22	↗

经典例题 3.19　求函数 $f(x) = \sqrt[3]{(2x - x^2)^2}$ 的极值．

【解】 $f'(x) = \dfrac{2}{3} \dfrac{2-2x}{\sqrt[3]{2x-x^2}} = \dfrac{4}{3} \dfrac{1-x}{\sqrt[3]{2x-x^2}}$，令 $f'(x) = 0$，得驻点 $x_1 = 1$，及导数不存在的点 $x_2 = 0$ 和 $x_3 = 2$，列表讨论 (表 3.2).

表 3.2 列 表 讨 论

x	$(-\infty, 0)$	0	$(0,1)$	1	$(1,2)$	2	$(2, +\infty)$
$f'(x)$	$-$	不存在	$+$	0	$-$	不存在	$+$
$f(x)$	↘	极小值 0	↗	极大值 1	↘	极小值 0	↗

$f(x)$ 的极大值为 $f(1) = 1$，极小值为 $f(0) = f(2) = 0$. 函数图形如图 3.16 所示.

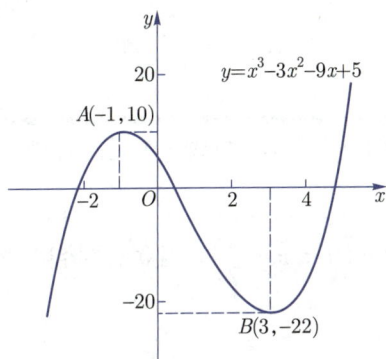

图 3.15 函数极值

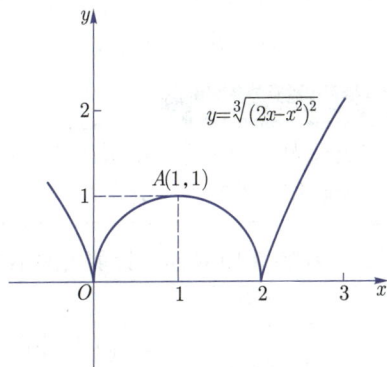

图 3.16 函数极值

经典例题 3.20 求函数 $f(x) = (x^2 - 1)^3$ 的极值.

【解】 $f'(x) = 6x(x^2 - 1)^2$，令 $f'(x) = 0$，求得驻点 $x_1 = -1, x_2 = 0, x_3 = 1$.

$$f''(x) = (x^2 - 1)(30x^2 - 6),$$

又 $f''(0) > 0$，因此，$f(x)$ 在 $x = 0$ 处取得极小值，极小值为 $f(0) = -1$；而 $f''(-1) = f''(1) = 0$，所以定理 3.11 失效. 在 $x = -1$ 点的附近 $f'(x) < 0$，所以 $f(x)$ 在 $x = -1$ 处没有极值；同理 $f(x)$ 在 $x = 1$ 点的附近 $f'(x) > 0$，所以 $f(x)$ 在 $x = 1$ 处也没有极值.

3.4.3 函数的最值及应用

优化问题是微积分的最重要的应用之一. 在工程技术、经济活动和日常生活中，经常会遇到求在一定条件下，怎样效率最高、用料最省、成本最低、利润最大、花费时间最少、路径最短等问题. 这类问题归结到数学上就是求一个函数的最大值和最小值问题，简称最值问题.

首先，由闭区间上连续函数性质可知，连续函数在闭区间上一定有最大值和最小值. 其次，如果最大值 (或最小值) 在闭区间内部取得，那么它们一定也是函数的极大值 (或极小值). 函数的极大值 (或极小值) 一定在函数的驻点或导数不存在的点取得. 最大值和最小值也可能在区间的端点取得. 因此，求函数最值的方法如下：

(1) 计算出端点处的函数值 $f(a), f(b)$ 和开区间 (a, b) 内使 $f'(x) = 0$ 及 $f'(x)$ 不存在的所有点，做比较，其中最大的就是函数 $f(x)$ 在 $[a, b]$ 上的最大值，最小的就是函数 $f(x)$ 在 $[a, b]$ 上的最小值.

(2) 设函数 $f(x)$ 在一个开区间 (a,b) 内可导且有唯一的极值点 x_0, 如果 $f(x_0)$ 是极大值, 则一定是该区间上的最大值; 如果 $f(x_0)$ 是极小值, 则一定是该区间上的最小值. 如图 3.17、图3.18 所示. 实际应用中往往根据问题的实际意义即可断定函数是有最大值还是最小值.

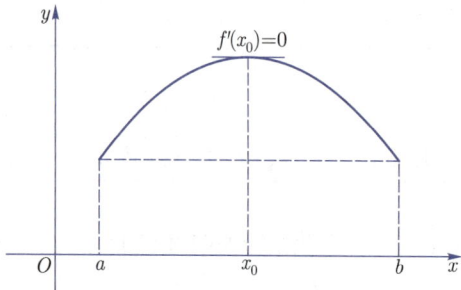

图 3.17　函数最大值

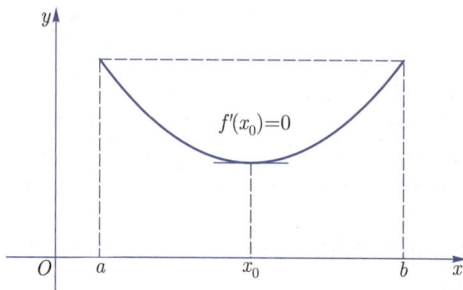

图 3.18　函数最小值

实际问题 3.1　容积最大

把边长为 a 的正方形纸板的四个角剪去四个相等的小正方形, 折成一个无盖的盒子, 问怎样做才能使盒子的容积最大?

【解】　如图 3.19 所示, 设剪去的小正方形的边长为 $x\left(0 < x < \dfrac{a}{2}\right)$, 则盒子的容积 (图 3.20) 为

$$V = x(a - 2x)^2 \quad \left(0 < x < \frac{a}{2}\right),$$

$$V' = (a - 2x)^2 - 4x(a - 2x) = (a - 2x)(a - 6x),$$

令 $V' = 0$ 得驻点 $x_1 = \dfrac{a}{6}, x_2 = \dfrac{a}{2}$(不合题意舍去).

故在区间 $\left(0, \dfrac{a}{6}\right)$ 内只有一个驻点 $x_1 = \dfrac{a}{6}$, 而所做的纸盒一定有最大容积. 因此, 当四角剪去边长为 $\dfrac{a}{6}$ 的小正方形时, 做成的纸盒容积最大.

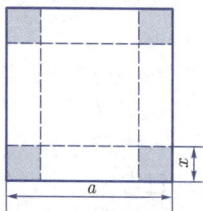

图 3.19　正方形纸板

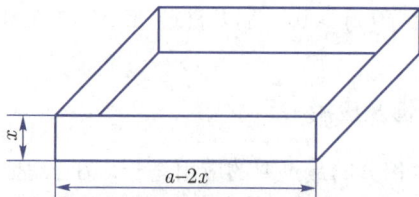

图 3.20　正方形纸张盒

44 扫一扫

实际问题 3.2　运费最省

工厂铁路线上 AB 段的距离为 $100\ \mathrm{km}$, 如图 3.21 所示, 工厂 C 距 A 处 $20\ \mathrm{km}$, AC 垂直于 AB. 为了运输需要, 要在 AB 线上选定一点 D 向工厂修筑一条公路. 已知铁路每千米货运的运费与公路上每千米货运的运费之比为 3:5, 为了使货物从供应站 B 运到工厂 C 的运费最省, 问 D 点应选在何处?

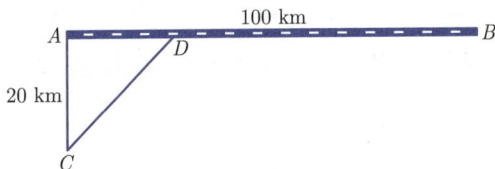

图 3.21 选取 D 点

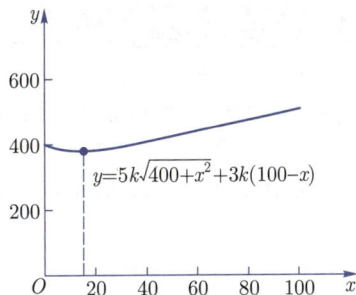

图 3.22 运费函数

【解】 设 $AD = x$(单位：km)，则
$$DB = 100 - x, \quad CD = \sqrt{20^2 + x^2} = \sqrt{400 + x^2},$$

设从 B 点到 C 点需要的总运费为 y，则
$$y = 5k \cdot CD + 3k \cdot DB(k \text{ 是某个正数}),$$

于是
$$y = 5k\sqrt{400 + x^2} + 3k(100 - x)(0 \leqslant x \leqslant 100),$$
$$y' = k\left(\frac{5x}{\sqrt{400 + x^2}} - 3\right),$$

如图 3.22 所示，令 $y' = 0$，得 $x = 15$，而
$$y(0) = 400k, \quad y(15) = 380k, \quad y(100) = 500k\sqrt{1 + \frac{1}{5^2}}.$$

比较得 $y(15) = 380k$ 为最小，因此当 $AD = 15$ 时总运费最省，即 D 点应选在距 A 点 15 km 的地方.

45 扫一扫

实际问题 3.3   收益最大

某公司有 50 套储物柜要出租，当租金定为每套每月 180 元时，储物柜会全部租出去. 如果租金每套每月增加 10 元时，就有一套租不出去，而租出去的储物柜公司每月需花费 20 元维护. 试问租金定为多少可获得最大收益？

【解】 设储物柜为每套每月 x 元 $(x \geqslant 180)$，租出去的储物柜有 $\left(50 - \dfrac{x - 180}{10}\right)$ 套，则每月总收益为

$$R(x) = (x - 20)\left(50 - \frac{x - 180}{10}\right)(x \geqslant 180),$$
$$R'(x) = \left(68 - \frac{x}{10}\right) + (x - 20)\left(-\frac{1}{10}\right) = 70 - \frac{x}{5},$$

令 $R'(x) = 0$ 得 $x = 350$，为唯一驻点，故每月每套租金为 350 元时收入最高. 最大收益为
$$R(350) = (350 - 20)\left(50 - \frac{350 - 180}{10}\right) = 10\,890(\text{元}).$$

如图 3.23 所示.

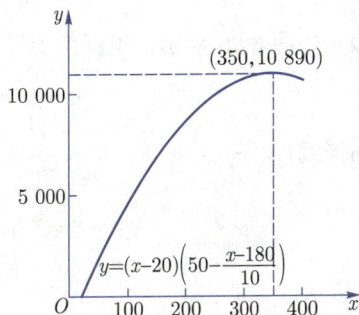

46 扫一扫

图 3.23 收益最大

实际问题 3.4　（选学）强度最大

横截面为矩形的梁，根据力学理论知道，它的强度与矩形高的平方和矩形的宽的乘积成正比．问用直径为 D 的圆木作矩形梁，高和宽各为多少，梁的强度为最大？

【解】　如图 3.24 所示，设矩形的宽为 x，高为 y．则强度 $F = kxy^2$（k 为比例系数）．由于

$$y^2 = D^2 - x^2,$$

所以

$$F = kx(D^2 - x^2),$$

如图 3.25 所示，于是

$$F' = k(D^2 - 3x^2),$$

令 $F' = 0$，解得 $x = \dfrac{\sqrt{3}}{3}D$．所以 $y = \sqrt{D^2 - x^2} = \dfrac{\sqrt{6}}{3}D$．

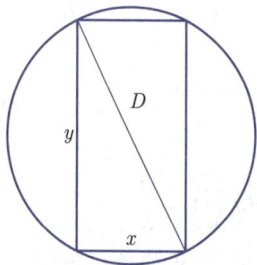

图 3.24　圆木

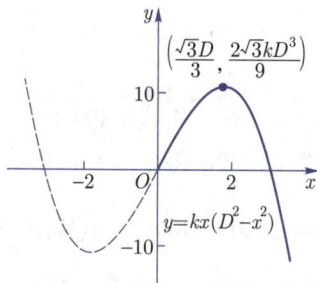

图 3.25　强度函数

47 扫一扫

即矩形梁的高为 $y = \dfrac{\sqrt{6}}{3}D$、宽为 $x = \dfrac{\sqrt{3}}{3}D$ 时，梁的强度最大．

实际问题 3.5　铁皮最省（选学）

用薄铁皮作圆筒罐头盒，如容积已经给定是 V，问怎样设计罐头盒的尺寸所用的铁皮最省？

【解】　如图 3.26 所示，设圆筒半径为 r，高为 h，则圆桶的表面积为

$$S = 2\pi r^2 + 2\pi rh,$$

由已知圆桶容积 $V = \pi r^2 h$ 得，$h = \dfrac{V}{\pi r^2}$，代入上式得

$$S = 2\pi r^2 + 2\pi r \frac{V}{\pi r^2} = 2\left(\pi r^2 + \frac{V}{r}\right),$$

48 扫一扫

如图 3.27 所示，于是

$$S' = 2\left(2\pi r - \frac{V}{r^2}\right),$$

令 $S' = 0$, 解得 $r = \sqrt[3]{\dfrac{V}{2\pi}}$. 从而

$$h = \frac{V}{\pi \sqrt[3]{\left(\dfrac{V}{2\pi}\right)^2}} = 2\sqrt[3]{\frac{V}{2\pi}} = 2r.$$

因此, 当圆筒的高等于圆筒底的直径时, 所用铁皮最省.

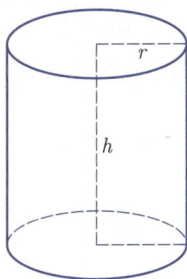

图 3.26　圆桶

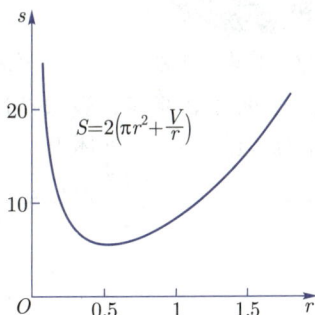

图 3.27　铁皮最省

实际问题 3.6　电功率最大

如图 3.28 所示, 直流电路 R 为外电阻, r 为电池内电阻, E 为电源的电动势, I 为电流. 问外电阻 R 为多大时, 输出的电功率 P 最大?

【解】　由电学知识得, 电功率为

$$P = I^2 R,$$

又

$$I = \frac{E}{R + r},$$

所以

$$P = \left(\frac{E}{R + r}\right)^2 R = \frac{E^2 R}{(R + r)^2},$$

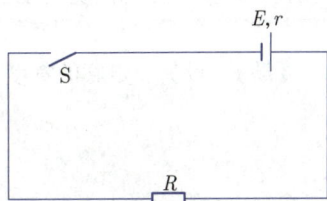

图 3.28

于是

$$P'(R) = E^2 \frac{r - R}{(R + r)^3},$$

令 $P'(R) = 0$, 得 $r = R$. 即当外电阻等于内电阻时, 电路输出功率最大.

实际问题 3.7　体积最大

如图 3.29 和图 3.30 所示, 求单位球的内接正圆锥体的最大体积以及取得最大体积时锥体的高.

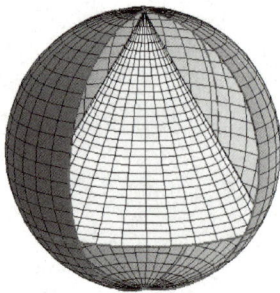

图 3.29　球内接圆锥

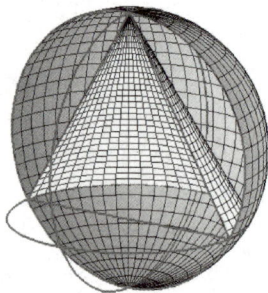

图 3.30　球内接圆锥

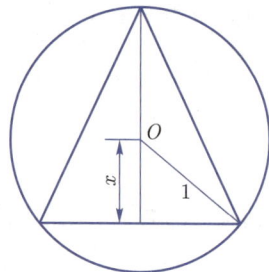

图 3.31　球内接圆锥

【解】　如图 3.31 所示，设球心到圆锥底面垂线长为 x，则圆锥高为 $1 + x$，圆锥底半径为 $\sqrt{1 - x^2}$，圆锥体积

$$V = \frac{\pi}{3}(1 - x^2)(1 + x),$$

于是

$$V' = \frac{\pi}{3}(1 + x)(1 - 3x),$$

令 $V' = 0$，得

$$x = \frac{1}{3}, x = -1(舍),$$

当 $0 < x < \frac{1}{3}$ 时，$V' > 0$；当 $\frac{1}{3} < x < 1$ 时，$V' < 0$，所以，$x = \frac{1}{3}$ 为最大值点，这时最大体积是 $V\left(\frac{1}{3}\right) = \frac{32\pi}{81}$，此时，锥体的高是 $\frac{4}{3}$.

49 扫一扫

实际问题 3.8 （选学）宽度最小

宽为 a 的走廊与另一走廊垂直相交，如图 3.32 所示，如果长为 $8a$ 的细杆能水平地通过拐角，问另一走廊的宽度至少要多少？

【解】　设另一走廊的宽度为 b，细杆与壁夹角为 θ，如图 3.33 所示，则当

$$\frac{b}{\sin\theta} + \frac{a}{\cos\theta} \geqslant 8a$$

时，细杆可以运过拐角．下面计算等号的情形，整理得

$$b(\theta) = \left(8a - \frac{a}{\cos\theta}\right)\sin\theta = a\tan\theta(8\cos\theta - 1), \theta \in \left(0, \frac{\pi}{2}\right),$$

如图 3.34 所示，于是

$$b'(\theta) = a\sec^2\theta(8\cos\theta - 1) - 8a\tan\theta\sin\theta$$

$$= \frac{a}{\cos^2\theta}(8\cos\theta - 1 - 8\sin^2\theta\cos\theta)$$

$$= \frac{a}{\cos^2\theta}(8\cos^3\theta - 1).$$

令 $b' = 0$，得

$$\cos\theta = \frac{1}{2}, \theta = \frac{\pi}{3}.$$

50 扫一扫

当 $0 < \theta < \dfrac{\pi}{3}$ 时，$b'(\theta) > 0$；当 $\dfrac{\pi}{3} < \theta < \dfrac{\pi}{2}$ 时，$b'(\theta) < 0$，所以，$b\left(\dfrac{\pi}{3}\right) = 3\sqrt{3}a$ 为最大值，即另一走廊的宽度至少要 $3\sqrt{3}a$.

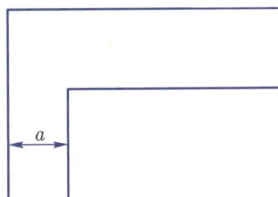

图 3.32　直角拐角

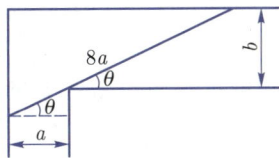

图 3.33　直角拐角

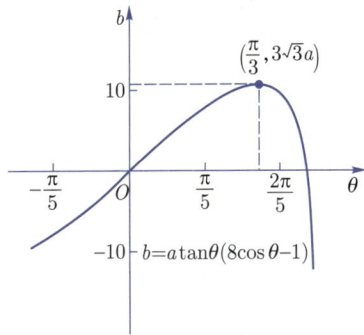

图 3.34　b 的变化趋势

实际问题 3.9　大道最短

　　某公路一侧有 A, B 两厂，位置如图 3.35 所示 (图中数字单位：km). 欲在公路旁边修建一货厂 M，并从 A, B 两厂各修一条直线大道通往货厂 M，欲使 A, B 到 M 的大道总长最短，问货厂 M 应修在何处？

【解】　设 $CM = x$，则应修大道总长为

$$y = \sqrt{1 + x^2} + \sqrt{1.5^2 + (3 - x)^2},$$

于是

$$y' = \frac{x}{\sqrt{1 + x^2}} + \frac{-3 + x}{\sqrt{1.5^2 + (3 - x)^2}},$$

$$y'' = \frac{1}{\sqrt{1 + x^2}} - \frac{x^2}{\sqrt{(1 + x^2)^3}} + \frac{1}{\sqrt{1.5^2 + (3 - x)^2}} - \frac{(x - 3)^2}{\sqrt{(1.5^2 + (3 - x)^2)^3}}$$

$$= \frac{1}{\sqrt{(1 + x^2)^3}} + \frac{1.5^2}{\sqrt{(1.5^2 + (3 - x)^2)^3}} > 0.$$

令 $y' = 0$，得 $x = 1.2$. 所以货厂 M 应修在距 C 点 1.2km 处，大道总长最短如图 3.36 所示 (此时 A 关于公路的对称点 A' 及 M, B 三点共线).

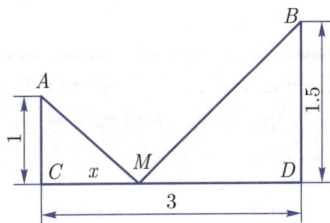

图 3.35　A, B 两厂位置图

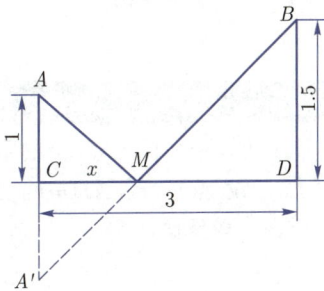

图 3.36　货厂 M 满足的条件

实际问题 3.10 材料最省

欲用围墙围成面积为 216m^2 的一块矩形土地，并在正中用一堵墙将其隔成两个矩形块. 问这块土地的长和宽各为多少时，所用建筑材料最省？

【解】 设土地的长和宽分别是 x 和 y，则所需围墙的长度为

$$L = 2x + 3y = 2x + 3\frac{216}{x},$$

于是

$$L' = 2 - 3\frac{216}{x^2}, \qquad L'' = \frac{1296}{x^3}.$$

令 $L' = 0$，得 $x = 18$，此时，$y = \frac{216}{x} = 12$. 所以当这块土地的长和宽分别是 18 m 和 12 m 时，所用建筑材料最省.

实际问题 3.11 材料费最少

欲围一个高度一定、面积为 $150\ \text{m}^2$ 的矩形场地，所用材料的造价其正面是 6 元/m^2，其余三面是 3 元/m^2. 问场地的长、宽各为多少米时，所用材料费最少？

【解】 设所围场地长、宽、高分别为 x, y, h，材料所需费用为 p，由题意得

$$xy = 150,$$
$$p = 6hx + 3h(2y + x),$$

于是

$$p = 6hx + 3h\left(2 \cdot \frac{150}{x} + x\right) = 3h\left(3x + \frac{300}{x}\right),$$

求导数得

$$p' = 3h\left(3 - \frac{300}{x^2}\right),$$

得唯一驻点 $x = 10$ ($x = -10$ 舍去)，由 $xy = 150$ 得 $y = 15$，解得场地长、宽分别为 10 m 和 15 m.

实际问题 3.12 （选学）电灯的最大照度

电灯 A 可以在桌面上点 O 的垂线上移动，如图 3.37 所示，在桌面上有一点 B 距离点 O 距离为 a. 设 $AO = x$，$AB = r$，$\angle OBA = \theta$，由光学知识知道，点 B 处的照度 J 与 $\sin\theta$ 成正比，与 r^2 成反比，即

$$J = k\frac{\sin\theta}{r^2},$$

其中 k 是与灯光强度有关的常数. 问电灯 A 与点 O 的距离多远，可使点 B 处有最大照度？

【解】 由图 3.37 可知

$$\sin\theta = \frac{x}{r}, \quad r = \sqrt{x^2 + a^2},$$

于是

$$J(x) = k\frac{x}{r^3} = k\frac{x}{(x^2 + a^2)^{\frac{3}{2}}} \quad (0 \leqslant x < +\infty),$$

$$J'(x) = k\frac{a^2 - 2x^2}{(x^2 + a^2)^{\frac{5}{2}}},$$

令 $J'(x) = 0$，解得 $x = -\frac{\sqrt{2}}{2}a$ 与 $x = \frac{\sqrt{2}}{2}a$，其中 $x = -\frac{\sqrt{2}}{2}a$ 不合题意舍去．比较

$$J\left(\frac{a}{\sqrt{2}}\right) = \frac{2k}{3\sqrt{3}a^2}, \quad J(0) = 0, \quad J(x) \to 0 \quad (x \to +\infty)$$

知 $J\left(\frac{\sqrt{2}}{2}a\right)$ 是函数 $J(x)$ 在 $[0, +\infty)$ 上的最大值，即当电灯 A 与点 O 的距离为 $\frac{\sqrt{2}}{2}a$ 时，点 B 处有最大照度，最大的照度是

$$J\left(\frac{\sqrt{2}}{2}a\right) = \frac{2\sqrt{3}k}{9a^2}.$$

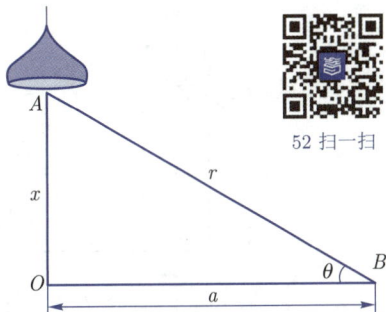

图 3.37 照度

52 扫一扫

实际问题 3.13　（选学）美人鱼塑像最佳观测点

　　海洋公园中有一高为 a m 的美人鱼塑像，其底座高为 b m．为了观赏时看得最清楚（即对塑像张成的夹角最大），应该站在离底座脚多远的地方？

　　【解】 设游人的水平视线距地面 $c(c < b)$ m，底座的高与 c 之差为 h m，如图 3.38 所示．可以想到，如果站得很远，那么张角一定很小；如果站得离底座脚很近，那么也很小．因此，一定有一最佳距离 $A_0 = x$，对于这个 x 所得张角 α 最大，并且 $\tan\alpha$ 也最大，问题转化为求 $\tan\alpha$ 的极值．

53 扫一扫

由 $\tan\theta = \frac{a + h}{x}$，$\tan\beta = \frac{h}{x}$，得

$$\tan\alpha = \tan(\theta - \beta) = \frac{\tan\theta - \tan\beta}{1 + \tan\theta\tan\beta} = \frac{\frac{a + h}{x} - \frac{h}{x}}{1 + \frac{a + h}{x}\frac{h}{x}} = \frac{ax}{x^2 + (a + h)h},$$

设 $y = \tan\alpha = \frac{ax}{x^2 + (a + h)h}$，求导数得

$$y' = \frac{a[x^2 + (a + h)h] - ax \cdot 2x}{[x^2 + (a + h)h]^2} = \frac{ah(a + h) - ax^2}{[x^2 + (a + h)h]^2}, \quad 令 y' = 0,$$

得定义域内唯一驻点 $x = \sqrt{(a + h)h}$．

　　因此，游人站在离底座脚 $\sqrt{(a + h)h}$ m 处观赏美人鱼塑像视觉效果最好．

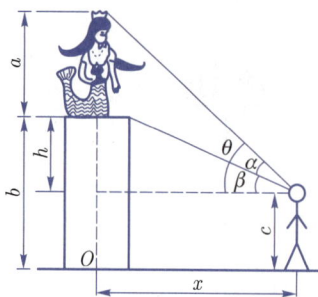

图 3.38　观看美人鱼

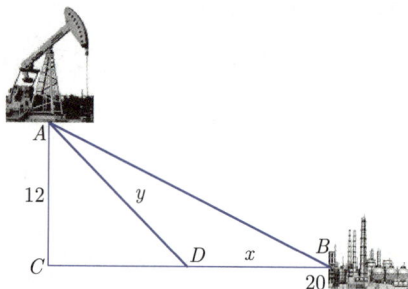

图 3.39　输油管道

实际问题 3.14　（选学）输油管道最佳铺设方案

　　用输油管道把离岸边 12 km 的一座海上油井和沿岸往下 20 km 处的炼油厂连接起来，如图 3.39 所示. 如果水下管道的铺设成本为 5 千万元/km，陆地输油管道的铺设成本为 3 千万元/km. 试问怎样组合水下和陆地输油管道才能使连接费用成本最小？

　　【解】　设水下管道的长为 y km，陆地管道的长为 x km，如图 3.39 所示. 则输油管道的成本为

$$C = 3x + 5y,$$

54 扫一扫

由于 $y = \sqrt{12^2 + (20-x)^2}$，所以成本 C 可以表示成变量 x 的函数，即

$$C(x) = 3x + 5\sqrt{12^2 + (20-x)^2} \quad (0 \leqslant x \leqslant 20),$$

在 $0 \leqslant x \leqslant 20$ 上求 $C(x)$ 的最小值. 为此先求 $C(x)$ 的导数得

$$C'(x) = 3 + 5 \times \frac{1}{2}\frac{2(20-x)(-1)}{\sqrt{144+(20-x)^2}} = 3 - \frac{5(20-x)}{\sqrt{144+(20-x)^2}},$$

再令 $C'(x) = 0$，解得 $x_1 = 11$，$x_2 = 29$（舍去）. 求得 $C(11) = 108$ 千万元，$C(0) \approx 116.62$ 千万元，$C(20) = 120$ 千万元，比较后不难发现水下管道修到岸边距离炼油厂 11 km 的 D 处连接成本最小，为 108 千万元.

3.4.4　曲线的凸凹与拐点

　　如图 3.40 和图 3.41 所示，函数 $y = x^2$ 与 $y = \sqrt{x}$ 都在 $[0, \infty)$ 单调上升，但函数图像弯曲方向不同. 弯曲方向，在几何上用 "凸凹性" 描述.

◆ 定义 3.3　曲线的凸凹

　　如果曲线 $y = f(x)$ 在区间 (a, b) 内各点处切线位于曲线的下方，则称曲线 $y = f(x)$ 在区间 (a, b) 内是凹的，(a, b) 是凹区间. 如果切线位于曲线上方，则称曲线 $y = f(x)$ 在区间 (a, b) 内是凸的，(a, b) 是凸区间.

由图 3.42~ 图3.45 分别可以看出，如果 $y = f(x)$ 凹，则切线的斜率递增，导函数 $f'(x)$ 单调增加，即 $f''(x) > 0$；如果 $y = f(x)$ 凸，则切线的斜率递减，导函数 $f'(x)$ 单调减小，即 $f''(x) < 0$.

下面给出函数凸凹性判定定理.

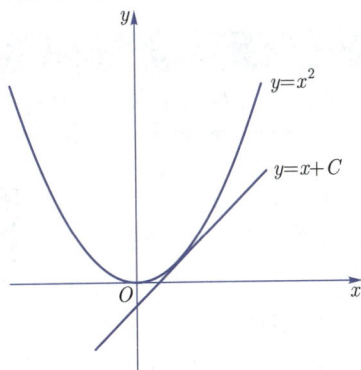

图 3.40　凹

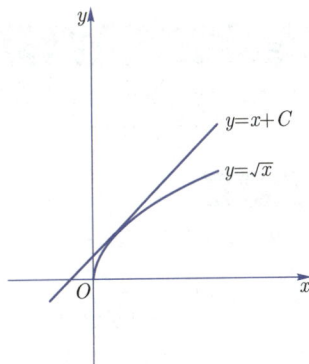

图 3.41　凸

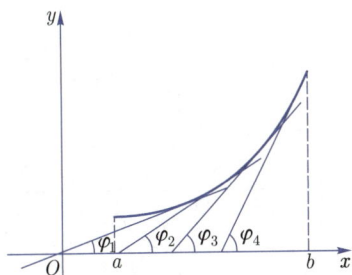

图 3.42　凹

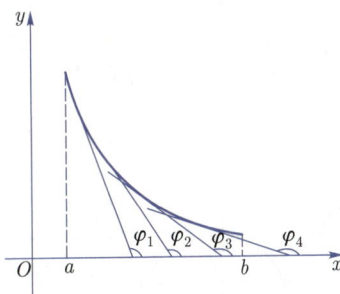

图 3.43　凹

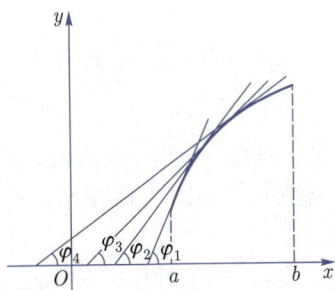

图 3.44　凸

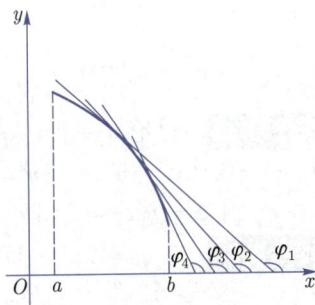

图 3.45　凸

◆ **定理 3.13**

设函数 $y = f(x)$ 在 (a, b) 内具有二阶导数.

(1) 若 $f''(x) > 0$，则 $y = f(x)$ 在 (a, b) 内是凹的；

(2) 若 $f''(x) < 0$，则 $y = f(x)$ 在 (a, b) 内是凸的.

📐 **经典例题 3.21**　判定 $y = x^3$ 的凸凹性.

【解】　因为 $y' = 3x^2, y'' = 6x$，令 $y'' = 6x = 0$，得 $x = 0$．当 $x < 0$ 时，$y'' < 0$；当 $x > 0$ 时，$y'' > 0$，所以 $y = x^3$ 在区间 $(-\infty, 0)$ 内凸，在区间 $(0, \infty)$ 内凹．如图 3.46 所示，点 $(0,0)$ 是 $y = x^3$ 由凸变凹的分界点．对于这样的点，给出如下定义.

◆ **定义 3.4　曲线的拐点**

设 $y = f(x)$ 在经过点 $(x_0, f(x_0))$ 时，凸凹性改变，则称点 $(x_0, f(x_0))$ 为 $y = f(x)$ 的拐点.

📐 **经典例题 3.22**　求 $y = f(x) = (x-1)^{\frac{1}{3}}$ 的凸凹区间及拐点.

【解】　$y = f(x) = (x-1)^{\frac{1}{3}}$ 在定义区间 $(-\infty, +\infty)$ 内连续，当 $x \neq 1$ 时，

$$f'(x) = \frac{1}{3\sqrt[3]{(x-1)^2}}, f''(x) = -\frac{2}{9(x-1)\sqrt[3]{(x-1)^2}}$$

56 扫一扫

当 $x < 1$ 时，$f''(x) > 0, (-\infty, 1)$ 为 $f(x)$ 的凹区间；当 $x > 1$ 时，$f''(x) < 0, (1, +\infty)$ 为 $f(x)$ 的凸区间．点 $(1, 0)$ 是 $f(x)$ 的拐点．如图 3.47 所示.

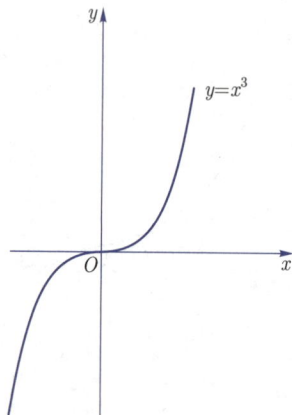

图 3.46　凸凹及拐点

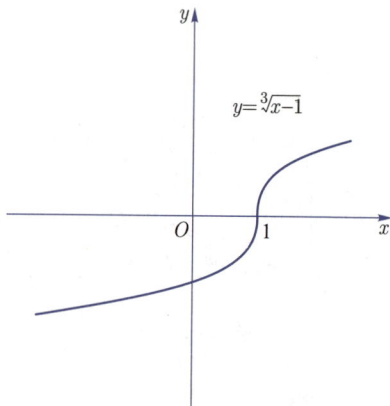

图 3.47　凸凹及拐点

📐 **经典例题 3.23**　讨论 $y = f(x) = x^4$ 是否有拐点？

【解】　$y' = 4x^3$，　　$y'' = 12x^2$，令 $y'' = 12x^2 = 0$，得 $x = 0$．但当 $x \neq 0$ 时，$y'' > 0$，在区间 $(-\infty, +\infty)$ 内 $y = f(x) = x^4$ 凹，因此 $y = f(x) = x^4$ 无拐点．如图 3.48 所示.

📐 **经典例题 3.24**　求 $y = 2x^4 - 4x^3 + 3$ 的凸凹区间与拐点.

【解】　$y' = 8x^3 - 12x^2, y'' = 24x^2 - 24x = 24x(x-1)$，令 $y'' = 0$，得 $x_1 = 0, x_2 = 1$．列表讨论如表 3.3，则 $y = 2x^4 - 4x^3 + 3$ 在 $(-\infty, 0) \bigcup (1, +\infty)$ 上是凹的，在 $(0, 1)$ 上是凸的，拐点为 $(0, 3), (1, 1)$．如图 3.49 所示.

表 3.3　凸凹性分析

x	$(-\infty, 0)$	0	$(0, 1)$	1	$(1, +\infty)$
f''	$+$	0	$-$	0	$+$
$f(x)$	$\bigcup$	$(0, 3)$	$\bigcap$	$(1, 1)$	$\bigcup$

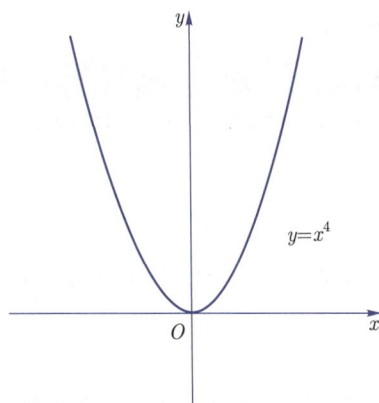

图 3.48　凸凹及拐点

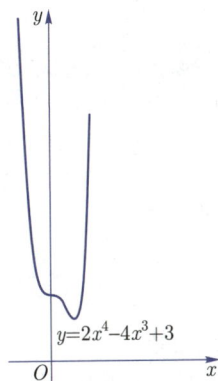

图 3.49　凸凹及拐点

3.4.5　曲线的渐近线

中学已经学习了双曲线 $\dfrac{x^2}{a^2} - \dfrac{y^2}{b^2} = 1$、反比例函数 $y = \dfrac{1}{x}$、指数函数 $y = a^x$、对数函数 $y = \ln x$、正切函数 $y = \tan x$ 等的渐近线. 如图 3.50～ 图3.53 所示.

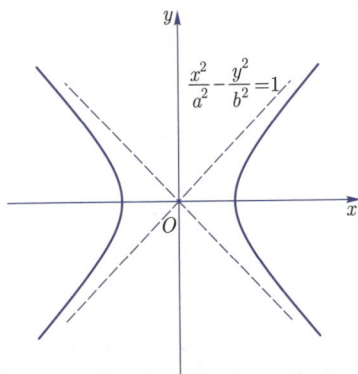

图 3.50　斜渐近线

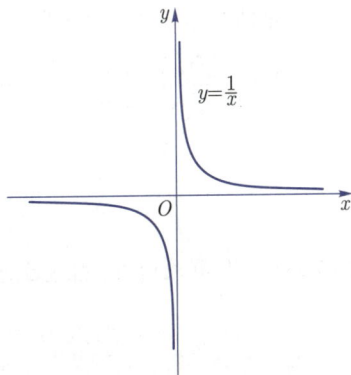

57 扫一扫

图 3.51　水平铅直渐近线

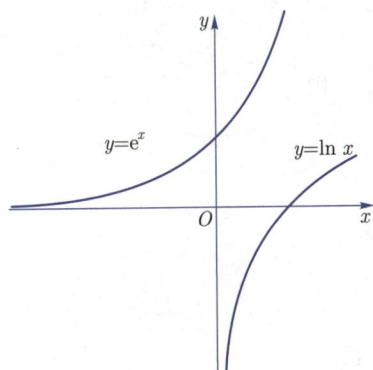

图 3.52　铅直水平渐近线

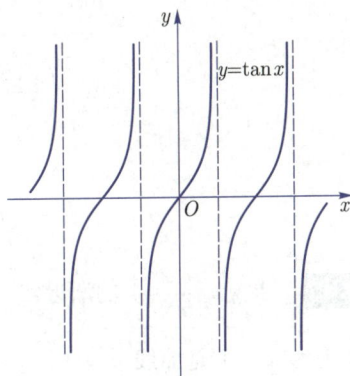

图 3.53　铅直渐近线

了解了曲线的渐近线，对进一步掌握函数的变化趋势意义重大.

◆ **定义 3.5**　**曲线的渐近线**

　　当曲线 C 上动点 P 沿着曲线 C 无限远移时，若动点 P 到某直线 l 的距离无限趋近于 0，则称直线 l 是曲线 C 的渐近线.

1. 铅直渐近线

若 $\lim\limits_{x \to a^+} f(x) = \infty$ 或 $\lim\limits_{x \to a^-} f(x) = \infty$，则直线 $x = a$ 是曲线 $y = f(x)$ 的铅直渐近线 (垂直于 x 轴).

2. 水平渐近线

若 $\lim\limits_{x \to +\infty} f(x) = b$ 或 $\lim\limits_{x \to -\infty} f(x) = b$，则直线 $y = b$ 是曲线 $y = f(x)$ 的水平渐近线 (平行于 x 轴).

3. 斜渐近线

设直线 $y = kx + b$ 是曲线 $y = f(x)$ 的渐近线，那么怎么求 k 和 b 呢？

如图 3.54 所示，由点到直线的距离公式，曲线 $y = f(x)$ 上点 $P(x, f(x))$ 到直线 $y = kx + b$ 的距离为

$$|PM| = \frac{|f(x) - kx - b|}{\sqrt{1 + k^2}},$$

因为直线 $y = kx + b$ 是曲线 $y = f(x)$ 的渐近线，所以

$$\lim_{\substack{x \to +\infty \\ (x \to -\infty)}} \frac{|f(x) - kx - b|}{\sqrt{1 + k^2}} = 0 \Leftrightarrow \lim_{\substack{x \to +\infty \\ (x \to -\infty)}} (f(x) - kx - b) = 0,$$

于是

$$b = \lim_{\substack{x \to +\infty \\ (x \to -\infty)}} (f(x) - kx). \tag{3.28}$$

若知道 k，则由 (3.28) 式即可求得 b. 那怎么求 k 呢？由

$$\lim_{\substack{x \to +\infty \\ (x \to -\infty)}} (f(x) - kx - b) = 0.$$

显然，有

$$\lim_{\substack{x \to +\infty \\ (x \to -\infty)}} \frac{f(x) - kx - b}{x} = 0,$$

$$\lim_{\substack{x \to +\infty \\ (x \to -\infty)}} \left(\frac{f(x)}{x} - k - \frac{b}{x} \right) = 0,$$

即

$$k = \lim_{\substack{x \to +\infty \\ (x \to -\infty)}} \frac{f(x)}{x}. \tag{3.29}$$

◢ **经典例题 3.25**　求 $y = \dfrac{x^2}{x-1}$ 的渐近线.

【解】　(1) 因为 $x = 1$ 是曲线 $y = \dfrac{x^2}{x-1}$ 的间断点，且

$$\lim_{x \to 1^-} \frac{x^2}{x-1} = -\infty, \qquad \lim_{x \to 1^+} \frac{x^2}{x-1} = +\infty.$$

所以 $x = 1$ 是曲线 $y = \dfrac{x^2}{x - 1}$ 的铅直渐近线.

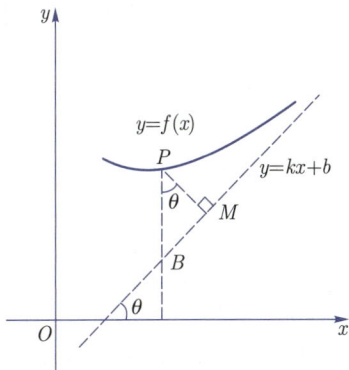

图 3.54 渐近线定义

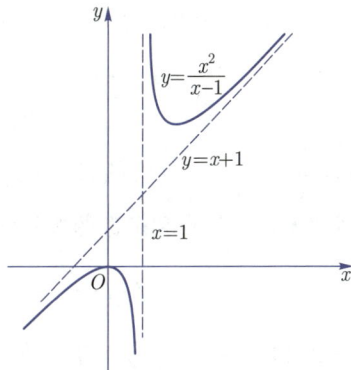

图 3.55 渐近线

(2) 求斜渐近线

$$k = \lim_{x \to \pm\infty} \frac{f(x)}{x} = \lim_{x \to \pm\infty} \frac{x}{x - 1} = 1.$$

$$b = \lim_{x \to \pm\infty} (f(x) - kx) = \lim_{x \to \pm\infty} \left(\frac{x^2}{x - 1} - x \right) = \lim_{x \to \pm\infty} \frac{x}{x - 1} = 1.$$

故直线 $y = x + 1$ 是曲线 $y = \dfrac{x^2}{x - 1}$ 的斜渐近线. 如图 3.55 所示.

3.4.6 函数作图一般步骤

中学阶段一般用描点法绘制函数图像. 描点法有很多缺陷. 描点法所选取的点不可能很多, 一些关键的点, 如极值点、拐点等可能漏掉, 曲线的凸凹性等也很难掌握. 因此, 用描点法所绘制的函数图像有时不可靠. 现在有了用导数讨论函数单调性、极值、凸凹性、拐点等的方法, 能比较准确地描绘函数的图像. 一般来说, 描绘函数图像可以按下列步骤进行:

(1) 求函数 $y = f(x)$ 的定义域.

(2) 判断函数 $y = f(x)$ 是否具有某些特性 (如单调性、周期性、奇偶性等).

(3) 观察函数 $y = f(x)$ 是否有渐近线 (铅直、水平、斜渐近线), 如有求之.

(4) 求出 $y = f(x)$ 的单调区间和极值点 (求 $f'(x)$ 及 $f'(x) = 0$ 的解, 可列表).

(5) 求出 $y = f(x)$ 的凸凹区间和拐点 (求 $f''(x)$ 及 $f''(x) = 0$ 的解, 可列表).

(6) 确定一些特殊点, 如 $y = f(x)$ 与坐标轴的交点等.

经典例题 3.26 描绘函数 $y = f(x) = \dfrac{(x - 3)^2}{4(x - 1)}$ 的图像.

【解】 (1) 求渐近线. 由 $\displaystyle\lim_{x \to 1^+} \frac{(x - 3)^2}{4(x - 1)} = +\infty$, $\displaystyle\lim_{x \to 1^-} \frac{(x - 3)^2}{4(x - 1)} = -\infty$, 得 $x = 1$ 是曲线的铅直渐近线. 又有

$$k = \lim_{x \to \infty} \frac{f(x)}{x} = \lim_{x \to \infty} \frac{(x-3)^2}{4(x-1)x} = \frac{1}{4},$$

$$b = \lim_{x \to \infty} (f(x) - kx) = \lim_{x \to \infty} \frac{(x-3)^2}{4(x-1)} - \frac{x}{4}$$

$$= \lim_{x \to \infty} \frac{x^2 - 6x + 9 - x^2 + x}{4(x-1)} = \lim_{x \to \infty} \frac{-5x + 9}{4(x-1)} = -\frac{5}{4}.$$

58 扫一扫

得直线 $y = \frac{1}{4}x - \frac{5}{4}$，是曲线的斜渐近线.

(2) 求函数的极值点和函数图像与坐标轴的交点.

$$f'(x) = \frac{(x+1)(x-3)}{4(x-1)^2}, \quad f''(x) = \frac{2}{(x-1)^2}.$$

令 $f'(x) = 0$，得 $x_1 = -1$，$x_2 = 3$，它们将定义域分成 4 个区间 $(-\infty, -1)$，$(-1, 1)$，$(1, 3)$，$(3, +\infty)$. 令 $f''(x) = 0$，无解，即没有拐点. 于是得极大值 $f_{\max}(-1) = -2$，极小值 $f_{\min}(3) = 0$，与坐标轴的交点 $f(0) = -\frac{9}{4}$，$f(2) = \frac{1}{4}$.

(3) 列表3.4讨论. 函数图像如图 3.56 所示.

表 3.4　列 表 讨 论

x	$(-\infty, -1)$	-1	$(-1, 1)$	$(1, 3)$	3	$(3, +\infty)$
f'	$+$	0	$-$	$-$	0	$+$
f''	$-$	$-$	$-$	$+$	$+$	$+$
$f(x)$	↗ ∩	极大点 -2	↘ ∩	↘ ∪	极小点 0	↗ ∪

经典例题 3.27　描绘函数 $y = f(x) = \dfrac{x^3 - 3x^2 + 3x + 1}{x - 1}$ 的图像.

【解】　(1) 求渐近线. 由于函数 $f(x)$ 的定义域是 $\mathbb{R} - \{1\}$，将函数 $f(x)$ 改写为

$$f(x) = (x-1)^2 + \frac{2}{x-1},$$

由于 $\lim\limits_{x \to 1^-} f(x) = -\infty$，$\lim\limits_{x \to 1^+} f(x) = +\infty$，得铅直渐近线 $x = 1$.

又因为 $\lim\limits_{x \to \infty} \dfrac{2}{x-1} = 0$，所以，当 $x \to \infty$ 时，$f(x)$ 的图像无限接近于抛物线 $y = (x-1)^2$. 当 $x > 1$ 时，函数 $f(x)$ 的图像位于抛物线 $y = (x-1)^2$ 的上方，当 $x < 1$ 时，函数 $f(x)$ 的图像位于抛物线 $y = (x-1)^2$ 的下方.

(2) 求函数 $f(x)$ 的极值点和拐点：

$$f'(x) = \frac{2[(x-1)^2 - 1]}{(x-1)^2}, \quad f''(x) = \frac{2[(x-1)^3 + 2]}{(x-1)^2}.$$

令 $f'(x) = 0$，得 $x = 2$，令 $f''(x) = 0$，得 $x = 1 + \sqrt[3]{-2}$. 于是得极小值 $f_{\min}(2) = 3$，拐点 $(1 + \sqrt[3]{-2}, 0)$.

(3) 列表3.5讨论. 设 $a = 1 + \sqrt[3]{-2}$，则 a、1 和 2 将定义域分成 4 个区间

$$(-\infty, a), \quad (a, 1), \quad (1, 2), \quad (2, +\infty).$$

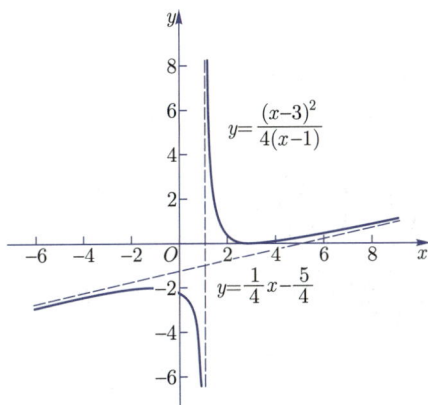

图 3.56 函数作图

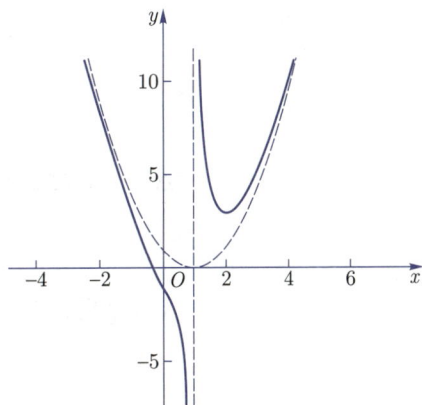

图 3.57 函数作图

(4) 先画出渐近线 $x = 1$ 和抛物线 $y = (x-1)^2$ 以及极小点、拐点等重要的点的坐标，再根据函数 $f(x)$ 的性态，描绘出函数的图像，如图 3.57 所示.

表 3.5 列 表 讨 论

x	$(-\infty, a)$	a	$(a, 1)$	$(1, 2)$	2	$(2, +\infty)$
f'	$-$	$-$	$-$	$-$	0	$+$
f''	$+$	0	$-$	$+$	$+$	$+$
$f(x)$	$\cup$ ↘	拐点	$\cap$ ↘	$\cup$ ↘	极小点 3	$\cup$ ↗

3.5 曲 率

在工程技术实际应用中，有时要考虑曲线的弯曲程度. 如在设计铁路和公路的弯道时，必须考虑转弯处对弯曲程度的限制."弯曲"不能超过限度，否则可能导致高速行驶的火车脱轨、汽车翻车. 在土木建筑中，各种梁在负载作用下，会弯曲变形，还有在机械制造中有时也会看到"弯曲"的零件. 在数学中用曲率来描述曲线的弯曲程度.

3.5.1 曲率的概念

1. 弧微分

如图 3.58 所示，在曲线 $y = f(x)$ 上取固定点 $M(x_0, y_0)$，动点 $N(x, y)$，设 s 为弧 $\overparen{MN}$ 的长度，显然，s 是 x 的函数，记为 $s = s(x)$.

对于 x 的增量 $\Delta x = MQ$，y 有相应的增量 $\Delta y = QN$，s 有相应的增量 Δs，由导数定义有

59 扫一扫

$$\frac{\mathrm{d}s}{\mathrm{d}x} = \lim_{\Delta x \to 0} \frac{\Delta s}{\Delta x}.$$

当 $\Delta x \to 0$ 时，有

$$(\Delta s)^2 = (\Delta x)^2 + (\Delta y)^2.$$

于是

$$\frac{\Delta s}{\Delta x} = \frac{\sqrt{(\Delta x)^2 + (\Delta y)^2}}{\Delta x} = \sqrt{1 + \left(\frac{\Delta y}{\Delta x}\right)^2},$$

$$\lim_{\Delta x \to 0} \frac{\Delta s}{\Delta x} = \lim_{\Delta x \to 0} \sqrt{1 + \left(\frac{\Delta y}{\Delta x}\right)^2}.$$

即

$$\frac{\mathrm{d}s}{\mathrm{d}x} = \sqrt{1 + \left(\frac{\mathrm{d}y}{\mathrm{d}x}\right)^2}. \tag{3.30}$$

$$\mathrm{d}s = \sqrt{1 + (y')^2}\,\mathrm{d}x = \sqrt{(\mathrm{d}x)^2 + (\mathrm{d}y)^2}. \tag{3.31}$$

2. 曲率定义

曲率是描述曲线弯曲程度的量. 平面曲线的曲率是针对曲线上某个点的切线方向角对弧长的转动率. 可通过微分来定义，表明曲线偏离直线的程度. 曲率越大，表示曲线的弯曲程度越大.

> ◆ **定义 3.6　平均曲率**
>
> 　　弧 $\overset{\frown}{MN}$ 的切向转角 $\Delta\alpha$ 与弧长 Δs 之比的绝对值，称为弧 $\overset{\frown}{MN}$ 的平均曲率，如图 3.59 所示，记为
> $$\bar{k} = \left|\frac{\Delta\alpha}{\Delta s}\right|.$$

> ◆ **定义 3.7　曲率**
>
> 　　弧 $\overset{\frown}{MN}$ 的切向转角 $\Delta\alpha$ 与弧长 Δs 之比的绝对值，当 N 点沿曲线 L 趋近 M 点时，若弧 $\overset{\frown}{MN}$ 平均曲率的极限存在，则称此极限为曲线 L 在 M 点的曲率. 记为
> $$k = \lim_{\Delta x \to 0}\left|\frac{\Delta\alpha}{\Delta s}\right| = \left|\frac{\mathrm{d}\alpha}{\mathrm{d}s}\right|.$$

经典例题 3.28　圆的曲率. 已知圆的半径为 R，求

(1) 圆上任意一段弧的平均曲率；

(2) 圆上任意一点的曲率.

【解】　如图 3.60 所示，在圆上任取一段弧 $\overset{\frown}{AB}$，由平面几何知识可知，切线 AP 与 BP 的转角为 $\alpha = \angle AOB$ (弧 $\overset{\frown}{AB}$ 的圆心角)，弧 $\overset{\frown}{AB} = R\alpha$. 因此，

弧 AB 的平均曲率为

$$\bar{k} = \frac{\alpha}{\overset{\frown}{AB}} = \frac{\alpha}{R\alpha} = \frac{1}{R}.$$

圆上任意一点的曲率为

$$k = \lim_{\overset{\frown}{AB} \to 0} \frac{\alpha}{R\alpha} = \frac{1}{R}.$$

即圆上任意一点的曲率都相等，且等于半径 R 的倒数. 这个结果与直观感觉一致.

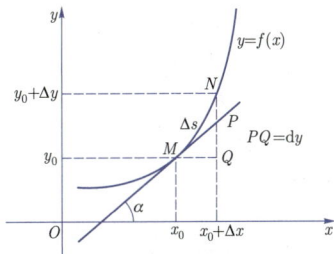

图 3.58　弧微分

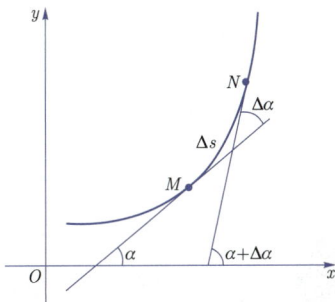

图 3.59　曲率

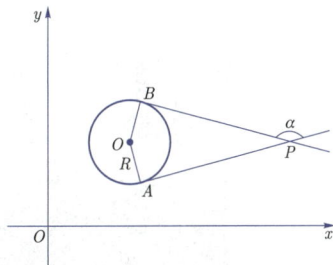

图 3.60　圆的曲率

3.5.2　曲率的计算

1. 曲率的计算公式

由导数的几何意义 $\tan\alpha = y'$，有 $\alpha = \arctan y'$，故 α 是 x 的复合函数. 求 α 对 x 的微分，得

$$\mathrm{d}\alpha = \frac{\mathrm{d}y'}{1+y'^2} = \frac{y''}{1+y'^2}\mathrm{d}x.$$

而

$$\mathrm{d}s = \sqrt{1+y'^2}\,\mathrm{d}x.$$

于是

$$k = \frac{\mathrm{d}\alpha}{\mathrm{d}s} = \frac{y''}{(1+y'^2)^{\frac{3}{2}}}.$$

规定：曲率只取正值. 因此

$$k = \left| \frac{y''}{(1+y'^2)^{\frac{3}{2}}} \right|. \tag{3.32}$$

这即是曲率的计算公式.

2. 曲率的实际应用

实际问题 3.15　铁路弯道设计

铁路弯道 (图 3.61) 设计，一般采用三次抛物线 $y = \dfrac{1}{3}x^3$ 作为过渡曲线，长度单位是 km，求该曲线在点 $(0,0)$ 及点 $\left(1, \dfrac{1}{3}\right)$ 的曲率. 如图 3.62 所示.

【解】　由设计要求，有

$$y' = x^2, \quad y'' = 2x,$$

于是，由曲率计算公式 (3.32)，得

$$k = \left| \frac{y''}{(1+y'^2)^{\frac{3}{2}}} \right| = \left| \frac{2x}{(1+(x^2)^2)^{\frac{3}{2}}} \right| = \left| \frac{2x}{(1+x^4)^{\frac{3}{2}}} \right|.$$

因此，在点 $(0,0)$ 的曲率为

$$k|_{x=0} = 0(\mathrm{rad/km}).$$

图 3.61　铁路弯道

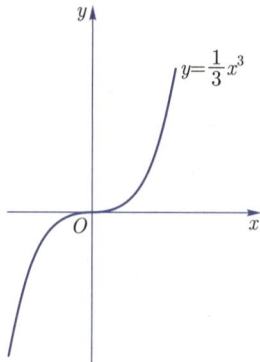

图 3.62　三次抛物线

在点 $\left(1, \dfrac{1}{3}\right)$ 的曲率为

$$k|_{x=1} = \frac{\sqrt{2}}{2}(\text{rad/km}).$$

3.5.3　曲率圆和曲率半径

曲率 $k = \dfrac{\text{转过的角度}}{\text{对应的弧长}}$ 当角度和弧长同时趋近于 0 时的极限. 这是对于任意形状的光滑曲线曲率的定义. 而对于圆, 曲率不随位置变化. 已经知道圆上任意一点的曲率是常数且等于圆的半径的倒数. 但对于任意形状的光滑曲线而言, 它在各点一般可能有不同的曲率. 曲率的倒数是曲率半径. 圆弧的曲率半径, 是以这段圆弧为一个圆的一部分时所成的圆的半径. 曲率半径越大, 圆弧越 "平直", 曲率半径越小, 圆弧越 "弯曲". 对于这样的圆给出下面的定义.

> ♦ **定义 3.8　曲率圆**
>
> 若一个圆满足下列三个条件:
> (1) 在 M 点与曲线有公切线;
> (2) 与曲线在 M 点附近有相同的凸凹性;
> (3) 与曲线在 M 点有相同的曲率.
> 则称这个圆为曲线在 M 点的曲率圆. 曲率圆的中心 C 称为曲线在 M 点的曲率中心; 曲率圆的半径 R 称为曲线在 M 点的曲率半径. 如图 3.63 所示.

3.5.4　曲率在机械制造中的应用

实际问题 3.16　工件磨削

设某工件内表面截面为抛物线 $y = 0.4x^2$. 如图 3.64 所示, 现在要用砂轮磨削其内表面, 问用多大直径的砂轮比较合适?

【解】　为了在磨削时不使工件在砂轮与工件接触处附近的部分磨去过多, 砂轮的半径应小于或等于抛物线 $y = 0.4x^2$ 上各处的曲率半径的最小值. 为使计算结果更具有一般性, 先讨论一般

曲线的情形. 设

$$y = ax^2 + bx + c \quad (a \neq 0).$$

于是

$$y' = 2ax + b, \quad y'' = 2a.$$

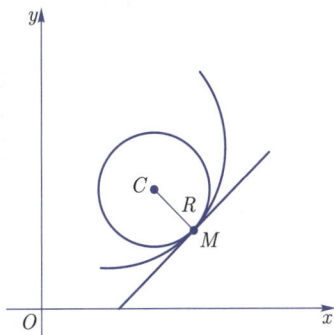

图 3.63 曲率圆

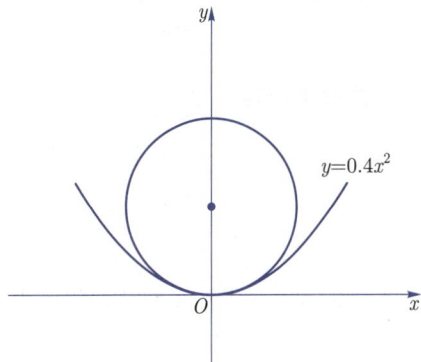

图 3.64 机械工件磨削

故

$$k = \frac{|2a|}{(1 + (2ax + b)^2)^{\frac{3}{2}}}.$$

分母最小时, k 最大. 显然, 当 $2ax + b = 0$, 即 $x = -\dfrac{b}{2a}$ 时, 分母最小, k 值最大. 而当 $x = -\dfrac{b}{2a}$ 时, $y = \dfrac{4ac - b^2}{4a}$. 所以抛物线 $y = ax^2 + bx + c$ 在顶点 $\left(-\dfrac{b}{2a}, \dfrac{4ac - b^2}{4a}\right)$ 处曲率最大. 曲率半径最小.

特别地, 对于 $y = 0.4x^2$, 有 $y' = 0.8x$, $y'' = 0.8$. 顶点为 $(0, 0), y'(0) = 0, y''(0) = 0.8$. 于是

$$R = \frac{1}{k} = \left|\frac{(1 + 0^2)^{\frac{3}{2}}}{0.8}\right| = 1.25.$$

因此, 选用砂轮的半径不得超过 1.25 单位长.

用砂轮磨削工件表面时也有类似结论. 选用砂轮半径不得超过工件表面截线各点的曲率半径的最小值.

实际问题 3.17 （选学）汽车对桥面的压力

一质量为 m 的汽车以匀速 v 驶过拱桥, 如图 3.65 所示, 桥面 AOB 是一抛物线, 其数据如图 3.66 所示. 求汽车对桥面的压力.

【解】 由题意易得桥面抛物线方程为 $y = -\dfrac{b}{a^2}x^2$, $y'(x) = -\dfrac{2b}{a^2}x$, $y''(x) = -\dfrac{2b}{a^2}$, 点 A 处的曲率为

$$k = \frac{|y''|}{[1 + (y')^2]^{\frac{3}{2}}} = \frac{\dfrac{2b}{a^2}}{\left[1 + \left(\dfrac{2b}{a^2}\right)^2 x^2\right]^{\frac{3}{2}}},$$

图 3.65　拱桥

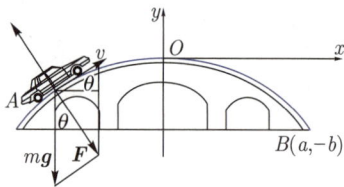

图 3.66　汽车对桥面的压力

点 A 处的曲率半径为

$$R = \frac{1}{k} = \frac{\left[1 + \left(\dfrac{2b}{a^2}\right)^2 x^2\right]^{\frac{3}{2}}}{\dfrac{2b}{a^2}},$$

桥面点 A 处的向心力及汽车对桥面的压力 F 满足

$$F = \frac{mv^2}{R} + mg\cos\theta = \frac{\dfrac{2b}{a^2}mv^2}{\left[1 + \left(\dfrac{2b}{a^2}\right)^2 x^2\right]^{\frac{3}{2}}} + mg\cos\theta,$$

汽车从 A 行驶到 O，x^2 逐渐减小，分数 $\dfrac{\dfrac{2b}{a^2}mv^2}{\left[1 + \left(\dfrac{2b}{a^2}\right)^2 x^2\right]^{\frac{3}{2}}}$ 逐渐增大，$mg\cos\theta$ 逐渐增大到 mg，

即汽车行驶到点 O 对桥面的压力最大. 由于 $\tan\theta = -\dfrac{2b}{a^2}x$，得 $\cos\theta = \dfrac{1}{\sqrt{1 + \left(\dfrac{2b}{a^2}\right)^2 x^2}}$，于是汽

车对桥面压力的函数关系可写为

$$F = \frac{mv^2}{R} + mg\cos\theta = \frac{\dfrac{2b}{a^2}mv^2}{\left[1 + \left(\dfrac{2b}{a^2}\right)^2 x^2\right]^{\frac{3}{2}}} + \frac{mg}{\sqrt{1 + \left(\dfrac{2b}{a^2}\right)^2 x^2}}.$$

60 扫一扫

♣ 习　题　3 ♣

习题 3 答案

一、填空题

1. 曲线 $y = e^x$ 在点_____处的切线与连接曲线上 $(0,1)$，$(1,e)$ 两点的弦平行.

2. 设函数 $f(x) = \dfrac{x+1}{x}$，则 $f(x)$ 在 $[1,2]$ 上满足拉格朗日中值定理的 $\xi = $ _____.

3. 已知函数 $y = ax^2 + 2x + b$，在点 $x = 1$ 处取得极大值 2，则 $a = $ _____，$b = $ _____.

4. $y = 2x + \dfrac{8}{x}$ $(x > 0)$ 在区间_____单调减少，在区间_____ 单调增加.

5. 函数 $f(x) = 1 - (x-2)^{\frac{2}{3}}$ 的极值点是_____，拐点是_____.

6. 曲线 $y = \ln(1+x^2)(x \geqslant 0)$ 在区间_____凸，在区间_____凹，拐点为_____.

7. 函数 $f(x) = x + \sqrt{x}$ 在 $[1,5]$ 上的最小值为_____.

8. $\lim\limits_{x \to 0^+} \sqrt{x}\ln x = $ _____.

9. $\lim\limits_{x \to 0} (x + e^x)^{\frac{2}{x}} = $ _____.

10. 曲线 $y = x^2 \sin\dfrac{1}{x}$ 的斜渐近线为_____.

二、选择题

1. 在 $[-1,1]$ 上满足罗尔定理条件的函数是 (　　).

(A) $f(x) = \dfrac{1}{x^2}$ 　　　(B) $f(x) = |x|$ 　　　(C) $f(x) = 1 - x^2$ 　　　(D) $f(x) = x^2 - 2x - 1$

2. 已知函数 $f(x) = (x-1)(x-2)(x-3)(x-4)$，则方程 $f'(x) = 0$ 有 (　　).

(A) 三个根，分别位于区间 $(1,2),(2,3),(3,4)$ 内

(B) 四个根，分别为 $x_1 = 1, x_2 = 2, x_3 = 3, x_4 = 4$

(C) 四个根，分别位于区间 $(1,2),(2,3),(3,4)$ 内

(D) 三个根，分别位于区间 $(1,2),(1,3),(1,4)$ 内

3. 若在 $[0,+\infty)$ 内，$f'(x) > 0$, $f(0) < 0$, $\lim\limits_{x \to +\infty} f(x) = +\infty$，则在 $[0,+\infty)$ 内 $f(x)$ 有 (　　).

(A) 唯一零点 　　　(B) 至少存在一个零点 　　　(C) 没有零点 　　　(D) 不能确定有无零点

4. 若 $\lim\limits_{x \to a} \dfrac{f(x) - f(a)}{(x-a)^2} = 1$，则 $f(x)$ 在 $x = a$ 处 (　　).

(A) 可导，但 $f'(a) \neq 0$ 　　(B) 不可导 　　　(C) 取得极大值 　　　(D) 取得极小值

5. 设函数 $f(x)$ 在 $x = x_0$ 处有 $f'(x_0) = 0$，在 $x = x_1$ 处 $f'(x)$ 不存在，则 (　　).

(A) $x = x_0$ 及 $x = x_1$ 一定都是极值点 　　　(B) 只有 $x = x_0$ 是极值点

(C) $x = x_0$ 与 $x = x_1$ 可能都不是极值点 　　　(D) $x = x_0$ 与 $x = x_1$ 至少有一个是极值点

6. 若在 (a,b) 内，$f'(x) > 0$, $f''(x) < 0$，则函数 $f(x)$ 在此区间内是 (　　).

(A) 单调减少，曲线凹 　　(B) 单调增加，曲线凹 　　(C) 单调减少，曲线凸 　　(D) 单调增加，曲线凸

7. 抛物线 $y = x^2 - 4x + 3$ 在顶点处的曲率半径为 (　　).

(A) 顶点 $(2,-1)$ 处曲率半径为 2 　　　(B) 顶点 $(2,-1)$ 处曲率半径为 $\dfrac{1}{2}$

(C) 顶点 $(-1,2)$ 处曲率半径为 1 　　　(D) 顶点 $(-1,2)$ 处曲率半径为 2.

8. 曲线 $y = \dfrac{e^x}{1+x}$ (　　).

(A) 有一个拐点 　　　(B) 有两个拐点 　　　(C) 有三个拐点 　　　(D) 没有拐点

9. 函数 $f(x) = x\arctan x$ 的图形 (　　).

(A) 在 $(-\infty,+\infty)$ 内凸 　　　　　　(B) 在 $(-\infty,+\infty)$ 内凹

(C) 在 $(-\infty,0)$ 内凸，在 $(0,+\infty)$ 内凹 　　　(D) 在 $(-\infty,0)$ 内凹，在 $(0,+\infty)$ 内凸

三、计算题

1. 当 a 为何值时，$y = a\sin x + \dfrac{1}{3}\sin 3x$ 在 $x = \dfrac{\pi}{3}$ 处有极值？求此极值，并说明是极大值还是极小值.

2. 求函数 $f(x) = x - 3(x-2)^{\frac{2}{3}}$ 的极值.

3. 求函数 $y = \dfrac{\ln^2 x}{x}$ 的单调区间与极值.

4. 求函数 $y = x^3 - 6x^2 + 9x - 5$ 的单调区间、凹凸区间、极值和拐点.

5. 求 $f(x) = x^4 - 3x^2 + 1$ 在 $[-2, 2]$ 上的最大值和最小值.

6. 求数列 $\{\sqrt[n]{n}\}$ 的最大项.

7. 求极限:

(1) $\lim\limits_{x \to a} \dfrac{x^m - a^m}{x^n - a^n}$ $(a \neq 0)$;

(2) $\lim\limits_{x \to 0} \dfrac{e^x + e^{-x} - 2}{\sin^2 x}$;

(3) $\lim\limits_{x \to +\infty} x \left(\dfrac{\pi}{2} - \arctan x \right)$;

(4) $\lim\limits_{x \to 0} \dfrac{\tan x - x}{x^2 \sin x}$;

(5) $\lim\limits_{x \to 2} \dfrac{\tan x - \tan 2}{\sin \ln(x - 1)}$;

(6) $\lim\limits_{x \to 0^+} x \ln \dfrac{1}{x}$;

(7) $\lim\limits_{x \to +\infty} \left(\dfrac{2}{\pi} \arctan x \right)^x$;

(8) $\lim\limits_{x \to 0} \left(\dfrac{1}{x} - \dfrac{\ln(x + 1)}{x^2} \right)$.

8. 求曲线 $y = \dfrac{x^2}{x + 1}$ 的渐近线.

9. 对数曲线 $y = \ln x$ 上哪一点处的曲率半径最小? 求出该点处的曲率半径.

10. 求抛物线 $y = x^2$ 在点 $(1, 1)$ 处的曲率圆方程.

四、证明题

1. 证明恒等式: $\arcsin x + \arccos x = \dfrac{\pi}{2}$ $(-1 \leqslant x \leqslant 1)$.

2. 设 $0 < a < b$, 证明: $\dfrac{b - a}{b} < \ln \dfrac{b}{a} < \dfrac{b - a}{a}$.

3. 证明不等式: $|\arctan a - \arctan b| \leqslant |a - b|$.

4. 试证: 当 $x > 0$ 时, 不等式 $1 + x \ln(x + \sqrt{1 + x^2}) > \sqrt{1 + x^2}$ 总成立.

五、应用题

1. 隧道截面是矩形加半圆, 周长为 15m, 问矩形的底边为多少时, 截面面积最大?

2. 某厂生产电视机 θ 台的成本为 $C(\theta) = 5000 + 250\theta - 0.01\theta^2$, 销售收入是 $R(\theta) = 400\theta - 0.02\theta^2$. 如果生产的电视机都能售出, 问生产多少台, 才能获得最大利润?

3. 人在雨中行走, 速度不同导致淋雨量有很大不同, 即淋雨量 Q 是人行走速度 v 的函数, 设 $Q = v^3 - 6v^2 + 9v + 4$, 试求淋雨量最小时的行走速度.

4. 把一根长为 a 的铁丝切成两段, 一段围成正方形, 一段围成圆形. 问这两段铁丝各为多长时, 正方形面积与圆面积之和最小?

第 4 章 不定积分

学习目标与要求

◆ 理解不定积分的概念和性质，了解不定积分与导数、微分的关系.

◆ 掌握用不定积分的方法解决实际问题.

◆ 掌握用不定积分公式和性质计算不定积分.

◆ 掌握用直接积分法、换元积分法、分部积分法求解实际问题.

前面已经学习了微分学，它的基本问题是：已知一个函数，求它的导数. 但是，在许多实际问题中往往可能遇到相反的问题：已知一个函数的导数，求原来的函数. 为此，将学习积分学. 积分学中有两个基本概念——不定积分和定积分. 本章学习不定积分的概念、性质和基本的积分方法.

4.1 不定积分的概念及性质

4.1.1 不定积分的概念

1. 原函数

数学中的各种运算及其逆运算都是客观规律的反映，那么解决哪些实际问题需要导数的逆运算呢？

实际问题 4.1 自由落体运动

已知自由落体运动速度 $v = s'(t) = gt$ (g 是重力加速度)，那么如何从等式

$$s'(t) = gt$$

求物体下落的位移 $s(t)$ 呢？

【解】 显然有

$$\left(\frac{1}{2}gt^2\right)' = gt,$$

于是

$$s(t) = \frac{1}{2}gt^2$$

即为所求的位移函数.

　　这个问题的实质是导数运算的逆运算问题.

◆ 定义 4.1　　原函数

　　设函数 $f(x)$ 在区间 I 上有定义，若存在 $F(x)$，对于任意 $x \in I$，有

$$F'(x) = f(x),$$

则称函数 $F(x)$ 是 $f(x)$ 在区间 I 上的原函数，或简称 $F(x)$ 是 $f(x)$ 的原函数.

经典例题 4.1　　求 $2x$ 的原函数.

　　【解】　因为 $(x^2)' = 2x$，所以 x^2 是 $2x$ 的原函数.

　　因为 $(x^2 + 1)' = 2x$，所以 $x^2 + 1$ 是 $2x$ 的原函数.

　　因为 $(x^2 + C)' = 2x (C为常数)$，所以 $x^2 + C$ 是 $2x$ 的原函数.

　　一般地，有以下定理.

◆ 定理 4.1

　　若 $F(x)$ 是 $f(x)$ 的一个原函数，则 $F(x) + C (C$ 为任意常数$)$ 也是 $f(x)$ 的原函数.

◆ 定理 4.2

　　若 $F(x)$ 和 $G(x)$ 都是 $f(x)$ 的原函数，则 $F(x)$ 与 $G(x)$ 只相差一个任意常数 C.

　　【证明】　根据原函数定义，若 $G(x)$ 和 $F(x)$ 都是 $f(x)$ 的原函数，则有

$$G'(x) = f(x), \quad F'(x) = f(x).$$

令 $H(x) = G(x) - F(x)$，于是，有

$$H'(x) = (G(x) - F(x))' = G'(x) - F'(x) = f(x) - f(x) = 0.$$

因此

$$H(x) = G(x) - F(x) = C (C为常数).$$

即函数 $f(x)$ 的任意一个原函数都是

$$G(x) = F(x) + C$$

的形式，其中 C 是任意常数.

　　这个定理说明，一个函数有无限多个原函数且彼此只相差一个常数. 如果要求一个函数 $f(x)$ 的所有原函数，只要求出 $f(x)$ 的一个原函数，然后再加上任意常数 C 就得到了所有的原函数.

2. 不定积分的定义

◆ 定义 4.2　　不定积分

　　函数 $f(x)$ 的所有原函数 $F(x) + C (C \in \mathbb{R})$ 称为 $f(x)$ 的不定积分，记为

$$\int f(x)\mathrm{d}x = F(x) + C. \tag{4.1}$$

其中，$\displaystyle\int$ 称为积分号，$f(x)$ 称为被积函数，x 称为积分变量，$f(x)\mathrm{d}x$ 称为被积表达式，C 称

为积分常数.

3. 不定积分的几何意义

由不定积分的定义可以看出，一个函数的不定积分既不是一个数也不是函数，而是一个函数族. 例如：

61 扫一扫

$$\left(\frac{1}{2}at^2\right)' = at, \qquad \int at\mathrm{d}t = \frac{1}{2}at^2 + C;$$

$$(\sin x)' = \cos x, \qquad \int \cos x\mathrm{d}x = \sin x + C;$$

$$\left(\frac{1}{3}x^3\right)' = x^2, \qquad \int x^2\mathrm{d}x = \frac{1}{3}x^3 + C,$$

其中 C 为任意常数.

如图 4.1 所示，原函数在坐标系中为一族曲线，这一族曲线有如下特点：

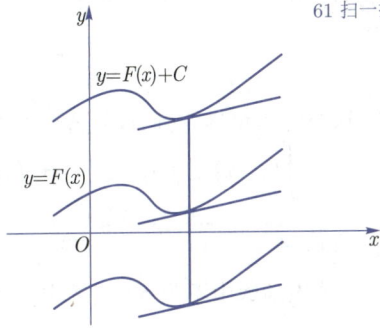

图 4.1 原函数的几何意义

(1) 各曲线形状完全一样，只是在纵坐标方向相差一个常数.

(2) 过积分曲线上点 $(x, F(x) + C)$ 的切线斜率相同，都等于 $f(x)$.

求已知函数的不定积分运算，称为积分运算. 积分运算是微分运算的逆运算.

4.1.2 不定积分的性质

下面给出不定积分的性质.

♡ **性质 4.1**

不定积分的导数 (或微分) 等于被积函数 (或被积表达式).

$$\left(\int f(x)\mathrm{d}x\right)' = f(x) \quad \text{或} \quad \mathrm{d}\int f(x)\mathrm{d}x = f(x)\mathrm{d}x.$$

♡ **性质 4.2**

函数 $F(x)$ 的导函数 (或微分) 的不定积分等于函数族 $F(x) + C$(C为任意常数).

$$\int F'(x)\mathrm{d}x = F(x) + C \quad \text{或} \quad \int \mathrm{d}F(x) = F(x) + C.$$

♡ **性质 4.3**

两个函数的代数和的不定积分等于这两个函数的不定积分的代数和，即

$$\int (f(x) \pm g(x))\mathrm{d}x = \int f(x)\mathrm{d}x \pm \int g(x)\mathrm{d}x.$$

【证明】 将等式右端对 x 求导得

$$\left(\int f(x)\mathrm{d}x \pm \int g(x)\mathrm{d}x\right)' = \left(\int f(x)\mathrm{d}x\right)' \pm \left(\int g(x)\mathrm{d}x\right)' = f(x) \pm g(x).$$

62 扫一扫

这说明 $\int f(x)\mathrm{d}x \pm \int g(x)\mathrm{d}x$ 是 $f(x) \pm g(x)$ 的原函数, 又因为 $\int f(x)\mathrm{d}x \pm \int g(x)\mathrm{d}x$ 含有任意常数, 由不定积分的定义得

$$\int (f(x) \pm g(x))\mathrm{d}x = \int f(x)\mathrm{d}x \pm \int g(x)\mathrm{d}x.$$

这个性质可推广到有限个函数的代数和的积分, 即

$$\int (f_1(x) \pm f_2(x) \pm \cdots \pm f_n(x))\mathrm{d}x = \int f_1(x)\mathrm{d}x \pm \int f_2(x)\mathrm{d}x \pm \cdots \pm \int f_n(x)\mathrm{d}x.$$

> ♡ **性质 4.4**
>
> 被积函数中不为零的常数因子可以提到积分号前面, 即
> $$\int kf(x)\mathrm{d}x = k\int f(x)\mathrm{d}x,$$
> k 为常数且 $k \neq 0$.

4.1.3 不定积分基本公式

因为积分运算是导数运算的逆运算, 若 $F'(x) = f(x)$, 则由不定积分的定义, $\int f(x)\mathrm{d}x = F(x) + C$, 将基本初等函数的导数公式反过来即可得到求不定积分的基本公式表 4.1.

将被积函数经过适当的恒等变形, 再利用积分的基本公式和性质计算出结果的积分方法, 称为直接积分法.

经典例题 4.2 求 $\displaystyle\int \frac{1+x+x^2}{x(1+x^2)}\mathrm{d}x$.

【解】 $\displaystyle\int \frac{1+x+x^2}{x(1+x^2)}\mathrm{d}x = \int \frac{1}{x}\mathrm{d}x + \int \frac{1}{1+x^2}\mathrm{d}x = \ln|x| + \arctan x + C.$

经典例题 4.3 求 $\displaystyle\int 2\sin^2\frac{x}{2}\mathrm{d}x$.

【解】 $\displaystyle\int 2\sin^2\frac{x}{2}\mathrm{d}x = \int (1-\cos x)\mathrm{d}x = \int \mathrm{d}x - \int \cos x\mathrm{d}x = x - \sin x + C.$

经典例题 4.4 求 $\displaystyle\int \frac{1}{\sin^2 x\cos^2 x}\mathrm{d}x$.

【解】 $\displaystyle\int \frac{1}{\sin^2 x\cos^2 x}\mathrm{d}x = \int \frac{\sin^2 x + \cos^2 x}{\sin^2 x\cos^2 x}\mathrm{d}x$

$$= \int \frac{1}{\cos^2 x}\mathrm{d}x + \int \frac{1}{\sin^2 x}\mathrm{d}x = \tan x - \cot x + C.$$

经典例题 4.5 求 $\displaystyle\int \frac{\cos 2x}{\sin x - \cos x}\mathrm{d}x$.

【解】 $\displaystyle\int \frac{\cos 2x}{\sin x - \cos x}\mathrm{d}x = \int \frac{\cos^2 x - \sin^2 x}{\sin x - \cos x}\mathrm{d}x$

$$= -\int (\sin x + \cos x)\mathrm{d}x = \cos x - \sin x + C.$$

表 4.1　基本积分公式

序号	$F'(x) = f(x)$	$\int f(x)\mathrm{d}x = F(x) + C$
(1)	$C' = 0$	$\int 0\mathrm{d}x = C$
(2)	$x' = 1$	$\int \mathrm{d}x = x + C$
(3)	$\left(\dfrac{x^{\alpha+1}}{\alpha+1}\right)' = x^{\alpha}$	$\int x^{\alpha}\mathrm{d}x = \dfrac{x^{\alpha+1}}{\alpha+1} + C$
(4)	$(\ln x)' = \dfrac{1}{x}$	$\int \dfrac{1}{x}\mathrm{d}x = \ln|x| + C$
(5)	$\left(\dfrac{a^x}{\ln a}\right)' = a^x$	$\int a^x\mathrm{d}x = \dfrac{a^x}{\ln a} + C$
(6)	$(\mathrm{e}^x)' = \mathrm{e}^x$	$\int \mathrm{e}^x\mathrm{d}x = \mathrm{e}^x + C$
(7)	$(-\cos x)' = \sin x$	$\int \sin x\mathrm{d}x = -\cos x + C$
(8)	$(\sin x)' = \cos x$	$\int \cos x\mathrm{d}x = \sin x + C$
(9)	$(\tan x)' = \sec^2 x$	$\int \sec^2 x\mathrm{d}x = \tan x + C$
(10)	$(-\cot x)' = \csc^2 x$	$\int \csc^2 x\mathrm{d}x = -\cot x + C$
(11)	$(\sec x)' = \sec x\tan x$	$\int \sec x\tan x\mathrm{d}x = \sec x + C$
(12)	$(-\csc x)' = \csc x\cot x$	$\int \csc x\cot x\mathrm{d}x = -\csc x + C$
(13)	$(\arcsin x)' = \dfrac{1}{\sqrt{1-x^2}}$	$\int \dfrac{1}{\sqrt{1-x^2}}\mathrm{d}x = \arcsin x + C$
(14)	$(\arctan x)' = \dfrac{1}{1+x^2}$	$\int \dfrac{1}{1+x^2}\mathrm{d}x = \arctan x + C$

经典例题 4.6　求 $\displaystyle\int \dfrac{x^4}{x^2+1}\mathrm{d}x$.

【解】 $\displaystyle\int \dfrac{x^4}{x^2+1}\mathrm{d}x = \int \dfrac{x^4-1+1}{x^2+1}\mathrm{d}x = \int \dfrac{(x^2+1)(x^2-1)+1}{x^2+1}\mathrm{d}x$

$\qquad = \displaystyle\int (x^2-1)\mathrm{d}x + \int \dfrac{1}{1+x^2}\mathrm{d}x = \dfrac{x^3}{3} - x + \arctan x + C.$

经典例题 4.7　求 $\displaystyle\int \tan^2 x\mathrm{d}x$.

【解】 $\displaystyle\int \tan^2 x\mathrm{d}x = \int (\sec^2 x - 1)\mathrm{d}x = \int \sec^2 x\mathrm{d}x - \int \mathrm{d}x = \tan x - x + C.$

实际问题 4.2　化学反应速度

已知某物质在化学反应过程中的反应速度是 $v(t) = ak\mathrm{e}^{-kt}$，其中 a 是反应开始时原有物质的量，k 是常数，求从 $t = t_0$ 到 $t = t_1$ 这段时间内反应速度的平均值.

【解】　先求不定积分，然后再求 $\Delta s/\Delta t$.

$$s = \int v(t)\mathrm{d}t = \int ak\mathrm{e}^{-kt}\mathrm{d}t = -a\mathrm{e}^{-kt} + C,$$

$$\bar{v} = \frac{\Delta s}{\Delta t} = \frac{-a(\mathrm{e}^{-kt_1} - \mathrm{e}^{-kt_0})}{t_1 - t_0} = \frac{a(\mathrm{e}^{-kt_0} - \mathrm{e}^{-kt_1})}{t_1 - t_0} = \frac{a}{t_1 - t_0}(\mathrm{e}^{-kt_0} - \mathrm{e}^{-kt_1}).$$

63 扫一扫

实际问题 4.3　上抛运动规律

以初速 v_0 铅直上抛一质点，不计阻力，求质点的运动规律.

【解】　所谓运动规律，是指质点的位置关于时间 t 的函数关系. 为表示质点的位置，把质点所在的竖直线取作坐标轴，指向朝上，轴与地面的交点取作坐标原点. 设质点抛出时刻为 $t = 0$，当 $t = 0$ 时质点所在位置的坐标为 x_0，在时刻 t 坐标为 x，$x = x(t)$ 就是所要求的函数.

由导数的物理意义

$$\frac{\mathrm{d}x}{\mathrm{d}t} = v(t)$$

即为质点在时刻 t 向上运动的速度 (如果 $v(t) < 0$，那么运动方向实际朝下). 又

$$\frac{\mathrm{d}^2 x}{\mathrm{d}t^2} = \frac{\mathrm{d}v}{\mathrm{d}t} = a(t)$$

64 扫一扫

即为质点在时刻 t 向上运动的加速度，由题意有 $a(t) = -g$，即

$$\frac{\mathrm{d}v}{\mathrm{d}t} = -g$$

或

$$\frac{\mathrm{d}^2 x}{\mathrm{d}t^2} = -g.$$

先求 $v(t)$. 由 $\dfrac{\mathrm{d}v}{\mathrm{d}t} = -g$，即 $v(t)$ 是 $-g$ 的原函数，故

$$v(t) = \int (-g)\mathrm{d}t = -gt + C_1 \quad (C_1\text{为常数}).$$

由 $v(0) = v_0$，得 $v_0 = C_1$，于是

$$v(t) = -gt + v_0.$$

再求 $x(t)$. 由 $\dfrac{\mathrm{d}x}{\mathrm{d}t} = v(t)$，即 $x(t)$ 是 $v(t)$ 的原函数，故

$$x(t) = \int v(t)\mathrm{d}t = \int (-gt + v_0)\mathrm{d}t = -\frac{1}{2}gt^2 + v_0 t + C_2 \quad (C_2\text{为常数}).$$

由 $x(0) = x_0$，得 $x_0 = C_2$，于是所求运动规律为

$$x = -\frac{1}{2}gt^2 + v_0 t + x_0, t \in [0, T].$$

其中 T 表示质点落地的时刻.

实际问题 4.4　物体运动方程

已知物体以速度 $v = 2t^2 + 1$(单位：m/s) 沿 x 轴做直线运动，当 $t = 1\,\mathrm{s}$ 时，物体经过的路程为 $3\,\mathrm{m}$，求物体的运动方程.

【解】 设物体的运动方程为 $x = x(t)$. 于是，有

$$x'(t) = v = 2t^2 + 1,$$

所以

$$x(t) = \int (2t^2 + 1)\mathrm{d}t = \frac{2}{3}t^3 + t + C \quad (C\text{为常数}).$$

由已知条件 $t = 1$ 时 $x = 3$，代入上式得

$$3 = \frac{2}{3} + 1 + C,$$

即

$$C = \frac{4}{3}.$$

于是所求物体的运动方程为

$$x(t) = \frac{2}{3}t^3 + t + \frac{4}{3}.$$

65 扫一扫

4.2 不定积分的计算

4.2.1 换元积分法

直接积分法能计算的不定积分不多. 由复合函数求导法则，可得两种不同的换元积分法. 它们是求不定积分的重要方法，在使用其他方法的同时常常也要伴随着使用换元积分法.

1. 第一换元积分法

第一换元积分法是把复合函数的求导法则反过来用于求不定积分的方法.

经典例题 4.8 求 (1) $\displaystyle\int \cos 2x \mathrm{d}x$; (2) $\displaystyle\int \mathrm{e}^{2x}\mathrm{d}x$.

【解】 (1) $\displaystyle\int \cos 2x \mathrm{d}x = \int \frac{1}{2}\cos 2x \mathrm{d}(2x) = \frac{1}{2}\int \cos 2x \mathrm{d}(2x)$

$$\xlongequal{\text{令}u=2x} \frac{1}{2}\int \cos u \mathrm{d}u = \frac{1}{2}\sin u + C \xlongequal{\text{回代}u=2x} \frac{1}{2}\sin 2x + C.$$

(2) $\displaystyle\int \mathrm{e}^{2x}\mathrm{d}x = \int \frac{1}{2}\mathrm{e}^{2x}\mathrm{d}(2x) = \frac{1}{2}\int \mathrm{e}^{2x}\mathrm{d}(2x)$

$$\xlongequal{\text{令}u=2x} \frac{1}{2}\int \mathrm{e}^{u}\mathrm{d}u = \frac{1}{2}\mathrm{e}^{u} + C \xlongequal{\text{回代}u=2x} \frac{1}{2}\mathrm{e}^{2x} + C.$$

这种先"凑"微分式，再作变量代换的方法，称为第一换元积分法，也称凑微分法.

♦ **定理 4.3 第一换元积分**

若函数 $u = \varphi(x)$ 在 $[a,b]$ 可导，且 $\alpha \leqslant \varphi(x) \leqslant \beta, \forall u \in [\alpha, \beta]$，有 $F'(u) = f(u)$，则函数 $f(\varphi(x))\varphi'(x)$ 存在原函数 $F(\varphi(x))$，即

$$\int f(\varphi(x))\varphi'(x)\mathrm{d}x = \int f(\varphi(x))\mathrm{d}\varphi(x) = \int f(u)\mathrm{d}u$$

$$= F(u) + C = F(\varphi(x)) + C. \tag{4.2}$$

经典例题 4.9　求 $\int (2x+1)^8 \mathrm{d}x$.

【解】 $\int (2x+1)^8 \mathrm{d}x = \dfrac{1}{2} \int (2x+1)^8 \mathrm{d}(2x+1) = \dfrac{1}{18}(2x+1)^9 + C$.

经典例题 4.10　求 $\int \dfrac{1}{ax+b} \mathrm{d}x (a,b \in \mathbb{R}, a \neq 0)$.

【解】 $\int \dfrac{1}{ax+b} \mathrm{d}x = \dfrac{1}{a} \int \dfrac{1}{ax+b} \mathrm{d}(ax+b) = \dfrac{1}{a} \ln|ax+b| + C$.

经典例题 4.11　求 $\int x\sqrt{x^2-3} \mathrm{d}x$.

【解】 $\int x\sqrt{x^2-3} \mathrm{d}x = \dfrac{1}{2} \int \sqrt{x^2-3} \mathrm{d}(x^2-3) = \dfrac{1}{3}(x^2-3)^{\frac{3}{2}} + C$.

常用的凑微分式如表4.2 所示.

经典例题 4.12　求 $\int \dfrac{\ln x}{x} \mathrm{d}x$.

【解】 $\int \dfrac{\ln x}{x} \mathrm{d}x = \int \ln x \mathrm{d}(\ln x) = \dfrac{1}{2} \ln^2 x + C$.

经典例题 4.13　求 $\int \dfrac{\sin(\sqrt{x}+1)}{\sqrt{x}} \mathrm{d}x$.

【解】 $\int \dfrac{\sin(\sqrt{x}+1)}{\sqrt{x}} \mathrm{d}x = 2 \int \dfrac{1}{2\sqrt{x}} \sin(\sqrt{x}+1) \mathrm{d}x$

$$= 2 \int \sin(\sqrt{x}+1) \mathrm{d}(\sqrt{x}+1) = -2\cos(\sqrt{x}+1) + C.$$

表 4.2　凑微分式表

序号	凑微分式	序号	凑微分式
(1)	$\mathrm{d}x = \dfrac{1}{a}\mathrm{d}(ax+b)(a \neq 0)$	(8)	$\mathrm{e}^x \mathrm{d}x = \mathrm{d}\mathrm{e}^x$
(2)	$\dfrac{1}{2\sqrt{x}}\mathrm{d}x = \mathrm{d}\sqrt{x}$	(9)	$\sec^2 x \mathrm{d}x = \mathrm{d}\tan x$
(3)	$\dfrac{1}{\sqrt{1-x^2}}\mathrm{d}x = \mathrm{d}\arcsin x$	(10)	$\csc x \cot x \mathrm{d}x = -\mathrm{d}\csc x$
(4)	$\cos x \mathrm{d}x = \mathrm{d}\sin x$	(11)	$\dfrac{1}{x}\mathrm{d}x = \mathrm{d}\ln|x|$
(5)	$\sec x \tan x \mathrm{d}x = \mathrm{d}\sec x$	(12)	$\dfrac{1}{1+x^2}\mathrm{d}x = \mathrm{d}\arctan x$
(6)	$x\mathrm{d}x = \dfrac{1}{2}\mathrm{d}x^2$	(13)	$\sin x \mathrm{d}x = -\mathrm{d}\cos x$
(7)	$\dfrac{1}{x^2}\mathrm{d}x = -\mathrm{d}\left(\dfrac{1}{x}\right)$	(14)	$\csc^2 x \mathrm{d}x = -\mathrm{d}\cot x$

经典例题 4.14　求 $\int \dfrac{\mathrm{e}^x}{1+\mathrm{e}^x} \mathrm{d}x$.

【解】 $\int \dfrac{\mathrm{e}^x}{1+\mathrm{e}^x} \mathrm{d}x = \int \dfrac{\mathrm{d}(1+\mathrm{e}^x)}{1+\mathrm{e}^x} = \ln(1+\mathrm{e}^x) + C$.

经典例题 4.15　求 $\int \dfrac{1}{a^2+x^2} \mathrm{d}x (a \neq 0)$.

【解】 $\int \dfrac{1}{a^2+x^2} \mathrm{d}x = \dfrac{1}{a^2} \int \dfrac{\mathrm{d}x}{1+\left(\dfrac{x}{a}\right)^2} = \dfrac{1}{a} \int \dfrac{\mathrm{d}\left(\dfrac{x}{a}\right)}{1+\left(\dfrac{x}{a}\right)^2} = \dfrac{1}{a} \arctan \dfrac{x}{a} + C$.

经典例题 4.16 求 $\displaystyle\int \cos^3 x \mathrm{d}x$.

【解】 $\displaystyle\int \cos^3 x \mathrm{d}x = \int (1 - \sin^2 x) \mathrm{d}\sin x = \sin x - \frac{1}{3} \sin^3 x + C$.

经典例题 4.17 求 $\displaystyle\int \sec^4 x \mathrm{d}x$.

【解】 $\displaystyle\int \sec^4 x \mathrm{d}x = \int \sec^2 x \mathrm{d}\tan x = \int (1 + \tan^2 x) \mathrm{d}\tan x = \tan x + \frac{1}{3} \tan^3 x + C$.

经典例题 4.18 求 $\displaystyle\int \sin x \cos x \mathrm{d}x$.

【解】 $\displaystyle\int \sin x \cos x \mathrm{d}x = \int \sin x \mathrm{d}\sin x = \frac{1}{2} \sin^2 x + C_1$,

$$\int \sin x \cos x \mathrm{d}x = -\int \cos x \mathrm{d}\cos x = -\frac{1}{2} \cos^2 x + C_2,$$

$$\int \sin x \cos x \mathrm{d}x = \frac{1}{2} \int \sin 2x \mathrm{d}x = \frac{1}{4} \int \sin 2x \mathrm{d}(2x) = -\frac{1}{4} \cos 2x + C_3.$$

上面三个不同的结果, 利用三角公式可化为相同的形式.

$$-\frac{1}{2} \cos^2 x + C_2 = -\frac{1}{2}(1 - \sin^2 x) + C_2 = \frac{1}{2} \sin^2 x + C_1,$$

$$-\frac{1}{4} \cos 2x + C_3 = -\frac{1}{4}(1 - 2\sin^2 x) + C_3 = \frac{1}{2} \sin^2 x + C_1.$$

这说明, 当采用不同的解法时, 结果在形式上可能不同, 但实质是一样的, 只是两个结果相差一个积分常数. 因此, 要检查积分结果是否正确, 只要对所得结果求导, 如果这个导数与被积函数相同, 那么结果正确.

经典例题 4.19 求 $\displaystyle\int \cos^2 x \sin^3 x \mathrm{d}x$.

【解】 $\displaystyle\int \cos^2 x \sin^3 x \mathrm{d}x = -\int \cos^2 x \sin^2 x \mathrm{d}\cos x = -\int \cos^2 x (1 - \cos^2 x) \mathrm{d}\cos x$

$$= \int (\cos^4 x - \cos^2 x) \mathrm{d}\cos x = \frac{1}{5} \cos^5 x - \frac{1}{3} \cos^3 x + C.$$

经典例题 4.20 求 $\displaystyle\int \sec x \mathrm{d}x$.

【解】 $\displaystyle\int \sec x \mathrm{d}x = \int \frac{1}{\cos x} \mathrm{d}x = \int \frac{1}{\cos^2 x} \cos x \mathrm{d}x = \int \frac{1}{\cos^2 x} \mathrm{d}\sin x$

$$= \int \frac{1}{1 - \sin^2 x} \mathrm{d}\sin x = \int \frac{1}{(1 + \sin x)(1 - \sin x)} \mathrm{d}\sin x$$

$$= \frac{1}{2} \int \left(\frac{1}{1 - \sin x} + \frac{1}{1 + \sin x} \right) \mathrm{d}\sin x$$

$$= \frac{1}{2} \int \frac{1}{1 - \sin x} \mathrm{d}\sin x + \frac{1}{2} \int \frac{1}{1 + \sin x} \mathrm{d}\sin x$$

$$= -\frac{1}{2} \ln(1 - \sin x) + \frac{1}{2} \ln(1 + \sin x) + C$$

$$= \frac{1}{2} \ln \frac{1 + \sin x}{1 - \sin x} + C = \frac{1}{2} \ln \frac{(1 + \sin x)^2}{\cos^2 x} + C$$

$$= \ln \left| \frac{1 + \sin x}{\cos x} \right| + C = \ln |\sec x + \tan x| + C.$$

同理可得

$$\int \csc x \mathrm{d}x = \ln|\csc x - \cot x| + C.$$

经典例题 4.21 求 $\int \dfrac{1}{1+\cos x}\mathrm{d}x$.

【解】
$$\int \frac{1}{1+\cos x}\mathrm{d}x = \int \frac{1-\cos x}{1-\cos^2 x}\mathrm{d}x = \int \frac{1}{\sin^2 x}\mathrm{d}x - \int \frac{\cos x}{\sin^2 x}\mathrm{d}x$$
$$= \int \frac{1}{\sin^2 x}\mathrm{d}x - \int \frac{1}{\sin^2 x}\mathrm{d}\sin x = -\cot x + \frac{1}{\sin x} + C.$$
$$\int \frac{1}{1+\cos x}\mathrm{d}x = \int \frac{1}{2\cos^2 \frac{x}{2}}\mathrm{d}x = \int \sec^2 \frac{x}{2}\mathrm{d}\left(\frac{x}{2}\right) = \tan \frac{x}{2} + C.$$

经典例题 4.22 求 $\int x^2(2-x)^{10}\mathrm{d}x$.

【解】 没有基本公式可以直接套用，10 次方展开又比较麻烦，如果用换元法可能会容易解决．令 $t = 2-x$，则 $x = 2-t$，$\mathrm{d}x = -\mathrm{d}t$，于是原积分化为

$$\int x^2(2-x)^{10}\mathrm{d}x = -\int (2-t)^2 t^{10}\mathrm{d}t = -\int (4-4t+t^2)t^{10}\mathrm{d}t$$
$$= \int(-4t^{10}+4t^{11}-t^{12})\mathrm{d}t = -\frac{4}{11}t^{11} + \frac{1}{3}t^{12} - \frac{1}{13}t^{13} + C$$
$$= -\frac{4}{11}(2-x)^{11} + \frac{1}{3}(2-x)^{12} - \frac{1}{13}(2-x)^{13} + C.$$

经典例题 4.23 设 $f(x) = \int (1+\sin x)\mathrm{d}x$，求 $f(x)$ 在闭区间 $[0, 2\pi]$ 上的最大值和最小值之差.

【解】 由题设，有 $f'(x) = 1+\sin x \geqslant 0$，即在闭区间 $[0, 2\pi]$ 上，$f(x)$ 为单调不减函数，于是函数 $f(x)$ 在点 $x = 0$ 处取得最小值，在点 $x = 2\pi$ 处取得最大值，又

$$f(x) = \int (1+\sin x)\mathrm{d}x = x - \cos x + C,$$

故 $f_{\min}(0) = -1+C$，$f_{\max}(2\pi) = 2\pi - 1 + C$，所以 $f(x)$ 在闭区间 $[0, 2\pi]$ 上的最大值和最小值之差为 2π.

实际问题 4.5 物体在空气中的冷却问题

物体在空气中的冷却速度与物体和空气的温差成正比（服从冷却定律）．如果空气的温度为 20 ℃，一物体在 20 min 内由 100 ℃ 冷却至 60 ℃，问在多长时间内物体的温度冷却至 30 ℃？

【解】 设 T 表示温度（单位：℃），t 表示时间（单位：min），则物体冷却速度为 $\dfrac{\mathrm{d}T}{\mathrm{d}t}$．由题意，有 $T|_{t=0} = 100$，$T|_{t=20} = 60$．因为冷却速度与物体和空气的温差成正比，所以

$$\frac{\mathrm{d}T}{\mathrm{d}t} = k(T - 20) \quad (k\text{为常数}),$$

即

$$\frac{1}{T-20}\mathrm{d}T = k\mathrm{d}t.$$

66 扫一扫

两边积分得

$$\int \frac{1}{T-20}\mathrm{d}T = k\int \mathrm{d}t,$$

$$\ln(T-20) = kt + C_1,$$

得

$$T = 20 + C\mathrm{e}^{kt} \quad (\diamondsuit\ C = \mathrm{e}^{C_1}).$$

由 $T|_{t=0} = 100$，$T|_{t=20} = 60$，得

$$\begin{cases} 20 + C\mathrm{e}^0 = 100, \\ 20 + C\mathrm{e}^{20k} = 60 \end{cases} \Rightarrow \begin{cases} C = 80, \\ k = -\dfrac{1}{20}\ln 2 \approx -0.035. \end{cases}$$

故

$$T = 20 + 80\mathrm{e}^{-0.035t}.$$

将 $T = 30$ 代入上式，解出 $t = 59.4\ \mathrm{min} \approx 1\ \mathrm{h}$，即物体冷却至 $30\ ℃$ 需要 $1\ \mathrm{h}$.

实际问题 4.6　潜水艇下沉的速度问题

　　一潜水艇在水下铅直下沉时，所遇到的阻力和下沉的速度成正比. 如果潜水艇的质量为 m，并且由静止开始下沉，试求潜水艇下沉的速度函数.

【解】　设潜水艇下沉的速度为 $v(t)$，由题意 $v(0) = 0$. 由牛顿第二定律，有

$$F = ma,$$

由题意

$$F = mg - kv \quad (k\ \text{为常数}),$$

又

$$a = \frac{\mathrm{d}v}{\mathrm{d}t},$$

67 扫一扫

所以

$$mg - kv = m\frac{\mathrm{d}v}{\mathrm{d}t},$$

即

$$g - \frac{k}{m}v = \frac{\mathrm{d}v}{\mathrm{d}t}.$$

令

$$\frac{k}{m} = w,$$

于是有

$$g - wv = \frac{\mathrm{d}v}{\mathrm{d}t},$$

即

$$\mathrm{d}t = \frac{1}{g - wv}\mathrm{d}v,$$

两边积分得

$$t = -\frac{1}{w}\ln(g - wv) + C.$$

将 $v(0) = 0$ 代入上式，得

$$C = \frac{1}{w} \ln g,$$

于是

$$t = -\frac{1}{w} \ln(g - wv) + \frac{1}{w} \ln g,$$

整理后得潜水艇的下沉速度函数为

$$v = \frac{g}{w}(1 - \mathrm{e}^{-wt}),$$

其中 $w = \dfrac{k}{m}$.

2. 第二换元积分法

第一换元积分法是通过凑微分，选择新的积分变量 $u = \varphi(x)$ 进行换元，从而使原积分便于求解，但对于某些积分，如 $\displaystyle\int \frac{\sqrt{x}}{1 + \sqrt[3]{x}} \mathrm{d}x, \int \sqrt{a^2 - x^2}\,\mathrm{d}x$ 等，这种方法不一定适合，为此介绍另一种形式的变量代换 $t = \varphi^{-1}(x)$，即第二换元积分法.

♦ **定理 4.4   第二换元积分**

若函数 $x = \varphi(t)$ 在 $[\alpha, \beta]$ 上可导，$a \leqslant \varphi(t) \leqslant b$，且 $\varphi'(t) \neq 0$，函数 $f(x)$ 在 $[a, b]$ 有定义，任意 $t \in [\alpha, \beta]$，有 $F'(t) = f(\varphi(t))\varphi'(t)$，则函数 $f(x)$ 在 $[a, b]$ 上存在原函数，且

$$\int f(x)\mathrm{d}x = \int f(\varphi(t))\varphi'(t)\mathrm{d}t = F(\varphi^{-1}(x)) + C. \tag{4.3}$$

其中 $\varphi^{-1}(x)$ 为 $x = \varphi(t)$ 的反函数，即 $t = \varphi^{-1}(x)$.

下面用例子说明第二换元积分法的主要应用.

经典例题 4.24   求 $\displaystyle\int \frac{\mathrm{d}x}{1 + \sqrt{x}}$.

【解】 为了去掉根号，令 $\sqrt{x} = t$，则 $x = t^2 (t \geqslant 0), \mathrm{d}x = 2t\mathrm{d}t$，于是

$$\int \frac{\mathrm{d}x}{1 + \sqrt{x}} = \int \frac{2t\mathrm{d}t}{1 + t} = 2 \int \frac{1 + t - 1}{1 + t}\mathrm{d}t = 2 \int \left(1 - \frac{1}{1 + t}\right)\mathrm{d}t = 2t - 2\ln(1 + t) + C$$

$$= 2\sqrt{x} - 2\ln(1 + \sqrt{x}) + C = 2[\sqrt{x} - \ln(1 + \sqrt{x})] + C.$$

经典例题 4.25   求 $\displaystyle\int \frac{x}{\sqrt{x - 3}}\mathrm{d}x$.

【解】 用第一换元积分法求解：

$$\int \frac{x}{\sqrt{x - 3}}\mathrm{d}x = \int \frac{x - 3 + 3}{\sqrt{x - 3}}\mathrm{d}x = \int \left(\sqrt{x - 3} + \frac{3}{\sqrt{x - 3}}\right)\mathrm{d}x$$

$$= \int [(x - 3)^{\frac{1}{2}} + 3(x - 3)^{-\frac{1}{2}}]\mathrm{d}(x - 3)$$

$$= \frac{2}{3}(x - 3)^{\frac{3}{2}} + 6(x - 3)^{\frac{1}{2}} + C = \frac{2}{3}(x - 3)^{\frac{1}{2}}(x + 6) + C.$$

用第二换元积分法求解：

为了去掉根号，令 $\sqrt{x - 3} = t$，则 $x = t^2 + 3(t \geqslant 0)$，$\mathrm{d}x = 2t\mathrm{d}t$，于是

$$\int \frac{x}{\sqrt{x-3}}\mathrm{d}x = \int \frac{t^2+3}{t} 2t\mathrm{d}t = 2\int (t^2+3)\mathrm{d}t = 2\left(\frac{1}{3}t^3+3t\right)+C$$

$$= 2\left[\frac{1}{3}(x-3)^{\frac{3}{2}}+3(x-3)^{\frac{1}{2}}\right]+C = \frac{2}{3}(x-3)^{\frac{1}{2}}(x+6)+C.$$

经典例题 4.26 求 $\int \sqrt{a^2-x^2}\mathrm{d}x$.

【解】 为了去掉根号，令 $x = a\sin t\left(t\in\left[-\frac{\pi}{2},\frac{\pi}{2}\right]\right)$，则 $\mathrm{d}x = a\cos t\mathrm{d}t$，于是

$$\int \sqrt{a^2-x^2}\mathrm{d}x = \int a\cos t\cdot a\cos t\mathrm{d}t = \frac{a^2}{2}\int (1+\cos 2t)\mathrm{d}t$$

$$= \frac{a^2}{2}\left(t+\frac{1}{2}\sin 2t\right)+C = \frac{a^2}{2}(t+\sin t\cos t)+C.$$

因为 $x = a\sin t$，所以 $\sin t = \frac{x}{a}, \cos t = \frac{\sqrt{a^2-x^2}}{a}$（如图 4.2 所示），故

$$\int \sqrt{a^2-x^2}\mathrm{d}x = \frac{a^2}{2}\left(\arcsin\frac{x}{a}+\frac{x}{a}\frac{\sqrt{a^2-x^2}}{a}\right)+C$$

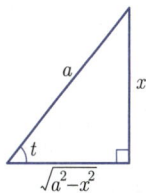

$$= \frac{a^2}{2}\arcsin\frac{x}{a}+\frac{x}{2}\sqrt{a^2-x^2}+C.$$

图 4.2

经典例题 4.27 求 $\int \frac{\mathrm{d}x}{\sqrt{a^2+x^2}}(a>0)$.

【解】 为了去掉根号，令 $x = a\tan t\left(t\in\left(-\frac{\pi}{2},\frac{\pi}{2}\right)\right)$，$\mathrm{d}x = a\sec^2 t\mathrm{d}t$，于是

$$\int \frac{\mathrm{d}x}{\sqrt{a^2+x^2}} = \int \frac{a\sec^2 t\mathrm{d}t}{a\sec t} = \int \sec t\mathrm{d}t = \ln|\sec t+\tan t|+C_1.$$

因为 $\tan t = \frac{x}{a}$，所以 $\sec t = \frac{\sqrt{x^2+a^2}}{a}$（如图 4.3 所示），故

$$\int \frac{\mathrm{d}x}{\sqrt{a^2+x^2}} = \ln\left|\frac{\sqrt{x^2+a^2}}{a}+\frac{x}{a}\right|+C_1$$

$$= \ln(x+\sqrt{x^2+a^2})+C_1-\ln a = \ln(x+\sqrt{x^2+a^2})+C.$$

经典例题 4.28 求 $\int \frac{\mathrm{d}x}{\sqrt{x^2-a^2}}$.

【解】 为了去掉根号，令 $x = a\sec t\left(t\in\left(0,\frac{\pi}{2}\right)\bigcup\left(\frac{\pi}{2},\pi\right)\right)$，则 $\mathrm{d}x = a\sec t\tan t\mathrm{d}t$，于是

$$\int \frac{\mathrm{d}x}{\sqrt{x^2-a^2}} = \int \frac{a\sec t\tan t\mathrm{d}t}{a\tan t} = \int \sec t\mathrm{d}t = \ln|\sec t+\tan t|+C_1.$$

因为 $\sec t = \frac{x}{a}$，所以 $\tan t = \frac{\sqrt{x^2-a^2}}{a}$（如图 4.4 所示），故

$$\int \frac{\mathrm{d}x}{\sqrt{x^2-a^2}} = \ln|\sec t+\tan t|+C_1 = \ln\left|\frac{x}{a}+\frac{\sqrt{x^2-a^2}}{a}\right|+C_1$$

$$= \ln|x + \sqrt{x^2 - a^2}| + C_1 - \ln a = \ln|x + \sqrt{x^2 - a^2}| + C.$$

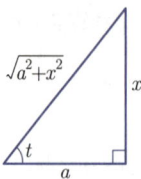

图 4.3

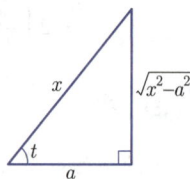

图 4.4

从上面的三个例子可以看出，被积函数含二次根式的不同情况，可归纳如下：

(1) 含 $\sqrt{a^2 - x^2}$ 时，作三角函数代换 $x = a\sin t$ 或 $x = a\cos t$；

(2) 含 $\sqrt{a^2 + x^2}$ 时，作三角函数代换 $x = a\tan t$ 或 $x = a\cot t$；

(3) 含 $\sqrt{x^2 - a^2}$ 时，作三角函数代换 $x = a\sec t$ 或 $x = a\csc t$．

4.2.2　分部积分法

换元积分法虽然应用比较广泛，但对 $\displaystyle\int x^n \arctan x \mathrm{d}x$，$\displaystyle\int x e^x \mathrm{d}x$，$\displaystyle\int x \cos x \mathrm{d}x$ 等类型的积分也无能为力．为此，本小节学习另一种基本积分方法——分部积分法．

设 u, v 是 x 的函数且具有连续导数，由乘积的微分法则有

$$\mathrm{d}(uv) = u\mathrm{d}v + v\mathrm{d}u,$$

移项得

$$u\mathrm{d}v = \mathrm{d}(uv) - v\mathrm{d}u, \tag{4.4}$$

对式 (4.4) 两边求不定积分，得

$$\int u\mathrm{d}v = uv - \int v\mathrm{d}u. \tag{4.5}$$

式 (4.5) 称为分部积分公式，用分部积分公式求解积分的目的在于把比较难求的 $\displaystyle\int u\mathrm{d}v$ 化为比较容易求的 $\displaystyle\int v\mathrm{d}u$ 来计算，即化难为易．

因此，选取 u 和 $\mathrm{d}v$ 一般要考虑下面两点：

(1) v 要容易求得；

(2) $v\mathrm{d}u$ 要比 $u\mathrm{d}v$ 容易求积分．

经典例题 4.29　求 $\displaystyle\int x\cos x \mathrm{d}x$ ．

【解】 $\displaystyle\int x\cos x \mathrm{d}x = \int x\mathrm{d}\sin x = x\sin x - \int \sin x \mathrm{d}x = x\sin x + \cos x + C.$

经典例题 4.30　求 $\displaystyle\int x\ln x \mathrm{d}x$ ．

【解】 $\displaystyle\int x\ln x\mathrm{d}x = \int \ln x\mathrm{d}\frac{x^2}{2} = \frac{x^2}{2}\ln x - \int \frac{x^2}{2}\mathrm{d}\ln x$

$$= \frac{x^2}{2}\ln x - \frac{1}{2}\int x^2\frac{1}{x}\mathrm{d}x = \frac{1}{2}x^2\ln x - \frac{1}{2}\int x\mathrm{d}x$$

$$= \frac{1}{2}x^2\ln x - \frac{1}{4}x^2 + C.$$

经典例题 4.31 求 $\displaystyle\int \arccos x\mathrm{d}x$.

【解】 $\displaystyle\int \arccos x\mathrm{d}x = x\arccos x - \int x\mathrm{d}\arccos x = x\arccos x + \int \frac{x}{\sqrt{1-x^2}}\mathrm{d}x$

$$= x\arccos x - \frac{1}{2}\int \frac{\mathrm{d}(1-x^2)}{\sqrt{1-x^2}} = x\arccos x - \sqrt{1-x^2} + C.$$

经典例题 4.32 求 $\displaystyle\int x^2\sin x\mathrm{d}x$.

【解】 $\displaystyle\int x^2\sin x\mathrm{d}x = -\int x^2\mathrm{d}\cos x = -x^2\cos x + \int \cos x\mathrm{d}x^2$

$$= -x^2\cos x + 2\int x\cos x\mathrm{d}x.$$

对于积分 $\displaystyle\int x\cos x\mathrm{d}x$，再一次应用分部积分法，根据经典例题 4.20 的结果得

$$\int x^2\sin x\mathrm{d}x = -x^2\cos x + 2x\sin x + 2\cos x + C.$$

经典例题 4.33 求 $\displaystyle\int \mathrm{e}^x\sin x\mathrm{d}x$.

【解】 $\displaystyle\int \mathrm{e}^x\sin x\mathrm{d}x = \int \sin x\mathrm{d}\mathrm{e}^x = \mathrm{e}^x\sin x - \int \mathrm{e}^x\cos x\mathrm{d}x$

$$= \mathrm{e}^x\sin x - \int \cos x\mathrm{d}\mathrm{e}^x = \mathrm{e}^x\sin x - \mathrm{e}^x\cos x - \int \mathrm{e}^x\sin x\mathrm{d}x,$$

把 $\displaystyle\int \mathrm{e}^x\sin x\mathrm{d}x$ 移到等式左边，再两边同除以 2，得

$$\int \mathrm{e}^x\sin x\mathrm{d}x = \frac{1}{2}\mathrm{e}^x(\sin x - \cos x) + C.$$

经典例题 4.34 求 $\displaystyle\int x\arctan x\mathrm{d}x$.

【解】　$\displaystyle\int x\arctan x\mathrm{d}x=\int\arctan x\mathrm{d}\frac{x^2}{2}=\frac{x^2}{2}\arctan x-\frac{1}{2}\int\frac{x^2}{1+x^2}\mathrm{d}x$

$$=\frac{x^2}{2}\arctan x-\frac{1}{2}\int\frac{x^2+1-1}{1+x^2}\mathrm{d}x$$

$$=\frac{x^2}{2}\arctan x-\frac{1}{2}\int\mathrm{d}x+\frac{1}{2}\int\frac{1}{1+x^2}\mathrm{d}x$$

$$=\frac{x^2}{2}\arctan x-\frac{1}{2}x+\frac{1}{2}\arctan x+C$$

$$=\frac{1}{2}(x^2+1)\arctan x-\frac{1}{2}x+C.$$

经典例题 4.35　求 $\displaystyle\int\mathrm{e}^{\sqrt{x}}\mathrm{d}x$.

【解】　令 $\sqrt{x}=t$，则 $x=t^2(t\geqslant 0),\mathrm{d}x=2t\mathrm{d}t$，于是

$$\int\mathrm{e}^{\sqrt{x}}\mathrm{d}x=2\int t\mathrm{d}\mathrm{e}^t=2\left(t\mathrm{e}^t-\int\mathrm{e}^t\mathrm{d}t\right)=2(t\mathrm{e}^t-\mathrm{e}^t)+C$$

$$=2(\sqrt{x}\mathrm{e}^{\sqrt{x}}-\mathrm{e}^{\sqrt{x}})+C=2\mathrm{e}^{\sqrt{x}}(\sqrt{x}-1)+C.$$

由上面的例子可以看出，在计算不定积分时，有时需要同时使用换元积分法与分部积分法.

经典例题 4.36　求 $\displaystyle\int x^2\cos 2x\mathrm{d}x$.

【解】　$\displaystyle\int x^2\cos 2x\mathrm{d}x=\int\frac{1}{2}x^2\mathrm{d}\sin 2x=\frac{1}{2}x^2\sin 2x-\frac{1}{2}\int\sin 2x\mathrm{d}x^2$

$$=\frac{1}{2}x^2\sin 2x-\frac{1}{2}\int 2x\sin 2x\mathrm{d}x=\frac{1}{2}x^2\sin 2x+\frac{1}{2}\int x\mathrm{d}(\cos 2x)$$

$$=\frac{1}{2}x^2\sin 2x+\frac{1}{2}x\cos 2x-\frac{1}{2}\int\cos 2x\mathrm{d}x$$

$$=\frac{1}{2}x^2\sin 2x+\frac{1}{2}x\cos 2x-\frac{1}{4}\sin 2x+C.$$

经典例题 4.37　求 $\displaystyle\int\frac{x\mathrm{e}^x}{\sqrt{\mathrm{e}^x-1}}\mathrm{d}x$.

【解】　先用换元法，设 $t=\sqrt{\mathrm{e}^x-1}$，则 $\mathrm{e}^x=1+t^2(t\geqslant 0),x=\ln(1+t^2),\mathrm{d}x=\dfrac{2t}{1+t^2}\mathrm{d}t$.
因此

$$\int\frac{x\mathrm{e}^x}{\sqrt{\mathrm{e}^x-1}}\mathrm{d}x=\int\frac{(1+t^2)\ln(1+t^2)}{t}\frac{2t}{1+t^2}\mathrm{d}t=2\int\ln(1+t^2)\mathrm{d}t$$

$$=2\left[t\ln(1+t^2)-\int\frac{2t^2}{1+t^2}\mathrm{d}t\right]$$

$$=2t\ln(1+t^2)-4\int\left(1-\frac{1}{1+t^2}\right)\mathrm{d}t$$

$$= 2t\ln(1+t^2) - 4t + 4\arctan t + C$$

$$= 2\sqrt{e^x-1}\ln e^x - 4\sqrt{e^x-1} + 4\arctan\sqrt{e^x-1} + C$$

$$= 2x\sqrt{e^x-1} - 4\sqrt{e^x-1} + 4\arctan\sqrt{e^x-1} + C.$$

实际问题 4.7 火车制动距离

一列火车制动后的速度为 $v(t) = 1 - \dfrac{1}{4}t$（单位：km/s），问火车应该在离站台停靠点多远的地方开始制动？

【解】 当火车速度为零时，即 $1 - \dfrac{1}{4}t = 0$ 时，得 $t = 4$ (s)，即开始制动 4 (s) 后

火车停下来. 设火车制动路程函数为 $s = s(t)$，根据题意 $s'(t) = v(t) = 1 - \dfrac{1}{4}t$，则

$$s(t) = \int s'(t)dt = \int\left(1 - \frac{1}{4}t\right)dt = t - \frac{1}{8}t^2 + C. \tag{4.6}$$

当 $t = 0$ 时，$s = 0$，代入式 (4.6)，得 $C = 0$，于是

$$s(t) = t - \frac{1}{8}t^2. \tag{4.7}$$

将 $t = 4$ 代入式 (4.7) 得

$$s(4) = 4 - \frac{1}{8}\times 4^2 = 2 \text{ (km)}.$$

即火车应该在离站台停靠点 2 km 处开始制动.

♣ 习 题 4 ♣

一、填空题

1. 函数 $f(x)$ 的原函数为 $e^{-x} + \cos 2x + e^2$，则 $f'(x) = $ _____ .

2. $\displaystyle\int f(x)dx = \ln(x + \sqrt{x^2 - a^2})$，则 $f'(x) = $ _____ .

3. $\mathrm{d}\left(\displaystyle\int \dfrac{\sin x}{x}dx\right) = $ _____ ；$\displaystyle\int \mathrm{d}\left(\dfrac{\sin x}{x}\right) = $ _____ . 4. $\displaystyle\int \sec x(\sec x + \tan x)dx = $ _____ .

5. $\displaystyle\int \dfrac{\cos 2x}{\sin x - \cos x}dx = $ _____ . 6. $\displaystyle\int \dfrac{1 + \cos x}{x + \sin x}dx = $ _____ . 7. $\displaystyle\int e^{x^2 + \ln x}dx = $ _____ .

8. $\displaystyle\int (1 + x^2 - x^4)d(x^2) = $ _____ . 9. $\displaystyle\int \dfrac{1}{x(1 + \ln^2 x)}dx = $ _____ . 10. $\displaystyle\int xf(x^2)f'(x^2)dx = $ _____ .

二、选择题

1. 设 $F(x), G(x)$ 都是 $f(x)$ 在区间 (a, b) 内的原函数，若 $F(x) = x^3$，则 $G(x) = ($)．

(A) x^3 (B) $f(x)$ (C) $x^3 + C$ (D) $f(x) + C$

2. 若 $F'(x) = f(x)$，则 $\int \mathrm{d}F(x) = ($)．

(A) $f(x)$ (B) $F(x)$ (C) $f(x) + C$ (D) $F(x) + C$

3. 设 $\int f(x)\mathrm{d}x = F(x) + C(a, b$ 为常数，且 $a \neq 0)$，则 $\int f(ax + b)\mathrm{d}x = ($)．

(A) $F(ax + b)$ (B) $aF(ax + b)$ (C) $\dfrac{1}{a}F(ax + b)$ (D) 以上全不对

4. 若 $\int f(x)\mathrm{d}x = x\ln(x + 1)$，则 $\lim\limits_{x \to 0} \dfrac{f(x)}{x} = ($)．

(A) 2 (B) -2 (C) -1 (D) 1

5. 若 $\int f(x)\mathrm{d}x = x^2 + C$，则 $\int f(1 - x^2)\mathrm{d}x = ($)．

(A) $x - \dfrac{1}{3}x^2 + C$ (B) $2x - \dfrac{2}{3}x^2 + C$ (C) $x - \dfrac{1}{3}x^3 + C$ (D) $2x - \dfrac{2}{3}x^3 + C$

6. C 为任意常数，且 $F'(x) = f(x)$，下列等式成立的有 ( )．

(A) $\int F'(x)\mathrm{d}x = f(x) + C$ (B) $\int f(x)\mathrm{d}x = F(x) + C$

(C) $\int F(x)\mathrm{d}x = F'(x) + C$ (D) $\int f'(x)\mathrm{d}x = F(x) + C$

7. $F'(x) = f(x)$，$f(x)$ 为可导函数，且 $f(0) = 1$，又 $F(x) = xf(x) + x^2$，则 $f(x) = ($)．

(A) $-2x - 1$ (B) $-x^2 + 1$ (C) $-2x + 1$ (D) $-x^2 - 1$

8. 设 $f(x)$ 是可导函数，则 $\left(\int f(x)\mathrm{d}x\right)' = ($)．

(A) $f(x)$ (B) $f(x) + C$ (C) $f'(x)$ (D) $f'(x) + C$

9. $\int \left(\dfrac{1}{\sin^2 x} + 1\right)\mathrm{d}(\sin x) = ($)．

(A) $-\dfrac{1}{\sin x} + \sin x + C$ (B) $\dfrac{1}{\sin x} + \sin x + C$ (C) $-\cot x + \sin x + C$ (D) $\cot x + \sin x + C$

10. $\int xf''(x)\mathrm{d}x = ($)．

(A) $xf'(x) - f(x) + C$ (B) $xf'(x) - f'(x) + C$

(C) $xf'(x) + f(x) + C$ (D) $xf'(x) - \int f(x)\mathrm{d}x + C$

11. $\int \dfrac{x^3}{x^8 + 3}\mathrm{d}x = ($)．

(A) $\dfrac{1}{4\sqrt{3}}\arctan\dfrac{x^2}{\sqrt{3}}+C$　　　　　　(B) $\dfrac{1}{4\sqrt{3}}\arctan\dfrac{x^4}{\sqrt{3}}+C$

(C) $\dfrac{1}{2\sqrt{3}}\arctan\dfrac{x^2}{\sqrt{3}}+C$　　　　　　(D) $\dfrac{1}{2\sqrt{3}}\arctan\dfrac{x^4}{\sqrt{3}}+C$

12. $\displaystyle\int\dfrac{\sin x}{1-\sin x}\mathrm{d}x=($ 　　$)$.

(A) $x\sec x+C$ 　　　(B) $-\sec x+C$ 　　　(C) $\tan x+C$ 　　　(D) $\sec x+\tan x-x+C$

三、计算题

1. 求下列不定积分:

(1) $\displaystyle\int\sqrt{x\sqrt{x\sqrt{x}}}\,\mathrm{d}x$;　　(2) $\displaystyle\int\dfrac{\mathrm{d}h}{\sqrt{2gh}}$ (g 是常数);　　(3) $\displaystyle\int\dfrac{3\cdot2^x-2\cdot3^x}{6^x}\mathrm{d}x$;

(4) $\displaystyle\int\mathrm{e}^t\left(2-\dfrac{\mathrm{e}^{-t}}{\sqrt{t}}\right)\mathrm{d}t$;　　(5) $\displaystyle\int\dfrac{2x^4+2x^2+1}{1+x^2}\mathrm{d}x$;　　(6) $\displaystyle\int\dfrac{(1+x)^2}{\sqrt{x\sqrt{x}}}\mathrm{d}x$;

(7) $\displaystyle\int\cos^2\dfrac{x}{2}\mathrm{d}x$;　　(8) $\displaystyle\int\dfrac{1}{\sin^2 x\cos^2 x}\mathrm{d}x$;　　(9) $\displaystyle\int\dfrac{1}{x^2(1+x^2)}\mathrm{d}x$;

(10) $\displaystyle\int\dfrac{2+\sin^2 x}{\cos^2 x}\mathrm{d}x$.

2. 求下列不定积分:

(1) $\displaystyle\int(\sin 2x-\mathrm{e}^{\frac{x}{3}})\mathrm{d}x$;　　(2) $\displaystyle\int(2x+3)^{99}\mathrm{d}x$;　　(3) $\displaystyle\int\dfrac{1-x}{\sqrt{9-x^2}}\mathrm{d}x$;

(4) $\displaystyle\int\mathrm{e}^{-x}\cos(\mathrm{e}^{-x})\mathrm{d}x$;　　(5) $\displaystyle\int\dfrac{x}{\sqrt[3]{2x^2+1}}\mathrm{d}x$;　　(6) $\displaystyle\int x^2\mathrm{e}^{-3x^3+5}\mathrm{d}x$;

(7) $\displaystyle\int\dfrac{\tan\sqrt{x}}{\sqrt{x}}\mathrm{d}x$;　　(8) $\displaystyle\int\dfrac{1}{\sqrt{x}\sqrt{1-\sqrt{x}}}\mathrm{d}x$;　　(9) $\displaystyle\int\dfrac{\ln x}{x(\ln^2 x-1)}\mathrm{d}x$;

(10) $\displaystyle\int\dfrac{x}{\sin^2(x^2+1)}\mathrm{d}x$;　　(11) $\displaystyle\int\dfrac{1}{1+\mathrm{e}^{-x}}\mathrm{d}x$;　　(12) $\displaystyle\int\dfrac{1}{\mathrm{e}^x-\mathrm{e}^{-x}}\mathrm{d}x$;

(13) $\displaystyle\int\tan^5 x\sec^3 x\mathrm{d}x$;　　(14) $\displaystyle\int\cos 3x\cos 5x\mathrm{d}x$;　　(15) $\displaystyle\int\dfrac{1}{x^2+5x+6}\mathrm{d}x$;

(16) $\displaystyle\int\dfrac{x}{x^2+3x+2}\mathrm{d}x$;　　(17) $\displaystyle\int\dfrac{1}{x^2+2x+3}\mathrm{d}x$;　　(18) $\displaystyle\int\dfrac{\mathrm{d}x}{\sqrt{1+x-x^2}}$.

3. 设 $f(x)$ 的原函数为 $\dfrac{\sin x}{x}$, 求 $\displaystyle\int xf'(x)\mathrm{d}x$.

4. 设 $f'(\sin^2 x)=\cos 2x+\tan^2 x$, 当 $0<x<1$ 时, 求 $f(x)$.

5. 求下列不定积分:

(1) $\displaystyle\int\dfrac{1}{1+\sqrt{2x+1}}\mathrm{d}x$;　　(2) $\displaystyle\int\dfrac{1}{(1+\sqrt[3]{x})\sqrt{x}}\mathrm{d}x$;　　(3) $\displaystyle\int\dfrac{1}{\sqrt{x}+\sqrt[4]{x}}\mathrm{d}x$;

(4) $\displaystyle\int\dfrac{1}{\sqrt{1+\mathrm{e}^{2x}}}\mathrm{d}x$;　　(5) $\displaystyle\int\sqrt{\dfrac{1-x}{1+x}}\mathrm{d}x$;　　(6) $\displaystyle\int\dfrac{x^2\mathrm{d}x}{\sqrt{a^2-x^2}}$　($a>0$);

(7) $\displaystyle\int\dfrac{\sqrt{a^2-x^2}}{x^4}\mathrm{d}x$(不妨设 $x=\dfrac{1}{t}$);　　(8) $\displaystyle\int x(2x+1)^{100}\mathrm{d}x$.

6. 求下列不定积分:

(1) $\int x^2 \sin x \mathrm{d}x$; 　　(2) $\int \ln^2 x \mathrm{d}x$; 　　(3) $\int x \sin x \cos x \mathrm{d}x$; 　　(4) $\int x \sin^2 \frac{x}{2} \mathrm{d}x$;

(5) $\int \mathrm{e}^{\sqrt[3]{x}} \mathrm{d}x$; 　　(6) $\int \sin \ln x \mathrm{d}x$; 　　(7) $\int x \tan^2 x \mathrm{d}x$; 　　(8) $\int \frac{\ln \ln x}{x} \mathrm{d}x$.

四、应用题

1. 一曲线过点 $(\mathrm{e}^2, 3)$, 且在任一点处的切线斜率等于该点横坐标的倒数, 求该曲线的方程.

2. 已知曲线上任一点的二阶导数是 $y'' = 6x$, 且在曲线上 $(0, -2)$ 处的切线方程为 $2x - 3y = 6$, 求这条曲线的方程.

3. 某一太阳能电池的能量 $Q(x)$ 相对于与太阳能接触的表面积 x 的变化率为 $\dfrac{\mathrm{d}Q}{\mathrm{d}x} = \dfrac{0.005}{\sqrt{0.01x + 1}}$, 且满足 $Q(0) = 0$. 求 $Q(x)$ 的函数表达式.

4. 经研究发现, 某一个小伤口表面积修复的速度为 $\dfrac{\mathrm{d}A}{\mathrm{d}t} = -5t^{-2}$ (t 的单位: 天; $1 \leqslant t \leqslant 5$), 其中 A 表示伤口的面积, 假设 $A(1) = 5$, 问病人受伤 5 天后伤口的表面积有多大?

第 5 章 定积分及其应用

5

学习目标与要求

- 理解定积分的概念，掌握定积分的性质.
- 理解变上限定积分的概念，掌握变上限定积分的计算.
- 掌握用牛顿–莱布尼茨公式求定积分的方法.
- 灵活运用直接积分法、换元积分法、分部积分法解决定积分问题.
- 灵活运用定积分的基本性质及基本定积分公式解决实际问题.
- 理解无穷积分和瑕积分的概念，掌握无穷积分和瑕积分的性质、计算及应用.

定积分在自然科学和实际问题中有着广泛的应用. 本章将从实际应用问题出发引出定积分的概念，并介绍定积分的性质及计算方法，最后讨论定积分的一些简单应用.

5.1 定积分的概念及性质

牛顿 1666 年写下了一篇关于流数术的短文，之后又写了几篇有关文章，但是这些文章当时都没有公开发表，只是在一些英国科学家中间流传，1671 年"流数法"公开发表，1704 年牛顿在其光学著作的附录中首次完整地发表了"流数术".

莱布尼茨在 1675 年已经发现了微积分，但是也没有发表，只是在手稿和通信中提及这些发现. 直到 1684 年才正式发表微分的发现. 两年后，又发表了有关积分的研究.

科学家–莱布尼茨–简介

莱布尼茨（Leibniz，1646—1716，图 5.1），德国自然科学家、哲学家、数学家，被誉为"17 世纪的亚里士多德". 1666 年，出版了《论组合术》. 1672 年，在法国结识了物理学家、数学家惠更斯，并在其指导下系统学习了笛卡儿、费马、帕斯卡等人的著作，完成了"莱布尼茨版的微积分". 1700 年，创办柏林科学院并任第一任院长.

图 5.1 莱布尼茨

5.1.1　面积与路程

实际问题 5.1　曲边梯形面积

在微积分出现之前，求曲边梯形面积还是很困难的事情. 有关面积的问题，人类首先学会了计算矩形的面积. 为了计算如图 5.2 所示的曲边梯形面积，阿基米德、卡瓦列里、巴罗和沃利斯等用矩形面积逼近曲边梯形面积.

【解】　从图5.3～图5.11可以看出，矩形面积对曲边梯形面积逼近的效果很好. 设 R_n 表示 n 个右矩形面积之和. 每个矩形的宽度为 $1/n$，高分别为 $(1/n)^2 + 0.5$，$(2/n)^2 + 0.5$，$\cdots$，$(n/n)^2 + 0.5$. 于是

$$R_n = \frac{1}{n}\left(\left(\frac{1}{n}\right)^2 + \frac{1}{2}\right) + \frac{1}{n}\left(\left(\frac{2}{n}\right)^2 + \frac{1}{2}\right) + \frac{1}{n}\left(\left(\frac{3}{n}\right)^2 + \frac{1}{2}\right) + \cdots + \frac{1}{n}\left(\left(\frac{n}{n}\right)^2 + \frac{1}{2}\right)$$

$$= \frac{1}{n}\left(\frac{1}{n^2}(1^2 + 2^2 + 3^2 + \cdots + n^2) + \frac{n}{2}\right) = \frac{1}{n^3}(1^2 + 2^2 + 3^2 + \cdots + n^2) + \frac{1}{2}$$

$$= \frac{1}{n^3}\frac{n(n+1)(2n+1)}{6} + \frac{1}{2} = \frac{(n+1)(2n+1)}{6n^2} + \frac{1}{2}.$$

因此，有

$$\lim_{n \to +\infty} R_n = \lim_{n \to +\infty} \frac{(n+1)(2n+1)}{6n^2} + \frac{1}{2}$$

$$= \lim_{n \to +\infty} \frac{1}{6}\left(\frac{n+1}{n}\right)\left(\frac{2n+1}{n}\right) + \frac{1}{2}$$

$$= \lim_{n \to +\infty} \frac{1}{6}\left(1 + \frac{1}{n}\right)\left(2 + \frac{1}{n}\right) + \frac{1}{2}$$

$$= \frac{1}{6} \times 1 \times 2 + \frac{1}{2} = \frac{5}{6} \approx 0.833\,333\,333\,33.$$

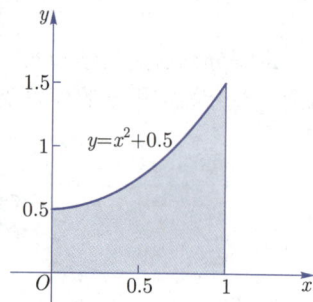

图 5.2　曲边梯形

从图 5.3 ～ 图5.11可以看出，当 n 增大时，左矩形面积之和 L_n 与右矩形面积之和 R_n 越来越逼近曲边梯形面积 S. 从表 5.1的计算结果看，显然有

$$L_n \leqslant S \leqslant R_n.$$

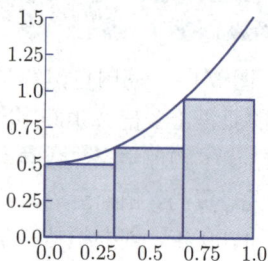

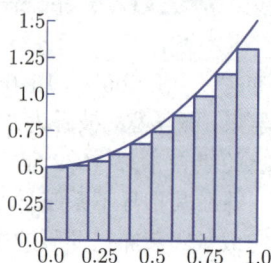

图 5.3　左矩形 3 个　　　　　图 5.4　左矩形 10 个　　　　　图 5.5　左矩形 30 个

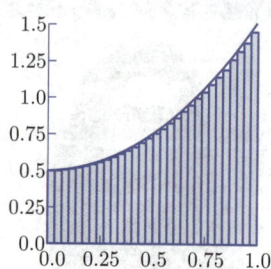

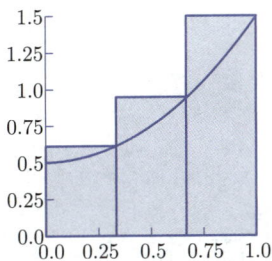
图 5.6 右矩形 3 个

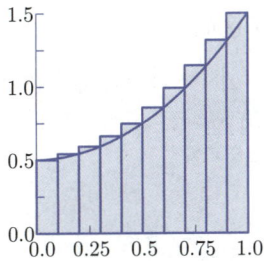
图 5.7 右矩形 10 个

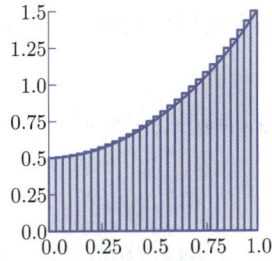
图 5.8 右矩形 30 个

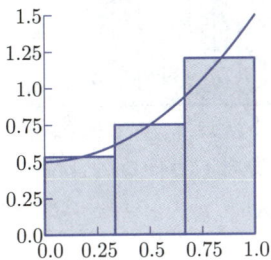
图 5.9 中矩形 3 个

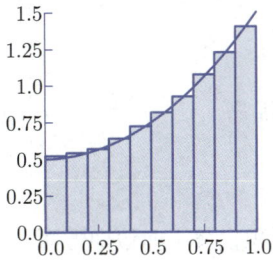
图 5.10 中矩形 10 个

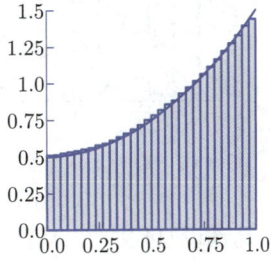
图 5.11 中矩形 30 个

表 5.1 用矩形面积逼近曲边梯形面积计算结果

	3 个矩形	10 个矩形	30 个矩形	100 个矩形	10 000 个矩形
左矩形	0.685 185 185 3	0.785 000 000 0	0.816 851 851 9	0.832 833 500 0	0.833 283 335 0
右矩形	1.018 5185 19	0.885 000 000 0	0.850 185 185 2	0.833 833 500 0	0.833 383 335 0
中矩形	0.824 074 073 9	0.832 500 000 0	0.833 240 740 6	0.833 333 250 0	0.833 333 332 5

于是, 所求曲边梯形面积为 $S = 5/6 \approx 0.833\,333\,333\,33$.

将上面求曲边梯形面积的方法用于求更一般地, 如图 5.12 所示的曲边梯形面积.

(1) 分割曲边梯形成 n 个小曲边梯形

为计算由 $x = a$、$x = b$、x 轴及 $y = f(x)(f(x) \geqslant 0)$ 围成的曲边梯形面积 A, 把曲边梯形分割成 n 个等宽的小曲边梯形 $A_1, A_2, \cdots, A_n$, 如图 5.13 所示. 每个小曲边梯形的宽 (实际是小曲边梯形的高) 为

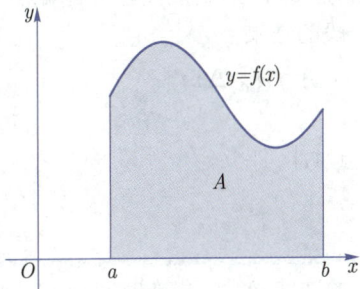

70 扫一扫

$$\Delta x = \frac{b-a}{n},$$

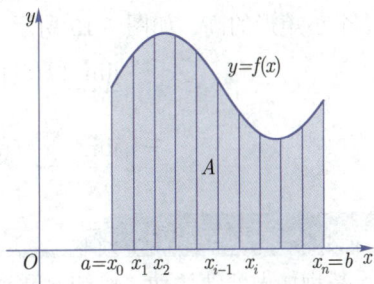
图 5.12 曲边梯形

图 5.13 分成 n 个小曲边梯形

这些小曲边梯形把 $[a,b]$ 分割成 n 个子区间

$$[x_0,x_1],[x_1,x_2],\cdots,[x_{i-1},x_i],[x_{n-1},x_n],$$

其中 $x_0=a,x_n=b,x_i=a+i\Delta x,i=1,2,\cdots,n.$

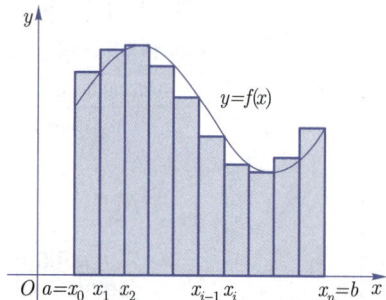

图 5.14　右矩形近似曲边梯形面积

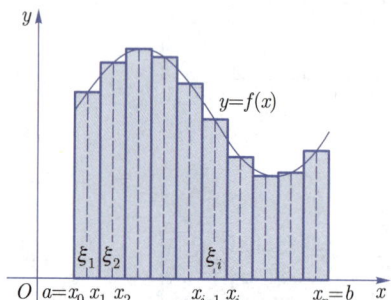

图 5.15　任意 $\xi_i \in [x_{i-1},x_i]$

(2) 局部以直代曲——用小矩形面积代替小曲边梯形面积

用右矩形面积 $f(x_i)\Delta x$ 代替相应的小曲边梯形面积 A_i(局部以直代曲)，如图 5.14 所示.

(3) 计算和式——所有小矩形面积之和

将所有小矩形面积累加，得曲边梯形面积 A 的近似值

$$A \approx R_n = f(x_1)\Delta x + f(x_2)\Delta x + \cdots + f(x_n)\Delta x.$$

(4) 计算极限——所有小矩形面积和的极限

显然，R_n 的极限值就是所求曲边梯形的面积 A，即

$$A = \lim_{n\to+\infty} R_n = \lim_{n\to+\infty}(f(x_1)\Delta x + f(x_2)\Delta x + \cdots + f(x_n)\Delta x)$$

$$= \lim_{n\to+\infty}\sum_{i=1}^{n} f(x_i)\Delta x. \tag{5.1}$$

用左矩形代替相应的小曲边梯形也有类似的结果

$$A = \lim_{n\to+\infty} L_n = \lim_{n\to+\infty}(f(x_0)\Delta x + f(x_1)\Delta x + \cdots + f(x_{n-1})\Delta x)$$

$$= \lim_{n\to+\infty}\sum_{i=0}^{n-1} f(x_i)\Delta x. \tag{5.2}$$

事实上，可以用 f 在第 i 个子区间 $[x_{i-1},x_i]$ 上任意一点 ξ_i 的函数值代替左右端点的函数值作为第 i 个小矩形的高. 如图 5.15 所示. 于是，可得更一般的结果

$$A = \lim_{n\to+\infty}(f(\xi_1)\Delta x + f(\xi_2)\Delta x + \cdots + f(\xi_n)\Delta x)$$

$$= \lim_{n\to+\infty}\sum_{i=1}^{n} f(\xi_i)\Delta x, \quad \xi_i \in [x_{i-1},x_i]. \tag{5.3}$$

实际问题 5.2　变速运动位移

　　设某物体做变速运动，已知速度 $v=v(t)$ 是时间 t 的连续函数，求在时间段 $[T_1,T_2]$ 上运动物体的位移.

【解】 若物体做匀速运动，则位移 $s = v(T_2 - T_1)$．若物体做变速运动，则位移不能用时间与位移的乘积计算．那么，应如何计算变速运动的位移呢？可以采用求曲边梯形面积的方法计算变速运动的位移（图 5.16）．

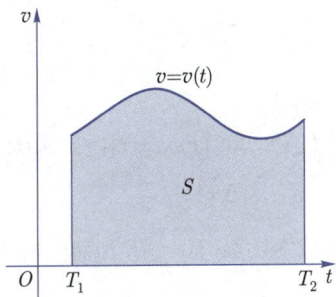

图 5.16　变速运动位移

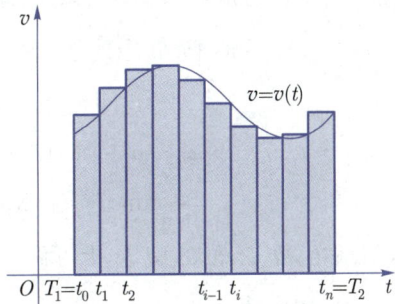

图 5.17　变速运动位移

(1) 把时间段 $[T_1, T_2]$ 等时分成 n 个小段（图 5.17）

$$[t_0, t_1], [t_1, t_2], [t_3, t_4], \cdots, [t_{n-1}, t_n].$$

每个小段时间长度为

$$\Delta t = \frac{T_2 - T_1}{n}.$$

其中 $t_0 = T_1, t_n = T_2, t_i = T_1 + i\Delta t, i = 1, 2, \cdots, n.$

(2) 以不变代变——把每小段时间 $[t_{i-1}, t_i]$ 物体的运动视为匀速

由于在很小的时间段 $[t_{i-1}, t_i]$，物体运动速度变化也很小．因此可把每小段时间 $[t_{i-1}, t_i]$ 物体的运动视为匀速．即在每小段时间可用匀速运动代替变速运动 (局部以不变代变)．于是可用 $\xi_i \in [t_{i-1}, t_i]$ 点的速度 $v(\xi_i)$(常速度) 代替 $v(t)$(变速度)，得每小段时间物体运动位移 $v(\xi_i)\Delta t.$

(3) 计算和式——计算所有小段时间物体运动位移之和，得物体运动位移的近似值

$$S \approx v(\xi_1)\Delta t + v(\xi_2)\Delta t + \cdots + v(\xi_n)\Delta t. \tag{5.4}$$

(4) 计算极限——计算所有小段时间物体运动位移和的极限

显然所有小段时间物体运动位移和的极限即是所求物体运动的位移

$$S = \lim_{n \to \infty} v(\xi_1)\Delta t + v(\xi_2)\Delta t + \cdots + v(\xi_n)\Delta t$$

$$= \lim_{n \to \infty} \sum_{i=1}^{n} v(\xi_i)\Delta t, i = 1, 2, \cdots, n. \tag{5.5}$$

5.1.2　定积分的概念

上面两个实际问题，求曲边梯形面积和变速运动物体的位移．虽然实际意义不同，但是解决问题的方法和计算步骤完全相同．都需要计算

$$\lim_{n \to +\infty} (f(\xi_1)\Delta x + f(\xi_2)\Delta x + \cdots + f(\xi_n)\Delta x). \tag{5.6}$$

类似的实际问题很多，都可以归结为求这种和式的极限，已经证明这种类型的极限可以广泛地应用于各种变化的情况．

后面将看到利用 (5.6) 式还可以求曲线弧长、立体体积、质心坐标等. 因此给这种极限一个特殊的符号和记法. 于是, 得下面的定积分定义.

♦ 定义 5.1　　定积分的定义

设函数 f 在区间 $[a,b]$ 上连续, 将 $[a,b]$ 等分成 n 个子区间 (长度 $\Delta x = \dfrac{b-a}{n}$)

$$[x_0, x_1], [x_1, x_2], \cdots, [x_{n-1}, x_n].$$

其中, $x_1 = a, x_n = b, x_i = a + i\Delta x (i = 1, 2, \cdots, n)$. 对于任意 $\xi_i \in [x_{i-1}, x_i]$, 如果极限

$$\lim_{n \to +\infty} (f(\xi_1)\Delta x + f(\xi_2)\Delta x + \cdots + f(\xi_n)\Delta x) \tag{5.7}$$

存在, 则称函数 $f(x)$ 在 $[a,b]$ 上可积. 并称 (5.7) 式极限值为函数 $f(x)$ 在 $[a,b]$ 上的定积分. 记为 $\displaystyle\int_a^b f(x)\mathrm{d}x$, 即

$$\int_a^b f(x)\mathrm{d}x = \lim_{n \to +\infty} \sum_{i=1}^n f(\xi_i)\Delta x. \tag{5.8}$$

其中, $f(x)$ 称为被积函数, $f(x)\mathrm{d}x$ 称为被积表达式, x 称为积分变量, $[a,b]$ 称为积分区间, a 和 b 分别称为积分下限和上限, $f(\xi_i)\Delta x$ 称为积分元素, $\displaystyle\sum_{i=1}^n f(\xi_i)\Delta x$ 称为黎曼和.

定义 5.1 中的 ξ_i 可以取子区间 $[x_{i-1}, x_i]$ 左端点、中点、右端点或子区间的任意点. 如 ξ_i 取右端点, 即 $\xi_i = x_i$, 则定积分 (5.8) 式变为

$$\int_a^b f(x)\mathrm{d}x = \lim_{n \to +\infty} \sum_{i=1}^n f(x_i)\Delta x. \tag{5.9}$$

科学家–黎曼–简介

黎曼 (Bernhard Riemann, 1826—1866) 德国数学家、物理学家. 提出了复变函数可导的充要条件 "柯西–黎曼方程" "黎曼映射定理", 黎曼–洛赫定理, 定义了黎曼积分并研究了三角级数收敛的准则, 发展了高斯关于曲面的微分几何研究, 提出用流形的概念理解空间的实质, 建立了黎曼空间. 黎曼的工作影响了 19 世纪后半期的数学发展, 在黎曼思想的影响下数学许多分支取得了辉煌成就.

如果定义 5.1 中 $[a,b]$ 分割的子区间长度是不等长的 $\Delta x_1, \Delta x_2, \cdots, \Delta x_n$, 则取最大者 $\max \Delta x_i$ 极限为 0 来保证所有子区间的极限为 0. 在这种情况下定积分可以定义如下.

♦ 定义 5.2　　定积分的定义

设函数 $f(x)$ 在 $[a,b]$ 上有定义, 任取 $n-1$ 个分点 $a = x_0 < x_1 < x_2 < \cdots < x_{i-1} < x_i < x_{i+1} < \cdots < x_{n-1} < x_n = b$, 把 $[a,b]$ 分成 n 个子区间 $[x_{i-1}, x_i](i = 1, 2, \cdots, n)$, 长度为 $\Delta x_i = x_i - x_{i-1}$, 在每个子区间 $[x_{i-1}, x_i]$ 上任取一点 $\xi_i \in [x_{i-1}, x_i]$, 作乘积 $f(\xi_i)\Delta x_i (i = 1, 2, \cdots, n)$, 求和

$$f(\xi_1)\Delta x_1 + f(\xi_2)\Delta x_2 + \cdots + f(\xi_n)\Delta x_n. \tag{5.10}$$

记 $\lambda = \max\limits_{1 \leqslant i \leqslant n}\{\Delta x_i\}$，如果当 $\lambda \to 0$ 时，(5.10) 式的极限存在，且此极限与 $[a,b]$ 的分法以及 ξ_i 的取法无关，则称函数 $f(x)$ 在 $[a,b]$ 上可积，并称此极限值为函数 $f(x)$ 在 $[a,b]$ 上的定积分. 记作 $\int_a^b f(x)\mathrm{d}x$，即

$$\int_a^b f(x)\mathrm{d}x = \lim_{\lambda \to 0}\sum_{i=1}^n f(\xi_i)\Delta x_i. \tag{5.11}$$

根据定积分的定义，可以得到曲边梯形的面积为

$$A = \int_a^b f(x)\mathrm{d}x. \tag{5.12}$$

变速运动物体的位移为

$$S = \int_{T_1}^{T_2} v(t)\mathrm{d}t. \tag{5.13}$$

无论是定义5.1还是定义5.2都是下面 4 点的不同表述：

(1) 一个确保 $\lambda = \max\limits_{1 \leqslant i \leqslant n}\{\Delta x_i\} \to 0$ 的任意分法；

(2) 对于任意 $\xi_i \in [x_{i-1}, x_i]$，作乘积 $f(\xi_i)\Delta x_i$；

(3) 求黎曼和式 $\sum\limits_{i=1}^n f(\xi_i)\Delta x_i$；

(4) 求黎曼和式的极限 $\lim\limits_{\lambda \to 0}\sum\limits_{i=1}^n f(\xi_i)\Delta x_i$.

关于定积分定义的说明：

(1) 定积分的值只取决于被积函数与积分上、下限，而与积分变量采用什么字母无关，即

$$\int_a^b f(x)\mathrm{d}x = \int_a^b f(t)\mathrm{d}t. \tag{5.14}$$

(2) 为了讨论方便，规定

$$\int_a^a f(x)\mathrm{d}x = 0, \quad \int_a^b f(x)\mathrm{d}x = -\int_b^a f(x)\mathrm{d}x. \tag{5.15}$$

(3) 当 $f(x)$ 在 $[a,b]$ 上连续或只有有限个第一类间断点时，$f(x)$ 在 $[a,b]$ 上可积.

(4) 如果函数 $f(x)$ 在 $[a,b]$ 上连续且 $f(x) \geqslant 0$，那么定积分 $\int_a^b f(x)\mathrm{d}x$ 就表示以 $f(x)$ 为曲边的曲边梯形的面积 (图 5.18).

如果函数 $f(x)$ 在 $[a,b]$ 上连续且 $f(x) \leqslant 0$，由于定积分

$$\int_a^b f(x)\mathrm{d}x = \lim_{\lambda \to 0}\sum_{i=1}^n f(\xi_i)\Delta x_i$$

的右端和式中每一项 $f(\xi_i)\Delta x_i$ 都是负值，绝对值 $|f(\xi_i)\Delta x_i|$ 表示小矩形的面积，因此，定积分 $\int_a^b f(x)\mathrm{d}x$ 也是一个负数，从而 $-\int_a^b f(x)\mathrm{d}x$ 等于如图 5.19 所示的曲边梯形的面积，即

$$\int_a^b f(x)\mathrm{d}x = -A.$$

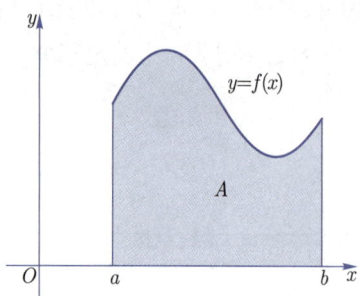

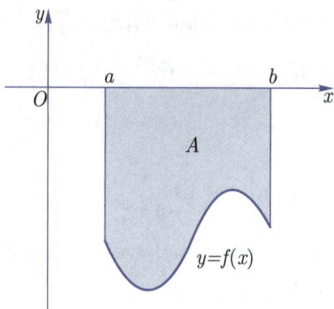

图 5.18　曲边梯形　　　　　图 5.19　曲边梯形　　　　　图 5.20　曲边梯形

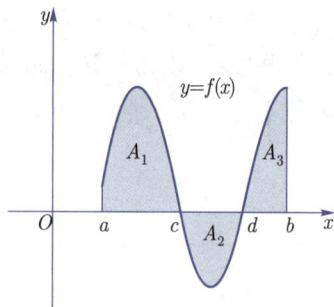

如果 $f(x)$ 在 $[a,b]$ 上连续，且有时为正有时为负，如图 5.20 所示，则连续曲线 $y = f(x)$、直线 $x = a, x = b$ 及 x 轴所围成的图形由三个曲边梯形组成. 由定义可得

$$\int_a^b f(x)\mathrm{d}x = A_1 - A_2 + A_3. \tag{5.16}$$

总之，定积分 $\int_a^b f(x)\mathrm{d}x$ 在各种实际问题中所代表的实际意义尽管不同，但它的数值在几何上都可用曲边梯形面积的代数和来表示. 这就是定积分的几何意义.

5.1.3　定积分的性质

在定积分的性质中，假定有关函数都是可积函数. 理解并掌握好定积分的性质，可提高用定积分思想方法分析与解决实际问题的能力.

♡ **性质 5.1**

常数的积分 (c 为任意常数)

$$\int_a^b c\mathrm{d}x = c(b - a). \tag{5.17}$$

如图 5.21 所示.

♡ **性质 5.2**

函数代数和的积分等于各函数积分的代数和，即

$$\int_a^b (f(x) \pm g(x))\mathrm{d}x = \int_a^b f(x)\mathrm{d}x \pm \int_a^b g(x)\mathrm{d}x. \tag{5.18}$$

如图 5.22 所示.

♡ **性质 5.3**

被积函数的常数因子可提到积分号前 (k 为常数).

$$\int_a^b k f(x)\mathrm{d}x = k\int_a^b f(x)\mathrm{d}x. \tag{5.19}$$

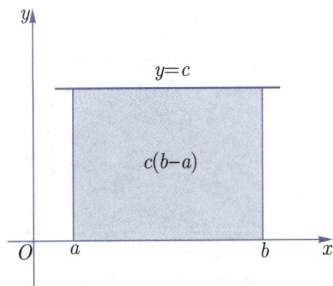

图 5.21 定积分性质 5.1

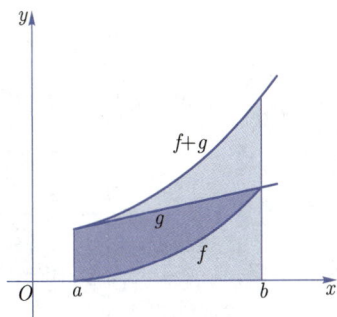

图 5.22 定积分性质 5.2

♡ **性质 5.4**

对于任意点 c，有

$$\int_a^b f(x)\mathrm{d}x = \int_a^c f(x)\mathrm{d}x + \int_c^b f(x)\mathrm{d}x. \tag{5.20}$$

如图 5.23 所示.

♡ **性质 5.5**

若在积分区间 $[a,b]$ 上被积函数 $f(x) \geqslant 0$，则

$$\int_a^b f(x)\mathrm{d}x \geqslant 0. \tag{5.21}$$

♡ **性质 5.6**

若在积分区间 $[a,b]$ 上被积函数 $f(x) \geqslant g(x)$，则

$$\int_a^b f(x)\mathrm{d}x \geqslant \int_a^b g(x)\mathrm{d}x. \tag{5.22}$$

♡ **性质 5.7**

若函数 $y = f(x)$ 在 $[a,b]$ 上的最大值与最小值分别为 M 和 m，则

$$m(b-a) \leqslant \int_a^b f(x)\mathrm{d}x \leqslant M(b-a). \tag{5.23}$$

如图 5.24 所示.

♡ **性质 5.8　积分中值定理**

（图 5.25）若函数 $y = f(x)$ 在 $[a,b]$ 上连续，则在 $[a,b]$ 上至少存在一点 $\xi \in [a,b]$，使得

$$\int_a^b f(x)\mathrm{d}x = f(\xi)(b-a). \tag{5.24}$$

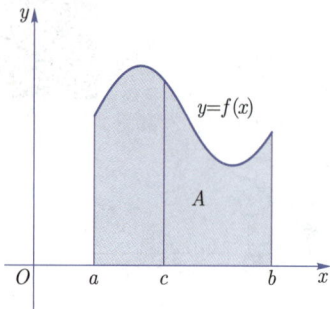

图 5.23　定积分性质 5.4　　　图 5.24　定积分性质 5.7　　　图 5.25　定积分中值定理

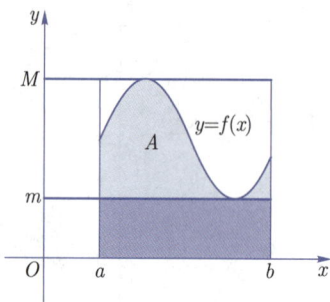

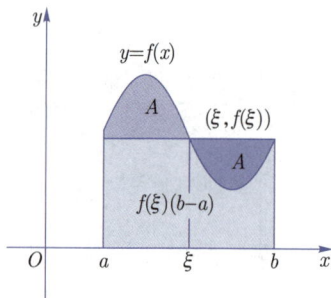

5.2　微积分的基本公式

定积分是黎曼和的极限, 直接用定义计算满足一定精度要求的定积分, 如果不用计算机计算, 通常很困难. 由切线 (速度) 问题引出的微分运算与由面积 (位移) 问题引出的积分运算看似互不相关, 但牛顿在剑桥大学的老师巴罗 (1630—1677) 发现微分与积分是互逆的过程. 在这一思路的引导下, 牛顿和莱布尼茨找到了微积分基本公式. 牛顿后来这样评价自己的贡献, "如果说我能看得更远一些, 那是因为我站在巨人的肩膀上."

科学家-牛顿-简介

牛顿 (Newton, 1643 − 1727, 图 5.26), 英国数学家、物理学家、天文学家和自然哲学家. 1666 年, 年仅 23 岁就已经做出 3 项伟大发现: 流数法 (微积分的前身)、万有引力和光谱分析. 1667 年执教于剑桥大学三一学院, 1703 年当选为英国皇家学会主席.

图 5.26　牛顿

5.2.1　变上限定积分

设函数 $f(x)$ 在 $[a, b]$ 上连续. $\forall x \in [a, b]$, 则函数 $f(x)$ 在部分区间 $[a, x]$ 的定积分为

$$\int_a^x f(x)\mathrm{d}x.$$

由于 $f(x)$ 在 $[a, x]$ 上仍连续, 所以这个定积分存在, 这时, x 既表示定积分的上限, 又表示积分变量. 由于定积分与积分变量的记法无关, 因此, 为了便于理解, 可以把积分变量改用其他符号, 如用 t 表示, 则上面的定积分可写成

$$\int_a^x f(t)\mathrm{d}t.$$

如果上限 x 在 $[a, b]$ 上任意变动, 则对于每一个取定的 x 值, 定积分有一个对应值, 所以它在 $[a, b]$ 上定义了一个 x 的函数, 记作 $\Phi(x)$, 即

$$\Phi(x) = \int_a^x f(t)\mathrm{d}t \quad (x \in (a, b)). \tag{5.25}$$

通常称函数 $\Phi(x)$ 为积分上限函数或变上限积分 (图 5.27).

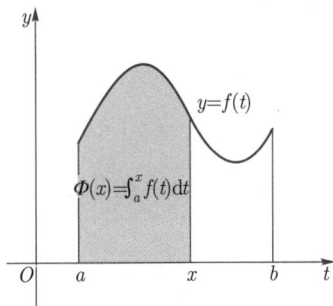

图 5.27 变上限积分

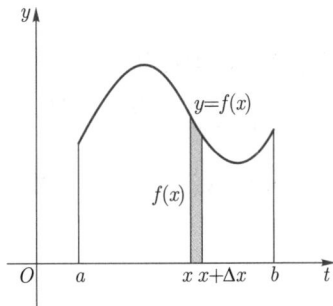

图 5.28 变上限积分变化

73 扫一扫

从图 5.28 可以看出, 阴影部分 (用左矩形近似小曲边梯形) 的面积为

$$f(x)\Delta x \approx \Phi(x + \Delta x) - \Phi(x),$$

于是

$$f(x) \approx \frac{\Phi(x + \Delta x) - \Phi(x)}{\Delta x},$$

直观地, 希望有

$$\Phi'(x) = \lim_{\Delta x \to 0} \frac{\Phi(x + \Delta x) - \Phi(x)}{\Delta x} = f(x).$$

事实上, 这个想法正确. 因此有下面结论.

♦ 定理 5.1

如果函数 $f(x)$ 在 $[a, b]$ 上连续, 则积分上限函数 $\Phi(x) = \int_a^x f(t)\mathrm{d}t$ 在 $[a, b]$ 上可导, 且导数是

$$\Phi'(x) = \frac{\mathrm{d}}{\mathrm{d}x} \int_a^x f(t)\mathrm{d}t = f(x) \quad (x \in (a, b)). \tag{5.26}$$

【证明】 只需证明, $\forall x \in [a, b]$, 有

$$\Phi'(x) = \lim_{\Delta x \to 0} \frac{\Phi(x + \Delta x) - \Phi(x)}{\Delta x} = f(x). \tag{5.27}$$

设自变量 x 有增量 Δx, 使 $x + \Delta x \in [a, b]$, 有

$$\Phi(x + \Delta x) - \Phi(x) = \int_a^{x+\Delta x} f(t)\mathrm{d}t - \int_a^x f(t)\mathrm{d}t$$

$$= \int_a^x f(t)\mathrm{d}t + \int_x^{x+\Delta x} f(t)\mathrm{d}t - \int_a^x f(t)\mathrm{d}t$$

$$= \int_x^{x+\Delta x} f(t)\mathrm{d}t. \tag{5.28}$$

由积分中值定理有

$$\Phi(x + \Delta x) - \Phi(x) = f(x + \theta\Delta x)\Delta x, \quad 0 \leqslant \theta \leqslant 1, \tag{5.29}$$

或

$$\frac{\Phi(x + \Delta x) - \Phi(x)}{\Delta x} = f(x + \theta\Delta x), \quad 0 \leqslant \theta \leqslant 1, \tag{5.30}$$

已知函数 $f(x)$ 在 x 连续，于是有

$$\Phi'(x) = \lim_{\Delta x \to 0} \frac{\Phi(x + \Delta x) - \Phi(x)}{\Delta x} = \lim_{\Delta x \to 0} f(x + \theta\Delta x) = f(x) \quad (x \in (a, b)).$$

由此可见，尽管定积分与不定积分（原函数）的概念完全不同，但两者之间存在着密切联系.

5.2.2　微积分基本公式

用积分上限函数能表示连续函数的原函数. 反之可应用原函数求定积分.

> ◆ **定理 5.2　牛顿–莱布尼茨公式**
>
> 设函数 $F(x)$ 是连续函数 $f(x)$ 在 $[a,b]$ 上的一个原函数，则
>
> $$\int_a^b f(x)\mathrm{d}x = F(b) - F(a). \tag{5.31}$$

【证明】　由于变上限积分 $\Phi(x) = \displaystyle\int_a^x f(t)\mathrm{d}t$ 也是 $f(x)$ 的一个原函数，故

$$\Phi(x) - F(x) = C \quad (C为常数)$$

即

$$\Phi(x) = F(x) + C,$$

令 $x = a$，则有 $\displaystyle\int_a^a f(t)\mathrm{d}t = F(a) + C = 0$，得 $C = -F(a)$. 因此有

$$\int_a^x f(t)\mathrm{d}t = F(x) - F(a),$$

再令 $x = b$，则可得

$$\int_a^b f(t)\mathrm{d}t = F(b) - F(a).$$

式 (5.31) 称为牛顿-莱布尼茨公式或微积分基本公式. 牛顿-莱布尼茨公式叙述了定积分的值等于原函数在上、下限处函数值的差，从而，为计算定积分找到了一条简捷途径，为计算方便，公式 (5.31) 可以写成下面的形式

$$\int_a^b f(x)\mathrm{d}x = F(x)\bigg|_a^b = F(b) - F(a). \tag{5.32}$$

~~~~~~

实际问题 5.3　开始下雪时间（选学）

已知上午某个时刻开始下雪，且雪量稳定下了整天（图 5.29）. 正午 12 点一扫雪车开始扫雪，每小时扫雪量（按体积计算）是常数. 到下午 2 点的时候扫清了 2 km 路，到下午 4 点又扫清了 1 km 路，问降雪是什么时候开始的？

【解】　设雪从时刻 t_a 开始下，正午记为 12，雪量为 S（m/h），铲雪速度为 R（m³/h），街区长为定值 L（m），宽为 W（m），则时刻 t 地面上雪的厚度为 $S(t - t_a)$，清扫雪时的速度为

$$v = \frac{R}{S(t - t_a)W},$$

在 t 时刻清扫的路长为

$$l(t) = \int_{12}^{t} v\mathrm{d}t = \frac{R}{SW} \ln \frac{t - t_a}{12 - t_a} \quad (t \geqslant 12),$$

由题意可知

$$\frac{R}{SW} \ln \frac{12 + 2 - t_a}{12 - t_a} = 2L$$

与

图 5.29　下雪

$$\frac{R}{SW} \ln \frac{12 + 4 - t_a}{12 - t_a} = 3L,$$

联立得 $12 - t_a = \sqrt{5} - 1$，即下雪时刻 $t_a = 12 + 1 - \sqrt{5} \approx 10.76$. 即大约在上午 10:45 开始下雪.

5.3　定积分的计算

5.3.1　定积分的换元积分法

换元积分法可以求一些函数的不定积分. 不仅如此，在一定条件下也可以用换元积分法计算定积分.

◆ **定理 5.3**

若函数 $f(x)$ 在区间 $[a, b]$ 上连续，且函数 $x = \varphi(t)$ 在 $[\alpha, \beta]$ 上有连续导数，当 $\alpha \leqslant t \leqslant \beta$ 时，有 $a \leqslant \varphi(t) \leqslant b$，又 $\varphi(\alpha) = a, \varphi(\beta) = b$，则

$$\int_{a}^{b} f(x)\mathrm{d}x = \int_{\alpha}^{\beta} f(\varphi(t))\varphi'(t)\mathrm{d}t. \tag{5.33}$$

【证明】　设 $F(x)$ 是 $f(x)$ 的原函数，即 $F'(x) = f(x)$. 由复合函数的求导法则，$F(t)$ 是 $f(\varphi(t))\varphi'(t)$ 的原函数. 于是，由牛顿–莱布尼茨公式，有

$$\int_{a}^{b} f(x)\mathrm{d}x = F(x)\Big|_{a}^{b} = F(b) - F(a).$$

$$\int_\alpha^\beta f(\varphi(t))\varphi'(t)\mathrm{d}t = F(\varphi(t))\Big|_\alpha^\beta = F(\varphi(\beta)) - F(\varphi(\alpha)) = F(b) - F(a).$$

即

$$\int_a^b f(x)\mathrm{d}x = \int_\alpha^\beta f(\varphi(t))\varphi'(t)\mathrm{d}t.$$

一般地，用换元法计算定积分时，由于引入了新的积分变量，因此，必须根据引入的变量代换，相应地变换积分上、下限，即"换元必换限".

📐 **经典例题 5.1** 定积分对称性. 设 $f(x)$ 在对称区间 $[-a,a]$ 上连续，试证明

当 $f(x)$ 为偶函数时，

$$\int_{-a}^a f(x)\mathrm{d}x = 2\int_0^a f(x)\mathrm{d}x. \tag{5.34}$$

当 $f(x)$ 为奇函数时

$$\int_{-a}^a f(x)\mathrm{d}x = 0. \tag{5.35}$$

如图 5.30 和图 5.31 所示.

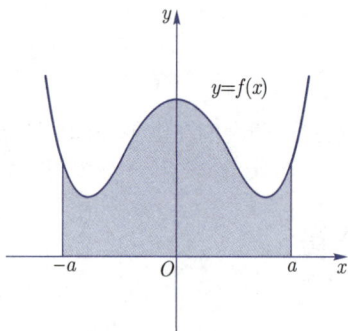

图 5.30 偶函数

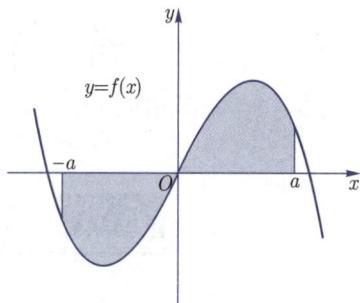

图 5.31 奇函数

74 扫一扫

【证明】 因为

$$\int_{-a}^a f(x)\mathrm{d}x = \int_{-a}^0 f(x)\mathrm{d}x + \int_0^a f(x)\mathrm{d}x.$$

对积分 $\displaystyle\int_{-a}^0 f(x)\mathrm{d}x$ 作变量代换 $x = -t$ ，由定积分换元法，得

$$\int_{-a}^0 f(x)\mathrm{d}x = -\int_a^0 f(-t)\mathrm{d}t = \int_0^a f(-t)\mathrm{d}t = \int_0^a f(-x)\mathrm{d}x.$$

于是

$$\int_{-a}^a f(x)\mathrm{d}x = \int_0^a f(-x)\mathrm{d}x + \int_0^a f(x)\mathrm{d}x = \int_0^a (f(-x) + f(x))\mathrm{d}x.$$

(1) 若 $f(x)$ 为偶函数，即 $f(-x) = f(x)$，则

$$\int_{-a}^a f(x)\mathrm{d}x = 2\int_0^a f(x)\mathrm{d}x.$$

(2) 若 $f(x)$ 为奇函数，即 $f(-x) = -f(x)$，则

$$\int_{-a}^{a} f(x)\mathrm{d}x = 0.$$

经典例题 5.2 定积分换元的几何解释. 求 $\int_{0}^{4} \sqrt{2x+1}\mathrm{d}x$.

【解】 令 $u = 2x + 1$，有 $\mathrm{d}x = \dfrac{1}{2}\mathrm{d}u$，又当 $x = 0$ 时，$u = 1$，$x = 4$ 时，$u = 9$. 因此

$$\int_{0}^{4} \sqrt{2x+1}\mathrm{d}x = \int_{1}^{9} \frac{1}{2}\sqrt{u}\mathrm{d}u = \frac{1}{2} \cdot \frac{2}{3}u^{3/2}\Big|_{1}^{9} = \frac{26}{3}.$$

换元前后的函数图像见图 5.32 和图 5.33.

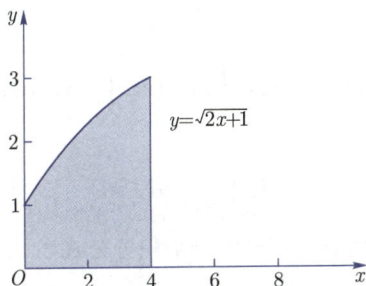

图 5.32 换元前

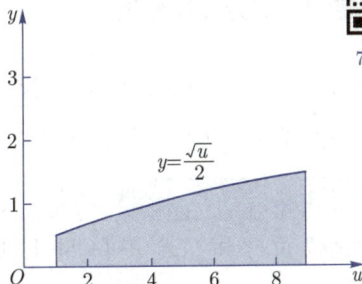

图 5.33 换元后

经典例题 5.3 求 $\int_{0}^{4} \dfrac{\mathrm{d}x}{1+\sqrt{x}}$.

【解】 设 $\sqrt{x} = t(t \geqslant 0)$，$x = t^2$，$\mathrm{d}x = 2t\mathrm{d}t$，当 $x = 0$ 时 $t = 0$，$x = 4$ 时 $t = 2$. 所以

$$\int_{0}^{4} \frac{\mathrm{d}x}{1+\sqrt{x}} = \int_{0}^{2} \frac{2t\mathrm{d}t}{1+t} = 2\int_{0}^{2} \left(1 - \frac{1}{1+t}\right)\mathrm{d}t$$

$$= 2(t - \ln(1+t))\Big|_{0}^{2} = 2(2 - \ln 3).$$

经典例题 5.4 求 $\int_{0}^{\ln 2} \sqrt{\mathrm{e}^x - 1}\mathrm{d}x$.

【解】 设 $\sqrt{\mathrm{e}^x - 1} = t, x = \ln(t^2 + 1), \mathrm{d}x = \dfrac{2t}{t^2+1}\mathrm{d}t$，当 $x = 0$ 时，$t = 0$，$x = \ln 2$ 时，$t = 1$，所以

$$\int_{0}^{\ln 2} \sqrt{\mathrm{e}^x - 1}\mathrm{d}x = \int_{0}^{1} t\frac{2t}{t^2+1}\mathrm{d}t = 2\int_{0}^{1} \left(1 - \frac{1}{t^2+1}\right)\mathrm{d}t$$

$$= 2(t - \arctan t)\Big|_{0}^{1} = 2 - \frac{\pi}{2}.$$

经典例题 5.5 求 $\int_{0}^{\frac{1}{\sqrt{2}}} \dfrac{x^4}{\sqrt{1-x^2}}\mathrm{d}x$.

【解】 设 $x = \sin t, \mathrm{d}x = \cos t\mathrm{d}t$，当 $x = 0$ 时 $t = 0$；$x = \dfrac{1}{\sqrt{2}}$ 时，$t = \dfrac{\pi}{4}$. 所以

$$\int_0^{\frac{1}{\sqrt{2}}} \frac{x^4}{\sqrt{1-x^2}} \mathrm{d}x = \int_0^{\frac{\pi}{4}} \frac{\sin^4 t}{\sqrt{1-\sin^2 t}} \cos t \mathrm{d}t = \int_0^{\frac{\pi}{4}} \sin^4 t \mathrm{d}t$$

$$= \int_0^{\frac{\pi}{4}} \left(\frac{1-\cos 2t}{2} \right)^2 \mathrm{d}t = \int_0^{\frac{\pi}{4}} \left(\frac{1}{4} - \frac{1}{2}\cos 2t + \frac{1}{4}\cos^2 2t \right) \mathrm{d}t$$

$$= \frac{1}{4} \times \frac{\pi}{4} - \frac{1}{2} \times \frac{1}{2} \sin 2t \Big|_0^{\frac{\pi}{4}} + \frac{1}{4} \int_0^{\frac{\pi}{4}} \frac{1+\cos 4t}{2} \mathrm{d}t$$

$$= \frac{\pi}{16} - \frac{1}{4} + \frac{1}{4} \left(\frac{1}{2}t + \frac{1}{8}\sin 4t \right) \Big|_0^{\frac{\pi}{4}} = \frac{1}{32}(3\pi - 8).$$

5.3.2　定积分的分部积分法

与不定积分一样，直接积分法和换元积分法对 $\displaystyle\int x^n \arctan x \mathrm{d}x$，$\displaystyle\int x\mathrm{e}^x \mathrm{d}x$，$\displaystyle\int x\cos x \mathrm{d}x$ 等类型的积分也无能为力. 为此，也要学习分部积分法.

◆ 定理 5.4

设函数 $u(x)$ 和 $v(x)$ 在 $[a,b]$ 上具有连续的导数，则有定积分的分部积分公式

$$\int_a^b u \mathrm{d}v = (uv) \Big|_a^b - \int_a^b v \mathrm{d}u. \tag{5.36}$$

【证明】

$$\mathrm{d}(uv) = v\mathrm{d}u + u\mathrm{d}v,$$

积分得

$$\int_a^b v\mathrm{d}u + \int_a^b u\mathrm{d}v = (uv)\Big|_a^b,$$

即

$$\int_a^b u\mathrm{d}v = (uv)\Big|_a^b - \int_a^b v\mathrm{d}u.$$

或

$$\int_a^b v\mathrm{d}u = (uv)\Big|_a^b - \int_a^b u\mathrm{d}v.$$

经典例题 5.6　求 $\displaystyle\int_0^1 x\mathrm{e}^x \mathrm{d}x$.

【解】　$\displaystyle\int_0^1 x\mathrm{e}^x \mathrm{d}x = \int_0^1 x\mathrm{d}(\mathrm{e}^x) = (x\mathrm{e}^x)\Big|_0^1 - \int_0^1 \mathrm{e}^x \mathrm{d}x = \mathrm{e} - \mathrm{e}^x\Big|_0^1 = \mathrm{e} - (\mathrm{e}-1) = 1.$

经典例题 5.7 求 $\displaystyle\int_0^1 \mathrm{e}^{\sqrt{x}}\mathrm{d}x$.

【解】 先换元. 令 $\sqrt{x}=t, x=t^2, \mathrm{d}x=2t\mathrm{d}t$, 当 $x=0$ 时, $t=0$, $x=1$ 时, $t=1$. 所以

$$\int_0^1 \mathrm{e}^{\sqrt{x}}\mathrm{d}x = 2\int_0^1 t\mathrm{e}^t\mathrm{d}t = 2\int_0^1 t\mathrm{d}(\mathrm{e}^t) = 2(t\mathrm{e}^t)\Big|_0^1 - 2\int_0^1 \mathrm{e}^t\mathrm{d}t = 2\mathrm{e} - 2\mathrm{e}^t\Big|_0^1 = 2.$$

经典例题 5.8 求积分 $\displaystyle\int_0^{\frac{\pi}{2}} \mathrm{e}^x \sin x\mathrm{d}x$.

【解】 $\displaystyle\int_0^{\frac{\pi}{2}} \mathrm{e}^x \sin x\mathrm{d}x = \int_0^{\frac{\pi}{2}} \sin x\mathrm{d}\mathrm{e}^x = (\mathrm{e}^x \sin x)\Big|_0^{\frac{\pi}{2}} - \int_0^{\frac{\pi}{2}} \mathrm{e}^x\mathrm{d}\sin x$

$$= \mathrm{e}^{\frac{\pi}{2}} - \int_0^{\frac{\pi}{2}} \mathrm{e}^x \cos x\mathrm{d}x = \mathrm{e}^{\frac{\pi}{2}} - \int_0^{\frac{\pi}{2}} \cos x\mathrm{d}\mathrm{e}^x$$

$$= \mathrm{e}^{\frac{\pi}{2}} - (\mathrm{e}^x \cos x)\Big|_0^{\frac{\pi}{2}} + \int_0^{\frac{\pi}{2}} \mathrm{e}^x\mathrm{d}\cos x = \mathrm{e}^{\frac{\pi}{2}} + 1 - \int_0^{\frac{\pi}{2}} \mathrm{e}^x \sin x\mathrm{d}x.$$

$$2\int_0^{\frac{\pi}{2}} \mathrm{e}^x \sin x\mathrm{d}x = \mathrm{e}^{\frac{\pi}{2}} + 1.$$

所以

$$\int_0^{\frac{\pi}{2}} \mathrm{e}^x \sin x\mathrm{d}x = \frac{1}{2}(\mathrm{e}^{\frac{\pi}{2}} + 1).$$

经典例题 5.9 求积分 $\displaystyle\int_{\frac{1}{\mathrm{e}}}^{\mathrm{e}} |\ln x|\mathrm{d}x$.

【解】 $\displaystyle\int_{\frac{1}{\mathrm{e}}}^{\mathrm{e}} |\ln x|\mathrm{d}x = -\int_{\frac{1}{\mathrm{e}}}^1 \ln x\mathrm{d}x + \int_1^{\mathrm{e}} \ln x\mathrm{d}x = -(x\ln x - x)\Big|_{\frac{1}{\mathrm{e}}}^1 + (x\ln x - x)\Big|_1^{\mathrm{e}}$

$$= 1 - \frac{2}{\mathrm{e}} + 1 = 2\left(1 - \frac{1}{\mathrm{e}}\right).$$

5.4 定积分在几何上的应用

5.4.1 定积分微元法

在定积分的应用中, 经常采用微元法. 为了说明这种方法, 现回顾曲边梯形的面积问题. 如图 5.34、图5.35 所示.

(1) 将 $[a,b]$ 分成 n 个小区间, 相应地设第 i 个小曲边梯形面积为 A_i.

(2) 用小矩形面积近似代替小曲边梯形面积 (局部以直代曲).

(3) 计算所有小矩形面积之和, 得曲边梯形面积 A 的近似值.

(4) 计算所有小矩形面积和的极限, 得曲边梯形面积 A 的精确值.

76 扫一扫

若在 (2) 中, 用 ΔA 表示 $[a,b]$ 内任一子区间 $[x, x+\Delta x]$ 上的小曲边梯形的面积, 则以点 x 处的函数值 $f(x)$ 为高、Δx 为底的小矩形面积 $f(x)\Delta x$ 就是 ΔA 的近似值, 即

$$\Delta A \approx f(x)\Delta x \quad 或 \quad \mathrm{d}A = f(x)\mathrm{d}x.$$

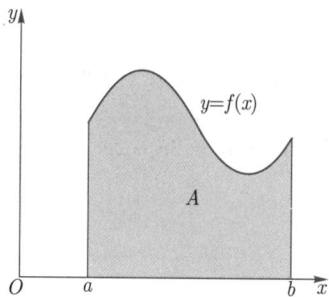

图 5.34　曲边梯形

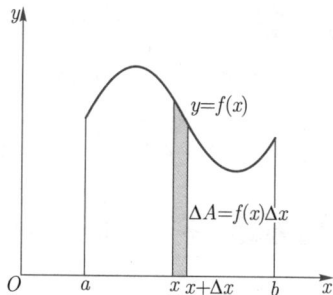

图 5.35　面积微元 $dA = f(x)dx$

其中，$f(x)dx$ 称为面积 A 的微元. 于是，面积 A 就是将这些微元在 $[a,b]$ 上的"无限累加"，即从 a 到 b 的定积分

$$A = \int_a^b dA = \int_a^b f(x)dx. \tag{5.37}$$

通过上面的方法，可以把定积分和式的极限理解成无限多个微分之和，即积分是微分的无限累加.

一般地，对于某一个所求量 F，如果选好了积分变量 x 和积分域 $[a,b]$，在 $[a,b]$ 上任取一个微小区间 $[x, x+\Delta x]$，然后写出在这个小区间上的部分量 ΔF 的近似值，记为 $dF = f(x)dx$，称为 F 的微元，再将微元 dF 在 $[a,b]$ 求积分，即得

$$F = \int_a^b dF = \int_a^b f(x)dx. \tag{5.38}$$

这种方法称为微元法. 下面用微元法讨论一些实际问题.

平面图形的面积

(1) 直角坐标情形

由曲线 $y = f(x)(f(x) \geqslant 0)$ 及直线 $x = a, x = b$ 与 x 轴所围成的图形的面积，如图 5.36 所示.

因为在 $[a,b]$ 上的面积微元为 $dA = f(x)dx$，所以所围成的图形面积为

77 扫一扫

$$A = \int_a^b f(x)dx. \tag{5.39}$$

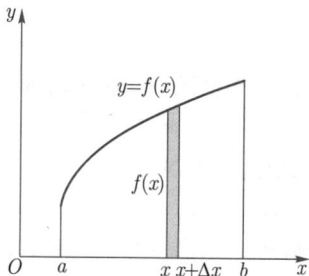

图 5.36　面积微元

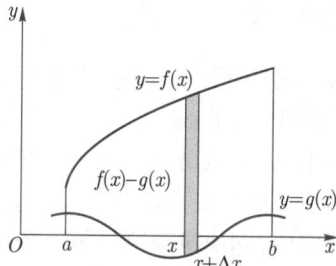

图 5.37　面积微元

由两条曲线 $y = f(x), y = g(x)(f(x) \geqslant g(x))$ 及直线 $x = a, x = b$ 所围成的图形的面积，如图 5.37 所示.

因为在 $[a,b]$ 上的面积微元为 $\mathrm{d}A = (f(x) - g(x))\mathrm{d}x$，所以所围成的图形面积为

$$A = \int_a^b (f(x) - g(x))\mathrm{d}x. \tag{5.40}$$

由两条曲线 $x = \varphi(y), x = \psi(y)(\varphi(y) \geqslant \psi(y))$ 及直线 $y = c, y = d$ 所围成的图形的面积，如图 5.38 所示.

因为在 $[a,b]$ 上的面积微元为 $\mathrm{d}A = (\varphi(y) - \psi(y))\mathrm{d}y$，所以所围成的图形面积为

$$A = \int_c^d (\varphi(y) - \psi(y))\mathrm{d}y. \tag{5.41}$$

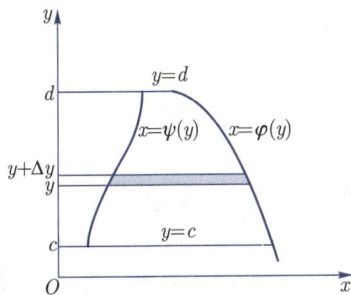

图 5.38 面积微元

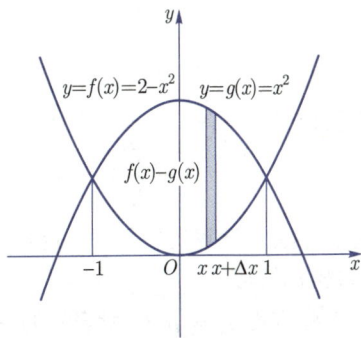

图 5.39 面积微元

经典例题 5.10 求抛物线 $y = x^2$ 与 $y = 2 - x^2$ 所围成的平面图形的面积.

【解】 由方程组 $\begin{cases} y = x^2, \\ y = 2 - x^2. \end{cases}$ 解得两抛物线交点为 $A(-1, 1), B(1, 1)$，如图 5.39 所示，所求的图形在 $x = -1$ 及 $x = 1$ 之间. 因为在 $[-1, 1]$ 的面积微元为 $\mathrm{d}A = 2(1 - x^2)\mathrm{d}x$，则所求面积为

$$A = \int_{-1}^1 2(1 - x^2)\mathrm{d}x = 4\int_0^1 (1 - x^2)\mathrm{d}x = 4\left(x - \frac{1}{3}x^3\right)\Big|_0^1 = \frac{8}{3}.$$

经典例题 5.11 求由抛物线 $y^2 = x$ 与直线 $y = x - 2$ 所围成的平面图形面积.

【解】【方法 1】 解方程组 $\begin{cases} y^2 = x, \\ y = x - 2. \end{cases}$ 得交点 $A(1, -1), B(4, 2)$，如图 5.40 所示，取 y 为积分变量，所求图形在 $y = -1$ 与 $y = 2$ 之间.

因为在 $[-1, 2]$ 的面积微元为 $\mathrm{d}A = [(y + 2) - y^2]\mathrm{d}y$，则所求面积为

$$A = \int_{-1}^2 ((y + 2) - y^2)\mathrm{d}y = \left(\frac{1}{2}y^2 + 2y - \frac{1}{3}y^3\right)\Big|_{-1}^2 = \frac{9}{2}.$$

【方法 2】 如果取 x 为积分变量，则积分区间需分成 $[0, 1], [1, 4]$ 两部分，显然每个区间对应的面积微元不同，如图 5.41 所示. 在 $[0, 1]$ 上，

$$\mathrm{d}A_1 = [\sqrt{x} - (-\sqrt{x})]\mathrm{d}x,$$

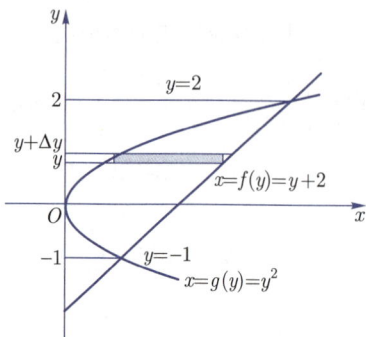

图 5.40　面积微元

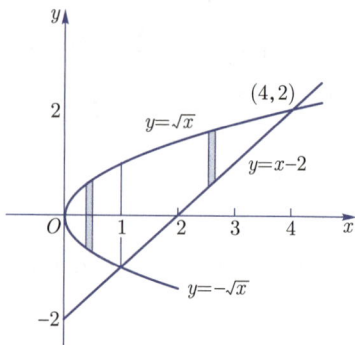

图 5.41　面积微元

在 $[1,4]$ 上,

$$\mathrm{d}A_2 = [\sqrt{x} - (x-2)]\mathrm{d}x,$$

则所求面积为

$$A = \int_0^1 [\sqrt{x} - (-\sqrt{x})]\mathrm{d}x + \int_1^4 [\sqrt{x} - (x-2)]\mathrm{d}x = \frac{9}{2}.$$

可见,方法 2 计算比较复杂,因此要恰当选择积分变量,才能简化解题.

(2) 极坐标情形

由极坐标方程 $\rho = \rho(\theta)$ 所表示的曲线与射线 $\theta = \alpha, \theta = \beta$ 所围成的曲边扇形,如图 5.42 所示. 以极角 θ 为积分变量,积分区间为 $[\alpha, \beta]$,在 $[\alpha, \beta]$ 任取一小区间 $[\theta, \theta + \mathrm{d}\theta]$,与它相应的小曲边扇形面积近似于以 $\mathrm{d}\theta$ 为圆心角 ρ 为半径的扇形面积,从而得到面积微元

78 扫一扫

$$\mathrm{d}A = \frac{1}{2}\rho^2(\theta)\mathrm{d}\theta,$$

则所求面积为

$$A = \int_\alpha^\beta \frac{1}{2}\rho^2(\theta)\mathrm{d}\theta. \tag{5.42}$$

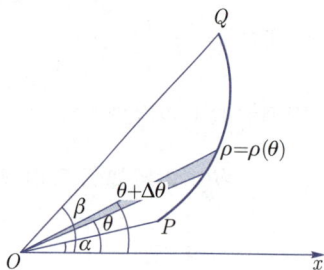

图 5.42　面积微元

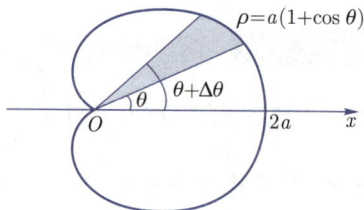

图 5.43　面积微元

经典例题 5.12　计算心形线 $\rho = a(1+\cos\theta)(a>0)$ 所围成的平面图形的面积,如图 5.43 所示.

【解】　由于图形对称于极轴,故只需算出极轴上面部分 A_1,乘 2 即得所求面积 A. 因为在 $[0, \pi]$ 上的面积微元为

$$\mathrm{d}A = \frac{1}{2}a^2(1+\cos\theta)^2\mathrm{d}\theta.$$

则 A_1 面积为

$$A_1 = \int_0^\pi \frac{1}{2}a^2(1+\cos\theta)^2 \mathrm{d}\theta = \frac{1}{2}a^2 \int_0^\pi (1+2\cos\theta+\cos^2\theta)\mathrm{d}\theta$$

$$= \frac{1}{2}a^2 \int_0^\pi \left(\frac{3}{2}+2\cos\theta+\frac{1}{2}\cos 2\theta\right)\mathrm{d}\theta = \frac{1}{2}a^2 \left(\frac{3}{2}\theta+2\sin\theta+\frac{1}{4}\sin 2\theta\right)\Big|_0^\pi = \frac{3}{4}\pi a^2.$$

所以所求面积为 $A = 2A_1 = \frac{3}{2}\pi a^2$.

5.4.2 平面图形面积

从图 5.44 可以看出, 任意曲线所围成的图形面积 B, 是两个曲边梯形面积的差, 即 $B = B_2 - B_1$. 其中, B_1 是以弧 $f_1(x)$ 为曲边, $x = a$、$x = b$ 和 x 轴为直边围成的曲边梯形面积; B_2 是以弧 $f_2(x)$ 为曲边, $x = a$、$x = b$ 和 x 轴为直边围成的曲边梯形面积. 图5.45 也有类似的结果.

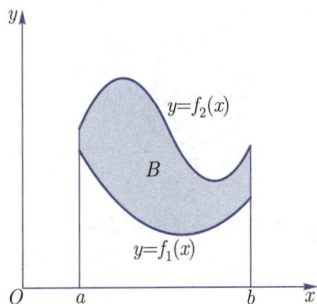

79 扫一扫

图 5.44 $B=$ 曲边梯形面积之差   图 5.45 $B=$ 曲边梯形面积之差

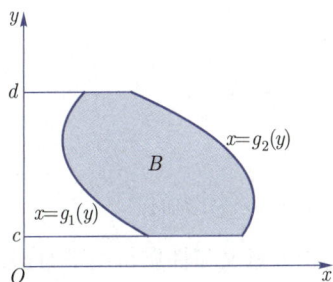

经典例题 5.13 求如图 5.46 所示阴影面积.

【解】 由定积分意义和性质得所求面积为

$$A = \int_{-1}^0 (x^3-x^2-2x)\mathrm{d}x - \int_0^2 (x^3-x^2-2x)\mathrm{d}x$$

$$= \left(\frac{1}{4}x^4-\frac{1}{3}x^3-x^2\right)\Big|_{-1}^0 - \left(\frac{1}{4}x^4-\frac{1}{3}x^3-x^2\right)\Big|_0^2$$

$$= \left(\frac{1}{4}x^4-\frac{1}{3}x^3-x^2\right)\Big|_{-1}^0 + \left(\frac{1}{4}x^4-\frac{1}{3}x^3-x^2\right)\Big|_2^0 = \frac{5}{12}+\frac{8}{3} = \frac{37}{12}.$$

经典例题 5.14 求如图 5.47 所示阴影面积.

【解】 由定积分意义和性质得所求面积为

$$A = \int_{-1}^2 (2-x^2-(-x))\mathrm{d}x = \int_{-1}^2 (2-x^2+x)\mathrm{d}x$$

$$= \left(2x-\frac{1}{3}x^3+\frac{1}{2}x^2\right)\Big|_{-1}^2 = 6-\frac{8}{3}+2-\frac{5}{6} = \frac{9}{2}.$$

经典例题 5.15 求如图 5.48 所示阴影面积.

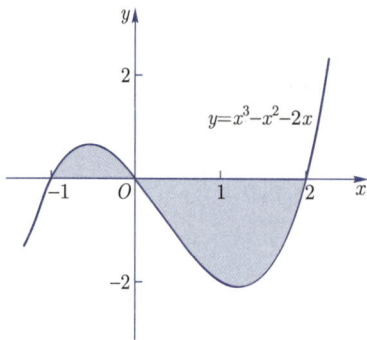

图 5.46　求阴影面积

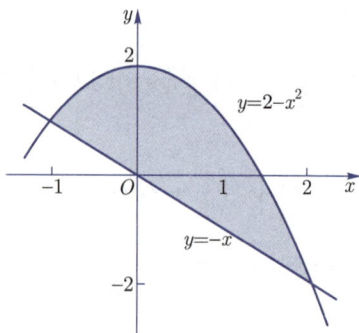

图 5.47　求阴影面积

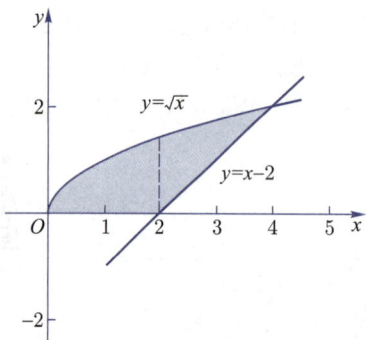

图 5.48　求阴影面积

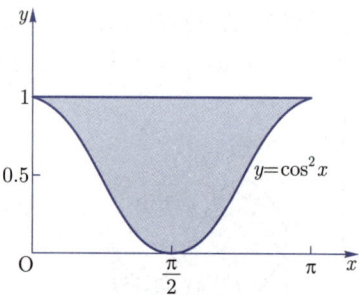

图 5.49　求阴影面积

【解】　由定积分意义和性质得所求面积为

$$A = \int_0^2 \sqrt{x}\,\mathrm{d}x + \int_2^4 (\sqrt{x} - x + 2)\mathrm{d}x = \frac{2}{3}x^{\frac{3}{2}}\Big|_0^2 + \left(\frac{2}{3}x^{\frac{3}{2}} - \frac{1}{2}x^2 + 2x\right)\Big|_2^4 = \frac{10}{3}.$$

经典例题 5.16　求如图 5.49 所示阴影面积.

【解】　由定积分意义和性质得所求面积为

$$A = \int_0^\pi (1 - \cos^2 x)\mathrm{d}x = \int_0^\pi \frac{1}{2}(1 - \cos 2x)\mathrm{d}x = \left(\frac{1}{2}x - \frac{1}{4}\sin 2x\right)\Big|_0^\pi = \frac{\pi}{2}.$$

经典例题 5.17　求如图 5.50 所示阴影面积.

【解】　由定积分意义和性质得所求面积为

$$A = \int_{-\frac{\pi}{3}}^{\frac{\pi}{3}} \left(\frac{1}{2}\sec^2 x + 4\sin^2 x\right)\mathrm{d}x = \int_0^{\frac{\pi}{3}} (\sec^2 x + 8\sin^2 x)\mathrm{d}x$$

$$= \tan x\Big|_0^{\frac{\pi}{3}} + \int_0^{\frac{\pi}{3}} 4(1 - \cos 2x)\mathrm{d}x = \sqrt{3} + (4x - 2\sin 2x)\Big|_0^{\frac{\pi}{3}} = \frac{4\pi}{3}.$$

经典例题 5.18　"麻燕戏水". 图 5.51 为麻燕展翅的情形. 试求麻燕展开的翅膀面积.

【解】　由定积分意义和性质得所求面积为

$$A = 2\int_0^{\sqrt{3}} (x^2 - x^4 + 2x^2)\mathrm{d}x = 2\int_0^{\sqrt{3}} (3x^2 - x^4)\mathrm{d}x = 2\left(x^3 - \frac{1}{5}x^5\right)\Big|_0^{\sqrt{3}} = \frac{12\sqrt{3}}{5}.$$

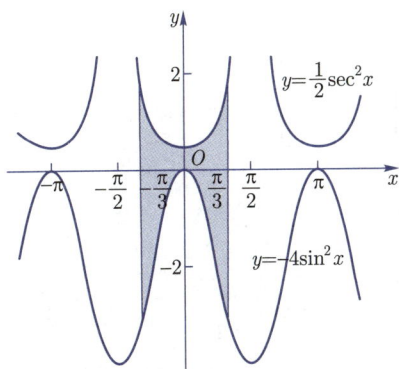

图 5.50 求阴影面积

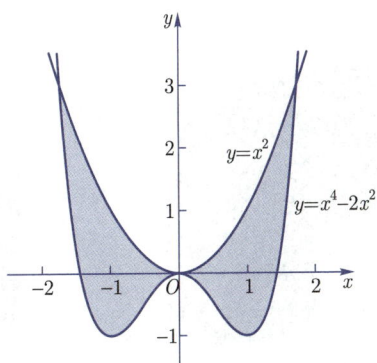

图 5.51 麻燕戏水

经典例题 5.19 "燕子钻天". 求如图 5.52 所示阴影面积.

【解】 由定积分意义和性质得所求面积为

$$A = 2\int_0^2 (x^2 + 2x^4)\mathrm{d}x = 2\left(\frac{1}{3}x^3 + \frac{2}{5}x^5\right)\Big|_0^2 = \frac{464}{15}.$$

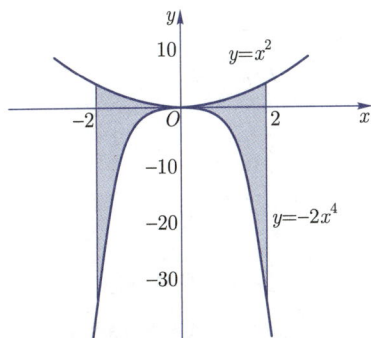

图 5.52 燕子钻天

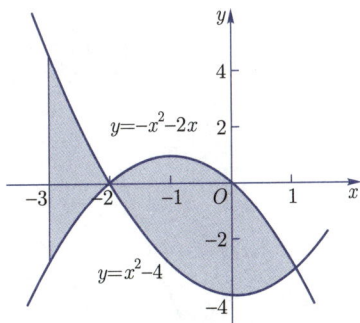

图 5.53 鲤鱼摆尾

经典例题 5.20 "鲤鱼摆尾". 求如图 5.53 所示 "鲤鱼摆尾" 面积.

【解】 由定积分意义和性质得所求面积为

$$A = \int_{-3}^{-2} (2x^2 + 2x - 4)\mathrm{d}x + \int_{-2}^1 (-2x^2 - 2x + 4)\mathrm{d}x = \frac{11}{3} + 9 = \frac{38}{3}.$$

实际问题 5.4 直角弯通

弯通零件在工业和生活中都有很多用途. 它能使管路在需要的位置拐成直角弯. 如民用中的给排水, 它可以使水管路在墙角处拐成直角弯. 如图 5.54 所示是一个直角弯通, 它是由两个如图 5.55 所示的部件拼接而成. 试求图 5.55 侧面展开图的面积.

【解】 为方便计算, 假设弯通圆柱部分的周长为 2π 单位, 高度为 1 单位, 在它的最低点处侧面展开, 如图 5.56 所示. 椭圆接口对应的平面展开图是曲线 $y = \cos x + 2$, 由定积分意义易得侧面展开图的面积为

80 扫一扫

$$A = \int_0^{2\pi} (\cos x + 2)\mathrm{d}x = (\sin x + 2x)\Big|_0^{2\pi} = 4\pi.$$

图 5.54 直角弯通

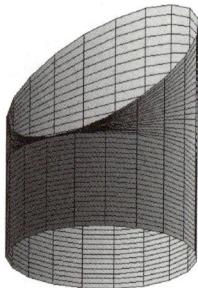

图 5.55 弯通一部分

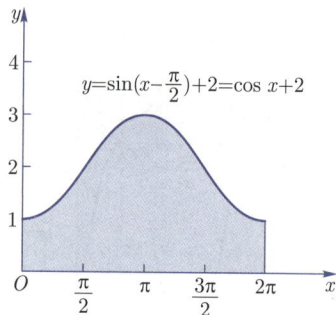

图 5.56 弯通侧面展开图

经典例题 5.21 过抛物线 $y = x^2 + 1$ 上的点 $(1,2)$ 作切线，该切线与抛物线及 y 轴所围成的平面图形为 D，如图 5.57 所示. （1）求切线方程；（2）求 D 的面积 A.

【解】 （1）对 $y = x^2 + 1$ 求导数得切线的斜率 $k = y'(1) = 2x|_{x=1} = 2$，于是得过点 $(1,2)$ 的切线方程为 $y = 2x$.

（2）区域 D 的面积

$$A = \int_0^1 (x^2 + 1 - 2x)\mathrm{d}x = \left(\frac{1}{3}x^3 - x^2 + x \right) \Big|_0^2 = \frac{1}{3}.$$

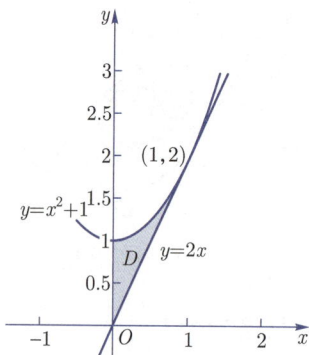

图 5.57

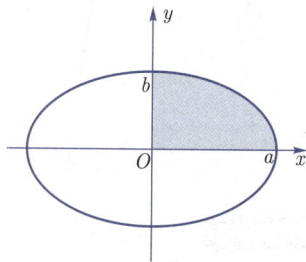

图 5.58 椭圆面积

实际问题 5.5 椭圆的面积

求椭圆 $\dfrac{x^2}{a^2} + \dfrac{y^2}{b^2} = 1 \quad (a > b > 0)$ 的面积.

【解】 椭圆在第一象限的方程为 $y = \dfrac{b}{a}\sqrt{a^2 - x^2}$，如图 5.58 所示. 根据椭圆的对称性及定积分的几何意义，可得椭圆的面积

$$A = 4 \int_0^a \frac{b}{a}\sqrt{a^2 - x^2}\mathrm{d}x = \frac{4b}{a} \int_0^a \sqrt{a^2 - x^2}\mathrm{d}x,$$

令 $x = a\sin t \left(0 \leqslant t \leqslant \dfrac{\pi}{2} \right)$，则有 $\sqrt{a^2 - x^2} = a|\cos t|$，$\mathrm{d}x = a\cos t$. 于是

$$A = \frac{4b}{a} \int_0^a \sqrt{a^2 - x^2}\mathrm{d}x = \frac{4b}{a} \int_0^{\frac{\pi}{2}} a|\cos t|\mathrm{d}a\cos t = 4ab \int_0^{\frac{\pi}{2}} \cos^2 t\mathrm{d}t$$

$$= 4ab \int_0^{\frac{\pi}{2}} \frac{1 + \cos 2t}{2} \mathrm{d}t = 4ab \left(\frac{1}{2}t + \frac{1}{4}\sin 2t \right) \Big|_0^{\frac{\pi}{2}} = ab\pi.$$

5.4.3 定积分求曲线弧长

实际问题 5.6 平面曲线的弧长

现在将刘徽割圆术推广，定义平面曲线的弧长，并得到平面曲线弧长计算公式.

设有平面曲线 MN，如图 5.59 所示. 在曲线 MN 上任取 $n+1$ 个点；

$$M = A_0, A_1, A_2, \cdots, A_{k-1}, A_k, \cdots, A_{n-1}, A_n = N,$$

称为曲线 MN 的一个分法 T. 用线段连接邻近两点，得到曲线 MN 的内接折线，设内接折线的长为 $L(T)$，即 $L(T) = \sum_{k=1}^{n} \overline{A_{k-1}A_k}$. 显然内接折线仅与分法 T 有关. 对于不同的分法 T，$L(T)$ 也不同.

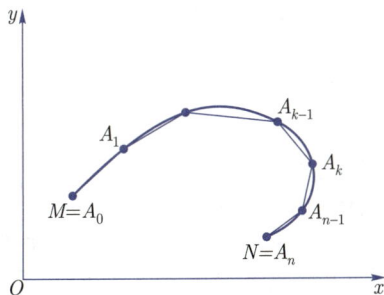

81 扫一扫

图 5.59　平面曲线弧长

♦ 定义 5.3 曲线弧长

若当 $l(T) \to 0 (l(T) = \max(\overline{A_0A_1}, \overline{A_1A_2}, \cdots, \overline{A_{n-1}A_n}))$ 时，平面曲线 MN 内接折线的长 $L(T)$ 存在极限，设

$$\lim_{l(T) \to 0} L(T) = L,$$

则称曲线 MN 可求长，其长为 L.

1. 参数方程表示的曲线的弧长

设曲线 MN 的参数方程为

$$x = x(t), \quad y = y(t), \quad a \leqslant t \leqslant b. \tag{5.43}$$

若 $x'(t)$ 与 $y'(t)$ 在 $[a, b]$ 连续，且不同时为 0(或 $\forall t \in [a, b]$，有 $x'^2(t) + y'^2(t) \neq 0$)，则称 MN 是光滑曲线.

$\sim\!\cdot\!\sim$

◆ **定理 5.5**

若 MN 是光滑曲线 (5.43)，则曲线 MN 可求长，且 MN 的弧长

$$L = \int_a^b \sqrt{x'^2(t) + y'^2(t)}\mathrm{d}t. \tag{5.44}$$

【证明】 取 t 为积分变量，积分区间为 $[a,b]$. 如图 5.60 所示，设 t 对应曲线上的点 $M(x,y)$，$t+\mathrm{d}t$ 对应点 $N(x+\Delta x, y+\Delta y)$，小区间对应小弧 $\overset{\frown}{MN}$，设小弧 $\overset{\frown}{MN}$ 的长度为 ΔL，则

$$\Delta L \approx |MN| = \sqrt{\Delta x^2 + \Delta y^2},$$

而 $\Delta x \approx \mathrm{d}x = x'(t)\mathrm{d}t$，$\Delta y \approx \mathrm{d}y = y'(t)\mathrm{d}t$，因此

$$\Delta L = \sqrt{\mathrm{d}x^2 + \mathrm{d}y^2} = \sqrt{x'^2(t) + y'^2(t)}\mathrm{d}t,$$

即得弧的微元（微分）

$$\mathrm{d}L = \sqrt{\mathrm{d}x^2 + \mathrm{d}y^2} = \sqrt{x'^2(t) + y'^2(t)}\mathrm{d}t. \tag{5.45}$$

于是得弧 $\overset{\frown}{AB}$ 的长度为

$$L = \int_a^b \sqrt{x'^2(t) + y'^2(t)}\mathrm{d}t. \tag{5.46}$$

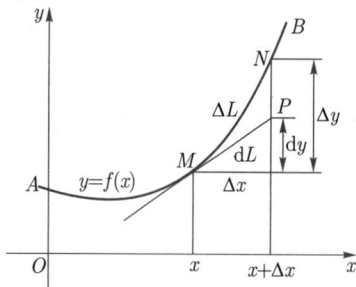

图 5.60　曲线弧微分

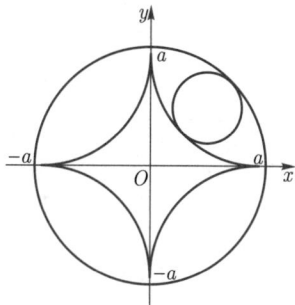

图 5.61　星形线弧长

📐 **经典例题 5.22**　求星形线 $x = a\cos^3\theta, y = a\sin^3\theta, a > 0, \theta \in [0, 2\pi]$ 的全长.

【解】　如图 5.61 所示，星形线关于两个坐标轴对称. 星形线的全长是第一象限部分弧长的 4 倍. 由于

$$x' = -3a\cos^2\theta\sin\theta, y' = 3a\sin^2\theta\cos\theta,$$

$$L = 4\int_0^{\frac{\pi}{2}} \sqrt{x'^2 + y'^2}\mathrm{d}\theta = 12a\int_0^{\frac{\pi}{2}} \sqrt{\sin^2\theta\cos^2\theta}\mathrm{d}\theta$$

$$= 12a\int_0^{\frac{\pi}{2}} |\sin\theta\cos\theta|\mathrm{d}\theta = 12a\int_0^{\frac{\pi}{2}} \sin\theta\cos\theta\mathrm{d}\theta$$

$$= 3a\int_0^{\frac{\pi}{2}} \sin 2\theta\mathrm{d}(2\theta) = 6a.$$

2. 直角坐标系显函数表示的曲线的弧长

设曲线 MN 的方程是

$$y = f(x), x \in [a,b]. \tag{5.47}$$

可以将其看作是以 x 为参数的参数方程

$$x = x, y = f(x), x \in [a,b].$$

若 $f'(x)$ 在 $[a,b]$ 连续，则由公式 (5.44) 有曲线 MN 的弧长公式

$$L = \int_a^b \sqrt{1 + f'^2(x)}\mathrm{d}x \tag{5.48}$$

和弧微分

$$\mathrm{d}L = \sqrt{1 + f'^2(x)}\mathrm{d}x. \tag{5.49}$$

实际问题 5.7　求悬索大桥悬索的长度

数学家约翰·伯努利早在 1691 年证明了，悬索大桥的悬索和输电高压线，都是悬链线 (图5.62和图5.63)．求悬链线 $f(x) = \dfrac{a}{2}(e^{\frac{x}{a}} + e^{-\frac{x}{a}}), (x \in [0,a])$ 的长.

【解】　由 $f(x) = \dfrac{a}{2}(e^{\frac{x}{a}} + e^{-\frac{x}{a}})$ 得，$f'(x) = \dfrac{1}{2}(e^{\frac{x}{a}} - e^{-\frac{x}{a}})$，于是

$$\sqrt{1 + f'^2(x)} = \frac{1}{2}\left(e^{\frac{x}{a}} + e^{-\frac{x}{a}}\right).$$

图 5.62　江阴大桥 (悬索桥)　　　　图 5.63　高压线

所以悬链线在 $[0,a]$ 的长为

$$L = \frac{1}{2}\int_0^a (e^{\frac{x}{a}} + e^{-\frac{x}{a}})\mathrm{d}x = \frac{a}{2}(e^{\frac{x}{a}} - e^{-\frac{x}{a}})\Big|_0^a = \frac{a}{2}\left(e - \frac{1}{e}\right).$$

研究这个问题很有实际意义，如可在高压输电线施工之前预算高压输电线路的长度等.

3. 极坐标表示的曲线的弧长

设曲线 MN 的极坐标方程是

$$r = r(\theta), \quad \theta \in [\alpha, \beta]. \tag{5.50}$$

将极坐标方程 $r = r(\theta)$ 化为以 θ 为参数的参数方程

$$x = r(\theta)\cos\theta, \quad y = r(\theta)\sin\theta, \quad \theta \in [\alpha, \beta]. \tag{5.51}$$

当 $r(\theta)$ 可导时，有

$$x' = r'(\theta)\cos\theta - r(\theta)\sin\theta,$$

$$y' = r'(\theta)\sin\theta + r(\theta)\cos\theta.$$

若 $r'(\theta)$ 在 $[\alpha, \beta]$ 连续，则由公式 (5.44) 可得 MN 的弧长公式为

$$L = \int_\alpha^\beta \sqrt{x'^2 + y'^2}\mathrm{d}\theta = \int_\alpha^\beta \sqrt{r^2(\theta) + r'^2(\theta)}\mathrm{d}\theta = \int_\alpha^\beta \sqrt{r^2 + r'^2}\mathrm{d}\theta \tag{5.52}$$

和

$$\mathrm{d}L = \sqrt{x'^2 + y'^2}\mathrm{d}\theta = \sqrt{r^2(\theta) + r'^2(\theta)}\mathrm{d}\theta = \sqrt{r^2 + r'^2}\mathrm{d}\theta. \tag{5.53}$$

经典例题 5.23　求心脏线 $r = a(1 + \cos\theta)$ 的全长.

【解】　如图 5.64 所示，心脏线在 $[0, \pi]$ 上与 $[\pi, 2\pi]$ 上的弧长相等.

$$r' = -a\sin\theta.$$

心脏线的全长

$$L = 2\int_0^\pi \sqrt{r^2 + r'^2}\mathrm{d}\theta = 2a\int_0^\pi \sqrt{2(1 + \cos\theta)}\mathrm{d}\theta = 4a\int_0^\pi \cos\frac{\theta}{2}\mathrm{d}\theta = 8a.$$

经典例题 5.24　同理可求"阿基米德螺线""双纽线""三叶玫瑰线"等的弧长.

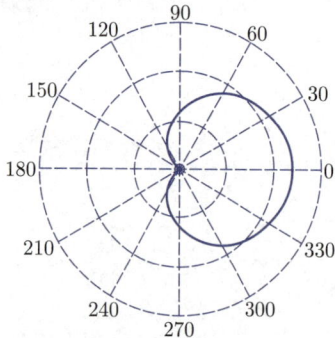

图 5.64　心脏线

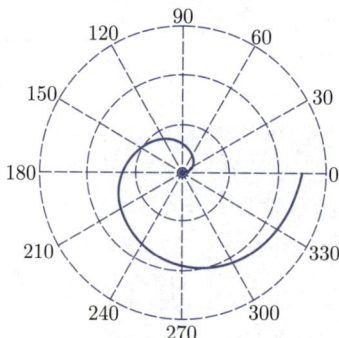

图 5.65　阿基米德螺线

82 扫一扫

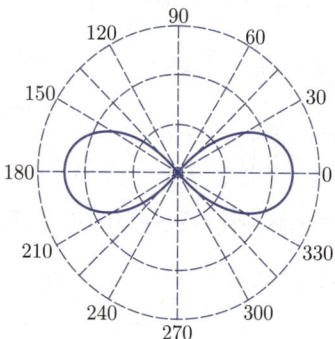

图 5.66　双纽线

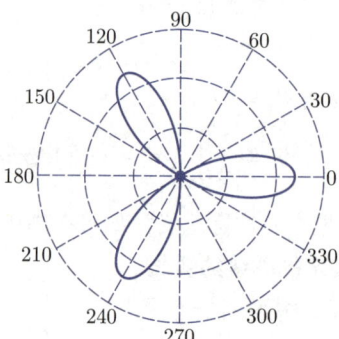

图 5.67　三叶玫瑰线

阿基米德螺线 $r = a\theta$　$(a > 0)$，　如图 5.65 所示.

双纽线 $r^2 = a^2 \cos 2\theta$ $(a > 0)$, 如图 5.66 所示.

三叶玫瑰线 $r = a \cos 3\theta$ $(a > 0)$, 如图 5.67 所示.

经典例题 5.25 一根弹簧按螺线 $r = a\theta$ 盘绕, 共计 10 圈, 已知每圈间隔 10 mm, 试求弹簧的长度, 如图 5.68 所示.

【解】 考察弹簧第一圈与第二圈的间隔, 由方程 $r = a\theta$ 知 A, B 两点分别为 $(2\pi a, 2\pi)$, $(4\pi a, 4\pi)$, 所以 $AB = 2\pi a$. 又知 $AB = 10$ mm, 于是 $2\pi a = 10$, 故 $a = \dfrac{5}{\pi}$.

弹簧共 10 圈, 所以 θ 由 0 增到 20π, 由弧长公式 (5.52) 得弹簧的全长为

$$L = \int_0^{20\pi} \sqrt{r^2 + r'^2(\theta)} \mathrm{d}\theta = a \int_0^{20\pi} \sqrt{1 + \theta^2} \mathrm{d}\theta$$

$$= \frac{5}{\pi} \times \frac{1}{2} (\theta\sqrt{1 + \theta^2} + \ln(\theta + \sqrt{1 + \theta^2})) \Big|_0^{20\pi} \approx 3\,145.8 \text{ (mm)}.$$

经典例题 5.26 求摆线的一拱 $\begin{cases} x = a(t - \sin t), \\ y = a(1 - \cos t) \end{cases}$ $(t \in [0, 2\pi], a > 0)$ 的弧长 L（图 5.69）.

【解】 $\dfrac{\mathrm{d}x}{\mathrm{d}t} = a(1 - \cos t)$, $\dfrac{\mathrm{d}y}{\mathrm{d}x} = a \sin t$, 于是弧微元

$$\mathrm{d}L = \sqrt{a^2(1 - \cos t)^2 + a^2 \sin^2 t} \mathrm{d}t = a\sqrt{2(1 - \cos t)} \mathrm{d}t$$

$$= 2a\sqrt{\sin^2 \frac{t}{2}} \mathrm{d}t = 2a \left| \sin \frac{t}{2} \right| \mathrm{d}t.$$

于是

$$S = 2a \int_0^{2\pi} \sin \frac{t}{2} \mathrm{d}t = 4a \left(-\cos \frac{t}{2} \right) \Big|_0^{2\pi} = 8a.$$

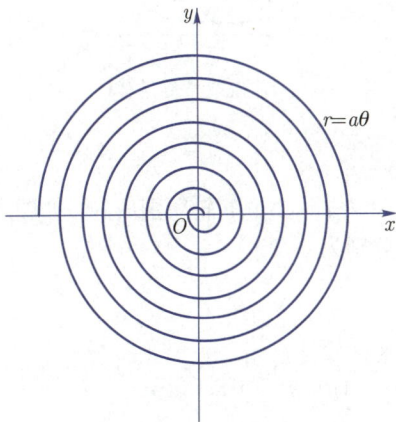

图 5.68 弹簧

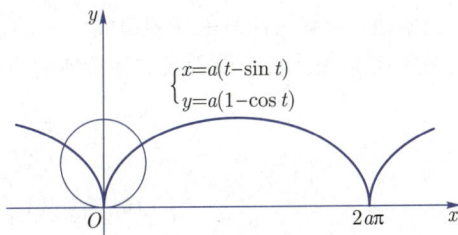

图 5.69 摆线

5.4.4　旋转体的体积与侧面积

旋转体的体积, 是体积微元 (小圆柱体积 = 垂直于轴的截面面积与轴的微分之积) 在轴的方向无限累加. 旋转体的侧面积, 是侧面积微元 (小圆柱侧面积 = 垂直于轴的截面周长与弧的微分之积) 在轴的方向无限累加.

下面求由曲线 $y = f(x)$ 及直线 $x = a, x = b$ 与 x 轴所围成的曲边梯形绕 x 轴旋转一周所围成的旋转体的体积和侧面积, 如图 5.70 所示.

在区间 $[a, b]$ 任取一个微小区间 $[x, x + \mathrm{d}x]$, 对应该小区间的小薄片可以近似于以 $f(x)$ 为半径, 以 $\mathrm{d}x$ 为高的薄片圆柱体, 从而, 得体积微元为

$$\mathrm{d}V = \pi y^2 \mathrm{d}x = \pi f^2(x)\mathrm{d}x. \tag{5.54}$$

侧面积微元为

$$\mathrm{d}S = 2\pi f(x)\mathrm{d}L = 2\pi f(x)\sqrt{1 + f'^2(x)}\mathrm{d}x. \tag{5.55}$$

所以, 旋转体的体积为

$$V = \pi \int_a^b f^2(x)\mathrm{d}x. \tag{5.56}$$

旋转体的侧面积为

$$S = 2\pi \int_a^b f(x)\sqrt{1 + f'^2(x)}\mathrm{d}x. \tag{5.57}$$

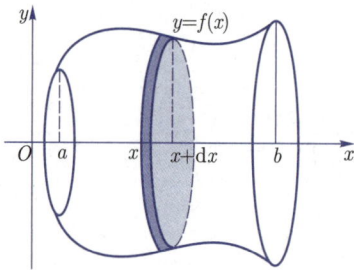

图 5.70　旋转体

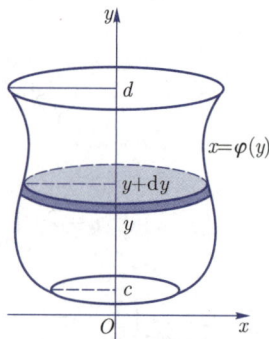

图 5.71　旋转体

类似地, 若旋转体是由连续曲线 $x = \varphi(y)$ 及直线 $y = c, y = d$ 与 y 轴所围成的, 如图 5.71 所示的图形绕 y 轴旋转一周所成的旋转体的体积和侧面积分别为

$$V = \pi \int_c^d \varphi^2(y)\mathrm{d}y. \tag{5.58}$$

$$S = 2\pi \int_c^d \varphi(y)\sqrt{1 + \varphi'^2(y)}\mathrm{d}y. \tag{5.59}$$

实际问题 5.8　美丽的陀螺

如图 5.72 所示, 求 $y = x^3 \mathrm{e}^{-x^2}, x \in [0, 3]$ 绕 x 轴旋转一周所成陀螺 (图 5.73) 的体积.

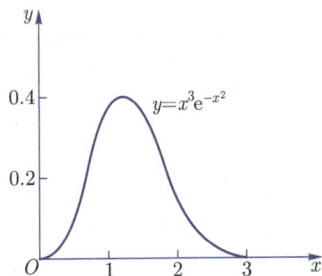

图 5.72 平面曲线

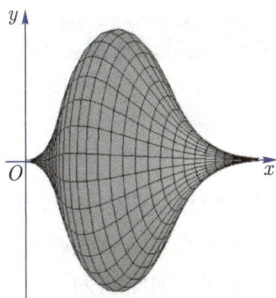

图 5.73 旋转体

【解】 由式 (5.56) 得旋转体的体积为

$$V = \pi \int_a^b f^2(x)\mathrm{d}x = \pi \int_0^3 (x^3\mathrm{e}^{-x^2})^2\mathrm{d}x = 1.641\ 785\ 226 (\text{Maple 计算结果}).$$

实际问题 5.9 小荷才露尖尖角

如图 5.74 所示，求 $y = \sin x, (x \in [0, 5\pi/6]), x = 5\pi/6$，绕 x 轴旋转一周所成荷花蕾 (图5.75) 的体积.

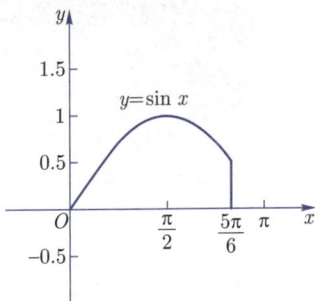

图 5.74 平面曲线

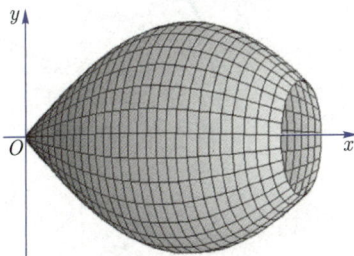

图 5.75 旋转体

图 5.76 小荷尖尖角

【解】 由 (5.58) 式得旋转体的体积为

$$V = \pi \int_a^b f^2(x)\mathrm{d}x = \pi \int_0^{5\pi/6} \sin^2 x\,\mathrm{d}x$$

$$= \pi \int_0^{5\pi/6} \left(\frac{1 - \cos 2x}{2} \right) \mathrm{d}x = \frac{\pi}{2} x \Big|_0^{5\pi/6} - \frac{\pi}{2} \int_0^{5\pi/6} \cos 2x\,\mathrm{d}x$$

$$= \frac{5\pi^2}{12} - \frac{\pi}{4} \sin 2x \Big|_0^{5\pi/6} = \frac{5\pi^2}{12} + \frac{\pi}{4} \cdot \frac{\sqrt{3}}{2} = \frac{5\pi^2}{12} + \frac{\sqrt{3}\pi}{8}.$$

由 (5.57) 式得旋转体的侧面积为

$$S = 2\pi \int_a^b f(x)\sqrt{1 + f'^2(x)}\mathrm{d}x = 2\pi \int_0^{5\pi/6} \sin x \sqrt{1 + \cos^2 x}\,\mathrm{d}x$$

$$= 2\pi \left(-\frac{1}{2}\cos x \sqrt{1 + \cos^2 x} - \frac{1}{2}\ln|\cos x + \sqrt{1 + \cos^2 x}| \right) \Big|_0^{5\pi/6}$$

$$= \pi\sqrt{2} + \pi\ln(1 + \sqrt{2}) + \frac{\sqrt{21}\pi}{4} - \pi\ln 2 + \pi\ln(\sqrt{3} + \sqrt{7}).$$

实际问题 5.10 机械零件体积

图 5.79 所示的机械零件是图 5.77 所示的抛物线绕 y 轴旋转一周而成 (图 5.78)，求这个机械零件的体积.

【解】 用垂直机械零件旋转轴的任一平面截旋转机械零件得圆环截面如图 5.77~图5.79 所示，圆环的面积等于大圆面积减去小圆面积. 图 5.77 中 $AC = x_2$ 为圆环大圆半径，$AB = x_1$ 为小圆半径，于是圆环的面积为

$$(AC^2 - AB^2)\pi = (x_2^2 - x_1^2)\pi.$$

显然对于任一 y 值，x_1, x_2 是方程

$$x^2 - 5x + 4 + y = 0$$

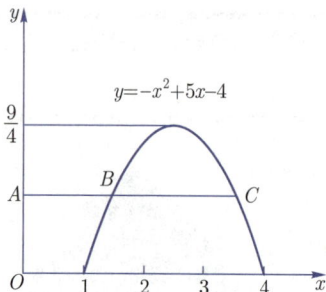

图 5.77 旋转体平面曲线

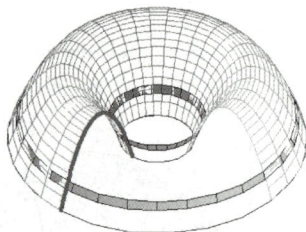

图 5.78 旋转零件

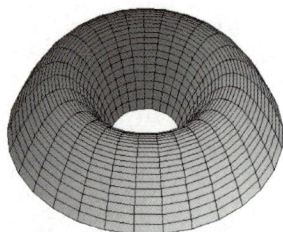

图 5.79 旋转零件

的两个根，于是有

$$x_1 + x_2 = 5, \qquad x_1 x_2 = 4 + y.$$

$$x_2 - x_1 = \sqrt{(x_1 + x_2)^2 - 4x_1 x_2} = \sqrt{25 - 4(4 + y)} = \sqrt{9 - 4y},$$

$$x_2^2 - x_1^2 = (x_2 - x_1)(x_2 + x_1) = 5\sqrt{9 - 4y},$$

圆环的面积为

$$(x_2^2 - x_1^2)\pi = 5\sqrt{9 - 4y}\pi,$$

于是，旋转机械零件的体积微元为

$$dV = 5\sqrt{9 - 4y}\pi dy,$$

所以，所求旋转机械零件的体积为

$$V = \int_0^{9/4} 5\sqrt{9 - 4y}\pi dy = \frac{5\pi}{6}(9 - 4y)^{\frac{3}{2}}\Big|_0^{9/4} = \frac{45\pi}{2}.$$

实际问题 5.11 （选学）旋转体工件体积

试根据如图 5.80 所示数据，计算如图 5.82 所示的旋转体工件的体积和外侧面积.

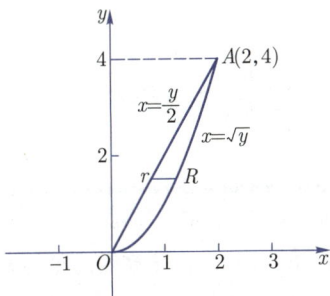

图 5.80 工件平面曲线

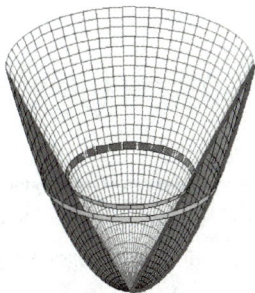

图 5.81 旋转工件

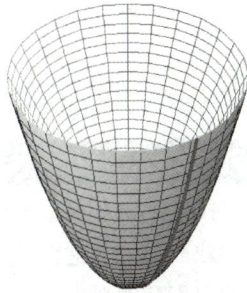

图 5.82 旋转工件

【解】 用垂直于旋转轴的平面截旋转体工件，所得截面圆环的面积为

$$(R^2 - r^2)\pi = \left(\sqrt{y}^2 - \left(\frac{y}{2} \right)^2 \right) \pi = \left(y - \frac{y^2}{4} \right) \pi,$$

于是，得旋转体工件的体积微元为

$$\mathrm{d}V = \left(y - \frac{y^2}{4} \right) \pi \mathrm{d}y,$$

故所求旋转体工件的体积为

$$V = \int_0^4 \left(y - \frac{y^2}{4} \right) \pi \mathrm{d}y = \pi \left(\frac{1}{2}y^2 - \frac{1}{12}y^3 \right) \Big|_0^4 = \frac{8\pi}{3}.$$

旋转体工件外侧面积为

$$S = 2\pi \int_0^4 \sqrt{y} \sqrt{1 + \frac{1}{4y}} \mathrm{d}y = 2\pi \frac{2}{3} \left(y + \frac{1}{4} \right)^{3/2} \Big|_0^4 = \frac{\pi}{6}(27\sqrt{17} + 1).$$

实际问题 5.12　高脚杯容积

图 5.84 和图 5.85 所示是一个漂亮的高脚杯. 试根据图 5.83 所示数据计算高脚杯的容积.

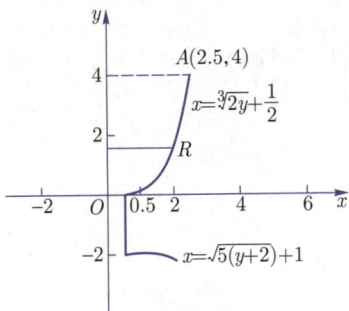

图 5.83 高脚杯平面曲线

图 5.84 漂亮的高脚杯

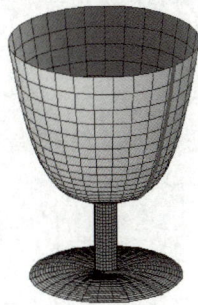

图 5.85 漂亮的高脚杯

【解】 高脚杯是由如图 5.83 所示的曲线绕 y 轴旋转一周而成的旋转体. 由旋转体的体积计算方法得高脚杯的容积微元为

$$\mathrm{d}V = \left(\sqrt[3]{2y} + \frac{1}{2} \right)^2 \pi \mathrm{d}y,$$

故所求高脚杯的容积为

$$V = \int_0^4 \left(\sqrt[3]{2y} + \frac{1}{2} \right)^2 \pi \mathrm{d}y = \pi \left(\frac{3}{5} 2^{\frac{2}{3}} y^{\frac{5}{3}} + \frac{3}{4} 2^{\frac{1}{3}} y^{\frac{4}{3}} + \frac{1}{4} y \right) \Big|_0^4 = \frac{83}{5} \pi.$$

实际问题 5.13　冷却塔容积

图 5.86 是目前火电厂广泛用的双曲型冷却塔. 它是单叶双曲面（图 5.87）围成的几何体. 已知双曲线的方程为 $\dfrac{x^2}{3} - \dfrac{y^2}{25} = 1$，试根据图 5.88 所示数据 (单位：10 m)，计算双曲型冷却塔的容积和侧面积.

【解】　由旋转体的计算方法得冷却塔容积的微元为

$$\mathrm{d}V = x^2 \pi \mathrm{d}y = 3 \left(1 + \frac{y^2}{25} \right) \pi \mathrm{d}y,$$

图 5.86　双曲面冷却塔

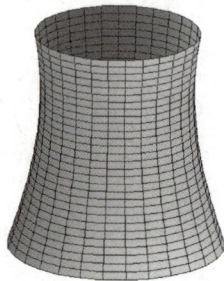

图 5.87　双曲型冷却塔

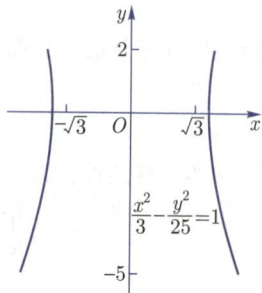

图 5.88　双曲线

冷却塔侧面积微元为

$$\mathrm{d}S = 2\pi x \sqrt{1 + x_y'^2} \mathrm{d}y = \frac{2\sqrt{3}\pi}{5} \sqrt{25 + y^2} \sqrt{1 + \frac{3}{25} \frac{y^2}{25 + y^2}} \mathrm{d}y$$

$$= \frac{2\sqrt{3}\pi}{25} \sqrt{25^2 + 28y^2} \mathrm{d}y,$$

于是，冷却塔容积为

$$V = \int_{-5}^2 3 \left(1 + \frac{y^2}{25} \right) \pi \mathrm{d}y = 3\pi \left(y + \frac{1}{25} \frac{y^3}{3} \right) \Big|_{-5}^2 = \frac{658\pi}{25},$$

即所求双曲型冷却塔的容积为 $40 \times 658\pi = 26\,320\pi \ \mathrm{m}^3$.

冷却塔侧面积为

$$S = \int_{-5}^2 \frac{2\sqrt{3}\pi}{25} \sqrt{25^2 + 28y^2} \mathrm{d}y$$

$$= \frac{2\sqrt{3}\pi}{25} \left(\frac{1}{2} y \sqrt{625 + 28y^2} + \frac{625\sqrt{7}}{28} \ln(y\sqrt{28} + \sqrt{625 + 28y^2}) \right) \Big|_{-5}^2$$

$$= \frac{2}{25} \sqrt{3}\pi \left(\frac{25}{2} \sqrt{53} - \frac{625}{28} \sqrt{7} \ln 5 - \frac{625}{28} \sqrt{7} \ln(-2\sqrt{7} + \sqrt{53}) \right.$$

$$\left. + \sqrt{737} + \frac{625}{28} \sqrt{7} \ln(4\sqrt{7} + \sqrt{737}) \right) \text{(Maple 计算结果)}.$$

实际问题 5.14　（选学）喇叭花

　　如图 5.91 所示，"喇叭花"是由如图 5.89 所示的平面曲线绕 x 轴旋转一周而成的旋转体. 用图 5.89 中的数据计算"喇叭花"的体积和内部侧面积.

　　【解】　用垂直于旋转轴的平面截"喇叭花"得截面圆环的面积为

$$(R^2 - r^2)\pi = (x^2 - x^4)\pi,$$

于是，得"喇叭花"的体积微元为

$$\mathrm{d}V = (x^2 - x^4)\pi\mathrm{d}x,$$

84 扫一扫

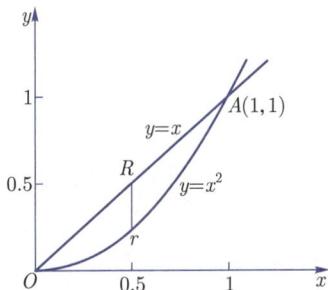

图 5.89　平面曲线

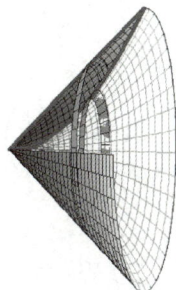

图 5.90　喇叭花

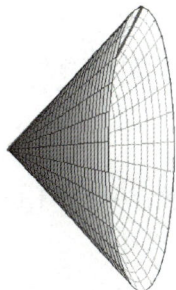

图 5.91　喇叭花

"喇叭花"内部侧面积微元为

$$\mathrm{d}S = 2\pi x^2 \sqrt{1 + 4x^2}\mathrm{d}x,$$

所以，"喇叭花"的体积为

$$V = \int_0^1 (x^2 - x^4)\pi\mathrm{d}x = \pi\left(\frac{1}{3}x^3 - \frac{1}{5}x^5\right)\Big|_0^1 = \frac{2\pi}{15}.$$

"喇叭花"的内部侧面积为

$$S = 2\pi\int_0^1 x^2\sqrt{1 + 4x^2}\mathrm{d}x = 2\pi\left(\frac{3}{8}\sqrt{2} + \frac{1}{8}\ln(\sqrt{2} - 1)\right) \text{(Maple 计算结果)}.$$

实际问题 5.15　双曲搅拌机零件

　　图 5.92 所示的搅拌机零件可以看作是由如图 5.93 所示的平面曲线绕 y 轴旋转一周而成的旋转体 (图 5.94 为便于计算，只考虑零件的主要部分). 求搅拌机零件毛坯的体积. 如图 5.94 所示，已知 $k = 1, y \in \left[\dfrac{2}{5}, \dfrac{5}{2}\right]$，单位：10 cm.

图 5.92　搅拌机零件

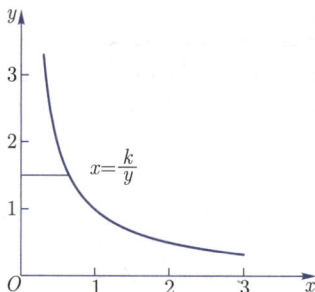

图 5.93　零件平面曲线

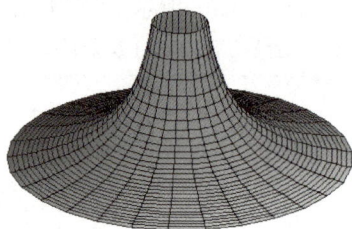

图 5.94　零件毛坯

【解】　用垂直于旋转轴的平面截零件毛坯，得截面圆的面积为

$$\left(\frac{1}{y}\right)^2 \pi,$$

于是，得搅拌机零件毛坯的体积微元为

$$dV = \pi \left(\frac{1}{y}\right)^2 dy,$$

所以，搅拌机零件毛坯的体积为

$$V = \int_{0.4}^{2.5} \pi \left(\frac{1}{y}\right)^2 dy = -\pi \left(\frac{1}{y}\right)\Bigg|_{0.4}^{2.5} = 2.1\pi.$$

即搅拌机零件毛坯的体积为

$$1\,000 \times 2.1\pi = 2\,100\pi \ (\text{cm}^3).$$

实际问题 5.16　玉镯（选学）

　　玉镯可以看作由如图 5.95 所示的圆绕 y 轴旋转一周而成 (图 5.96，图 5.97). 根据图 5.95 中的数据求玉镯的体积.

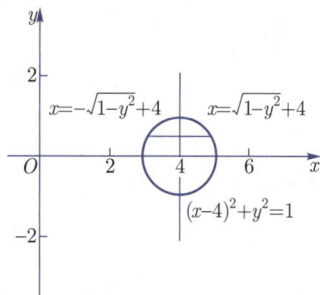

图 5.95　圆

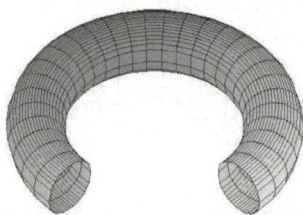

图 5.96　部分圆环

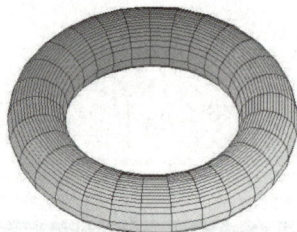

图 5.97　圆环

【解】　用垂直于玉镯旋转轴的平面截玉镯得带状圆环的面积为

$$((\sqrt{1-y^2}+4)^2 - (-\sqrt{1-y^2}+4)^2)\pi,$$

于是，得玉镯的体积微元

$$dV = ((\sqrt{1-y^2}+4)^2 - (-\sqrt{1-y^2}+4)^2)\pi dy,$$

故玉镯的体积为

$$V = 2\int_0^1 ((\sqrt{1-y^2}+4)^2 - (-\sqrt{1-y^2}+4)^2)\pi dy$$

$$= 2\pi(8y\sqrt{1-y^2}+8\arcsin y)\Big|_0^1 = 8\pi^2.$$

5.4.5 定积分求体积

旋转体的体积，是体积微元 (小圆柱体积 = 垂直于轴的截面面积与轴的微分之积) 在轴的方向的无限累加. 更一般地，垂直于轴的截面形状可以任意. 即体积微元可以是任意的小柱体. 侧面积是侧面积微元 (小柱体侧面积 = 垂直轴的截面周长与轴的微分之积) 在轴的方向的无限累加.

实际问题 5.17 漂亮的"河蚌"

如图 5.98 所示，"蚌"形零件底部是半径为 1 的圆，垂直于底的横截面是等边三角形的几何体. 求"蚌"形零件的体积.

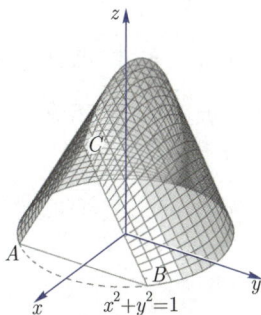

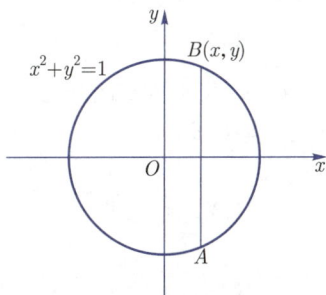

图 5.98 蚌形零件   图 5.99 平面曲线   图 5.100 蚌形零件截面

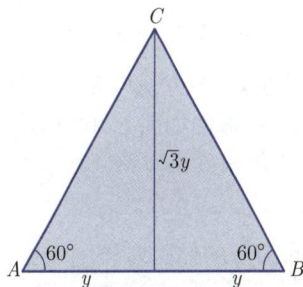

【解】 为方便计算，如图 5.99 所示，设圆的方程为 $x^2 + y^2 = 1$，距离原点 x 处的截面如图 5.100 所示，由于 B 点在圆上，所以 $y = \sqrt{1-x^2}$，且 $\triangle ABC$ 底为 $|AB| = 2\sqrt{1-x^2}$. 易得 $\triangle ABC$ 的高为 $\sqrt{3}y = \sqrt{3}\sqrt{1-x^2}$. 于是"蚌"形零件的横截面积为

$$A(x) = \frac{1}{2} \cdot 2\sqrt{1-x^2}\sqrt{3}\sqrt{1-x^2} = \sqrt{3}(1-x^2),$$

故"蚌"形零件的体积为

$$V = \int_{-1}^1 \sqrt{3}(1-x^2)dx = 2\int_0^1 \sqrt{3}(1-x^2)dx = 2\sqrt{3}\left(x - \frac{x^3}{3}\right)\Big|_0^1 = \frac{4\sqrt{3}}{3}.$$

如果需要，这个"蚌"形零件也可以求侧面积.

由图 5.100 可知 $AC + BC = 2y + 2y = 4y = 4\sqrt{1-x^2}$，于是，得侧面积微元为

$$\mathrm{d}S = 4y\sqrt{1 + \frac{3x^2}{1-x^2}}\mathrm{d}x = 4\sqrt{1-x^2}\sqrt{1 + \frac{3x^2}{1-x^2}}\mathrm{d}x = 4\sqrt{1+2x^2}\mathrm{d}x,$$

所以"蚌"形零件的侧面积为

$$S = \int_{-1}^{1} 4\sqrt{1+2x^2}\mathrm{d}x = (2x\sqrt{1+2x^2} + \ln(\sqrt{2}x + \sqrt{1+2x^2})\sqrt{2})|_{-1}^{1}$$
$$= 4\sqrt{3} - \sqrt{2}\ln(-\sqrt{2} + \sqrt{3}) + \sqrt{2}\ln(\sqrt{2} + \sqrt{3}).$$

实际问题 5.18　车刀体积

　　某机械加工车刀的形状如图 5.102 所示，它是由两个半径为 1 的 1/4 圆柱围成的部分．试求"车刀"的体积 (图 5.101).

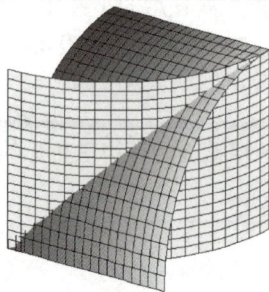

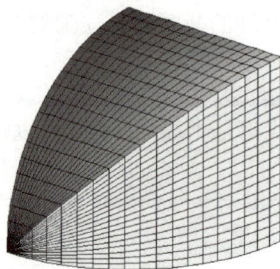

图 5.101　车刀　　　　　图 5.102　车刀毛坯　　　　　图 5.103　车刀横截面

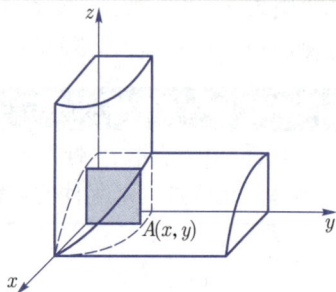

　　【解】　为方便计算，如图 5.103 所示，设圆柱底面圆的方程为 $x^2 + y^2 = 1$，距离原点 x 处"车刀"的截面如图 5.103 所示，由于 A 点在圆上，所以 $y = \sqrt{1-x^2}$，于是，得"车刀"横截面积为

$$A(x) = 1 - x^2,$$

故"车刀"的体积为

$$V = \int_0^1 (1-x^2)\mathrm{d}x = \left(x - \frac{1}{3}x^3\right)\bigg|_0^1 = \frac{2}{3}.$$

为练习的需要，求"车刀"体可见部分面积．由图 5.103 得面积微元为

$$\mathrm{d}S = 2\sqrt{1-x^2}\sqrt{1 + \frac{x^2}{1-x^2}}\mathrm{d}x = 2\mathrm{d}x,$$

于是，所求面积为

$$S = \int_0^1 2\mathrm{d}x = 2.$$

实际问题 5.19　楔锥体积

　　某楔锥形状如图 5.104 所示．它是由三个坐标平面和两个曲面 $\sqrt{x} + \sqrt{y} = \sqrt{6}, \sqrt{y} + \sqrt{z} = \sqrt{6}$ 围成，图 5.105、图 5.106 为楔锥截面，求楔锥的体积.

【解】 设距离原点 y 处的横截面如图 5.106 所示，显然横截面是一个边长为 x 的正方形，由于 A 点在 $\sqrt{x} + \sqrt{y} = \sqrt{6}$ 上，所以 $x = (\sqrt{6} - \sqrt{y})^2$，于是，得楔锥横截面积为

$$A(y) = x^2 = (\sqrt{6} - \sqrt{y})^4,$$

故楔锥的体积为

$$V = \int_0^6 (6 - \sqrt{y})^4 \mathrm{d}y = \left(36y + \frac{1}{3}y^3 - \frac{8}{5}\sqrt{6}y^{5/2} + 18y^2 - 16\sqrt{6}y^{3/2}\right)\Big|_0^6 = \frac{72}{5}.$$

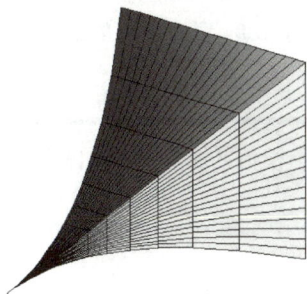

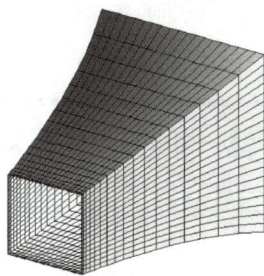

图 5.104 楔锥   图 5.105 楔锥截面   图 5.106 楔锥截面

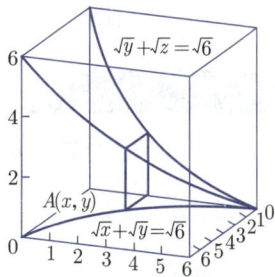

求楔锥可见部分面积. 由图 5.106 知，面积微元为

$$\mathrm{d}S = 2x\sqrt{1 + \frac{(\sqrt{6} - \sqrt{y})^2}{y}}\mathrm{d}y = 2(\sqrt{6} - \sqrt{y})^2\sqrt{1 + \frac{(\sqrt{6} - \sqrt{y})^2}{y}}\mathrm{d}y,$$

于是，所求的面积为

$$S = \int_0^6 2(\sqrt{6} - \sqrt{y})^2\sqrt{1 + \frac{(\sqrt{6} - \sqrt{y})^2}{y}}\mathrm{d}y$$
$$= 24 + 6\sqrt{2}\ln(1 + \sqrt{2}) - 6\sqrt{2}\ln(\sqrt{2} - 1).$$

实际问题 5.20 西瓜瓣形零件

西瓜瓣形零件毛坯 (图5.108) 是由两个平面切半径为 4 的圆柱所得. 如图 5.107 所示，一个平面垂直于圆柱的轴，另一个平面沿直径与第一个平面相交成 $\frac{\pi}{6}$ 角. 求西瓜瓣形零件的体积.

【解】 设圆柱的方程为 $x^2 + y^2 = 16$，若将两个平面的交线置于 x 轴，则西瓜瓣形零件的底面是半圆 $y = \sqrt{16 - x^2}, x \in [-4, 4]$. 距离原点 x 处垂直于 x 轴的横截面是一个两直角边分别为 y 和 $\frac{y}{\sqrt{3}}$ 的直角三角形，如图 5.109 所示. 由于点 $B(x, y)$ 在圆上，所以 $y = \sqrt{16 - x^2}$. 于是，得西瓜瓣形零件横截面面积为

$$A(x) = \frac{1}{2\sqrt{3}}y^2 = \frac{1}{2\sqrt{3}}(16 - x^2) = \frac{16 - x^2}{2\sqrt{3}},$$

故西瓜瓣形零件的体积为

$$V = \int_{-4}^4 \frac{16 - x^2}{2\sqrt{3}}\mathrm{d}x = \frac{1}{\sqrt{3}}\int_0^4 (16 - x^2)\mathrm{d}x = \frac{1}{\sqrt{3}}\left(16x - \frac{x^3}{3}\right)\Big|_0^4 = \frac{128}{3\sqrt{3}}.$$

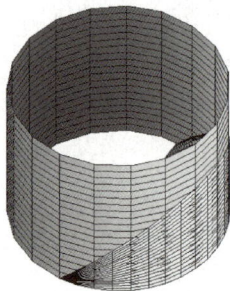

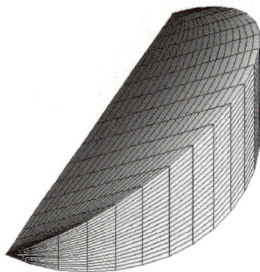

图 5.107　圆柱　　　　　　　　图 5.108　西瓜瓣形零件　　　　　　图 5.109　垂直 x 轴的截面

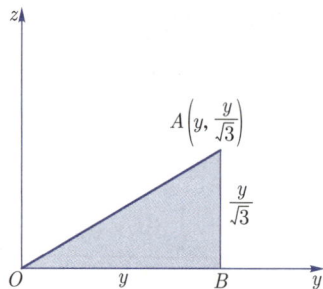

实际问题 5.21　楔体

　　一个平面与圆柱底面成 $\dfrac{\pi}{3}$ 角截圆柱 (图 5.110) 成图 5.111 所示楔体，求截得"楔体"的体积.

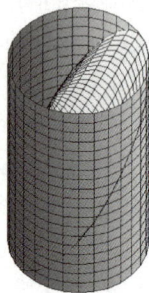

图 5.110　平面截圆柱　　　　　　图 5.111　平面截圆柱　　　　　图 5.112　垂直 y 轴的截面

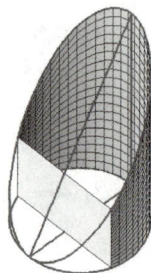

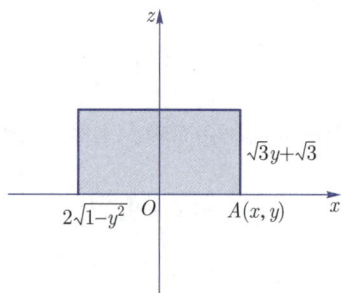

　　【解】　为便于计算，设圆柱底面半径为 1，圆柱底面圆方程为 $x^2 + y^2 = 1$. 一个比较好算的方法是，由已知易得与圆柱底面成 $\dfrac{\pi}{3}$ 角的平面截圆柱所得"楔体"的高为 $2\sqrt{3}$，从图 5.112 可以直观地看出，"楔体"的体积恰好等于半径为 1，高为 $2\sqrt{3}$ 的圆柱体积的 $\dfrac{1}{2}$，等于 $\sqrt{3}\pi$.

　　为了达到练习定积分的目的，下面给出定积分解法. 距离原点 y 处垂直 y 轴的横截面是一个长为 $2x$，高 $\sqrt{3}y + \sqrt{3}$ 的矩形，如图 5.112 所示. 由于点 $A(x, y)$ 在圆上，所以 $x = \sqrt{1 - y^2}$. 于是，得"楔体"横截面积为

$$A(y) = 2\sqrt{1 - y^2}(\sqrt{3}y + \sqrt{3}) = 2\sqrt{3}\sqrt{1 - y^2}(y + 1),$$

故"楔体"的体积为

$$V = \int_{-1}^{1} 2\sqrt{3}\sqrt{1 - y^2}(y + 1)\mathrm{d}y$$

$$= 2\sqrt{3}\left(-\frac{1}{3}(1 - y^2)^{\frac{3}{2}} + \frac{1}{2}\sqrt{1 - y^2}\,y + \frac{1}{2}\arcsin y\right)\Bigg|_{-1}^{1} = \sqrt{3}\pi.$$

5.5 定积分在工程技术中的应用

5.5.1 变力做功

实际问题 5.22 变力做功

如果施加的力沿路径变化，如压缩一个弹簧或提着一个装满液体的漏桶，问如何计算力所做的功？因为对弹簧的作用力 $F = kx$ 在不断地变化，随着液体的流失，对桶的作用力也在不断地变化，所以这是变力做功的问题.

假定做功的力 F 沿 x 轴作用在一条直线上，力的大小 F 是位移 x 的连续函数. 求力 F 从 $x = a$ 到 $x = b$ 做的功. 分割 $[a, b]$ 成 n 个小区间 $[x_{k-1}, x_k](k = 1, 2, \cdots, n)$，并在每个子区间取任意点 $\xi_k(\xi_k \in [x_{k-1}, x_k])$. 如果子区间足够短，由于 $F(x)$ 的连续性知，$F(x)$ 在 $[x_{k-1}, x_k]$ 变化很小. 因此，$F(x)$ 在 $[x_{k-1}, x_k]$ 所做的功近似于 $F(\xi_k)\Delta x_k$. 即 $F(x)$ 在 $[a, b]$ 所做功的黎曼和是

86 扫一扫

$$W \approx \sum_{k=1}^{n} F(\xi_k)\Delta x_k.$$

于是，$F(x)$ 在 $[a, b]$ 所做的功是

$$W = \int_a^b F(x)\mathrm{d}x. \tag{5.60}$$

实际问题 5.23 活塞做功

设空气压缩机的活塞面积为 A，在等温的压缩过程中，活塞由 x_1 处（此时气体体积 $V_1 = Ax_1$）压缩到 x_2（$x_2 < x_1$，此时气体体积 $V_2 = Ax_2$），见图 5.113. 求空气压缩机在这段压缩过程中消耗的功.

【解】 已知单位面积上的压强 p 为体积 V 的反比例函数，即

$$p(x) = \frac{c}{V},$$

其中 c 是比例常数. $\forall\, x \in [x_2, x_1]$，气体体积

$$V = Ax,$$

即

$$p = \frac{c}{Ax},$$

而活塞面上的压力

$$F(x) = A \cdot \frac{c}{Ax} = \frac{c}{x}.$$

在点 x 活塞运动 $\mathrm{d}x$，则在点 x 空气压缩机消耗的功的微元

$$\mathrm{d}W = -\frac{c}{x}\mathrm{d}x,$$

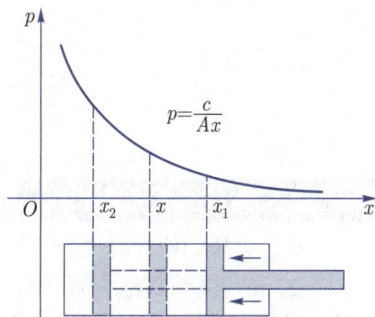

图 5.113 十字街口

其中 $-$ 号表示活塞运动的方向与 x 轴方向相反. 于是, 活塞由 x_1 压缩到 x_2 消耗的功

$$W = \int_{x_1}^{x_2} \mathrm{d}W = -c \int_{x_1}^{x_2} \frac{\mathrm{d}x}{x} = -c \ln x \Big|_{x_1}^{x_2} = c \ln \frac{x_1}{x_2}.$$

实际问题 5.24　提升一个漏水桶

从 20 m 深的水井缓慢地把一个装满 20 kg 水的漏桶提升到地面后, 水桶重量刚好变为一半 (忽略水桶自身重量), 问提水者做功多少 (取重力加速度 $g = 10 \text{ m/s}^2$)?

【解】　提升水桶需要的力等于水桶的重量, 水桶在 20 m 的提升过程中, 质量从 20 kg 减少到 10 kg, 当水桶离开水面 x m 时, 水重

$$F(x) = \left[10 + 10 \left(\frac{20 - x}{20} \right) \right] g = \left(10 + 10 - \frac{1}{2} x \right) g = \left(20 - \frac{1}{2} x \right) g.$$

提水者所做的功是

$$W = \int_0^{20} \left(20 - \frac{1}{2} x \right) g \mathrm{d}x = \left(20x - \frac{1}{4} x^2 \right) \Big|_0^{20} g = 300 \, g.$$

所以提水者所做的功是 3 000 J.

实际问题 5.25　汽车悬挂系统

汽车悬挂系统 (图 5.114) 是通过对弹簧的压缩和拉伸来达到减震目的的. 已知一弹簧在 10 N 力的作用下可伸长 0.1 m, 试求当弹簧伸长 0.5 m 时, 力所做的功.

【解】　由胡克定律可知, 在弹性限度内, 弹簧的伸长与所受外力成正比, $F(x) = kx$, 即由题设可知, $10 = k \times 0.1$, 故 $k = 100$. 从而

$$F(x) = 100x,$$

于是

$$W = \int_0^{0.5} 100x \mathrm{d}x = 50x^2 \Big|_0^{0.5} = 12.5 (\text{J}).$$

实际问题 5.26　抽水所做的功

修建大桥的桥墩时先要下围图, 并且抽尽其中的水以便施工, 已知围图的直径为 20 m, 水深 27 m, 围图高出水面 3 m, 求抽尽水所做的功.

【解】　如图 5.115 所示, 设 x 为积分变量, 积分区间为 $[3, 30]$, 故所求的功为

$$W = \int_3^{30} 9.8 \times 10^5 \pi x \mathrm{d}x = 9.8 \times 10^5 \pi \left(\frac{x^2}{2} \right) \Big|_3^{30} \approx 1.37 \times 10^9 \ (\text{J}).$$

图 5.114 汽车悬挂系统

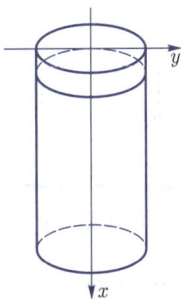

图 5.115 桥墩围囹

图 5.116 打桩机

实际问题 5.27 打桩所做的功

用锤子向木板钉钉子,设木板对钉子的阻力与钉子钉入木板的深度成正比. 在锤子击打钉子第一次时,钉子钉入木板 1 cm,如果铁锤每次击打钉子所做的功相等,问第二次击打钉子进入木板多少?

为建高楼大厦的地基,根据地质条件用打桩机向地下打桩(图5.116),其原理与用锤子向木板钉钉子相同.

【解】 设钉子钉入木板的深度为 x,由题意知,阻力 $F = kx$,锤子第一次打击钉子所做的功

$$W_1 = \int_0^1 F\mathrm{d}x = \int_0^1 kx\mathrm{d}x = \frac{1}{2}k.$$

设锤子第二次打击钉子后,钉子进入木板的总深度为 l,铁锤第二次打击钉子所做的功为

$$W_2 = \int_1^l F\mathrm{d}x = \int_1^l kx\mathrm{d}x = \frac{1}{2}k(l^2 - 1).$$

由于铁锤两次击打钉子所做的功相等,即

$$\frac{1}{2}k = \frac{1}{2}k(l^2 - 1),$$

解得 $l = \sqrt{2}$,因此第二次钉钉子又进入 $(\sqrt{2} - 1)$ cm.

实际问题 5.28 拉伸弹簧所做的功

已知 1 N 的力是弹簧拉伸 1 cm,求使弹簧拉长 5 cm 拉力所做的功(如图 5.117 所示).

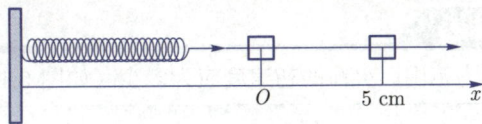

图 5.117 拉伸弹簧做功

【解】 有胡克定律知,在弹性限度内拉伸弹簧所需的力 F 与弹簧拉伸长度 x 成正比,即

$$F = kx,$$

k 为劲度系数. 已拉长 $x = 1$ cm $=0.01$ m,需力 $F = 1$ N,于是 $k = 100$ N/m,即

$$F(x) = 100x,$$

于是，力 F 拉伸弹簧 $5\text{ cm} = 0.05\text{ m}$ 所做的功为

$$W = \int_0^{0.05} F(x)\mathrm{d}x = \int_0^{0.05} 100x\mathrm{d}x = 50x^2\Big|_0^{0.05} = 0.125\ (\text{J}).$$

实际问题 5.29　抽水机做功

　　设有一直径为 8 m 的半球形水池，盛满水，若将水池中的水抽干，问抽水机至少要做多少功？

　　【解】　如图 5.118 所示建立坐标系，池壁与 xOy 平面的交线为半圆周 $x^2 + y^2 = 16 \quad (x \geqslant 0)$.
取 x 为积分变量，$x \in [0, 4]$. 与小区间 $[x, x + \mathrm{d}x]$ 对应的厚度为 $\mathrm{d}x$ 的一层水的体积

$$\mathrm{d}V \approx \pi y^2 \mathrm{d}x = \pi(16 - x^2)\mathrm{d}x,$$

其所受的重力

$$\mathrm{d}p \approx \rho g \mathrm{d}V = \rho \pi g (16 - x^2)\mathrm{d}x,$$

其中水的密度 $\rho = 10^3\text{ kg/m}^3$，重力加速度 $g = 9.8\text{ m/s}^2$，把这层水抽出，至少需要提升 x m 距离，故至少需要做功

$$\Delta W \approx \mathrm{d}W = \rho \pi g (16 - x^2)x\mathrm{d}x,$$

因此，把半球形水池中的水抽干至少需要做功

$$W = \int_0^4 \rho \pi g (16 - x^2)x\mathrm{d}x = -\frac{1}{4}\rho\pi g (16 - x^2)^2\Big|_0^4$$

$$= 64\rho\pi g \approx 1\ 969.4\ (\text{kJ}).$$

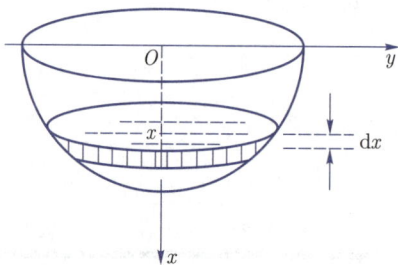

图 5.118　半球形水池

图 5.119　火箭发射

实际问题 5.30　火箭的初速度

　　若要火箭飞离地球引力范围，火箭的初速度应为多少（如图 5.119 所示）？

　　【解】　地球对火箭的引力为 $F = k\dfrac{Mm}{r^2}$，其中 r 为地球中心到火箭的距离，M 为地球的质量，m 为火箭的质量，k 为引力常数. 假设火箭在地面上，即 $r = R$，地球对火箭的引力为 $F = m\dfrac{kM}{R^2} = mg$，其中 g 为重力加速度，由此得 $k = \dfrac{R^2 g}{M}$，故 $F = \dfrac{R^2 g}{M} \dfrac{mM}{r^2} = mg\left(\dfrac{R}{r}\right)^2$. 火箭从 R_1 到 R_2，地球引力所做功为

$$W = \int_{R_1}^{R_2} (-F)\mathrm{d}r = -\int_{R_1}^{R_2} mg\left(\frac{R}{r}\right)^2 \mathrm{d}r = mgR^2\left(\frac{1}{R_2} - \frac{1}{R_1}\right).$$

~~~~~~~~~~~~~~~~~~~~~~~~~~~~~~~~~~~~~

取 $R_1 = R, R_2 \to +\infty$, 得 $W = -mgR$.

因此要使火箭脱离地球引力范围, 必须克服地球引力对火箭做功, 即发射火箭时, 火箭的动能至少等于地球引力对火箭做功, $\frac{1}{2}mv_0^2 = mgR$, 将 $g = 9.8 \text{ m/s}^2$, $R = 6\,371 \times 10^6 \text{ m}$ 代入得 $v_0 = 11.2 \text{ km/s}$.

5.5.2 流体的压强和压力

在潜水过程中, 随着下潜, 水的压强越来越大, 将这个问题模型化, 假如有一个面积为 A 的薄平板浸没在密度为 ρ 的液体中, 平板距离液面 d, 平板上面的液体体积为 $V = Ad$, 质量为 $m = \rho Ad$, 因此液体对平板的压力为

$$F = mg = \rho g Ad. \tag{5.61}$$

板上的压强 p 定义为单位面积承受的压力

$$p = \frac{F}{A} = \rho g d. \tag{5.62}$$

实际问题 5.31 三峡大坝

1994 年 12 月 14 日, 位于西陵峡中段的湖北省宜昌市三斗坪的当今世界第一大的水电工程——三峡大坝工程正式动工. 工程总投资为 954.6 亿元人民币, 其中枢纽工程 500.9 亿元; 113 万移民的安置费 300.7 亿元; 输变电工程 153 亿元. 工程施工总工期自 1993 年到 2009 年共 17 年. 坝顶总长 3 035 m, 坝顶高 185 m, 正常蓄水位 175 m, 总库容 393 亿 m^3, 其中防洪库容 221.5 亿 m^3, 能够抵御百年一遇的特大洪水. 配有 26 台发电机的两个电站, 年均发电量 849 亿度. 航运能力将从现有的 1 000 万 t 提高到 5 000 万 t, 万吨级船队可直达重庆. 三峡大坝建成后, 形成长达 600 km 的巨型水库, 成为世界罕见的新景观如图 5.120 所示.

试估算蓄水后大坝所承受的静压力 (大坝迎水面按矩形计算).

【解】 设积分区间为 $[0, 175]$, 则大坝所受压力微元为

$$\mathrm{d}F = P\mathrm{d}S = \rho g x 3\,035\mathrm{d}x.$$

其中, $\rho = 1\,000 \text{ kg/m}^3, g = 9.8 \text{ m/s}^2$. 于是, 大坝所承受的静压力为

$$F = \int_0^{175} \rho g x \times 3\,035\mathrm{d}x = 1\,000 \times 9.8 \times 3\,035 \int_0^{175} x\mathrm{d}x$$

$$= 1\,000 \times 9.8 \times 3\,035 \times \frac{1}{2}x^2 \Big|_0^{175} = 4.58 \times 10^{11}(\text{N}).$$

大坝所承受的静压力为 $4.58 \times 10^{11}\text{N}$.

实际问题 5.32 水闸压力

有一等腰三角形闸门, 垂直于水中, 底面与水面平齐, 已知闸门底面边长为 a m, 高为 h m, 试求闸门一侧所受水的压力.

【解】 如图 5.121 所示, 则三角形一腰的方程为

$$y = \frac{a}{2}\left(1 - \frac{x}{h}\right),$$

由帕斯卡定律知，压力与水深成正比，同一深度的压强相等，于是将闸门分割成 n 个小横条，即取变量 x 为积分变量，$x \in [0, h]$，对应小区间 $[x, x + \mathrm{d}x]$，闸门上有高为 $\mathrm{d}x$ 的小条，其面积

$$\Delta A \approx \mathrm{d}A = 2y\mathrm{d}x = a\left(1 - \frac{x}{h}\right)\mathrm{d}x \ (\mathrm{m}^3),$$

其上的压力近似于 $gx \ \mathrm{kN/m^2}$，g 为重力加速度，故其上所受水的压力

$$\Delta F \approx \mathrm{d}F = agx\left(1 - \frac{x}{h}\right)\mathrm{d}x \ (\mathrm{kN}),$$

于是闸门所受水的压力为

$$F = \int_0^h agx\left(1 - \frac{x}{h}\right)\mathrm{d}x = ag\left(\frac{1}{2}x^2 - \frac{1}{3h}x^3\right)\Big|_0^h = \frac{g}{6}ah^2 \ (\mathrm{kN}).$$

图 5.120　三峡大坝

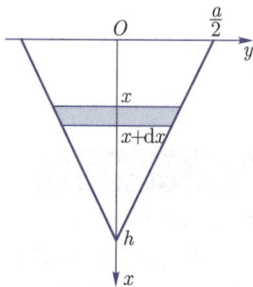

图 5.121　三角形闸门

实际问题 5.33　薄板压力

　　设有一薄板，其边缘为一抛物线，如图 5.122 和图 5.123 所示，垂直沉入水中. (1) 若定点恰在水面上，试求薄板所受的静压力；薄板下沉多深时，压力加倍？(2) 若将薄板倒置使弦恰在水面上，求薄板所受的静压力；将薄板下沉多深时，压力加倍？

【解】　(1) 由图 5.122 可知抛物线方程为 $y^2 = \dfrac{9}{5}x$，利用微元法，有

$$\mathrm{d}F = \rho x \cdot 2y\mathrm{d}x = \frac{6\sqrt{5}}{5}\rho x^{\frac{3}{2}}\mathrm{d}x,$$

其中 ρ 为水的密度与重力加速度的乘积. 积分得水对薄板的静压力

$$F = \frac{6\sqrt{5}}{5}\rho \int_h^{20} x^{\frac{3}{2}}\mathrm{d}x = 1\,920\rho.$$

设薄板下沉 h 后，压力增加一倍，则有

$$\frac{6\sqrt{5}}{5}\rho \int_h^{h+20} x\sqrt{x - h}\,\mathrm{d}x = 2 \times 1\,920\rho,$$

于是

$$32\rho(60 + 5h) = 3\,840\rho,$$

解得 $h = 12$.

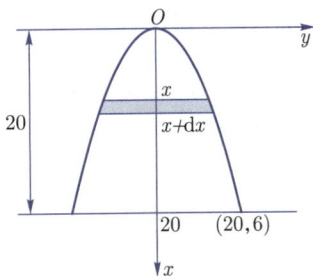

图 5.122　抛物线形薄板　　　　　　　图 5.123　抛物线形薄板

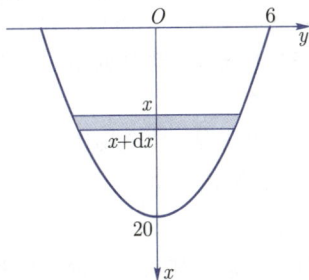

(2) 如图 5.123 建立坐标系, 曲线方程为 $y^2 = -\dfrac{9}{5}(x - 20)$, 用微元法, 有

$$\mathrm{d}F = \rho \cdot 2y\mathrm{d}x = \frac{6\sqrt{5}}{5}\rho x\sqrt{20 - x}\mathrm{d}x,$$

积分得水对薄板的静压力

$$F = \frac{6\sqrt{5}}{5}\rho \int_0^{20} x\sqrt{20 - x}\mathrm{d}x = 1\,280\rho.$$

设薄板下沉 h 后, 压力增加一倍, 则有

$$\frac{6\sqrt{5}}{5}\rho \int_h^{h+20} x\sqrt{20 + h - x}\mathrm{d}x = 2 \times 1\,280\rho,$$

于是

$$160\rho(8 + h) = 2\,560\rho,$$

解得 $h = 8$.

5.5.3　矩和质心

若细棒质量均匀分布, 长度为 l, 线密度为 ρ, 则细棒的质量为 $m = l\rho$. 若细棒的质量不均匀分布, 则不能用公式 $m = l\rho$ 直接计算细棒的质量. 那么应该怎样计算呢?

88 扫一扫

实际问题 5.34　一棵松木杆的质量

设有一质量分布不均匀的松木杆, 其长度为 l, 在距离左端 x 处的线密度为 $\rho = \rho(x)$, 求松木杆的质量.

【解】　选取 x 轴, 在 $[x, x + \mathrm{d}x]$ 松木杆的质量微元为

$$\mathrm{d}m = \rho(x)\mathrm{d}x.$$

于是, 松木杆的质量为

$$m = \int_0^l \rho(x)\mathrm{d}x.$$

　　若对于任意形状的薄板，存在一点 P，以 P 点为支点能使薄板保持水平平衡，则这点 P 称为薄板的质心 (也称几何重心或形心).

　　先考察简单情况，两个物体 m_1 和 m_2 连在质量忽略不计的杠杆的两端，位于支点的两侧，分别距离支点 d_1 和 d_2. 如果满足

$$m_1 d_1 = m_2 d_2,$$

则杠杆平衡. 这是阿基米德发现的实验定律，称为杠杆定律.

　　如图 5.124 所示，假设杠杆处于 x 轴，m_1 在 x_1，m_2 在 x_2，质心在 $\overline{x}$，于是，有

$$m_1(\overline{x} - x_1) = m_2(x_2 - \overline{x}),$$

$$m_1\overline{x} + m_2\overline{x} = m_1 x_1 + m_2 x_2,$$

$$\overline{x} = \frac{m_1 x_1 + m_2 x_2}{m_1 + m_2}. \tag{5.63}$$

　　一般地，如果有 n 个质量为 $m_1, m_2, \cdots, m_n$ 的质点位于 x 轴的 $x_1, x_2, \cdots, x_n$，则质心坐标为

$$\overline{x} = \frac{\displaystyle\sum_{i=1}^{n} m_i x_i}{\displaystyle\sum_{i=1}^{n} m_i} = \frac{\displaystyle\sum_{i=1}^{n} m_i x_i}{m}. \tag{5.64}$$

其中，$m = \displaystyle\sum_{i=1}^{n} m_i$，$x$ 轴上点对原点的力矩 (一阶矩) 和为 $M = \displaystyle\sum_{i=1}^{n} m_i x_i$.

　　如图 5.125 所示，给出位于 Oxy 平面 $(x_1, y_1), (x_2, y_2), \cdots, (x_n, y_n)$ 点的质量为 $m_1, m_2, \cdots, m_n$ 的 n 个质点. 这些质点对 y 轴的力矩 (一阶矩) 和为

$$M_y = \sum_{i=1}^{n} m_i x_i. \tag{5.65}$$

　　对 x 轴的力矩和为

$$M_x = \sum_{i=1}^{n} m_i y_i. \tag{5.66}$$

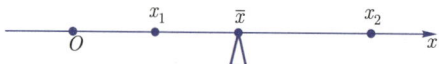

图 5.124　杠杆

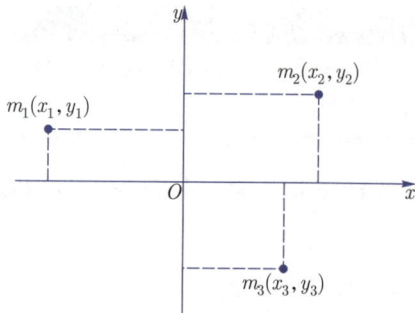

图 5.125　平面质点

质心坐标 $(\overline{x}, \overline{y})$ 为

$$\overline{x} = \frac{M_y}{m}, \quad \overline{y} = \frac{M_x}{m}. \tag{5.67}$$

其中 $m = \sum\limits_{i=1}^{n} m_i$.

为了降低难度, 这里直接给出曲边梯形均匀薄板 (图 5.126) 的质心 $(\overline{x}, \overline{y})$ 的计算公式

$$\overline{x} = \frac{M_y}{m} = \frac{\rho \displaystyle\int_a^b xf(x)\mathrm{d}x}{\rho \displaystyle\int_a^b f(x)\mathrm{d}x} = \frac{\displaystyle\int_a^b xf(x)\mathrm{d}x}{\displaystyle\int_a^b f(x)\mathrm{d}x} = \frac{1}{A}\int_a^b xf(x)\mathrm{d}x, \tag{5.68}$$

$$\overline{y} = \frac{M_x}{m} = \frac{\rho \displaystyle\int_a^b \frac{1}{2}f^2(x)\mathrm{d}x}{\rho \displaystyle\int_a^b f(x)\mathrm{d}x} = \frac{1}{2}\frac{\displaystyle\int_a^b f^2(x)\mathrm{d}x}{\displaystyle\int_a^b f(x)\mathrm{d}x} = \frac{1}{2A}\int_a^b f^2(x)\mathrm{d}x. \tag{5.69}$$

任意形状的均匀薄板的质心 $(\overline{x}, \overline{y})$ 的计算公式如图 5.127 所示.

$$\overline{x} = \frac{1}{A}\int_a^b x(f(x) - g(x))\mathrm{d}x, \tag{5.70}$$

$$\overline{y} = \frac{1}{2A}\int_a^b |f^2(x) - g^2(x)|\mathrm{d}x. \tag{5.71}$$

其中 A 是薄板的面积.

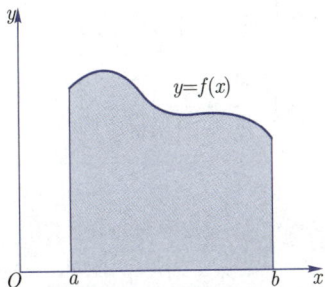

图 5.126 曲边梯形薄板

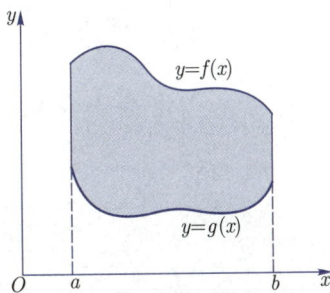

图 5.127 任意形状薄板

经典例题 5.27 如图 5.128 所示, 求曲线 $y = \cos x, y = 0, x = 0, x = \dfrac{\pi}{2}$ 围成区域的形心.

【解】 区域的面积为

$$A = \int_0^{\frac{\pi}{2}} \cos x \mathrm{d}x = \sin x \Big|_0^{\frac{\pi}{2}} = 1.$$

由式 (5.70) 和式 (5.71), 得

$$\overline{x} = \frac{1}{A}\int_0^{\frac{\pi}{2}} xf(x)\mathrm{d}x = \int_0^{\frac{\pi}{2}} x\cos x \mathrm{d}x = x\sin x \Big|_0^{\frac{\pi}{2}} - \int_0^{\frac{\pi}{2}} \sin x \mathrm{d}x = \frac{\pi}{2} - 1,$$

$$\overline{y} = \frac{1}{2A}\int_0^{\frac{\pi}{2}} f^2(x)\mathrm{d}x = \frac{1}{2}\int_0^{\frac{\pi}{2}} \cos^2 x \mathrm{d}x$$

$$= \frac{1}{4} \int_0^{\frac{\pi}{2}} (1 + \cos 2x) \mathrm{d}x = \frac{1}{4} \left(x + \frac{1}{2} \sin 2x \right) \Big|_0^{\frac{\pi}{2}} = \frac{\pi}{8}.$$

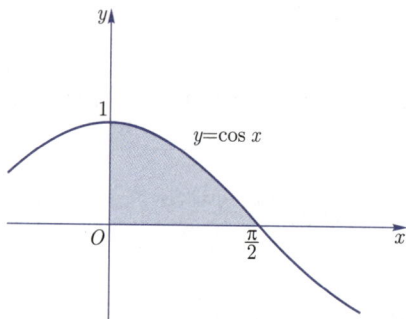

图 5.128　曲边三角形薄板

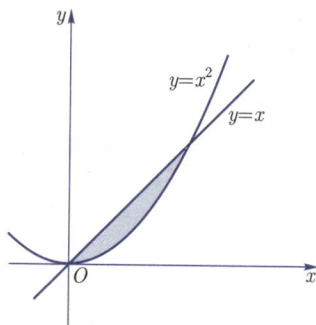

图 5.129　竹叶刀

即形心坐标为 $\left(\frac{\pi}{2} - 1, \frac{\pi}{8} \right)$.

经典例题 5.28　如图 5.129 所示，求曲线 $y = x, y = x^2$ 围成区域的形心.

【解】　由题意得

$$A = \int_0^1 (x - x^2) \mathrm{d}x = \left(\frac{x^2}{2} - \frac{x^3}{3} \right) \Big|_0^1 = \frac{1}{6}.$$

由 (5.66) 式，得

$$\overline{x} = \frac{1}{A} \int_0^1 x(x - x^2) \mathrm{d}x = 6 \int_0^1 (x^2 - x^3) \mathrm{d}x = 6 \left(\frac{x^3}{3} - \frac{x^4}{4} \right) \Big|_0^1 = \frac{1}{2},$$

$$\overline{y} = \frac{1}{2A} \int_0^1 (x^2 - x^4) \mathrm{d}x = 3 \int_0^1 (x^2 - x^4) \mathrm{d}x = 3 \left(\frac{x^3}{3} - \frac{x^5}{5} \right) \Big|_0^1 = \frac{2}{5}.$$

即形心坐标为 $\left(\frac{1}{2}, \frac{2}{5} \right)$.

5.5.4　定积分的工程应用

实际问题 5.36　石油消耗

　　世界石油消耗总量的增长速度持续上升，根据历史数据估算，从 1990 年到 1995 年这段时间石油消耗总量的增长速度为 $r(t) = 320\mathrm{e}^{0.05t}$（亿桶/年），试求从 1990 年到 1995 年这段时间内的石油消耗总量是多少？

【解】　设从 1990 年起的第 t 年的石油总量为 $Q(t)$，由题意知

$$Q'(t) = r(t) = 320\mathrm{e}^{0.05t} \quad (t \in [0, 5]),$$

因此，从 1990 年到 1995 年这段时间内的石油消耗总量

$$Q = \int_0^5 Q'(t) \mathrm{d}t = \int_0^5 r(t) \mathrm{d}t = \int_0^5 320\mathrm{e}^{0.05t} \mathrm{d}t$$

$$= 320 \cdot \frac{1}{0.05} e^{0.05t} \Big|_0^5 = 6\,400(e^{0.25} - 1) \approx 1\,817.76 \text{ (亿桶)}.$$

实际问题 5.37　汽车刹车距离

一辆汽车正以 10 m/s 的速度匀速直线行驶，突然发现路面上有一个障碍物，于是以 -1 m/s^2 的加速度匀减速停下，求汽车的刹车距离.

【解】 车以 -1 m/s^2 加速度行驶. 由 $v'(t) = -1$，得

$$v(t) = \int v'(t)\mathrm{d}t = \int (-1)\mathrm{d}t = -t + C. \tag{5.72}$$

将 $v(0) = 10$ 代入式 (5.72)，得 $C = 10$，于是 $v(t) = 10 - t$.

设从开始刹车到汽车停下来（汽车的速度为 0 时），汽车的运行时间为 t. 令 $v(t) = 10 - t = 0$，得 $t = 10$ s.

由速度和路程之间的关系，得汽车的刹车距离

$$s = \int_0^{10} v(t)\mathrm{d}t = \int_0^{10} (10 - t)\mathrm{d}t = \left(10t - \frac{1}{2}t^2\right)\Big|_0^{10} = 50 \text{ m}.$$

实际问题 5.38　十字路口黄灯闪烁时间的确定

已知十字路口的宽度为 D，市政交通部门对该段道路的最大限速是 v_0，交通部门统计的驾驶员的平均反应时间是 t_1，制动加速度是 $-a_0$. 试确定十字路口红绿灯中黄灯的闪烁时间（如图 5.130 所示）.

【解】 行驶的车辆要停车是需要时间的，在这段时间内车辆还会行驶一段距离，在离路口距离为 L 处画一条停车线，对于黄灯亮时已经过线的车辆，则应当保证它们仍能通过路口而不至于与横向车流相撞. 已知道路的宽度为 D，现在的问题是如何确定 L 的大小. L 的大小应分为两段 L_1 和 L_2，L_1 是以速度 v_0 行驶的车辆驾驶员从看见黄灯时刻起到他刹车的反应时间 t_1 内车辆行驶的距离，L_2 为以速度 v_0 行驶的车辆以加速度 $-a_0$ 制动后到停下来车辆行驶的距离.

设汽车刹车的时刻为 $t = 0$，刹车后汽车减速行驶，其速度函数 $v(t)$ 满足 $v'(t) = -a_0$，则

$$v(t) = \int -a_0\mathrm{d}t = -\frac{a_0 t^2}{2} + C,$$

由 $v(0) = v_0$，求得速度函数 $v(t) = v_0 - a_0 t$，当汽车停住时，$v(t) = 0$，从而得 $t_0 = \frac{v_0}{a_0}$，于是从刹车到汽车停下来，汽车行驶的距离为

图 5.130　十字街口

$$L_2 = \int_0^{t_0} v(t)\mathrm{d}t = \int_0^{t_0} (v_0 - a_0 t)\mathrm{d}t = \frac{v_0^2}{2a_0},$$

那么黄灯应该亮多久呢？通过上面的推导知，黄灯闪烁的时间包括从驾驶员看到黄灯开始到汽车停下来车辆行驶的距离 $L = v_0 t_1 + \frac{v_0^2}{2a_0}$ 所用的时间，和让已经过线的车辆顺利通过路口所用的时间，因此，黄灯闪烁时间至少应为

$$T = \frac{D + L}{v_0}.$$

实际问题 5.39　河道流量与土方工程

某段河道宽 100 m，岸与河道最深处的垂直距离为 20 m，河床截面为抛物线形，为抗洪需要将河床截面改成梯形，梯形的下底宽为 60 m，试问：

(1) 改造后河道的水流量是改造前的多少倍（河道截面面积之比）；

(2) 在施工过程中，将 1 m 长河道里挖出的泥土运到河岸上，至少要做多少功？（设 1 m³ 泥土重 ρ N.）

【解】　(1) 如图 5.131 所示建立坐标系，得抛物线方程 $y = \dfrac{x^2}{125}$，故改造前河道截面面积为

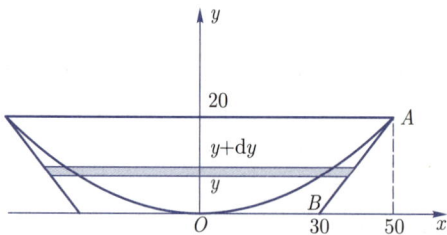

图 5.131　河道截面

$$A_1 = 2 \int_0^{50} \left(20 - \frac{x^2}{125} \right) \mathrm{d}x = \frac{4\,000}{3}\,(\mathrm{m}^2)\,,$$

改造后河道截面面积为

$$A_2 = \frac{1}{2}(100 + 60) \times 20 = 1\,600\,(\mathrm{m}^2)\,,$$

因此水流量是改造前的 $\dfrac{A_2}{A_1} = 1.2$ 倍.

(2) 直线 AB 的方程为 $y = x - 30$，抛物线方程为 $y = \dfrac{x^2}{125}$，根据微元法，得

$$W = 2\rho \int_0^{20} (y + 30 - 5\sqrt{5y})(20 - y)\mathrm{d}y = 4\,000\rho\,(\mathrm{J})\,.$$

5.6　无穷积分与瑕积分

5.6.1　无穷积分

前面讨论定积分，都是以有限积分区间与有界连续函数为前提，但在实际问题中，往往需要突破这两个限制，把定积分概念推广到无限积分区间或被积函数为无界的情形，就是无穷积分和瑕积分.

◆ 定义 5.4　无穷积分

设函数 $f(x)$ 在 $[a, +\infty)$ 上连续，取 $b > a$，把极限 $\displaystyle\lim_{b \to +\infty} \int_a^b f(x)\mathrm{d}x$ 称为 $f(x)$ 在 $[a, +\infty)$ 上的无穷积分，记为 $\displaystyle\int_a^{+\infty} f(x)\mathrm{d}x$，即

$$\int_a^{+\infty} f(x)\mathrm{d}x = \lim_{b \to +\infty} \int_a^b f(x)\mathrm{d}x. \tag{5.73}$$

若极限存在，称无穷积分 $\displaystyle\int_a^{+\infty} f(x)\mathrm{d}x$ 收敛；若极限不存在，则称无穷积分 $\displaystyle\int_a^{+\infty} f(x)\mathrm{d}x$ 发散.

类似地, 可定义 $f(x)$ 在 $(-\infty, b]$ 上的无穷积分为

$$\int_{-\infty}^{b} f(x)\mathrm{d}x = \lim_{a \to -\infty} \int_{a}^{b} f(x)\mathrm{d}x. \tag{5.74}$$

$f(x)$ 在 $(-\infty, +\infty)$ 上的无穷积分定义为

$$\int_{-\infty}^{+\infty} f(x)\mathrm{d}x = \int_{-\infty}^{c} f(x)\mathrm{d}x + \int_{c}^{+\infty} f(x)\mathrm{d}x. \tag{5.75}$$

式中 c 为任意实数. 当右端两个无穷积分都收敛时, 无穷积分 $\int_{-\infty}^{+\infty} f(x)\mathrm{d}x$ 收敛, 否则, 只要其中一个发散, 无穷积分 $\int_{-\infty}^{+\infty} f(x)\mathrm{d}x$ 发散.

实际问题 5.40 加布里尔喇叭悖论

17 世纪末, 法国油漆匠加布里尔·塔尔德提出了一个加布里尔喇叭悖论. 加布里尔喇叭是 $y = \dfrac{1}{x}, x \in [1, +\infty)$ 的图像绕 x 轴旋转一周所形成的旋转面. 这个简单的三维图形有一个奇特的性质: 体积有限, 面积无限.

加布里尔喇叭会导出一个非常诡异的悖论: 如果用涂料把加布里尔喇叭的表面刷一遍, 则需要无穷多涂料; 然而把涂料倒进加布里尔喇叭填满整个内部空间, 所需的涂料反而有限. 这是历史上油漆匠加布里尔向微积分的发现者牛顿提出的质疑. 这是一个悖论.

【解】 如图 5.132 所示, 求曲线 $y = x^{-1}, x \in [1, \infty)$, 绕 x 轴一周所围成的加布里尔喇叭 (图 5.133) 的面积. 因为加布里尔喇叭无限长, 在 x 轴正方向无限延伸. 这时积分区间是无限区间 $[1, +\infty)$, 所以不能直接用前面所学的定积分来计算面积. 任取 $b(b > 1)$, 则在 $[1, b]$ 上由曲线 $y = x^{-1}$ 旋转所围成旋转面的面积微元为

$$\mathrm{d}S = 2\pi x^{-1}\sqrt{1 + \frac{1}{x^4}}\mathrm{d}x,$$

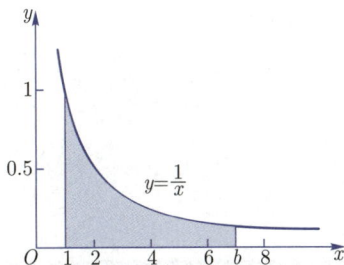

图 5.132 平面曲线

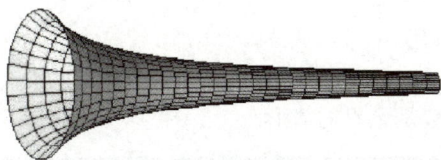

图 5.133 细长喇叭

90 扫一扫

于是, 加布里尔喇叭的面积为

$$S = \lim_{b \to +\infty} \int_{1}^{b} 2\pi x^{-1}\sqrt{1 + \frac{1}{x^4}}\mathrm{d}x \geqslant \lim_{b \to +\infty} \int_{1}^{b} 2\pi x^{-1}\mathrm{d}x = \lim_{b \to \infty} 2\pi \ln b = \infty,$$

即加布里尔喇叭的表面积无限, 现在计算加布里尔喇叭有限的体积. 加布里尔喇叭是曲线 $y = x^{-1}, x \in [1, \infty)$ 绕 x 轴旋转一周所得的旋转体. 因此, 加布里尔喇叭的体积微元为

$$\mathrm{d}V = \pi x^{-2}\mathrm{d}x.$$

所以，加布里尔喇叭的体积为

$$V = \lim_{b \to +\infty} \int_1^b \pi x^{-2} \mathrm{d}x = \lim_{b \to +\infty} \left(-\frac{\pi}{x} \Big|_1^b \right) = \lim_{b \to +\infty} \pi \left(1 - \frac{1}{b} \right) = \pi.$$

经典例题 5.29　求 $\displaystyle\int_0^{+\infty} \mathrm{e}^{-x} \mathrm{d}x$.

【解】 $\displaystyle\int_0^{+\infty} \mathrm{e}^{-x} \mathrm{d}x = \lim_{b \to +\infty} \int_0^b \mathrm{e}^{-x} \mathrm{d}x = \lim_{b \to +\infty} \left(-\mathrm{e}^{-x} \right) \Big|_0^b = \lim_{b \to +\infty} \left(-\mathrm{e}^{-b} + 1 \right) = 1.$

在运算过程中，我们常常省去极限记号，形式上直接利用牛顿-莱布尼茨公式的格式进行计算，即

$$\int_a^{+\infty} f(x) \mathrm{d}x = F(x) \Big|_a^{+\infty} = F(+\infty) - F(a),$$

$$\int_{-\infty}^b f(x) \mathrm{d}x = F(x) \Big|_{-\infty}^b = F(b) - F(-\infty),$$

$$\int_{-\infty}^{+\infty} f(x) \mathrm{d}x = F(x) \Big|_{-\infty}^{+\infty} = F(+\infty) - F(-\infty).$$

式中 $F(x)$ 为 $f(x)$ 的一个原函数，记号 $F(\pm\infty)$ 应理解为极限运算，即 $F(\pm\infty) = \lim_{x \to \pm\infty} F(x)$.

经典例题 5.30　讨论无穷积分 $\displaystyle\int_a^{+\infty} \frac{1}{x^p} \mathrm{d}x$ 的敛散性.

【解】 当 $p > 1$ 时

$$\int_a^{+\infty} \frac{1}{x^p} \mathrm{d}x = \frac{1}{1-p} x^{1-p} \Big|_a^{+\infty} = \frac{1}{(p-1)a^{p-1}},$$

无穷积分收敛. 当 $p = 1$ 时

$$\int_a^{+\infty} \frac{1}{x^p} \mathrm{d}x = \int_a^{+\infty} \frac{1}{x} \mathrm{d}x = \ln x \Big|_a^{+\infty} = +\infty,$$

无穷积分发散. 当 $p < 1$ 时

$$\int_a^{+\infty} \frac{1}{x^p} \mathrm{d}x = \frac{1}{1-p} x^{1-p} \Big|_a^{+\infty} = +\infty,$$

无穷积分发散.

5.6.2　瑕积分

现在讨论被积函数是无界的情形.

◆ **定义 5.5　瑕积分**

设 $f(x)$ 在 $(a,b]$ 上连续，且 $\lim_{x \to a^+} f(x) = \infty$，取 $\xi > 0$，则称极限 $\lim_{\xi \to 0^+} \int_{a+\xi}^b f(x) \mathrm{d}x$ 为 $f(x)$ 在 $(a,b]$ 上的瑕积分，记为 $\displaystyle\int_a^b f(x) \mathrm{d}x$，即

$$\int_a^b f(x) \mathrm{d}x = \lim_{\xi \to 0^+} \int_{a+\xi}^b f(x) \mathrm{d}x. \tag{5.76}$$

若极限存在，则称瑕积分 $\int_a^b f(x)\mathrm{d}x$ 收敛；若极限不存在，则称瑕积分 $\int_a^b f(x)\mathrm{d}x$ 发散.

类似地，当 $x = b$ 为 $f(x)$ 的无穷间断点时，即 $\lim\limits_{x \to b^-} f(x) = \infty$，在 $[a, b)$ 的瑕积分定义为

$$\int_a^b f(x)\mathrm{d}x = \lim_{\xi \to 0^+} \int_a^{b-\xi} f(x)\mathrm{d}x. \tag{5.77}$$

当无穷间断点 $x = c$ 位于 $[a, b]$ 内部时，定义瑕积分 $\int_a^b f(x)\mathrm{d}x$ 为

$$\int_a^b f(x)\mathrm{d}x = \int_a^c f(x)\mathrm{d}x + \int_c^b f(x)\mathrm{d}x. \tag{5.78}$$

上式右端两个积分均为瑕积分，当这两个瑕积分都收敛时，瑕积分 $\int_a^b f(x)\mathrm{d}x$ 才收敛，否则，只要有一个发散，瑕积分 $\int_a^b f(x)\mathrm{d}x$ 也发散.

经典例题 5.31　求瑕积分 $\int_0^a \dfrac{\mathrm{d}x}{\sqrt{a^2 - x^2}} (a > 0)$.

【解】　$x = a$ 为被积函数的无穷间断点，所以

$$\int_0^a \frac{\mathrm{d}x}{\sqrt{a^2 - x^2}} = \lim_{\xi \to 0^+} \int_0^{a-\xi} \frac{\mathrm{d}x}{\sqrt{a^2 - x^2}}$$

$$= \lim_{\xi \to 0^+} \arcsin \frac{x}{a} \Big|_0^{a-\xi} = \lim_{\xi \to 0^+} \arcsin \frac{a-\xi}{a} = \frac{\pi}{2}.$$

经典例题 5.32　求瑕积分 $\int_0^1 \ln x\,\mathrm{d}x$.

【解】　$x = 0$ 是被积函数的无穷间断点，所以

$$\int_0^1 \ln x\,\mathrm{d}x = \lim_{\xi \to 0^+} \int_\xi^1 \ln x\,\mathrm{d}x = \lim_{\xi \to 0^+} \left(x \ln x \big|_\xi^1 - \int_\xi^1 \mathrm{d}x \right)$$

$$= \lim_{\xi \to 0^+} (-\xi \ln \xi - 1 + \xi) = -1.$$

实际问题 5.41　精密仪器润滑油的生产

某精密仪器制造商生产了一批某种型号的精密仪器，然后就停产了，但该生产商承诺将为客户终身供应这种精密仪器的润滑油. 已知一年后这种精密仪器的用油率为 $r(t) = 300t^{-\frac{3}{2}}$ L/年，其中 t 表示精密仪器服役的年数. 假若该生产商要一次性生产这批精密仪器一年以后所需的全部润滑油，试问一共需要生产多少升？

【解】　依题意，$t \in [1, +\infty)$，已知用油率 $r(t)$，则终身用油总量

$$Q = \int_1^{+\infty} r(t)\mathrm{d}t = \int_1^{+\infty} 300t^{-\frac{3}{2}}\mathrm{d}t = -600 \frac{1}{\sqrt{t}}\mathrm{d}t \Big|_1^{+\infty} = 600 \text{ L}.$$

实际问题 5.42　如果不控制传染病

某种传染病在流行期间，被传染而患病的速度可近似地表示为 $r(t) = 10\,000te^{-0.1t}$ 人/天，其中 t 为传染病开始流行的天数（$t \geqslant 0$）. 如果不加控制，最终将会传染多少人？

【解】　依题意，$t \in [0, +\infty)$，已知传染速度 $r(t)$，求传染人数总量

$$Q = \int_0^{+\infty} r(t)\mathrm{d}t = \int_0^{+\infty} 10\,000te^{-0.1t}\mathrm{d}t = -10\,000 \int_0^{+\infty} t\mathrm{d}e^{-0.1t}$$

$$= -10\,000 \left(te^{-0.1t}\Big|_0^{+\infty} - \int_0^{+\infty} e^{-0.1t}\mathrm{d}t \right)$$

$$= 10\,000 \left(te^{-0.1t}\Big|_0^{+\infty} + 10e^{-0.1t}\Big|_0^{+\infty} \right) = 10^6 \ (人).$$

♣ 习 题 5 ♣

习题 5 答案

一、填空题

1. 利用定积分的几何意义计算 $\displaystyle\int_{-\pi}^{\pi} \sin x\mathrm{d}x =$ _____；$\displaystyle\int_{-1}^{1} \sqrt{1-x^2}\mathrm{d}x =$ _____.

2. $\left(\displaystyle\int_a^b f(t)\mathrm{d}t \right)' =$ _____；$\left(\displaystyle\int_a^x f(t)\mathrm{d}t \right)' =$ _____.

3. $\displaystyle\int_a^b f(t)\mathrm{d}t - \int_a^b f(x)\mathrm{d}x =$ _____.

4. 比较大小：$\displaystyle\int_1^2 \ln x\mathrm{d}x$ _____ $\displaystyle\int_1^2 \ln^2 x\mathrm{d}x$；$\displaystyle\int_e^3 \ln x\mathrm{d}x$ _____ $\displaystyle\int_e^3 \ln^2 x\mathrm{d}x$.

5. $f(x) = \displaystyle\int_a^{x^2} e^{-t^2}\mathrm{d}t$，则 $f'(x) =$ _____.

6. $\dfrac{\mathrm{d}}{\mathrm{d}x} \displaystyle\int_{x^2}^{x^3} \dfrac{\mathrm{d}t}{\sqrt{1+t^2}} =$ _____；

7. 设 $f(x) = \begin{cases} \dfrac{1}{x^2} \displaystyle\int_0^x (e^t - 1)\mathrm{d}t, & x > 0, \\ A, & x \leqslant 0 \end{cases}$ 在 $(-\infty, +\infty)$ 上连续，则 $A =$ _____.

8. $\displaystyle\lim_{x \to 0} \dfrac{\displaystyle\int_0^x \sin t^2 \mathrm{d}t}{x^3} =$ _____.

9. 设 $f(x) = \begin{cases} x^2, & 0 \leqslant x \leqslant 1 \\ x + 1, & 1 < x \leqslant 2 \end{cases}$，则 $\displaystyle\int_0^2 f(x)\mathrm{d}x =$ _____.

10. 已知 $f(x)$ 为连续函数，则 $\displaystyle\int_{-a}^a x(f(x) + f(-x))\mathrm{d}x =$ _____.

11. $\displaystyle\int_{-1}^1 \dfrac{\sin^3 x}{3x^4 + 5x^2 + 7}\mathrm{d}x =$ _____.

12. $\displaystyle\int_0^1 \sqrt{x^3 - 2x^2 + x}\mathrm{d}x =$ _____.

13. 无穷积分 $\displaystyle\int_{-\infty}^{+\infty} \dfrac{A}{1+x^2}\mathrm{d}x = 1$，则 $A =$ _____.

14. 无穷积分 $\displaystyle\int_0^1 \dfrac{x}{\sqrt{1-x^2}}\mathrm{d}x =$ _____.

二、选择题

1. 曲线 $y = \sin x$ 在 $[0, \pi]$ 上和 x 轴围成图形的面积，用定积分可表示为 ( ).

(A) $\int_0^\pi \sin x \mathrm{d}x$ (B) $\int_0^\pi \cos x \mathrm{d}x$ (C) $\int_0^{\frac{\pi}{2}} \sin x \mathrm{d}x$ (D) $\int_0^{\frac{\pi}{2}} \cos x \mathrm{d}x$

2. 若 $m > 0$, 且 $\int_1^m \dfrac{1}{x} \mathrm{d}x = 1$, 则 $m =$( ).

(A) e   (B) $\ln m$ (C) $-e$ (D) $\dfrac{1}{e}$

3. 设 $f(x)$ 为连续函数, 且 $F(x) = \int_{\frac{1}{x}}^{\ln x} f(t) \mathrm{d}t$, 则 $F'(x) =$( ).

(A) $\dfrac{1}{x} f(\ln x) + \dfrac{1}{x^2} f\left(\dfrac{1}{x}\right)$ (B) $f(\ln x) + f\left(\dfrac{1}{x}\right)$

(C) $\dfrac{1}{x} f(\ln x) - \dfrac{1}{x^2} f\left(\dfrac{1}{x}\right)$ (D) $f(\ln x) - f\left(\dfrac{1}{x}\right)$

4. 设 $F(x) = \dfrac{a^2}{x-a} \int_a^x f(t) \mathrm{d}t$, 其中 $f(t)$ 为连续函数, 则 $\lim\limits_{x \to a} F(x) =$( ).

(A) a^2 (B) $a^2 f(a)$ (C) 0   (D) 不存在

5. 已知 $f(0) = 1, f(2) = 3, f'(2) = 5, f''(x)$ 连续, 则 $\int_0^2 x f''(x) \mathrm{d}x =$( ).

(A) 12   (B) 8   (C) 7   (D) 6

6. 设函数 $y = \int_0^x (t-1) \mathrm{d}t$, 则 y 有 ( ).

(A) 极小值 $\dfrac{1}{2}$ (B) 极小值 $-\dfrac{1}{2}$ (C) 极大值 $\dfrac{1}{2}$ (D) 极大值 $-\dfrac{1}{2}$

7. 以下各式中正确的是 ( ).

(A) $\mathrm{d} \left(\int_a^x f(t) \mathrm{d}t \right) = f(x)$ (B) $\dfrac{\mathrm{d}}{\mathrm{d}x} \int_a^b f(t) \mathrm{d}t = f(x)$

(C) $\dfrac{\mathrm{d}}{\mathrm{d}x} \int_x^b f(t) \mathrm{d}t = -f(x)$ (D) $\dfrac{\mathrm{d}}{\mathrm{d}x} \int_a^x f(t) \mathrm{d}t = f(t)$

8. 若 $f(x)$ 为连续的奇函数, 则 $\int_0^x f(t) \mathrm{d}t$ 为 ( ).

(A) 奇函数   (B) 偶函数   (C) 非奇非偶函数   (D) 不一定

9. 设 $f(x) = \int_0^{\sin x} \sin^2 t \mathrm{d}t$, $g(x) = x^3 + x^4$, 则当 $x \to 0$ 时, $f(x)$ 是 $g(x)$ 的 ( ).

(A) 等价无穷小   (B) 同阶但非等价无穷小

(C) 高阶无穷小   (D) 低阶无穷小

10. 以下定积分不属无穷积分的是 ( ).

(A) $\int_0^{+\infty} \ln(1+x) \mathrm{d}x$ (B) $\int_0^1 \dfrac{\sin x}{x} \mathrm{d}x$ (C) $\int_{-1}^1 \dfrac{\mathrm{d}x}{x^2}$ (D) $\int_{-3}^0 \dfrac{\mathrm{d}x}{1+x}$

11. 下列无穷积分中收敛的是 ( ).

(A) $\int_e^{+\infty} \dfrac{\mathrm{d}x}{x}$ (B) $\int_e^{+\infty} \dfrac{\mathrm{d}x}{x \ln x}$ (C) $\int_e^{+\infty} \dfrac{\mathrm{d}x}{x \ln^2 x}$ (D) $\int_e^{+\infty} \dfrac{\mathrm{d}x}{\sqrt[3]{x^2}}$

12. 下列瑕积分 ( ) 收敛.

(A) $\int_{-1}^1 \dfrac{\mathrm{d}x}{x^2}$ (B) $\int_{-1}^1 \dfrac{\mathrm{d}x}{x}$ (C) $\int_{-1}^1 \dfrac{\mathrm{d}x}{\sqrt{x}}$ (D) $\int_{-1}^1 \dfrac{\mathrm{d}x}{x\sqrt{x}}$

13. 已知无穷积分 $\displaystyle\int_{-\infty}^{+\infty} e^{k|x|}dx = 1$，则 $k = ($　　$)$.

(A) $\dfrac{1}{2}$ 　　　　　　(B) $-\dfrac{1}{2}$ 　　　　　　(C) 2 　　　　　　(D) -2

14. 曲线 $y = \dfrac{1}{x}, y = x, x = 2$ 所围成图形的面积 $A = ($　　$)$.

(A) $\displaystyle\int_1^2 \left(\dfrac{1}{x} - x\right) dx$ 　　(B) $\displaystyle\int_1^2 \left(x - \dfrac{1}{x}\right) dx$ 　　(C) $\displaystyle\int_1^2 \left(\dfrac{1}{y} - y\right) dy$ 　　(D) $\displaystyle\int_1^2 \left(y - \dfrac{1}{y}\right) dy$

15. 曲线 $r = 2a\cos\theta\ (a > 0)$ 所围成图形的面积 $A = ($　　$)$.

(A) $\displaystyle\int_0^{\frac{\pi}{2}} \dfrac{1}{2}(2a\cos\theta)^2 d\theta$ 　(B) $\displaystyle\int_{-\pi}^{\pi} \dfrac{1}{2}(2a\cos\theta)^2 d\theta$ 　(C) $\displaystyle\int_0^{2\pi} \dfrac{1}{2}(2a\cos\theta)^2 d\theta$ 　(D) $2\displaystyle\int_0^{\frac{\pi}{2}} \dfrac{1}{2}(2a\cos\theta)^2 d\theta$

16. 已知 $\displaystyle\int_0^a \sqrt{a^2 - x^2}dx = \pi$，则 $a = ($　　$)$.

(A) 2 　　　　　　(B) $\dfrac{1}{2}$ 　　　　　　(C) $\sqrt{2}$ 　　　　　　(D) $\dfrac{1}{\sqrt{2}}$

三、计算题

1. 求下列定积分：

(1) $\displaystyle\int_{-e-1}^{-2} \dfrac{dx}{1 + x}$; 　　　　(2) $\displaystyle\int_0^1 (2x - 1)^{100}dx$; 　　　　(3) $\displaystyle\int_0^{\sqrt{2}} \sqrt{2 - x^2}dx$;

(4) $\displaystyle\int_{-1}^1 (x + \sqrt{1 - x^2})^2 dx$; 　　(5) $\displaystyle\int_0^{\pi} \sqrt{\sin\theta - \sin^3\theta}\,d\theta$; 　　(6) $\displaystyle\int_0^3 \dfrac{x}{1 + \sqrt{x + 1}}dx$;

(7) $\displaystyle\int_0^{\pi} \sqrt{1 + \cos 2x}\,dx$; 　　(8) $\displaystyle\int_{-\pi}^{\pi} \sqrt{1 - \cos x}\,dx$; 　　(9) $\displaystyle\int_0^{\sqrt{2}a} \dfrac{x\,dx}{\sqrt{3a^2 - x^2}}$;

(10) $\displaystyle\int_1^{64} \dfrac{dx}{\sqrt{x}(1 + \sqrt[3]{x})}$; 　　(11) $\displaystyle\int_{e^{-1}}^{e} |\ln x|dx$; 　　(12) $\displaystyle\int_1^4 \dfrac{\ln x}{\sqrt{x}}dx$;

(13) $\displaystyle\int_0^{\frac{\sqrt{3}}{2}} \sqrt{1 - x^2}dx$; 　　(14) $\displaystyle\int_0^2 \max\{x, x^2\}dx$.

2. 设 $F(x) = \displaystyle\int_{2x}^{\ln x} t\sin^2 t\,dt$，求 $F'(x)$.

3. 当 x 为何值时，函数 $f(x) = \displaystyle\int_0^x te^{-t^2}dt$ 有极值？极大值还是极小值？

4. 求由 $\displaystyle\int_0^y e^t dt + \int_0^x \cos t\,dt = 0$ 所确定的隐函数对 x 的导数 y'.

5. 求下列极限：

(1) $\displaystyle\lim_{x \to 0} \dfrac{\displaystyle\int_x^0 \sin^2 t\,dt}{x^3}$; 　　　(2) $\displaystyle\lim_{x \to 0} \dfrac{\displaystyle\int_0^x (a^t - b^t)dt}{\displaystyle\int_0^{2x} \ln(1 + t)dt}$　$(a > 0, b > 0)$;

6. 设 $f(x) = \begin{cases} \sqrt{x + 1}, & x \leqslant 1, \\ \dfrac{1}{x^2 + 1}, & x > 1, \end{cases}$　求 $\displaystyle\int_0^{\sqrt{3}} f(x)dx$.

7. 设 $f(x) = \begin{cases} 1 + x^2, & x < 0, \\ e^{-x}, & x \geqslant 0, \end{cases}$　求定积分 $\displaystyle\int_1^3 f(x - 2)dx$.

8. 设 $f(x)$ 为连续函数，且满足 $f(x) = 3x^2 - x\displaystyle\int_0^1 f(x)dx$，求 $f(x)$.

9. 求函数 $f(x) = \displaystyle\int_0^x \dfrac{t + 2}{t^2 + 2t + 2}$ 在 $[0, 1]$ 上的最大值和最小值.

10. 计算下列积分

(1) $\displaystyle\int_0^{+\infty} x\mathrm{e}^{-x^2}\mathrm{d}x$;　　　　(2) $\displaystyle\int_{-\infty}^{+\infty} \frac{\mathrm{d}x}{x^2+2x+2}$;　　　　(3) $\displaystyle\int_0^{+\infty} \frac{\mathrm{d}x}{\mathrm{e}^x+\mathrm{e}^{-x}}$;

(4) $\displaystyle\int_1^2 \frac{\mathrm{d}x}{x\sqrt{\ln x}}$;　　　　(5) $\displaystyle\int_0^2 \frac{\mathrm{d}x}{(1-x)^2}$;　　　　(6) $\displaystyle\int_1^{\mathrm{e}} \frac{\mathrm{d}x}{x\sqrt{1-\ln^2 x}}$.

四、证明题

1. 当 $x>0$ 时，设 $f(x)$ 在 $[a,b]$ 上连续，在 (a,b) 内可导，且 $f'(x)<0, F(x)=\dfrac{1}{x-a}\displaystyle\int_a^x f(t)\mathrm{d}t$，试证明：$F(x)$ 在 (a,b) 上单调递减.

2. 证明: (1) $\displaystyle\int_0^{\frac{\pi}{2}} \sin^n x\mathrm{d}x = \int_0^{\frac{\pi}{2}} \cos^n x\mathrm{d}x$;

(2) $I_n = \displaystyle\int_0^{\frac{\pi}{2}} \sin^n x\mathrm{d}x = \begin{cases} \dfrac{n-1}{n}\cdot\dfrac{n-3}{n-2}\cdot\cdots\cdot\dfrac{3}{4}\cdot\dfrac{1}{2}\cdot\dfrac{\pi}{2}, & n \text{ 为正偶数}; \\[2mm] \dfrac{n-1}{n}\cdot\dfrac{n-3}{n-2}\cdot\cdots\cdot\dfrac{4}{5}\cdot\dfrac{2}{3}, & n \text{ 为大于 } 1 \text{ 的正奇数}. \end{cases}$

3. 证明：$\displaystyle\int_x^1 \frac{\mathrm{d}x}{1+x^2} = \int_1^{\frac{1}{x}} \frac{\mathrm{d}x}{1+x^2}\ \ (x>0)$.

4. 证明：瑕积分 $\displaystyle\int_0^1 \frac{1}{x^p}\mathrm{d}x\ \ (p>0)$ 当 $p<1$ 时收敛, 当 $p\geqslant 1$ 时发散.

五、应用题

1. 求曲线 $xy=1$，直线 $y=x$, $x=2$ 所围成的图形的面积.
2. 求抛物线 $y=x^2$ 与直线 $y=x, y=2x$ 所围成的图形的面积.
3. 求曲线 $y=x^3-3x+2$ 在 x 轴上介于两极值点间的曲边梯形的面积.
4. 求曲线 $y=\dfrac{1}{2}x^2$ 与 $x^2+y^2=8$ 所围成的图形的面积 (两部分都要计算).
5. 求抛物线 $y^2=2x$ 及其在点 $\left(\dfrac{1}{2},1\right)$ 处的法线围成的图形的面积.
6. 求 C, 使 $y=C$ 平分由 $y=x^2$ 和 $y=1$ 所围成图形的面积.
7. 求曲线 $y=x^2, x=y^2$ 所围成的图形的面积，并求该平面图形绕 y 轴旋转所得旋转体的体积.
8. 曲线 $y=\mathrm{e}^x, y=\mathrm{e}^2$ 及 $x=0$ 所围成的平面图形为 T. 求

(1) T 的面积值；(2) T 绕 x 轴旋转而成的旋转体的体积.

9. 计算由圆 $x^2+(y-5)^2=16$ 围成的图形绕 x 轴旋转所成旋转体的体积.
10. 计算曲线 $y=\dfrac{1}{4}x^2-\dfrac{1}{2}\ln x$ 相应于 $1\leqslant x\leqslant \mathrm{e}$ 的一段弧的长度.
11. 计算星形线 $x=a\cos^3 t, y=a\sin^3 t$ 的全长.
12. 半径为 R 的半球形水池充满了水，要把池内的水全部吸尽，需做多少功?

第 6 章　微分方程

　　微分方程是伴随着微积分的产生和发展而成长起来的一门学科. 20 世纪以前，微分方程问题主要来源于几何学、力学和物理学，而现在几乎渗透到自然科学和社会科学的各个领域. 如机械、电信、核能、火箭、人造卫星、生物、医学、人口理论、经济预测等领域都有微分方程的应用，尤其是地球椭圆轨道的计算、海王星的发现、弹道轨道的定位、大型机械振动的分析、自动控制的设计、气象数值预报、人口增长宏观预测等. 微分方程已成为当今数学中最具有活力的分支之一，是人们研究科学技术、解决实际问题的不可缺少的有力工具.

6.1　微分方程的基本概念

6.1.1　微分方程的基本概念

1. 实际应用问题分析

实际问题 6.1　几何问题

　　设曲线 $y = f(x)$ 上任意一点的切线斜率都等于该点横坐标的两倍，且曲线过点 $(0,1)$，求曲线的方程.

【解】　由导数的几何意义知所求曲线应满足关系式

$$\frac{\mathrm{d}y}{\mathrm{d}x} = 2x,$$

即

$$\mathrm{d}y = 2x\mathrm{d}x.$$

对上式两边积分，得

$$y = \int 2x\mathrm{d}x = x^2 + C \quad (C \text{为常数}),$$

因为曲线过点 $(0,1)$，所以将 $x = 0, y = 1$ 代入曲线方程得 $C = 1$，所以所求曲线的方程为

$$y = x^2 + 1.$$

实际问题 6.2 自由落体问题

设质量为 m 的物体自由下落，求物体的运动规律 (重力加速度为 g).

【解】 设物体的运动规律为 $s = s(t)$，根据牛顿第二定律 $F = ma$，由导数的运动学意义知，物体运动的速度为 $\dfrac{\mathrm{d}s}{\mathrm{d}t}$，加速度为 $\dfrac{\mathrm{d}^2 s}{\mathrm{d}t^2}$，得

$$mg = m\frac{\mathrm{d}^2 s}{\mathrm{d}t^2},$$

即

$$\frac{\mathrm{d}^2 s}{\mathrm{d}t^2} = g.$$

两边积分，得

$$\frac{\mathrm{d}s}{\mathrm{d}t} = gt + C_1 \quad (C_1 \text{为常数}),$$

两边再积分，得

$$s = \frac{1}{2}gt^2 + C_1 t + C_2 \quad (C_1, C_2 \text{为常数}).$$

因为 $s(t)$ 还应满足条件 $s(0) = 0, s'(0) = 0$，所以 $C_1 = C_2 = 0$，则所求物体的运动规律为

$$s = \frac{1}{2}gt^2.$$

实际问题 6.3 新产品销售模型

在实际生活中，许多量随时间的变化率正比于它本身的大小，如银行存款按一定的利率增加；世界人口按照一定的增长率增长等. 下面以新产品销售模型为例，进行微分方程模型的建立.

经济学家和企业都很关注新产品的销售速度，希望能建立一个数学模型描述销售情况，并用其指导生产.

设有新产品推向市场，时刻 t 的销售量 x 是 t 的函数 $x = x(t)$. 由于产品性能良好，已经销售的新产品实际上起着广告宣传的作用，即每一个销售的新产品都是一个宣传品，它吸引着尚未购买的顾客，若每一个销售的新产品在单位时间内平均吸引 λ 个顾客，则可以认为 t 时刻新产品销售量的变化率 $x'(t)$ 与销售量 $x(t)$ 成正比.

【解】 由题意可得

$$\frac{\mathrm{d}x}{\mathrm{d}t} = \lambda x,$$

写成微分的形式为

$$\frac{1}{x}\mathrm{d}x = \lambda \mathrm{d}t,$$

两边积分得

$$\int \frac{1}{x}\mathrm{d}x = \int \lambda \mathrm{d}t,$$

可得

$$\ln x = \lambda t + C_1,$$

即

$$x = C\mathrm{e}^{\lambda t},$$

若 $x(0) = x_0$，则销售函数为 $x = x_0 \mathrm{e}^{\lambda t}$.

当已有 x_0 个新产品销售并投入使用时，函数 $x(t) = x_0 \mathrm{e}^{\lambda t}$ 在开始的阶段能较好地反映真实的销售情况，但这个函数有如下两个缺陷：

① 取 $t = 0$ 表示新产品诞生的时刻，即 $x_0 = 0$，这时销售函数为 $x(t) = 0$，显然不符合事实. 原因是只考虑了实物广告的作用，而忽略了厂家可以通过其他方式宣传新产品，从而打开销路的可能性.

② 在 $x(t) = x_0 \mathrm{e}^{\lambda t}$ 中，若令 $t \to +\infty$，则有 $x(t) \to +\infty$，这不符合实际. 事实上，任何一种新产品的销量都不可能随时间的推移而无限增大，而是随着时间的延长越来越小. $x(t)$ 应该有一个上界. 设上界 (需求量的上限) 为 N，则尚未使用新产品的顾客数为 $N - x(t)$. 修正后的模型为

$$\frac{\mathrm{d}x}{\mathrm{d}t} = \lambda x(N - x),$$

变形 (分离变量) 得

$$\frac{\mathrm{d}x}{x(N - x)} = \lambda \mathrm{d}t,$$

两边积分得

$$\int \frac{\mathrm{d}x}{x(N - x)} = \int \lambda \mathrm{d}t,$$

可得

$$\frac{1}{N}\left[\ln x - \ln(N - x)\right] = \lambda t + C_1,$$

即

$$x(t) = \frac{N}{1 + C\mathrm{e}^{-N\lambda t}}.$$

若 $x(0) = x_0$，则销售函数为

$$x(t) = \frac{Nx_0}{x_0 + (N - x_0)\mathrm{e}^{-N\lambda t}}.$$

下面讨论函数

$$x(t) = \frac{Nx_0}{x_0 + (N - x_0)\mathrm{e}^{-N\lambda t}}$$

的性质. 直接求导数比较麻烦，考察

$$\frac{\mathrm{d}x}{\mathrm{d}t} = \lambda x(N - x),$$

$$\frac{\mathrm{d}^2 x}{\mathrm{d}t^2} = \lambda(N-x)\frac{\mathrm{d}x}{\mathrm{d}t} - \lambda x\frac{\mathrm{d}x}{\mathrm{d}t}$$

$$= \lambda[(N-x)^2\lambda x - \lambda x^2(N-x)] = \lambda^2 x(N-x)(N-2x).$$

当 $0 \leqslant x \leqslant \dfrac{N}{2}$ 时, $x''(t) \geqslant 0$; 当 $\dfrac{N}{2} \leqslant x \leqslant N$ 时, $x''(t) \leqslant 0$. 因此, $x'(t)$ 的最大值是 $x'\left(\dfrac{N}{2}\right) = \dfrac{\lambda N^2}{4}$.

由以上讨论可知, 当销售量小于最大需求量的一半时, 销售速度越来越大; 当销售量大于最大需求量的一半时, 销售速度越来越小. 而当销售量等于最大需求量的一半时, 销售速度最大, 产品最畅销. 国外学者普遍认为, 对于某一新产品, 当有 $30\% \sim 80\%$ 的用户采用时, 正是该产品大批量生产的合适期. 当然, 还应注意在初期可小批量生产并辅以广告宣传, 而后期则应适时转产或开发新产品, 这样可以使厂家获得较高的经济效益.

在经济活动中, 有时需要根据经济规律写出经济函数导数满足的等式, 并由此等式进一步讨论经济函数的表达式、性质等. 这样的等式就是微分方程.

2. 微分方程的基本概念

> ◆ **定义 6.1　常微分方程**
>
> 含有未知函数的导数 (或微分) 的方程称为微分方程. 若微分方程的未知函数仅含有一个自变量, 这样的微分方程称为常微分方程.

> ◆ **定义 6.2　微分方程的阶**
>
> 微分方程中所含未知函数的导数 (或微分) 的最高阶数称为该微分方程的阶数.

一般地, n 阶微分方程的形式为

$$F(x, y, y', \cdots, y^{(n)}) = 0.$$

> ◆ **定义 6.3　微分方程的相关概念**
>
> 如果函数 $y = f(x)$ 满足一个微分方程, 则称此函数为该微分方程的解. 如果微分方程的解中含有相互独立的任意常数的个数与微分方程的阶数相同, 这样的解称为该微分方程的通解; 在通解中给任意常数以确定的值或根据所给的条件确定通解中的任意常数而得到的解称为特解, 这种条件我们称之为初始条件. 带有初始条件的微分方程求解问题称为初值问题. 求微分方程的解的过程称为解微分方程.

经典例题 6.1　验证函数 $y = c_1\mathrm{e}^x + c_2\mathrm{e}^{-x}$ (c_1, c_2 为任意常数) 是微分方程 $y'' - y = 0$ 的解.

【解】　对 $y = c_1\mathrm{e}^x + c_2\mathrm{e}^{-x}$ 求导数得

$$y' = c_1\mathrm{e}^x - c_2\mathrm{e}^{-x},$$

$$y'' = c_1\mathrm{e}^x + c_2\mathrm{e}^{-x},$$

将 y, y'' 代入微分方程 $y'' - y = 0$ 得

$$y'' - y = c_1\mathrm{e}^x + c_2\mathrm{e}^{-x} - (c_1\mathrm{e}^x + c_2\mathrm{e}^{-x}) = 0.$$

所以 $y = c_1\mathrm{e}^x + c_2\mathrm{e}^{-x}$ 是微分方程 $y'' - y = 0$ 的解.

经典例题 6.2　上例中加入初始条件 $y(0) = 2, y'(0) = 0$，求此初值问题.

【解】　将初始条件 $y(0) = 2, y'(0) = 0$ 代入 $y = c_1\mathrm{e}^x + c_2\mathrm{e}^{-x}$ 和 $y' = c_1\mathrm{e}^x - c_2\mathrm{e}^{-x}$ 得

$$\begin{cases} c_1 + c_2 = 2, \\ c_1 - c_2 = 0. \end{cases}$$

解得 $c_1 = c_2 = 1$.

即方程 $y'' - y = 0$ 满足初始条件 $y(0) = 2, y'(0) = 0$ 的特解为 $y = \mathrm{e}^x + \mathrm{e}^{-x}$.

6.1.2　可分离变量的微分方程

1. 可分离变量的微分方程

◆ **定义 6.4**　**可分离变量的微分方程**

形如 $\dfrac{\mathrm{d}y}{\mathrm{d}x} = f(x)g(y)$ 的微分方程，称为可分离变量的微分方程，其中 $f(x), g(y)$ 分别是 x, y 的连续函数，且 $g(y) \neq 0$.

可分离变量的微分方程解法如下：

(1) 分离变量

$$\frac{\mathrm{d}y}{g(y)} = f(x)\mathrm{d}x; \tag{6.1}$$

(2) 两边积分

$$\int \frac{\mathrm{d}y}{g(y)} = \int f(x)\mathrm{d}x; \tag{6.2}$$

(3) 得通解

$$G(y) = F(x) + C \quad (C为常数). \tag{6.3}$$

其中 $G(y), F(x)$ 分别是 $\dfrac{1}{g(y)}, f(x)$ 的一个原函数. 这种解方程的方法称为分离变量法.

93 扫一扫

经典例题 6.3　求微分方程 $\dfrac{\mathrm{d}y}{\mathrm{d}x} = \dfrac{3x^2}{2y}$ 的通解.

【解】　分离变量得

$$2y\mathrm{d}y = 3x^2\mathrm{d}x,$$

两边积分得

$$\int 2y\mathrm{d}y = \int 3x^2\mathrm{d}x,$$

得通解为

$$y^2 = x^3 + C \quad (C为常数).$$

经典例题 6.4　求微分方程 $xy^2\mathrm{d}x + (1 + x^2)\mathrm{d}y = 0$ 的通解.

【解】　分离变量得

$$-\frac{1}{y^2}\mathrm{d}y = \frac{x}{1 + x^2}\mathrm{d}x,$$

两边积分得

$$-\int \frac{1}{y^2}\mathrm{d}y = \int \frac{x}{1+x^2}\mathrm{d}x,$$

得通解为

$$\frac{1}{y} = \frac{1}{2}\ln(1+x^2) + C_1 \quad (C_1 为常数).$$

令 $C_1 = \ln C$，通解可写成 $\dfrac{1}{y} = \ln C\sqrt{1+x^2}$.

实际问题 6.4　伤口愈合

　　医学研究发现，刀割伤口表面恢复的速度为 $\dfrac{\mathrm{d}A}{\mathrm{d}t} = -5t^{-2}(1 \leqslant t \leqslant 5)$(单位 cm^2/天)，其中 A 表示伤口的面积，假设 $A(1) = 5$，问受伤 5 天后该病人的伤口表面积为多少？

【解】 由

$$\frac{\mathrm{d}A}{\mathrm{d}t} = -5t^{-2}$$

得

$$\mathrm{d}A = -5t^{-2}\mathrm{d}t,$$

两边积分得

$$A(t) = -5\int t^{-2}\mathrm{d}t = 5t^{-1} + C \quad (C 为常数).$$

将 $A(1) = 5$ 代入上式得 $C = 0$，所以 5 天后病人的伤口表面积

$$A(5) = 1 \ (\mathrm{cm}^2).$$

实际问题 6.5　飞机着陆

　　(1) 一架重 4.5 t 的歼击机以 600 km/h 的速度着陆，在减速伞的作用下滑跑 500 m 后速度减为 100 km/h，通常情况下空气对伞的阻力与飞机的速度成正比，问减速伞的阻力系数是多少？(2) 对于 9 t 的轰炸机以 700 km/h 的速度着陆，机场跑道为 1 500 m，问轰炸机能否安全着陆？

【解】 设飞机质量为 m，着陆速度为 v_0，滑跑距离为 $x(t)$，则由牛顿第二定律，可得

$$m\frac{\mathrm{d}v}{\mathrm{d}t} = -kv(t),$$

分离变量得

$$m\frac{\mathrm{d}v}{v(t)} = -k\mathrm{d}t,$$

两边积分得

$$v(t) = v_0\mathrm{e}^{-\frac{k}{m}t}.$$

积分得 $x(t)$ 随时间 t 的变化关系为

$$x(t) = \frac{mv_0}{k}\left(1 - \mathrm{e}^{-\frac{k}{m}t}\right).$$

代入数据可得问题 (1) 的阻力系数为 $k = 4.5 \times 10^6$ kg/h；问题 (2) 的安全着陆距离为 1 400 m，

飞机能安全着陆.

实际问题 6.6 考古出土文物历史年代的确定

Libby 1949 年发明了 C^{14} 年龄测定法. 在给定时刻 t, C^{14} 的衰变速度与 C^{14} 的现存量 $M(t)$ 成正比. 如图 6.1 所示, 设 $t = 0$ 时, C^{14} 的存量为 M_0, C^{14} 的衰变常数为 k, 已知 C^{14} 的半衰期为 5 568 年, 求 C^{14} 的存量与时间 t 的函数.

【解】 依题意有

$$\frac{\mathrm{d}M}{\mathrm{d}t} = -kM, k > 0.$$

于是有

$$\frac{\mathrm{d}M}{M} = -k\mathrm{d}t,$$

两边积分得

$$\ln M = -kt + \ln C \quad (C\text{为常数}),$$

即

$$M = Ce^{-kt}.$$

将 $M(0) = M_0$ 代入得 $C = M_0$. 又由 $M(5\ 568) = \dfrac{M_0}{2}$ 得, $k = \dfrac{\ln 2}{5\ 568}$. 故 C^{14} 的衰变规律 (图 6.1) 为

$$M = M_0 e^{-\frac{\ln 2}{5\ 568}t}. \tag{6.4}$$

解得

$$t = \frac{5\ 568}{\ln 2} \ln \frac{M_0}{M(t)}.$$

实际上

$$M'(t) = -kM(t), \quad M'(0) = -kM_0,$$

于是

$$\frac{M'(0)}{M'(t)} = \frac{M_0}{M(t)} = e^{kt},$$

$$t = \frac{5\ 568}{\ln 2} \ln \frac{M'_0}{M'(t)}. \tag{6.5}$$

用 C^{14} 的衰变速度可以测算考古出土文物的历史年代.

例如, 测得某出土文物木炭标本 C^{14} 平均原子衰变速度为 29.78 次/min, 而新烧成木炭的原子衰变速度为 38.37 次/min, 试估算该出土文物的大致年代.

将 $M'(0) = 38.37, M'(t) = 29.78$ 代入 (6.5) 式, 得

$$t = \frac{5\ 568}{\ln 2} \ln \frac{38.37}{29.78} \approx 2\ 036 \ (\text{年}).$$

牛顿冷却定律指出: 当系统与环境温度相差不大 (不超过 10 ℃~15 ℃) 时, 系统温度的变化

率与系统和环境温度之差成正比，即

$$-\frac{\mathrm{d}T}{\mathrm{d}t} = k(T - T_0), \tag{6.6}$$

其中 T 为系统温度，T_0 为环境温度，t 为时间，k 为散热系数 (散热系数只与系统本身的性质有关).

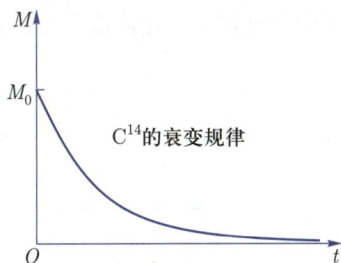

图 6.1　C^{14} 的衰变规律

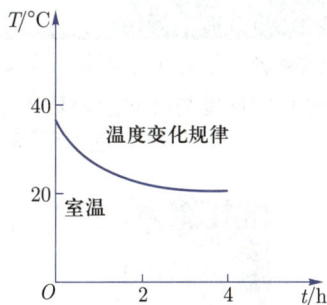

图 6.2　尸体温度变化趋势

实际问题 6.7　案发时间的推算

　　某地发生一起谋杀案, 警察下午 4 点钟到达现场. 法医测得尸体温度为 30 ℃, 室温 20 ℃, 已知尸体在最初 2 h 降低 2 ℃, 问谋杀何时发生?

　　【解】　设 $T(t)$ 表示尸体在时刻 t 的温度，则 $T_1 = 37$ ℃(人体的初始温度)，$T_2 = 35$ ℃，$T_0 = 20$ ℃(环境温度). 由牛顿冷却定律得

$$-\frac{\mathrm{d}T}{\mathrm{d}t} = k(T - T_0),$$

即

$$\frac{\mathrm{d}(T - 20)}{T - 20} = -k\mathrm{d}t,$$

两边求不定积分得

$$\ln(T - 20) = -kt + C_1 \quad (C_1\ 为常数),$$

所以

$$T = 20 + C_2\mathrm{e}^{-kt} \quad (C_2 = \mathrm{e}^{C_1}).$$

将 $T_1 = 37$ 代入上式得 $C_2 = 17$，于是

$$T = 20 + 17\mathrm{e}^{-kt}.$$

又

$$T_2 = 20 + 17\mathrm{e}^{-2k} = 35,$$

所以

$$\mathrm{e}^{-2k} = \frac{15}{17}, k = \ln\sqrt{\frac{17}{15}} \approx 0.062\,6,$$

再由

$$T = 20 + 17\mathrm{e}^{-kt} = 30$$

得

$$t = \ln\frac{17}{10}\Big/k = 8.497\,0 \approx 8.5.$$

故作案时间约为上午 7 点 30 分（温度变化规律曲线参考图 6.2）.

实际问题 6.8   高空跳伞

　　设跳伞者（如图 6.3 所示）从悬停的直升机跳下，所受空气阻力与速度成正比. 求跳伞者下落过程中速度与时间的函数关系.

图 6.3   跳伞者

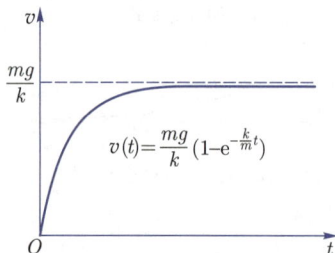

图 6.4

　　【解】   跳伞者在下落过程中，同时受到重力和空气阻力的作用，重力大小为 mg，方向与速度 v 的方向相同；阻力大小为 $kv(k$ 为比例系数)，方向与 v 相反. 跳伞者所受合力为

$$F = mg - kv,$$

根据牛顿第二定律有

$$F = ma,$$

又

$$a = \frac{\mathrm{d}v}{\mathrm{d}t},$$

于是

$$m\frac{\mathrm{d}v}{\mathrm{d}t} = mg - kv. \tag{6.7}$$

(6.7) 是一阶常系数微分方程，也是可分离变量微分方程，分离变量得

$$\frac{\mathrm{d}v}{mg - kv} = \frac{\mathrm{d}t}{m},$$

两边积分得

$$-\frac{1}{k}\ln(mg - kv) = \frac{t}{m} + C_1,$$

即

$$mg - kv = C\mathrm{e}^{-\frac{k}{m}t}$$

或

$$v = \frac{mg}{k} + C\mathrm{e}^{-\frac{k}{m}t},$$

将 $v(0) = 0$ 代入，得 $C = -\dfrac{mg}{k}$.

于是所求速度与时间的关系为

$$v = \frac{mg}{k}(1 - \mathrm{e}^{-\frac{k}{m}t}). \tag{6.8}$$

跳伞者下降速度如图 6.4 所示，当时间 t 足够长时 (也就是跳伞者的高度足够时)，跳伞者下降速度接近于匀速，所以只要高度够了，跳伞者的下降速度不会无限增大.

实际问题 6.9　上升与下落

上升快还是下落快？

(1) 质量为 m 的小球以初速度 v_0 上抛. 假定作用在球上的空气阻力大小为 $p|v(t)|$，方向与速度方向相反，其中 p 是正常数，$v(t)$ 是时刻 t 的速度. 在上升和下落过程中，作用在球上的合力为

$$mv' = -pv \mp mg, \tag{6.9}$$

解微分方程，得速度为

$$v(t) = \left(v_0 \mp \frac{mg}{p}\right) \mathrm{e}^{-pt/m} \pm \frac{mg}{p}.$$

(2) 证明球落地前，球的高度为

$$y(t) = \left(v_0 \mp \frac{mg}{p}\right) \frac{m}{p}(1 - \mathrm{e}^{-pt/m}) \pm \frac{mgt}{p}.$$

(3) 令 t_1 为球到达最高点的时刻，证明

$$t_1 = \frac{m}{p}\ln\left(\frac{\mp mg + pv_0}{\mp mg}\right),$$

求质量为 1kg，初速度为 20 m/s 的球达到最高点的时刻. 已知空气阻力为速度的 $\dfrac{1}{10}$.

(4) 令 t_2 为球落回地面的时刻. 对问题 (3) 中的球，利用高度函数 $y(t)$ 的图像来估计 t_2. 上升快还是下落快？

(5) 因为无法求方程 $y(t) = 0$ 的精确解，所以很难求 t_2. 但可以用间接方法确定上升快还是下落快：判断 $y(2t_1)$ 的值是正还是负. 证明

$$y(2t_1) = \frac{m^2 g}{p^2}\left(x - \frac{1}{x} - 2\ln x\right),$$

其中 $x = \mathrm{e}^{pt_1/m}$. 证明 $x > 1$ 且函数

$$f(x) = x - \frac{1}{x} - 2\ln x$$

对所有 $x > 1$ 是增函数（如图 6.5 所示）. 利用这个结论判断 $y(2t_1)$ 是正还是负. 你能得出什么结论？是上升快还是下落快？

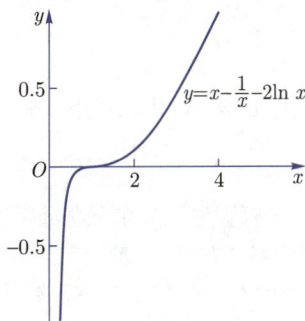

图 6.5　上升下落

实际问题 6.10 （选学）马尔萨斯生物定律与人口方程

英国人口学家马尔萨斯（Thomas Robert Malthus, 1766—1834）指出，生物种群基于下列假设建立：在孤立的生物群体中生物总数 $x(t)$ 的变化率与生物总数成正比，其数学模型为

$$\begin{cases} \dfrac{\mathrm{d}x(t)}{\mathrm{d}t} = \lambda x(t), \\ x(t_0) = x_0, \end{cases} \tag{6.10}$$

其中 λ 为比例常数，方程 (6.10) 的解为

$$x(t_0) = x_0 \mathrm{e}^{\lambda(t-t_0)}. \tag{6.11}$$

因此，遵循马尔萨斯生物总数增长定律的任何生物都是随时间按指数方式增长，在此意义下，马尔萨斯方程又称指数增长模型. 人类作为特殊的生物种群，人口的增长也遵循马尔萨斯生物总数增长定律，此时方程 (6.10) 称为马尔萨斯人口方程（曲线如图 6.6所示）.

95 扫一扫

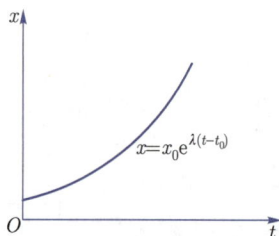

图 6.6　马尔萨斯方程

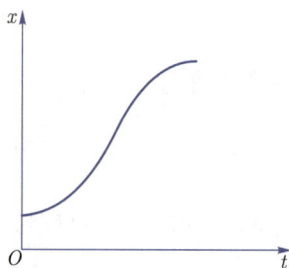

图 6.7　逻辑斯谛方程

实际问题 6.11 （选学）种群的增长与调节的逻辑斯谛方程

实际问题6.10是理想状态下种群增长模型. 更有实际意义的模型应该反映限定资源的情况. 很多种群开始呈指数增长，但数量接近环境承载能力 N 时增长率开始下降 (当数量超过 N 时会下降趋向于 N).

要建立一个考虑上述两个因素的模型做如下假设：当 $x(t)$ 很小时 (初始阶段，种群数量增长率与 $x(t)$ 成正比，$\dfrac{\mathrm{d}x(t)}{\mathrm{d}t} = \lambda x(t)$；当 $x(t) > N$ 时 (当 $x(t)$ 超过 N 时，$x(t)$ 开始减少)，$\dfrac{\mathrm{d}x(t)}{\mathrm{d}t} < 0$. 一个能同时满足上述两个假设的方程如下

$$\dfrac{\mathrm{d}x(t)}{\mathrm{d}t} = \lambda x(t)\left(1 - \dfrac{x(t)}{N}\right), \tag{6.12}$$

如果 x 与 N 相比很小，则 x/N 趋向于 0，因此，$\dfrac{\mathrm{d}x(t)}{\mathrm{d}t} \approx \lambda x(t)$. 如果当 $x(t) > N$，则 $1 - \dfrac{x}{N} < 0$，$\dfrac{\mathrm{d}x(t)}{\mathrm{d}t} < 0$.

方程 (6.12) 称为逻辑斯谛方程 (图 6.7).

【解】 将方程 (6.12) 变为

$$\dfrac{\mathrm{d}x}{x\left(\lambda - \dfrac{\lambda x}{N}\right)} = \mathrm{d}t,$$

由于

$$\frac{1}{x\left(\lambda - \dfrac{\lambda x}{N}\right)} = \frac{1}{\lambda x} + \frac{1}{N}\frac{1}{\lambda - \dfrac{\lambda}{x}N},$$

所以两边积分得

$$\int \frac{1}{x\left(\lambda - \dfrac{\lambda x}{N}\right)}\,\mathrm{d}x = \int \frac{1}{\lambda x}\mathrm{d}x + \int \frac{1}{N}\frac{1}{\lambda - \dfrac{\lambda}{N}x}\mathrm{d}x,$$

$$= \frac{1}{\lambda}\ln x - \frac{1}{\lambda}\ln\left(\lambda - \frac{\lambda}{N}x\right) = t + C.$$

从而

$$\left(\frac{x}{\lambda - \dfrac{\lambda}{N}x}\right)^{\frac{1}{\lambda}} = C_1 \mathrm{e}^t.$$

将 $x(0) = x_0$，代入上式得

$$C_1 = \left(\frac{x_0}{\lambda - \dfrac{\lambda}{N}x_0}\right)^{\frac{1}{\lambda}},$$

于是，

$$x(t) = \frac{1}{\dfrac{1}{N} + \left(\dfrac{1}{x_0} - \dfrac{1}{N}\right)\mathrm{e}^{-\lambda t}}.$$

实际问题 6.12 （选学）物种间竞争的 Lotka-Volterra 方程

自然界中的生态系统是一个错综复杂的动态系统，其间各种群的个别体有各自不同的生活需求与习性，而不同种群的个体间又存在着微妙的联系. 物种间的关系主要包括竞争、捕食、互利共生等.

1926 年 Volterra 提出了关于"捕食者与食者"的双物种竞争模型，Volterra 将地中海的鱼划分为食者与捕食者，食者时刻 t 的数量为 $x(t)$，捕食者时刻 t 的数量为 $y(t)$. 对于食者系统，大海中有食者生存的足够资源，食者的增长速度正比于当时的数量

96 扫一扫

$$\frac{\mathrm{d}x(t)}{\mathrm{d}t} = \lambda x(t) \quad (\lambda > 0), \tag{6.13}$$

对于捕食者系统，由于捕食者没有被捕食对象，其数量减少的速度正比于当时的数量

$$\frac{\mathrm{d}y(t)}{\mathrm{d}t} = -\mu y(t) \quad (\mu > 0), \tag{6.14}$$

由于两者生活在一起，食者中一部分被捕食者吃掉，于是食者的增长速度将减缓，也就是 λ 将减少，其减少量依然正比于当时食者的数量，所以 (6.13) 式可以改写为

$$\frac{\mathrm{d}x(t)}{\mathrm{d}t} = (\lambda - \alpha y)x(t) \quad (\alpha > 0), \tag{6.15}$$

又因食者为捕食者增加了食物，使生命得以延续，所以捕食者减少速度有所减缓，即 μ 将增大，其增加量依然正比于当时捕食者的数量，所以 (6.15) 式可以改写为

$$\frac{\mathrm{d}y(t)}{\mathrm{d}t} = (-\mu + \beta x)y(t), \tag{6.16}$$

联立方程 (6.13)—(6.16) 可得著名的 Lotka-Volterra 方程

$$\begin{cases} \dfrac{\mathrm{d}x(t)}{\mathrm{d}t} = (\lambda - \alpha y)x(t), \\ \dfrac{\mathrm{d}y(t)}{\mathrm{d}t} = (-\mu + \beta x)y(t), \\ x(0) = x_0, \\ y(0) = y_0. \end{cases} \tag{6.17}$$

其中 $\lambda, \mu, \alpha, \beta$ 是大于零的常数.

【解】 方程组 (6.17) 不易直接求解，将两方程相除消去时间 t 得可分离变量微分方程

$$\begin{cases} \dfrac{\mathrm{d}y}{\mathrm{d}x} = \dfrac{(-\mu + \beta x)y}{(\lambda - \alpha y)x}, \\ x(0) = x_0, \\ y(0) = y_0. \end{cases} \tag{6.18}$$

方程 (6.18) 的通解为

$$\lambda \ln y + \mu \ln x = \alpha y + \beta x + \ln C,$$

整理得

$$y^\lambda x^\mu = C\mathrm{e}^{\alpha y}\mathrm{e}^{\beta x},$$

将初始条件代入得

$$\left(\frac{y}{y_0}\right)^\lambda \left(\frac{x}{x_0}\right)^\mu = \mathrm{e}^{\alpha(y-y_0)}\mathrm{e}^{\beta(x-x_0)}.$$

实际问题 6.13　渔场捕捞问题

渔场防止捕捞过度问题.

【解】 在无捕捞情况下，渔场鱼量满足逻辑斯谛规律，即

$$\frac{\mathrm{d}x(t)}{\mathrm{d}t} = \lambda x\left(1 - \frac{x}{N}\right),$$

其中 λ 为自然生长率. 有捕捞时，单位时间捕捞量

$$h(x) = kx,$$

k 为捕捞率. 此时渔场鱼量满足方程

$$\frac{\mathrm{d}x(t)}{\mathrm{d}t} = \lambda x\left(1 - \frac{x}{N}\right) - kx, \tag{6.19}$$

分离变量得

$$\frac{\mathrm{d}x}{x\left(\lambda - k - \dfrac{\lambda}{N}x\right)} = \mathrm{d}t,$$

通解为

$$x(t) = \frac{C(\lambda - k)\mathrm{e}^{(\lambda - k)t}}{1 + C\dfrac{\lambda}{N}\mathrm{e}^{(\lambda - k)t}} \quad (C\text{为常数}).$$

当 $\lambda > k$ 时，$x_0 = \lim\limits_{t \to \infty} x(t) = N\dfrac{\lambda - k}{\lambda}$；当 $\lambda < k$ 时，$x_1 = \lim\limits_{t \to \infty} x(t) = 0$.

这个结果说明，当捕捞率 $k < \lambda$ 时，渔场鱼量稳定为 $x_0 = N\dfrac{\lambda - k}{\lambda}$；当捕捞率 $k > \lambda$ 时，渔场鱼量下降，最终为零，结果是渔场枯竭. 所以为了保持渔场鱼量，必须适度控制捕捞. 这样渔场才能可持续发展.

实际问题 6.14　传染病人数

一邮轮上有 800 人，一名游客不幸患了某种传染病，12 h 后已有 3 人发病，由于这种传染病没有早期症状，故传染者不能被及时隔离，直升机 60~72 h 将疫苗运到，试估计疫苗运到时已患传染病人数.

【解】　设 $y(t)$ 表示发现首例病人后 t h 的感染人数，则 $800 - y(t)$ 表示此刻未受到感染的人数，由题意，$y(0) = 1, y(12) = 3$. 当感染人数 $y(t)$ 很小时，传染病的传播速度较慢，因为只有很少的人接触到感染者；当感染人数很大时，未受感染人数 $800 - y(t)$ 很小，即只有很少的游客会被传染，所以此时传染病传播的速度也很慢. 排除上述两种极端情况，当有很多的感染者时，传染病传播的速度很快. 因此传染病的发病率，一方面受感染人数影响，另一方面也受未感染人数的制约. 根据上面分析，可以建立微分方程

$$\begin{cases} \dfrac{\mathrm{d}y}{\mathrm{d}t} = ky(800 - y), & k\text{是常数}, \\ y(0) = 1, y(12) = 3, \end{cases}$$

97 扫一扫

解得方程的通解为

$$y(t) = \frac{800}{1 + C\mathrm{e}^{-800kt}}.$$

当 $y(0) = 1$ 时，即 $1 = \dfrac{800}{1 + C\mathrm{e}^{-800k \cdot 0}}$，得 $C = 799$；

当 $y(12) = 3$ 时，即 $3 = \dfrac{800}{1 + C\mathrm{e}^{-800k \cdot 12}}$，$\mathrm{e}^{-800k \times 12} = \dfrac{\dfrac{800}{3} - 1}{799} = \dfrac{797}{799 \times 3}$，得

$$800k = -\frac{1}{12}\ln\frac{800}{799 \times 3} \approx 0.091\,76.$$

于是

$$y(t) = \frac{800}{1 + 799\mathrm{e}^{-0.091\,76t}}.$$

下面分别计算当 $t = 60$ 和 $t = 72$ 时已感染的人数, 可得

$$y(60) = \frac{800}{1 + 799\mathrm{e}^{-0.091\,76 \times 60}} \approx 188,$$

$$y(72) = \frac{800}{1 + 799\mathrm{e}^{-0.091\,76 \times 72}} \approx 385.$$

从计算可以看出, 在 72 h 运到疫苗时感染者的人数是 60 h 运到疫苗时感染人数的 2 倍, 可见传染病流行时及时采取防控措施十分重要.

实际问题 6.15　永久免疫的传染病扩散问题

　　某传染病接触就会感染, 而且感染后永久免疫.

因此, 在时间 t 某区域人口总数为 N, 将其分成已感染人群 $p(t)$ 与未感染人群 $N - p(t)$. 设 $I(t) = \dfrac{p(t)}{N}$ 表示时刻 t 已感染者占总人口比例, 当已感染者与未感染者接触时就会传染给他人; $S(t) = \dfrac{N - p(t)}{N}$ 表示 t 时刻未感染者占总人口比例. 对于未感染者只要与患者接触就会被感染. 假设

(1) 感染者不能痊愈也不能死亡, 永远属于 $p(t)$.

(2) 本地区人的接触均匀, 接触即传染. 设 λ 为每个患者每天平均传染他人数.

根据假设, 每个患者单位时间内传染的人数与此时未被传染者人数成正比, 每个患者每天可使 $\lambda S(t)$ 未感染者变成患者, 感染人数为 $NI(t)$, 所以每天共有 $\lambda NS(t)I(t)$ 未感染者变成患者. 于是 $\lambda NS(t)I(t)$ 为患者人数 $NI(t)$ 的增加量,

$$\frac{\mathrm{d}NI(t)}{\mathrm{d}t} = \lambda NS(t)I(t), \quad T(0) = I_0. \tag{6.20}$$

由于, $S(t) + I(t) = 1$, 所以

$$\frac{\mathrm{d}NI(t)}{\mathrm{d}t} = \lambda NI(t)(1 - I(t)). \tag{6.21}$$

解得

$$I(t) = \frac{I_0 \mathrm{e}^{\lambda t}}{1 - I_0(1 - \mathrm{e}^{\lambda t})}, \tag{6.22}$$

令 $\dfrac{\mathrm{d}^2 I}{\mathrm{d}t^2} = 0$, 得 $t_0 = \dfrac{1}{\lambda} \ln\left(\dfrac{1}{I_0} - 1\right)$, 称 t_0 为传染高峰期. 显然, 当 $t \to \infty$ 时, $I(t) \to 1$, 也就是说随着时间的推移, 该地区所有人都将被传染, 这不符合实际, 因此这个算法还需要改进.

实际问题 6.16　非永久免疫的传染病扩散问题

　　假设已感染的患者可以治愈, 但仍可能再次被传染.

设每天治好的病人占总数 $NI(t)$ 的比例为 μ, 则有

$$\frac{\mathrm{d}NI(t)}{\mathrm{d}t} = \lambda NS(t)I(t) - \mu NI(t), \tag{6.23}$$

由于, $S(t) + I(t) = 1$, 所以

$$\frac{\mathrm{d}NI(t)}{\mathrm{d}t} = N[\lambda(1 - I(t)) - \mu]I(t), \quad I(0) = I_0. \tag{6.24}$$

解这个分离变量方程得

$$I(t) = \begin{cases} \dfrac{(\lambda - \mu)I_0 e^{(\lambda-\mu)t}}{\lambda - \mu - \lambda I_0(1 - e^{(\lambda-\mu)t})}, & \lambda \neq \mu, \\ \dfrac{I_0}{1 + \lambda I_0 t}, & \lambda = \mu. \end{cases} \tag{6.25}$$

2. 可化为分离变量的微分方程

① 形如

$$\frac{\mathrm{d}y}{\mathrm{d}x} = f\left(\frac{y}{x}\right)$$

的方程称为齐次方程. 可化为可分离变量方程. 令

$$u = \frac{y}{x} \quad (y = ux), \tag{6.26}$$

于是

$$\frac{\mathrm{d}y}{\mathrm{d}x} = x\frac{\mathrm{d}u}{\mathrm{d}x} + u, \tag{6.27}$$

把它们代入原方程转化为可分离变量的微分方程

$$x\frac{\mathrm{d}u}{\mathrm{d}x} + u = f(u). \tag{6.28}$$

再按分离变量法求解，然后将 $u = \dfrac{y}{x}$ 回代，得原方程的解.

经典例题 6.5 求微分方程 $y' = \dfrac{y}{x} + \csc\dfrac{y}{x}$ 的通解.

【解】 令 $u = \dfrac{y}{x}$，得

$$y = ux, \quad \frac{\mathrm{d}y}{\mathrm{d}x} = x\frac{\mathrm{d}u}{\mathrm{d}x} + u,$$

代入原方程得

$$x\frac{\mathrm{d}u}{\mathrm{d}x} + u = u + \frac{1}{\sin u},$$

即

$$x\frac{\mathrm{d}u}{\mathrm{d}x} = \frac{1}{\sin u},$$

分离变量得

$$\sin u\,\mathrm{d}u = \frac{1}{x}\mathrm{d}x,$$

两边积分得

$$\int \sin u\,\mathrm{d}u = \int \frac{1}{x}\mathrm{d}x,$$
$$-\cos u = \ln|x| + \ln C_1 = \ln C_1|x|,$$

回代得

$$-\cos\frac{y}{x} = \ln C_1|x|,$$

即

$$e^{-\cos\frac{y}{x}} = \pm C_1 x.$$

令 $C = \pm C_1$，可得原方程的通解为

$$e^{-\cos\frac{y}{x}} = Cx.$$

↗ **经典例题 6.6**　求微分方程 $y\mathrm{d}x + (x+y)\mathrm{d}y = 0$ 满足 $y(1) = 1$ 的特解.

【解】　原方程可改写为

$$\frac{\mathrm{d}y}{\mathrm{d}x} = -\frac{y}{x+y} = -\frac{\dfrac{y}{x}}{1+\dfrac{y}{x}},$$

令 $u = \dfrac{y}{x}$，得

$$y = ux, \quad \frac{\mathrm{d}y}{\mathrm{d}x} = x\frac{\mathrm{d}u}{\mathrm{d}x} + u,$$

代入得

$$x\frac{\mathrm{d}u}{\mathrm{d}x} + u = -\frac{u}{1+u},$$

整理得

$$x\frac{\mathrm{d}u}{\mathrm{d}x} = -\frac{u^2+2u}{1+u},$$

分离变量得

$$\frac{1+u}{u^2+2u}\mathrm{d}u = -\frac{1}{x}\mathrm{d}x,$$

两边积分得

$$\int \frac{1+u}{u^2+2u}\mathrm{d}u = \int -\frac{1}{x}\mathrm{d}x,$$

$$\frac{1}{2}\ln|u^2+2u| = -\ln|x| + \ln C_1,$$

$$\ln|u^2+2u| = \ln x^{-2} + \ln C_1^2 = \ln C_1^2 x^{-2},$$

令 $C = \pm C_1^2$ 得

$$u^2 + 2u = Cx^{-2},$$

即

$$(u^2 + 2u)x^2 = C,$$

回代得原方程的通解

$$y^2 + 2xy = C,$$

将 $y(1) = 1$ 代入得 $C = 3$，则所求原方程满足 $y(1) = 1$ 的特解为

$$y^2 + 2xy = 3.$$

②　形如

$$\frac{\mathrm{d}y}{\mathrm{d}x} = f(ax + by + c) \tag{6.29}$$

的方程可化为可分离变量方程. 令 $u = ax + by$，则

$$\frac{\mathrm{d}u}{\mathrm{d}x} = a + b\frac{\mathrm{d}y}{\mathrm{d}x}, \tag{6.30}$$

原方程转化为可分离变量的微分方程

$$\frac{\mathrm{d}u}{\mathrm{d}x} = bf(u+c) + a. \tag{6.31}$$

再按分离变量法求解，然后将 $u = ax + by$ 回代得原方程的通解.

经典例题 6.7 求微分方程 $\dfrac{\mathrm{d}y}{\mathrm{d}x} = (x+y)^2$ 的通解.

【解】 令 $u = x+y$ ，则 $\dfrac{\mathrm{d}u}{\mathrm{d}x} = 1 + \dfrac{\mathrm{d}y}{\mathrm{d}x}$. 原方程可化为

$$\frac{\mathrm{d}u}{\mathrm{d}x} = 1 + u^2,$$

分离变量得

$$\frac{\mathrm{d}u}{1+u^2} = \mathrm{d}x,$$

两边积分得

$$\arctan u = x + C,$$

回代，得原方程的通解为

$$\arctan(x+y) = x + C.$$

③ 形如

$$\frac{\mathrm{d}x}{\mathrm{d}y} = f\left(\frac{a_1 x + b_1 y + c_1}{a_2 x + b_2 y + c_2}\right)$$

的方程可化为分离变量方程.

经典例题 6.8 求微分方程 $\dfrac{\mathrm{d}y}{\mathrm{d}x} = \dfrac{x-y+1}{x+y-3}$ 的通解.

【解】 解方程组

$$\begin{cases} x - y + 1 = 0, \\ x + y - 3 = 0. \end{cases}$$

得唯一解 $x = 1, y = 2$. 作代换

$$\begin{cases} X = x - 1, \\ Y = y - 2. \end{cases}$$

代入原方程得

$$\frac{\mathrm{d}Y}{\mathrm{d}X} = \frac{X-Y}{X+Y}, \tag{6.32}$$

这是齐次微分方程. 令 $u = \dfrac{Y}{X}$，则 $Y = uX$，当 $1 - 2u - u^2 \neq 0$ 时，原方程化为

$$\frac{\mathrm{d}X}{X} = \frac{1+u}{1-2u-u^2}\mathrm{d}u,$$

两边积分得

$$\ln X^2 = -\ln|u^2 + 2u - 1| + \overline{C},$$

$$X^2(u^2 + 2u - 1) = \pm\mathrm{e}^{\overline{C}} = C_1,$$

代回原变量，得

$$Y^2 + 2XY - X^2 = C_1,$$

$$(y-2)^2 + 2(x-1)(y-2) - (x-1)^2 = C_1.$$

又，容易验证 $1 - 2u - u^2 = 0$，即

$$Y^2 + 2XY - X^2 = 0$$

也是方程 (6.32) 的解，只要通解中 $C_1 = 0$ 即可. 因此，原方程的通解为

$$y^2 + 2xy - x^2 - 6y - 2x = C.$$

实际问题 6.17　汽车前灯的设计问题

　　汽车前灯 (图 6.8) 的反射镜面多由旋转抛物面设计而成，光源放在抛物线的焦点处，光线经旋转抛物面反射成平行光线. 旋转抛物面的这一几何光学性质在解析几何中已有证明，现在证明具有上述性质的曲线只有抛物线.

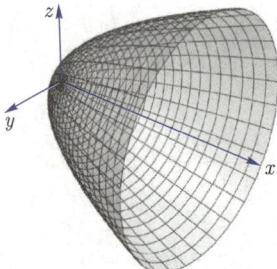

图 6.8　车灯　　　　　　图 6.9　旋转抛物面　　　　　　图 6.10

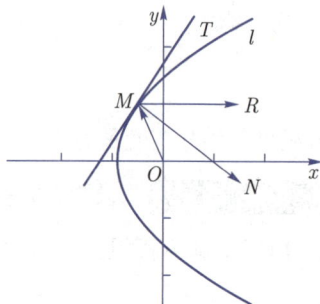

　　【解】　如图 6.9 所示，设旋转抛物面的旋转轴为 x 轴，由如图 6.10 所示曲线绕 x 轴旋转而成，光源置于原点，曲线 l 的方程为 $y = f(x)$，由原点发出的光线 OM 经镜面反射后为 MR，平行于 x 轴，MT 为曲线 l 在 M 点的切线，MN 为曲线 l 在 M 点的法线，根据几何光学光线的反射定律有

$$\angle OMN = \angle NMR,$$

所以

$$\tan\angle OMN = \tan\angle NMR,$$

因为 MT 的斜率为 y'，MN 的斜率为 $-\dfrac{1}{y'}$，因此由夹角的正切公式有

$$\tan\angle OMN = \frac{-\dfrac{1}{y'} - \dfrac{y}{x}}{1 - \dfrac{y}{xy'}}, \quad \tan\angle NMR = \frac{1}{y'},$$

从而

$$\frac{1}{y'} = -\frac{x + yy'}{xy' - y},$$

得微分方程

$$yy'^2 + 2xy' - y = 0, \tag{6.33}$$

变形后得齐次微分方程

$$y' = -\frac{x}{y} \pm \sqrt{\left(\frac{x}{y}\right)^2 + 1}, \tag{6.34}$$

令 $\frac{y}{x} = u$，则 $\frac{\mathrm{d}y}{\mathrm{d}x} = u + x\frac{\mathrm{d}u}{\mathrm{d}x}$，代入式 (6.34)，得

$$x\frac{\mathrm{d}u}{\mathrm{d}x} = \frac{-(1 + u^2) \pm \sqrt{1 + u^2}}{u},$$

分离变量得

$$\frac{u\mathrm{d}u}{-(1 + u^2) \pm \sqrt{1 + u^2}} = \frac{\mathrm{d}x}{x},$$

令 $t = \sqrt{1 + u^2}$，得

$$\frac{\mathrm{d}t}{t \pm 1} = -\frac{\mathrm{d}x}{x},$$

两边积分得

$$\ln|t \pm 1| = \ln\left|\frac{C}{x}\right|,$$

将 $t = \sqrt{1 + u^2}$ 代入得（由对称性，正负号结果相同，这里取负号）

$$u^2 + 1 = \left(\frac{C}{x} + 1\right)^2,$$

将 $u = \frac{y}{x}$ 代入得

$$y^2 = 2C\left(x + \frac{C}{2}\right). \tag{6.35}$$

这是一族以原点为焦点的抛物线. 将抛物线绕 x 轴旋转一周得旋转抛物面

$$y^2 + z^2 = 2C\left(x + \frac{C}{2}\right). \tag{6.36}$$

如果凹面镜的直径为 d，从顶点到底面的距离是 h，则

$$x + \frac{C}{2} = h, y = \frac{d}{2},$$

代入式 (6.36)，得 $C = \dfrac{d^2}{8h}$，从而

$$y^2 + z^2 = \frac{d^2}{4h}\left(x + \frac{d^2}{16h}\right).$$

实际上，车灯光源设计的优化问题不仅如此，同时还要考虑灯丝长度、反射光强度及分布、光学成像原理、线光源功率和节能等多方面要求，因此研究车灯光源的优化问题非常具有实际意义.

实际问题补充 1

惠更斯钟摆

6.2　一阶线性微分方程

下面给出一阶线性微分方程的概念及解法.

> ### ◆ 定义 6.5　一阶线性微分方程
>
> 　形如
>
> $$\frac{\mathrm{d}y}{\mathrm{d}x} + P(x)y = Q(x) \tag{6.37}$$
>
> 的微分方程称为一阶线性微分方程, 其中 $P(x), Q(x)$ 是 x 的连续函数.
> 　当 $Q(x) = 0$ 时,
>
> $$\frac{\mathrm{d}y}{\mathrm{d}x} + P(x)y = 0 \tag{6.38}$$
>
> 称为一阶线性齐次微分方程.
> 　当 $Q(x) \neq 0$ 时, 方程 (6.37) 称为一阶线性非齐次微分方程.

1. 一阶线性齐次微分方程的解法

一阶线性齐次微分方程

$$\frac{\mathrm{d}y}{\mathrm{d}x} + P(x)y = 0$$

是可分离变量微分方程. 分离变量

$$\frac{\mathrm{d}y}{y} = -P(x)\mathrm{d}x,$$

两边积分得

$$\ln|y| = -\int P(x)\mathrm{d}x + \ln|C| \quad (C\text{为常数}).$$

一阶线性齐次微分方程的通解为

$$y = C\mathrm{e}^{-\int P(x)\mathrm{d}x}. \tag{6.39}$$

99 扫一扫

2. 一阶线性非齐次微分方程的解法

(1) 求出线性非齐次方程 (6.37) 对应的线性齐次微分方程 (6.38) 的通解 (6.39);

(2) 将齐次线性微分方程通解中的常数 C 变易成待定函数 $C(x)$, 即令

$$y = C(x)\mathrm{e}^{-\int P(x)\mathrm{d}x}, \tag{6.40}$$

代入 (6.37) 式, 得

$$C'(x)\mathrm{e}^{-\int P(x)\mathrm{d}x} - C(x)\mathrm{e}^{-\int P(x)\mathrm{d}x}P(x) + P(x)C(x)\mathrm{e}^{-\int P(x)\mathrm{d}x} = Q(x),$$

$$C'(x) = Q(x)\mathrm{e}^{\int P(x)\mathrm{d}x},$$

$$C(x) = \int Q(x)\mathrm{e}^{\int P(x)\mathrm{d}x}\mathrm{d}x + C.$$

(3) 将 $C(x)$ 代入式 (6.40)，得方程 (6.37) 的通解为

$$y = \mathrm{e}^{-\int P(x)\mathrm{d}x}\left(\int Q(x)\mathrm{e}^{\int P(x)\mathrm{d}x}\mathrm{d}x + C\right). \tag{6.41}$$

经典例题 6.9 求微分方程 $x^2\mathrm{d}y + (2xy - x + 1)\mathrm{d}x = 0$ 的通解.

【解】 原方程可化为

$$\frac{\mathrm{d}y}{\mathrm{d}x} + \frac{2}{x}y = \frac{x-1}{x^2},$$

由 (6.41) 式，得通解为

$$y = \mathrm{e}^{-\int \frac{2}{x}\mathrm{d}x}\left(\int \frac{x-1}{x^2}\mathrm{e}^{\int \frac{2}{x}\mathrm{d}x}\mathrm{d}x + C\right),$$

整理得

$$y = \frac{1}{2} - x^{-1} + Cx^{-2}.$$

3. 可化为一阶线性非齐次微分方程的伯努利方程

形如

$$\frac{\mathrm{d}y}{\mathrm{d}x} + P(x)y = Q(x)y^n \quad (n \neq 0, 1) \tag{6.42}$$

的微分方程称为伯努利方程. 下面是伯努利 1695 年给出的解法.

【解】 两边同除以 y^n 得

$$y^{-n}\frac{\mathrm{d}y}{\mathrm{d}x} + P(x)y^{1-n} = Q(x) \quad (n \neq 0, 1), \tag{6.43}$$

令 $z = y^{1-n}$，得

$$\frac{\mathrm{d}z}{\mathrm{d}x} = (1-n)y^{-n}\frac{\mathrm{d}y}{\mathrm{d}x}, \tag{6.44}$$

于是有

$$\frac{1}{1-n}\frac{\mathrm{d}z}{\mathrm{d}x} + P(x)z = Q(x), \tag{6.45}$$

得标准的一阶线性微分方程

$$\frac{\mathrm{d}z}{\mathrm{d}x} + (1-n)P(x)z = (1-n)Q(x). \tag{6.46}$$

解得通解为

$$y^{1-n} = \mathrm{e}^{-\int(1-n)P(x)\mathrm{d}x}\left(\int (1-n)Q(x)\mathrm{e}^{\int(1-n)P(x)\mathrm{d}x}\mathrm{d}x + C\right). \tag{6.47}$$

实际问题 6.18　汽车滑行

　　设汽车质量为 m，行驶速度为 v_0，打开离合器自由滑行. 路面摩擦力为 G，空气阻力与速度成正比. (1) 求：汽车滑行速度与时间的关系；(2) 汽车能滑行多长时间？

【解】 (1) 根据牛顿第二定律 $F = ma$ 及 $a = \dfrac{\mathrm{d}v}{\mathrm{d}t}$，又知汽车滑行中受摩擦阻力 G 和空气阻力 $kv(k$ 为比例系数) 的作用，方向与速度方向相反. 故 $v(t)$ 满足方程

$$m\frac{\mathrm{d}v}{\mathrm{d}t} = -G - kv,$$

改写为

$$\frac{\mathrm{d}v}{\mathrm{d}t} + \frac{k}{m}v = -\frac{G}{m}, \tag{6.48}$$

解得通解为

$$v(t) = \mathrm{e}^{-\frac{k}{m}t}\left(\int -\frac{G}{m}\mathrm{e}^{\frac{k}{m}t}\mathrm{d}t + C\right)$$

$$= \mathrm{e}^{-\frac{k}{m}t}\left(-\frac{G}{k}\mathrm{e}^{\frac{k}{m}t} + C\right) = C\mathrm{e}^{-\frac{k}{m}t} - \frac{G}{k},$$

将初始条件 $v(0) = v_0$ 代入得

$$C = v_0 + \frac{G}{k}.$$

于是所求速度与时间的关系 (图 6.11) 为

$$v(t) = \left(v_0 + \frac{G}{k}\right)\mathrm{e}^{-\frac{k}{m}t} - \frac{G}{k}. \tag{6.49}$$

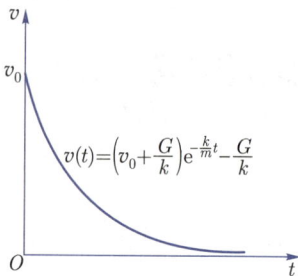

图 6.11

(2) 当 $v = 0$ 时，汽车滑行停止.

$$\mathrm{e}^{\frac{k}{m}t} = \frac{G + kv_0}{G},$$

由此得

$$t = \frac{m}{k}\ln\frac{G + kv_0}{G}. \tag{6.50}$$

实际问题 6.19　RL 电路

　　如图 6.12 所示，在串联电路中，设有电阻 R，电感 L 和电源电动势 $E = E_0\sin\omega t$，在时刻 $t = 0$ 时接通电路，求电流 I 与时间 t 的函数关系.

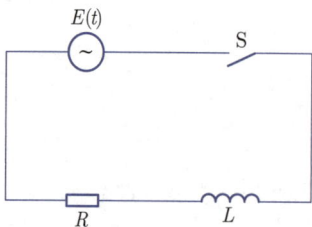

图 6.12　RL 电路

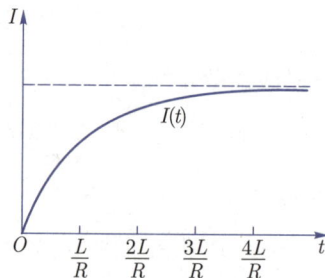

图 6.13

【解】　设任意时刻 t 的电流为 I，电流经过电阻 R 的电压降 $U_R = RI$，经过 L 的电压降 $U_L = L\dfrac{\mathrm{d}I}{\mathrm{d}t}$，由基尔霍夫第二定律：在闭合回路中，回路中电压降的代数和等于电源电动势的代

数和.

$$U_R + U_L = E,$$

即

$$RI + L\frac{\mathrm{d}I}{\mathrm{d}t} = E_0 \sin\omega t, \tag{6.51}$$

整理得

$$\frac{\mathrm{d}I}{\mathrm{d}t} + \frac{R}{L}I = \frac{E_0}{L}\sin\omega t. \tag{6.52}$$

直接利用一阶线性微分方程求解公式得

$$I(t) = \mathrm{e}^{-\int\frac{R}{L}\mathrm{d}t}\left(\int\frac{E_0}{L}\mathrm{e}^{\int\frac{R}{L}\mathrm{d}t}\sin\omega t\mathrm{d}t + C\right) = \mathrm{e}^{-\frac{R}{L}t}\left(\int\frac{E_0}{L}\mathrm{e}^{\frac{R}{L}t}\sin\omega t\mathrm{d}t + C\right)$$

$$= C\mathrm{e}^{-\frac{R}{L}t} + \frac{E_0}{R^2 + \omega^2 L^2}(R\sin\omega t - \omega L\cos\omega t).$$

100 扫一扫

将初值 $I(0) = 0$ 代入得

$$C = \frac{\omega L E_0}{R^2 + \omega^2 L^2}.$$

于是所求电流 I 与时间 t 的关系为

$$I(t) = \frac{E_0}{R^2 + \omega^2 L^2}(\omega L\mathrm{e}^{-\frac{R}{L}t} + R\sin\omega t - \omega L\cos\omega t). \tag{6.53}$$

图形如图 6.13 所示. 在 $I(t)$ 表达式中,

$$\frac{E_0}{R^2 + \omega^2 L^2}\omega L\mathrm{e}^{-\frac{R}{L}t} \tag{6.54}$$

为瞬时电流,

$$\frac{E_0}{R^2 + \omega^2 L^2}(R\sin\omega t - \omega L\cos\omega t) \tag{6.55}$$

为稳态电流.

实际问题 6.20 RC 电路

如图 6.14 所示, 在串联电路中, 设有电阻 $R = 100\ \Omega$, 电容 $C = 0.01$ F 和电源电动势 $E = 400\cos 2t$ V, 由基尔霍夫第二定律知, 电容 C 满足

$$\frac{\mathrm{d}q}{\mathrm{d}t} + \frac{1}{RC}q = \frac{E}{R},$$

假设电容没有初始电量. 求任意时刻 t 电路的电流.

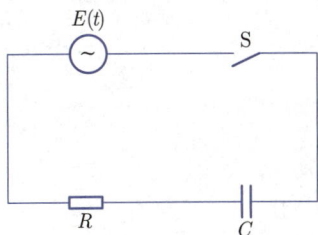

图 6.14 RC 电路

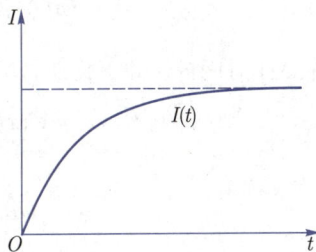

图 6.15

【解】　由题意得

$$\frac{\mathrm{d}q}{\mathrm{d}t} + q = 4\cos 2t, \tag{6.56}$$

直接由一次线性微分方程解的公式得

$$q(t) = \mathrm{e}^{-\int \mathrm{d}t}\left(\int 4\cos 2t \mathrm{e}^{\int \mathrm{d}t}\mathrm{d}t + C\right) = \mathrm{e}^{-t}\left(4\int \cos 2t \mathrm{e}^{t}\mathrm{d}t + C\right)$$

$$= \mathrm{e}^{-t}\left(\frac{4}{5}\mathrm{e}^{t}(\cos 2t + 2\sin 2t) + C\right) = C\mathrm{e}^{-t} + \frac{8}{5}\sin 2t + \frac{4}{5}\cos 2t.$$

将 $t = 0, q = 0$ 代入得 $C = -\dfrac{4}{5}$，于是

$$q = -\frac{4}{5}\mathrm{e}^{-t} + \frac{8}{5}\sin 2t + \frac{4}{5}\cos 2t,$$

再由 $I = \dfrac{\mathrm{d}q}{\mathrm{d}t}$ 得

$$I = \frac{4}{5}\mathrm{e}^{-t} + \frac{16}{5}\cos 2t - \frac{8}{5}\sin 2t. \tag{6.57}$$

在 $I(t)$ 表达式中

$$\frac{4}{5}\mathrm{e}^{-t} \tag{6.58}$$

为瞬时电流，如图 6.15 所示；

$$\frac{16}{5}\cos 2t - \frac{8}{5}\sin 2t \tag{6.59}$$

为稳态电流.

实际问题 6.21　矿井通风问题

　　煤炭开采的安全问题非常重要，为减少井下瓦斯含量，必须进行通风换气，以保证井下作业安全. 设某井下作业面的体积为 V，空气中含有 $b\%$ 的瓦斯 (当瓦斯浓度 $\geqslant 3\%$ 时遇火就会燃烧或者爆炸)，假设新鲜空气中瓦斯的含量为 0.04%. 如果每分钟向井下注入 $a\ \mathrm{m}^3$ 的新鲜空气，假设井下不再产生瓦斯，问需要多少时间才能将井下瓦斯的含量从 $b\%$ 降到 0.06%？

【解】　假设注入新鲜空气的开始时刻为 $t = 0$，$x(t)$ 为 t 时刻井下瓦斯浓度，初始时刻井下瓦斯浓度为 $x(0) = b\%$，则在 $[t, t + \Delta t]$ 时间内，向井下注入的瓦斯为 $a0.04\%\Delta t$，排出的瓦斯总量为 $ax(t)\Delta t$. 那么在时间间隔 Δt，井下瓦斯的增量为

$$a0.04\%\Delta t - ax(t)\Delta t.$$

又在 $[t, t + \Delta t]$ 时间内，井下瓦斯总增量为

$$V\Delta x = V(x(t + \Delta t) - x(t)) = V\mathrm{d}x,$$

所以

$$V\mathrm{d}x = a0.04\%\mathrm{d}t - ax(t)\mathrm{d}t,$$

即

$$\frac{\mathrm{d}x}{x - 0.04\%} = -\frac{a}{V}\mathrm{d}t, \tag{6.60}$$

101 扫一扫

解得

$$x(t) = (x_0 - 0.04\%)e^{-\frac{a}{V}t} + 0.04\%,$$

$$t = -\frac{V}{a} \ln \frac{x - 0.000\ 4}{b\% - 0.000\ 4}. \tag{6.61}$$

当 $a = 1\ 000\ \text{m}^3, V = 12\ 000\ \text{m}^3, x = 0.000\ 6, b\% = 0.015$ 时,

$$t = -\frac{12\ 000}{1\ 000} \ln \frac{0.000\ 6 - 0.000\ 4}{0.015 - 0.000\ 4} = 51.7(\text{min}).$$

这个问题的简化显然有问题,因为井下的瓦斯总是在不停地产生,假设井下不再产生瓦斯并不符合实际.

实际问题 6.22 (选学) 流体混合问题

如图 6.16 所示,物质 A 浓度为 n_1 某化学流体 (液体或气体),以速度 v_1 流入体积为 V_0 的装有该流体的容器中,混合后浓度为 n_2 的流体以 v_2 的速度流出. 计算该化学流体的实时浓度.

【解】 设时刻 t 容器内物质 A 的质量为 $x = x(t)$,浓度为 n_2,经过时间 $\Delta t = \mathrm{d}t$ 后,容器内物质 A 的质量增加量为 $\Delta x = \mathrm{d}x$,于是有

$$\mathrm{d}x = n_1 v_1 \mathrm{d}t - n_2 v_2 \mathrm{d}t, \tag{6.62}$$

又

$$n_2 = \frac{x}{V_0 + (v_1 - v_2)t}, \tag{6.63}$$

所以

$$\frac{\mathrm{d}x}{\mathrm{d}t} = -\frac{v_2 x}{V_0 + (v_1 - v_2)t} + n_1 v_1. \tag{6.64}$$

解得

$$x(t) = (V_0 + (v_1 - v_2)t)^{-\frac{v_2}{v_1-v_2}} \left[\int n_1 v_1 [V_0 + (v_1 - v_2)t]^{\frac{v_2}{v_1-v_2}} \mathrm{d}t + C \right]$$

$$= (V_0 + (v_1 - v_2)t)^{\frac{-v_2}{v_1-v_2}} [n_1(V_0 + (v_1 - v_2)t)^{\frac{v_1}{v_1-v_2}} + C],$$

又 $x(0) = V_0 n_0$,所以

$$V_0 n_0 = V_0 n_1 + V_0^{-\frac{v_2}{v_1-v_2}} C,$$

于是

$$C = \frac{V_0 n_0 - V_0 n_1}{V_0^{-\frac{v_2}{v_1-v_2}}},$$

所以

图 6.16 流体混合

$$x(t) = [V_0 + (v_1 - v_2)t]^{\frac{-v_2}{v_1-v_2}} \left[n_1(V_0 + (v_1 - v_2)t)^{\frac{v_1}{v_1-v_2}} + \frac{V_0 n_0 - V_0 n_1}{V_0^{-\frac{v_2}{v_1-v_2}}} \right]. \tag{6.65}$$

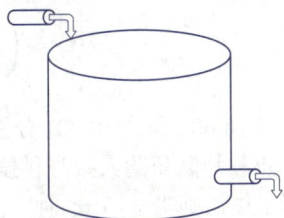

时刻 t 该化学物质的浓度为

$$n_2 = [V_0 + (v_1 - v_2)t]^{\frac{-v_1}{v_1-v_2}} \left[n_1(V_0 + (v_1 - v_2)t)^{\frac{v_1}{v_1-v_2}} + \frac{V_0 n_0 - V_0 n_1}{V_0^{-\frac{v_2}{v_1-v_2}}} \right].$$

实际问题 6.23　大学生就业与国民经济发展大局问题

　　每年大学毕业生中都有一些留在学校充实教师队伍，其余就业到国民经济其他部门从事科技和管理等工作.

　　设 t 年教师人数为 $x_1(t)$，科学技术和管理人员数为 $x_2(t)$，又设一个教师每年培养 a 个毕业生，每年从教育、科技和管理岗位上退休、死亡或调出人员的比例为 $\lambda(0 < \lambda < 1)$，每年大学毕业生中从事教师职业的比例为 $\mu(0 < \mu < 1)$，于是

$$\frac{dx_1}{dt} = a\mu x_1 - \lambda x_1 = (a\mu - \lambda)x_1, \tag{6.66}$$

$$\frac{dx_2}{dt} = a(1 - \mu)x_1 - \lambda x_2, \tag{6.67}$$

方程 (6.66) 的通解为

$$x_1(t) = C_1 e^{(a\mu-\lambda)t}, \tag{6.68}$$

设 $x_1(0) = x_{10}$，则 $C_1 = x_{10}$，于是得特解

$$x_1(t) = x_{10} e^{(a\mu-\lambda)t}, \tag{6.69}$$

将式 (6.69) 代入式 (6.67) 整理得

$$\frac{dx_2}{dt} + \lambda x_2 = a(1 - \mu)x_{10} e^{(a\mu-\lambda)t}, \tag{6.70}$$

解方程 (6.70) 得通解

$$x_2(t) = C_2 e^{\lambda t} + \left(\frac{1-\mu}{\mu}\right) x_{10} e^{(a\mu-\lambda)t}, \tag{6.71}$$

设 $x_2(0) = x_{20}$，则 $C_2 = x_{20} - \left(\frac{1-\mu}{\mu}\right) x_{10}$，于是得特解

$$x_2(t) = \left(x_{20} - \left(\frac{1-\mu}{\mu}\right) x_{10}\right) e^{\lambda t} + \left(\frac{1-\mu}{\mu}\right) x_{10} e^{(a\mu-\lambda)t}. \tag{6.72}$$

　　式 (6.69) 和式 (6.72) 分别表示在初始人数分别为 $x_1(0)$，$x_2(0)$ 的情况下，对应于 μ 的取值，在 t 年教师队伍的人数与科技和管理人员数. 从结果看出，如果 $\mu = 1$，即毕业生全部留在教育部门工作，则当 $t \to \infty$ 时，由于 $a > \lambda$，必有 $x_1(t) \to \infty$，而 $x_2(t) \to 0$，这说明教师队伍将迅速增加，科技和管理人员不断减少，势必影响国民经济发展，反过来也会影响教育的发展；如果 $\mu \to 0$，则 $x_1(t) \to 0$，$x_2(t) \to 0$. 这说明如果不保证适当比例的毕业生充实教师队伍，将影响人才的培养，最终导致两支队伍全部萎缩，因此，选择好比例 μ 关系到两支队伍的建设以及整个国民经济发展的大局.

6.3 可降阶的高阶微分方程

6.3.1 $y^{(n)} = f(x)$ 型的微分方程

该类型方程只要通过 n 次积分就可得到通解.

经典例题 6.10 求微分方程 $y''' = \cos x$ 的通解.

【解】 依次积分得
$$y'' = \int \cos x \mathrm{d}x = \sin x + C_1,$$
$$y' = \int (\sin x + C_1)\mathrm{d}x = -\cos x + C_1 x + C_2,$$
$$y = \int (-\cos x + C_1 x + C_2)\mathrm{d}x = -\sin x + \frac{1}{2}C_1 x^2 + C_2 x + C_3.$$

经典例题 6.11 求微分方程 $y'' = x^2 + \mathrm{e}^x$ 满足 $y(0) = 1, y'(0) = 1$ 的特解.

【解】 积分得
$$y' = \int (x^2 + \mathrm{e}^x)\mathrm{d}x = \frac{1}{3}x^3 + \mathrm{e}^x + C_1,$$

由 $y'(0) = 1$ 得,$C_1 = 0$. 于是
$$y' = \frac{1}{3}x^3 + \mathrm{e}^x.$$

继续积分得
$$y = \int \left(\frac{1}{3}x^3 + \mathrm{e}^x\right)\mathrm{d}x = \frac{1}{12}x^4 + \mathrm{e}^x + C_2,$$

由 $y(0) = 1$ 得,$C_2 = 0$. 于是,
$$y = \frac{1}{12}x^4 + \mathrm{e}^x.$$

6.3.2 $y'' = f(x, y')$ 型的微分方程

该类型方程的特点是不显含未知函数.

解法：令 $y' = p(x)$，则
$$y'' = p'(x) = \frac{\mathrm{d}p}{\mathrm{d}x}, \tag{6.73}$$

代入原方程可得 $p(x)$ 的一阶微分方程
$$\frac{\mathrm{d}p}{\mathrm{d}x} = f(x, p). \tag{6.74}$$

再按一阶微分方程的类型求解，即采用降阶的方法来求解.

经典例题 6.12 求微分方程 $(1 + x^2)y'' = 2xy'$ 满足 $y(0) = 1, y'(0) = 3$ 的特解.

【解】 原方程可改写为
$$y'' = \frac{2xy'}{1 + x^2},$$

令 $y' = p(x)$，则 $y'' = p'(x) = \frac{\mathrm{d}p}{\mathrm{d}x}$，代入原方程得

$$\frac{\mathrm{d}p}{\mathrm{d}x} = \frac{2xp}{1+x^2},$$

分离变量得

$$\frac{\mathrm{d}p}{p} = \frac{2x\mathrm{d}x}{1+x^2},$$

两边积分得

$$\ln p = \ln(1+x^2) + \ln C_1,$$

$$p = C_1(1+x^2),$$

$$\frac{\mathrm{d}y}{\mathrm{d}x} = C_1(1+x^2),$$

由 $y'(0) = 3$ 得，$C_1 = 3$. 故

$$\frac{\mathrm{d}y}{\mathrm{d}x} = 3(1+x^2),$$

再积分得

$$y = 3x + x^3 + C_2,$$

由 $y(0) = 1$ 得 $C_2 = 1$. 所以原方程的特解为

$$y = 3x + x^3 + 1.$$

实际问题补充 2

鱼雷追击敌舰

实际问题补充 3

单摆运动规律

实际问题 6.24　（选学）核放射性核废料处理

　　美国原子能委员会以往处理放射性核废料的方法，是把它们装入密封的圆桶里，然后扔到水深为 90 多米的海底. 生态学家和科学家们表示担心，怕圆桶下沉到海底时与海底碰撞而发生破裂，从而造成核污染. 原子能委员会向他们保证圆桶绝不会破裂. 为此工程师们进行了碰撞实验，发现当圆桶下沉速度超过 12.2 m/s 与海底相撞时，圆桶就可能发生破裂. 为避免圆桶碰裂，要计算圆桶沉到海底时的速度. 已知圆桶质量为 239.456kg，体积为 0.208 m³，海水密度为 1025.94 kg/m³. 如果圆桶速度小于 12.2 m/s，则说明这种方法安全可靠，否则禁止用这种方法处理放射性核废料. 假设水的阻力与速度大小成正比，正比例常数 $k = 0.12$.

　　【解】 设圆桶下沉位移 y 是时间 t 的函数，则圆桶下沉加速度为 $\frac{\mathrm{d}^2 y}{\mathrm{d}x^2}$. 已知重力为 $G = mg = 239.456g$，所受浮力为 $F = \rho g V = 1025.94 \times 0.208g = 213.396g$，阻力为 $k\frac{\mathrm{d}y}{\mathrm{d}t} = 0.12\frac{\mathrm{d}y}{\mathrm{d}t}$.

　　根据牛顿第二定律得

$$m\frac{\mathrm{d}^2 y}{\mathrm{d}t^2} = G - F - k\frac{\mathrm{d}y}{\mathrm{d}t}, \quad y(0) = 0, y'(0) = 0, \tag{6.75}$$

这是二阶常系数且可降阶微分方程. 令 $\frac{\mathrm{d}y}{\mathrm{d}t} = v$，则

$$\frac{\mathrm{d}^2 y}{\mathrm{d}t^2} = \frac{\mathrm{d}v}{\mathrm{d}y}\frac{\mathrm{d}y}{\mathrm{d}t} = v\frac{\mathrm{d}v}{\mathrm{d}y}, \tag{6.76}$$

于是方程 (6.77) 可化为一阶线性微分方程

$$v\frac{\mathrm{d}v}{\mathrm{d}y} = \frac{1}{m}(G - F - kv), \quad v(0) = 0, \tag{6.77}$$

分离变量得

$$\frac{v}{G - F - kv}\mathrm{d}v = \frac{1}{m}\mathrm{d}y, \quad v(0) = 0, \tag{6.78}$$

解得

$$\frac{1}{m}y = -\frac{v}{k} - \frac{G-F}{k^2}\ln(G-F-kv) + C,$$

将初始条件 $v(0) = 0$ 代入，得

$$C = \frac{G-F}{k^2}\ln(G-F),$$

102 扫一扫

从而得

$$\frac{1}{m}y = -\frac{v}{k} - \frac{G-F}{k^2}\ln\frac{G-F-kv}{G-F}, \tag{6.79}$$

利用 (6.81) 式，手工求 $v(91)$ 还是有点困难，但是若用计算机借助数值计算方法就很容易了．实际上我们只要作一个估计就可以了．在 (6.80) 式中令 $k = 0$ 得新微分方程

$$\frac{v}{G-F}\mathrm{d}v = \frac{1}{m}\mathrm{d}y, \quad v(0) = 0, \tag{6.80}$$

积分得

$$\frac{v^2}{2(G-F)} = \frac{1}{G}y \quad \text{或} \quad v = \sqrt{\frac{2}{m}(G-F)y},$$

实际问题补充 4

于是有

$$v(91) = \sqrt{\frac{2 \times 9.8}{239.456}(239.456 - 213.396)91} \approx 13.93 \text{ (m/s)}.$$

开普勒第一定律

在 91 m 时速度为 13.93 m/s，大于 12.2 m/s，所以这种方法不安全．

6.3.3 $y'' = f(y, y')$ 型的微分方程

该类型方程的特点是不显含 x．解法：令 $y' = p(y)$，则

$$y'' = p'(y)y' = p(y)\frac{\mathrm{d}p}{\mathrm{d}y}, \tag{6.81}$$

代入原方程可得 $p(y)$ 的一阶微分方程

$$p(y)\frac{\mathrm{d}p}{\mathrm{d}y} = f(y, p). \tag{6.82}$$

再按一阶微分方程的类型求解．

经典例题 6.13 求微分方程 $yy'' - (y')^2 = 0$ 的通解．

【解】 令 $y' = p(y)$，则 $y'' = p'(y)y' = p(y)\dfrac{\mathrm{d}p}{\mathrm{d}y}$，代入原方程得

$$yp\frac{\mathrm{d}p}{\mathrm{d}y} - p^2 = 0,$$

(1) 当 $p \neq 0$ 时，$y\dfrac{\mathrm{d}p}{\mathrm{d}y} - p = 0$，分离变量得

$$\frac{\mathrm{d}p}{p} = \frac{\mathrm{d}y}{y},$$

两边积分得

$$\ln p = \ln y + \ln C_1,$$

故 $p = C_1 y$, 即 $\dfrac{\mathrm{d}y}{\mathrm{d}x} = C_1 y$, 分离变量得

$$\frac{\mathrm{d}y}{y} = C_1 \mathrm{d}x,$$

两边积分得

$$\ln y = C_1 x + \ln C_2.$$

即 $y = C_2 \mathrm{e}^{C_1 x}$ 为方程的通解.

(2) 当 $p = 0, y' = 0$ 时, $y = C$(包含在 (1) 解中, 令 $C_1 = 0$ 即可).

所以原方程的通解为 $y = C_2 \mathrm{e}^{C_1 x}$.

科学家–伯努利–简介

雅各布·伯努利（Jakob Bernoulli, 1654—1705, 约翰·伯努利（Johann Bernoulli, 1667—1748），丹尼尔·伯努利（Daniel Bernoulli, 1700—1782）三兄弟都是数学家. 约翰·伯努利（图 6.17）1691 年解决了雅各布·伯努利提出的悬链线问题. 约翰·伯努利还提出了洛必达法则（1694），解决了最速降线问题（1696）、测地线问题（1697），给出了求积分变量替换法（1699），研究弦振动问题（1727）等.

图 6.17　约翰·伯努利

实际问题 6.25　（选学）高压输电线塔高塔距的设计 (悬链线)

雅各布·伯努利提出的悬链线问题.

【解】　如图 6.18 所示, 设 ρ 为悬链线单位长度所受的重力, $T(x)$ 表示曲线在 $P(x,y)$ 所受的张力, 在曲线上任取一段弧 PQ, Q 点的横坐标为 $x + \Delta x$, 于是由平衡条件在水平方向有

$$T(x)\cos(\theta(x)) = T(x + \Delta x)\cos(\theta(x + \Delta x)), \tag{6.83}$$

其中 θ 为曲线切线与 x 轴正向的夹角. 这说明 $T(x)\cos(\theta(x))$ 等于常数 H.
PQ 在竖直方向的平衡条件为

$$H\tan(\theta(x + \Delta x)) = H\tan(\Delta(x)) + \rho\Delta s, \tag{6.84}$$

即

$$y'(x + \Delta x) - y'(x) = \frac{\rho}{H}\sqrt{1 + (y')^2}\,\Delta x,$$

令 $\Delta x \to 0$, 得二阶常系数可降阶微分方程

$$y'' = \frac{\rho}{H}\sqrt{1 + (y')^2}, \tag{6.85}$$

令 $y' = p$, 得可分离变量微分方程

$$\frac{\mathrm{d}p}{\mathrm{d}x} = \frac{\rho}{H}\sqrt{1 + p^2}, \tag{6.86}$$

解可分离变量微分方程得

$$p + \sqrt{1 + p^2} = \mathrm{e}^{\frac{\rho}{H}(x - C_1)},$$

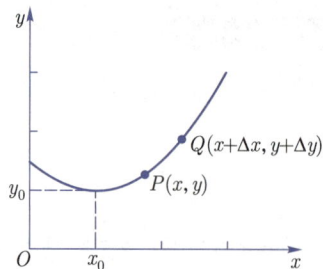

103 扫一扫

图 6.18　悬链线

于是有

$$y' = \sinh^{①} \left(\frac{\rho}{H}(x - C_1) \right), \tag{6.87}$$

两边积分得

$$y = \frac{H}{\rho} \cosh \left(\frac{\rho}{H}(x - C_1) \right) + C_2. \tag{6.88}$$

设悬链线最低点横坐标为 x_0, 纵坐标为 y_0, 则有初始条件

$$y(x_0) = y_0, \quad y'(x_0) = 0,$$

代入式 (6.88), 得

$$C_1 = x_0, \quad C_2 = y_0 - \frac{H}{\rho},$$

于是, 得悬链线方程

$$y = \frac{H}{\rho} \cosh \left(\frac{\rho}{H}(x - x_0) + y_0 - \frac{H}{\rho} \right).$$

悬链线应用实例如图 6.19 和图 6.20 所示.

图 6.19 悬链线–输电线路

图 6.20 悬链线–海沧大桥

6.4 二阶常系数线性微分方程

6.4.1 基础理论知识准备

这里只讨论一阶线性微分方程与二阶线性微分方程, 其结论可以推广到高阶线性微分方程.

一阶微分方程的一般形式为

$$y' + p(x)y = f(x), \tag{6.89}$$

二阶微分方程的一般形式为

$$y'' + p(x)y' + q(x)y = f(x), \tag{6.90}$$

---

① $\sinh x = \dfrac{\mathrm{e}^x - \mathrm{e}^{-x}}{2}$ 为双曲正弦函数;

$\cosh x = \dfrac{\mathrm{e}^x + \mathrm{e}^{-x}}{2}$ 为双曲余弦函数.

其中 $p(x), q(x), f(x)$ 均是连续函数. 当 $f(x) \equiv 0$ 时, 方程 (6.91) 和方程 (6.92) 分别是一阶线性齐次微分方程与二阶线性齐次微分方程, 否则是非齐次方程.

♦ **定理 6.1**

设 $y_1 = y_1(x)$ 与 $y_2 = y_2(x)$ 分别为方程

$$y' + p(x)y = f_1(x) \quad \text{与} \quad y' + p(x)y = f_2(x)$$

或

$$y'' + p(x)y' + q(x)y = f_1(x) \quad \text{与} \quad y'' + p(x)y' + q(x)y = f_2(x)$$

的两个特解, 则 $y_1(x) + y_2(x)$ 是方程

$$y' + p(x)y = f_1(x) + y_2(x)$$

或

$$y'' + p(x)y' + q(x)y = f_1(x) + y_2(x)$$

的特解.

♦ **定理 6.2**

设 $y_1 = y_1(x)$ 与 $y_2 = y_2(x)$ 分别是方程

$$y' + p(x)y = 0 \tag{6.91}$$

或

$$y'' + p(x)y' + q(x)y = 0 \tag{6.92}$$

的两个特解, 则其线性组合 $C_1 y_1(x) + C_2 y_2(x)$ 还是方程 (6.91) 或方程 (6.92) 的解.

♦ **定理 6.3**

设 $y_1 = y_1(x)$ 与 $y_2 = y_2(x)$ 分别是非齐次微分方程 (6.89) 或方程 (6.90) 的两个特解, 则 $y_1(x) - y_2(x)$ 是齐次微分方程 (6.91) 或方程 (6.92) 的特解.

♦ **定理 6.4**

设 $y^* = y^*(x)$ 是线性非齐次微分方程 (6.89) 或方程 (6.90) 的一个特解, $\tilde{y} = \tilde{y}(x)$ 是线性齐次方程 (6.91) 或方程 (6.92) 的任意解, 则 $y = \tilde{y}(x) + y^*(x)$ 是线性非齐次微分方程 (6.89) 或方程 (6.90) 的解.

♦ **定理 6.5**

设 $y_1 = y_1(x)$ 是线性齐次微分方程 (6.91) 的非零特解, 则线性齐次方程 (6.91) 的通解是 $y = C y_1(x)$.

又 $y^* = y^*(x)$ 是非齐次线性微分方程 (6.89) 的一个特解, 则 $y = C y_1(x) + y^*(x)$ 是非齐

次线性微分方程 (6.89) 的通解.

◆ 定理 6.6

设 $y_1 = y_1(x)$ 与 $y_2 = y_2(x)$ 是线性齐次微分方程 (6.92) 的两个线性无关的特解 $\left(\dfrac{y_1(x)}{y_2(x)} \neq$ 常数$\right)$，则线性齐次微分方程 (6.92) 的通解是

$$y = C_1 y_1(x) + C_2 y_2(x), \tag{6.93}$$

又 $y^*(x)$ 是线性非齐次方程 (6.90) 的一个特解，则线性非齐次方程 (6.90) 的通解是

$$y = C_1 y_1(x) + C_2 y_2(x) + y^*(x). \tag{6.94}$$

6.4.2 二阶常系数齐次线性微分方程

形如

$$y'' + py' + qy = 0 \tag{6.95}$$

的微分方程称为二阶常系数齐次线性微分方程，其中 p, q 是常数.

◆ 定理 6.7

设 $y_1 = y_1(x)$ 与 $y_2 = y_2(x)$ 为二阶常系数线性齐次微分方程 (6.95) 的线性无关的两个特解 $\left(\dfrac{y_1(x)}{y_2(x)} \neq$ 常数$\right)$，则

$$y = C_1 y_1 + C_2 y_2 \tag{6.96}$$

为方程 (6.95) 的通解，这里 C_1 与 C_2 为任意常数.

由定理 6.7 可知，求微分方程 (6.95) 的通解问题，归结为求微分方程 (6.95) 的两个线性无关的特解. 为了寻找这两个特解，注意到当 r 为常数时，指数函数 $y = \mathrm{e}^{rx}$ 和它的各阶导数只相差一个常数因子，因此不妨用 $y = \mathrm{e}^{rx}$ 来尝试.

设 $y = \mathrm{e}^{rx}$ 为微分方程 (6.95) 的解，则 $y' = r\mathrm{e}^{rx}, y'' = r^2\mathrm{e}^{rx}$，代入方程 (6.95) 得

$$(r^2 + pr + q)\mathrm{e}^{rx} = 0.$$

由于 $\mathrm{e}^{rx} \neq 0$，所以有

$$r^2 + pr + q = 0. \tag{6.97}$$

只要 r 满足 $r^2 + pr + q = 0$，函数 $y = \mathrm{e}^{rx}$ 就是微分方程 (6.95) 的解.

代数方程 (6.97) 称为微分方程 (6.95) 的特征方程. 特征方程的根称为特征根. 由于特征方程是一元二次方程，故特征根有三种不同的情况，相应地可得到微分方程 (6.95) 三种不同形式的通解.

(1) 当 $p^2 - 4q > 0$ 时，特征方程 (6.97) 有两个不相等的实根 r_1, r_2，此时得微分方程 (6.95) 线性无关的两个特解为

$$y_1 = \mathrm{e}^{r_1 x}, \quad y_2 = \mathrm{e}^{r_2 x}, \tag{6.98}$$

所以，微分方程 (6.95) 的通解为

$$y = C_1 y_1 + C_2 y_2 = C_1 \mathrm{e}^{r_1 x} + C_2 \mathrm{e}^{r_2 x}. \tag{6.99}$$

(2) 当 $p^2 - 4q = 0$ 时，特征方程 (6.97) 有两个相等的实根 $r_1 = r_2 = r$，此时得微分方程 (6.95) 的一个特解为 $y_1 = \mathrm{e}^{rx}$. 为求微分方程的 (6.95) 通解，还需求出与 $y_1 = \mathrm{e}^{rx}$ 线性无关的另一解 y_2. 不妨设 $\dfrac{y_2}{y_1} = u(x)$，则

$$y_2 = \mathrm{e}^{rx}u(x), y_2' = \mathrm{e}^{rx}(u'(x) + ru(x)), y_2'' = \mathrm{e}^{rx}(u''(x) + 2ru'(x) + r^2u(x)),$$

将 y_2, y_2', y_2'' 代入微分方程 (6.95)，得

$$\mathrm{e}^{rx}((u''(x) + 2ru'(x) + r^2u(x)) + p(u'(x) + ru(x)) + qu(x)) = 0,$$

将上式约去 e^{rx} 并合并同类项，得

$$u''(x) + (2r + p)u'(x) + (r^2 + pr + q)u(x) = 0,$$

由于 r 是特征方程 (6.97) 的二重根，因此 $r^2 + pr + q = 0$ 且 $2r + p = 0$，于是得

$$u''(x) = 0,$$

不妨取 $u(x) = x$，由此得到微分方程 (6.95) 的另一个特解

$$y_2 = x\mathrm{e}^{rx},$$

从而得到微分方程 (6.95) 的通解为

$$y = C_1y_1 + C_2y_2 = C_1\mathrm{e}^{rx} + C_2x\mathrm{e}^{rx} = \mathrm{e}^{rx}(C_1 + C_2x). \tag{6.100}$$

(3) 当 $p^2 - 4q < 0$ 时，特征方程 (6.97) 有一对共轭复数根 $r_1 = \alpha + \mathrm{i}\beta, r_2 = \alpha - \mathrm{i}\beta$，于是得到微分方程 (6.95) 的两个特解

$$\widetilde{y}_1 = \mathrm{e}^{(\alpha+\mathrm{i}\beta)x}, \quad \widetilde{y}_2 = \mathrm{e}^{(\alpha-\mathrm{i}\beta)x},$$

但它们是复数形式，为应用方便，利用欧拉公式 $\mathrm{e}^{\mathrm{i}\theta} = \cos\theta + \mathrm{i}\sin\theta$，将 $\widetilde{y}_1, \widetilde{y}_2$ 改写成

$$\widetilde{y}_1 = \mathrm{e}^{\alpha x}(\cos\beta x + \mathrm{i}\sin\beta x), \quad \widetilde{y}_2 = \mathrm{e}^{\alpha x}(\cos\beta x - \mathrm{i}\sin\beta x),$$

于是得到

$$y_1 = \frac{1}{2}(\widetilde{y}_1 + \widetilde{y}_2) = \mathrm{e}^{\alpha x}\cos\beta x, \quad y_2 = \frac{1}{2\mathrm{i}}(\widetilde{y}_1 - \widetilde{y}_2) = \mathrm{e}^{\alpha x}\sin\beta x,$$

所以，微分方程的 (6.95) 通解为

$$y = \mathrm{e}^{\alpha x}(C_1\cos\beta x + C_2\sin\beta x). \tag{6.101}$$

综上所述，求微分方程 (6.95) 通解的步骤如下 (见表 6.1)：

(1) 写出微分方程 (6.95) 的特征方程 (6.97)，求出特征根 r_1, r_2.

(2) 根据特征根的不同形式，写出微分方程的通解.

① 特征方程 (6.97) 有两个不等实根 r_1, r_2，则通解为

$$y = C_1y_1 + C_2y_2 = C_1\mathrm{e}^{r_1x} + C_2\mathrm{e}^{r_2x}; \tag{6.102}$$

② 特征方程 (6.97) 有两个相等实根 $r_1 = r_2 = r$，则通解为

$$y = C_1y_1 + C_2y_2 = C_1\mathrm{e}^{rx} + C_2x\mathrm{e}^{rx} = \mathrm{e}^{rx}(C_1 + C_2x); \tag{6.103}$$

③ 特征方程 (6.97) 有一对共轭复根 $r_1 = \alpha + \mathrm{i}\beta, r_2 = \alpha - \mathrm{i}\beta$，则通解为

$$y = \mathrm{e}^{\alpha x}(C_1\cos\beta x + C_2\sin\beta x); \tag{6.104}$$

表 6.1 三种特征根对应解的情况表

特征根的形式	特征方程的根	通解的形式
两个不等实特征根	$r_1 \neq r_2$	$y = C_1 e^{r_1 x} + C_2 e^{r_2 x}$
两个相等实特征根	$r_1 = r_2 = r$	$y = (C_1 + C_2 x) e^{rx}$
一对共轭复数特征根	$r_{1,2} = \alpha \pm \mathrm{i}\beta$	$y = (C_1 \cos \beta x + C_2 \sin \beta x) e^{\alpha x}$

经典例题 6.14 求微分方程 $y'' - 2y' - 3y = 0$ 的通解.

【解】 特征方程为

$$r^2 - 2r - 3 = 0,$$

特征根为 $r_1 = -1, r_2 = 3$，所以微分方程的通解为

$$y = C_1 \mathrm{e}^{-x} + C_2 \mathrm{e}^{3x}.$$

经典例题 6.15 求微分方程 $y'' - 4y' + 4y = 0$ 的通解.

【解】 特征方程为

$$r^2 - 4r + 4 = 0,$$

特征根 $r_1 = r_2 = 2$, 所以微分方程的通解为

$$y = \mathrm{e}^{2x}(C_1 + C_2 x).$$

经典例题 6.16 求微分方程 $y'' + 2y' + 5y = 0$ 的通解.

【解】 特征方程为

$$r^2 + 2r + 5 = 0,$$

特征根为 $r_1 = -1 + 2\mathrm{i}, r_2 = -1 - 2\mathrm{i}$，所以微分方程的通解为

$$y = \mathrm{e}^{-x}(C_1 \cos 2x + C_2 \sin 2x).$$

经典例题 6.17 求四阶微分方程 $y^{(4)} + 8y' = 0$ 的通解.

【解】 用类似二阶微分方程的解法. 特征方程为 $r^4 + 8r = 0$，即

$$r(r + 2)(r^2 - 2r + 4) = 0,$$

特征根为 $r_1 = 0, r_2 = -2, r_3 = 1 + \sqrt{3}\mathrm{i}, r_4 = 1 - \sqrt{3}\mathrm{i}$，所以微分方程的通解为

$$y = C_1 + C_2 \mathrm{e}^{-2x} + \mathrm{e}^x(C_3 \cos \sqrt{3}x + C_4 \sin \sqrt{3}x).$$

6.4.3 二阶常系数非齐次线性微分方程

形如

$$y'' + py' + qy = f(x) \tag{6.105}$$

的微分方程称为二阶常系数非齐次线性微分方程，其中 p, q 是常数，$f(x)$ 是 x 的已知函数.

♦ **定理 6.8**

设 $y^* = y^*(x)$ 是二阶线性常系数非齐次微分方程 (6.105) 的一个特解，$\tilde{y}$ 为对应于方程的

线性齐次微分方程 (6.95) 的通解，则微分方程 (6.105) 的通解为

$$y = \widetilde{y} + y^*. \tag{6.106}$$

由定理 6.8 可知，求二阶常系数非齐次线性微分方程的通解的步骤如下：

(1) 先求对应的齐次线性微分方程的通解 $\widetilde{y}$；

(2) 再求非齐次线性微分方程的一个特解 y^*；

(3) 则非齐次线性微分方程的通解为 $y = \widetilde{y} + y^*$.

求齐次线性微分方程通解 $\widetilde{y}$ 的方法前面已经讨论了，下面只讨论非齐次线性微分方程特解的求法. 由于问题的复杂性，本书只讨论 $f(x)$ 的两种特殊情况.

1. $f(x) = P_m(x)\mathrm{e}^{\lambda x}$ (λ **是复数，** $P_m(x)$ **是** x **的** m **次多项式) 的情形**

$$P_m(x) = a_0 x^m + a_1 x^{m-1} + \cdots + a_{m-1}x + a_m. \tag{6.107}$$

对于这种情形，可用待定系数法来求方程的一个特解，基本思想是：先根据 $f(x)$ 的特点，确定特解 y^* 的类型，然后把 y^* 代入到原方程中，确定 y^* 中的待定系数.

因为方程右端 $f(x)$ 是多项式 $P_m(x)$ 与指数函数 $\mathrm{e}^{\lambda x}$ 的乘积，而多项式与指数函数乘积的导数仍然是同一类型的函数，因此，我们推测 $y^* = Q(x)\mathrm{e}^{\lambda x}$ (其中 $Q(x)$ 是某个多项式) 可能是方程的一个解，把 $y^*, (y^*)', (y^*)''$ 代入方程，求出 $Q(x)$ 的系数，使 $y^* = Q(x)\mathrm{e}^{\lambda x}$ 满足方程即可. 为此将

$$y^* = Q(x)\mathrm{e}^{\lambda x}, (y^*)' = \mathrm{e}^{\lambda x}(\lambda Q(x) + Q'(x)),$$
$$(y^*)'' = \mathrm{e}^{\lambda x}(\lambda^2 Q(x) + 2\lambda Q'(x) + Q''(x))$$

代入方程 (6.105) 并消去 $\mathrm{e}^{\lambda x}$，得

$$Q''(x) + (2\lambda + p)Q'(x) + (\lambda^2 + p\lambda + q)Q(x) = P_m(x).$$

(1) 如果 λ 不是微分方程对应特征方程 $r^2 + pr + q = 0$ 的根，由于 $P_m(x)$ 是一个 m 次多项式，要使方程的两端恒等，可令 $Q(x)$ 为另一个 m 次多项式 $Q_m(x)$，即设 $Q_m(x)$ 为

$$Q_m(x) = b_0 x^m + b_1 x^{m-1} + \cdots + b_{m-1}x + b_m, \tag{6.108}$$

其中 $b_0, b_1, \cdots, b_m$ 为待定系数，将 $Q_m(x)$ 代入方程 (6.105) 并比较等式两端 x 同次幂的系数，可得含有 $b_0, b_1, \cdots, b_m$ 的 $m+1$ 个方程的联立方程组，解出 $b_0, b_1, \cdots, b_m$ 即得所求特解

$$y^* = Q(x)\mathrm{e}^{\lambda x}. \tag{6.109}$$

(2) 如果 λ 是微分方程对应特征方程 $r^2 + pr + q = 0$ 的单根，即 $\lambda^2 + p\lambda + q = 0$, 但 $2\lambda + p \neq 0$, 要使方程两端恒等，$Q'(x)$ 必须是 m 次多项式，此时可令

$$Q(x) = xQ_m(x), \tag{6.110}$$

并且可用同样的方法确定 $Q_m(x)$ 的系数 $b_0, b_1, \cdots, b_m$.

(3) 如果 λ 是微分方程对应的特征方程 $r^2 + pr + q = 0$ 的重根，即 $\lambda^2 + p\lambda + q = 0$, 且 $2\lambda + p = 0$ 要使方程两端恒等，$Q(x)$ 必须是 m 次多项式，此时可令

$$Q(x) = x^2 Q_m(x), \tag{6.111}$$

并且利用同样的方法可以确定 $Q_m(x)$ 的系数 $b_0, b_1, \cdots, b_m$.

综上所述，有以下结论：

如果 $f(x) = P_m(x)\mathrm{e}^{\lambda x}$ ，则二阶线性常系数非齐次微分方程具有形如

$$y^* = x^k Q_m(x)\mathrm{e}^{\lambda x} \tag{6.112}$$

的特解. 其中 $Q_m(x)$ 是与 $P_m(x)$ 同次 $(m$ 次) 的多项式，而 k 按照 λ 不是特征方程的根、是特征方程的单根或是特征方程的重根分别取值为 $0, 1, 2$(见表 6.2).

表 6.2 特解形式的设法

$f(x)$ 的形式	特征方程的根	特解形式的设法
$f(x) = P_m(x)\mathrm{e}^{\lambda x}$	λ 不是特征根	$y = Q_m\mathrm{e}^{\lambda x}$
	λ 是单特征根	$y = xQ_m\mathrm{e}^{\lambda x}$
	λ 是二重特征根	$y = x^2Q_m\mathrm{e}^{\lambda x}$

经典例题 6.18 求方程 $y'' - 9y' + 14y = \mathrm{e}^x$ 的通解.

【解】 二阶常系数非齐次线性微分方程右端函数形如 $P_m(x)\mathrm{e}^{\lambda x}$ ，其中 $\lambda = 1, P_m(x) = 1$. 先求对应齐次方程 $y'' - 9y' + 14y = 0$ 的通解，特征方程为

$$r^2 - 9r + 14 = 0,$$

特征根 $r_1 = 2, r_2 = 7$. 故对应齐次方程的通解为

$$\tilde{y} = C_1\mathrm{e}^{2x} + C_2\mathrm{e}^{7x}.$$

因为 $\lambda = 1$ 不是特征根，因而所求方程有形如

$$y^* = A\mathrm{e}^x$$

的特解. 由于 $(y^*)' = A\mathrm{e}^x, (y^*)'' = A\mathrm{e}^x$，将它们代入原方程中得恒等式

$$A\mathrm{e}^x - 9A\mathrm{e}^x + 14A\mathrm{e}^x = \mathrm{e}^x,$$

比较可得 $A = \dfrac{1}{6}$ ，所求方程的一个特解为 $y^* = \dfrac{1}{6}\mathrm{e}^x$，所以方程的通解为

$$y = C_1\mathrm{e}^{2x} + C_2\mathrm{e}^{7x} + \frac{1}{6}\mathrm{e}^x.$$

经典例题 6.19 求方程 $y'' + 6y' + 9y = 5x\mathrm{e}^{-3x}$ 的通解.

【解】 二阶常系数非齐次线性微分方程右端函数形如 $P_m(x)\mathrm{e}^{\lambda x}$. 其中 $\lambda = -3, P_m(x) = 5x$，对应的齐次方程 $y'' + 6y' + 9y = 0$ ，特征方程为

$$r^2 + 6r + 9 = 0,$$

特征根为二重根 $r_1 = r_2 = -3$ ，则对应的齐次方程的通解为

$$\tilde{y} = \mathrm{e}^{-3x}(C_1 + C_2x).$$

由于 $\lambda = -3$ 是特征方程的二重根，且 $P_m(x)$ 为一次多项式，所以，设所求方程的一个特解为 $y^* = x^2(Ax + B)\mathrm{e}^{-3x}$ ，将它代入原方程化简可得

$$(6Ax + 2B)\mathrm{e}^{-3x} = 5x\mathrm{e}^{-3x},$$

比较等式两端 x 的同次幂的系数，得 $A = \dfrac{5}{6}, B = 0$，原方程的一个特解为

$$y^* = \frac{5}{6}x^3 e^{-3x},$$

所以原方程的通解为

$$y = e^{-3x}\left(C_1 + C_2 x + \frac{5}{6}x^3\right).$$

全球气候变暖问题的影响：

(1) 正面影响．气候变暖使大气水汽增多，给内陆带来更多的雨水．非洲的北部、亚洲的中部以及中国中西部将变得湿润起来，非洲的撒哈拉大沙漠将会缩小，中国的戈壁滩将逐渐披上绿装．这些地方将变得更适宜人类居住．气候变暖将使全球的植被更加繁茂．森林扩大，草原更绿，树木生长更快．气候变暖使作物更加高产．随着"暖冬"的持续发生，地表面温度上升，越冬农作物区域普遍北移，作物分蘖良好，产量随之普遍增加，美国、印度、中国等世界重要产粮国五谷丰登．气候变暖导致人类减少能源使用，减少温室气体的排放．

(2) 负面影响．气候变暖会使水汽的蒸发加快，改变了气流循环，使气候变化加剧，引发热浪、飓风、洪涝和干旱，反常的气候给人类带来巨大的灾难．有资料表明，目前全球变暖引发的异常高温，每年造成世界大城市中约 6 000 人死亡．因全球变暖引起的天灾，引发的流行性疾病，更使人类的生命财产遭受巨大损失．全球变暖使得冰川融化，过去的 100 年间，海平面已经上升了 25 cm，而海平面的上涨，将会淹没陆地．全球变暖还会减少淡水资源，加快土地荒漠化．

实际问题 6.26　全球变暖问题

考察全球二氧化碳的存量发现，二氧化碳存量随着全球经济发展引发工业排放量的增加而增加．而随着全球变暖问题的恶化，环境污染控制越来越严格，二氧化碳排放受到了限制．

【解】　令 y 表示二氧化碳的存量，x 表示二氧化碳的工业排放量，假定存量根据如下方程变化

$$\frac{\mathrm{d}y}{\mathrm{d}t} = x - \lambda y, \tag{6.113}$$

其中，$\lambda > 0$ 为常数，它确定了自然环境吸收二氧化碳的速度．进一步假设，工业排放量随时间的变化如下：

$$\frac{\mathrm{d}x}{\mathrm{d}t} = a e^{bt} - \mu y, \tag{6.114}$$

其中 a, b, μ 为常数．式 (6.114) 中第一项使排放量随着时间 t 增加，该项表示经济发展对二氧化碳工业排放量的影响．该项体现了如下假设：随着污染问题的恶化，政府对工业二氧化碳的排放量进行了更为严格的控制．对式 (6.113) 两边求导得到

$$\frac{\mathrm{d}^2 y}{\mathrm{d}t^2} = \frac{\mathrm{d}x}{\mathrm{d}t} - \lambda \frac{\mathrm{d}y}{\mathrm{d}t}, \tag{6.115}$$

将式 (6.114) 代入式 (6.115) 得 y 的二阶微分方程

$$\frac{\mathrm{d}^2 y}{\mathrm{d}t^2} + \lambda \frac{\mathrm{d}y}{\mathrm{d}t} + \mu y = a e^{bt}, \tag{6.116}$$

这是一个二阶常系数线性非齐次微分方程，方程的齐次形式为

$$\frac{\mathrm{d}^2 y}{\mathrm{d}t^2} + \lambda \frac{\mathrm{d}y}{\mathrm{d}t} + \mu y = 0,$$

特征方程为

$$r^2 + \lambda r + \mu = 0,$$

特征根为

$$r_1, r_2 = -\frac{\lambda}{2} \pm \frac{\sqrt{\lambda^2 - 4\mu}}{2},$$

由于 $\lambda > 0$，$\mu > 0$，如果两个根为实根，那么它们都是负的；如果两个根都是复根，那么实部是负的. 齐次形式的解为

$$y_h = C_1 \mathrm{e}^{r_1 t} + C_2 \mathrm{e}^{r_2 t}.$$

为求特解，注意到可变项为 t 的函数，尝试相同形式的特解

$$y_p = A_0 \mathrm{e}^{bt},$$

为确定系数，对上式求导得

$$\frac{\mathrm{d}y}{\mathrm{d}t} = bA_0 \mathrm{e}^{bt}, \quad \frac{\mathrm{d}^2 y}{\mathrm{d}t^2} = b^2 A_0 \mathrm{e}^{bt},$$

现在将所猜测的特解和它的两个导数代入式 (6.116) 得

$$b^2 A_0 \mathrm{e}^{bt} + \lambda b A_0 \mathrm{e}^{bt} + \mu A_0 \mathrm{e}^{bt} = a \mathrm{e}^{bt},$$

求出

$$A_0 = \frac{a}{b^2 + \lambda b + \mu},$$

因此，特解为

$$y_p = \frac{a}{b^2 + \lambda b + \mu} \mathrm{e}^{bt},$$

微分方程的通解为

$$y(t) = C_1 \mathrm{e}^{r_1 t} + C_2 \mathrm{e}^{r_2 t} + \frac{a}{b^2 + \lambda b + \mu} \mathrm{e}^{bt}.$$

该解说明模型中二氧化碳的存量如何随着时间变化而变化. 已经确定两个根都是负数，因此，随着 $t \to +\infty$，解中的前两项趋于零. 如果 $b = 0$，第三项变为 $\frac{a}{\mu}$. 结论是，二氧化碳存量随时间收敛到 $\frac{a}{\mu}$，这对于未来的子孙而言是个好消息. 另一方面，如果 $b > 0$，那么第三项是 t 的增函数，因此它会无限制地增长，从而使得 y 也无限制地增加.

2. $f(x) = \mathrm{e}^{\alpha x}(A\cos\beta x + B\sin\beta x)$ 的情形 (见表 **6.3**)

$$y'' + py' + qy = \mathrm{e}^{\alpha x}(A\cos\beta x + B\sin\beta x). \tag{6.117}$$

(1) 若 $\alpha \pm i\beta$ 不是方程 (6.117) 对应齐次方程的特征根，则方程 (6.117) 的特解可设为

$$y = e^{\alpha x}(C \cos \beta x + D \sin \beta x), \tag{6.118}$$

(2) 若 $\alpha \pm i\beta$ 是方程 (6.117) 对应齐次方程的特征单根，则方程 (6.117) 的特解可设为

$$y = xe^{\alpha x}(C \cos \beta x + D \sin \beta x), \tag{6.119}$$

表 6.3　两种特征根对应解的情况表

$f(x)$ 的形式	特征方程的根	特解形式的设法
$f(x) = e^{\alpha x}(A \cos \beta x + B \sin \beta x)$	$\alpha \pm i\beta$ 不是特征根	$y = e^{\alpha x}(C \cos \beta x + D \sin \beta x)$
	$\alpha \pm i\beta$ 是特征单根	$y = xe^{\alpha x}(C \cos \beta x + D \sin \beta x)$

科学家-胡克-简介

　　胡克（Robert Hooke，1635—1703），英国物理学家、天文学家. 提出了弹性定律，光的波动说，光波是横波的概念，彗星靠近太阳时轨道是弯曲的，行星运动的理论，引力与距离平方成反比，发现了植物细胞，螺旋弹簧的振动周期的等时性，发明了空气唧筒、发条控制的摆轮、轮形气压表. 在光学和力学方面是仅次于牛顿的伟大科学家.

实际问题 6.27　简谐振动 (弹簧振动)

　　车轮等许多机械都用弹簧作减振系统 (图 6.21).

【解】　由胡克定律知，若弹簧从原来的长度拉长或压缩 x 单位，则弹簧的回复力为 $-kx$. k 为劲度系数. 如果忽略空气阻力和摩擦力，由牛顿第二定律有

$$m\frac{\mathrm{d}^2 x}{\mathrm{d}t^2} = -kx \quad 或 \quad m\frac{\mathrm{d}^2 x}{\mathrm{d}t^2} + kx = 0. \tag{6.120}$$

这是二阶常系数齐次线性微分方程. 特征方程为

$$mr^2 + k = 0, \tag{6.121}$$

其解为

$$r = \pm\sqrt{\frac{k}{m}}\mathrm{i},$$

所以微分方程 (6.122) 的一般解为

$$x(t) = C_1 \cos\sqrt{\frac{k}{m}}t + C_2 \sin\sqrt{\frac{k}{m}}t, \tag{6.122}$$

令

$$\omega = \sqrt{\frac{k}{m}}(频率), A = \sqrt{C_1^2 + C_2^2}(振幅), \cos\varphi = \frac{C_1}{A}, \sin\varphi = \frac{C_2}{A}, (\varphi是相角).$$

则

$$x(t) = A\cos(\omega t + \varphi). \tag{6.123}$$

如图 6.22 所示.

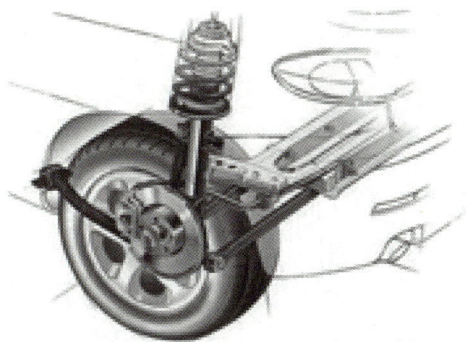

图 6.21　车轮减振系统

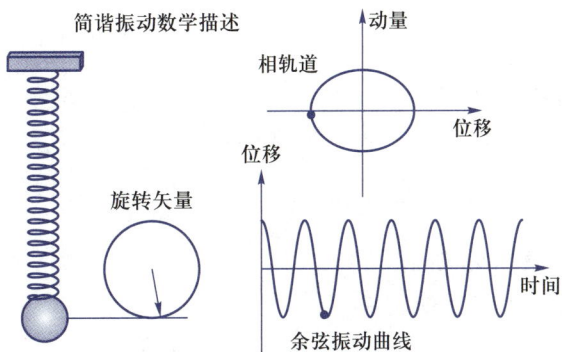

图 6.22　弹簧振动数学描述

实际问题 6.28　阻尼振动

现在考虑有阻力的弹簧振动. 如汽车自行车减振系统等. 假设阻力正比于质点的运动速度. 且作用方向与运动方向相反.

【解】　由题意, 阻尼力为 $\lambda \dfrac{\mathrm{d}x}{\mathrm{d}t}$, λ 为阻尼系数. 因此, 这种情况下的弹簧振动方程为

$$m\frac{\mathrm{d}^2 x}{\mathrm{d}t^2} + \lambda\frac{\mathrm{d}x}{\mathrm{d}t} + kx = 0. \tag{6.124}$$

这是常系数二阶齐次微分方程, 且特征方程为

$$mr^2 + \lambda r + k = 0. \tag{6.125}$$

其根为

$$r_1 = \frac{-\lambda + \sqrt{\lambda^2 - 4mk}}{2m}, \quad r_2 = \frac{-\lambda - \sqrt{\lambda^2 - 4mk}}{2m}. \tag{6.126}$$

(1) 当 $\lambda^2 - 4mk > 0$ 时 (过阻尼), r_1, r_2 是互异实根.

$$x(t) = C_1 \mathrm{e}^{r_1 t} + C_2 \mathrm{e}^{r_2 t}, \tag{6.127}$$

如图 6.23 所示.

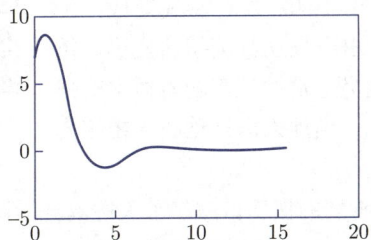

图 6.23　过阻尼

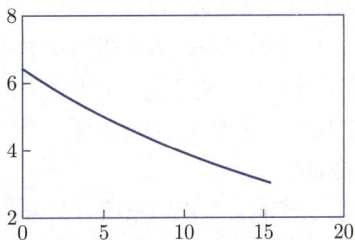

图 6.24　临界阻尼

(2) 当 $\lambda^2 - 4mk = 0$ 时 (临界阻尼), $r_1 = r_2 = -\dfrac{\lambda}{2m}$ 是相等实根.

$$x(t) = (C_1 + C_2 t)\mathrm{e}^{-\frac{\lambda}{2m}}, \tag{6.128}$$

如图 6.24 所示.

(3) 当 $\lambda^2 - 4mk < 0$ 时 (亚阻尼)

$$r = -\frac{\lambda}{2m} \pm \omega\mathrm{i} \quad \left(\omega = \frac{\sqrt{4mk - \lambda^2}}{2m}\right). \tag{6.129}$$

如图 6.25 所示.

方程的解如下:

$$x(t) = \mathrm{e}^{-\frac{\lambda}{2m}t}(C_1 \cos\omega t + C_2 \sin\omega t). \tag{6.130}$$

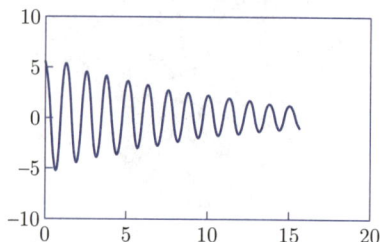

图 6.25 亚阻尼

实际问题 6.29   强迫振动

考虑回复力和阻尼力情况.

【解】   假定弹簧运动受到外力 $F(t)$ 的影响, 由牛顿第二定律得弹簧运动方程

$$m\frac{\mathrm{d}^2 x}{\mathrm{d}t^2} = -kx - \lambda\frac{\mathrm{d}x}{\mathrm{d}t} + F(t) \tag{6.131}$$

或者

$$m\frac{\mathrm{d}^2 x}{\mathrm{d}t^2} + kx + \lambda\frac{\mathrm{d}x}{\mathrm{d}t} = F(t). \tag{6.132}$$

常见的外力是周期函数

$$F(t) = F_0 \cos\omega_0 t. \tag{6.133}$$

当无阻尼力时 ($\lambda = 0$), 令 $\omega = \sqrt{d\dfrac{k}{m}}$, 可解得

$$x(t) = C_1 \cos\omega t + C_2 \sin\omega t + \frac{F_0}{m(\omega^2 - \omega_0^2)}\cos\omega_0 t. \tag{6.134}$$

如果 $\omega = \omega_0$, 则外力的频率加强了自然频率, 效果是加大了振幅, 这个现象叫共振. 实际情况下阻尼力不会为零, 故 (6.134) 式不会趋于无穷大.

美国华盛顿州塔科马海峡 (Tacoma Narrows) 大桥在 1940 年 6 月底建成, 于 1940 年 7 月 1 日通车. 人们发现大桥在微风的吹拂下会出现晃动甚至扭曲变形, 桥面的一端上升, 另一端下降, 司机在桥上驾车时可以见到另一端的汽车随着桥面的扭动一会儿消失一会儿又出现的奇观, 因为这种现象的存在, 当地人幽默地将大桥称为 "舞动的格蒂".

106 扫一扫

11 月 7 日早上 7 点, 顺峡谷刮来的风带着人耳不能听到的振荡, 激起了大桥本身的谐振. 在持续 3 个小时的波动中, 整座大桥上下起伏达 1.5 m. 10 点钟风速增加到每小时 64 km, 大桥开始歪扭、翻腾, 桥基被拖得歪来歪去, 左右摆动达 45°, 振动变得更加剧烈, 幅度之大令人难以置信. 数千吨重的钢铁大桥像一条缎带一样以 8.5 m 的振幅上下来回起伏飘荡. 从侧面看就像是一条正在发怒的巨蟒. 最后, 随着震耳欲聋的巨响, 一头栽进了海峡.

实际问题 6.30　塔科马大桥的坍塌 (共振现象)

经调查研究发现, 大桥毁于共振. 流动的空气在绕过障碍物时会迫使其产生振动, 当振动达到一定程度时就会引起障碍物的共振, 共振使振幅逐渐增大. 对于悬索桥来说, 当桥面距离水面较高时, 风力就会使它们发生振动.

英国也发生过一起类似事件, 1831 年一队士兵通过曼彻斯特附近的布劳顿吊桥时, 整齐的正步使桥梁发生共振, 因而产生了振幅非常大的周期力. 这个力的频率恰好等于固有频率, 因此引起大桥的共振, 使大桥倒塌.

【解】　下面给出共振现象的数学描述, 无阻尼强迫振动的微分方程为

$$m\frac{\mathrm{d}^2x}{\mathrm{d}t^2} + kx = F_0\sin\omega_0 t, \tag{6.135}$$

其中 $F = F_0\sin\omega_0 t$ 为外力, 令 $\omega = \sqrt{\dfrac{k}{m}}$. 对于无阻尼的自由振动, 方程为

$$m\frac{\mathrm{d}^2x}{\mathrm{d}t^2} + kx = 0, \tag{6.136}$$

通解为

$$x(t) = C_1\cos\omega t + C_2\sin\omega t, \tag{6.137}$$

令 $C_1 = A\sin\varphi, C_2 = A\cos\varphi, A = \sqrt{C_1^2 + C_2^2}$, 则

$$x = A\sin(\omega t + \varphi). \tag{6.138}$$

当 $\omega \neq \omega_0$ 时, 非齐次方程 (6.135) 的特解为

$$x^* = \frac{F_0}{m(\omega^2 - \omega_0^2)}\sin\omega_0 t. \tag{6.139}$$

方程的通解为

$$x(t) = A\sin(\omega t + \varphi) + \frac{F_0}{m(\omega^2 - \omega_0^2)}\sin\omega_0 t. \tag{6.140}$$

表明物体的运动由两部分组成, 这两部分都是简谐振动. 第一项表示自由振动, 第二项表示强迫振动, 强迫振动是外力引起, 它的角频率就是外力的角频率 ω. 当外力角频率 ω 与振动系统固有频率 ω_0 相差很小时, 它的振幅 $\dfrac{F_0}{m(\omega^2 - \omega_0^2)}$ 可以很大.

当 $\omega = \omega_0$ 时, 方程的通解为

$$x(t) = A\sin(\omega t + \varphi) + \frac{F_0}{2\omega_0}t\cos\omega_0 t. \tag{6.141}$$

第二项表明, 强迫振动的振幅 $\dfrac{F_0}{2\omega_0}t$ 随时间 t 的增大而无限增大. 这就是所谓的共振现象.

实际问题补充 5

RLC 电路系统

实际问题补充 6

收音机如何选台

实际问题补充 7

万有引力定律的
发现

习题 6 答案

♣ 习　题　6 ♣

一、填空题

1. 微分方程 $\mathrm{e}^x\mathrm{d}y = \mathrm{d}x$ 的通解为_____.

2. 积分曲线族 $y = (C_1 + C_2\mathrm{e}^x)$ 中满足 $y|_{x=0} = 0, y'|_{x=0} = -2$ 的曲线方程为_____.

3. 微分方程 $y' = \mathrm{e}^{2x-y}$ 满足 $y|_{x=0} = 0$ 的特解为_____.

4. 微分方程 $(1 + x^2)y' + 2xy = 1$ 的通解是_____.

5. 以 $y = C_1\mathrm{e}^x + C_2\mathrm{e}^{2x}$ 为通解的微分方程为_____.

6. 以 $y = (x + C)^2 + y^2$ 为通解的微分方程为_____.

7. 微分方程 $y''' = \sin x + \mathrm{e}^{-x}$ 的通解为_____.

8. 微分方程 $y'' + 2y' = 2x^2 - 1$ 的特解为_____.

9. 微分方程 $y'' + y' - 2y = 0$ 满足初始条件 $y(0) = 4, y'(0) = 1$ 的特解是_____.

10. 已知 $y = 1, y = x, y = x^2$ 是某二阶非奇次线性微分方程的三个解，则该方程的通解为_____.

二、选择题

1. 下列方程中是常微分方程的为 (　　).

   (A) $x^2 + y^2 = a^2$ 　　　　　　　　　　　　(B) $y + \dfrac{\mathrm{d}}{\mathrm{d}x}(\mathrm{e}^{\arctan x}) = 0$

   (C) $\dfrac{\partial^2 u}{\partial x^2} + \dfrac{\partial^2 u}{\partial y^2} = 0$ 　　　　　　　　　(D) $\sin x\mathrm{d}y + y^2\mathrm{d}x = 0$

2. 微分方程 $\ln(x^5 + y''') - (y')^2\mathrm{e}^{4x} + x^3 = 0$ 的阶数是 (　　).

   (A) 一阶　　　　　　(B) 二阶　　　　　　(C) 三阶　　　　　　(D) 四阶

3. 微分方程 $x^3\dfrac{\mathrm{d}^3y}{\mathrm{d}x^3} - x^2\left(\dfrac{\mathrm{d}^2y}{\mathrm{d}x^2}\right)^4 - x = 1$ 的通解，含独立任意常数的个数是 (　　).

   (A) 1　　　　　　　(B) 2　　　　　　　(C) 3　　　　　　　(D) 4

4. 微分方程 $(x + y)\mathrm{d}y - y\mathrm{d}x = 0$ 的通解是 (　　).

   (A) $y = C\mathrm{e}^{\frac{x}{y}}$ 　　　　(B) $y = C\mathrm{e}^{\frac{y}{x}}$ 　　　　(C) $y\mathrm{e}^{\frac{y}{x}} = Cx^2$ 　　　　(D) $y\mathrm{e}^{-\frac{y}{x}} = Cx^2$

5. 一曲线在其上任意一点处的切线斜率等于 $-\dfrac{2x}{y}$，该曲线是 (　　).

   (A) 直线　　　　　(B) 抛物线　　　　　(C) 圆　　　　　　(D) 椭圆

6. 下列函数中哪组是线性无关的 (　　).

   (A) $\ln x, \ln\sqrt{x}$ 　　　(B) $\mathrm{e}^{\alpha x}, \mathrm{e}^{\beta x}\ (\alpha \neq \beta)$ 　　(C) $\mathrm{e}^{2x}, 3\mathrm{e}^{2x}$ 　　(D) $\sin 2x, \sin x\cos x$

7. 微分方程 $(x + y)\mathrm{d}x = (x - y)\mathrm{d}y$ 是 (　　) 方程.

   (A) 一阶线性　　　　(B) 可分离变量　　　(C) 齐次　　　　　(D) Bernoulli

8. 微分方程 $\dfrac{\mathrm{d}y}{\mathrm{d}x} = 3y^{\frac{2}{3}}$ 的一个特解是 (　　).

   (A) $y = x^3 + C$ 　　　(B) $y = x^3 + 1$ 　　　(C) $y = (x + 2)^3$ 　　(D) $y = C(x + 2)^3$

9. 微分方程 $y'' + 2y' + y = 0$ 的通解是 (　　).

   (A) $y = C_1\cos x + C_2\sin x$ 　　　　　　(B) $y = C_1\mathrm{e}^x + C_2\mathrm{e}^{2x}$

   (C) $y = (C_1 + C_2x)\mathrm{e}^{-x}$ 　　　　　　(D) $y = C_1\mathrm{e}^x + C_2\mathrm{e}^{-x}$

10. 若 y_1 和 y_2 是二阶齐次线性方程 $y'' + P(x)y' + Q(x)y = 0$ 两个特解，C_1, C_2 为任意常数，则 $y = C_1y_1 + C_2y_2$（　　）.

(A) 一定是该方程的通解　　　　　　　　　(B) 是该方程是特解

(C) 是该方程的解　　　　　　　　　　　(D) 不一定是方程解

11. 微分方程 $2y'' + y' - y = 0$ 通解为（　　）.

(A) $y = C_1\mathrm{e}^x + C_2\mathrm{e}^{-2x}$　　(B) $y = C_1\mathrm{e}^{-x} + C_2\mathrm{e}^{\frac{x}{2}}$　　(C) $y = C_1\mathrm{e}^x + C_2\mathrm{e}^{-\frac{x}{2}}$　　(D) $y = C_1\mathrm{e}^{-x} + C_2\mathrm{e}^{2x}$

12. 微分方程 $y'' - 4y' + 4y = 0$ 满足初始条件 $y(0) = 1, y'(0) = 4$ 的特解为（　　）.

(A) $y = (1 + 2x)\mathrm{e}^x$　　　　(B) $y = (1 + x)\mathrm{e}^{2x}$　　　　(C) $y = (1 + 2x)\mathrm{e}^{2x}$　　　　(D) $y = (1 + x)\mathrm{e}^x$

13. 微分方程 $y'' - 2y' = x\mathrm{e}^{2x}$ 的特解 y^* 形式为（　　）.

(A) $ax\mathrm{e}^{2x}$　　　　　(B) $(ax + b)\mathrm{e}^{2x}$　　　　　(C) $ax^2\mathrm{e}^{2x}$　　　　　(D) $x(ax + b)\mathrm{e}^{2x}$

14. 微分方程 $y'' - y' = x\sin 2x$ 的特解 y^* 形式为（　　）.

(A) $(ax + b)\sin^2 x$　　　　　　　　　(B) $(ax + b)\sin^2 x + (cx + d)\sin^2 x$

(C) $(ax + b)\sin 2x + (cx + d)\cos 2x$　　(D) $(ax + b)\cos 2x + (cx + d)\sin 2x + \mathrm{e}x + f$

15. 微分方程 $\dfrac{\mathrm{d}^2 y}{\mathrm{d}x^2} = \mathrm{e}^{-2x} + 4\cos 2x$ 的特解 y^* 形式为（　　）.

(A) $Ax\mathrm{e}^{-2x} + B\cos 2x + C\sin 2x$　　　(B) $A\mathrm{e}^{-2x} + B\cos 2x + C\sin 2x$

(C) $A\mathrm{e}^{-2x} + Bx\cos 2x + Cx\sin 2x$　　　(D) $x(A\mathrm{e}^{-2x} + B\cos 2x + C\sin 2x)$

三、计算题

1. 求解下列微分方程：

(1) $xy' - y\ln y = 0$；　　(2) $\dfrac{\mathrm{d}y}{\mathrm{d}x} = 10^{x+y}$；　　(3) $\sin x\cos y\mathrm{d}y + \cos x\sin y\mathrm{d}x = 0$；

(4) $y'\sin x = y\ln y, y|_{x=\frac{\pi}{2}} = \mathrm{e}$；　　(5) $\cos y\mathrm{d}x + (1 + \mathrm{e}^{-x})\sin y\mathrm{d}y = 0, y|_{x=0} = \dfrac{\pi}{4}$.

2. 求解下列齐次微分方程：

(1) $x\dfrac{\mathrm{d}y}{\mathrm{d}x} = y(\ln y - \ln x)$；　　(2) $(x^2 + y^2)\mathrm{d}x = xy\mathrm{d}y$；　　(3) $y' = \dfrac{x}{y} + \dfrac{y}{x}, y|_{x=1} = 2$；

3. 求解下列微分方程的通解：

(1) $xy' + y = x\mathrm{e}^x$；　　　　　　(2) $y' + y\cos x = \mathrm{e}^{-\sin x}$；　　　　(3) $\dfrac{\mathrm{d}y}{\mathrm{d}x} - \dfrac{2y}{x+1} = (x+1)^{\frac{5}{2}}$；

(4) $\mathrm{e}^y\mathrm{d}x + (x\mathrm{e}^y - 2y)\mathrm{d}y = 0$；　　(5) $\dfrac{\mathrm{d}y}{\mathrm{d}x} - 3xy = xy^2$；　　(6) $xy' + y - y^2\ln x = 0$.

4. 设可导函数 $f(x)$ 满足 $\displaystyle\int_0^x tf(t)\mathrm{d}t = f(x) + x^2$，求 $f(x)$.

5. 求解下列微分方程的通解：

(1) $y^3y'' - 1 = 0$；　　　　　(2) $xy'' + y' = 0$；　　　　　(3) $y'' - 4y' = 0$；

(4) $y'' - 4y' + 5y = 0$；　　　(5) $y'' - 5y' + 6y = x\mathrm{e}^{2x}$；　　(6) $y'' + y = x\cos 2x$.

6. 求下列微分方程的满足初始条件的特解：

(1) $y^3y'' + 1 = 0, y|_{x=1} = 1, y'|_{x=1} = 0$；　　(2) $y'' + (y'^2) = 1, y|_{x=0} = 0, y'|_{x=0} = 0$；

(3) $y'' + y = -\sin 2x, y|_{x=\pi} = 1, y'|_{x=\pi} = 1$；　　(4) $y'' - y = 4x\mathrm{e}^x, y|_{x=0} = 0, y'|_{x=0} = 1$.

四、应用题

1. 将一加热到 $100°\mathrm{C}$ 的物体，放在 $20°\mathrm{C}$ 恒温室中冷却，经 20 min 后测得物体的温度为 $60°\mathrm{C}$，问要使物体的温度降至 $30°\mathrm{C}$，需要多长时间？

2. 有一盛满了水的圆锥形漏斗，高为 10 cm，顶角为 $60°$，漏斗下面有面积为 0.5 cm^2 的孔，求水面高度变化的规律及流完所需时间.

3. 已知养鱼池内的鱼数 $y = y(t)$ 的变化率与鱼数 y 及 $1\,000 - y$ 成正比，且若放养 100 尾时，三个月后即可增至 250 尾，求放养 t 个月后养鱼池内鱼数 $y(t)$ 的公式.

4. 某生物群体的平均出生率为常数 a，平均死亡率与群体的大小成正比，比例系数为 b. 设时刻 $t = 0$ 时群体总数为 x_0，求时刻 t 时群体总数 $x(t)$(提示：在 t 到 $t + \mathrm{d}t$ 时间段内，出生数为 $ax\mathrm{d}t$，死亡数为 $(-bx)x\mathrm{d}t$，群体总数变化 $\mathrm{d}x$).

5. 一链条悬挂在光滑的钉子上，起动时一端离开钉子 8 cm，另一端离开钉子 10 cm，求整个链条滑过钉子所需要的时间.

第 7 章　向量与空间解析几何

学习目标与要求

◆ 理解向量的概念及其在直角坐标系下的表示.

◆ 掌握向量的线性运算及内积、外积、混合积运算.

◆ 理解平面与平面、直线与直线、直线与平面的位置关系.

◆ 掌握平面与直线的性质及应用.

◆ 掌握直角坐标系、柱坐标系及球坐标系的应用.

◆ 能根据实际问题建立相应的曲线、曲面方程.

◆ 掌握常用曲线与曲面的性质及应用.

　　解析几何在建筑、机械设计制造等许多领域中有着广泛的应用. 比如电影放映机的聚光灯泡的反射面是椭球面, 灯丝在一个焦点上, 影片门在另一个焦点上; 探照灯、聚光灯、太阳灶、雷达天线、卫星天线、射电望远镜等都是利用几何光学中的反射原理制成. 为此本章介绍与之相关的向量与空间解析几何知识, 学习直线、曲线、曲面等理论. 同时为进一步学习多元微积分等后续课程做好准备.

科学家 笛卡儿 简介

　　笛卡儿 (Rene Descartes, 1596—1650, 图 7.1), 法国数学家、哲学家、物理学家和生理学家. 笛卡儿创立了解析几何学, 把几何问题化成代数问题. 第一次明确地提出了动量守恒定律: 物质和运动的总量永远保持不变.

图 7.1　笛卡儿

7.1　向量及线性运算

7.1.1　空间直角坐标系

　　笛卡儿解析几何思想的核心是: 把几何学的问题归结成代数形式的问题, 用代数学的方法进行计算、证明, 从而达到最终解决几何问题的目的.

　　在平面上建立直角坐标系以后, 可用点到两条互相垂直坐标轴的距离来确定点的位置. 即平面内的点 P 与二维有序组 (x, y) 一一对应. 在空间建立三维直角坐标系后, 可用点到三个互相垂直的坐标平面的距离来确定点的位置. 即空间的点 P 与三维有序数组 (x, y, z) 一一对应.

　　最可贵的是, 笛卡儿用运动的观点, 把曲线看成点运动的轨迹, 不仅建立了点与实数的对应关系, 而且把 "形"(包括点、线、面) 与 "数" 两个对立的对象统一起来, 建立了曲线与方程的对应关系. 这表明几何问题不仅可以归结成为代数问题, 而且可以通过代数变换来发现几何性质, 证明几何性质.

　　这种对应关系的建立, 不仅标志着函数概念的萌芽, 而且表明变数进入了数学, 使数学在思想方法上发生了伟大的转折——由常量数学进入变量数学时期. 笛卡儿的这一天才创见, 为后来牛顿、莱布尼茨发现微积分及一大批数学家的新发现开辟了道路. 从而开拓了变量数学的广阔领域.

　　解析几何分平面解析几何和空间解析几何. 平面解析几何主要研究直线、圆锥曲线 (圆、椭圆、抛物线、双曲线) 的有关性质. 空间解析几何主要研究直线、圆锥曲线 (椭圆、双曲线、抛物线)、平面、柱面、锥面、旋转曲面、二次曲面等有关性质.

　　总的来说, 解析几何运用坐标法可以解决两类基本问题: 一类是满足给定条件点的轨迹, 通过坐标系建立它的方程; 另一类是通过方程的讨论, 研究方程所表示的曲线性质.

　　运用坐标法解决问题的步骤是: 首先在平面上建立坐标系, 把已知点的轨迹的几何条件 "翻译" 成代数方程; 然后运用代数工具对方程进行研究; 最后把代数方程的性质用几何语言叙述, 从而得到原几何问题的答案.

　　坐标法的思想促使人们运用各种代数的方法解决几何问题. 有些几何学中的难题, 运用代数方法后变得迎刃而解. 坐标法为近代数学的机械化证明也提供了有力的工具.

　　建立坐标系. 如图 7.2 所示, 取三条相互垂直的具有一定方向和度量单位的直线, 叫作三维直角坐标系 $\mathbb{R}^3$ 或空间直角坐标系 $Oxyz$(也称右手坐标系, 如图 7.3 所示). 利用三维直角坐标系可以把空间的点 P 与三维有序实数组 (x, y, z) 建立起一一对应的关系. 除了直角坐标系外, 还有斜坐标系、极坐标系、球坐标系和柱坐标系等. 坐标系在几何对象和数、几何关系和函数之间建立了密切联系.

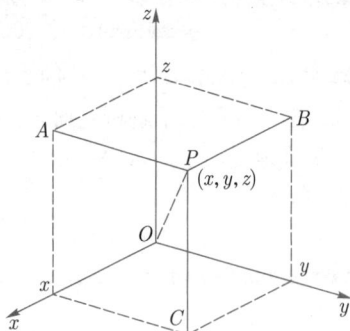

图 7.2　三维直角坐标系中的点 P　　　　　　　图 7.3　右手坐标系

7.1.2　向量线性运算及几何表示

　　向量是既有大小又有方向的量 (如位移、速度和力等). 常用有向线段表示向量. 有向线段的方向表示向量的方向. 有向线段的长度表示向量的大小. 用字母上面加箭头或黑体字母表示向量, 如 $\overrightarrow{AB}$(其中 A 表示向量的起点, B 表示向量的终点) 或 $\boldsymbol{u}$.

向量 u 的大小称为向量的模或长度，记为 $|u|$．长度为 0 的向量称为零向量．零向量是任意方向的向量．长度为 1 的向量称为单位向量．与起点无关的向量称为自由向量．本章所研究的向量主要是自由向量，即方向相同大小相等的两个向量 u 和 v 相等，记为 $u = v$，如图 7.4 所示．

两个非零向量如果它们的方向相同或者相反，则称这两个向量平行 (或共线)．向量 u 与 v 平行，记为 $u//v$．规定零向量与任何向量都平行．

对于 $k(k \geqslant 3)$ 个向量，当把它们的起点放在同一起点时，如果 k 个终点和公共起点在一个平面内，则称这 k 个向量共面，如图 7.5 所示．

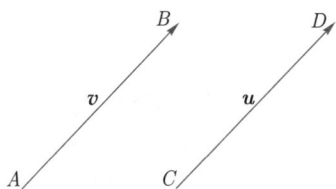

图 7.4 向量相等

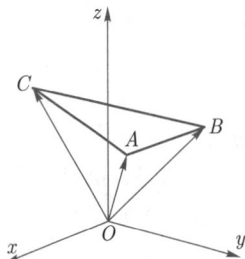

图 7.5 三个向量共面

对于两个非零向量 u 和 v，将向量 u 或 v 平移，使它们的起点重合，它们所在射线之间的夹角 $\theta(0 \leqslant \theta \leqslant \pi)$ 称为向量 u 与 v 的夹角，记为 $\langle u, v \rangle$，如图 7.6 所示．当 u 与 v 中有一个是零向量时，规定它们的夹角可在 $[0, \pi]$ 中任意取值．当 $\langle u, v \rangle = \dfrac{\pi}{2}$ 时，称向量 u 与 v 垂直，记为 $u \perp v$，如图 7.7 所示．规定零向量与任何向量都垂直．

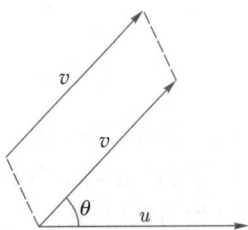

图 7.6 向量夹角

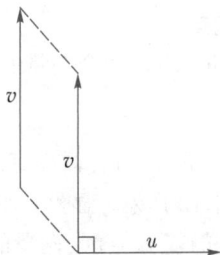

图 7.7 向量垂直

向量的线性运算包括两个向量的加法、减法和数与向量的乘积三种运算．

1. 向量加法

如图 7.8 所示，向量 $\overrightarrow{AC}$ 叫作向量 $\overrightarrow{AB}$ 与 $\overrightarrow{BC}$ 的和，即

$$\overrightarrow{AC} = \overrightarrow{AB} + \overrightarrow{BC}.$$

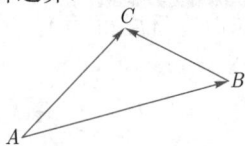

图 7.8 向量三角形法则

一般地，如果向量 u 的终点和向量 v 的起点相连，则 $u + v$ 是从向量 u 的起点到向量 v 的终点的向量 (三角形法则)，如图 7.9 所示．

如果以有共同起点的向量 u, v 为邻边作平行四边形，则向量 $u + v$ 是与向量 u, v 有共同起点的对角线向量 (平行四边形法则)，如图 7.10 所示．

容易验证，向量加法满足

(1) 交换律　　$u + v = v + u$；

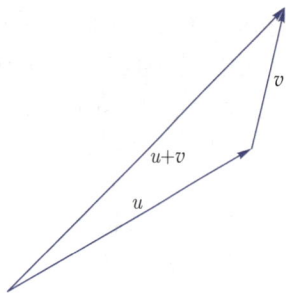

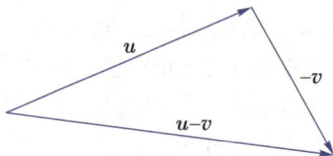

图 7.9 向量三角形法则   图 7.10 平行四边形法则   图 7.11 向量数乘

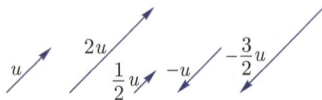

(2) 结合律 $\quad (\boldsymbol{u}_1 + \boldsymbol{u}_2) + \boldsymbol{u}_3 = \boldsymbol{u}_1 + (\boldsymbol{u}_2 + \boldsymbol{u}_3)$.

2. 向量数乘

如果 λ 是一个标量，$\boldsymbol{u}$ 是一个向量，则 $\lambda\boldsymbol{u}$ 是一个长度为 $|\lambda||\boldsymbol{u}|$ 的向量. 当 $\lambda > 0$ 时，$\lambda\boldsymbol{u}$ 与 $\boldsymbol{u}$ 方向相同. 当 $\lambda < 0$ 时，$\lambda\boldsymbol{u}$ 与 $\boldsymbol{u}$ 的方向相反. 特殊地，当 $\lambda = -1$ 时，称该向量为向量 $\boldsymbol{u}$ 的负向量，记为 $-\boldsymbol{u}$. 当 $\lambda = 0$ 或 $\boldsymbol{u} = \boldsymbol{0}$ 时，$\lambda\boldsymbol{u} = \boldsymbol{0}$. 图 7.11 给出了一些向量数乘的实例.

由数乘向量定义，对于任意向量 $\boldsymbol{u}$，可以用数乘向量表示为 $\boldsymbol{u} = |\boldsymbol{u}|\boldsymbol{u}^0$ ($\boldsymbol{u}^0$ 是与 $\boldsymbol{u}$ 同方向的单位向量). 由此得 $\boldsymbol{u}^0 = \dfrac{\boldsymbol{u}}{|\boldsymbol{u}|}$，即任一非零向量 $\boldsymbol{u}$ 除以它的模，就是 $\boldsymbol{u}$ 的单位向量 $\boldsymbol{u}^0$.

容易验证，向量数乘满足

(1) 交换律 $\quad \mu(\lambda\boldsymbol{u}) = \lambda(\mu\boldsymbol{u}) = (\lambda\mu)\boldsymbol{u}$;

(2) 分配律 $\quad (\lambda + \mu)\boldsymbol{u} = \lambda\boldsymbol{u} + \mu\boldsymbol{u}$.

其中 $\lambda, \mu \in \mathbb{R}$.

3. 向量减法

从代数的角度看，两个向量的差满足

$$\boldsymbol{u} - \boldsymbol{v} = \boldsymbol{u} + (-\boldsymbol{v}).$$

为了得到向量 $\boldsymbol{u} - \boldsymbol{v}$，需先画出向量 $\boldsymbol{v}$ 的负向量 $-\boldsymbol{v}$，然后用平行四边形法则，将向量 $-\boldsymbol{v}$ 与 $\boldsymbol{u}$ 相加，如图 7.12 所示. 显然，平行四边形的两条对角线，一条是向量 $\boldsymbol{u}$ 与 $\boldsymbol{v}$ 的和 $\boldsymbol{u} + \boldsymbol{v}$，一条是向量 $\boldsymbol{u}$ 与 $\boldsymbol{v}$ 的差 $\boldsymbol{u} - \boldsymbol{v}$. 向量的差也可以由三角形法则得到，如图 7.13 所示.

从图 7.14 可以看出，共起点的两个向量 $\boldsymbol{u}, \boldsymbol{v}$ 的差 $\boldsymbol{u} - \boldsymbol{v}$ 是以向量 $\boldsymbol{v}$ 的终点为起点，$\boldsymbol{u}$ 的终点为终点的向量.

经典例题 7.1 已知平行四边形 $ABCD$ 的对角线向量为 $\overrightarrow{AC} = \boldsymbol{u}$，$\overrightarrow{BD} = \boldsymbol{v}$，试用向量 $\boldsymbol{u}$ 和 $\boldsymbol{v}$ 表示向量 $\overrightarrow{AB}$ 和 $\overrightarrow{DA}$.

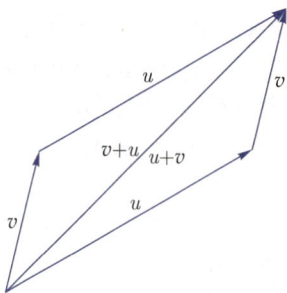

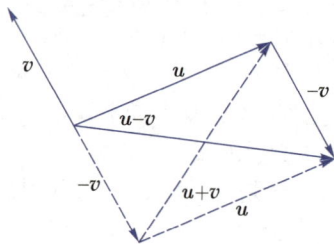

图 7.12 平行四边形法则   图 7.13 三角形法则   图 7.14 向量减法

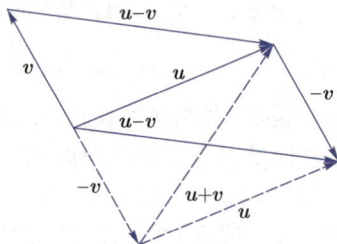

【解】 如图 7.15 所示，由于平行四边形对角线互相平分，故

$$\overrightarrow{AO} = \tfrac{1}{2}\overrightarrow{AC} = \tfrac{1}{2}\boldsymbol{u}, \quad \overrightarrow{BO} = \overrightarrow{OD} = \tfrac{1}{2}\overrightarrow{BD} = \tfrac{1}{2}\boldsymbol{v},$$

根据三角形法则，有

$$\overrightarrow{AB} = \overrightarrow{AO} + \overrightarrow{OB} = \overrightarrow{AO} - \overrightarrow{BO} = \tfrac{1}{2}(\boldsymbol{u} - \boldsymbol{v}),$$

$$\overrightarrow{DA} = -\overrightarrow{AD} = -(\overrightarrow{AO} + \overrightarrow{OD}) = -\tfrac{1}{2}(\boldsymbol{u} + \boldsymbol{v}).$$

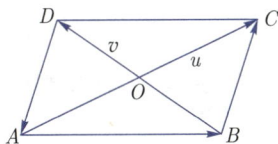

图 7.15　平行四边形

7.2　向量的乘法运算

7.2.1　两点间距离公式

1. 向量的坐标表示

经典例题 7.2 向量 $\overrightarrow{OM}$ 的坐标表示.

为叙述方便，把起点在坐标原点 $O(0,0,0)$，终点在 $M(x,y,z)$ 的向量 $\overrightarrow{OM}$ 称为向径. 在空间直角坐标系中，以 O 为起点，与 x,y,z 轴正向同向的单位向量，分别记为 $\boldsymbol{i},\boldsymbol{j},\boldsymbol{k}$，如图 7.16 所示. 向量

$$\overrightarrow{OM} = \overrightarrow{OP} + \overrightarrow{PC} + \overrightarrow{CM},$$

又

$$\overrightarrow{OP} = x\boldsymbol{i}, \quad \overrightarrow{PC} = y\boldsymbol{j}, \quad \overrightarrow{CM} = z\boldsymbol{k},$$

所以

$$\overrightarrow{OM} = x\boldsymbol{i} + y\boldsymbol{j} + z\boldsymbol{k}. \tag{7.1}$$

称式 (7.1) 为向量 $\overrightarrow{OM}$ 的分量式，x,y,z 称为向量 $\overrightarrow{OM}$ 的坐标，$\overrightarrow{OM} = (x,y,z)$ 称为向量 $\overrightarrow{OM}$ 的坐标式.

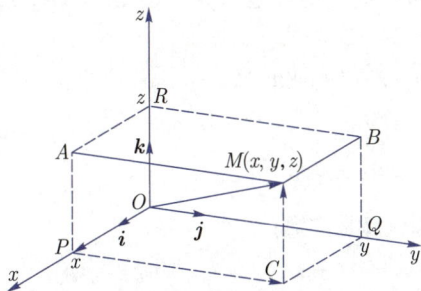

图 7.16　向量坐标表示

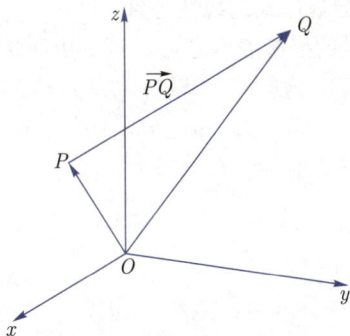

108 扫一扫

图 7.17　向量坐标表示

经典例题 7.3 向量 $\overrightarrow{PQ}$ 的坐标表示.

当向量的起点不是坐标原点时，设向量 $\overrightarrow{PQ}$ 的起点为 $P(x_1,y_1,z_1)$，终点为 $Q(x_2,y_2,z_2)$，如

图 7.17 所示，根据向量的减法，有

$$\overrightarrow{PQ} = \overrightarrow{OQ} - \overrightarrow{OP} = (x_2\boldsymbol{i} + y_2\boldsymbol{j} + z_2\boldsymbol{k}) - (x_1\boldsymbol{i} + y_1\boldsymbol{j} + z_1\boldsymbol{k})$$

$$= (x_2 - x_1)\boldsymbol{i} + (y_2 - y_1)\boldsymbol{j} + (z_2 - z_1)\boldsymbol{k}. \tag{7.2}$$

称式 (7.2) 为向量 $\overrightarrow{PQ}$ 的坐标分量式. 向量 $\overrightarrow{PQ}$ 的坐标式可写为

$$\overrightarrow{PQ} = (x_2 - x_1, y_2 - y_1, z_2 - z_1). \tag{7.3}$$

♦ **定理 7.1**

若 $\boldsymbol{u} = (u_x, u_y, u_z), \boldsymbol{v} = (v_x, v_y, v_z)$ 是两个非零向量，则 $\boldsymbol{u}, \boldsymbol{v}$ 共线的充要条件是

$$\frac{u_x}{v_x} = \frac{u_y}{v_y} = \frac{u_z}{v_z} \quad \text{或} \quad \boldsymbol{u} = \lambda\boldsymbol{v}. \tag{7.4}$$

【证明】 先证充分性. 设 $\dfrac{u_x}{v_x} = \dfrac{u_y}{v_y} = \dfrac{u_z}{v_z}$, 即有数 λ，使得

$$u_x = \lambda v_x, u_y = \lambda v_y, u_z = \lambda v_z,$$

即

$$(u_x, u_y, u_z) = (\lambda v_x, \lambda v_y, \lambda v_z) = \lambda(v_x, v_y, v_z),$$

或

$$\boldsymbol{u} = \lambda\boldsymbol{v},$$

按数乘向量定义，有 $\boldsymbol{u}//\boldsymbol{v}$.

再证必要性，设 $\boldsymbol{u}//\boldsymbol{v}$. 将 $\boldsymbol{u}$ 与 $\boldsymbol{v}$ 的起点重合，因 $\boldsymbol{u}$ 与 $\boldsymbol{v}$ 平行，两向量在同一线上，即有数 λ，使得 $\boldsymbol{u} = \lambda\boldsymbol{v}$，写成坐标形式，即

$$u_x = \lambda v_x, u_y = \lambda v_y, u_z = \lambda v_z$$

或

$$\frac{u_x}{v_x} = \frac{u_y}{v_y} = \frac{u_z}{v_z} = \lambda.$$

2. 向量分量形式的线性运算

引入向量的坐标表示之后，可以用向量的坐标式进行向量的线性运算. 设 $\boldsymbol{u} = (u_x, u_y, u_z)$, $\boldsymbol{v} = (v_x, v_y, v_z)$，则

$$\boldsymbol{u} \pm \boldsymbol{v} = (u_x \pm v_x)\boldsymbol{i} + (u_y \pm v_y)\boldsymbol{j} + (u_z \pm v_z)\boldsymbol{k} \tag{7.5}$$

即

$$\boldsymbol{u} \pm \boldsymbol{v} = (u_x \pm v_x, u_y \pm v_y, u_z \pm v_z). \tag{7.6}$$

$$\lambda\boldsymbol{u} = \lambda u_x\boldsymbol{i} + \lambda u_y\boldsymbol{j} + \lambda u_z\boldsymbol{k} \quad (\lambda\text{是常数}), \tag{7.7}$$

即

$$\lambda\boldsymbol{u} = (\lambda u_x, \lambda u_y, \lambda u_z) \quad (\lambda\text{是常数}). \tag{7.8}$$

3. 两点间距离公式

如图 7.18 所示，过空间 $P(x_1, y_1, z_1), Q(x_2, y_2, z_2)$ 两点，分别作与三坐标轴垂直的平面，显然这六个平面围成一个以 PQ 为对角线的长方体，容易看出这长方体三条相邻的棱长分别是 $|x_2 - x_1|$,

$|y_2 - y_1|$，$|z_2 - z_1|$. 于是，可得 P, Q 两点间距离 d 满足

$$d^2 = |\overrightarrow{PQ}|^2 = (x_2 - x_1)^2 + (y_2 - y_1)^2 + (z_2 - z_1)^2,$$

即

$$d = |\overrightarrow{PQ}| = \sqrt{(x_2 - x_1)^2 + (y_2 - y_1)^2 + (z_2 - z_1)^2}. \tag{7.9}$$

特别地，取 P 点为 $P(x, y, z)$，Q 点为原点，可得向量 $\overrightarrow{OP}$ 的模

$$|\overrightarrow{OP}| = \sqrt{x^2 + y^2 + z^2}. \tag{7.10}$$

经典例题 7.4 验证以 $A(1, 1, 2)$，$B(3, 2, 0)$，$C(-1, 3, 3)$ 为顶点的三角形是等腰三角形.

【解】 由式 (7.9)，得

$$|AB|^2 = (3 - 1)^2 + (2 - 1)^2 + (0 - 2)^2 = 9,$$

$$|AC|^2 = (-1 - 1)^2 + (3 - 1)^2 + (3 - 2)^2 = 9,$$

$$|BC|^2 = (-1 - 3)^2 + (3 - 2)^2 + (3 - 0)^2 = 26,$$

$|AB| = |AC| \neq |BC|$，所以 $\triangle ABC$ 是等腰三角形.

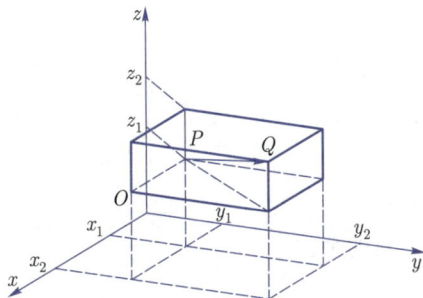

图 7.18 两点间距离

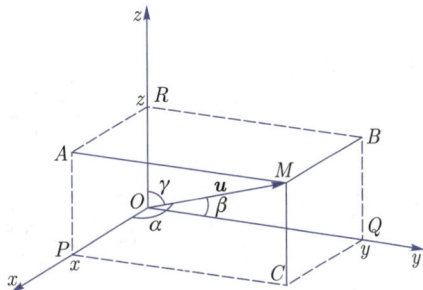

图 7.19 方向角

经典例题 7.5 在 y 轴上求与点 $A(1, -3, 7)$ 和 $B(5, 7, -5)$ 等距离的点.

【解】 由已知可设 y 轴上的点为 $M(0, y, 0)$，依题意有 $|MA| = |MB|$，即

$$\sqrt{(1 - 0)^2 + (-3 - y)^2 + (7 - 0)^2} = \sqrt{(5 - 0)^2 + (7 - y)^2 + (-5 - 0)^2},$$

解得 $y = 2$，因此所求的点为 $M(0, 2, 0)$.

4. 向量的方向余弦

为描述向量 $\overrightarrow{OM} = (x, y, z)$ 的方向，如图 7.19 所示，把向量 $\boldsymbol{u} = \overrightarrow{OM}$ 与 x 轴，y 轴和 z 轴正向的夹角分别记为 α，β 和 γ，并规定 $0 \leqslant \alpha, \beta, \gamma \leqslant \pi$，称 α, β, γ 为向量 $\boldsymbol{u}$ 的方向角. $\cos\alpha, \cos\beta, \cos\gamma$ 称为方向余弦. 由图 7.19 可得

$$\cos\alpha = \frac{x}{|\boldsymbol{u}|} = \frac{x}{\sqrt{x^2 + y^2 + z^2}}, \tag{7.11}$$

$$\cos\beta = \frac{y}{|\boldsymbol{u}|} = \frac{y}{\sqrt{x^2 + y^2 + z^2}}, \tag{7.12}$$

$$\cos\gamma = \frac{z}{|\boldsymbol{u}|} = \frac{z}{\sqrt{x^2 + y^2 + z^2}}. \tag{7.13}$$

由式 (7.11)～式 (7.13) 显然有

$$\cos^2 \alpha + \cos^2 \beta + \cos^2 \gamma = 1. \tag{7.14}$$

经典例题 7.6 已知点 $P(2, -1, 3)$ 和 $Q(3, 0, 1)$，求向量 $\overrightarrow{PQ}$ 的模、方向余弦及与 $\overrightarrow{PQ}$ 方向相同的单位向量.

【解】 由式 (7.3)，得

$$\overrightarrow{PQ} = (3 - 2, 0 - (-1), 1 - 3) = (1, 1, -2),$$

故

$$|\overrightarrow{PQ}| = \sqrt{1^2 + 1^2 + (-2)^2} = \sqrt{6},$$

$$\cos \alpha = \frac{1}{\sqrt{6}}, \quad \cos \beta = \frac{1}{\sqrt{6}}, \quad \cos \gamma = \frac{-2}{\sqrt{6}},$$

由式 (7.14) 知，向量 $\boldsymbol{\varepsilon} = (\cos \alpha, \cos \beta, \cos \gamma) = \left(\dfrac{1}{\sqrt{6}}, \dfrac{1}{\sqrt{6}}, \dfrac{-2}{\sqrt{6}} \right)$ 是 $\overrightarrow{PQ}$ 的同方向单位向量.

经典例题 7.7 设向量 $\boldsymbol{u}$ 的方向角 $\alpha = \dfrac{\pi}{4}$，$\beta = \dfrac{\pi}{2}$，γ 是锐角，且 $|\boldsymbol{u}| = 2$，求向量 $\boldsymbol{u}$ 的坐标式.

【解】 因为

$$\cos^2 \frac{\pi}{4} + \cos^2 \frac{\pi}{2} + \cos^2 \gamma = 1,$$

于是，有

$$\cos \gamma = \pm \frac{\sqrt{2}}{2} \quad (\gamma \text{是锐角，负的舍去}),$$

故

$$u_x = |\boldsymbol{u}| \cos \alpha = 2 \cos \frac{\pi}{4} = \sqrt{2},$$

$$u_y = |\boldsymbol{u}| \cos \beta = 2 \cos \frac{\pi}{2} = 0,$$

$$u_z = |\boldsymbol{u}| \cos \gamma = 2 \cdot \frac{\sqrt{2}}{2} = \sqrt{2},$$

所以向量 $\boldsymbol{u}$ 的坐标表示是 $\boldsymbol{u} = (\sqrt{2}, 0, \sqrt{2})$.

经典例题 7.8 设向量 $\boldsymbol{u} = \lambda \boldsymbol{i} + 2\boldsymbol{j} - \boldsymbol{k}$，$\boldsymbol{v} = -\boldsymbol{j} + \mu \boldsymbol{k}$，问 λ, μ 为何值时，$\boldsymbol{u} /\!/ \boldsymbol{v}$.

【解】 因为 $\boldsymbol{u} /\!/ \boldsymbol{v}$，故由式 (7.4)，得

$$\frac{\lambda}{0} = \frac{2}{-1} = \frac{-1}{\mu},$$

即

$$\lambda = 0, \quad \frac{2}{-1} = \frac{-1}{\mu},$$

所以

$$\lambda = 0, \quad \mu = \frac{1}{2}.$$

7.2.2 向量的内积

1. 内积的向量表示

实际问题 7.1 力对物体所做的功

若物体在恒力 $\boldsymbol{F}$ 的作用下，产生位移 $\boldsymbol{L}$，则力 $\boldsymbol{F}$ 对物体所做的功为

$$W = |\boldsymbol{F}||\boldsymbol{L}|\cos\theta. \tag{7.15}$$

其中 θ 表示 $\boldsymbol{F}$ 与 $\boldsymbol{L}$ 的夹角.

仿式 (7.15)，可定义两个向量的内积.

♦ **定义 7.1 向量的内积**

向量 $\boldsymbol{u}$ 与向量 $\boldsymbol{v}$ 的模与它们之间夹角 θ 的余弦的乘积称为向量 $\boldsymbol{u}$ 与 $\boldsymbol{v}$ 的内积 (也称点积，规定 $0 \leqslant \theta \leqslant \pi$)，记为 $\boldsymbol{u} \cdot \boldsymbol{v}$，即

$$\boldsymbol{u} \cdot \boldsymbol{v} = |\boldsymbol{u}||\boldsymbol{v}|\cos\theta. \tag{7.16}$$

$\boldsymbol{u}$ 与 $\boldsymbol{v}$ 的夹角 θ 如图 7.20 所示.

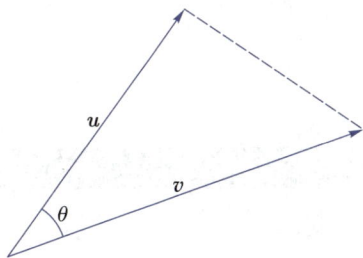

109 扫一扫

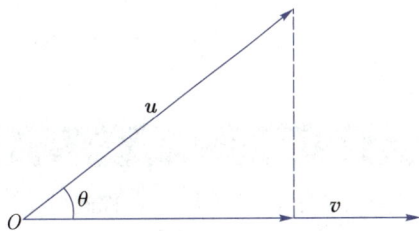

图 7.20 向量 $\boldsymbol{u}$ 和 $\boldsymbol{\theta}$ 的夹角　　图 7.21 $\boldsymbol{u}$ 在 $\boldsymbol{v}$ 上投影

由式 (7.16)，易得向量 $\boldsymbol{u}, \boldsymbol{v}$ 的夹角公式

$$\cos\theta = \frac{\boldsymbol{u} \cdot \boldsymbol{v}}{|\boldsymbol{u}||\boldsymbol{v}|}. \tag{7.17}$$

按着这个定义，功 W 是力 $\boldsymbol{F}$ 与位移 $\boldsymbol{L}$ 的内积. 即 $W = \boldsymbol{F} \cdot \boldsymbol{L}$.

♦ **定义 7.2 向量的投影**

$\mathrm{Prj}_{\boldsymbol{v}}\boldsymbol{u}$ 称为向量 $\boldsymbol{u}$ 在向量 $\boldsymbol{v}$ 上的投影 (标量) (如图 7.21 所示)，其中 θ 为 $\boldsymbol{u}, \boldsymbol{v}$ 之间的夹角，即

$$\mathrm{Prj}_{\boldsymbol{v}}\boldsymbol{u} = |\boldsymbol{u}|\cos\theta.$$

利用向量的投影可把向量的内积写成

$$\boldsymbol{u} \cdot \boldsymbol{v} = |\boldsymbol{u}||\boldsymbol{v}|\cos\theta = |\boldsymbol{v}|\mathrm{Prj}_{\boldsymbol{v}}\boldsymbol{u}. \tag{7.18}$$

由向量内积的定义可得向量内积的运算性质.

~~~~~~

◆ 定理 7.2

设 u, v, w 是任意向量，λ 是常数，则

(1) $u \cdot v = v \cdot u$;

(2) $(\lambda u) \cdot v = u \cdot (\lambda v) = \lambda(u \cdot v)$;

(3) $u \cdot (v + w) = u \cdot v + u \cdot w$;

(4) $u \cdot u = |u|^2$;

(5) $0 \cdot u = 0$.

经典例题 7.9 已知 $\langle u, v \rangle = \dfrac{2}{3}\pi$，$|u| = 3$，$|v| = 4$，求向量 $w = 3u + 2v$ 的模.

【解】 根据向量数量积的定义和性质，有

$$
\begin{aligned}
|w|^2 = w \cdot w &= (3u + 2v) \cdot (3u + 2v) \\
&= (3u + 2v) \cdot (3u) + (3u + 2v) \cdot (2v) \\
&= 9u \cdot u + 6v \cdot u + 6u \cdot v + 4v \cdot v \\
&= 9|u|^2 + 12|u||v|\cos\langle u, v \rangle + 4|v|^2 \\
&= 9 \times 3^2 + 12 \times 3 \times 4 \times \cos\frac{2}{3}\pi + 4 \times 4^2 \\
&= 81 - 72 + 64 = 73,
\end{aligned}
$$

所以 $|w| = \sqrt{73}$.

◆ 定义 7.3　向量正交

向量 u 与向量 v 的夹角是 $\dfrac{\pi}{2}$，称向量 u 与向量 v 正交.

◆ 定理 7.3

向量 u 与向量 v 正交，当且仅当 $u \cdot v = 0$.

2. 内积的坐标表示

对于基本单位向量有

$$
i \cdot i = j \cdot j = k \cdot k = 1, \quad i \cdot j = j \cdot k = k \cdot i = 0.
$$

若向量 $u = x_1 i + y_1 j + z_1 k, v = x_2 i + y_2 i + z_2 i$，则按向量内积的运算规律可得两向量 u, v 的内积为

$$
u \cdot v = x_1 x_2 + y_1 y_2 + z_1 z_2. \tag{7.19}
$$

因此，两向量 $u = (x_1, y_1, z_1), v = (x_2, y_2, z_2)$ 正交，当且仅当

$$
x_1 x_2 + y_1 y_2 + z_1 z_2 = 0. \tag{7.20}
$$

再由式 (7.17)，得到两向量夹角余弦的坐标表示式

$$
\cos\theta = \frac{x_1 x_2 + y_1 y_2 + z_1 z_2}{\sqrt{x_1^2 + y_1^2 + z_1^2}\sqrt{x_2^2 + y_2^2 + z_2^2}}. \tag{7.21}
$$

经典例题 7.10 已知三点 $A(-1, 2, 3)$，$B(1, 1, 1)$，$C(0, 0, 5)$，求 $\angle ABC$.

【解】 作向量 $\overrightarrow{BA}$，$\overrightarrow{BC}$，则向量 $\overrightarrow{BA}$ 的 $\overrightarrow{BC}$ 夹角就是 $\angle ABC$. 因为

$$\overrightarrow{BA} = (-1-1, 2-1, 3-1) = (-2, 1, 2),$$

$$\overrightarrow{BC} = (0-1, 0-1, 5-1) = (-1, -1, 4),$$

故

$$\overrightarrow{BA} \cdot \overrightarrow{BC} = (-2) \times (-1) + 1 \times (-1) + 2 \times 4 = 9,$$

$$\overrightarrow{BA} = \sqrt{(-2)^2 + 1^2 + 2^2} = 3,$$

$$\overrightarrow{BC} = \sqrt{(-1)^2 + (-1)^2 + 4^2} = 3\sqrt{2},$$

于是

$$\cos \angle ABC = \frac{\overrightarrow{BA} \cdot \overrightarrow{BC}}{|\overrightarrow{BA}|^2 |\overrightarrow{BC}|^2} = \frac{9}{3 \times 3\sqrt{2}} = \frac{\sqrt{2}}{2},$$

故

$$\angle ABC = \frac{\pi}{4}.$$

经典例题 7.11 设向量 $\boldsymbol{u} = -\boldsymbol{i} + \boldsymbol{j}$，$\boldsymbol{v} = 2\boldsymbol{i} + \boldsymbol{j} - 2\boldsymbol{k}$，求 $\boldsymbol{u} \cdot \boldsymbol{v}$，$\mathrm{Prj}_{\boldsymbol{v}} \boldsymbol{u}$.

【解】 由式 (7.19)，得

$$\boldsymbol{u} \cdot \boldsymbol{v} = -1 \times 2 + 1 \times 1 + 0 \times (-2) = -1,$$

因为

$$\boldsymbol{u} \cdot \boldsymbol{v} = |\boldsymbol{v}| \mathrm{Prj}_{\boldsymbol{v}} \boldsymbol{u},$$

而

$$|\boldsymbol{v}| = \sqrt{2^2 + 1^2 + (-2)^2} = 3,$$

所以

$$\mathrm{Prj}_{\boldsymbol{v}} \boldsymbol{u} = \frac{\boldsymbol{u} \cdot \boldsymbol{v}}{|\boldsymbol{v}|} = -\frac{1}{3}.$$

7.2.3 向量的外积

1. 外积的向量表示

实际问题 7.2　力对物体所产生的力矩

设 O 为一根杠杆 L 的支点. 有一个力 $\boldsymbol{F}$ 作用于这杠杆上 P 点处. $\boldsymbol{F}$ 与 $\overrightarrow{OP}$ 的夹角为 θ(图 7.22). 由力学规定，力 $\boldsymbol{F}$ 对支点 O 的力矩是一向量 $\boldsymbol{M}$，它的模

$$|\boldsymbol{M}| = |OQ||\boldsymbol{F}| = |\overrightarrow{OP}||\boldsymbol{F}| \sin \theta,$$

而 $\boldsymbol{M}$ 的方向垂直于 $\overrightarrow{OP}$ 与 $\boldsymbol{F}$ 所确定的平面，$\boldsymbol{M}$ 的指向是按右手定则从 $\overrightarrow{OP}$ 以不超过 π 的角度转向 $\boldsymbol{F}$ 来确定. 即当右手的四个手指从 $\overrightarrow{OP}$ 以不超过 π 的角度转向 $\boldsymbol{F}$ 握拳时，大拇指的指向就是 $\boldsymbol{M}$ 的指向 (图 7.23).

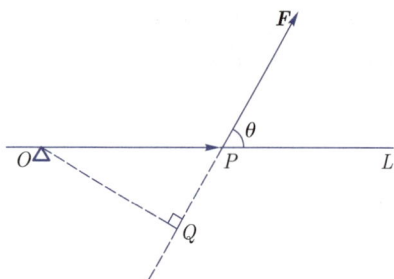

图 7.22　力矩

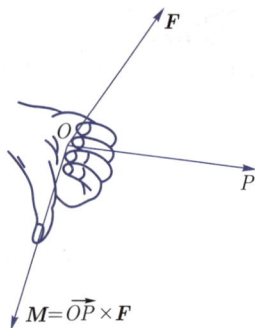

图 7.23　右手定则

◆ 定义 7.4　向量的外积

设 u, v 为任意两个向量，则 u, v 的外积是一个向量，用 $u \times v$ 表示，即 $w = u \times v$，并且

(1) $|w| = |u \times v| = |u||v|\sin\theta$　$(0 \leqslant \theta \leqslant \pi, \theta$ 是 u, v 的夹角$)$；

(2) w 垂直于 u, v，且满足右手定则.

如果 u, v 用具有共同起点的有向线段表示，则向量外积 $u \times v$ 的方向与 u, v 所在的平面垂直 (图 7.24). $u \times v$ 的方向由右手定则确定，如图 7.25 所示. 右手从向量 u 到 v 的方向 (不超过 π 的角度) 握拳，拇指所指的方向为向量 $u \times v$ 的方向.

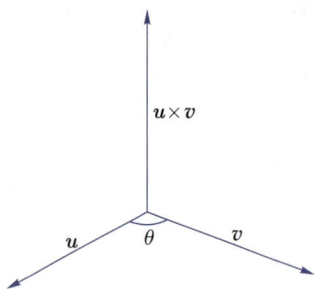

图 7.24　u, v 向量外积

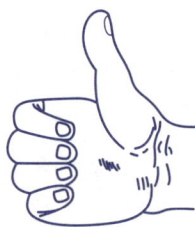

图 7.25　右手定则

两个向量 u, v 的外积 $u \times v$ 是一个向量，向量的外积也称叉积 (只有三维向量才可以定义外积).

由向量外积的定义易得

$$u \times u = 0.$$

这是因为

$$u \times u = |u||u|\sin 0 = 0.$$

由此不难得到下面定理.

◆ 定理 7.4

两个向量 u, v 平行的充要条件是

$$\boldsymbol{u} \times \boldsymbol{v} = \boldsymbol{0}. \tag{7.22}$$

经典例题 7.12 求由向量 $\boldsymbol{u}, \boldsymbol{v}$ 为邻边所确定的平行四边形面积.

【解】 由向量 $\boldsymbol{u}, \boldsymbol{v}$ 确定的平行四边形面积 (图 7.26) 等于

$$S = |\boldsymbol{u} \times \boldsymbol{v}| = |\boldsymbol{u}||\boldsymbol{v}| \sin \theta.$$

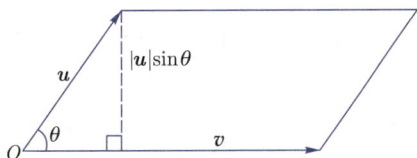

110 扫一扫

图 7.26 $\boldsymbol{u}, \boldsymbol{v}$ 外积几何意义

经典例题 7.13 设 $\boldsymbol{m}, \boldsymbol{n}$ 是互相垂直的单位向量，$\boldsymbol{u} = \boldsymbol{m} - \boldsymbol{n}, \boldsymbol{v} = \boldsymbol{m} + \boldsymbol{n}$，求 $|\boldsymbol{u} \times \boldsymbol{v}|$.

【解】 因为

$$\boldsymbol{u} \times \boldsymbol{v} = (\boldsymbol{m} - \boldsymbol{n}) \times (\boldsymbol{m} + \boldsymbol{n}) = (\boldsymbol{m} - \boldsymbol{n}) \times \boldsymbol{m} + (\boldsymbol{m} - \boldsymbol{n}) \times \boldsymbol{n}$$

$$= \boldsymbol{m} \times \boldsymbol{m} - \boldsymbol{n} \times \boldsymbol{m} + \boldsymbol{m} \times \boldsymbol{n} - \boldsymbol{n} \times \boldsymbol{n} = 2(\boldsymbol{m} \times \boldsymbol{n}),$$

所以

$$|\boldsymbol{u} \times \boldsymbol{v}| = 2|\boldsymbol{m} \times \boldsymbol{n}| = 2|\boldsymbol{m}||\boldsymbol{n}| \sin \frac{\pi}{2}$$

$$= 2 \times 1 \times 1 \times 1 = 2.$$

2. 外积的坐标表示

对于基本单位向量有

$$\boldsymbol{i} \times \boldsymbol{i} = \boldsymbol{j} \times \boldsymbol{j} = \boldsymbol{k} \times \boldsymbol{k} = \boldsymbol{0}, \quad \boldsymbol{i} \times \boldsymbol{j} = \boldsymbol{k}, \quad \boldsymbol{j} \times \boldsymbol{k} = \boldsymbol{i}, \quad \boldsymbol{k} \times \boldsymbol{i} = \boldsymbol{j}.$$

若向量 $\boldsymbol{u} = (x_1, y_1, z_1), \boldsymbol{v} = (x_2, y_2, z_2)$，则向量 $\boldsymbol{u}, \boldsymbol{v}$ 的外积为

$$\boldsymbol{u} \times \boldsymbol{v} = (y_1 z_2 - y_2 z_1, z_1 x_2 - z_2 x_1, x_1 y_2 - x_2 y_1). \tag{7.23}$$

显然，由行列式拉普拉斯展开及运算有

$$\boldsymbol{u} \times \boldsymbol{v} = \begin{vmatrix} \boldsymbol{i} & \boldsymbol{j} & \boldsymbol{k} \\ x_1 & y_1 & z_1 \\ x_2 & y_2 & z_2 \end{vmatrix} = \begin{vmatrix} y_1 & z_1 \\ y_2 & z_2 \end{vmatrix} \boldsymbol{i} + \begin{vmatrix} z_1 & x_1 \\ z_2 & x_2 \end{vmatrix} \boldsymbol{j} + \begin{vmatrix} x_1 & y_1 \\ x_2 & y_2 \end{vmatrix} \boldsymbol{k}.$$

经典例题 7.14 设 $\boldsymbol{u} = (1, -2, 3)$，$\boldsymbol{v} = (0, 1, -2)$，求 $\boldsymbol{u} \times \boldsymbol{v}$ 及 $\boldsymbol{v} \times \boldsymbol{u}$.

【解】 $\boldsymbol{u} \times \boldsymbol{v} = \begin{vmatrix} \boldsymbol{i} & \boldsymbol{j} & \boldsymbol{k} \\ 1 & -2 & 3 \\ 0 & 1 & -2 \end{vmatrix} = \begin{vmatrix} -2 & 3 \\ 1 & -2 \end{vmatrix} \boldsymbol{i} + \begin{vmatrix} 3 & 1 \\ -2 & 0 \end{vmatrix} \boldsymbol{j} + \begin{vmatrix} 1 & -2 \\ 0 & 1 \end{vmatrix} \boldsymbol{k}$

$$= \boldsymbol{i} + 2\boldsymbol{j} + \boldsymbol{k},$$

$$\boldsymbol{v} \times \boldsymbol{u} = -\boldsymbol{u} \times \boldsymbol{v} = -\boldsymbol{i} - 2\boldsymbol{j} - \boldsymbol{k}.$$

经典例题 **7.15**　已知三点 $A(1,1,1)$，$B(2,0,-1)$，$C(-1,1,2)$，求 $\triangle ABC$ 的面积.

【解】　根据向量积的几何意义，$\triangle ABC$ 的面积为

$$S = \frac{1}{2}\left|\overrightarrow{AB} \times \overrightarrow{AC}\right|,$$

因为

$$\overrightarrow{AB} = (2-1, 0-1, -1-1) = (1, -1, -2),$$

$$\overrightarrow{AC} = (-1-1, 1-1, 2-1) = (-2, 0, 1),$$

故 $\overrightarrow{AB} \times \overrightarrow{AC} = \begin{vmatrix} \boldsymbol{i} & \boldsymbol{j} & \boldsymbol{k} \\ 1 & -1 & -2 \\ -2 & 0 & 1 \end{vmatrix} = \begin{vmatrix} -1 & -2 \\ 0 & 1 \end{vmatrix}\boldsymbol{i} + \begin{vmatrix} -2 & 1 \\ 1 & -2 \end{vmatrix}\boldsymbol{j} + \begin{vmatrix} 1 & -1 \\ -2 & 0 \end{vmatrix}\boldsymbol{k}$

$$= -\boldsymbol{i} + 3\boldsymbol{j} - 2\boldsymbol{k},$$

所以

$$S = \frac{1}{2}\left|\overrightarrow{AB} \times \overrightarrow{AC}\right| = \frac{1}{2}\sqrt{(-1)^2 + 3^3 + (-2)^2} = \frac{1}{2}\sqrt{14}.$$

7.2.4　向量的混合积

◆ 定义 **7.5**　向量的混合积

若有向量 $\boldsymbol{u}, \boldsymbol{v}, \boldsymbol{w}$，则 $\boldsymbol{u} \cdot (\boldsymbol{v} \times \boldsymbol{w}) = (\boldsymbol{u} \times \boldsymbol{v}) \cdot \boldsymbol{w}$ 称为向量 $\boldsymbol{u}, \boldsymbol{v}, \boldsymbol{w}$ 的混合积.

如果向量 $\boldsymbol{u}, \boldsymbol{v}, \boldsymbol{w}$ 的分量分别为 $(x_1, y_1, z_1), (x_2, y_2, z_2), (x_3, y_3, z_3)$，则向量 $\boldsymbol{u}, \boldsymbol{v}, \boldsymbol{w}$ 的混合积可写成

$$\boldsymbol{u} \cdot (\boldsymbol{v} \times \boldsymbol{w}) = (\boldsymbol{u} \times \boldsymbol{v}) \cdot \boldsymbol{w} = \begin{vmatrix} x_1 & y_1 & z_1 \\ x_2 & y_2 & z_2 \\ x_3 & y_3 & z_3 \end{vmatrix}. \tag{7.24}$$

经典例题 **7.16**　求由向量 $\boldsymbol{u}, \boldsymbol{v}, \boldsymbol{w}$ 为棱的平行六面体体积.

【解】　由向量 $\boldsymbol{u}, \boldsymbol{v}, \boldsymbol{w}$ 确定的平行六面体的体积等于向量混合积的大小，如图 7.27 所示.

$$V_6 = |\boldsymbol{u} \cdot (\boldsymbol{v} \times \boldsymbol{w})| = |(\boldsymbol{u} \times \boldsymbol{v}) \cdot \boldsymbol{w}| = \left\|\begin{vmatrix} x_1 & y_1 & z_1 \\ x_2 & y_2 & z_2 \\ x_3 & y_3 & z_3 \end{vmatrix}\right\|. \tag{7.25}$$

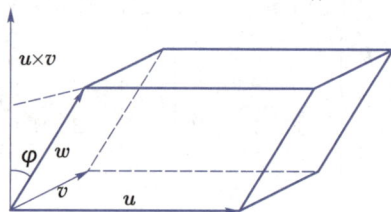

111 扫一扫

图 7.27　混合积的几何意义

下面给出向量外积的性质.

♦ 定理 **7.5**

如果 $\boldsymbol{u}, \boldsymbol{v}, \boldsymbol{w}$ 是向量，λ 是常数，则

(1) $\boldsymbol{u} \times \boldsymbol{u} = \boldsymbol{0}$；

(2) $\boldsymbol{u} \times \boldsymbol{v} = -\boldsymbol{v} \times \boldsymbol{u}$；

(3) $(\lambda \boldsymbol{u}) \times \boldsymbol{v} = \lambda(\boldsymbol{u} \times \boldsymbol{v}) = \boldsymbol{u} \times (\lambda \boldsymbol{v})$；

(4) $\boldsymbol{u} \times (\boldsymbol{v} + \boldsymbol{w}) = \boldsymbol{u} \times \boldsymbol{v} + \boldsymbol{u} \times \boldsymbol{w}$；

(5) $(\boldsymbol{u} + \boldsymbol{v}) \times \boldsymbol{w} = \boldsymbol{u} \times \boldsymbol{w} + \boldsymbol{v} \times \boldsymbol{w}$；

(6) $\boldsymbol{u} \cdot (\boldsymbol{v} \times \boldsymbol{w}) = (\boldsymbol{u} \times \boldsymbol{v}) \cdot \boldsymbol{w}$.

7.3　平面与直线

7.3.1　平面的点法式方程

1. 平面的点法式方程

空间一个平面可以由平面内的一个点 $P_0(x_0, y_0, z_0)$ 和一个垂直这个平面的向量 $\boldsymbol{n}$ 确定. 向量 $\boldsymbol{n}$ 称为法向量. 令 $P(x, y, z)$ 为这个平面内任意点，$\boldsymbol{r}_0 = \overrightarrow{OP_0}$ 和 $\boldsymbol{r} = \overrightarrow{OP}$，则 $\overrightarrow{P_0P} = \boldsymbol{r} - \boldsymbol{r}_0$. 由于法向量 $\boldsymbol{n}$ 垂直于这个平面内任何向量，当然垂直于向量 $\overrightarrow{P_0P}$，于是得平面点法式 (向量式) 方程

$$\boldsymbol{n} \cdot (\boldsymbol{r} - \boldsymbol{r}_0) = 0. \tag{7.26}$$

如图 7.28 所示，若 $\boldsymbol{n} = (a, b, c)$，$\boldsymbol{r} = (x, y, z)$，$\boldsymbol{r}_0 = (x_0, y_0, z_0)$，则式 (7.26) 可写为 (分量式)

$$a(x - x_0) + b(y - y_0) + c(z - z_0) = 0. \tag{7.27}$$

展开整理可得

$$ax + by + cz + \lambda = 0,$$

其中 λ 是整理后的常数项.

经典例题 7.17　求过 $P_0(-3, 0, 7)$ 点且垂直于 $\boldsymbol{n} = (5, 2, -1)$ 的平面方程.

【解】　由式 (7.27)，可得平面的方程为

$$5(x - (-3)) + 2(y - 0) + (-1)(z - 7) = 0,$$

整理，得

$$5x + 2y - z + 22 = 0,$$

即为所求的平面方程.

经典例题 7.18　三点确定平面.

求过 $A(0, 0, 1)$，$B(2, 0, 0)$ 和 $C(0, 3, 0)$ 的平面方程.

【解】　先求一个垂直该平面的向量，再利用点法式写出平面方程. 向量

$$\boldsymbol{n} = \overrightarrow{AB} \times \overrightarrow{AC} = \begin{vmatrix} \boldsymbol{i} & \boldsymbol{j} & \boldsymbol{k} \\ 2 & 0 & -1 \\ 0 & 3 & -1 \end{vmatrix} = \begin{vmatrix} 0 & -1 \\ 3 & -1 \end{vmatrix} \boldsymbol{i} + \begin{vmatrix} -1 & 2 \\ -1 & 0 \end{vmatrix} \boldsymbol{j} + \begin{vmatrix} 2 & 0 \\ 0 & 3 \end{vmatrix} \boldsymbol{k} = 3\boldsymbol{i} + 2\boldsymbol{j} + 6\boldsymbol{k}.$$

于是，由式 (7.27)，可得平面方程为

$$3(x-0) + 2(y-0) + 6(z-1) = 0,$$

整理得

$$3x + 2y + 6z = 6.$$

方程两边同除以 6，得

$$\frac{x}{2} + \frac{y}{3} + \frac{z}{1} = 1.$$

方程中 x, y, z 的分母有明显的几何意义. 分别是平面在三个坐标轴的截距.

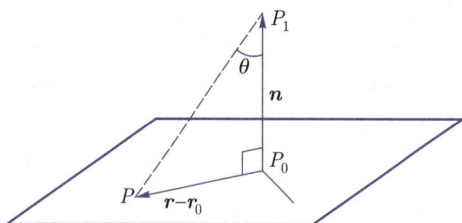

图 7.28　平面点法式方程

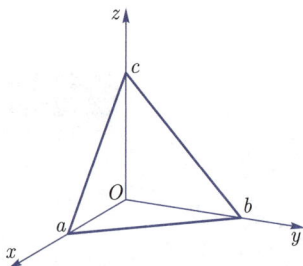

图 7.29　平面截距式方程

2. 平面的截距式方程

$$\frac{x}{a} + \frac{y}{b} + \frac{z}{c} = 1. \tag{7.28}$$

式 (7.28) 称为平面截距式方程，其中 a, b, c 分别是平面在 x 轴，y 轴，z 轴的截距，如图 7.29 所示.

3. 平面的一般式方程

$$ax + by + cz + \lambda = 0. \tag{7.29}$$

式 (7.29) 称为平面的一般式方程，其中 $\boldsymbol{n} = (a, b, c)$ 是平面的法向量.

经典例题 7.19　求过 x 轴和 $M(2, -4, 1)$ 点的平面.

【解】【方法 1】　因为平面过 x 轴，原点在平面上，于是可设平面方程为

$$By + Cz = 0,$$

又因为点 $M(2, -4, 1)$ 在平面上，于是有

$$-4B + C = 0,$$

解得 $C = 4B$，代入 $By + Cz = 0$ 中，得

$$B(y + 4z) = 0,$$

$B \neq 0$，因此所求的平面方程为

$$y + 4z = 0.$$

【方法 2】　因为平面过 x 轴，故原点 O 在平面上，向量 $\overrightarrow{OM} = (2, -4, 1)$ 在平面上，又 x 轴的单位向量 $\boldsymbol{i} = (1, 0, 0)$ 也在平面上，于是平面的法向量

$$\overrightarrow{OM} \times \boldsymbol{i} = \begin{vmatrix} \boldsymbol{i} & \boldsymbol{j} & \boldsymbol{k} \\ 2 & -4 & 1 \\ 1 & 0 & 0 \end{vmatrix} = \begin{vmatrix} -4 & 1 \\ 0 & 0 \end{vmatrix} \boldsymbol{i} + \begin{vmatrix} 1 & 2 \\ 0 & 1 \end{vmatrix} \boldsymbol{j} + \begin{vmatrix} 2 & -4 \\ 1 & 0 \end{vmatrix} \boldsymbol{k} = \boldsymbol{j} + 4\boldsymbol{k}.$$

根据平面的点法式方程，可得所求平面方程为

$$y + 4z = 0.$$

4. 点到平面的距离

经典例题 **7.20** 求点 $P_1(x_1, y_1, z_1)$ 到平面 $ax + by + cz + \lambda = 0$ 的距离.

【解】 如图 7.30 所示，令 $P_0(x_0, y_0, z_0)$ 为平面内任意一点，$\boldsymbol{u} = \overrightarrow{P_0P_1}$，于是

$$\boldsymbol{u} = (x_1 - x_0, y_1 - y_0, z_1 - z_0),$$

113 扫一扫

P_1 到平面的距离 d 等于 $\boldsymbol{u}$ 在法向量 $\boldsymbol{n} = (a, b, c)$ 上的投影大小的绝对值. 因此

$$
\begin{aligned}
d = \mathrm{Prj}_{\boldsymbol{n}} \boldsymbol{u} &= \frac{\boldsymbol{u} \cdot \boldsymbol{n}}{|\boldsymbol{n}|} \\
&= \frac{|a(x_1 - x_0) + b(y_1 - y_0) + c(z_1 - z_0)|}{\sqrt{a^2 + b^2 + c^2}} \\
&= \frac{|(ax_1 + by_1 + cz_1) - (ax_2 + by_2 + cz_2)|}{\sqrt{a^2 + b^2 + c^2}}.
\end{aligned}
$$

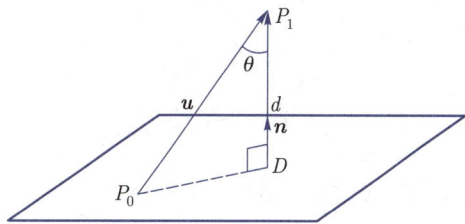

图 7.30 点到平面的距离

由于 P_0 在平面内，所以 P_0 点的坐标满足平面方程，即

$$ax_0 + by_0 + cz_0 + \lambda = 0,$$

因此，点 $P_1(x_1, y_1, z_1)$ 到平面的距离公式可以写成

$$d = \frac{|ax_1 + by_1 + cz_1 + \lambda|}{\sqrt{a^2 + b^2 + c^2}}. \tag{7.30}$$

经典例题 **7.21** 求两平行平面 $\alpha : 3x + 2y - 6z - 35 = 0$ 和 $\beta : 3x + 2y - 6z - 56 = 0$ 间的距离.

【解】 在平面 α 上取一点 $P_0\left(0, 0, -\dfrac{35}{6}\right)$，点 P_0 到平面 β 的距离

$$d = \frac{\left|3 \times 0 + 2 \times 0 + (-6) \times \left(-\dfrac{35}{6}\right) - 56\right|}{\sqrt{3^2 + 2^2 + (-6)^2}} = \frac{21}{7} = 3.$$

7.3.2 直线的点向式方程

1. 直线的点向式方程

在三维空间，一个点 $P_0(x_0, y_0, z_0)$(对应的向量为 $\boldsymbol{r}_0$) 和一个方向 $\boldsymbol{v}$(为叙述方便，这里取 $\boldsymbol{v}$ 为单位向量) 可以确定一条直线 l. 令 $P(x, y, z)$ 是直线 l 上任意一点，对应的向量为 $\boldsymbol{r}$，$t = |\overrightarrow{P_0P}|$. 如图 7.31 所示，根据向量三角形法则，可得直线 l 的点向式的向量方程

$$\boldsymbol{r} = \boldsymbol{r}_0 + t\boldsymbol{v}. \tag{7.31}$$

设 $\boldsymbol{v} = (a, b, c)$，又 $\boldsymbol{r} = (x, y, z), \boldsymbol{r}_0 = (x_0, y_0, z_0)$，于是可得直线点向式的参数方程

$$x = x_0 + at, \quad y = y_0 + bt, \quad z = z_0 + ct. \tag{7.32}$$

又由于向量 $\overrightarrow{P_0P} = (x - x_0, y - y_0, z - z_0)$ 与向量 $\boldsymbol{v} = (a, b, c)$ 共线，所以可得直线点向式的分量方程

$$\frac{x - x_0}{a} = \frac{y - y_0}{b} = \frac{z - z_0}{c}. \tag{7.33}$$

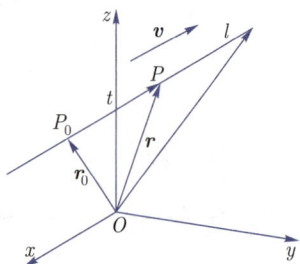

图 7.31　直线点向式方程　　　　　　　　图 7.32　直线两点式方程

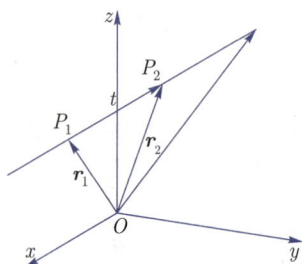

经典例题 7.22　求过一点 $P(-2, -2, 1)$ 且平行于方向 $\boldsymbol{v} = \left(-1, \dfrac{1}{2}, -\dfrac{3}{2}\right)$ 的直线方程.

【解】　将已知条件直接代入式 (7.33)，得

$$\frac{x - (-2)}{-1} = \frac{y - (-2)}{\dfrac{1}{2}} = \frac{z - 1}{-\dfrac{3}{2}}.$$

整理，得

$$\frac{x + 2}{-1} = \frac{y + 2}{\dfrac{1}{2}} = \frac{z - 1}{-\dfrac{3}{2}}.$$

2. 直线的两点式方程

将向量 $\boldsymbol{u} = (x_2 - x_1, y_2 - y_1, z_2 - z_1)$ 代入式 (7.33)，可得过点 $P_1(x_1, y_1, z_1)$ 和点 $P_2(x_2, y_2, z_2)$ 的两点式直线方程 (如图 7.32 所示)

$$\frac{x - x_1}{x_2 - x_1} = \frac{y - y_1}{y_2 - y_1} = \frac{z - z_1}{z_2 - z_1}. \tag{7.34}$$

经典例题 7.23　求过点 $A(1, 0, 1)$ 和 $B(-2, 1, 1)$ 的直线方程.

【解】　由直线的两点式方程得所求的直线方程为

$$\frac{x - 1}{-2 - 1} = \frac{y - 0}{1 - 0} = \frac{z - 1}{1 - 1},$$

整理得

$$\frac{x - 1}{-3} = \frac{y}{1} = \frac{z - 1}{0},$$

即

$$\begin{cases} z = 1, \\ x + 3y - 1 = 0. \end{cases}$$

实际问题 7.3　潜艇搜索问题

在一次演习中为使我方飞机实施拦截,两艘水面舰艇试图定位水下潜艇的前进方向与速度,如图 7.33 所示. A 舰位于点 $A(4,0,0)$, B 舰位于点 $B(0,5,0)$, 坐标单位:km, A 舰确定潜艇位于它的 $\boldsymbol{u} = 2\boldsymbol{i} + 3\boldsymbol{j} - \frac{1}{3}\boldsymbol{k}$ 方向, B 舰确定潜艇位于它的 $\boldsymbol{v} = 18\boldsymbol{i} - 6\boldsymbol{j} - \boldsymbol{k}$ 方向, 4 min 前潜艇位于点 $P\left(-2, -1, -\frac{1}{3}\right)$ 处. 实施拦截的飞机将于 20 min 后到达. 假设潜艇以匀速直线前进, 水面舰艇应为飞机指示哪个方位攻击?

【解】 现在潜艇的位置点 $Q(x, y, z)$ 满足

$$\begin{cases} \dfrac{x-4}{2} = \dfrac{y}{3} = \dfrac{z}{-\frac{1}{3}}, \\ \dfrac{x}{18} = \dfrac{y-5}{-6} = \dfrac{z}{-1}, \end{cases}$$

115 扫一扫

解得现在潜艇位置 $Q\left(6, 3, -\frac{1}{3}\right)$, 4 min 前潜艇位置在 $P\left(-2, -1, -\frac{1}{3}\right)$ 处, 两点间距离

$$|\overrightarrow{PQ}| = \sqrt{(6-(-2))^2 + (3-(-1))^2 + \left(-\frac{1}{3} - \left(-\frac{1}{3}\right)\right)^2} = 4\sqrt{5},$$

20 min 后潜艇到达位置 $M(x, y, z)$, 在线段 PQ 延长线上, 即满足

$$\begin{cases} \sqrt{(x-2)^2 + (y+1)^2 + \left(z+\frac{1}{3}\right)^2} = 6\sqrt{32}, \\ \dfrac{x-2}{4} = \dfrac{y+1}{0} = \dfrac{z+\frac{1}{3}}{0}, \end{cases}$$

解得 $M\left(26, 23, -\frac{1}{3}\right)$, 即飞机向目标 $M\left(26, 23, -\frac{1}{3}\right)$ 攻击即可命中潜艇.

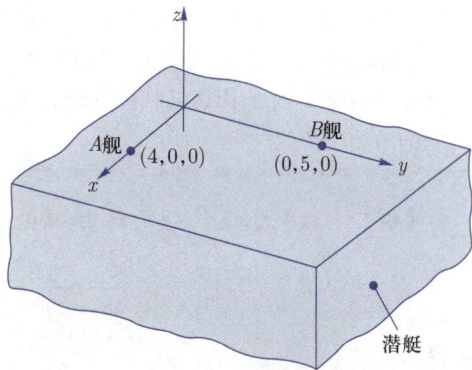

图 7.33　潜艇定位

实际问题 7.4　直升机营救问题

两架直升机 H_1 与 H_2 同时参与任务, 从 $t = 0$ 时开始, 他们分别沿以下直线向两个不同方向飞行

$$H_1 : \begin{cases} x = 6 + 40t, \\ y = -3 + 10t, \\ z = -3 + 2t. \end{cases} \qquad H_2 : \begin{cases} x = 6 + 110t, \\ y = -3 + 4t, \\ z = -3 + t. \end{cases}$$

时间 t 以 h 为单位, x, y, z 以 km 为单位. H_2 因直升机故障, 在点 $B(446, 13, 1)$ 停止飞行, 2 h 后, H_1 获悉此事, 并以 150 km/h 的速度向 H_2 飞行, 他需要多长时间才能飞达 H_2 的位置?

【解】　由题意知两架直升机 H_1 与 H_2 同时从 $M(6, -3, -3)$ 分别向两个不同的方向 $\boldsymbol{u}_1 = (40, 10, 2)$ 与 $\boldsymbol{u}_2 = (110, 4, 1)$ 飞行，当 H_2 直升机飞达故障点 $B(446, 13, 1)$ 时，由

$$H_2: \begin{cases} 446 = 6 + 110t, \\ 13 = -3 + 4t, \\ 1 = -3 + t. \end{cases}$$

得飞行时间 $t = 4\,\text{h}$，又过 $2\,\text{h}$，即任务开始 $6\,\text{h}$ 后，直升机 H_1 飞达的位置 $A(x, y, z)$，由

$$H_1: \begin{cases} x = 6 + 40 \times 6, \\ y = -3 + 10 \times 6, \\ z = -3 + 2 \times 6. \end{cases} \Rightarrow \begin{cases} x = 246, \\ y = 57, \\ z = 9. \end{cases}$$

A, B 两地间距离为

$$|AB| = \sqrt{(446 - 246)^2 + (13 - 57)^2 + (1 - 9)^2} = \sqrt{200^2 + 44^2 + 8^2} = 20\sqrt{105},$$

故直升机 H_1 飞达 B 点所用时间为 $t = \dfrac{20\sqrt{105}}{150} \approx 1.366\,3\,\text{h}$.

实际问题 7.5　计算机作图透视问题

在用计算机绘图和画透视图时，需要将我们看到的 (三维) 物体画成二维平面上的投影. 如图 7.34 所示，假设我们的眼睛位于点 $E(x_0, 0, 0)$ 处，现在希望将看到的空间中的点 $P_1(x_1, y_1, z_1)$ 表示成 yOz 平面中的点 $(0, y, z)$，为此，用 E 点发出的射线将 P_1 点投影到 yOz 平面上，对于计算机制图的设计者来说，问题是：对给定的 E 点和 P_1 点，如何求出相应的 y 和 z？

【解】　(1) 写出 $\overrightarrow{EP}$ 与 $\overrightarrow{EP_1}$ 所满足的向量方程

$$\frac{0 - x_0}{x_1 - x_0} = \frac{y - 0}{y_1 - 0} = \frac{z - 0}{z_1 - 0},$$

解得

$$y = -\frac{x_0 y_1}{x_1 - x_0}, \quad z = -\frac{x_0 z_1}{x_1 - x_0}.$$

(2) 对 (1) 中所得的公式，当 $x_1 = 0$ 时，有

$$y = -\frac{x_0 y_1}{x_1 - x_0} = y_1, \quad z = -\frac{x_0 z_1}{x_1 - x_0} = z_1.$$

当 $x_1 = x_0$ 时，有

$$y = -\frac{x_0 y_1}{x_1 - x_0} = \infty, \quad z = -\frac{x_0 z_1}{x_1 - x_0} = \infty.$$

此时，图像满屏 yOz 平面. 当 $x_1 \to \infty$ 时，有

$$y = -\frac{x_0 y_1}{x_1 - x_0} = 0, \quad z = -\frac{x_0 z_1}{x_1 - x_0} = 0.$$

此时，图像缩为一个点 $(0, 0, 0)$.

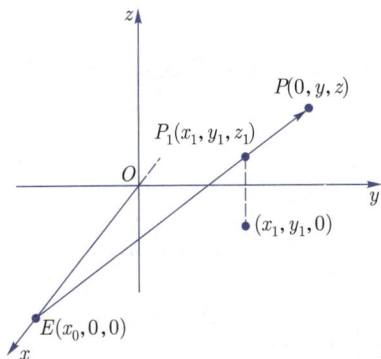

图 7.34 作透视图

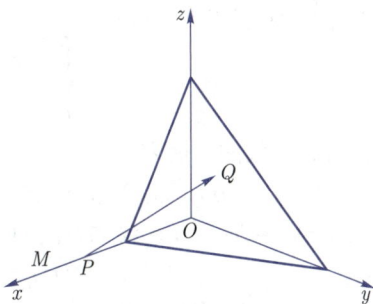

图 7.35 PQ 被遮挡

实际问题 7.6 计算机画图 (被隐藏的线段)

假设我们的眼睛位于点 $M(4,0,0)$，正看着一个顶点分别为 $A(1,0,1)$，$B(1,1,0)$ 和 $C(-2,2,2)$ 的三角形盘子，有一条从 $P(1,0,0)$ 点到 $Q(0,2,2)$ 点的线段穿过这个盘子 (图 7.35)，从我们的视角看，盘子会挡住线段多大部分？

【解】 (1) 求出过 3 点 $A(1,0,1)$，$B(1,1,0)$ 和 $C(-2,2,2)$ 的平面. 先求一个垂直该平面的向量，再利用点法式写出平面方程. 向量

$$\boldsymbol{n} = \overrightarrow{AB} \times \overrightarrow{AC} = \begin{vmatrix} \boldsymbol{i} & \boldsymbol{j} & \boldsymbol{k} \\ 0 & 1 & -1 \\ -3 & 2 & 1 \end{vmatrix}$$

$$= \begin{vmatrix} 1 & -1 \\ 2 & 1 \end{vmatrix} \boldsymbol{i} + \begin{vmatrix} -1 & 0 \\ 1 & -3 \end{vmatrix} \boldsymbol{j} + \begin{vmatrix} 0 & 1 \\ -3 & 2 \end{vmatrix} \boldsymbol{k} = 3\boldsymbol{i} + 3\boldsymbol{j} + 3\boldsymbol{k}.$$

于是，由式 (7.27)，可得平面方程为

$$3(x-1) + 3(y-0) + 3(z-1) = 0,$$

整理得

$$x + y + z = 2.$$

(2) 如图 7.35 所示，求过 $P(1,0,0)$，$Q(0,2,2)$ 两点的直线与平面 ABC 的交点 $R(x,y,z)$.

$$\begin{cases} \dfrac{x-1}{-1} = \dfrac{y}{2} = \dfrac{z}{2}, \\ x + y + z = 2. \end{cases} \Rightarrow x = y = z = \frac{2}{3}.$$

$$|PQ| = \sqrt{(0-1)^2 + (2-0)^2 + (2-0)^2} = 3,$$

$$|PR| = \sqrt{\left(\frac{2}{3}-1\right)^2 + \left(\frac{2}{3}-0\right)^2 + \left(\frac{2}{3}-0\right)^2} = 1,$$

$|RQ| = 2$，即线段 PQ 被盘子挡住 $\dfrac{2}{3}$.

3. 直线的一般方程

两个平面 $a_1x + b_1y + c_1z + \lambda_1 = 0$ 和 $a_2x + b_2y + c_2z + \lambda_2 = 0$ 的交线应满足

$$\begin{cases} a_1x + b_1y + c_1z + \lambda_1 = 0, \\ a_2x + b_2y + c_2z + \lambda_2 = 0. \end{cases} \tag{7.35}$$

式 (7.35) 称为直线的一般方程.

由于向量 $\boldsymbol{n}_1 \times \boldsymbol{n}_2$ 同时垂直于法向量 $\boldsymbol{n}_1$ 和 $\boldsymbol{n}_2$, 所以两个平面 $a_1x + b_1y + c_1z + \lambda_1 = 0$ 和 $a_2x + b_2y + c_2z + \lambda_2 = 0$ 交线的方向为

$$\boldsymbol{n}_1 \times \boldsymbol{n}_2 = \left(\begin{vmatrix} b_1 & c_1 \\ b_2 & c_2 \end{vmatrix}, \begin{vmatrix} c_1 & a_1 \\ c_2 & a_2 \end{vmatrix}, \begin{vmatrix} a_1 & b_1 \\ a_2 & b_2 \end{vmatrix} \right). \tag{7.36}$$

7.3.3 平面、直线间的夹角

1. 两个平面的夹角

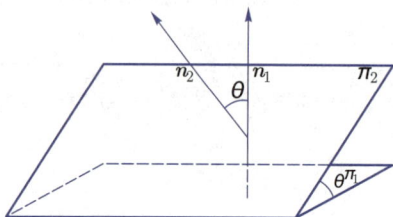

图 7.36 两个平面的夹角

如图 7.36 所示, 规定两平面 π_1 和 π_2 的夹角 θ 为平面 π_1 和 π_2 法向量夹角中的锐角. 设两平面 π_1 和 π_2 分别为

$$a_1x + b_1y + c_1z + \lambda_1 = 0,$$

$$a_2x + b_2y + c_2z + \lambda_2 = 0,$$

得平面 π_1 和 π_2 的法向量分别为 $\boldsymbol{n_1} = (a_1, b_1, c_1)$, $\boldsymbol{n_2} = (a_2, b_2, c_2)$, 于是平面 π_1 和 π_2 夹角 θ 满足

$$\cos\theta = \frac{|\boldsymbol{n}_1 \cdot \boldsymbol{n}_2|}{|\boldsymbol{n}_1||\boldsymbol{n}_2|}. \tag{7.37}$$

$$\cos\theta = \frac{|a_1a_2 + b_1b_2 + c_1c_2|}{\sqrt{a_1^2 + b_1^2 + c_1^2}\sqrt{a_2^2 + b_2^2 + c_2^2}}. \tag{7.38}$$

当两个平面的夹角 $\theta = \dfrac{\pi}{2}$ 时, 称两个平面垂直.

易得两个平面平行、垂直的充要条件, 如下面定理所述.

♦ **定理 7.6**

设两个平面 π_1 和 π_2 分别为 $a_1x + b_1y + c_1z + d_1 = 0$, $a_2x + b_2y + c_2z + d_2 = 0$, 则平面 π_1 和 π_2 平行的充要条件是

$$\frac{a_1}{a_2} = \frac{b_1}{b_2} = \frac{c_1}{c_2}. \tag{7.39}$$

平面 π_1 和 π_2 垂直的充要条件是

$$a_1a_2 + b_1b_2 + c_1c_2 = 0. \tag{7.40}$$

经典例题 7.24 求两个平面 $x - y + 2z - 6 = 0$ 和 $2x + y + z - 5 = 0$ 的夹角.

【解】 由两个平面的夹角公式, 得

$$\cos\theta = \frac{|1 \times 2 + (-1) \times 1 + 2 \times 1|}{\sqrt{1^2 + (-1)^2 + 2^2}\sqrt{2^2 + 1^2 + 1^2}} = \frac{1}{2},$$

故两个平面的夹角 $\theta = \dfrac{\pi}{3}$.

2. 两条直线的夹角

规定两直线 l_1 和 l_2 的夹角 θ 为直线 l_1 和 l_2 方向向量夹角中的锐角. 设两直线 l_1 和 l_2 分别为 $\dfrac{x - x_1}{a_1} = \dfrac{y - y_1}{b_1} = \dfrac{z - z_1}{c_1}$, $\dfrac{x - x_2}{a_2} = \dfrac{y - y_2}{b_2} = \dfrac{z - z_2}{c_2}$, 其中 $\boldsymbol{u} = (a_1, b_1, c_1)$, $\boldsymbol{v} = (a_2, b_2, c_2)$, 则两直线 l_1 和 l_2 的夹角 θ 满足

$$\cos\theta = \frac{|\boldsymbol{u} \cdot \boldsymbol{v}|}{|\boldsymbol{u}||\boldsymbol{v}|}. \tag{7.41}$$

$$\cos\theta = \frac{|a_1 a_2 + b_1 b_2 + c_1 c_2|}{\sqrt{a_1^2 + b_1^2 + c_1^2}\sqrt{a_2^2 + b_2^2 + c_2^2}}. \tag{7.42}$$

当两条直线的夹角 $\theta = \dfrac{\pi}{2}$ 时, 称这两条直线垂直.

易得两条直线平行、垂直的充要条件, 如下面定理所述.

◆ **定理 7.7**

设两条直线 l_1 和 l_2 分别为 $\dfrac{x - x_1}{a_1} = \dfrac{y - y_1}{b_1} = \dfrac{z - z_1}{c_1}$, $\dfrac{x - x_2}{a_2} = \dfrac{y - y_2}{b_2} = \dfrac{z - z_2}{c_2}$, 则直线 l_1 和 l_2 平行的充要条件是

$$\frac{a_1}{a_2} = \frac{b_1}{b_2} = \frac{c_1}{c_2}. \tag{7.43}$$

平面直线 l_1 和 l_2 垂直的充要条件是

$$a_1 a_2 + b_1 b_2 + c_1 c_2 = 0. \tag{7.44}$$

---

3. 直线与平面的夹角

设有直线 l 与平面 α 不垂直, 过直线 l 作垂直于平面 α 的平面 β, 两平面的交线 l_1 称为直线 l 在平面 α 上的投影直线. 直线 l 与它的投影直线 l_1 的夹角中的锐角 θ 称为直线 l 与平面 α 的夹角, 如图 7.37 所示. 当 $l \perp \alpha$ 时, 规定直线 l 与平面 α 的夹角等于 $\dfrac{\pi}{2}$.

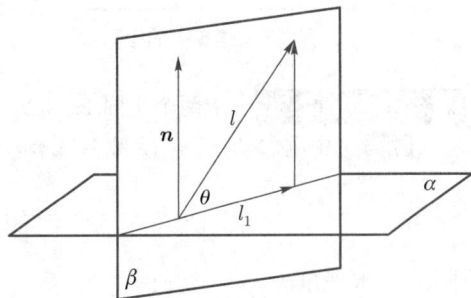

图 7.37 直线与平面的夹角

设直线 l 的方向向量为 $\boldsymbol{u} = (u_x, u_y, u_z)$, 平面的法向量为 $\boldsymbol{n} = (a, b, c)$, 则

$$\theta = \left|\frac{\pi}{2} - \langle \boldsymbol{u}, \boldsymbol{n}\rangle\right|,$$

于是

$$\sin\theta = |\cos\langle\boldsymbol{u}, \boldsymbol{n}\rangle| = \frac{|\boldsymbol{u} \cdot \boldsymbol{n}|}{|\boldsymbol{u}||\boldsymbol{n}|} = \frac{|a u_x + b u_y + c u_z|}{\sqrt{a^2 + b^2 + c^2}\sqrt{u_x^2 + u_y^2 + u_z^2}}.$$

经典例题 7.25　求直线 $l: \dfrac{x-1}{2} = \dfrac{y+1}{-1} = \dfrac{z}{2}$ 与平面 $\alpha : 2x - y = 0$ 的夹角.

【解】　直线 l 的方向向量 $\boldsymbol{u} = (2, -1, 2)$，平面 α 的法向量 $\boldsymbol{n} = (2, -1, 0)$，于是，直线 l 与平面 α 的夹角 θ 满足

$$\cos\theta = \frac{2\times 2 + (-1)\times(-1) + 2\times 0}{\sqrt{2^2 + (-1)^2 + 2^2}\sqrt{2^2 + (-1)^2 + 0^2}} = \frac{\sqrt{5}}{3},$$

故直线 l 与平面 α 的夹角 $\theta = \arccos\dfrac{\sqrt{5}}{3}$.

实际问题 7.7　建筑工程中的铅垂线

在建筑施工中，要实时测量以使墙体或立柱垂直于水平面. 其做法是在一根细线一端系一个小铅锤，用手提起细线的另一端，铅锤自然下垂，如果墙体或立柱与铅垂细线保持平行，则墙体或立柱与水平面垂直 (如图 7.38 所示). 这个方法的数学原理是直线与平面垂直性质的实际应用.

实际问题 7.8　数控加工垂直平面钻孔

数控加工中有时需要垂直平面钻孔 (如图 7.39 所示)，其数学原理也是直线与平面垂直性质的实际应用.

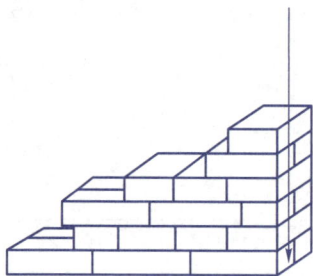

图 7.38　建筑中的铅垂线

图 7.39　垂直平面钻孔

经典例题 7.26　求两个平面 $2x + 2y - z = 3$ 和 $x + 2y + z = 2$ 的夹角.

【解】　由题意知 $\boldsymbol{n}_1 = (2, 2, -1), \boldsymbol{n}_2 = (1, 2, 1)$，利用公式 (7.37)，得

$$\cos\theta = \frac{2 + 4 - 1}{\sqrt{2^2 + 2^2 + (-1)^2}\sqrt{1^2 + 2^2 + 1^2}} = \frac{5\sqrt{6}}{18},$$

因此，所求夹角

$$\theta = \arccos\frac{5\sqrt{6}}{18}.$$

7.4　空 间 曲 面

曲面是一条动线在给定的条件下在空间连续运动的轨迹.

7.4.1 柱面及旋转曲面

1. 柱面

一动直线 l 沿定曲线 C 移动，且与定直线平行，则称直线 l 的轨迹为柱面. 其中动直线 l 称为母线，定曲线 C 称为准线. 这里主要讨论母线平行于坐标轴的柱面. 设柱面的准线 C:
$$\begin{cases} f(x,y) = 0, \\ z = 0. \end{cases}$$
柱面的母线平行于 z 轴. 如图 7.40 所示柱面，母线平行 z 轴，准线为 C:
$$\begin{cases} y = \cos x, \\ z = 0. \end{cases}$$
如图 7.41 所示柱面，母线平行于 z 轴，准线为 C:
$$\begin{cases} y = x^2, \\ z = 0. \end{cases}$$

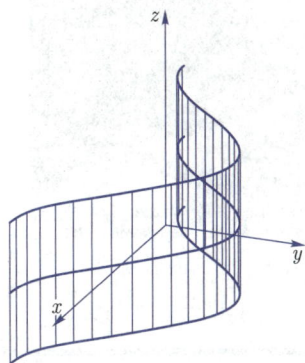

117 扫一扫

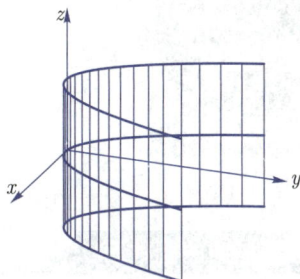

图 7.40 柱面

图 7.41 柱面

柱面还可通过准线的不同分类. 如图 7.42～图7.44 所示曲面分别称为抛物柱面 $x = y^2$、椭圆柱面 $\dfrac{x^2}{3^2} + \dfrac{y^2}{2^2} = 1$ 和双曲柱面 $\dfrac{y^2}{2^2} - \dfrac{x^2}{3^2} = 1$.

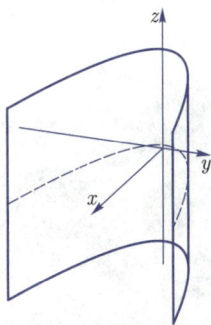

图 7.42 抛物柱面

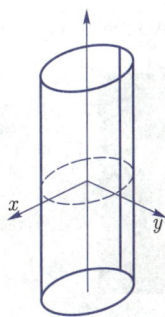

图 7.43 椭圆柱面

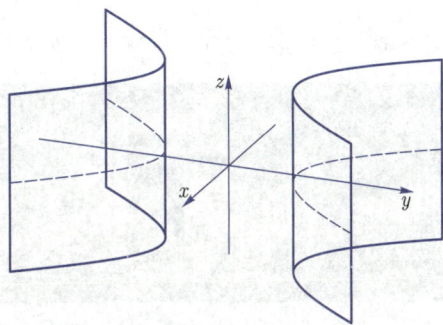

图 7.44 双曲柱面

实际问题 7.9 后视镜

市场上的后视镜有多种样式，按镜面的形状不同可分为平面镜、球面镜、双曲面镜和多曲面镜等. 这些后视镜各有优缺点. 例如平面镜，视野真实，距离感好，但视野狭窄，存在较大后视盲区.

球面镜, 拱高越高, 视野越大, 成像比实物小很多, 偏远, 视野宽, 影像小, 距离感判断差.

双曲面镜, 较深镜面的拱高决定了视野的大小, 较浅镜面的拱高决定了成像的大小, 较好地协调了视野和距离感的关系, 影像在较深镜面和较浅镜面过渡时突兀, 易造成错觉 (如图 7.45 和图 7.46 所示).

多曲面镜, 视野从水平和垂直两个方向增大, 成像比球面镜大, 较真实, 视野较好, 影像距离感较好地协调, 防眩目影像比平面镜略小, 距离感比平面镜略远.

图 7.45　双曲面后视镜

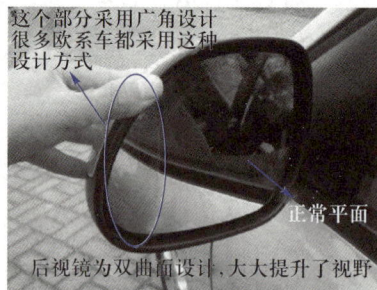

图 7.46　多曲面后视镜

实际问题 7.10　建筑和机械中的圆柱面

建筑和机械中的圆柱面举不胜举. 如建筑物支柱 (图7.47)、给排水管道, 机械轴具 (图7.48) 等很多地方都有柱面的应用.

经典例题 7.27

已知柱面的准线为 $\begin{cases}(x-1)^2+(y+3)^2+(z-2)^2=25, \\ x+y-z+2=0,\end{cases}$ 且 (1) 母线平行于 x 轴; (2) 母线平行于直线 $x=y, z=c$. 分别求柱面方程.

图 7.47　柱面建筑

图 7.48　柱面工件

【解】 (1) 从方程 $\begin{cases}(x-1)^2+(y+3)^2+(z-2)^2=25, \\ x+y-z+2=0\end{cases}$ 中消去 x, 得 $(z-y-3)^2+(y+3)^2+(z-2)^2=25$, 即 $y^2+z^2-yz-5z-\dfrac{3}{2}=0$.

(2) 取准线上一点 $M_0(x_0,y_0,z_0)$, 过 M_0 且平行于直线 $\begin{cases}x=y, \\ z=c\end{cases}$ 的直线方程为

$$\begin{cases} x = x_0 + t, \\ y = y_0 + t, \\ z = z_0, \end{cases} \Rightarrow \begin{cases} x_0 = x - t, \\ y_0 = y - t, \\ z_0 = z, \end{cases}$$

又 M_0 在准线上，于是

$$\begin{cases} (x - t - 1)^2 + (y - t + 3)^2 + (z - 2)^2 = 25, \\ x + y - z - 2t + 2 = 0, \end{cases}$$

消去 t 得所求柱面方程

$$x^2 + y^2 + 3z^2 - 2xy - 8x + 8y - 8z - 26 = 0.$$

经典例题 7.28 设柱面的准线为 $\begin{cases} x = y^2 + z^2, \\ x = 2z, \end{cases}$ 母线垂直于准线所在的平面，求柱面方程.

【解】 由题意知，母线平行于向量 $(1, 0, -2)$，任取准线上一点 $M_0(x_0, y_0, z_0)$，过 M_0 的母线方程为

$$\begin{cases} x = x_0 + t, \\ y = y_0, \\ z = z_0 - 2t. \end{cases} \Rightarrow \begin{cases} x_0 = x - t, \\ y_0 = y, \\ z_0 = z + 2t. \end{cases}$$

而 $M_0(x_0, z_0)$ 在准线上，于是

$$\begin{cases} x - t = y^2 + (z + 2t)^2, \\ x - t = 2(z + 2t). \end{cases}$$

消去 t 得所求柱面方程

$$4x^2 + 25y^2 + z^2 + 4xz - 20x - 10z = 0.$$

2. 旋转曲面

一条曲线 C 绕一定直线 l 旋转一周所形成的曲面称为旋转曲面. 曲线 C 称为旋转曲面的母线，定直线 l 称为旋转曲面的轴 (或旋转轴). 这里主要讨论母线是坐标平面上的曲线，旋转轴是该坐标平面上的一条坐标轴的曲面. 设旋转曲面 S 的母线是 yOz 面上的平面曲线 $C : \begin{cases} f(y, z) = 0, \\ x = 0, \end{cases}$ 旋转轴是 z 轴，点 $M(x, y, z)$ 是曲面 S 上任意一点，它是由曲线 C 上一点 $M_1(0, y_1, z_1)$ 旋转而来的，如图 7.49 所示. 显然 $z = z_1$，又点 M 到 z 轴的距离与点 M_1 到 z 轴的距离相等，即有 $\sqrt{x^2 + y^2} = |y_1|$. 由于点 $M_1(0, y_1, z_1)$ 在曲线 C 上，故 $f(y_1, z_1) = 0$，于是，点 $M(x, y, z)$ 满足方程

$$f(\pm\sqrt{x^2 + y^2}, z) = 0. \tag{7.45}$$

类似地，在曲线 C 的方程中，变量 y 保持不变，将变量 z 换成 $\pm\sqrt{x^2 + z^2}$，得到方程

$$f(y, \pm\sqrt{x^2 + z^2}) = 0,$$

这便是曲线 C 绕 y 轴旋转而成的曲面方程.

其他坐标面上的曲线，绕坐标面上的一条坐标轴旋转而成的曲面方程也可以用类似的方法得到.

经典例题 7.29 将 yOz 面上的椭圆 $\dfrac{y^2}{a^2} + \dfrac{z^2}{c^2} = 1$ 分别绕 z 轴和 y 轴旋转，求所形成的旋转椭球面方程.

【解】 绕 z 轴旋转而成的曲面 (如图 7.50 所示) 方程为

$$\frac{x^2}{a^2} + \frac{y^2}{a^2} + \frac{z^2}{c^2} = 1,$$

绕 y 轴旋转而成的曲面方程为

$$\frac{x^2}{c^2} + \frac{y^2}{a^2} + \frac{z^2}{c^2} = 1.$$

118 扫一扫

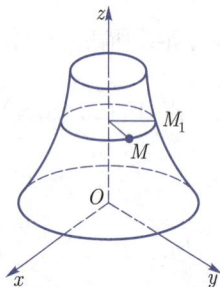

图 7.49 旋转曲面

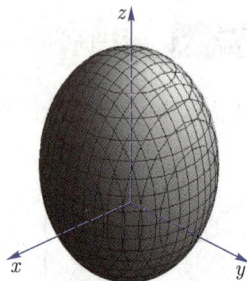

图 7.50 旋转曲面

经典例题 7.30 求 xOy 面上的抛物线 $x = ay^2\ (a > 0)$ 绕 x 轴旋转所形成的旋转抛物面方程.

【解】 方程 $x = ay^2$ 中的 x 不变，y 换成 $\pm\sqrt{y^2 + z^2}$，便得到旋转抛物面方程

$$x = a(y^2 + z^2).$$

直线 l 绕另一条与它相交的直线旋转一周，所形成的曲面称为圆锥面 (如图 7.51 和图 7.52 所示)，两直线的交点称为圆锥面的顶点，两直线的夹角称为圆锥面的半顶角.

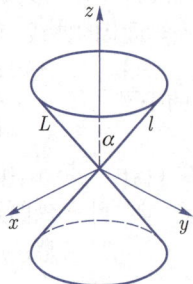

图 7.51 圆锥面

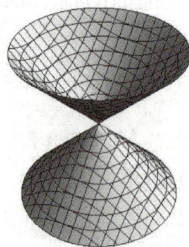

图 7.52 圆锥面

经典例题 7.31 求 yOz 面上的直线 $z = ky\ (k > 0)$ 绕 z 轴旋转一周而成的圆锥面的方程.

【解】 所求圆锥面的方程为

$$x^2 + y^2 = \frac{z^2}{k^2}.$$

经典例题 7.32 求过三条平行直线 $x = y = z, x+1 = y = z-1, x-1 = y+1 = z-2$ 的圆柱面方程.

【解】 过原点且垂直于已知三直线的平面为 $x+y+z = 0$，它与已知直线的交点为 $(0,0,0)$，$(-1,0,1)$，$\left(\dfrac{1}{3}, -\dfrac{1}{3}, \dfrac{4}{3}\right)$，这三点所定的在平面 $x+y+z = 0$ 上的圆的圆心为

$M_0\left(-\dfrac{2}{15}, -\dfrac{11}{15}, \dfrac{13}{15}\right)$，圆的方程为

$$\begin{cases} \left(x + \dfrac{2}{15}\right)^2 + \left(y + \dfrac{11}{15}\right)^2 + \left(z - \dfrac{13}{15}\right)^2 = \dfrac{98}{75}, \\ x + y + z = 0. \end{cases} \tag{7.46}$$

式 (7.46) 为要求的圆柱面的准线. 又过准线上一点 $M_1(x_1, y_1, z_1)$，且方向为 $(1,1,1)$ 的直线方程为

$$\begin{cases} x = x_1 + t, \\ y = y_1 + t, \\ z = z_1 + t. \end{cases} \Rightarrow \begin{cases} x_1 = x - t, \\ y_1 = y - t, \\ z_1 = z - t. \end{cases}$$

代入式 (7.46)，消去 t 得所求圆柱面方程

$$5(x^2 + y^2 + z^2 - xz - yz - zx) + 2x + 11y - 13z = 0.$$

7.4.2 椭球面

椭球面方程为

$$\frac{x^2}{a^2} + \frac{y^2}{b^2} + \frac{z^2}{c^2} = 1 \quad (a > 0, b > 0, c > 0). \tag{7.47}$$

如图 7.53 所示，所有轴截线都是椭圆. 如果 $a = b = c$，则椭球面变为球面

$$x^2 + y^2 + z^2 = a^2. \tag{7.48}$$

如图 7.54 所示. 如果 a, b, c 三个数中有两个相等，例如 $a = b \neq c$，则椭球面变为旋转椭球面

$$\frac{x^2}{a^2} + \frac{y^2}{a^2} + \frac{z^2}{c^2} = 1. \tag{7.49}$$

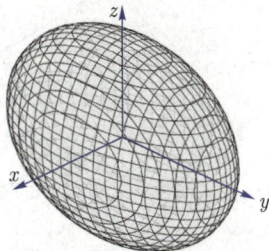

图 7.53 椭球面

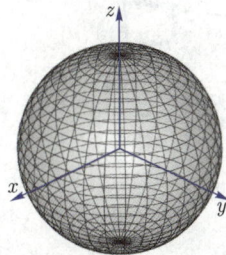

图 7.54 球面

119 扫一扫

由式 (7.47) 容易看到，椭球面关于坐标面、坐标轴、原点都对称，并且

$$\frac{x^2}{a^2} \leqslant 1, \quad \frac{y^2}{b^2} \leqslant 1, \quad \frac{z^2}{c^2} \leqslant 1,$$

即

$$|x| \leqslant a, \quad |y| \leqslant b, \quad |z| \leqslant c.$$

a, b, c 称为**椭球面的半轴**，原点称为**椭球面的中心**. 椭球面与三个坐标平面的交线分别是椭圆

$$\begin{cases} \dfrac{x^2}{a^2} + \dfrac{y^2}{b^2} = 1, \\ z = 0, \end{cases} \qquad \begin{cases} \dfrac{x^2}{a^2} + \dfrac{z^2}{c^2} = 1, \\ y = 0, \end{cases} \qquad \begin{cases} \dfrac{y^2}{b^2} + \dfrac{z^2}{c^2} = 1, \\ x = 0. \end{cases}$$

下面讨论平行于坐标平面的平面与椭球面的交线.

平面 $z = h$ $(|h| \leqslant c)$ 与椭球面的交线是椭圆

$$\begin{cases} \dfrac{x^2}{a^2} + \dfrac{y^2}{b^2} = 1 - \dfrac{h^2}{c^2}, \\ z = h. \end{cases}$$

当 $|h|$ 由 0 增大到 c 时，椭圆逐渐由大变小，最后缩成原点. 这些椭圆形成了椭球面.

用平行于 yOz 面的平面 $x = d$ $(|d| \leqslant a)$ 或平行于 zOx 面的平面 $y = k$ $(|k| \leqslant b)$ 去截椭球面，也有类似的结果.

实际问题 7.11 有声电影机聚光灯

有声电影机聚光灯 (如图 7.55 所示) 为旋转椭球聚光镜 (如图 7.56 所示). 如图 7.57 所示，将光源放在旋转椭球面聚光镜的焦点 F_1，光线经过旋转椭球面聚光镜反射到椭圆的另一个焦点 F_2. 实际应用中是在 O, F_2 之间再放一个凸透镜，使光线到达点 F_2 之前再次聚焦，如图 7.55 所示，通过凸透镜聚焦的光线，照射从片门经过的胶片后通过镜头映到屏幕上，观众就看到影像了.

旋转椭球聚光镜的具体参数，还要根据具体的实际要求设定，读者想进一步了解可查阅相关资料. 这里不再赘述.

经典例题 7.33 设动点 $M(x, y, z)$ 与点 $(1, 0, 0)$ 的距离等于从这点到平面 $x = 4$ 的距离的 $\dfrac{1}{2}$，试求动点 M 的轨迹方程.

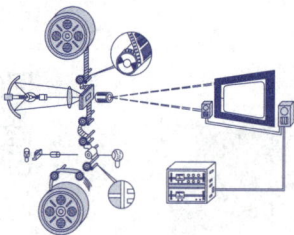

图 7.55　有声电影示意图　　图 7.56　旋转椭球聚光镜　　图 7.57　椭圆光学性质

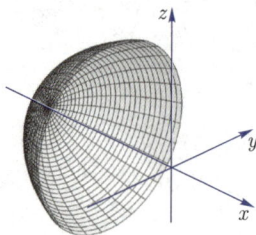

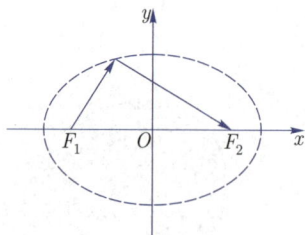

【解】 由题意得

$$\sqrt{(x-1)^2 + y^2 + z^2} = \frac{1}{2}|x - 4| \Leftrightarrow 3x^2 + 4y^2 + 4z^2 = 12,$$

即

$$\frac{x^2}{4} + \frac{y^2}{3} + \frac{z^2}{3} = 1.$$

经典例题 7.34 一直线分别交坐标面 yOz, zOx, xOy 于三点 A, B, C，当直线变动时，直线上的三定点 A, B, C 也分别在三个坐标面上变动，另外，直线上有第四点 $P(x, y, z)$，它与三点的距离分别为 a, b, c，当直线按照这样的规定 (即保持 A, B, C 分别在三个坐标面上) 变动时，试求 P 点的轨迹方程.

【解】 设 $A(0, y_1, z_1), B(x_2, 0, z_2), C(x_3, y_3, 0)$，则

$$x_3 = \frac{x_2 z_1}{z_1 - z_2}, y_3 = \frac{z_2 y_1}{z_2 - z_1} \Rightarrow C\left(\frac{x_2 z_1}{z_1 - z_2}, \frac{z_2 y_1}{z_2 - z_1}, 0\right),$$

由 $|PA| = a, |PB| = b, |PC| = c$，有

$$\begin{cases} x^2 + (y - y_1)^2 + (z - z_1)^2 = a^2, \\ (x - x_2)^2 + y^2 + (z - z_2)^2 = b^2, \\ \left(x - \dfrac{x_2 z_1}{z_1 - z_2}\right)^2 + \left(y - \dfrac{z_2 y_1}{z_2 - z_1}\right)^2 + z^2 = c^2, \end{cases} \tag{7.50}$$

又 P 在 AB 连线上，于是

$$\frac{x}{x_1} = \frac{y - y_1}{-y_1} = \frac{z - z_1}{z_2 - z_1}, \tag{7.51}$$

联立式 (7.50) 和式 (7.51)，消去 y_1, z_1, x_2, z_2，得动点 P 的轨迹方程

$$\frac{x^2}{a^2} + \frac{y^2}{b^2} + \frac{z^2}{c^2} = 1.$$

经典例题 7.35 已知椭球面 $\dfrac{x^2}{a^2} + \dfrac{y^2}{b^2} + \dfrac{z^2}{c^2} = 1 \ (c < a < b)$，试求过 x 轴并与曲面的交线是圆的平面.

【解】 设要求的平面方程为 $y + \lambda z = 0$，与椭圆的交线为

$$\begin{cases} \dfrac{x^2}{a^2} + \dfrac{y^2}{b^2} + \dfrac{z^2}{c^2} = 1, \\ y + \lambda z = 0, \end{cases} \tag{7.52}$$

因式 (7.52) 表示的是圆，关于原点对称，故圆心在原点，半径为 a，从而交线上的点都在球面 $x^2 + y^2 + z^2 = a^2$ 上，即

$$\left(1 - \left(\frac{\lambda^2}{b^2} + \frac{1}{c^2}\right) z^2\right) a^2 + \lambda^2 z^2 + z^2 = a^2,$$

$$\left(\lambda^2 - \frac{\lambda^2 a^2}{b^2} - \frac{a^2}{c^2} + 1\right) z^2 = 0,$$

解得 $\lambda = \pm\dfrac{b}{c}\sqrt{\dfrac{a^2 - c^2}{b^2 - a^2}}$，故满足要求的平面方程为 $y \pm \dfrac{b}{c}\sqrt{\dfrac{a^2 - c^2}{b^2 - a^2}} z = 0$.

7.4.3 椭圆抛物面

椭圆抛物面的方程为

$$\frac{z}{c} = \frac{x^2}{a^2} + \frac{y^2}{b^2}. \tag{7.53}$$

垂直 z 轴的截线是椭圆，垂直 x 轴，y 轴的截线是抛物线，如图 7.58 和图 7.59 所示. 如果 $a = b$，则椭圆抛物面变成旋转抛物面，此时垂直 z 轴的截线是圆，如图 7.60 所示.

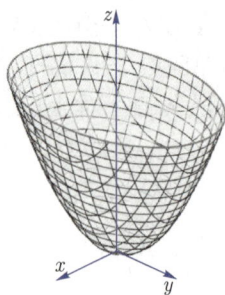

图 7.58　椭圆抛物面

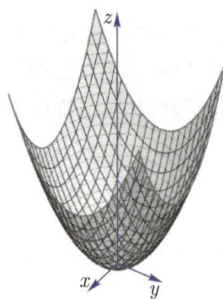

图 7.59　椭圆抛物面

如图 7.60～图 7.62 所示的旋转抛物面的方程分别为

$$\frac{z}{c} = \frac{x^2}{a^2} + \frac{y^2}{a^2} \quad (a = b), \tag{7.54}$$

$$\frac{x}{a} = \frac{z^2}{b^2} + \frac{y^2}{b^2} \quad (c = b), \tag{7.55}$$

$$\frac{y}{b} = \frac{x^2}{c^2} + \frac{z^2}{c^2} \quad (a = c). \tag{7.56}$$

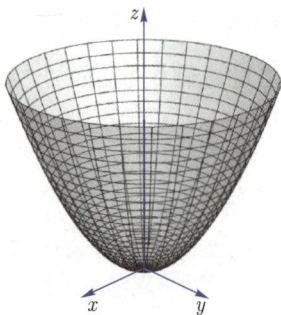

图 7.60　旋转抛物面

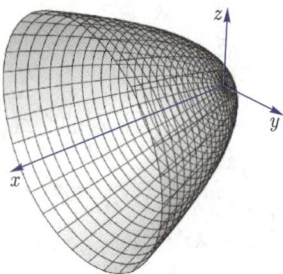

图 7.61　旋转抛物面

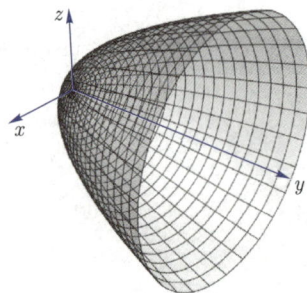

图 7.62　旋转抛物面

实际问题 7.12　旋转抛物面应用

卫星天线, 车灯, 中国天眼.

卫星天线 (图 7.63)、车灯 (图 7.64) 和中国天眼 (贵州平塘球面射电望远镜, 图 7.65) 都可以用类似图 7.60 的抛物面得到.

图 7.63　抛物面: 卫星天线

图 7.64　抛物面: 车灯

图 7.65　抛物面: 中国天眼

经典例题 7.36 已知椭圆抛物面的顶点在原点, 对称面为 xOz 面与 yOz 面, 且过点 $(1, 2, 6)$ 和 $\left(\dfrac{1}{3}, -1, 1\right)$, 求这个椭圆抛物面的方程.

【解】 根据题意, 可设要求的椭圆抛物面的方程为 $\dfrac{x^2}{a^2} + \dfrac{y^2}{b^2} = cz$, 由 $(1, 2, 6)$ 和 $\left(\dfrac{1}{3}, -1, 1\right)$ 在该曲面上, 有

$$\begin{cases} \dfrac{1}{a^2} + \dfrac{4}{b^2} = 6c, \\ \dfrac{1}{9a^2} + \dfrac{1}{b^2} = c, \end{cases} \Rightarrow \begin{cases} \dfrac{1}{a^2} = \dfrac{18c}{5}, \\ \dfrac{1}{b^2} = \dfrac{3c}{5}, \end{cases}$$

故要求的椭圆抛物面的方程为 $18x^2 + 3y^2 = 5z$.

7.4.4 双曲面

1. 双曲抛物面

双曲抛物面的方程为

$$\frac{z}{c} = \frac{x^2}{a^2} - \frac{y^2}{b^2}. \tag{7.57}$$

垂直 z 轴的截线是双曲线, 垂直 x 轴和 y 轴的截线是抛物线, 如图 7.66 所示. 图 7.67 为 $c < 0$ 的情况; 图 7.68 为 $c > 0$ 的情况.

2. 单叶双曲面

椭圆单叶双曲面的方程为

$$\frac{x^2}{a^2} + \frac{y^2}{b^2} - \frac{z^2}{c^2} = 1 \quad (a > 0, b > 0, c > 0). \tag{7.58}$$

垂直 z 轴的截线是椭圆, 垂直 x 轴和 y 轴的截线是双曲线, 对称轴对应于系数为负的变量, 如图 7.69 所示. 当 $a = b$ 时, 椭圆单叶双曲面变成旋转单叶双曲面, 如图 7.70 所示.

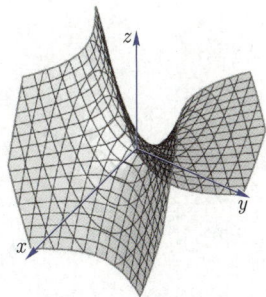

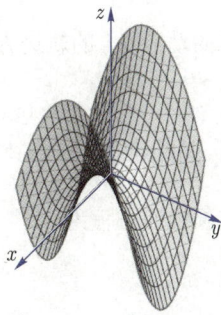

图 7.66 双曲抛物面　　　　图 7.67 双曲抛物面　　　　图 7.68 双曲抛物面

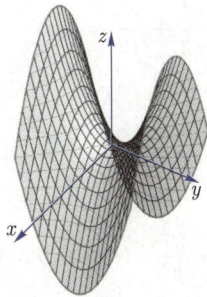

3. 双叶双曲面

椭圆双叶双曲面的方程为

$$-\frac{x^2}{a^2} - \frac{y^2}{b^2} + \frac{z^2}{c^2} = 1. \tag{7.59}$$

垂直 z 轴的截线是椭圆, 垂直 x 轴和 y 轴的截线是双曲线, 两个负号表示有两叶, 如图 7.71 所示. 当 $a = b$ 时, 椭圆双叶双曲面变成旋转双叶双曲面, 如图 7.72 所示.

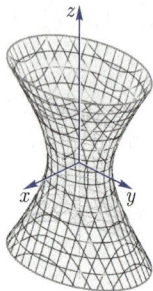

图 7.69　椭圆单叶
双曲面

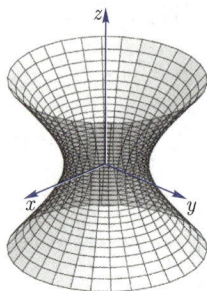

图 7.70　旋转单叶
双曲面

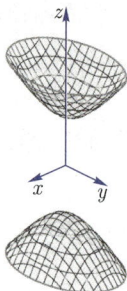

图 7.71　椭圆双叶
双曲面

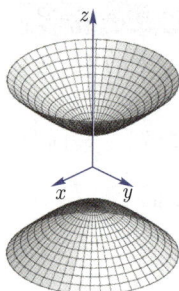

图 7.72　旋转双叶
双曲面

经典例题 7.37　已知单叶双曲面 $\dfrac{x^2}{4} + \dfrac{y^2}{9} - \dfrac{z^2}{4} = 1$，求一个平面的方程，使这个平面平行于 yOz 面 (或 xOz 面) 且与曲面的交线是一对相交直线.

【解】　设所求的平面为 $x = k$，则该平面与单叶双曲面的交线为

$$\begin{cases} \dfrac{x^2}{4} + \dfrac{y^2}{9} - \dfrac{z^2}{4} = 1, \\ x = k, \end{cases} \Rightarrow \begin{cases} \dfrac{y^2}{9} - \dfrac{z^2}{4} = 1 - \dfrac{k^2}{4}, \\ x = k, \end{cases} \tag{7.60}$$

为使交线 (7.60) 为两条相交直线，需 $1 - \dfrac{k^2}{4} = 0$，即 $k = \pm 2$，故要求的平面方程为 $x = \pm 2$.

同理，平行于 xOy 的平面要满足它与单叶双曲面的交线为二相交直线，则该平面方程为 $y = \pm 3$.

经典例题 7.38　设动点 $M(x, y, z)$ 与点 $(4, 0, 0)$ 的距离等于 M 点到平面 $x = 1$ 的距离的 2 倍，试求这动点 M 的轨迹方程.

【解】　依题意，有

$$\sqrt{(x-4)^2 + y^2 + z^2} = 2|x - 1| \Leftrightarrow (x - 4)^2 + y^2 + z^2 = 4(x-1)^2,$$

即所求的动点 M 的轨迹方程为 $-\dfrac{x^2}{4} + \dfrac{y^2}{12} + \dfrac{z^2}{12} = 1$.

7.4.5　椭圆锥面

椭圆锥面方程为

$$\frac{z^2}{c^2} = \frac{x^2}{a^2} + \frac{y^2}{b^2} \quad (a > 0, b > 0, c > 0). \tag{7.61}$$

垂直 z 轴的截线是椭圆，垂直 x 轴和 y 轴的截线是双曲线，如图 7.73 所示. 当 $a = b$ 时，椭圆锥面变成圆锥面，如图 7.74 所示. 垂直 z 轴的截线是圆，垂直 x 轴和 y 轴的截线仍然是双曲线.

经典例题 7.39　求顶点在原点，准线为 $\begin{cases} x^2 - 2z + 1 = 0, \\ y - z + 1 = 0 \end{cases}$ 的锥面方程.

【解】　取锥面上任一点 $M(x, y, z)$，过 M 与 O 的直线为 $\dfrac{X}{x} = \dfrac{Y}{y} = \dfrac{Z}{z}$，即存在 t，使

$X = xt, Y = yt, Z = zt$，代入准线方程，消去 t 得

$$x^2 - 2z(z-y) + (z-y)^2 = 0.$$

即 $x^2 + y^2 - z^2 = 0$.

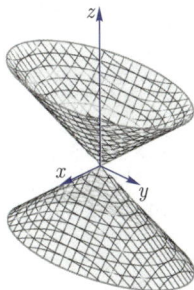

图 7.73 椭圆锥面

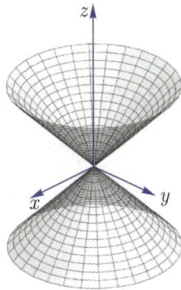

图 7.74 圆锥面

经典例题 7.40 求顶点在 $(3, -1, -2)$，准线为 $\begin{cases} x^2 + y^2 - z^2 = 1, \\ x - y + z = 0 \end{cases}$ 的锥面方程.

【解】 设 $M(x, y, z)$ 为要求的锥面上任一点，它与顶点的连线为

$$\frac{X-3}{x-3} = \frac{Y+1}{y+1} = \frac{Z+2}{z+2},$$

令它与准线交于 (X_0, Y_0, Z_0)，即存在 t，使

$$\begin{cases} X_0 = 3 + (x-3)t, \\ Y_0 = -1 + (y+1)t, \\ Z_0 = -2 + (z+2)t. \end{cases}$$

将它们代入准线方程，并消去 t 得

$$3x^2 - 5y^2 + 7z^2 - 6xy - 2yz + 10xz - 4x + 4y - 4z + 4 = 0.$$

经典例题 7.41 求以三坐标轴为母线的圆锥面的方程.

【解】 这里仅求 I、VI 卦限内的圆锥面，其余类似可得. 圆锥面的轴 l 的方向为 $(1, 1, 1)$，与 l 垂直的平面之一为 $x + y + z = 1$，平面 $x + y + z = 1$ 与所求的锥面的交线为圆，该圆上已知三点 $(1, 0, 0), (0, 1, 0), (0, 0, 1)$，圆心为 $\left(\frac{1}{3}, \frac{1}{3}, \frac{1}{3}\right)$，故圆的方程为

$$\begin{cases} \left(x - \frac{1}{3}\right)^2 + \left(y - \frac{1}{3}\right)^2 + \left(z - \frac{1}{3}\right)^2 = \left(\frac{2}{3}\right)^2, \\ x + y + z = 1. \end{cases} \tag{7.62}$$

式 (7.62) 即为要求圆锥面的准线. 对锥面上任一点 $M(x, y, z)$，过 M 与顶点 O 的母线为

$$\frac{X}{x} = \frac{Y}{y} = \frac{Z}{z},$$

令它与准线的交点为 (X_0, Y_0, Z_0)，即存在 t 使 $X_0 = xt, Y_0 = yt, Z_0 = zt$，代入准线方程，消去 t 得要求的圆锥面的方程

$$xy + yz + zx = 0.$$

经典例题 7.42　求顶点为 $(1, 2, 4)$，轴与平面 $2x + 2y + z = 0$ 垂直，且经过点 $(3, 2, 1)$ 的圆锥面的方程.

【解】　轴线的方程为 $\dfrac{x-1}{2} = \dfrac{y-2}{2} = \dfrac{z-4}{1}$，过点 $(3, 2, 1)$ 且垂直于轴的平面为

$$2(x-3) + 2(y-2) + (z-1) = 0,$$

即 $2x + 2y + z - 11 = 0$，该平面与轴的交点为 $\left(\dfrac{11}{9}, \dfrac{20}{9}, \dfrac{37}{9}\right)$，与点 $(3, 2, 1)$ 的距离为

$$d = \sqrt{\left(\frac{11}{9} - 3\right)^2 + \left(\frac{20}{9} - 2\right)^2 + \left(\frac{37}{9} - 1\right)^2} = \frac{\sqrt{116}}{3},$$

要求圆锥面的准线为

$$\begin{cases} \left(\dfrac{11}{9} - 3\right)^2 + \left(\dfrac{20}{9} - 2\right)^2 + \left(\dfrac{37}{9} - 1\right)^2 = \dfrac{116}{9}, \\ 2x + 2y + z = 11. \end{cases}$$

对锥面上任一点 $M(x, y, z)$，过点 M 与顶点 $(1, 2, 4)$ 的母线为

$$\frac{X-1}{x-1} = \frac{Y-2}{y-2} = \frac{Z-4}{z-4},$$

令它与准线的交点为 (X_0, Y_0, Z_0)，即存在 t 使 $X_0 = 1 + (x-1)t, Y_0 = 2 + (y-2)t, Z_0 = 4 + (z-4)t$，代入准线方程，消去 t 得要求的圆锥面的方程

$$51x^2 + 51y + 12z^2 + 104xy + 52yz + 52zx - 518x - 516y - 252z + 1\,299 = 0.$$

7.4.6　直纹面

由直线运动所产生的曲面称为直纹面，这里的动直线称为直母线 (简称母线). 柱面和圆锥面都是直纹面. 单叶双曲面和双曲抛物面 (马鞍面) 也是直纹面. 过柱面和圆锥面上每一点有一条直母线，而过单叶双曲面和双曲抛物面上每一点有两条直母线. 这就是说，柱面和圆锥面各由一族直母线组成，而单叶双曲面和双曲抛物面各由两族直母线分别组成. 此外，由一条空间曲线的全体切线组成的切线曲面也是直纹面.

1. 圆锥面、单叶双曲面

如图 7.75 所示圆锥面方程为

$$\frac{z^2}{c^2} = \frac{x^2}{a^2} + \frac{y^2}{b^2}. \tag{7.63}$$

如图 7.76 和图 7.77 所示单叶双曲面方程为

$$\frac{x^2}{a^2} + \frac{y^2}{b^2} - \frac{z^2}{c^2} = 1. \tag{7.64}$$

123 扫一扫

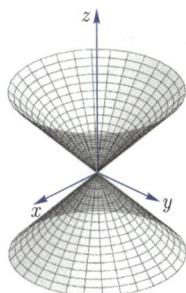

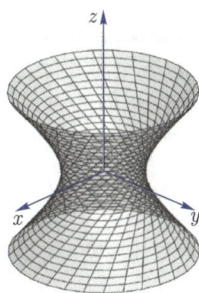

图 7.75　圆锥面　　　　　图 7.76　直纹单叶双曲面　　　　　图 7.77　直纹单叶双曲面

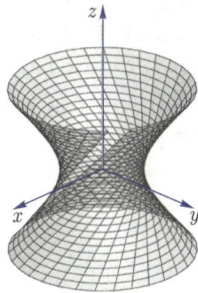

实际问题 7.13　电厂单叶双曲面冷却塔

　　火力发电厂的冷却塔的外形为什么要做成双曲面形 (图 7.78)，原因是冷却塔体积大，因而自重非常大. 如果直上直下，那么最下面的建筑材料将承受巨大的压力，以至于承受不了 (地球上的山峰最高只能达到 30 000 m，否则最下面的岩石都要融化了). 把冷却塔的边缘做成双曲面形，能使每一截面的压力相等. 由于单叶双曲面是一种双重直纹曲面，它可以用直的钢梁建造，减少风的阻力. 同时，也可以用最少的材料来维持结构的完整.

　　英国最早使用这种冷却塔. 20 世纪 30 年代以来在各国广泛应用，40 年代在中国东北抚顺电厂、阜新电厂先后建成双曲面形冷却塔群.

　　冷却塔高度一般为 75～150 m，底边直径 65～120 m. 塔内上部为风筒，筒壁第一节 (下环梁) 以下为配水槽和淋水装置，筒中为淋水构架，多用 PE 或 PVC 材料制成. 塔底有一个蓄水池，但需根据蒸发量连续补水. 淋水装置是使水蒸发散热的主要设备. 运行时，水从配水槽向下流淋滴溅，空气从塔底侧面进入，与水充分接触后带着热量向上排出. 冷却过程以蒸发散热为主，一小部分为对流散热. 双曲面形冷却塔比水池式冷却构筑物占地面积小，布置紧凑，水量损失小，且冷却效果不受风力影响；它又比机力通风冷却塔维护简便，节约电能；但它体形高大，施工复杂，造价较高，多用电动滑模.

124 扫一扫

图 7.78　双曲面冷却塔

　　2. 双曲抛物面

　　直纹双曲抛物面 (如图 7.79～图 7.81 所示) 方程为

$$\frac{z}{c} = \frac{x^2}{a^2} - \frac{y^2}{b^2} \quad (a > 0, b > 0, c > 0). \tag{7.65}$$

直纹双曲抛物面的直母线方程为

$$\begin{cases} x = a(u + v), \\ y = b(u - v), \\ z = \dfrac{uv}{c}. \end{cases} \tag{7.66}$$

实际问题 7.14　冼星海音乐厅

　　如图 7.82 所示广州冼星海音乐学院的冼星海音乐厅建筑造型美观漂亮, 屋顶采用直纹双曲抛物面设计. 图 7.83 所示的直纹双曲抛物面的直母线方程为

$$\begin{cases} x = u - v, \\ y = 5(u + v), \\ z = 2uv. \end{cases} \tag{7.67}$$

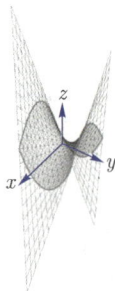

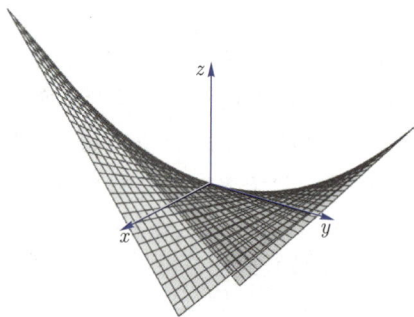

图 7.79　直纹双曲抛物面　　　图 7.80　直纹双曲抛物面　　　图 7.81　直纹双曲抛物面

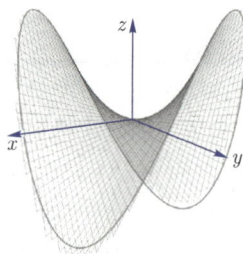

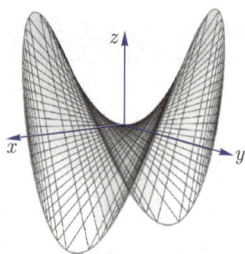

图 7.82　冼星海音乐厅　　　　　　　　图 7.83　直纹双曲抛物面

　　冼星海音乐厅雄踞广州珠江之畔风光旖旎的二沙岛, 那檐角高翘、造型奇特的壮丽外观, 富于现代感, 犹如一只江边欲飞的天鹅, 又如撑起盖面的巨大钢琴, 与蓝天碧水浑然一体, 形成一道瑰丽的风景线.

　　这座以音乐家冼星海的名字命名的音乐厅, 占地 1.4 万平方米, 建筑面积 1.8 万平方米, 设有 1 500 个座位的交响乐演奏大厅、460 个座位的室内音乐演奏厅, 100 个座位的视听欣赏室和 4 800 平方米的音乐文化广场, 总投资达 2.5 亿元, 是我国目前规模最大、设备最先进、功能完备, 具有国际水平的音乐厅.

125 扫一扫

经典例题 7.43　在双曲抛物面 $\dfrac{x^2}{16} - \dfrac{y^2}{4} = z$ 上, 求平行于平面 $3x + 2y - 4z = 0$ 的直母线.

　　【解】　双曲抛物面 $\dfrac{x^2}{16} - \dfrac{y^2}{4} = z$ 的两族直母线为

$$\begin{cases} \dfrac{x}{4} + \dfrac{y}{2} = u, \\ u\left(\dfrac{x}{4} - \dfrac{y}{2}\right) = z. \end{cases} \quad \text{和} \quad \begin{cases} \dfrac{x}{4} - \dfrac{y}{2} = v, \\ v\left(\dfrac{x}{4} + \dfrac{y}{2}\right) = z. \end{cases}$$

第一族直母线的方向向量为 $(2, -1, u)$，第二族直母线的方向向量为 $(2, 1, v)$，依题意要求直母线满足

$$2 \times 3 - 2 - 4u = 0 \Rightarrow u = 1,$$
$$2 \times 3 + 2 - 4v = 0 \Rightarrow v = 2.$$

要求的直母线方程为

$$\begin{cases} \dfrac{x}{4} + \dfrac{y}{2} = 1, \\ \dfrac{x}{4} - \dfrac{y}{2} = z \end{cases} \quad \text{和} \quad \begin{cases} \dfrac{x}{4} - \dfrac{y}{2} = 2, \\ \dfrac{x}{4} + \dfrac{y}{2} = \dfrac{z}{2}. \end{cases}$$

经典例题 7.44 求与两直线 $\dfrac{x-6}{3} = \dfrac{y}{2} = \dfrac{z-1}{1}$ 与 $\dfrac{x}{3} = \dfrac{y-8}{2} = \dfrac{z+4}{-21}$ 相交，而且与平面 $2x + 3y - 5 = 0$ 平行的直线的轨迹.

【解】 设动直线与两已知直线分别交于 $(x_0, y_0, z_0), (x_1, y_1, z_1)$，则

$$\frac{x_0 - 6}{3} = \frac{y_0}{2} = \frac{z_0 - 1}{1}, \quad \frac{x_1}{3} = \frac{y_1 - 8}{2} = \frac{z_1 + 4}{-21}, \tag{7.68}$$

又动直线与平面 $2x + 3y - 5 = 0$ 平行，所以 $2(x_0 - x_1) + 3(y_0 - y_1) = 0$，对动直线上任一点 $M(x, y, z)$，有

$$\frac{x - x_0}{x_1 - x_0} = \frac{y - y_0}{y_1 - y_0} = \frac{z - z_0}{z_1 - z_0}, \tag{7.69}$$

联立式 (7.68) 和式 (7.69)，消去 $x_0, y_0, z_0, x_1, y_1, z_1$，得所求轨迹方程为

$$\frac{11x^2}{18} - \frac{11y^2}{8} - 6x + 5y - 3z + 14 = 0.$$

经典例题 7.45 求与三条直线 $\begin{cases} x = 1, \\ y = z, \end{cases}$ $\begin{cases} x = -1, \\ y = -z, \end{cases}$ $\dfrac{x-2}{-3} = \dfrac{y+1}{4} = \dfrac{z+2}{5}$ 都共面的直线所构成的曲面方程.

【解】 动直线不可能同时平行于直线 $\begin{cases} x = 1, \\ y = z, \end{cases}$ 及直线 $\begin{cases} x = -1, \\ y = -z, \end{cases}$ 不妨设其与第一条直线交于 $P(1, \lambda, \lambda)$，过点 P 与第二条直线的平面为 $\lambda(x+1) - (y+z) = 0$，过点 P 与第三条直线的平面为 $\lambda((x+1) - 3(y-z)) - (3(x-1) + (y+z)) = 0$，动直线的方程为

$$\begin{cases} \lambda(x+1) - (y+z) = 0, \\ \lambda((x+1) - 3(y-z)) - (3(x-1) + (y+z)) = 0, \end{cases}$$

消去参数 λ，得所要求的轨迹方程 $x^2 + y^2 - z^2 = 1$.

经典例题 7.46 试求单叶双曲面 $\dfrac{x^2}{a^2} + \dfrac{y^2}{b^2} - \dfrac{z^2}{c^2} = 1$ 上互相垂直的两条直母线交点的轨迹方程.

【解】 由于过单叶双曲面上每点仅有一条 u 母线和一条 v 母线，所以它的同族直母线不能相交，设单叶双曲面的两垂直相交的直母线为

$$\begin{cases} w\left(\dfrac{x}{a} + \dfrac{z}{c}\right) = u\left(1 + \dfrac{y}{b}\right), \\ u\left(\dfrac{x}{a} - \dfrac{z}{c}\right) = w\left(1 - \dfrac{y}{b}\right), \end{cases} \quad \text{和} \quad \begin{cases} t\left(\dfrac{x}{a} + \dfrac{z}{c}\right) = v\left(1 - \dfrac{y}{b}\right), \\ v\left(\dfrac{x}{a} - \dfrac{z}{c}\right) = t\left(1 + \dfrac{y}{b}\right). \end{cases}$$

将两方程化成标准式，得

$$\frac{x-\dfrac{a(u^2+w^2)}{2uw}}{a(u^2-w^2)}=\frac{y}{2buw}=\frac{z-\dfrac{c(u^2-w^2)}{2uw}}{c(u^2+w^2)}, \quad \frac{x-\dfrac{a(t^2+v^2)}{2vt}}{a(v^2-t^2)}=\frac{-y}{2bvt}=\frac{z-\dfrac{c(v^2-t^2)}{2vt}}{c(v^2+t^2)}.$$

求得两条直线的交点坐标为

$$x=\frac{a(uv+wt)}{vw+ut}, \quad y=\frac{b(vw-ut)}{vw+ut}, \quad z=\frac{c(uv-wt)}{vw+ut}.$$

由两条直线垂直，有

$$a^2(u^2-w^2)(v^2-t^2)-4b^2uvwt+c^2(u^2+w^2)(v^2+t^2)=0,$$

$$\begin{aligned}
x^2+y^2+z^2 &=\frac{a^2(uv+wt)^2+b^2(vw-ut)^2+c^2(uv-wt)^2}{(vw+ut)^2}\\
&=\frac{a^2(u^2v^2+w^2t^2)+b^2(v^2w^2+u^2t^2)+c^2(u^2v^2+w^2t^2)+2(a^2-b^2-c^2)uvwt}{(vw+ut)^2}\\
&=\frac{(u^2v^2+w^2t^2)(a^2+c^2)+b^2(v^2w^2+u^2t^2)+2(a^2-b^2-c^2)uvwt}{(vw+ut)^2}\\
&=\frac{(a^2-c^2)(w^2v^2+u^2t^2)+b^2(v^2w^2+u^2t^2)+2(a^2-b^2-c^2)uvwt+4b^2uvwt}{(vw+ut)^2}\\
&=\frac{(a^2+b^2+c^2)(w^2v^2+u^2t^2+2uvwt)}{(vw+ut)^2}=a^2+b^2-c^2,
\end{aligned}$$

又交点在单叶双曲面上，所以 $\dfrac{x^2}{a^2}+\dfrac{y^2}{b^2}-\dfrac{z^2}{c^2}=1$，故交点的轨迹为

$$\begin{cases}\dfrac{x^2}{a^2}+\dfrac{y^2}{b^2}-\dfrac{z^2}{c^2}=1,\\ x^2+y^2+z^2=a^2+b^2-c^2.\end{cases}$$

经典例题 7.47　已知空间两异面直线间的距离为 $2a$，夹角为 2α，过这两条直线分别作平面，并使这两个平面相互垂直，求这两个平面交线的轨迹.

【解】　首先建立坐标系，取二异面直线的公垂线为轴，公垂线的中点为原点，让轴与二异面直线夹角相等，则二直线方程为

$$\begin{cases}y+x\tan\alpha=0,\\ z=a,\end{cases}\quad \text{与}\quad \begin{cases}y-x\tan\alpha=0,\\ z=-a.\end{cases}$$

过这两条直线的平面为

$$\begin{cases}\pi_1:\ \lambda(z-a)+u(y+x\tan\alpha)=0,\\ \pi_2:\ l(z+a)+m(y-x\tan\alpha)=0,\end{cases}\tag{7.70}$$

由 $\pi_1\perp\pi_2$，得

$$\lambda l+um(1-\tan^2\alpha)=0,\tag{7.71}$$

当二异面直线不直交时，$|\tan\alpha|\ne 1$，联立式 (7.70) 和式 (7.71)，消去 λ,u,l,m，得所求轨迹为单叶双曲面 $\dfrac{x^2}{a^2\cot^2\alpha-1}-\dfrac{y^2}{a^2(1-\tan^2\alpha)}+\dfrac{z^2}{a^2}=1.$

二异面直线直交时，则 $\tan\alpha = 1$，此时式 (7.70) 和式 (7.71) 变为

$$\begin{cases} \lambda(z-a) + u(y+x) = 0, \\ l(z+a) + m(y-x) = 0, \end{cases} \tag{7.72}$$

$$\lambda l = 0. \tag{7.73}$$

当 $\lambda = 0$ 时，式 (7.72) 为 $\begin{cases} y+x = 0, \\ l(z+a) + m(y-x) = 0, \end{cases}$ 它的轨迹为平面 $y+x = 0$.

当 $l = 0$ 时，式 (7.72) 为 $\begin{cases} \lambda(z-a) + u(y+x) = 0, \\ y-x = 0, \end{cases}$ 它的轨迹为平面 $y-x = 0$.

从而当二异面直交时，动直线 (7.70) 的轨迹为二平面 $y+z = 0$ 与 $y-x = 0$.

实际问题 7.15　曲面在建筑中的应用

　　曲面在建筑中的应用还有很多，如世界著名的悉尼歌剧院、哈尔滨大剧院，一些建筑内部的旋转楼梯等 (图7.84～图 7.86).

图 7.84　悉尼歌剧院

图 7.85　哈尔滨大剧院

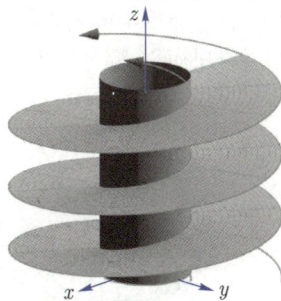

图 7.86　旋转楼梯

7.5　柱坐标系与球坐标系

7.5.1　柱坐标系

　　在柱坐标系中，三维空间中的一点 P 用 (r,θ,z) 表示，其中 r 和 θ 是点 P 在 xOy 面投影的极坐标参数，z 是从点 P 到 xOy 面的直角坐标，如图 7.87 所示.

　　直角坐标 (x,y,z) 与柱坐标 (r,θ,z) 的关系为

$$\begin{cases} x = r\cos\theta, \\ y = r\sin\theta, \\ z = z. \end{cases} \tag{7.74}$$

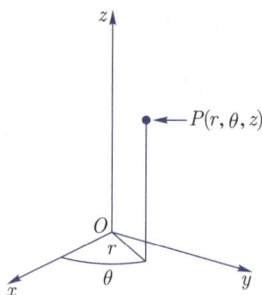

图 7.87　柱坐标系

利用公式 (7.74) 可将直角坐标化成柱坐标：

$$r^2 = x^2 + y^2, \quad \tan\theta = \frac{y}{x}, \quad z = z. \tag{7.75}$$

经典例题 7.48　描述柱坐标系中 $z = r$ 所表示的曲面.

【解】　由式 (7.75)，有

$$z^2 = r^2 = x^2 + y^2.$$

所以 $z = r$ 是一个以 z 轴为对称轴的圆锥面，如图 7.88、图 7.89 所示.

经典例题 7.49　不同曲面的不同坐标系表示.

不同的曲面用不同的坐标系表示会使曲面方程的繁简程度不同，如在直角坐标系中，图 7.88、图 7.89 中的曲面方程分别为

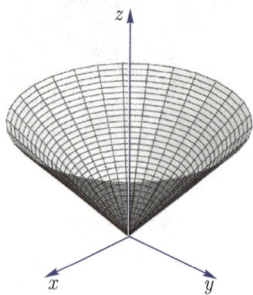

图 7.88　圆锥面

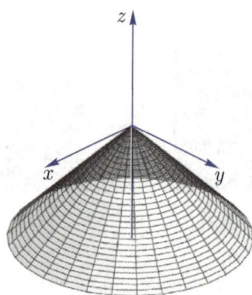

图 7.89　圆锥面

126 扫一扫

$$z^2 = x^2 + y^2 \quad (z \in [0,1]); \qquad z^2 = x^2 + y^2 \quad (z \in [-1,0]).$$

在柱坐标系中，图 7.88、图 7.89 中的方程分别为

$$r = z, \theta \in [0,2\pi] \quad (z \in [0,1]); \qquad r = z \quad (\theta \in [0,2\pi], z \in [-1,0]).$$

7.5.2　球坐标系

在球坐标系中，三维空间的 P 点用坐标 (r,φ,θ) 来表示，如图 7.90 和图 7.91 所示，$r = |OP|$ 表示 P 点到原点的距离，θ 和柱坐标表示同样的角度，φ 是线段 OP 与 z 轴的夹角，$r \geqslant 0, 0 \leqslant \varphi \leqslant \pi$.

直角坐标 (x,y,z) 与球坐标 (r,φ,θ) 的关系为

$$\begin{cases} x = r \sin \varphi \cos \theta, \\ y = r \sin \varphi \sin \theta, \\ z = r \cos \varphi. \end{cases} \tag{7.76}$$

距离公式为

$$r^2 = x^2 + y^2 + z^2. \tag{7.77}$$

在球坐标系中图 7.88、图 7.89 中的曲面方程分别为

$$\varphi = c \quad \left(c \in \left[0, \frac{\pi}{2} \right] \right); \qquad \varphi = c \quad \left(c \in \left[\frac{\pi}{2}, \pi \right] \right).$$

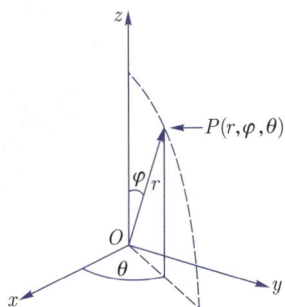

图 7.90　球坐标系

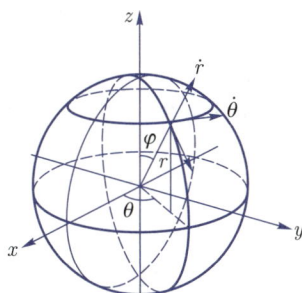

图 7.91　球

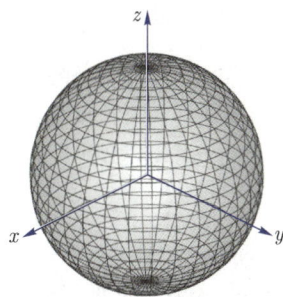

图 7.92　球面

图 7.92 中的球面方程是

$$x^2 + y^2 + z^2 = 1. \tag{7.78}$$

实际问题 7.16　球钻孔

　　某机械加工要求，把半径为 4 的球在中心挖一个直径为 3 的洞，如图 7.93 所示. 用柱坐标给出该图形的方程.

【解】　建立柱坐标系. 圆柱形洞的柱面方程可写成

$$r = 3.$$

球面方程

$$x^2 + y^2 + z^2 = 16$$

可写成

$$r^2 + z^2 = 16.$$

　　球的剩余部分上任意一点位于柱面外同时又位于球面里，于是这个点满足

$$3 \leqslant r \leqslant \sqrt{16 - z^2},$$

进一步求解得

$$r = 3 \quad (0 \leqslant \theta \leqslant 2\pi, -\sqrt{7} \leqslant z \leqslant \sqrt{7}),$$

$$r = \sqrt{16 - z^2} \quad (0 \leqslant \theta \leqslant 2\pi, -\sqrt{7} \leqslant z \leqslant \sqrt{7}).$$

用计算机绘制这两个方程的图形，可得图 7.93.

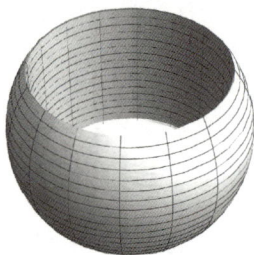

图 7.93　球挖一个洞

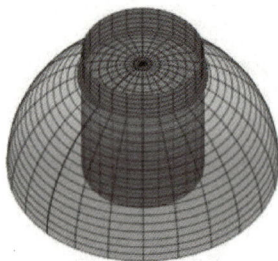

图 7.94　曲面交线

7.5.3　空间曲线

1. 空间曲线的一般方程

空间曲线可看作两曲面 $F(x,y,z) = 0$ 与 $G(x,y,z) = 0$ 的交线

$$\begin{cases} F(x,y,z) = 0, \\ G(x,y,z) = 0, \end{cases} \tag{7.79}$$

128 扫一扫

式 (7.79) 称为空间曲线的一般方程.

例如，$\begin{cases} z = \sqrt{5 - x^2 - y^2}, \\ x^2 + y^2 = 4, \end{cases}$ 表示半球面 $z = \sqrt{5 - x^2 - y^2}$ 与柱面 $x^2 + y^2 = 4$ 的交线 (如图 7.94 所示).

2. 空间曲线的参数方程

> **◆ 定义 7.6　空间曲线**
>
> 　　若函数 $x(t), y(t), z(t)$ 是区间 l 上的连续函数，则满足
>
> $$\begin{cases} x = x(t), \\ y = y(t), \\ z = z(t) \end{cases} \tag{7.80}$$
>
> 的所有点 (x, y, z) 的集合称为空间曲线.

经典例题 7.50　设有移动点 $M(x,y,z)$ 在圆柱面上以角速度 ω 绕 z 轴旋转，同时又以速度 v 沿平行于 z 轴的正方向向上升 (ω, v 都是常数)，则点 M 的轨迹称为螺旋线 (如图 7.95 所示). 试建立螺旋线的参数方程.

【解】　如图 7.96 所示，取时间 t 为参数，设 $t = 0$ 时动点在 $A(a,0,0)$ 处，在 t 时刻动点在 $M(x,y,z)$ 处，过点 M 作 xOy 的垂线 MN，垂足 N 的坐标为 $N(x,y,0)$，由于 $\angle AON$ 是动点 M 在时间 t 内转过的角度，而线段 MN 的长 $|MN|$ 是在时间 t 内动点 M 上升的高度，所以经过时间 t，得到

$$\angle AON = \omega t, \quad |MN| = vt,$$

从而

$$x = a\cos\angle AON = a\cos\omega t,$$

$$y = a\sin\angle AON = a\sin\omega t,$$

$$z = |MN| = vt,$$

因此，等速螺旋线的参数方程为

$$\begin{cases} x = a\cos\omega t, \\ y = a\sin\omega t, \\ z = vt. \end{cases}$$

图 7.95　螺旋线

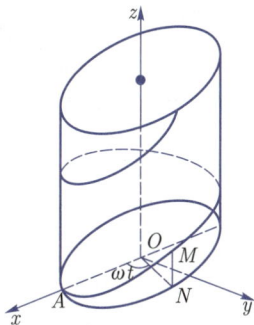

图 7.96　螺旋线

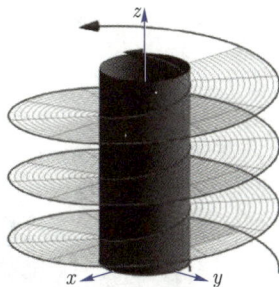

图 7.97　螺旋线

经典例题 7.51　图 7.97 所示的空间螺旋线方程为

$$\begin{cases} x = \cos 2\pi t, \\ y = \sin 2\pi t, \\ z = t. \end{cases} \tag{7.81}$$

实际问题 7.17　DNA 模型方程

图 7.98 所示的 DNA 模型方程为

$$\begin{cases} x = \cos\omega t, \\ y = \sin\omega t, \\ z = vt. \end{cases} \tag{7.82}$$

129 扫一扫

实际问题 7.18　螺丝钉与螺旋线

如图 7.99 所示的螺丝钉和如图 7.100 所示的螺旋建筑都是螺旋曲线的应用.

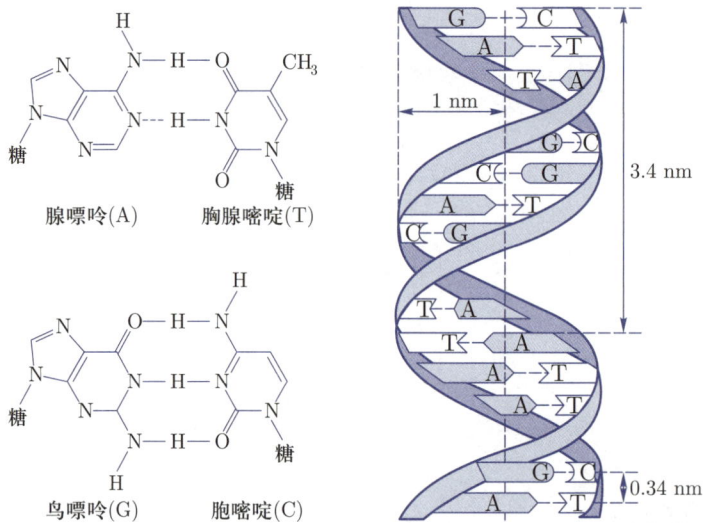

图 7.98　DNA 模型

腺嘌呤(A)　　胸腺嘧啶(T)

鸟嘌呤(G)　　胞嘧啶(C)

图 7.99　螺丝钉

图 7.100　螺旋建筑

实际问题 7.19　美丽的鹦鹉螺线

鹦鹉螺如图 7.101 和图 7.102 所示，是形状似圆的渐开线.

图 7.101　鹦鹉螺

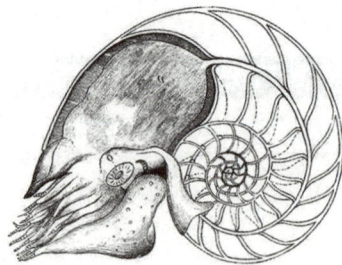

图 7.102　鹦鹉螺

经典例题 7.52　图 7.103 所示空间两曲面的交线方程为

$$\begin{cases} z = 8 - x^2 - y^2, \\ z = x^2 + 3y^2. \end{cases} \tag{7.83}$$

图 7.104 所示空间两曲面的交线方程为

$$\begin{cases} x^2 + y^2 = 1, \\ y + z = 1. \end{cases} \tag{7.84}$$

130 扫一扫

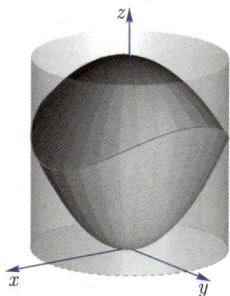

图 7.103　曲面的交线

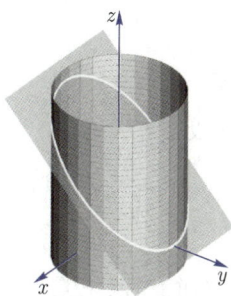

图 7.104　曲面的交线

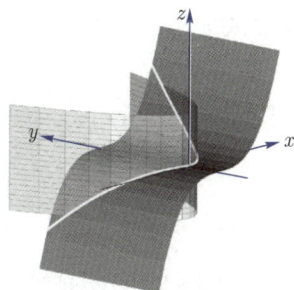

图 7.105　两曲面的交线

实际问题 7.20　带电质点

带电质点在垂直方向的电场和磁场中的运动轨迹，空间曲线

图 7.105 所示空间两曲面的交线方程为

$$\begin{cases} y = x^2, \\ z = x^3. \end{cases} \tag{7.85}$$

图 7.106 是空间带电质点在垂直方向的电场和磁场中的运动轨迹，方程为

$$\begin{cases} x = t - \dfrac{5}{2} \sin t, \\ y = 1 - \dfrac{5}{2} \cos t, \\ z = t. \end{cases} \tag{7.86}$$

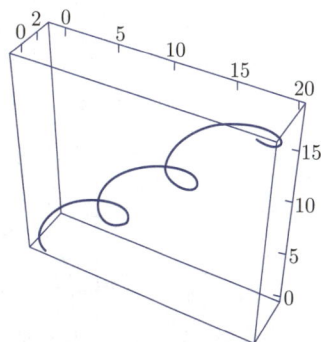

图 7.106　空间曲线

7.5.4　投影柱面

在重积分和曲面积分中，经常需要知道一个几何体在坐标平面上投影的相关数据，这时需要利用投影柱面和投影曲线的概念. 下面来讨论这两个概念.

设曲线 C 的一般方程为

$$\begin{cases} F(x, y, z) = 0, \\ G(x, y, z) = 0. \end{cases} \tag{7.87}$$

131 扫一扫

消去 z 得到以曲线 C 为准线，母线平行 z 轴的投影柱面方程 (如图 7.107 所示)

$$H(x, y) = 0. \tag{7.88}$$

曲线 C 在 xOy 面上的投影是

$$\begin{cases} H(x, y) = 0, \\ z = 0. \end{cases}$$

类似地，如果从式 (7.87) 中消去 x 或 y，则可得到以曲线 C 为准线，母线平行于 x 轴或 y 轴的投影柱面方程

$$R(y, z) = 0 \quad \text{或} \quad P(x, z) = 0,$$

进而可得曲线 C 在 yOz 面或 zOx 面上的投影方程是

$$\begin{cases} R(y, z) = 0, \\ x = 0 \end{cases} \quad \text{或} \quad \begin{cases} P(x, z) = 0, \\ y = 0. \end{cases}$$

图 7.108 和图 7.109 分别表示的是曲线在平面上的斜投影和直投影.

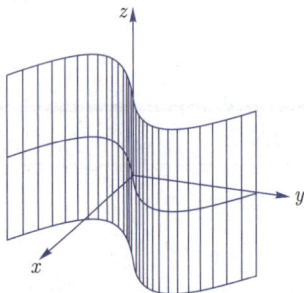

图 7.107　柱面

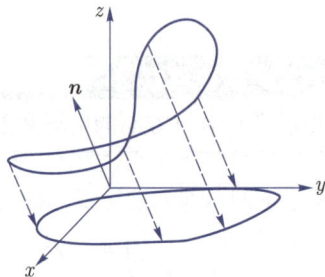

图 7.108　曲线斜投影

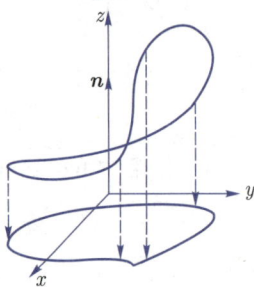

图 7.109　曲线直投影

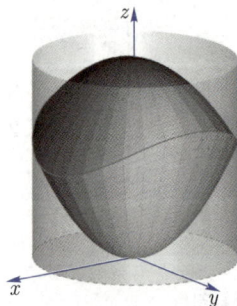

图 7.110　曲面投影

经典例题 7.53　试求单叶双曲面 $\dfrac{x^2}{16} + \dfrac{y^2}{4} - \dfrac{z^2}{5} = 1$ 与平面 $x - 2z + 3 = 0$ 的交线对 xOy 平面的投影柱面.

【解】　双曲面 $\dfrac{x^2}{16} + \dfrac{y^2}{4} - \dfrac{z^2}{5} = 1$ 与平面 $x - 2z + 3 = 0$ 的交线为

$$\begin{cases} \dfrac{x^2}{16} + \dfrac{y^2}{4} - \dfrac{z^2}{5} = 1, \\ x - 2z + 3 = 0, \end{cases}$$

消去 z, 得所求的投影柱面方程为 $x^2 + 20y^2 - 24x - 116 = 0$.

7.5.5 空间曲线在坐标面上的投影

经典例题 7.54 图 7.110 所示两空间曲面的交线方程为

$$\begin{cases} z = 8 - x^2 - y^2, \\ z = x^2 + 3y^2. \end{cases} \tag{7.89}$$

曲线 (7.89) 在 xOy 面上的投影是

$$\begin{cases} x^2 + 2y^2 = 4, \\ z = 0. \end{cases}$$

经典例题 7.55 两曲面的交线.

【解】 图 7.111 所示两空间曲面的方程分别为

$$x^2 + y^2 + z^2 = 1,$$
$$x^2 + (y - 0.5)^2 = 0.5^2,$$

这两曲面的交线为

$$\begin{cases} x^2 + y^2 + z^2 = 1, \\ x^2 + (y - 0.5)^2 = 0.5^2, \end{cases} \quad z \geqslant 0. \tag{7.90}$$

图 7.112 所示两空间曲面的方程分别为

$$x^2 + y^2 = 1,$$
$$x^2 + z^2 = 1,$$

这两个曲面的交线为

$$\begin{cases} x^2 + y^2 = 1, \\ x^2 + z^2 = 1, \end{cases} \quad x, y, z \in [0, 1]. \tag{7.91}$$

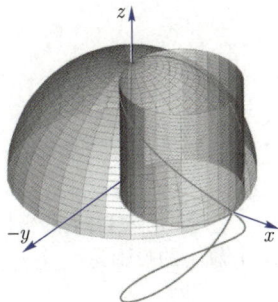

图 7.111 曲面投影

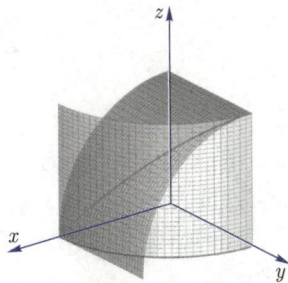

图 7.112 曲面投影

经典例题 7.56 求曲线 $C: \begin{cases} x^2 + y^2 + z^2 = 1, \\ z = \sqrt{x^2 + y^2} \end{cases}$ 在 xOy 上的投影柱面和投影方程.

【解】 消去 z 得曲线 C 关于 xOy 的投影柱面方程是

$$x^2 + y^2 = \frac{1}{2},$$

曲线 C 在 xOy 面上的投影方程是

$$\begin{cases} x^2 + y^2 = \dfrac{1}{2}, \\ z = 0. \end{cases}$$

实际问题 7.21　漂亮的"鸟巢"

　　国家体育场"鸟巢"是解析几何曲线曲面知识在建筑应用中的又一经典实例 (图 7.113, 图 7.114). "鸟巢" 位于北京奥林匹克公园中心区南部, 为 2008 年第 29 届奥林匹克运动会的主体育场. 奥运会、残奥会的开幕式和闭幕式、田径比赛及足球比赛决赛等经常在这里举行. 奥运会结束后"鸟巢"成为北京市民广泛参与体育活动的大型专业场所, 是地标性的体育建筑和奥运遗产.

　　国家体育场工程主体建筑呈空间马鞍椭圆形, 南北长 333 m、东西宽 294 m, 高 69 m. 主体钢结构形成整体的巨型空间马鞍形钢桁架编织式"鸟巢"结构, 屋顶钢结构上覆盖了双层膜结构.

图 7.113　鸟巢

图 7.114　鸟巢

习题 7 答案

♣ 习　题　7 ♣

一、填空题

1. 设 $A(-1, x, 0)$ 与 $B(2, 4, -2)$ 两点的距离为 $\sqrt{29}$, 则 $x =$ _____.
2. 已知点 $M_0(x_0, y_0, z_0)$ 和点 $M(x, y, z)$, 则向量 $\overrightarrow{MM_0}$ 的坐标为_____; 向量 $\overrightarrow{OM}$ 的坐标为_____.
3. 已知 $\boldsymbol{m} = \{1, -2, 1\}$, $\boldsymbol{n} = \{2, -4, 7\}$, 则向量 $\boldsymbol{a} = 2\boldsymbol{m} - 3\boldsymbol{n}$ 在 x 轴上的投影为_____; 在 y 轴上的分向量为_____.
4. 在 y 轴上与点 $A(1, -3, 0)$ 和点 $B(-1, 2, 1)$ 等距离的点的坐标为_____.
5. 平行于向量 $\boldsymbol{a} = \{2, -2, 1\}$ 的单位向量为_____.
6. 向量 $\boldsymbol{a}$ 的方向角分别为 α, β, γ, 且 $\alpha = \dfrac{\pi}{3}$, $\beta = \dfrac{\pi}{4}$, 则 $\gamma =$ _____.
7. 设 $|\boldsymbol{a}| = 2, |\boldsymbol{b}| = 3$, 且 $\boldsymbol{a} - k\boldsymbol{b}$ 与 $\boldsymbol{a} + k\boldsymbol{b}$ 相互垂直, 则 $k =$ _____.

8. 设 $a = i - 2j + 3k$，$b = -2i - j + k$，则 $a \cdot b =$ _____；$a \times b =$ _____.

9. 设 $a = i + j - 4k, b = 2i + \lambda k$，且 $a \perp b$，则 $\lambda =$ _____.

10. 向量 $a = \{4, -3, 4\}$ 在向量 $b = \{2, 2, 1\}$ 上的投影为_____.

11. 三角形 ABC 的顶点分别为 $A(1,2,3), B(0,1,2), C(3,1,-1)$，则三角形 ABC 的面积是_____.

12. 球面方程 $x^2 + y^2 + z^2 - 2x + 4y = 0$ 的球心坐标为_____；半径为_____.

13. 抛物线 $\begin{cases} z^2 = 3x, \\ y = 0 \end{cases}$ 绕 x 轴旋转一周所生成的旋转曲面方程为_____.

14. 过点 $M_0(1,2,3)$ 且与平面 $2x - 3y + 5z = 1$ 平行的平面方程为_____.

15. 过点 $M_0(1,2,3)$ 且与平面 $2x - 3y + 5z = 1$ 垂直的直线方程为_____.

16. 直线 $\begin{cases} x + 2y + 3z = 1, \\ y + z = 0 \end{cases}$ 的对称式方程为_____.

17. 点 $(1,2,1)$ 到平面 $x + y + 3z = 5$ 的距离是_____.

18. 点 $(-1,2,0)$ 在平面 $x + 2y - z + 1 = 0$ 上的投影坐标为_____.

二、选择题

1. 设向量 $a = \{-1, 1, 2\}$，$b = \{2, 0, 1\}$，则向量 a 与 b 的夹角为 (　　).

(A) 0 　　(B) $\dfrac{\pi}{2}$ 　　(C) $\dfrac{\pi}{3}$ 　　(D) $\dfrac{\pi}{4}$

2. 同时垂直于向量 $a = 3i + j + 4k$ 及 $b = i + k$ 的单位向量是 (　　).

(A) $\dfrac{1}{\sqrt{3}}(i + j - k)$ 　(B) $\dfrac{1}{\sqrt{3}}(i - j + k)$ 　(C) $i + j - k$ 　(D) $i - j + k$

3. 已知向量的模分别为 $|a| = 2$，$|b| = \sqrt{2}$ 及 $a \cdot b = 2$，则 $|a \times b| =$(　　).

(A) 2 　　(B) $2\sqrt{2}$ 　　(C) $\dfrac{\sqrt{2}}{2}$ 　　(D) 1

4. 已知 a，b，c 均为单位向量，且 $a + b + c = 0$，则 $a \cdot b + b \cdot c + a \cdot c =$(　　).

(A) $\dfrac{3}{2}$ 　　(B) 0 　　(C) $-\dfrac{3}{2}$ 　　(D) 1

5. 两平面 $x + 2y + 3z - 4 = 0$ 与 $x + 2y + 3z + 4 = 0$ 的位置关系是 (　　).

(A) 相交但不垂直 　(B) 相交且垂直 　(C) 平行但不重合 　(D) 重合

6. 直线 $\dfrac{x-2}{3} = \dfrac{y+2}{1} = \dfrac{3-z}{4}$ 和平面 $x + y + z = 3$ 的位置关系是 (　　).

(A) 平行 　　(B) 垂直 　　(C) 相交 　　(D) 直线在平面上

7. 下列平面中通过坐标原点的平面是 (　　).

(A) $x = 1$ 　　　　　　(B) $x + 3y + 2z = 3$

(C) $3(x-1) - y + (z+3) = 0$ 　　(D) $x + y + z = 1$

8. 过三点 $A(3,-1,2)$，$B(4,-1,-1)$，$C(2,0,2)$ 的平面方程为 (　　).

(A) $2x + 3y + 8 = 0$ (B) $3x + 3y + z - 8 = 0$ (C) $3x + 3y + z - 7 = 0$ (D) $3x + 3y - z - 8 = 0$

9. 设有直线 $l_1: \dfrac{x-1}{1} = \dfrac{5-y}{2} = \dfrac{z+8}{1}$ 与直线 $l_2: \begin{cases} x - y = 6, \\ 2y + z = 3, \end{cases}$ 则 l_1 与 l_2 的夹角为 (　　).

(A) $\dfrac{\pi}{2}$ 　　(B) $\dfrac{\pi}{3}$ 　　(C) $\dfrac{\pi}{4}$ 　　(D) $\dfrac{\pi}{6}$

10. xOy 坐标面上的双曲线 $4x^2 - 9y^2 = 36$ 绕 x 轴旋转而成的曲面方程是 (　　).

(A) $4(x^2 + z^2) = 36$ 　　　(B) $4(x^2 + z^2) - 9(y^2 + z^2) = 36$

(C) $4x^2 - 9(y^2 + z^2) = 36$ 　　(D) $4(x^2 + z^2) - 9y^2 = 36$

11. 方程 $z^2 = x^2 + y^2$ 表示的二次曲面是 (　　).

　　(A) 球面　　　　　　　(B) 旋转抛物面　　　　(C) 锥面　　　　　(D) 柱面

12. 母线平行于 Oz 轴且通过曲线 $\begin{cases} 2x^2 + y^2 + z^2 = 16, \\ x^2 - y^2 + z^2 = 0 \end{cases}$ 的柱面方程是 (　　).

　　(A) $3x^2 + 2z^2 = 16$　　(B) $x^2 + 2y^2 = 16$　　(C) $3x^2 - z^2 = 16$　　(D) $3y^2 - z = 16$

13. 下列曲面中表示柱面方程的是 (　　).

　　(A) $z = \sqrt{x^2 + y^2}$　　(B) $x^2 - y^2 = 1$　　(C) $z = x^2 - y^2$　　(D) $z = xy$

14. 方程 $\begin{cases} x^2 + 4y^2 + 9z^2 = 36, \\ y = 1 \end{cases}$ 表示 (　　).

　　(A) 椭球面

　　(B) $y = 1$ 平面上的椭圆

　　(C) 椭圆柱面

　　(D) 椭圆柱面在 $y = 0$ 上的投影

15. 旋转曲面 $\dfrac{x^2}{2} + \dfrac{y^2}{2} - \dfrac{z^2}{3} = 0$ 的旋转轴是 (　　).

　　(A) x 轴　　　　　　(B) y 轴　　　　　(C) z 轴　　　　(D) 直线 $x = y = z$

16. 双曲抛物面 $x^2 - \dfrac{y^2}{3} = 2z$ 与 Oxy 坐标面的交线是 (　　).

　　(A) 双曲线

　　(B) 抛物线

　　(C) 椭圆

　　(D) 相交于原点的两条直线

三、计算题

1. 在空间直角坐标系中求点 (a, b, c) 关于 (1) 各坐标面; (2) 各坐标轴; (3) 坐标原点对称点的坐标.

2. 设已知两点 $M_1(2, 2, \sqrt{2})$ 和 $M_2(1, 3, 0)$. 计算向量 $\overrightarrow{M_1 M_2}$ 的模、方向余弦和方向角.

3. 已知 $\boldsymbol{a}$ 与 $\boldsymbol{b}$ 垂直且 $|\boldsymbol{a}| = 5$, $|\boldsymbol{b}| = 12$, 计算 $|\boldsymbol{a} - \boldsymbol{b}|$ 及 $|\boldsymbol{a} + \boldsymbol{b}|$.

4. 求过点 $(2, 0, 1)$ 且与直线 $\begin{cases} x - 2y + 4z = 7, \\ 3x + 5y - 2z = 1 \end{cases}$ 垂直的平面方程.

5. 求过点 $A(1, 0, 1)$ 且通过直线 $\dfrac{x - 1}{3} = \dfrac{y + 2}{2} = \dfrac{z - 1}{1}$ 的平面方程.

6. 求过两点 $(1, 2, 3), (1, -2, 5)$ 的直线方程.

7. 求过点 $(0, 2, 4)$ 且与两平面 $x + 2z = 1$ 和 $y - 3z = 2$ 平行的直线方程.

8. 求直线 $\begin{cases} 2x + 3y - z = 4, \\ 3x - 5y + 2z = -1 \end{cases}$ 的对称式 (即点向式) 方程和参数方程.

9. 求直线 $L : \begin{cases} x + y - z = 1, \\ x - y + z = -1 \end{cases}$ 在平面 $\pi : x + y + z = 0$ 上的投影直线方程.

10. 求直线 $\begin{cases} x + y + 3z = 0, \\ x - y - z = 0 \end{cases}$ 与平面 $x - y - z + 1 = 0$ 的夹角.

11. 求过点 $M_0(1, -2, 3)$ 且与直线 $\begin{cases} x = 2t - 1, \\ y = -t + 2, \\ z = t + 1 \end{cases}$ 垂直的平面方程.

12. 求半径为 3, 且与平面 $x + 2y + 2z + 3 = 0$ 相切于点 $A(1, 1, -3)$ 的球面方程.

13. 求点 $P(3, -1, 2)$ 到直线 $\begin{cases} x + y - z + 1 = 0, \\ 2x - y + z - 4 = 0 \end{cases}$ 的距离.

14. 在 $\mathbb{R}^3$ 中指出下列方程 (或方程组) 所表示的图形:

(1) $z = 0$;　(2) $\dfrac{x}{1} + \dfrac{y}{2} + \dfrac{z}{3} = 1$;　(3) $\begin{cases} \sqrt{4 - x^2 - y^2} = z, \\ x - y = 0; \end{cases}$

(4) $\begin{cases} y = 2x + 1, \\ y = 3x + 2; \end{cases}$　(5) $x^2 + y^2 = 4$;　(6) $\begin{cases} \dfrac{x^2}{4} + \dfrac{y^2}{9} = 1, \\ y = 2; \end{cases}$

(7) $z = x^2 - y^2$;　(8) $z = x^2 + y^2$;　(9) $z = -\sqrt{x^2 + y^2}$;

(10) $\begin{cases} \dfrac{x^2}{4} + \dfrac{y^2}{9} = 1, \\ y = 3; \end{cases}$　(11) $\begin{cases} x^2 + y^2 + z^2 = 1, \\ \sqrt{x^2 + y^2} = z; \end{cases}$　(12) $x^2 - y^2 + 2z = 0$;

(13) $x^2 + \dfrac{y^2}{4} + \dfrac{z^2}{9} = 1$;　(14) $x^2 - \dfrac{y^2}{4} - \dfrac{z^2}{9} = 1$;　(15) $x^2 + \dfrac{y^2}{4} - \dfrac{z^2}{9} = 1$.

15. 分别求母线平行于 x 轴及 y 轴而且通过曲线 $\begin{cases} 2x^2 + y^2 + z^2 = 16, \\ x^2 - y^2 + z^2 = 0 \end{cases}$ 的柱面方程.

16. 求锥面 $z = \sqrt{x^2 + y^2}$ 与柱面 $z^2 = 2x$ 所围立体在 xOy 面上的投影.

17. 求球面 $x^2 + y^2 + z^2 = 2z$ 与旋转抛物面 $z = 2(x^2 + y^2)$ 的交线在 xOy 面上的投影.

四、证明题

1. 证明: 向量 $(\boldsymbol{a} \cdot \boldsymbol{c})\boldsymbol{b} - (\boldsymbol{b} \cdot \boldsymbol{c})\boldsymbol{a}$ 与 $\boldsymbol{c}$ 垂直.

2. 试利用混合积的几何意义证明三向量 $\boldsymbol{a} = \{x_1, y_1, z_1\}, \boldsymbol{b} = \{x_2, y_2, z_2\}, \boldsymbol{c} = \{x_3, y_3, z_3\}$ 共面的充分必要条件是:

$$\begin{vmatrix} x_1 & y_1 & z_1 \\ x_2 & y_2 & z_2 \\ x_3 & y_3 & z_3 \end{vmatrix} = 0.$$

五、应用题

1. 设原点到平面 $\dfrac{x}{a} + \dfrac{y}{b} + \dfrac{z}{c} = 1$ 的距离为 p, 试证明: $\dfrac{1}{a^2} + \dfrac{1}{b^2} + \dfrac{1}{c^2} = \dfrac{1}{p^2}$.

2. 设质量为 $100\ \mathrm{kg}$ 的物体从点 $M_1(3, 1, 8)$ 沿直线移动到 $M_2(1, 4, 2)$, 试计算重力所做的功 (长度单位为 m).

3. 若以地球的球心为坐标原点, 赤道所在平面为 yxO 面, 以零度纬度方向为 x 轴正向建立空间直角坐标系, 试建立以下假设情况下地球表面的曲面方程:

(1) 设地球半径为 6 370 km;

(2) 设地球为旋转的椭球体, 赤道半径为 6 378 km, 子午线短半轴为 6 357 km.

4. 在上题假设 (2) 下, 若一架飞机以 5 km 的高度飞行, 飞行轨迹在赤道平面上, 试求飞机飞行轨迹的曲线方程.

第 8 章 多元函数微分学

学习目标与要求

◆ 理解多元函数的概念，理解二元函数极限、连续的概念.
◆ 理解偏导数和全微分的概念，掌握求偏导数和全微分的方法.
◆ 掌握偏导数在几何上的应用，理解方向导数和梯度概念.
◆ 掌握求二元函数极值的方法，掌握求条件极值的拉格朗日乘数法.

前面学习了一元函数微分学与积分学的相关内容，然而在科学和工程技术中，有时还会遇到多于一个变量的函数. 这种函数称为多元函数. 本章在一元函数微分学的基础上，进一步学习多元函数的微分学理论方法及其应用. 值得一提的是，一元函数微分学的许多概念和定理都能相应地推广到多元函数，并且有些概念和定理还能得到进一步的发展. 但二者之间还是有很多不同之处. 因此，在学习多元函数微分学时，经常要将所学的概念、定理及解决问题的方法与一元函数微分学中相应的概念、定理及解决问题的方法进行分析对比. 这样做有两点好处，一是有助于理解和掌握多元函数微分学的概念、定理及解决问题的方法；二是有助于复习巩固已学过的一元函数微分学知识. 为叙述方便，本章以二元函数为例介绍多元函数微分学.

8.1 二元函数的极限与连续

为了叙述方便，下面给出邻域的概念.

◆ **定义 8.1 邻域**

以点 $P_0(x_0, y_0)$ 为心，以任意 $r(r > 0)$ 为半径的圆内所有点 (x, y)，即

$$\{(x, y) | \sqrt{(x - x_0)^2 + (y - y_0)^2} < r\},$$

称为点 $P_0(x_0, y_0)$ 的 r(圆形) 邻域，表示为 $U(P_0, r)$.

以点 $P_0(x_0, y_0)$ 为心，以任意 $2r(r > 0)$ 为边长的正方形内所有点 (x, y)，即

$$\{(x, y) | |x - x_0| < r, |y - y_0| < r\},$$

称为点 $P_0(x_0, y_0)$ 的 r(方形) 邻域，也表示为 $U(P_0, r)$.

这两种邻域只是形式不同, 没有本质区别. 这是因为以点 P_0 为心的圆形邻域总存在着以点 P_0 为心的方形邻域; 反之亦然. 以后所说的点 P_0 的 r 邻域, 可以是圆形邻域, 也可以是方形邻域.

在点 $P_0(x_0, y_0)$ 的 r 邻域 $U(P_0, r)$ 中去掉点 P_0, 即点集

$$\{(x, y) | 0 < \sqrt{(x-x_0)^2 + (y-y_0)^2} < r\},$$

或者

$$\{(x, y) | |x-x_0| < r, |y-y_0| < r, (x, y) \neq (x_0, y_0)\}.$$

称为点 P_0 的 r 去心邻域, 表示为 $\overset{\circ}{U}(P_0, r)$. 当不需要指出邻域半径 r 时, 简称点 P_0 的去心邻域, 表示为 $\overset{\circ}{U}(P_0)$.

还可以不太严格地给出下面几个概念.

有界区域: 以某点 P_0 为中心, 以适当长 r 为半径的圆内的区域.

无界区域: 可以延伸到平面无限远的区域.

闭区域: 包括边界的区域.

开区域: 不包括边界的区域.

8.1.1 二元函数的概念

一元函数仅刻画了一个变数与实数之间的对应关系. 而多元函数描述多个变数与实数之间的对应关系.

经典例题 8.1 圆柱的体积. 机械和建筑领域很多地方都可以看到"圆柱"形的工件或建筑物. 设圆柱的底面半径为 r 高为 h, 则体积 $V = \pi r^2 h$. 即体积 V 是圆柱底面半径 r 和高 h 的函数, 表为 $V = V(r, h) = \pi r^2 h$.

实际问题 8.1 运动物体的动能

物体运动的动能 W 与物体的质量 m 和运动的速度 v 两个量有关联. 对于任意有序数对 (m, v) 都对应着唯一一个动能 E_k. 已知它们的对应关系是

$$E_k = \frac{1}{2} m v^2.$$

实际问题 8.2 地面下的温度

地面下任意一点的温度 T 是这点的深度 x 和时间 t 的函数.

$$T = f(x, t) = \cos(0.017t - 0.2x) e^{-0.2x}.$$

上述几例都是多元函数的实例, 去掉它们的物理意义和几何意义, 只保留它们的数量关系, 则它们有一个共性, 这就是多元函数的概念.

◆ 定义 8.2 二元函数

设 $\mathscr{D}$ 是二维空间 $\mathbb{R}^2$ 的非空子集, 若存在对应关系 f, 对 $\mathscr{D}$ 中任意点 $P(x, y)$, 按照对应关系 f, 对应唯一一个 $z \in \mathbb{R}$, 则称对应关系 f 是定义在 $\mathscr{D}$ 的二元函数, 记为

$$z = f(x, y).$$

点 P 对应的数 z 称为函数 f 在点 P 的函数值, 数集 $\mathscr{D}$ 称为函数的定义域. 函数值的集合称

为函数 f 的值域，记为

$$f(A) = \{z \mid z = f(P), P \in \mathscr{D}\} \subset \mathbb{R}.$$

如果函数 f 只给出了表达式 $z = f(x, y)$，而没有给出定义域，则 f 的定义域理解为能够使该表达式有意义的所有 (x, y) 的集合.

经典例题 8.2   求 $z = \sqrt{9 - x^2 - y^2}$ 的定义域和值域.

【解】   定义域是

$$\mathscr{D} = \{(x, y) \mid 9 - x^2 - y^2 \geqslant 0\} = \{(x, y) \mid x^2 + y^2 \leqslant 9\}.$$

值域是

$$\{z \mid z = \sqrt{9 - x^2 - y^2} \geqslant 0, (x, y) \in \mathscr{D}\}.$$

因为 z 是一个非负的平方根，$z \geqslant 0$. 同时

$$9 - x^2 - y^2 \leqslant 9 \Rightarrow \sqrt{9 - x^2 - y^2} \leqslant 3.$$

所以值域是 $[0, 3]$.

◆ 定义 8.3   定义域

若 $z = f(x, y)$ 是定义在 $\mathscr{D}$ 的二元函数，则 f 的图像是在 $\mathbb{R}^3$ 中所有点 $\{(x, y, z) \mid (x, y) \in \mathscr{D}, z = f(x, y)\}$ 的集合.

经典例题 8.3   画出 $z = f(x, y) = 6 - 3x - 2y$ 的图像.

【解】   方程 $z = 6 - 3x - 2y$ 确定了一个平面. 在方程 $z = 6 - 3x - 2y$ 中，令 $y = z = 0$，得 $x = 2$；类似地令 $x = z = 0$，得 $y = 3$；令 $x = y = 0$，得 $z = 6$. 即平面在三个坐标轴上的截距，它们分别为 $x = 2$，$y = 3$，$z = 6$. 用计算机绘出图像，如图 8.1 所示.

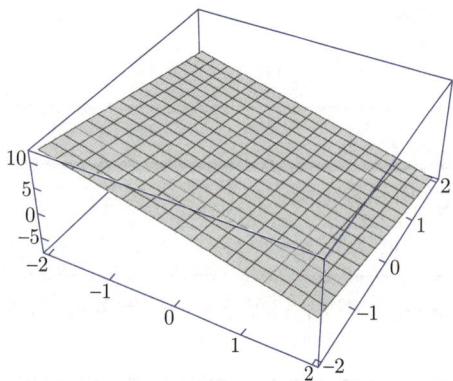

图 8.1 $z = 6 - 3x - 2y$

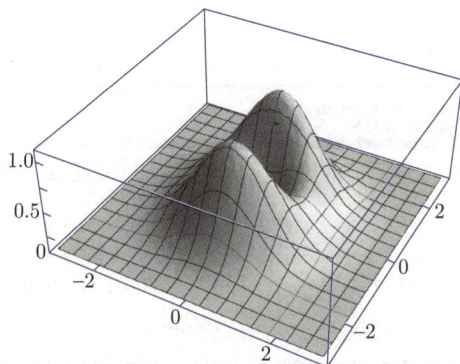

图 8.2 $z = (x^2 + 3y^2)\mathrm{e}^{-x^2 - y^2}$

133 扫一扫

经典例题 8.4   用计算机绘制下列函数的图像.

(1) $z = f(x, y) = (x^2 + 3y^2)\mathrm{e}^{-x^2 - y^2}$，如图 8.2 所示；

(2) $z = f(x, y) = \sin x + \sin y$，如图 8.3 所示；

(3) $z = f(x, y) = \dfrac{\sin x \sin y}{xy}$，如图 8.4 所示；

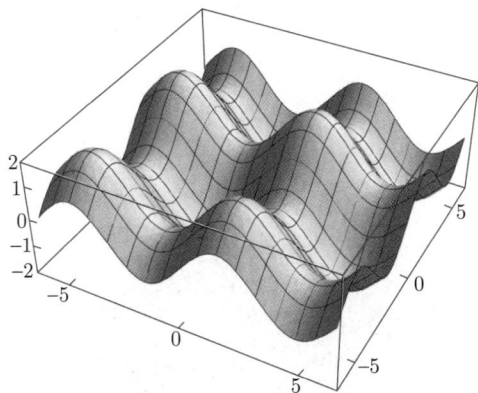

图 8.3 $z = \sin x + \sin y$

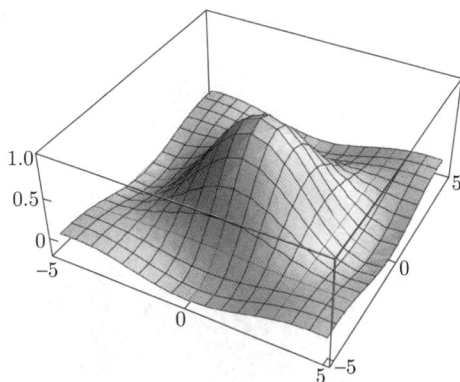

图 8.4 $z = \dfrac{\sin x \sin y}{xy}$

(4) $z = f(x, y) = \mathrm{e}^{-\sqrt{x^2+y^2}} \cos x \cos y$，如图 8.5 所示；

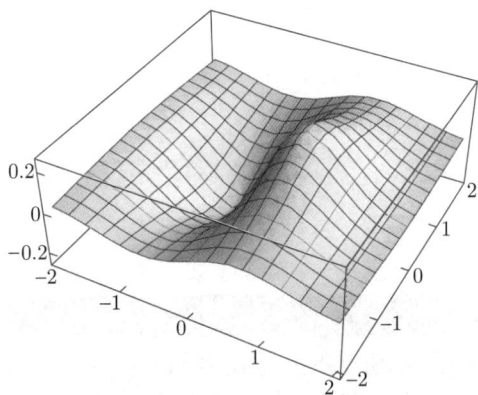

图 8.5 $z = \mathrm{e}^{-\sqrt{x^2+y^2}} \cos x \cos y$

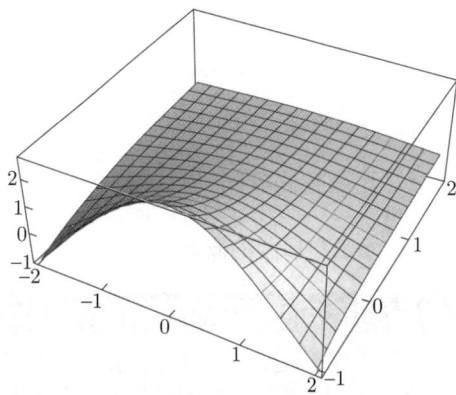

图 8.6 $z = \mathrm{e}^{-y} \cos x$

(5) $z = f(x, y) = \mathrm{e}^{-y} \cos x$，如图 8.6 所示；

(6) $z = f(x, y) = \dfrac{xy(x^2 - y^2)}{x^2 + y^2}$，如图 8.7 所示；

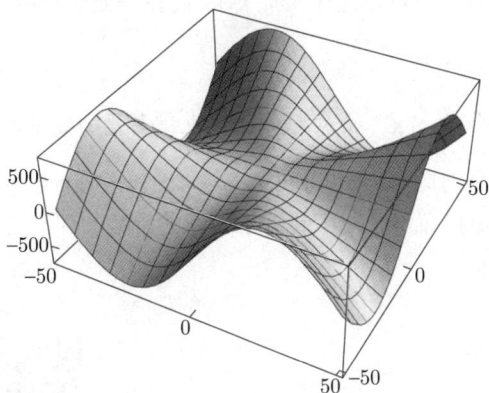

图 8.7 $z = \dfrac{xy(x^2 - y^2)}{x^2 + y^2}$

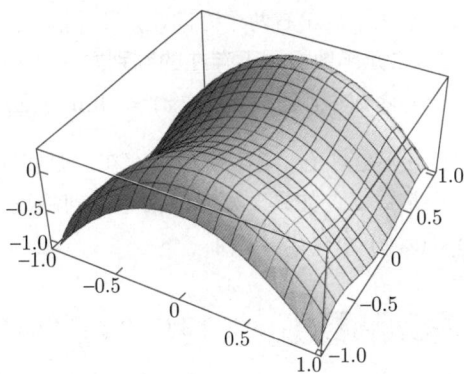

图 8.8 $z = y^2 - y^4 - x^2$

(7) $z = f(x, y) = y^2 - y^4 - x^2$，如图 8.8 所示；

(8) $z = f(x, y) = -xy\mathrm{e}^{-x^2-y^2}$，如图 8.9 所示；

(9) $z = f(x, y) = \dfrac{-3y}{x^2 + y^2 + 1}$，如图 8.10 所示.

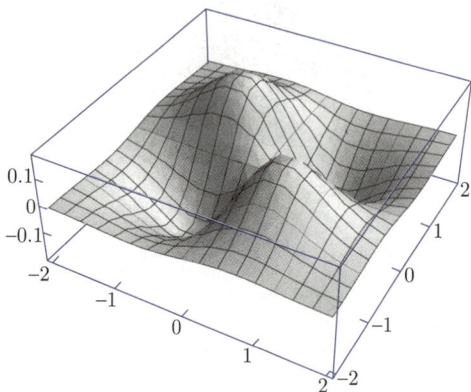

图 8.9 $z = -xy\mathrm{e}^{-x^2-y^2}$

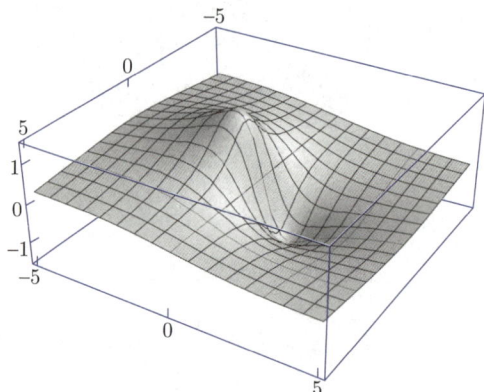

图 8.10 $z = \dfrac{-3y}{x^2 + y^2 + 1}$

8.1.2   二元函数的极限

1. 二元函数极限的概念

◆ **定义 8.4   二元函数的极限**

若对于充分趋近于点 (x_0, y_0)，但不等于点 (x_0, y_0) 的所有点 (x, y)，函数 $f(x, y)$ 的值趋近于常数 L，则称 L 是 f 在点 (x, y) 趋近于 (x_0, y_0) 时的极限. 记为

$$\lim_{\substack{x \to x_0 \\ y \to y_0}} f(x, y) = L. \tag{8.1}$$

这实际是一元函数极限的推广，是两个自变量代替了一个自变量，从而使得趋近的提法变得复杂. 若 (x_0, y_0) 是 f 定义域内的点，(x, y) 可以从任何方向趋近于 (x_0, y_0)；而在一元函数中，x 仅沿 x 轴 x_0 点左右两个方向趋近于 x_0.

2. 二元函数极限不存在的判别方法

一元函数中，若 $\lim\limits_{x \to x_0^-} f(x) \neq \lim\limits_{x \to x_0^+} f(x)$，则说明 $f(x)$ 在 x_0 点极限不存在. 多元函数中，函数 $f(x, y)$ 在点 (x_0, y_0) 的极限存在，是指 (x, y) 从任何方向趋近于 (x_0, y_0) 时，$f(x, y)$ 都趋近于一个常数 L. 如果 (x, y) 从两个方向趋近于 (x_0, y_0)，而 $f(x, y)$ 趋近于不同的常数，那么说明 $\lim\limits_{\substack{x \to x_0 \\ y \to y_0}} f(x, y)$ 不存在.

◿ **经典例题 8.5**   讨论下列三个函数极限的存在性.

(1) $\lim\limits_{\substack{x \to 0 \\ y \to 0}} \dfrac{x^2 - y^2}{x^2 + y^2}$；

(2) $\lim\limits_{\substack{x \to 0 \\ y \to 0}} \dfrac{xy}{x^2 + y^2}$；

(3) $\lim\limits_{\substack{x \to 0 \\ y \to 0}} \dfrac{xy^2}{x^2 + y^4}$.

【解】 (1) 令 $f(x,y) = \dfrac{x^2 - y^2}{x^2 + y^2}$，如图 8.11 所示．首先，点 (x,y) 沿 x 轴方向趋近于 $(0,0)$ 时，即 $y = 0$，得到 $f(x,0) = \dfrac{x^2}{x^2} = 1$，对于所有 $x \neq 0$．即当沿 x 轴方向趋近于 $(0,0)$ 时，有

$$\lim_{\substack{x \to 0 \\ y \to 0}} \frac{x^2 - y^2}{x^2 + y^2} = 1.$$

其次，点 (x,y) 沿 y 轴方向趋近于 $(0,0)$ 时，对于所有 $y \neq 0$，都有 $f(0,y) = \dfrac{-y^2}{y^2} = -1$，即当沿 y 轴方向趋近于 $(0,0)$ 时，有

$$\lim_{\substack{x \to 0 \\ y \to 0}} \frac{x^2 - y^2}{x^2 + y^2} = -1.$$

沿两个方向函数趋近于不同的常数，所以 $\displaystyle\lim_{\substack{x \to 0 \\ y \to 0}} \frac{x^2 - y^2}{x^2 + y^2}$ 不存在．

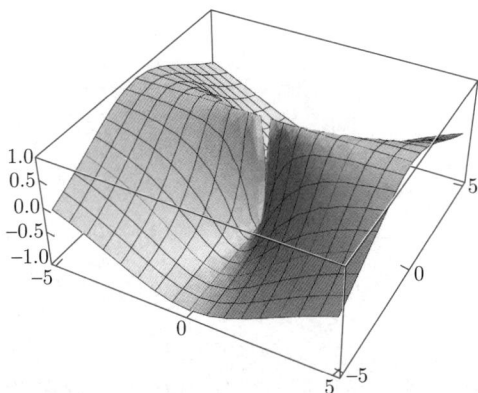

图 8.11 $\quad z = \dfrac{x^2 - y^2}{x^2 + y^2}$

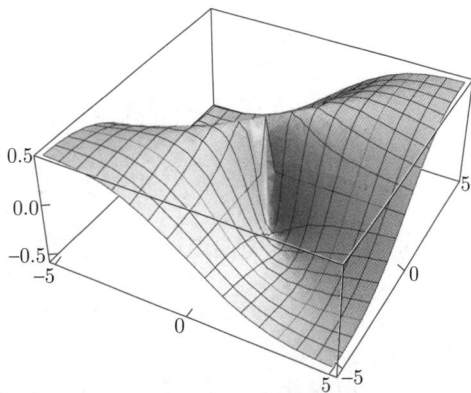

图 8.12 $\quad z = \dfrac{xy}{x^2 + y^2}$

(2) 令 $f(x,y) = \dfrac{xy}{x^2 + y^2}$，如图 8.12 所示．首先，点 (x,y) 沿 x 轴方向趋近于 $(0,0)$ 时，即 $y = 0$，得到 $f(x,0) = \dfrac{0}{x^2} = 0$，对于所有 $x \neq 0$ 成立．即当沿 x 轴方向趋近于 $(0,0)$ 时，有

$$\lim_{\substack{x \to 0 \\ y \to 0}} \frac{xy}{x^2 + y^2} = 0.$$

其次，点 (x,y) 沿 y 轴方向趋近于 $(0,0)$ 时，对于所有 $y \neq 0$，都有 $f(0,y) = \dfrac{0}{y^2} = 0$，即当沿 y 轴方向趋近于 $(0,0)$ 时，有

$$\lim_{\substack{x \to 0 \\ y \to 0}} \frac{xy}{x^2 + y^2} = 0.$$

虽然在这两个方向，极限都等于 0，但这并不能说明

$$\lim_{\substack{x \to 0 \\ y \to 0}} \frac{xy}{x^2 + y^2} = 0.$$

因为, 当 (x, y) 沿直线 $y = x$ 趋近于 $(0, 0)$ 时, 对于所有的 $x \neq 0$, 都有

$$f(x, y) = f(x, x) = \frac{x^2}{2x^2} = \frac{1}{2}.$$

即当 (x, y) 沿直线 $y = x$ 趋近于 $(0, 0)$ 时, 有

$$\lim_{\substack{x \to 0 \\ y \to 0}} \frac{xy}{x^2 + y^2} = \frac{1}{2}.$$

由于得到了不同极限, 所以该函数在 $(0, 0)$ 点没有极限.

(3) 令 $f(x, y) = \dfrac{xy^2}{x^2 + y^4}$, 用计算机绘出图像, 如图 8.13 所示. 首先, 沿 $y = kx$ 方向趋近于 $(0, 0)$, 有

$$f(x, y) = f(x, kx) = \frac{x(kx)^2}{x^2 + (kx)^4} = \frac{k^2 x}{1 + k^4 x^2}.$$

当 (x, y) 沿 $y = kx$ 方向趋近于 $(0, 0)$ 时, 有

$$\lim_{\substack{x \to 0 \\ y \to 0}} \frac{xy^2}{x^2 + y^2} = 0.$$

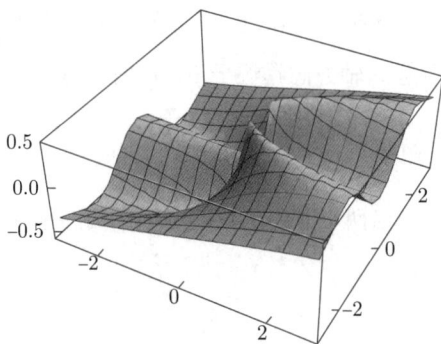

图 8.13 $\quad z = \dfrac{xy^2}{x^2 + y^4}$

其次, 当 (x, y) 沿 $x = y^2$ 方向趋近于 $(0, 0)$ 时, 有

$$f(x, y) = f(y^2, y) = \frac{y^2 y^2}{(y^2)^2 + y^4} = \frac{y^4}{2y^4} = \frac{1}{2}.$$

即当 (x, y) 沿 $x = y^2$ 方向趋近于 $(0, 0)$ 时, 有

$$\lim_{\substack{x \to 0 \\ y \to 0}} \frac{xy^2}{x^2 + y^4} = \frac{1}{2}.$$

因为 (x, y) 从不同的路径趋近于 $(0, 0)$ 得到了不同极限, 所以该函数在 $(0, 0)$ 点不存在极限.

3. 二元函数极限的性质

♡ **性质 8.1**　二元函数极限的性质

若 L, M 和 k 是实数, 且 $\lim\limits_{\substack{x \to x_0 \\ y \to y_0}} f(x, y) = L$ 和 $\lim\limits_{\substack{x \to x_0 \\ y \to y_0}} g(x, y) = M$, 则下列各式成立.

(1) $\lim\limits_{\substack{x \to x_0 \\ y \to y_0}} (f(x, y) \pm g(x, y)) = \lim\limits_{\substack{x \to x_0 \\ y \to y_0}} f(x, y) \pm \lim\limits_{\substack{x \to x_0 \\ y \to y_0}} g(x, y)$;

(2) $\lim\limits_{\substack{x \to x_0 \\ y \to y_0}} f(x, y) g(x, y) = \lim\limits_{\substack{x \to x_0 \\ y \to y_0}} f(x, y) \lim\limits_{\substack{x \to x_0 \\ y \to y_0}} g(x, y)$;

(3) $\lim\limits_{\substack{x \to x_0 \\ y \to y_0}} k f(x, y) = k \lim\limits_{\substack{x \to x_0 \\ y \to y_0}} f(x, y)$;

(4) $\lim\limits_{\substack{x \to x_0 \\ y \to y_0}} \dfrac{f(x, y)}{g(x, y)} = \dfrac{\lim\limits_{\substack{x \to x_0 \\ y \to y_0}} f(x, y)}{\lim\limits_{\substack{x \to x_0 \\ y \to y_0}} g(x, y)} = \dfrac{L}{M}, M \neq 0$;

(5) $\lim\limits_{\substack{x \to x_0 \\ y \to y_0}} (f(x, y))^{\frac{m}{n}} = L^{\frac{m}{n}}, \ (m, n \in \mathbb{Z}, L > 0)$.

经典例题 **8.6** 计算下列各式极限：

(1) $\lim\limits_{\substack{x \to 0 \\ y \to 1}} \dfrac{x - xy + 3}{x^2 y + 5xy - y^3}$；

(2) $\lim\limits_{\substack{x \to 0 \\ y \to 0}} \dfrac{x^2 - xy}{\sqrt{x} - \sqrt{y}}$.

【解】 (1) $\lim\limits_{\substack{x \to 0 \\ y \to 1}} \dfrac{x - xy + 3}{x^2 y + 5xy - y^3} = \dfrac{0 - 0 \times 1 + 3}{0^2 \times 1 + 5 \times 0 \times 1 - 1^3} = -3.$

(2) $\lim\limits_{\substack{x \to 0 \\ y \to 0}} \dfrac{x^2 - xy}{\sqrt{x} - \sqrt{y}} = \lim\limits_{\substack{x \to 0 \\ y \to 0}} \dfrac{(x^2 - xy)(\sqrt{x} + \sqrt{y})}{(\sqrt{x} - \sqrt{y})(\sqrt{x} + \sqrt{y})} = \lim\limits_{\substack{x \to 0 \\ y \to 0}} \dfrac{x(x - y)(\sqrt{x} + \sqrt{y})}{x - y}$

$$= \lim\limits_{\substack{x \to 0 \\ y \to 0}} x(\sqrt{x} + \sqrt{y}) = 0(\sqrt{0} + \sqrt{0}) = 0.$$

4. 变换到极坐标

当在直角坐标系中讨论 $\lim\limits_{\substack{x \to 0 \\ y \to 0}} f(x, y)$ 遇到困难时，不妨试一试变换到极坐标. 代入

$$x = r\cos\theta, \qquad y = r\sin\theta.$$

研究当 r 趋近 0 时的极限. 如果存在 L，使 $\lim\limits_{r \to 0} f(r, \theta) = L$，则

$$\lim\limits_{\substack{x \to 0 \\ y \to 0}} f(x, y) = \lim\limits_{r \to 0} f(r, \theta) = L.$$

经典例题 **8.7** 求极限 $\lim\limits_{\substack{x \to 0 \\ y \to 0}} \dfrac{x^3}{x^2 + y^2}$.

【解】 $\lim\limits_{\substack{x \to 0 \\ y \to 0}} \dfrac{x^3}{x^2 + y^2} = \lim\limits_{r \to 0} \dfrac{r^3 \cos^3 \theta}{r^2} = \lim\limits_{r \to 0} r\cos^3 \theta = 0.$

5. 两边夹定理

♦ 定理 **8.1**

若对 $\forall (x, y) \in \overset{\circ}{U}((x_0, y_0), r)$，有 $g(x, y) \leqslant f(x, y) \leqslant h(x, y)$，且

$$\lim\limits_{\substack{x \to x_0 \\ y \to y_0}} g(x, y) = \lim\limits_{\substack{x \to x_0 \\ y \to y_0}} h(x, y) = L,$$

则

$$\lim\limits_{\substack{x \to x_0 \\ y \to y_0}} f(x, y) = L.$$

经典例题 **8.8** 已知 $2|xy| - \dfrac{x^2 y^2}{6} \leqslant 4 - 4\cos\sqrt{|xy|} \leqslant 2|xy|$，求极限 $\lim\limits_{\substack{x \to 0 \\ y \to 0}} \dfrac{4 - 4\cos\sqrt{|xy|}}{|xy|}$.

【解】 由 $2|xy| - \dfrac{x^2 y^2}{6} \leqslant 4 - 4\cos\sqrt{|xy|} \leqslant 2|xy|$，得

$$2 - \dfrac{xy}{6} \leqslant \dfrac{4 - 4\cos\sqrt{|xy|}}{|xy|} \leqslant 2.$$

而

$$\lim\limits_{\substack{x \to 0 \\ y \to 0}} \left(2 - \dfrac{xy}{6} \right) = 2,$$

于是

$$\lim_{\substack{x \to 0 \\ y \to 0}} \frac{4 - 4\cos\sqrt{|xy|}}{|xy|} = 2.$$

8.1.3　二元函数的连续性

1. 二元函数连续的概念

◆ **定义 8.5　二元函数连续的概念**

若函数 $f(x,y)$ 满足

(1) $f(x,y)$ 在 $P_0(x_0, y_0)$ 点有定义；

(2) $\lim\limits_{\substack{x \to x_0 \\ y \to y_0}} f(x,y)$ 存在；

(3) $\lim\limits_{\substack{x \to x_0 \\ y \to y_0}} f(x,y) = f(x_0, y_0)$.

则称函数 $f(x,y)$ 在点 $P_0(x_0, y_0)$ 连续. 若函数 $f(x,y)$ 在定义域的每一点都连续，则称该函数是连续函数.

2. 二元连续函数的性质

类似于一元函数，二元函数有下面的定理.

◆ **定理 8.2　保号性**

若函数 $f(x,y)$ 在点 $P_0(x_0, y_0) \in \mathscr{D}$ 连续，且 $f(x_0, y_0) > 0$，则存在 $\delta > 0$，对任意 $P(x,y) \in U(P_0, \delta) \cap \mathscr{D}$，有 $f(x,y) > 0$.

◆ **定理 8.3　有界性**

若函数 $f(x,y)$ 在有界闭区域 $\mathscr{D}$ 上连续，则函数 $f(x,y)$ 在 $\mathscr{D}$ 有界，即存在 $M > 0$，对任意 $P(x,y) \in \mathscr{D}$，有 $|f(x,y)| \leqslant M$.

◆ **定理 8.4　最值性**

若 $f(x,y)$ 在有界闭区域 $\mathscr{D}$ 上连续，则 $f(x,y)$ 必在 $\mathscr{D}$ 内某两个点 (x_1, y_1) 和 (x_2, y_2) 取得最大值 $f(x_1, y_1)$ 和最小值 $f(x_2, y_2)$.

◆ **定理 8.5　介值性**

若 $f(x,y)$ 在有界闭区域 $\mathscr{D}$ 上连续，且 m 与 M 分别是函数 $f(x,y)$ 在 $\mathscr{D}$ 的最小值和最大值，μ 是 m 与 M 之间的任意数，$m \leqslant \mu \leqslant M$，则至少存在一点 $P(\xi, \eta) \in \mathscr{D}$，使 $f(\xi, \eta) = \mu$.

8.2 偏 导 数

8.2.1 偏导数的概念

1. 偏导数的定义

♦ 定义 8.6　偏导数

设函数 $z = f(x, y)$ 在区域 $\mathscr{D}$ 有定义，$P_0(x_0, y_0)$ 是 $\mathscr{D}$ 内的点. 若 $y = y_0$(常数)，一元函数 $f(x, y_0)$ 在 x_0 可导，即极限

$$\lim_{\Delta x \to 0} \frac{f(x_0 + \Delta x, y_0) - f(x_0, y_0)}{\Delta x} \quad ((x_0, y_0) \in \mathscr{D})$$

存在，则称此极限是函数 $z = f(x, y)$ 在点 $P_0(x_0, y_0)$ 关于 x 的偏导数，记为

$$f'_x(x_0, y_0) = \left.\frac{\partial f}{\partial x}\right|_{(x_0, y_0)} = \left.\frac{\mathrm{d}}{\mathrm{d}x}f(x, y_0)\right|_{x=x_0} = \lim_{\Delta x \to 0}\frac{f(x_0 + \Delta x, y_0) - f(x_0, y_0)}{\Delta x}.$$

类似地有，若 $x = x_0$(常数)，一元函数 $f(x_0, y)$ 在 y_0 可导，即极限

$$\lim_{\Delta y \to 0} \frac{f(x_0, y_0 + \Delta y) - f(x_0, y_0)}{\Delta y} \quad ((x_0, y_0) \in \mathscr{D})$$

存在，则称此极限是函数 $z = f(x, y)$ 在点 $P_0(x_0, y_0)$ 关于 y 的偏导数. 记为

$$f'_y(x_0, y_0) = \left.\frac{\partial f}{\partial y}\right|_{(x_0, y_0)} = \left.\frac{\mathrm{d}}{\mathrm{d}y}f(x_0, y)\right|_{y=y_0} = \lim_{\Delta y \to 0}\frac{f(x_0, y_0 + \Delta y) - f(x_0, y_0)}{\Delta y}.$$

若函数 $z = f(x, y)$ 在区域 $\mathscr{D}$ 任意点 $P(x, y)$ 都存在关于 x(关于 y) 的偏导数，则称函数 $z = f(x, y)$ 在区域 $\mathscr{D}$ 存在关于 x(关于 y) 的偏导函数，记为

$$\frac{\partial z}{\partial x}, \frac{\partial f}{\partial x}, \text{或} z'_x(x, y), f'_x(x, y), \quad \frac{\partial z}{\partial y}, \frac{\partial f}{\partial y}, \text{或} z'_y(x, y), f'_y(x, y).$$

经典例题 8.9 理想气体物态方程. 已知 1mol 理想气体物态方程为 $pV = RT$，R 是不为 0 的常量. 证明

$$\frac{\partial p}{\partial V} \cdot \frac{\partial V}{\partial T} \cdot \frac{\partial T}{\partial p} = -1.$$

【证明】 由 $p = \dfrac{RT}{V}$，有

$$\frac{\partial p}{\partial V} = -\frac{RT}{V^2}. \quad (T \text{ 看作常量})$$

由 $V = \dfrac{RT}{p}$，有

$$\frac{\partial V}{\partial T} = \frac{R}{p}. \quad (P \text{ 看作常量})$$

由 $T = \dfrac{pV}{R}$，有

$$\frac{\partial T}{\partial p} = \frac{V}{R}. \quad (V\text{看作常量})$$

于是

$$\frac{\partial p}{\partial V} \cdot \frac{\partial V}{\partial T} \cdot \frac{\partial T}{\partial p} = -\frac{RT}{V^2} \cdot \frac{R}{p} \cdot \frac{V}{R} = -1.$$

实际问题 8.3 并联电阻

阻值为 R_1, R_2 和 R_3 的电阻并联后阻值为 R, 当 $R_1 = 30\,\Omega$, $R_2 = 45\,\Omega$, 和 $R_3 = 90\,\Omega$ 时, 求 $\dfrac{\partial R}{\partial R_2}$ 的值.

【解】 由欧姆定律, 有

$$\frac{1}{R} = \frac{1}{R_1} + \frac{1}{R_2} + \frac{1}{R_3}.$$

为求 $\dfrac{\partial R}{\partial R_2}$, 把 R_1 和 R_3 看作常量, 关于 R_2 对等式两端求导数, 得

$$\frac{\partial}{\partial R_2}\left(\frac{1}{R}\right) = \frac{\partial}{\partial R_2}\left(\frac{1}{R_1} + \frac{1}{R_2} + \frac{1}{R_3}\right),$$

$$-\frac{1}{R^2}\frac{\partial R}{\partial R_2} = 0 - \frac{1}{R_2^2} + 0,$$

$$\frac{\partial R}{\partial R_2} = \frac{R^2}{R_2^2} = \left(\frac{R}{R_2}\right)^2.$$

当 $R_1 = 30\,\Omega, R_2 = 45\,\Omega, R_3 = 90\,\Omega$ 时, 有

$$\frac{1}{R} = \frac{1}{30} + \frac{1}{45} + \frac{1}{90} = \frac{3+2+1}{90} = \frac{6}{90} = \frac{1}{15}.$$

得 $R = 15\,\Omega$, 故

$$\frac{\partial R}{\partial R_2} = \left(\frac{15}{45}\right)^2 = \left(\frac{1}{3}\right)^2 = \frac{1}{9}.$$

2. 偏导数的几何意义

二元函数 $f(x, y)$ 在点 $P_0(x_0, y_0)$ 的两个偏导数有明显的几何意义 (如图 8.14 ～图 8.17 所示): 在空间直角坐标系中, 设二元函数 $z = f(x, y)$ 的图像是一个曲面 S. 函数 $f(x, y)$ 在点 $P_0(x_0, y_0)$ 关于 x 的偏导数 $f_x'(x_0, y_0)$ 是一元函数 $z = f(x, y_0)$ 在 x_0 的导数. 由已知一元函数导数的几何意义, 偏导数 $f_x'(x_0, y_0)$ 是平面 $y = y_0$ 上的曲线

$$C_1 : \begin{cases} z = f(x, y), \\ y = y_0 \end{cases}$$

在点 $Q_0(x_0, y_0, z_0)(z_0 = f(x_0, y_0))$ 的切线斜率 $\tan\alpha$. 如图 8.17 所示.

同理, 偏导数 $f_y'(x_0, y_0)$ 是平面 $x = x_0$ 上的曲线

$$C_2 : \begin{cases} z = f(x, y), \\ x = x_0 \end{cases}$$

在点 $Q_0(x_0, y_0, z_0)(z_0 = f(x_0, y_0))$ 的切线斜率 $\tan\beta$. 如图 8.17 所示.

3. 偏导数与连续

若一元函数 $y = f(x)$ 在 x_0 可导, 则 $y = f(x)$ 在 x_0 连续. 但是, 二元函数 $f(x, y)$ 在 $P_0(x_0, y_0)$ 存在关于 x 和 y 的偏导数, $f(x, y)$ 在点 $P_0(x_0, y_0)$ 却不一定连续.

经典例题 8.10 偏导数与连续. 讨论函数

$$f(x, y) = \begin{cases} x^2 + y^2, & xy = 0, \\ 1, & xy \neq 0 \end{cases}$$

在点 $(0,0)$ 的偏导数与连续性.

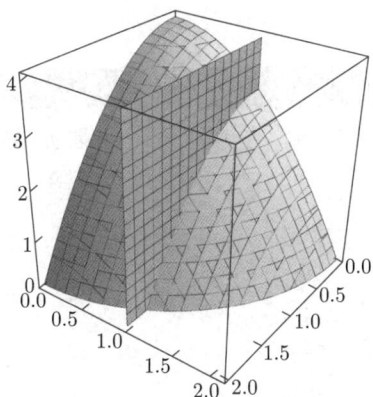

图 8.14 偏导数的几何意义

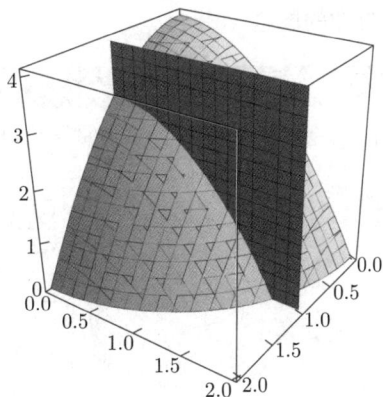

图 8.15 偏导数的几何意义

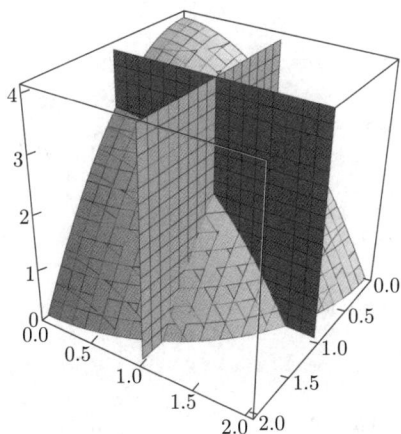

图 8.16 偏导数的几何意义

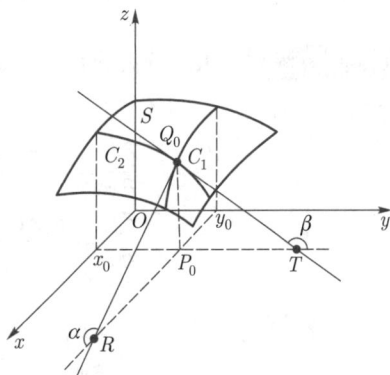

图 8.17 偏导数的几何意义

【解】

$$f'_x(0,0) = \lim_{\Delta x \to 0} \frac{f(0 + \Delta x, 0) - f(0,0)}{\Delta x} = \lim_{\Delta x \to 0} \frac{(\Delta x)^2}{\Delta x} = \lim_{\Delta x \to 0} \Delta x = 0.$$

同理

$$f'_y(0,0) = 0.$$

于是函数 $f(x,y)$ 在点 $(0,0)$ 存在两个偏导数. 但是, 沿直线 $y = 0$, 有

$$\lim_{x \to 0} f(x,0) = \lim_{x \to 0} x^2 = 0;$$

沿直线 $y = x(x \neq 0)$, 有

$$\lim_{x \to 0} f(x,x) = \lim_{x \to 0} 1 = 1,$$

即函数 $f(x,y)$ 在点 $(0,0)$ 不存在极限. 当然, 函数 $f(x,y)$ 在点 $(0,0)$ 不连续.

8.2.2　高阶偏导数

1. 高阶偏导数的概念

♦ **定义 8.7　高阶偏导数**

　　如果可对二元函数 $z = f(x, y)$ 的偏导数再求导，则可得到 $z = f(x, y)$ 的二阶偏导数. 具体定义如下：

$$f''_{xx} = \frac{\partial}{\partial x}\left(\frac{\partial f}{\partial x}\right) = \frac{\partial^2 f}{\partial x^2} = \frac{\partial^2 z}{\partial x^2},$$

$$f''_{xy} = \frac{\partial}{\partial y}\left(\frac{\partial f}{\partial x}\right) = \frac{\partial^2 f}{\partial x \partial y} = \frac{\partial^2 z}{\partial x \partial y},$$

$$f''_{yx} = \frac{\partial}{\partial x}\left(\frac{\partial f}{\partial y}\right) = \frac{\partial^2 f}{\partial y \partial x} = \frac{\partial^2 z}{\partial y \partial x},$$

$$f''_{yy} = \frac{\partial}{\partial y}\left(\frac{\partial f}{\partial y}\right) = \frac{\partial^2 f}{\partial y^2} = \frac{\partial^2 z}{\partial y^2}.$$

其中 f''_{xy}, f''_{yx} 称为混合偏导数.

经典例题 8.11　求二阶偏导数. 已知 $f(x, y) = x \cos y + y \mathrm{e}^x$，求 $\dfrac{\partial^2 f}{\partial x^2}$, $\dfrac{\partial^2 f}{\partial x \partial y}$, $\dfrac{\partial^2 f}{\partial y \partial x}$, $\dfrac{\partial^2 f}{\partial y^2}$.

【解】　因为

$$\frac{\partial f}{\partial x} = \frac{\partial(x \cos y + y \mathrm{e}^x)}{\partial x} = \cos y + y \mathrm{e}^x,$$

$$\frac{\partial f}{\partial y} = \frac{\partial(x \cos y + y \mathrm{e}^x)}{\partial y} = -x \sin y + \mathrm{e}^x,$$

所以

$$\frac{\partial^2 f}{\partial x \partial y} = \frac{\partial}{\partial y}\left(\frac{\partial f}{\partial x}\right) = -\sin y + \mathrm{e}^x,$$

$$\frac{\partial^2 f}{\partial y \partial x} = \frac{\partial}{\partial x}\left(\frac{\partial f}{\partial y}\right) = -\sin y + \mathrm{e}^x,$$

$$\frac{\partial^2 f}{\partial x^2} = \frac{\partial}{\partial x}\left(\frac{\partial f}{\partial x}\right) = y \mathrm{e}^x,$$

$$\frac{\partial^2 f}{\partial y^2} = \frac{\partial}{\partial y}\left(\frac{\partial f}{\partial y}\right) = -x \cos y.$$

　　例 8.11 中两个二阶混合偏导数相等，这既不是偶然的结果，也不是一般性的结果. 但大多数情况下，这个等式是成立的，克莱罗定理给出了 $f''_{xy} = f''_{yx}$ 的条件.

2. 混合偏导数

♦ **定理 8.6　混合偏导数的克莱罗定理**

　　若 $f(x, y)$ 的定义域 $\mathscr{D}$ 含有点 (x_0, y_0)，且偏导数 f''_{xy} 和 f''_{yx} 都在 $\mathscr{D}$ 连续，则

$$\frac{\partial^2 f}{\partial y \partial x}\bigg|_{(x_0, y_0)} = \frac{\partial^2 f}{\partial x \partial y}\bigg|_{(x_0, y_0)} \quad \text{或} \quad f''_{xy}(x_0, y_0) = f''_{yx}(x_0, y_0).$$

数学家-克莱罗-简介

克莱罗 (Clairaut，1713—1765)，法国数学家. 他少年时就表现出天赋，10 岁研读了微积分，13 岁时写了一篇数学研究报告，18 岁进入法国科学院，成为该院有史以来最年轻的院士，后成为英国皇家学会会员和德、俄、意等国研究院成员.

经典例题 8.12 拉普拉斯方程 $\dfrac{\partial^2 u}{\partial x^2} + \dfrac{\partial^2 u}{\partial y^2} = 0$ 在热力学、流体力学和电势理论中都有应用.
试验证函数 $u(x,y) = \mathrm{e}^x \sin y$ 是拉普拉斯方程 $u''_{xx} + u''_{yy} = 0$ 的解.

【证明】

$$u'_x = \mathrm{e}^x \sin y, \quad u'_y = \mathrm{e}^x \cos y,$$

$$u''_{xx} = \mathrm{e}^x \sin y, \quad u''_{yy} = -\mathrm{e}^x \sin y,$$

$$u''_{xx} + u''_{yy} = \mathrm{e}^x \sin y - \mathrm{e}^x \sin y = 0.$$

即函数 $u(x,y) = \mathrm{e}^x \sin y$ 是拉普拉斯方程的解.

经典例题 8.13 波动方程.

波动方程

$$a\frac{\partial^2 u}{\partial x^2} = \frac{\partial^2 u}{\partial t^2}$$

可作为简化模型描述海浪、声浪、光波或一条抖动的绳子的运动. 例如，$u(x,t)$ 表示时刻 t 小提琴琴弦上某点离开平衡位置的距离，其中 x 为该点到琴弦一个固定端的距离，则 $u(x,t)$ 满足波动方程，a 是常数，它取决于弦的密度和弦的松紧度.

验证函数 $u(x,t) = \sin(x - at)$ 是波动方程的解.

【证明】

$$u'_x = \cos(x - at), \quad u'_t = -a\cos(x - at),$$

$$u''_{xx} = -\sin(x - at), u''_{tt} = -a^2 \sin(x - at) = a^2 u''_{xx}.$$

即函数 $u(x,y) = \sin(x - at)$ 是波动方程的解.

8.3 全 微 分

8.3.1 全微分概念

1. 全微分概念

一元可微函数 $y = f(x)$ 在 x_0 可微，有

$$\mathrm{d}y = f'(x_0)\Delta x, \quad 且 \quad \Delta y = \mathrm{d}y + o(\Delta x),$$

即微分 $\mathrm{d}y$ 是 Δx 的线性函数，并且 $\mathrm{d}y$ 与 Δy 之差是 Δx 的高阶无穷小. 一元函数微分 $\mathrm{d}y$ 推广到多元函数就是全微分.

◆ **定义 8.8　全微分**

若函数 $z = f(x, y)$ 在 $P_0(x_0, y_0)$ 的全增量

$$\Delta z = f(x_0 + \Delta x, y_0 + \Delta y) - f(x_0, y_0)$$

可表示为

$$\Delta z = A\Delta x + B\Delta y + o(\rho), \tag{8.2}$$

其中 $\rho = \sqrt{(\Delta x)^2 + (\Delta y)^2}$，$A$ 与 B 是与 Δx 和 Δy 无关的常数，则称函数 $f(x, y)$ 在 $P_0(x_0, y_0)$ 可微. 式 (8.2) 的线性主要部分 $A\Delta x + B\Delta y$ 称为函数 $f(x, y)$ 在 $P_0(x_0, y_0)$ 的全微分，记为

$$\mathrm{d}z = A\Delta x + B\Delta y. \tag{8.3}$$

由全微分的定义不难看出全微分的两个性质：$\mathrm{d}z$ 是 Δx 与 Δy 的线性函数；$\mathrm{d}z$ 与 Δz 之差是 ρ 的高阶无穷小.

显然，若函数 $f(x, y)$ 在 $P_0(x_0, y_0)$ 可微，则函数 $f(x, y)$ 在 $P_0(x_0, y_0)$ 连续.

如果函数 $f(x, y)$ 在 $P_0(x_0, y_0)$ 可微，那么函数 $f(x, y)$ 与全微分中的 A, B 有什么关系？

◆ **定理 8.7**

可微的必要条件. 若函数 $z = f(x, y)$ 在 $P_0(x_0, y_0)$ 可微，则 $z = f(x, y)$ 在 $P_0(x_0, y_0)$ 存在两个偏导数，且全微分中的 A 与 B 分别是

$$A = f'_x(x_0, y_0), \quad B = f'_y(x_0, y_0).$$

【证明】　已知 $z = f(x, y)$ 在 $P_0(x_0, y_0)$ 可微，即

$$\Delta z = A\Delta x + B\Delta y + o(\rho), \quad \rho = \sqrt{(\Delta x)^2 + (\Delta y)^2}.$$

当 $\Delta y = 0$ 时，有

$$f(x_0 + \Delta x, y_0) - f(x_0, y_0) = A\Delta x + o(\Delta x).$$

用 Δx 除上式两端，再取极限 $\Delta x \to 0$，有

$$f'_x(x_0, y_0) = \lim_{\Delta x \to 0} \frac{f(x_0 + \Delta x, y_0) - f(x_0, y_0)}{\Delta x} = A + \lim_{\Delta x \to 0} \frac{o(\Delta x)}{\Delta x} = A.$$

同理可证

$$B = f'_y(x_0, y_0).$$

与一元函数类似，规定：$\Delta x = \mathrm{d}x$，$\Delta y = \mathrm{d}y$. 于是，函数 $f(x, y)$ 在 $P_0(x_0, y_0)$ 的全微分

$$\mathrm{d}z = f'_x(x, y)\mathrm{d}x + f'_y(x, y)\mathrm{d}y = \frac{\partial z}{\partial x}\mathrm{d}x + \frac{\partial z}{\partial y}\mathrm{d}y. \tag{8.4}$$

◆ **定理 8.8**

可微的充分条件. 若函数 $f(x, y)$ 在点 $P_0(x_0, y_0)$ 的邻域 V 存在两个偏导数，且两个偏导

数在 $P_0(x_0, y_0)$ 连续, 则函数 $f(x, y)$ 在 $P_0(x, y_0)$ 可微.

2. 全微分计算

经典例题 8.14 近似计算. 圆锥体积最大误差. 一个圆锥的底面半径和高度分别为 10 cm 和 25 cm, 这两个量的可能误差为 0.1 cm, 用微分的方法估计该圆锥体积的最大误差.

【解】 根据圆锥的体积公式, 在底面半径为 r, 高为 h 时, 圆锥的体积为

$$V = \frac{\pi r^2 h}{3},$$

因此得体积 V 的全微分为

$$dV = \frac{\partial V}{\partial r} dr + \frac{\partial V}{\partial h} dh = \frac{2\pi r h}{3} dr + \frac{\pi r^2}{3} dh.$$

取 $dr = dh = 0.1, r = 10, h = 25$, 得

$$dV = \frac{2\pi r h}{3} dr + \frac{\pi r^2}{3} dh = \frac{500\pi}{3} \times 0.1 + \frac{100\pi}{3} \times 0.1 = 20\pi.$$

即圆锥体积的最大误差为 20π cm³.

137 扫一扫

3. 全微分的几何意义

参照一元微分的几何意义 (如图 8.18 所示), 可以类似得到多元微分的几何意义 (如图 8.19 所示).

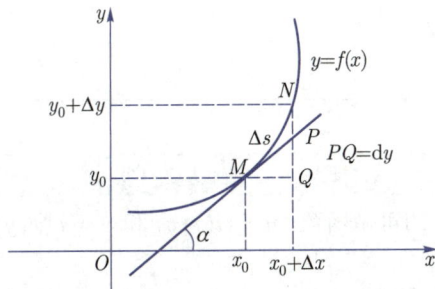

图 8.18　一元微分的几何意义

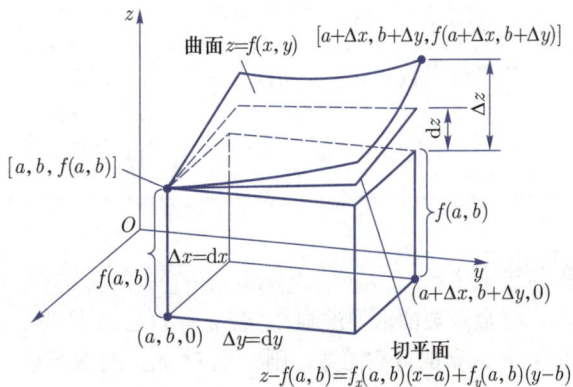

图 8.19　多元微分的几何意义

8.3.2　复合函数微分

下面给出复合函数的微分.

◆ 定理 8.9

复合函数的求导法则. 若 $z = f(x, y)$ 是关于 x, y 的可微函数, $x = x(t)$ 和 $y = y(t)$ 是关于 t 的可微函数, 则 z 是关于 t 的可微函数, 并且

$$\frac{dz}{dt} = \frac{\partial z}{\partial x} \frac{dx}{dt} + \frac{\partial z}{\partial y} \frac{dy}{dt}.$$

【证明】 设 t 发生变化 Δt 时，x, y, z 所发生的变化分别为 $\Delta x, \Delta y, \Delta z$，由可微的定义，有

$$\Delta z = \frac{\partial f}{\partial x}\Delta x + \frac{\partial f}{\partial y}\Delta y + \alpha \Delta x + \beta \Delta y.$$

其中，当 $(\Delta x, \Delta y) \to (0, 0)$ 时，$\alpha \to 0, \beta \to 0$. 两边同时除以 Δt，得

$$\frac{\Delta z}{\Delta t} = \frac{\partial f}{\partial x}\frac{\Delta x}{\Delta t} + \frac{\partial f}{\partial y}\frac{\Delta y}{\Delta t} + \alpha \frac{\Delta x}{\Delta t} + \beta \frac{\Delta y}{\Delta t}.$$

令 $\Delta t \to 0$，两边取极限，得

$$\frac{\mathrm{d}z}{\mathrm{d}t} = \frac{\partial z}{\partial x}\frac{\mathrm{d}x}{\mathrm{d}t} + \frac{\partial z}{\partial y}\frac{\mathrm{d}y}{\mathrm{d}t} + 0\frac{\mathrm{d}x}{\mathrm{d}t} + 0\frac{\mathrm{d}y}{\mathrm{d}t}.$$

即

$$\frac{\mathrm{d}z}{\mathrm{d}t} = \frac{\partial z}{\partial x}\frac{\mathrm{d}x}{\mathrm{d}t} + \frac{\partial z}{\partial y}\frac{\mathrm{d}y}{\mathrm{d}t}.$$

也可以这样证明，因为 $z = f(x, y)$ 在 (x, y) 可微，所以有全微分

$$\mathrm{d}z = \frac{\partial z}{\partial x}\mathrm{d}x + \frac{\partial z}{\partial y}\mathrm{d}y.$$

两边同除以 $\mathrm{d}t$，得

$$\frac{\mathrm{d}z}{\mathrm{d}t} = \frac{\partial z}{\partial x}\frac{\mathrm{d}x}{\mathrm{d}t} + \frac{\partial z}{\partial y}\frac{\mathrm{d}y}{\mathrm{d}t}.$$

> ♠ 推论 8.9.1
>
> 若可微函数 $z = f(x, y)$，$y = \varphi(x)$，则有
>
> $$\frac{\mathrm{d}z}{\mathrm{d}x} = \frac{\partial z}{\partial x} + \frac{\partial z}{\partial y}\frac{\mathrm{d}y}{\mathrm{d}x}.$$

> ♦ 定理 8.10
>
> 复合函数的求导法则 2. 若 $z = f(u, v)$ 是关于 u, v 的可微函数，$u = u(x, y)$ 和 $v = v(x, y)$ 是关于 x, y 的可微函数，则 z 有对 x, y 的偏导数，并且
>
> $$\frac{\partial z}{\partial x} = \frac{\partial z}{\partial u}\frac{\partial u}{\partial x} + \frac{\partial z}{\partial v}\frac{\partial v}{\partial x}, \qquad \frac{\partial z}{\partial y} = \frac{\partial z}{\partial u}\frac{\partial u}{\partial y} + \frac{\partial z}{\partial v}\frac{\partial v}{\partial y}.$$

实际问题 8.4   球面上的点的温度

设球面上点的温度 $w = f(x, y, z)$ 是 x, y, z 的函数，而 $x = x(t, s), y = y(t, s), z = z(t, s)$ 是经度 t 和纬度 s 的函数.

于是球面上的温度 w 可以表示成 t 和 s 的复合函数

$$w = f(x(t, s), y(t, s), z(t, s)).$$

在一定条件下，w 有对 t, s 的偏导数，并有下面定理.

◆ 定理 8.11

若 $w = f(x, y, z), x = x(t, s), y = y(t, s), z = z(t, s)$ 是可微函数，则
$$\frac{\partial w}{\partial t} = \frac{\partial w}{\partial x}\frac{\partial x}{\partial t} + \frac{\partial w}{\partial y}\frac{\partial y}{\partial t} + \frac{\partial w}{\partial z}\frac{\partial z}{\partial t},$$
$$\frac{\partial w}{\partial s} = \frac{\partial w}{\partial x}\frac{\partial x}{\partial s} + \frac{\partial w}{\partial y}\frac{\partial y}{\partial s} + \frac{\partial w}{\partial z}\frac{\partial z}{\partial s}.$$

8.3.3 隐函数微分

下面给出隐函数的微分方法.

◆ 定理 8.12

若 $F(x, y) = 0$ 定义了一个 y 关于 x 的可微函数，则
$$\frac{\mathrm{d}y}{\mathrm{d}x} = -\frac{\dfrac{\partial F}{\partial x}}{\dfrac{\partial F}{\partial y}} = -\frac{F_x'(x, y)}{F_y'(x, y)}.$$

【证明】 对方程 $F(x, y) = 0$ 两边关于 x 求导. 由于 x 和 y 都是 x 的函数，于是
$$\frac{\partial F}{\partial x}\frac{\mathrm{d}x}{\mathrm{d}x} + \frac{\partial F}{\partial y}\frac{\mathrm{d}y}{\mathrm{d}x} = 0,$$
即
$$\frac{\mathrm{d}y}{\mathrm{d}x} = -\frac{\dfrac{\partial F}{\partial x}}{\dfrac{\partial F}{\partial y}} = -\frac{F_x'}{F_y'}.$$

对于由三元方程 $F(x, y, z) = 0$ 所确定的隐函数 $z = f(x, y)$, 也可以采用同样的方法来导出 $\dfrac{\partial z}{\partial x}, \dfrac{\partial z}{\partial y}$ 的计算公式. 即由
$$F[x, y, f(x, y)] = 0,$$
有
$$F_x' + F_z'\frac{\partial z}{\partial x} = 0, \quad F_y' + F_z'\frac{\partial z}{\partial y} = 0.$$
若 $F_z' \neq 0$，则得
$$\frac{\partial z}{\partial x} = -\frac{F_x'}{F_z'}, \quad \frac{\partial z}{\partial y} = -\frac{F_y'}{F_z'}.$$

◢ 经典例题 8.15 设 $x \sin y + y\mathrm{e}^x = 0$，求 $\dfrac{\mathrm{d}y}{\mathrm{d}x}$.

【解】 令 $F(x, y) = x \sin y + y\mathrm{e}^x$，于是
$$F_x' = \sin y + y\mathrm{e}^x, \quad F_y' = x \cos y + \mathrm{e}^x.$$
所以
$$\frac{\mathrm{d}y}{\mathrm{d}x} = -\frac{\sin y + y\mathrm{e}^x}{x \cos y + \mathrm{e}^x}.$$

经典例题 8.16　设 $z^3 - 3xyz = a^3$，求 $\dfrac{\partial z}{\partial x}$，$\dfrac{\partial z}{\partial y}$.

【解】　令 $F(x,y,z) = z^3 - 3xyz - a^3$，于是

$$F_x' = -3yz, \quad F_y' = -3xz, \quad F_z' = 3z^2 - 3xy.$$

所以

$$\frac{\partial z}{\partial x} = -\frac{F_x'}{F_z'} = \frac{yz}{3z^2 - 3xy}, \quad \frac{\partial z}{\partial y} = -\frac{F_y'}{F_z'} = \frac{xz}{3z^2 - 3xy}.$$

8.4　方向导数、梯度向量和切平面

8.4.1　方向导数

1. 方向导数的概念

前面已经学习了，若 $z = f(x,y)$，则偏导数 f_x' 和 f_y' 有如下定义：

$$\frac{\partial f}{\partial x} = \lim_{\Delta x \to 0} \frac{f(x_0 + \Delta x, y_0) - f(x_0, y_0)}{\Delta x},$$

$$\frac{\partial f}{\partial y} = \lim_{\Delta y \to 0} \frac{f(x_0, y_0 + \Delta y) - f(x_0, y_0)}{\Delta y}.$$

偏导数 f_x' 和 f_y' 分别表示 $z = f(x,y)$ 在 x 方向和 y 方向的变化率. 然而在科学研究和工程技术实践中，有时需要知道在 (x_0, y_0) 附近沿着任意单位方向 $\boldsymbol{u} = (a,b)$ 函数的变化率. 为此定义方向导数如下.

♦ **定义 8.9　方向导数**

若极限

$$\lim_{h \to 0} \frac{f(x_0 + ha, y_0 + hb) - f(x_0, y_0)}{h}$$

存在，则此极限称为函数 $f(x,y)$ 在点 (x_0, y_0) 关于向量 $\boldsymbol{u} = (a,b)$ 的方向导数，记为

$$D_u' f(x_0, y_0) = \lim_{h \to 0} \frac{f(x_0 + ha, y_0 + hb) - f(x_0, y_0)}{h}.$$

♦ **定理 8.13**

若 $f(x,y)$ 是 x 和 y 的可微函数，则对于任何单位向量 $\boldsymbol{u} = (a,b)$，f 都有一个方向导数 $D_u' f(x,y)$，如图 8.20 所示，并且

$$D_u' f(x,y) = \frac{\partial f}{\partial x} a + \frac{\partial f}{\partial y} b = f_x'(x,y)a + f_y'(x,y)b. \tag{8.5}$$

【证明】　定义一个关于 h 的单位向量函数 $g(h) = f(x_0 + ha, y_0 + hb)$. 由导数的定义有

$$g'(0) = \lim_{h \to 0} \frac{g(h) - g(0)}{h}$$
$$= \lim_{h \to 0} \frac{f(x_0 + ha, y_0 + hb) - f(x_0, y_0)}{h}$$
$$= D'_u f(x_0, y_0).$$

又 $g(h) = f(x, y)$，其中 $x = x_0 + ha, y = y_0 + hb$，于是由复合函数的求导法则有

$$g'(h) = \frac{\partial f}{\partial x}\frac{\mathrm{d}x}{\mathrm{d}h} + \frac{\partial f}{\partial y}\frac{\mathrm{d}y}{\mathrm{d}h} = f'_x(x, y)a + f'_y(x, y)b,$$

图 8.20　方向导数

若令 $h = 0$，则 $x = x_0, y = y_0$，有

$$g'(0) = f'_x(x_0, y_0)a + f'_y(x_0, y_0)b.$$

因此

$$D'_u f(x_0, y_0) = f'_x(x_0, y_0)a + f'_y(x_0, y_0)b.$$

2. 梯度向量

在式 (8.5) 中，方向导数可以写成两个向量点积的形式：

$$D'_u f(x, y) = (f'_x(x, y), f'_y(x, y)) \cdot (a, b) = (f'_x(x, y), f'_y(x, y)) \cdot \boldsymbol{u}.$$

点积中的向量 $(f'_x(x, y), f'_y(x, y))$ 不仅在计算方向导数的时候有用，在其他地方也将用到. 为了以后引用和记忆方便，我们给它一个名称和记号.

♦ **定义 8.10　梯度向量**

由 $f(x, y)$ 在 $P_0(x_0, y_0)$ 的两个偏导数的值得到的向量，称为梯度向量，记为

$$\mathbf{grad} f(x, y) = (f'_x(x, y), f'_y(x, y)) = \frac{\partial f}{\partial x}\boldsymbol{i} + \frac{\partial f}{\partial y}\boldsymbol{j}.$$

经典例题 8.17　已知 $f(x, y) = \sin x + \mathrm{e}^{xy}$，求 $\mathbf{grad} f(0, 1)$.

【解】 因为

$$\mathbf{grad} f(x, y) = (f'_x, f'_y) = (\cos x + y\mathrm{e}^{xy}, x\mathrm{e}^{xy}),$$

所以

$$\mathbf{grad} f(0, 1) = (2, 0).$$

有了梯度向量的概念，方向导数式 (8.5) 还可以写成

$$D'_u f(x, y) = \mathbf{grad} f(x, y) \cdot \boldsymbol{u}.$$

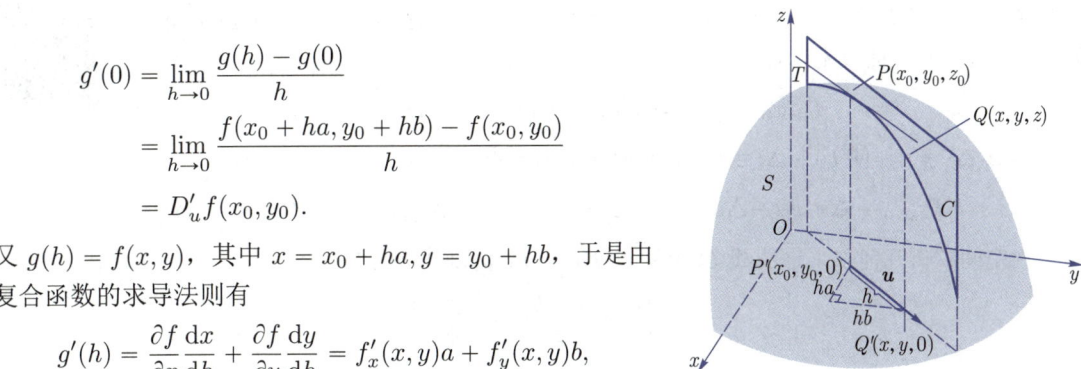

8.4.2　空间曲线的切线

设空间曲线 C 的参数方程为

$$x = x(t), \quad y = y(t), \quad z = z(t) \quad (t \in I). \tag{8.6}$$

这些函数在区间 I 可导，且 $\forall t \in I$，有 $x'^2(t) + y'^2(t) + z'^2(t) \neq 0$. 如图 8.21 所示，取定 $t_0 \in I$，对应曲线上一点

$$P_0(x_0, y_0, z_0) = P_0(x(t_0), y(t_0), z(t_0)).$$

任取增量 $\Delta t \neq 0$，使 $t_0 + \Delta t \in I$，对应曲线上另一点

$$P_1(x_0 + \Delta x, y_0 + \Delta y, z_0 + \Delta z) = P_0(x(t_0 + \Delta t), y(t_0 + \Delta t), z(t_0 + \Delta t)).$$

由空间解析几何知，过曲线 C 上两点 P_0 与 P_1 的割线方程是

$$\frac{x - x_0}{\Delta x} = \frac{y - y_0}{\Delta y} = \frac{z - z_0}{\Delta z}$$

或

$$\frac{x - x_0}{\dfrac{\Delta x}{\Delta t}} = \frac{y - y_0}{\dfrac{\Delta y}{\Delta t}} = \frac{z - z_0}{\dfrac{\Delta z}{\Delta t}}.$$

当点 P_1 沿曲线 C 无限趋近于点 P_0，即 $\Delta t \to 0$ 时，割线 $P_0 P_1$ 的极限位置是曲线 C 上过点 P_0 的切线. 于是，曲线上过点 P_0 的切线方程是

$$\frac{x - x_0}{x'(t_0)} = \frac{y - y_0}{y'(t_0)} = \frac{z - z_0}{z'(t_0)}. \tag{8.7}$$

显然，向量 $(x'(t_0), y'(t_0), z'(t_0))$ 为曲线 C 在 P_0 点处切线的方向向量 (也称曲线的切向量).

过切点与切线垂直的平面称为法平面，它是通过点 $P_0(x_0, y_0, z_0)$ 而以切向量 $(x'(t_0), y'(t_0), z'(t_0))$ 为法向量的平面，因此该法平面方程为

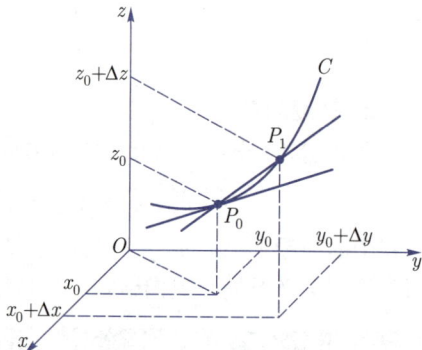

图 8.21　曲线切线

$$x'(t_0)(x - x_0) + y'(t_0)(y - y_0) + z'(t_0)(z - z_0) = 0.$$

经典例题 8.18　求螺旋线 $x = a\cos t, y = a\sin t, z = bt$ 在 $t_0 = \dfrac{\pi}{3}$ 处的切线及法平面方程.

【解】　因为

$$x' = -a\sin t, \quad y' = a\cos t, \quad z' = b,$$

故切线方程为

$$\frac{x - a\cos\dfrac{\pi}{3}}{-a\sin\dfrac{\pi}{3}} = \frac{y - a\sin\dfrac{\pi}{3}}{a\cos\dfrac{\pi}{3}} = \frac{z - \dfrac{\pi}{3}b}{b},$$

即

$$\frac{x - \dfrac{a}{2}}{-\dfrac{\sqrt{3}}{2}a} = \frac{y - \dfrac{\sqrt{3}}{2}a}{\dfrac{a}{2}} = \frac{z - \dfrac{\pi}{3}b}{b}.$$

法平面方程是

$$-\frac{\sqrt{3}}{2}a\left(x - \frac{a}{2}\right) + \frac{a}{2}\left(y - \frac{\sqrt{3}}{2}a\right) + b\left(z - \frac{\pi}{3}b\right) = 0.$$

8.4.3 切平面

设曲线 C 是曲面 $S : F(x,y,z) = 0$ 上过点 P_0 的任意曲线,曲线 C 的向量方程为 $\boldsymbol{r}(t) = (x(t), y(t), z(t))$. 令 t_0 是对应于 P_0 的参数,即 $\boldsymbol{r}(t_0) = (x(t_0), y(t_0), z(t_0))$. 因为 C 在曲面 S 上,所以曲线上任意一点 $(x(t), y(t), z(t))$ 均满足曲面 S 的方程, 即

$$F(x(t), y(t), z(t)) = 0.$$

若 x, y 和 z 是关于 t 的可微函数,且 $F(x,y,z)$ 的三个偏导数存在, 则

$$\frac{\partial F}{\partial x}\frac{\mathrm{d}x}{\mathrm{d}t} + \frac{\partial F}{\partial y}\frac{\mathrm{d}y}{\mathrm{d}t} + \frac{\partial F}{\partial z}\frac{\mathrm{d}z}{\mathrm{d}t} = 0.$$

写成点积形式

$$(F_x', F_y', F_z') \cdot (x'(t), y'(t), z'(t)) = 0.$$

因为

$$\mathbf{grad}F = (F_x', F_y', F_z'), \quad \boldsymbol{r}'(t) = \{x'(t), y'(t), z'(t)\},$$

所以

$$\mathbf{grad}F(x_0, y_0, z_0) \cdot \boldsymbol{r}'(t_0) = 0. \tag{8.8}$$

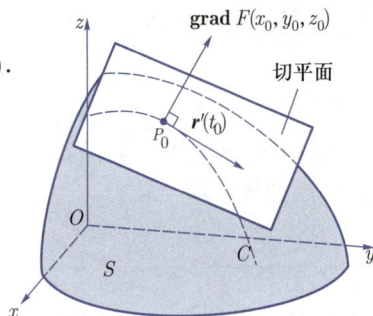

图 8.22 切平面

由式 (8.8) 可知, 梯度 $\mathbf{grad}F(x_0, y_0, z_0)$ 垂直于过 $P_0(x_0, y_0, z_0)$ 的任意曲线的切向量 $\boldsymbol{r}'(t)$. 即曲面 $F(x,y,z) = 0$ 的三个偏导数组成的向量是曲面上点的法向量. 曲线 $\boldsymbol{r} = ((x(t), y(t), z(t)))$ 的三个偏导数是曲线上点的切线方向, 如图 8.22 所示.

过点 $P_0(x_0, y_0, z_0)$ 而垂直于切平面的直线称为法线.

(1) 过 $P_0(x_0, y_0, z_0)$ 的切平面方程为

$$F_x'(x_0, y_0, z_0)(x - x_0) + F_y'(x_0, y_0, z_0)(y - y_0) + F_z'(x_0, y_0, z_0)(z - z_0) = 0. \tag{8.9}$$

(2) 过 $P_0(x_0, y_0, z_0)$ 的法线方程为

$$\frac{x - x_0}{F_x'(x_0, y_0, z_0)} = \frac{y - y_0}{F_y'(x_0, y_0, z_0)} = \frac{z - z_0}{F_z'(x_0, y_0, z_0)}. \tag{8.10}$$

140 扫一扫

8.5 多元函数的极值和最值

在一元微分学中,用一阶导数、二阶导数作为工具,研究过一元函数的极值和最值问题. 多元函数也有极值和最值问题. 如半球面 $z = \sqrt{R^2 - x^2 - y^2}$ 在点 $(0,0)$ 有极大值,也是最大值;旋转抛物面 $z = x^2 + y^2$ 在点 $(0,0)$ 有极小值,也是最小值.

8.5.1 多元函数的极值

◆ **定义 8.11   极值**

若对于点 $P(x_0, y_0)$ 邻域 $U(P, r)$ 内所有点 (x, y) 均有 $f(x, y) \leqslant f(x_0, y_0)$, 则称 $P(x_0, y_0)$ 是二元函数 $f(x, y)$ 的极大值点,$f(x_0, y_0)$ 称为一个极大值. 若对于点 $P(x_0, y_0)$ 邻域 $U(P, r)$ 内

所有点 (x,y) 均有 $f(x,y) \geqslant f(x_0,y_0)$，则称 $P(x_0,y_0)$ 是二元函数 $f(x,y)$ 的极小值点，$f(x_0,y_0)$ 称为一个极小值.

◆ 定理 8.14

（极值的必要条件）　若函数 $f(x,y)$ 在 $P(x_0,y_0)$ 存在两个一阶偏导数，且 $P(x_0,y_0)$ 是函数 $f(x,y)$ 的极值点，则
$$f'_x(x_0,y_0) = f'_y(x_0,y_0) = 0.$$

◆ 定理 8.15　极值的充分条件

设函数 $f(x,y)$ 的二阶导数在 $P(x_0,y_0)$ 的邻域 $U(P)$ 上连续，并且 $f'_x(x_0,y_0) = f'_y(x_0,y_0) = 0$. 令
$$D = D(x_0,y_0) = f''_{xx}(x_0,y_0)f''_{yy}(x_0,y_0) - (f''_{xy}(x_0,y_0))^2.$$

(1) 若 $D > 0$，$f''_{xx}(x_0,y_0) > 0$，则 $f(x_0,y_0)$ 是极小值；

(2) 若 $D > 0$，$f''_{xx}(x_0,y_0) < 0$，则 $f(x_0,y_0)$ 是极大值；

(3) 若 $D = 0$，则 $f(x_0,y_0)$ 是否取极值需另作讨论.

经典例题 8.19　求 $f(x,y) = x^4+y^4-4xy+1$ 的极大值和极小值.其计算机绘图如图 8.23 所示.

【解】　求 $f(x,y)$ 的一阶偏导数，得
$$f'_x = 4x^3 - 4y, \quad f'_y = 4y^3 - 4x.$$

令偏导数等于 0，得方程组
$$\begin{cases} x^3 - y = 0, \\ y^3 - x = 0. \end{cases}$$

将 $y = x^3$ 代入 $y^3 - x = 0$，得
$$0 = (x^3)^3 - x = x(x^8 - 1) = x(x^4 - 1)(x^4 + 1)$$
$$= x(x^2 - 1)(x^2 + 1)(x^4 + 1),$$

解得三个实根 $x = 0, 1, -1$.驻点为 $(0,0), (1,1), (-1,-1)$. 再计算二阶偏导数和 $D(x,y)$：
$$f''_{xx} = 12x^2, \quad f''_{yy} = 12y^2, \quad f''_{xy} = -4,$$
$$D(x,y) = f''_{xx}f''_{yy} - f''^2_{xy} = 144x^2y^2 - 16.$$

(1) 由于 $D(0,0) = -16 < 0$，故 $f(0,0)$ 不是极大值也不是极小值.

(2) 由于 $D(1,1) = 128 > 0$，$f''_{xx}(1,1) = 12 > 0$，所以 $f(1,1) = -1$ 是极小值.

(3) 由于 $D(-1,-1) = 128 > 0$，$f''_{xx}(-1,-1) = 12 > 0$，所以 $f(-1,-1) = -1$ 是极小值.

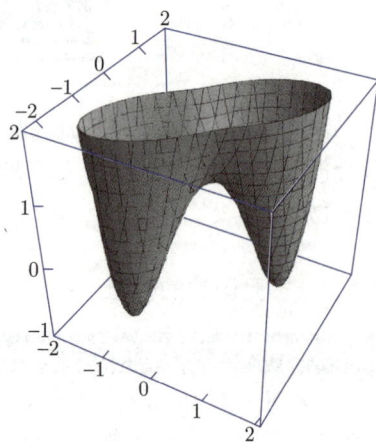

图 8.23　无条件极值

141 扫一扫

8.5.2 多元函数的最值

经典例题 8.20 求 $f(x, y) = x^2 - 2xy + 2y$ 在矩形区域

$$\mathscr{D} = \{(x, y) | 0 \leqslant x \leqslant 3, 0 \leqslant y \leqslant 2\}$$

142 扫一扫

的最大值和最小值.

【解】 求 $f(x, y)$ 的一阶偏导数, 得

$$f'_x = 2x - 2y, \quad f'_y = -2x + 2.$$

令偏导数等于 0, 得方程组

$$\begin{cases} x - y = 0, \\ -x + 1 = 0. \end{cases}$$

解得唯一的驻点为 $(1, 1)$, 函数值为 $f(1, 1) = 1$. $\mathscr{D}$ 的边界由 l_1, l_2, l_3, l_4 组成.

在 l_1 上有 $y = 0$, 且

$$f(x, 0) = x^2, \quad 0 \leqslant x \leqslant 3$$

是 x 的增函数, 显然有极小值 $f(0, 0) = 0$, 极大值 $f(3, 0) = 9$.

在 l_2 上有 $x = 3$, 且

$$f(3, y) = 9 - 4y, \quad 0 \leqslant y \leqslant 2$$

是 y 的减函数, 显然有极大值 $f(3, 0) = 9$, 极小值 $f(3, 2) = 1$.

在 l_3 上有 $y = 2$, 且

$$f(x, 2) = x^2 - 4x + 4, \quad 0 \leqslant x \leqslant 3$$

是 x 的二次函数, 有极小值 $f(2, 2) = 0$.

在 l_4 上有 $x = 0$, 且

$$f(0, y) = 2y, \quad 0 \leqslant y \leqslant 2$$

是 y 的增函数, 有极小值 $f(0, 0) = 0$, 极大值 $f(0, 2) = 4$.

即在边界的极小值是 0, 极大值是 9.

因此, 比较后可得, 函数 $f(x, y)$ 在 $\mathscr{D}$ 的最小值是 $f(0, 0) = 0$, 最大值是 $f(3, 0) = 9$, 其计算机绘图如图 8.24 所示.

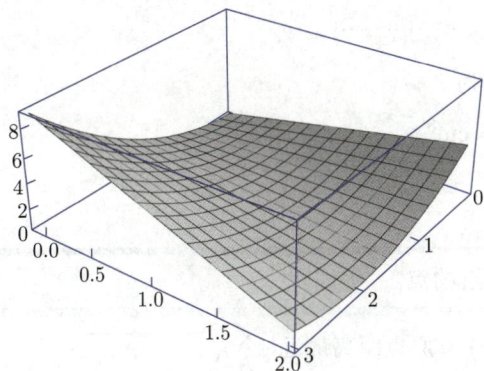

图 8.24 闭区域极值

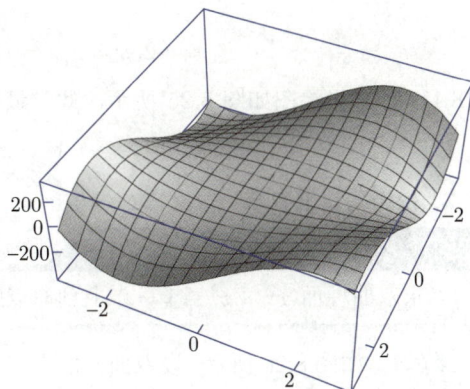

图 8.25 条件极值

8.5.3　条件极值

条件极值是指目标函数 $z = f(x, y)$ 在约束条件 $g(x, y) = 0$ 下的极值.

1. 代入消元法

从约束条件中解出一个变量, 将其代入目标函数中, 从而将目标函数转化为无约束条件的函数极值问题.

实际问题 8.5　带约束条件的最大值

用 $12\,\mathrm{m}^2$ 的纸板作成一个无盖的长方体纸盒, 求纸盒的最大体积.

【解】　令纸盒的长、宽、高分别为 x, y, z, 则纸盒的体积

$$V = xyz.$$

利用 x, y, z 满足长方体纸盒的面积等于 12 这一约束条件, 即

$$2xz + 2yz + xy = 12,$$

将 V 表示成 x, y 的函数, 解这个方程将 z 用 x, y 表示得

$$z = \frac{12 - xy}{2(x + y)}.$$

代入 $V = xyz$, 得

$$V = xy \frac{12 - xy}{2(x + y)} = \frac{12xy - x^2y^2}{2(x + y)}. \tag{8.11}$$

求偏导数, 得

$$\frac{\partial V}{\partial x} = \frac{y^2(12 - 2xy - x^2)}{2(x + y)^2}, \qquad \frac{\partial V}{\partial y} = \frac{x^2(12 - 2xy - y^2)}{2(x + y)^2},$$

解方程

$$\frac{y^2(12 - 2xy - x^2)}{2(x + y)^2} = \frac{x^2(12 - 2xy - y^2)}{2(x + y)^2} = 0,$$

得 $x = 0, y = 0$(舍去), 或

$$12 - 2xy - x^2 = 0, \quad 12 - 2xy - y^2 = 0, \quad x = y.$$

故

$$x = 2, y = 2, z = (12 - 2 \times 2)/2(2 + 2) = 1.$$

式 (8.11) 计算机绘图如图 8.25 所示, 此时最大体积为

$$V = xyz = 4\,\mathrm{cm}^3.$$

2. 拉格朗日乘数法

实际问题 8.6　带约束条件的最小值

求双曲柱面 $x^2 - z^2 - 1 = 0$ 上到原点距离最近的点.

【解】　如图 8.26 所示, 设双曲柱面上点 (x, y, z) 离原点距离最近, 令 $\sqrt{x^2 + y^2 + z^2} = r$. 考虑一个中心在原点不断膨胀的小球, 当小球膨胀到刚刚接触柱面时的半径即双曲柱面 $x^2 - z^2 - 1 = 0$ 上的点到原点的最短距离. 在接触点球面和柱面有相同的切平面和法线. 因此把球面和柱面表示为

$$f(x, y, z) = x^2 + y^2 + z^2 - r^2 = 0$$

和

$$g(x, y, z) = x^2 - z^2 - 1 = 0.$$

由于两个曲面的法向量 (也是梯度向量) 在两个曲面的接触点平行，在接触点可以求一个 λ，使

$$\mathbf{grad}f = \lambda \mathbf{grad}g,$$

其中 $\mathbf{grad}f = \{2x, 2y, 2z\}$，$\mathbf{grad}g = \{2x, 0, -2z\}$. 即切点的坐标 (x, y, z) 必须同时满足

$$2x = 2\lambda x, \quad 2y = 0, \quad 2z = -2\lambda z, \quad x^2 - z^2 - 1 = 0.$$

解得满足条件的点是 $(\pm 1, 0, 0)$.

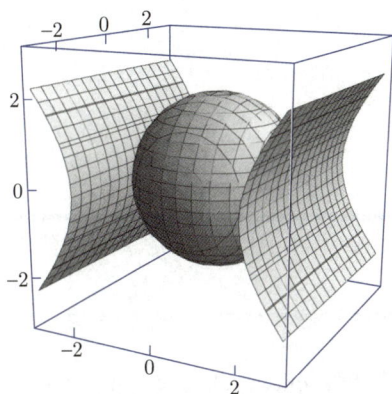

图 8.26　条件极值　　　　　　　　图 8.27　条件极值

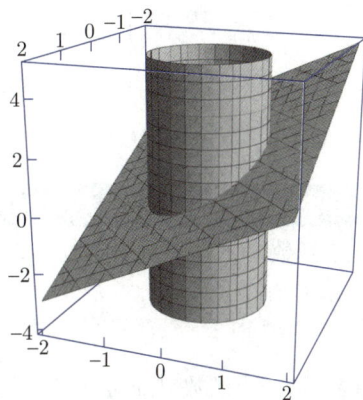

上面问题的求解，用到了拉格朗日乘数法. 这是拉格朗日在 1755 年给出的求解条件极值问题的方法. 这个方法在经济学、工程技术 (如多级火箭的设计)，特别是在优化理论中有广泛的应用. 现将拉格朗日乘数法叙述如下.

设函数 $f(x, y, z)$ 和 $g(x, y, z)$ 可微，求函数 $f(x, y, z)$ 在约束条件 $g(x, y, z) = 0$ 下的局部极值. 可以这样求解：

(1) 求方程组

$$\mathbf{grad}f(x, y, z) = \lambda \mathbf{grad}g(x, y, z) \quad \text{和} \quad g(x, y, z) = 0 \tag{8.12}$$

关于 x, y, z 和 λ 的解.

(2) 求所有满足方程组的点 (x, y, z) 的函数值 $f(x, y, z)$，并判断其是否为极值. 拉格朗日乘数法给出的只是条件极值的必要条件. 通常情况下是否为极值可根据问题的实际意义来判定.

若将向量方程 (8.12) 写成分量形式，则有

$$f'_x = \lambda g'_x, \quad f'_y = \lambda g'_y, \quad f'_z = \lambda g'_z, \quad g(x, y, z) = 0. \tag{8.13}$$

在实际求解过程中一般并不需要求解 λ，只需要求解 (x, y, z) 及相应点的函数值 $f(x, y, z)$ 即可.

3. 两个约束条件

设函数 $f(x, y, z)$，$g(x, y, z)$ 和 $h(x, y, z)$ 均可微，求函数 $f(x, y, z)$ 在约束条件 $g(x, y, z) = 0$ 和 $h(x, y, z) = 0$ 下的局部极值.

这时，向量方程 (8.12) 可推广为

$$\begin{cases} \mathbf{grad}f(x,y,z) = \lambda\mathbf{grad}g(x,y,z) + \mu\mathbf{grad}h(x,y,z), \\ g(x,y,z) = 0, \\ h(x,y,z) = 0. \end{cases} \tag{8.14}$$

若将向量方程 (8.14) 写成分量形式，则有

$$\begin{cases} f'_x(x,y,z) = \lambda g'_x(x,y,z) + \mu h'_x(x,y,z), \\ f'_y(x,y,z) = \lambda g'_y(x,y,z) + \mu h'_y(x,y,z), \\ f'_z(x,y,z) = \lambda g'_z(x,y,z) + \mu h'_z(x,y,z), \\ g(x,y,z) = 0, \\ h(x,y,z) = 0. \end{cases} \tag{8.15}$$

实际问题 8.7　带约束条件的最大值

　　试求函数 $f(x,y,z) = x + 2y + 3z$ 在平面 $x - y + z = 1$ 和圆柱 $x^2 + y^2 = 1$ 交线上的最大值，如图 8.27 所示.

【解】　这是求函数 $f(x,y,z) = x + 2y + 3z$ 在约束条件 $g(x,y,z) = x - y + z - 1 = 0$ 和 $h(x,y,z) = x^2 + y^2 - 1 = 0$ 下的最大值问题. 列出拉格朗日条件方程

$$\mathbf{grad}f = \lambda\mathbf{grad}g + \mu\mathbf{grad}h, \quad x - y + z = 1, \quad x^2 + y^2 = 1.$$

解方程组

$$\begin{cases} 1 = \lambda + 2\mu x, \\ 2 = -\lambda + 2\mu y, \\ 3 = \lambda, \\ 1 = x - y + z, \\ 1 = x^2 + y^2, \end{cases} \tag{8.16}$$

144 扫一扫

得

$$\lambda = 3, \quad \mu = \pm\frac{\sqrt{29}}{2}, \quad x = \mp\frac{2}{\sqrt{29}}, \quad y = \pm\frac{5}{\sqrt{29}}, \quad z = 1 \pm\frac{7}{\sqrt{29}}.$$

所以 $f(x,y,z) = x + 2y + 3z$ 可能的最大值为

$$f = \mp\frac{2}{\sqrt{29}} + 2\left(\pm\frac{5}{\sqrt{29}}\right) + 3\left(1 \pm\frac{7}{\sqrt{29}}\right) = 3 \pm\sqrt{29}.$$

显然 $f = 3 + \sqrt{29}$ 为最大值.

实际问题 8.8　攀岩活动

设有一座小山，取它的底面所在的平面为 xOy 面，其底部所占的区域为 $\mathscr{D} = \{(x,y)|x^2 + y^2 - xy \leqslant 75\}$，小山的高度函数为 $h(x,y) = 75 - x^2 - y^2 + xy$. (1) 设 $M_0(x_0,y_0)$ 为区域 $\mathscr{D}$ 上一点，问 $h(x,y)$ 在该点沿平面上什么方向的方向向量的导数最大？若记此方向导数的最大值为 $g(x_0,y_0)$，试写出 $g(x_0,y_0)$ 的表达式. (2) 现在利用此小山开展攀岩活动，为此需要在山脚寻找一上山坡度最大的点作为攀登的起点. 试确定攀登起点的位置.

【解】 (1) $\mathbf{grad}\,h(x,y)\Big|_M = \dfrac{\partial h}{\partial x}\Big|_M \boldsymbol{i} + \dfrac{\partial h}{\partial y}\Big|_M \boldsymbol{j} = (-2x_0 + y_0)\boldsymbol{i} + (x_0 - 2y_0)\boldsymbol{j}.$

方向导数与梯度方向一致时，方向导数达到最大值，且最大值为梯度的模，即

$$g(x_0,y_0) = \sqrt{(-2x_0 + y_0)^2 + (x_0 - 2y_0)^2} = \sqrt{5(x_0^2 + y_0^2) - 8x_0y_0}.$$

(2) 题意就是在 $\mathscr{D}$ 的边界线 $x^2 + y^2 - xy - 75 = 0$ 上找出使 (1) 中的 $g(x,y)$ 达到最大值的点. 用拉格朗日乘数法，设

$$F(x,y,z) = 5(x^2 + y^2) - 8xy + \lambda(x^2 + y^2 - xy - 75).$$

令

$$\begin{cases} F'_x = 10x - 8y + 2\lambda x - \lambda y = 0, \\ F'_y = 10y - 8x + 2\lambda y - \lambda x = 0, \\ F'_\lambda = x^2 + y^2 - xy - 75 = 0, \end{cases}$$

解得 $x = 5, y = -5$ 或 $x = -5, y = 5$.

145 扫一扫

习题 8 答案

♣ 习 题 8 ♣

一、填空题

1. 函数 $z = \dfrac{\arcsin(3 - x^2 - y^2)}{\sqrt{x - y^2}}$ 的定义域为_____.

2. $\displaystyle\lim_{(x,y)\to(1,0)} \dfrac{\sin xy}{y} = $ _____；　$\displaystyle\lim_{(x,y)\to(1,\infty)} \dfrac{\sin xy}{y} = $ _____；　$\displaystyle\lim_{(x,y)\to(1,1)} \dfrac{\sin xy}{y} = $ _____.

3. 数 $z = \ln(x^2 + y^2)$ 间断点为_____；$z = \dfrac{1}{y - 2x^2}$ 在_____处间断.

4. 设 $f(x,y) = \mathrm{e}^{-x}\sin(x + 2y)$，则 $f'_y(0,y) = $ _____.

5. 设 $z = \mathrm{e}^{y(x^2+y^2)}$，则 $\mathrm{d}z = $ _____.

6. 设 $u = \ln(3x - 2y + z)$，则 $\mathrm{d}u = $ _____.

7. 设 $z = \mathrm{e}^{xy} + x^2 y$，则 $\dfrac{\partial z}{\partial x}\Big|_{(1,2)} = $ _____；$\dfrac{\partial z}{\partial y}\Big|_{(1,2)} = $ _____.

8. 设方程 $x^2 + 2y^2 + 3z^2 - yz = 0$ 确定了隐函数 $z = x(x,y)$，则 $\dfrac{\partial z}{\partial y} = $ _____.

9. 设 $z = x^2 + \sin y, x = \cos t, y = t^3$，则全导数 $\dfrac{\mathrm{d}z}{\mathrm{d}t} = $ _____.

10. 已知函数 $z = \ln(1 + x^2 + y^2)$，则 $\mathrm{d}z|_{(1,0)} = $ _____.

11. 若曲面 $xyz = 6$ 在 M 处的切平面平行于平面 $6x - 2y + 2z + 1 = 0$，则切点 M 的坐标是_____.

12. 设二元函数 $f(x,y) = x^2 + y^2$，则 $\nabla f(2,-1) = $ _____.

13. 二元函数 $f(x,y) = x^3 + y^3 + xy$ 的极值是_____，且为极_____值.

14. 若 $f(x,y) = 2x^2 + xy^2 + ax + 2y$ 在点 $(1,-1)$ 处取得极值，则 $a = $_____.

二、选择题

1. $\lim\limits_{(x,y)\to(0,0)} \dfrac{3xy}{x^2+y^2} = ($　　$)$.

    (A) $\dfrac{2}{3}$　　　　　　　　(B) 0　　　　　　　　(C) $\dfrac{6}{5}$　　　　　　　　(D) 不存在

2. 有且仅有一个间断点的函数为 (　　).

    (A) $\dfrac{x}{y}$　　　　　　(B) $e^{-x}\ln(x^2+y^2)$　　(C) $\dfrac{x}{x+y}$　　　　　(D) $\arctan(xy)$

3. 下列极限存在的为 (　　).

    (A) $\lim\limits_{(x,y)\to(0,0)} \dfrac{x}{x+y}$　　　　　　　　　　(B) $\lim\limits_{(x,y)\to(0,0)} \dfrac{1}{x+y}$

    (C) $\lim\limits_{(x,y)\to(0,0)} \dfrac{x^2}{x+y}$　　　　　　　　　(D) $\lim\limits_{(x,y)\to(0,0)} x\sin\dfrac{1}{x+y}$

4. 已知 $f(x,y) = x + (y-1)\arcsin\sqrt{\dfrac{x}{y}}$，则 $f'_x(x,1) = ($　　$)$.

    (A) x　　　　　　　　(B) 1　　　　　　　　(C) -1　　　　　　　　(D) $x+1$

5. 已知函数 $f(x,y) = \begin{cases} \dfrac{xy}{x^2+y^2}, & x^2+y^2 \leqslant 0, \\ 0, & x^2+y^2 = 0 \end{cases}$　在 $(0,0)$ 点下列叙述正确的是 (　　).

    (A) 连续但偏导数不存在　　　　　　　　(B) 连续偏导数也存在

    (C) 不连续偏导数也不存在　　　　　　　(D) 不连续但偏导数存在

6. $f(x)$ 在 (x_0,y_0) 处 $\dfrac{\partial f}{\partial x}, \dfrac{\partial f}{\partial y}$ 均存在是 $f(x)$ 在 (x_0,y_0) 处连续的 (　　) 条件.

    (A) 充分条件　　　　(B) 必要条件　　　　(C) 充要条件　　　　(D) 无关条件

7. 在点 P 处，f 可微的充分条件为 (　　).

    (A) f 的一阶偏导数均连续　　　　　　(B) f 连续

    (C) f 的一阶偏导数均存在　　　　　　(D) f 连续且 $\dfrac{\partial f}{\partial x}, \dfrac{\partial f}{\partial y}$ 均存在

8. 二元函数的二阶混合偏导数相等的充分条件是 (　　).

    (A) $f'_x = 0$ 且 $f'_y = 0$　　(B) f''_{xy} 连续　　(C) f''_{yx} 连续　　(D) f''_{xy} 与 f''_{yx} 都连续

9. $z = F(x,y,z)$ 的一个法向量为 (　　).

    (A) $\{F'_x, F'_y, F'_z - 1\}$　　　　　　　　(B) $\{F'_x - 1, F'_y - 1, F'_z - 1\}$

    (C) $\{F'_x, F'_y, F'_z\}$　　　　　　　　　(D) $\{-F'_x, -F'_y, F'_z\}$

10. 设 $f(x,y) = x^2 + (y-1)^2$ 的极值为 (　　).

    (A) 极小值为 0　　　　　　　　　　(B) 极大值为 0

    (C) 极大值为 1，极小值为 0　　　　　(D) 无极值

三、计算题

1. 求下列极限：

(1) $\lim\limits_{(x,y)\to(0,0)} \dfrac{\sqrt{x^2y^2+1}-1}{x^2y^2}$;　　(2) $\lim\limits_{(x,y)\to(1,0)} \dfrac{\ln(x+\mathrm{e}^y)}{\sqrt{x^2+y^2}}$;　　(3) $\lim\limits_{(x,y)\to(0,0)} \sqrt[x]{1+xy}$;

(4) $\lim\limits_{(x,y)\to(0,0)} \dfrac{\sin xy}{x}$;　　(5) $\lim\limits_{(x,y)\to(0,0)} \dfrac{\ln(1+x^2+y^2)}{\arcsin(x^2+y^2)}$;　　(6) $\lim\limits_{(x,y)\to(0,0)} \dfrac{xy}{\sqrt{x^2+y^2}}$.

2. 求下列函数的一阶偏导数:

(1) $z = x^4 + y^4 - 4xy^2$;　　　　(2) $z = x^3\sin y - y\mathrm{e}^x + \dfrac{x}{y}$;　　(3) $z = \mathrm{e}^{xy}\sin(x+y)$;

(4) $z = (1+xy)^y$;　　　　　　(5) $u = x^{\frac{y}{z}}$;　　　　　　(6) $u = x^{y^z}$.

3. 求复合函数 $w = f(x^2z+y, y^2z)$ 的一阶偏导数, 其中 f 具有一阶连续偏导数.

4. 曲线 $\begin{cases} z = \dfrac{x^2+y^2}{4}, \\ y = 4 \end{cases}$ 在点 $(2,4,5)$ 处的切线对于 x 轴的倾斜角是多少?

5. 设 $z = x^3y^2 - 3xy^2 - xy + 1$, 求 $\dfrac{\partial^2 z}{\partial x^2}, \dfrac{\partial^2 z}{\partial x\partial y}$ 及 $\dfrac{\partial^3 z}{\partial x^3}$.

6. 设 $f(x,y,z) = xy^2 + yz^2 + zx^2$, 求 $f''_{xx}(0,0,1), f''_{xz}(1,0,2), f''_{yz}(0,-1,0)$.

7. 求函数 $z = x^2y^3$ 当 $x=2, y=-1, \Delta x = 0.02, \Delta y = -0.01$ 时的全增量和全微分.

8. 求下列函数的全微分:

(1) $z = \sin\dfrac{x}{y}$;　　(2) $z = \mathrm{e}^{x^2+y^2}$;　　(3) $z = yx^y$;　　(4) $u = \mathrm{e}^{xy}\ln z$.

9. 设 $z = \ln(u^2+v)$, 而 $u = \mathrm{e}^{x+y}, v = 2x+y$, 求 $\dfrac{\partial z}{\partial x}, \dfrac{\partial z}{\partial y}$.

10. 设 $z = x^y$, 而 $x = \sin t, y = \cos t$, 求 $\dfrac{\mathrm{d}z}{\mathrm{d}t}$.

11. 设 $z = f(u,x) = x\sin u + 2x^2 + \mathrm{e}^u, u = x^2 + y^2$, 求 $\dfrac{\partial z}{\partial x}, \dfrac{\partial z}{\partial y}$.

12. 设 $z = \arctan(xy), y = \mathrm{e}^x$, 求 $\dfrac{\mathrm{d}z}{\mathrm{d}x}$ 及 $\dfrac{\mathrm{d}z}{\mathrm{d}y}$.

13. 设 $\mathrm{e}^x - xyz = 0$, 求 $\dfrac{\partial z}{\partial x}, \dfrac{\partial z}{\partial y}$.

14. 求由方程 $x^3 + y^3 + z^3 + xyz = 6$ 所确定隐函数 $z = z(x,y)$ 在点 $(1,2,-1)$ 处的 $\dfrac{\partial z}{\partial x}, \dfrac{\partial z}{\partial y}$.

15. 求由方程 $xyz + \sqrt{x^2+y^2+z^2} = \sqrt{2}$ 所确定隐函数 $z = z(x,y)$ 在点 $M(1,0,-1)$ 处的全微分.

16. 设 $z = \ln(x^zy^x)$, 求 $\mathrm{d}z$.

17. 求函数 $u = x^2 + 2y^2 + 3z^2 + 3x - 2y$ 在点 $(1,1,2)$ 处的梯度, 并问在哪些点处梯度为零?

18. 求曲线 $x = t - \sin t, y = 1 - \cos t, z = 4\sin\dfrac{t}{2}$ 在点 $\left(\dfrac{\pi}{2}-1, 1, 2\sqrt{2}\right)$ 处的切线及法平面方程.

19. 求出曲线 $x = t, y = t^2, z = t^3$ 上的点, 使在点 $(1,-1,0)$ 处的切线平行于平面 $x + 2y + z = 4$.

20. 求旋转抛物面 $z = x^2 + y^2 - 1$ 在点 $(2,1,4)$ 处的切平面及法线方程.

21. 求曲面 $x^2y^2 + y^2z^2 + z^2x^2 = 3$ 在点 $(1,-1,-1)$ 处的切平面方程.

22. 求函数 $z = x^3 - 4x^2 + 2xy - y^2$ 的极值.

23. 求函数 $z = x^3 - y^3 + 3x^2 + 3y^2 - 9x$ 的极值.

四、证明题

1. 证明下列极限不存在:

(1) $\lim\limits_{(x,y)\to(0,0)} \dfrac{x+y}{x-y}$;　　(2) $\lim\limits_{(x,y)\to(0,0)} \dfrac{x^2y^2}{x^2y^2+(x-y)^2}$.

2. 设 $z = \dfrac{y}{f(x^2+y^2)}$, 其中 f 可微, 证明: $\dfrac{1}{x}\dfrac{\partial z}{\partial x} + \dfrac{1}{y}\dfrac{\partial z}{\partial y} = \dfrac{z}{y^2}$.

3. 验证函数 $z = \ln\sqrt{x^2+y^2}$ 满足方程 $\dfrac{\partial^2 z}{\partial x^2} + \dfrac{\partial^2 z}{\partial y^2} = 0$.

五、应用题

1. 要建造一个容积为 $4\,\mathrm{m}^3$ 的长方体无盖蓄水池，问如何选择尺寸用料最省？

2. 某工厂生产 A, B 两种产品，生产成本每 $500\,\mathrm{g}$ 分别为 0.70 元与 0.80 元，设售价分别为 x, y(单位：元)；且已知 A、B 需求量为 $Q_1 = 2400(y - x), Q_2 = 2400(1.5 + x - 2y)$，试求如何定价格 x、y 才能使利润最大？

3. 某人有 200 元，他决定用来购买计算机磁盘和录音磁带. 假设购买 x 张磁盘与 y 盒磁带的效用函数 (效用函数是描述人们同时购买两种商品各 x 单位、y 单位时满意程度的量) 为

$$F(x, y) = \ln x + \ln y,$$

如果每张磁盘 8 元，每盒磁带 10 元，问如何分配这 200 元，才能达到满意的效果？

4. 假定联合使用三种药物治疗某种疾病的疗效 R 可根据公式

$$R = x^3 y^2 z (x > 0, y > 0, z > 0)$$

来评估，其中 x, y, z 分别代表药物 A, B, C 的用量，而其用量的分配则为 $3x + 2y + z = 1$. 问药物 A, B, C 各多少时疗效最佳？

第 9 章 多元函数积分学

学习目标与要求

◆ 理解重积分的概念和性质，掌握二重积分和三重积分的计算方法.

◆ 理解两类曲线积分的概念、性质和关系，掌握两类曲线积分的计算方法.

◆ 理解两类曲面积分的概念、性质和关系，掌握两类曲面积分的计算方法.

◆ 掌握格林公式及曲线积分与路径无关的条件.

◆ 了解场的概念，掌握建立重积分、曲线积分和曲面积分表达式的微元法.

9.1 重 积 分

9.1.1 二重积分的概念

1. 曲顶柱体的体积

设函数 $f(x,y)$ 在矩形域

$$\mathscr{D} = \{(x,y)|a \leqslant x \leqslant b, c \leqslant y \leqslant d\}$$

146 扫一扫

有定义.

为求曲顶柱体体积，用平行于 x 轴和 y 轴的直线将 $\mathscr{D}$ 分成 $m \times n$ 个小区域，设第 (i,j) 个小区域 $\mathscr{D}_{ij}(i=1,2,\cdots,m;j=1,2,\cdots,n)$ 的面积为 $\Delta\sigma_{ij}$，将这个分法表示为 T. 过 $\mathscr{D}_{ij}$ 的边界作平行于 z 轴的柱面. 于是将曲顶柱体分成了以 $\mathscr{D}_{ij}$ 为底的 $m \times n$ 个小曲顶柱体. 这 $m \times n$ 个小曲顶柱体的体积之和即是大曲顶柱体体积. 由于函数 $f(x,y)$ 的连续性，当小区域 $\mathscr{D}_{ij}$ 很小时，每个小曲顶柱体体积可近似地看成 (平顶) 柱体体积.

在每个小区域 $\mathscr{D}_{ij}$ 任取一点 $P_{ij}(\xi_{ij},\eta_{ij})$，则以 $\mathscr{D}_{ij}$ 为底 (面积是 $\Delta\sigma_{ij}$) 以 $f(\xi_{ij},\eta_{ij})$ 为高的 (平顶) 柱体体积

$$f(\xi_{ij},\eta_{ij})\Delta\sigma_{ij}$$

是小曲顶柱体体积的近似值. 于是，大曲顶柱体体积 V 的近似值为

$$V \approx \sum_{i=1}^{m}\sum_{j=1}^{n} f(\xi_{ij},\eta_{ij})\Delta\sigma_{ij}.$$

显然，由图 9.1～图9.3 可以看出，当对区域 $\mathscr{D}$ 的分法越来越细时，上式右端和式越来越趋近大曲顶柱体体积 V.

设分法 T 对应的 $m \times n$ 个小区域 $\mathscr{D}_{11}, \mathscr{D}_{12}, \cdots, \mathscr{D}_{mn}$ 的直径分别为 $d(\mathscr{D}_{11}), d(\mathscr{D}_{12}), \cdots, d(\mathscr{D}_{mn})$ (有界闭区域的直径是指闭区域上任意两点间距离的最大者). 令 $||T|| = \max\{d(\mathscr{D}_{11}), d(\mathscr{D}_{12}), \cdots, d(\mathscr{D}_{mn})\}$，则

$$V = \lim_{||T|| \to 0} \sum_{i=1}^{m} \sum_{j=1}^{n} f(\xi_{ij}, \eta_{ij}) \Delta \sigma_{ij}. \tag{9.1}$$

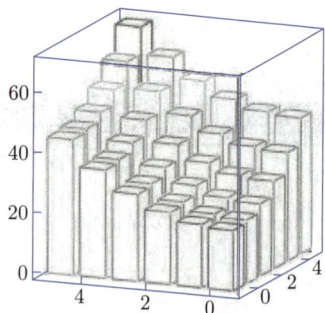

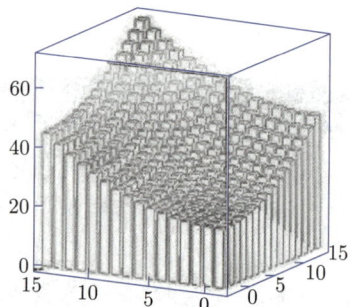

图 9.1　分成 36 个小柱体　　　　图 9.2　分成 121 个小柱体　　　　图 9.3　分成 256 个小柱体

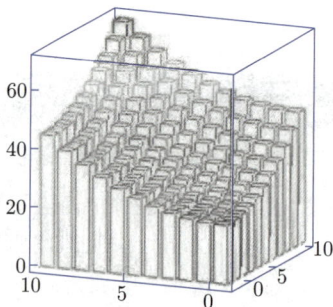

2. 矩形区域的二重积分

不仅计算曲顶柱体体积要用到式 (9.1) 的极限，凡是计算平面有界区域不均匀量的总和，如非均匀薄片的质量、曲面面积等，都要用到形如式 (9.1) 的极限. 因此，有必要进一步讨论式 (9.1) 的极限.

♦ **定义 9.1　积分和式**

设函数 $f(x,y)$ 在有界闭区域 $\mathscr{D}$ 有定义. 用任意分法 T 将 $\mathscr{D}$ 分成 $m \times n$ 个小区域 $\mathscr{D}_{11}, \mathscr{D}_{12}, \cdots, \mathscr{D}_{mn}$，设它们的面积分别为 $\Delta\sigma_{11}, \Delta\sigma_{12}, \cdots, \Delta\sigma_{mn}$. 在小区域 $\mathscr{D}_{ij}$ 任取一点 $P_{ij}(\xi_{ij}, \eta_{ij})(i = 1, 2, \cdots, m; j = 1, 2, \cdots, n)$，和式

$$\sum_{i=1}^{m} \sum_{j=1}^{n} f(\xi_{ij}, \eta_{ij}) \Delta\sigma_{ij} \tag{9.2}$$

称为函数 $f(x,y)$ 在区域 $\mathscr{D}$ 的积分和式.

♦ **定义 9.2　二重积分**

设函数 $f(x,y)$ 在有界闭区域 $\mathscr{D}$ 有定义. 令 $||T|| = \max\{d(\mathscr{D}_{11}), d(\mathscr{D}_{12}), \cdots, d(\mathscr{D}_{mn})\}$. 若当 $||T|| \to 0$ 时，函数 $f(x,y)$ 在区域 $\mathscr{D}$ 的积分和式 (9.2) 存在极限 I(数 I 与分法 T 无关，也与点 P_{ij} 的取法无关)，记为

$$\lim_{||T|| \to 0} \sum_{i=1}^{m} \sum_{j=1}^{n} f(\xi_{ij}, \eta_{ij}) \Delta\sigma_{ij} = I, \tag{9.3}$$

则称函数 $f(x,y)$ 在 $\mathscr{D}$ 可积，I 是函数 $f(x,y)$ 在 $\mathscr{D}$ 的二重积分，记为

$$I = \iint\limits_{\mathscr{D}} f(x,y)\mathrm{d}\sigma \quad \text{或} \quad I = \iint\limits_{\mathscr{D}} f(x,y)\mathrm{d}x\mathrm{d}y, \tag{9.4}$$

其中 $\mathscr{D}$ 称为积分区域，$f(x,y)$ 称为被积函数，$\mathrm{d}\sigma$ 或 $\mathrm{d}x\mathrm{d}y$ 称为面积微元.

由二重积分的定义不难看出，以定义在有界闭区域 $\mathscr{D}$ 的正值连续函数 $f(x,y)$ 为曲顶的曲顶柱体体积 V 是函数 $f(x,y)$ 在 $\mathscr{D}$ 的二重积分，即

$$V = \lim_{\|T\| \to 0} \sum_{i=1}^{m} \sum_{j=1}^{n} f(\xi_{ij}, \eta_{ij}) \Delta\sigma_{ij} = \iint\limits_{\mathscr{D}} f(x,y)\mathrm{d}x\mathrm{d}y.$$

♦ **定理 9.1**

若函数 $f(x,y)$ 在有界闭区域 $\mathscr{D}$ 连续，则函数 $f(x,y)$ 在 $\mathscr{D}$ 可积.

♦ **定理 9.2**

若函数 $f(x,y)$ 在有界闭区域 $\mathscr{D}$ 有界，间断点只分布在有限条光滑曲线上，则函数 $f(x,y)$ 在 $\mathscr{D}$ 可积.

9.1.2　二重积分的性质

二重积分与定积分有类似的性质.

♦ **定理 9.3**

若 $f(x,y) = 1$，则

$$\iint\limits_{\mathscr{D}} \mathrm{d}\sigma = A,$$

其中 A 表示 $\mathscr{D}$ 的面积.

♦ **定理 9.4**

若 $f(x,y)$ 在 $\mathscr{D}$ 可积，k 是常数，则函数 $kf(x,y)$ 也在 $\mathscr{D}$ 可积，且

$$\iint\limits_{\mathscr{D}} kf(x,y)\mathrm{d}\sigma = k \iint\limits_{\mathscr{D}} f(x,y)\mathrm{d}\sigma.$$

♦ **定理 9.5**

若 $f(x,y)$ 和 $g(x,y)$ 在 $\mathscr{D}$ 可积，则 $f(x,y) \pm g(x,y)$ 也在 $\mathscr{D}$ 可积，且

$$\iint\limits_{\mathscr{D}} (f(x,y) \pm g(x,y))\mathrm{d}\sigma = \iint\limits_{\mathscr{D}} f(x,y)\mathrm{d}\sigma \pm \iint\limits_{\mathscr{D}} g(x,y)\mathrm{d}\sigma.$$

♦ 定理 9.6

若 $\mathscr{D}$ 可分解成两个有限区域 $\mathscr{D}_1$ 和 $\mathscr{D}_2$，且 $f(x,y)$ 在 $\mathscr{D}_1$ 与 $\mathscr{D}_2$ 都可积，则函数 $f(x,y)$ 在 $\mathscr{D}$ 可积，且

$$\iint\limits_{\mathscr{D}} f(x,y)\mathrm{d}\sigma = \iint\limits_{\mathscr{D}_1} f(x,y)\mathrm{d}\sigma + \iint\limits_{\mathscr{D}_2} f(x,y)\mathrm{d}\sigma.$$

♦ 定理 9.7

若 $f(x,y)$ 和 $g(x,y)$ 在 $\mathscr{D}$ 可积，且对 $\forall (x,y) \in \mathscr{D}$，有

$$f(x,y) \leqslant g(x,y),$$

则

$$\iint\limits_{\mathscr{D}} f(x,y)\mathrm{d}\sigma \leqslant \iint\limits_{\mathscr{D}} g(x,y)\mathrm{d}\sigma.$$

♦ 定理 9.8

若 $f(x,y)$ 在 $\mathscr{D}$ 可积，则函数 $|f(x,y)|$ 也在 $\mathscr{D}$ 可积，且

$$\left| \iint\limits_{\mathscr{D}} f(x,y)\mathrm{d}\sigma \right| \leqslant \iint\limits_{\mathscr{D}} |f(x,y)|\mathrm{d}\sigma.$$

♦ 定理 9.9　二重积分中值定理

若函数 $f(x,y)$ 在有界闭区域 $\mathscr{D}$ 连续，则至少有一点 $(\xi, \eta) \in \mathscr{D}$，使

$$\iint\limits_{\mathscr{D}} f(x,y)\mathrm{d}\sigma = f(\xi, \eta)A,$$

其中 A 表示 $\mathscr{D}$ 的面积.

【证明】　根据定理8.4知在 $\mathscr{D}$ 内必存在两点 (x_1, y_1) 与 (x_2, y_2)，函数 $f(x,y)$ 在此两点分别取得最大值 M 和最小值 m，即

$$f(x_1, y_1) = M, \quad f(x_2, y_2) = m.$$

于是，对于 $\forall (x,y) \in \mathscr{D}$，有

$$m \leqslant f(x,y) \leqslant M.$$

根据定理9.3、定理9.4和定理9.7，有

$$mA \leqslant \iint\limits_{\mathscr{D}} f(x,y)\mathrm{d}\sigma \leqslant MA, \quad \text{或} \quad m \leqslant \frac{1}{A} \iint\limits_{\mathscr{D}} f(x,y)\mathrm{d}\sigma \leqslant M,$$

根据定理8.5连续函数的介值性知，至少存在一点 $(\xi, \eta) \in \mathscr{D}$，使

$$f(\xi, \eta) = \frac{1}{A} \iint\limits_{\mathscr{D}} f(x,y)\mathrm{d}\sigma,$$

即

$$\iint\limits_{\mathscr{D}} f(x,y)\mathrm{d}\sigma = f(\xi, \eta)A.$$

9.1.3 二重积分的计算

1. 矩形区域上的二重积分计算

二重积分可以用定义直接计算，但有很大的局限性．为此本节给出计算二重积分经常使用的方法——化二重积分为二次定积分．

> ◆ **定理 9.10   富比尼定理**
>
> 若函数 $f(x,y)$ 是定义在矩形区域 $\mathscr{D} = \{(x,y)|a \leqslant x \leqslant b, c \leqslant y \leqslant d\}$ 的连续函数，则
>
> $$\iint\limits_{\mathscr{D}} f(x,y)\mathrm{d}\sigma = \int_a^b\!\!\int_c^d f(x,y)\mathrm{d}y\mathrm{d}x = \int_c^d\!\!\int_a^b f(x,y)\mathrm{d}x\mathrm{d}y.$$

第一个等式是先对 y 求定积分再对 x 求定积分，第二个等式是先对 x 求定积分再对 y 求定积分．这就把二重积分化成了二次定积分，也称二次积分或累次积分．

特别地，如果 $f(x,y) = \varphi(x)\psi(y)$，则

$$\iint\limits_{\mathscr{D}} \varphi(x)\psi(y)\mathrm{d}\sigma = \iint\limits_{\mathscr{D}} \varphi(x)\psi(y)\mathrm{d}x\mathrm{d}y = \int_a^b \varphi(x)\mathrm{d}x \int_c^d \psi(y)\mathrm{d}y.$$

更一般地，当 $f(x,y)$ 是 $\mathscr{D}$ 的只在有限多条光滑曲线上不连续的有界函数，则对 $f(x,y)$ 求累次积分时，上述定理仍然成立．

富比尼 (Fubini，1879—1943)，意大利数学家，在 1897 年证明了这个定理的一般形式．而对连续函数的结论是由法国数学家柯西早在一个世纪前证明的结果．

经典例题 9.1   求二重积分 $\displaystyle\iint\limits_{\mathscr{D}} \frac{\mathrm{d}x\mathrm{d}y}{(x+y)^2}$，其中 $\mathscr{D} = \{(x,y)|3 \leqslant x \leqslant 4, 1 \leqslant y \leqslant 2\}$，如图 9.4 所示．

【解】   由于被积函数 $\dfrac{1}{(x+y)^2}$ 在 $\mathscr{D}$ 连续，所以

$$\iint\limits_{\mathscr{D}} \frac{\mathrm{d}x\mathrm{d}y}{(x+y)^2} = \int_1^2 \mathrm{d}y \int_3^4 \frac{\mathrm{d}x}{(x+y)^2} \quad (\text{先对}x\text{积分}, y\text{当作常数})$$

$$= \int_1^2 \left(\frac{1}{y+3} - \frac{1}{y+4}\right)\mathrm{d}y = \ln\frac{25}{24}.$$

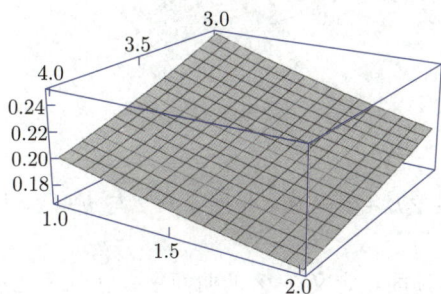

图 9.4

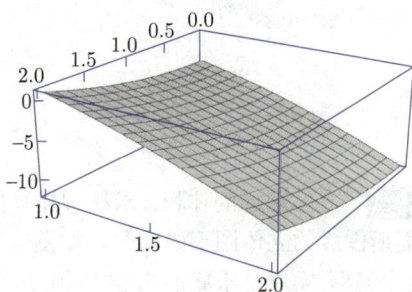

图 9.5

147 扫一扫

📐 **经典例题 9.2**　计算二重积分 $\iint\limits_{\mathscr{D}} (x - 3y^2)\mathrm{d}\sigma$，其中 $\mathscr{D} = \{(x, y)|0 \leqslant x \leqslant 2, 1 \leqslant y \leqslant 2\}$，如图 9.5 所示.

【解】　由富比尼定理，先对 y 积分，再对 x 积分得

$$\iint\limits_{\mathscr{D}} (x - 3y^2)\mathrm{d}\sigma = \int_0^2 \int_1^2 (x - 3y^2)\mathrm{d}y\mathrm{d}x = \int_0^2 (xy - y^3)\Big|_{y=1}^{y=2}\mathrm{d}x$$

$$= \int_0^2 (x - 7)\mathrm{d}x = \left(\frac{x^2}{2} - 7x\right)\Big|_0^2 = -12.$$

先对 x 积分，再对 y 积分，则

$$\iint\limits_{\mathscr{D}} (x - 3y^2)\mathrm{d}\sigma = \int_1^2 \int_0^2 (x - 3y^2)\mathrm{d}x\mathrm{d}y = \int_1^2 \left(\frac{x^2}{2} - 3xy^2\right)\Big|_{x=0}^{x=2}\mathrm{d}y$$

$$= \int_1^2 (2 - 6y^2)\mathrm{d}y = (2y - 2y^3)\Big|_1^2 = -12.$$

📐 **经典例题 9.3**　计算二重积分 $\iint\limits_{\mathscr{D}} y\sin xy\mathrm{d}\sigma$，其中 $\mathscr{D} = [1, 2] \times [0, \pi]$，如图 9.6 所示.

【解】　先对 x 积分，再对 y 积分得

$$\iint\limits_{\mathscr{D}} y\sin xy\mathrm{d}\sigma = \int_0^\pi \int_1^2 y\sin xy\mathrm{d}x\mathrm{d}y = \int_0^\pi (-\cos xy)\Big|_{x=1}^{x=2}\mathrm{d}y$$

$$= \int_0^\pi (-\cos 2y + \cos y)\mathrm{d}y = \left(-\frac{1}{2}\sin 2y + \sin y\right)\Big|_0^\pi = 0.$$

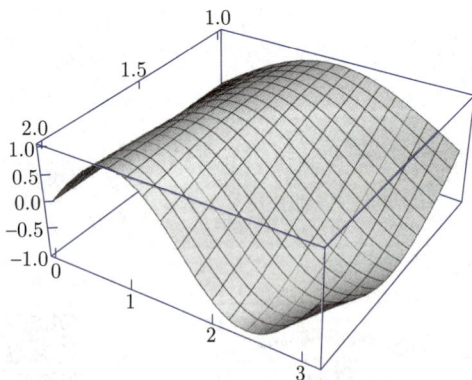

图 9.6

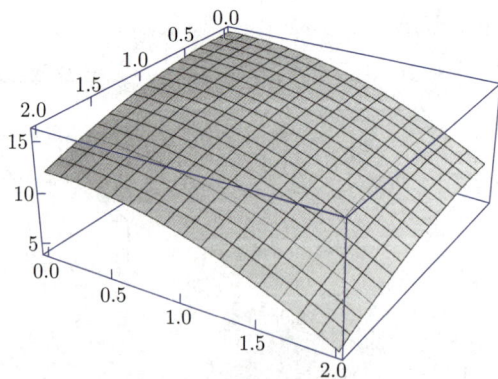

图 9.7

📐 **经典例题 9.4**　立体图形的体积. 求椭圆抛物面 $x^2 + 2y^2 + z = 16$，平面 $x = 2$ 与 $y = 2$，以及三个坐标平面所围成的立体图形的体积，如图 9.7 所示.

【解】　这个问题,实质是求底面为 $\mathscr{D} = [0, 2] \times [0, 2]$,顶面是定义在 $\mathscr{D}$ 的曲面 $z = 16 - x^2 - 2y^2$ 的曲顶柱体. 可用二重积分计算体积.

$$V = \iint\limits_{\mathscr{D}} (16 - x^2 - 2y^2)\mathrm{d}\sigma = \int_0^2 \int_0^2 (16 - x^2 - 2y^2)\mathrm{d}x\mathrm{d}y$$

$$= \int_0^2 \left(16x - \frac{1}{3}x^3 - 2y^2 x \right) \Big|_{x=0}^{x=2} \mathrm{d}y$$

$$= \int_0^2 \left(\frac{88}{3} - 4y^2 \right) \mathrm{d}y = \left(\frac{88}{3}y - \frac{4}{3}y^3 \right) \Big|_0^2 = 48.$$

经典例题 9.5 曲顶柱体体积. 已知曲顶柱体底面是正方形区域 $\mathscr{D} = \{(x,y) | 0 \leqslant x \leqslant a, 0 \leqslant y \leqslant a\}$，顶面是定义在 $\mathscr{D}$ 的曲面 $z = \mathrm{e}^{px+qy}(p, q$ 是常数$)$. 求曲顶柱体体积.

【解】 曲顶柱体体积 V 可用二重积分计算.

$$V = \iint\limits_{\mathscr{D}} \mathrm{e}^{px+qy} \mathrm{d}x\mathrm{d}y = \int_0^a \mathrm{e}^{px} \mathrm{d}x \int_0^a \mathrm{e}^{qy} \mathrm{d}y$$

$$= \frac{1}{p}\mathrm{e}^{px}\Big|_0^a \cdot \frac{1}{q}\mathrm{e}^{qy}\Big|_0^a = \frac{1}{pq}(\mathrm{e}^{ap}-1)(\mathrm{e}^{aq}-1).$$

2. 一般区域上的二重积分计算

◆ **定理 9.11**

设有界闭区域 $\mathscr{D}$ 是由两条光滑曲线 $y = \varphi_1(x)$ 与 $y = \varphi_2(x)$，$a \leqslant x \leqslant b$，且 $\varphi_1(x) \leqslant \varphi_2(x)$，以及直线 $x = a$ 与 $x = b$ 围成，若函数 $f(x,y)$ 在 $\mathscr{D}$ 可积，且 $\forall x \in [a,b]$，定积分

$$\int_{\varphi_1(x)}^{\varphi_2(x)} f(x,y)\mathrm{d}y$$

存在，则累次积分

$$\int_a^b \mathrm{d}x \int_{\varphi_1(x)}^{\varphi_2(x)} f(x,y)\mathrm{d}y$$

也存在，且

$$\iint\limits_{\mathscr{D}} f(x,y)\mathrm{d}\sigma = \iint\limits_{\mathscr{D}} f(x,y)\mathrm{d}x\mathrm{d}y = \int_a^b \mathrm{d}x \int_{\varphi_1(x)}^{\varphi_2(x)} f(x,y)\mathrm{d}y.$$

为叙述方便，如图 9.8，称这种类型的区域 $\mathscr{D}$ 为 X 型区域.

148 扫一扫

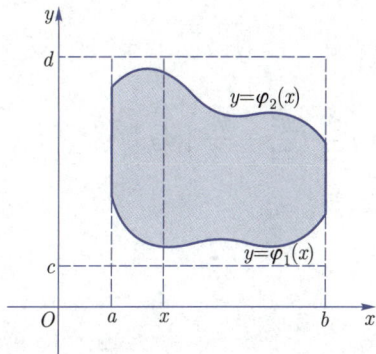

图 9.8 X 型区域

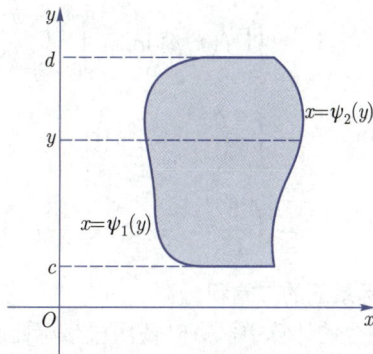

图 9.9 Y 型区域

为叙述方便，如图 9.9，称这种类型的区域 $\mathscr{D}$ 为 Y 型区域.

经典例题 9.6 计算体积. 设 $\mathscr{D}$ 是直线 $y = 2x$ 与抛物线 $y = x^2$ 所围成的平面区域，计算在抛物面 $z = x^2 + y^2$ 下，区域 $\mathscr{D}$ 上的立体柱状图形的体积，如图 9.10 所示.

【解】　(1) 如图 9.11 所示，若把闭区域 $\mathscr{D}$ 写成

$$\mathscr{D} = \{(x,y)|0 \leqslant x \leqslant 2, x^2 \leqslant y \leqslant 2x\},$$

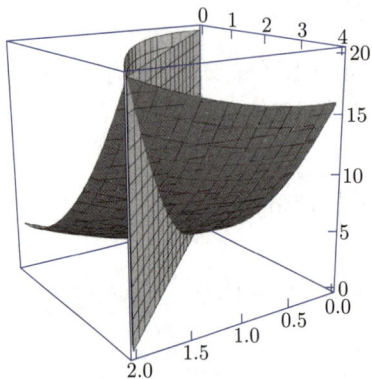

图 9.10

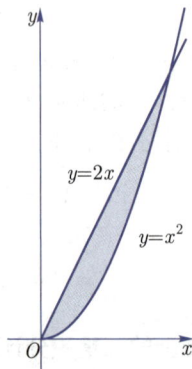

图 9.11　X 型区域

则在抛物面 $z = x^2 + y^2$ 下区域 $\mathscr{D}$ 上的立体柱状图形的体积为

$$V = \iint\limits_{\mathscr{D}} f(x,y)\mathrm{d}\sigma = \int_0^2 \int_{x^2}^{2x} (x^2 + y^2)\mathrm{d}y\mathrm{d}x$$

$$= \int_0^2 \left(x^2 y + \frac{1}{3}y^3 \right) \Big|_{y=x^2}^{y=2x} \mathrm{d}x = \frac{1}{3}\int_0^2 (14x^3 - 3x^4 - x^6)\mathrm{d}x$$

$$= \frac{1}{3}\left(\frac{7}{2}x^4 - \frac{3}{5}x^5 - \frac{1}{7}x^7 \right)\Big|_0^2 = \frac{216}{35}.$$

(2) 若把闭区域 $\mathscr{D}$ 写成

$$\mathscr{D} = \left\{ (x,y)\Big| 0 \leqslant y \leqslant 4, \frac{y}{2} \leqslant x \leqslant \sqrt{y} \right\},$$

则在抛物面 $z = x^2 + y^2$ 下，区域 $\mathscr{D}$ 上的立体图形的体积为

$$V = \iint\limits_{\mathscr{D}} f(x,y)\mathrm{d}\sigma = \int_0^4 \int_{\frac{y}{2}}^{\sqrt{y}} (x^2 + y^2)\mathrm{d}x\mathrm{d}y$$

$$= \int_0^4 \left(\frac{x^3}{3} + y^2 x \right)\Big|_{x=\frac{y}{2}}^{x=\sqrt{y}} \mathrm{d}y = \int_0^4 \left(\frac{y^{\frac{3}{2}}}{3} + y^{\frac{5}{2}} - \frac{y^3}{24} - \frac{y^3}{2} \right)\mathrm{d}y$$

$$= \left(\frac{2}{15}y^{\frac{5}{2}} + \frac{2}{7}y^{\frac{7}{2}} - \frac{13}{96}y^4 \right)\Big|_0^4 = \frac{216}{35}.$$

3. 极坐标系下的二重积分

在二重积分的计算中，有时使用极坐标比直角坐标简单.

◆ 定义 9.3　极矩形

在极坐标系下，称

$$\mathscr{D} = \{(r,\theta) \mid a \leqslant r \leqslant b, \alpha \leqslant \theta \leqslant \beta\}$$

为极矩形.

♦ **定理 9.12   二重积分的极坐标系公式**

若函数 $f(x,y)$ 在极矩形域 $\mathscr{D} = \{(r,\theta) \mid a \leqslant r \leqslant b, \alpha \leqslant \theta \leqslant \beta\}$ 连续,且满足 $0 \leqslant \beta - \alpha \leqslant 2\pi$,则

$$\iint\limits_{\mathscr{D}} f(x,y)\mathrm{d}\sigma = \int_\alpha^\beta \int_a^b f(r\cos\theta, r\sin\theta) r \mathrm{d}r \mathrm{d}\theta. \tag{9.5}$$

经典例题 9.7   体积计算. 如图 9.12 所示,求在抛物面 $z = x^2 + y^2$ 以下, xOy 面以上,且在圆柱 $x^2 + y^2 = 2x$ 内的立体图形的体积.

【解】   闭区域 $\mathscr{D}$ 是圆 $x^2 + y^2 = 2x$ 及其内部,将 $x = r\cos\theta, y = r\sin\theta$ 代入圆的方程,得圆的极坐标方程为 $r = 2\cos\theta$. 于是闭区域 $\mathscr{D}$ 可以写成

$$\mathscr{D} = \left\{ (r,\theta) \,\middle|\, -\frac{\pi}{2} \leqslant \theta \leqslant \frac{\pi}{2}, 0 \leqslant r \leqslant 2\cos\theta \right\}.$$

由式 (9.5),有

$$V = \iint\limits_{\mathscr{D}} (x^2 + y^2)\mathrm{d}\sigma = \int_{-\frac{\pi}{2}}^{\frac{\pi}{2}} \int_0^{2\cos\theta} r^2 r \mathrm{d}r \mathrm{d}\theta = \int_{-\frac{\pi}{2}}^{\frac{\pi}{2}} \left. \frac{r^4}{4} \right|_0^{2\cos\theta} \mathrm{d}\theta$$

$$= 4 \int_{-\frac{\pi}{2}}^{\frac{\pi}{2}} \cos^4\theta \mathrm{d}\theta = 8 \int_0^{\frac{\pi}{2}} \cos^4\theta \mathrm{d}\theta = 8 \int_0^{\frac{\pi}{2}} \left(\frac{1 + \cos 2\theta}{2} \right)^2 \mathrm{d}\theta$$

$$= 2 \int_0^{\frac{\pi}{2}} \left(1 + 2\cos 2\theta + \frac{1}{2}(1 + \cos 4\theta) \right) \mathrm{d}\theta$$

$$= 2 \left. \left(\frac{3}{2}\theta + \sin 2\theta + \frac{1}{8}\sin 4\theta \right) \right|_0^{\frac{\pi}{2}} = 2 \times \frac{3}{2} \cdot \frac{\pi}{2} = \frac{3\pi}{2}.$$

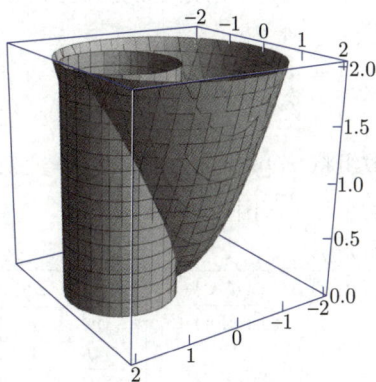

149 扫一扫

图 9.12

4. 二重积分的换元法

求二重积分时,由于某些积分区域的边界曲线比较复杂,仅仅将二重积分化为累次积分并不能达到简化计算的目的. 但是,有时经过适当的换元或变换,可将给定积分区域变换为简单的区域,如矩形域、圆域或部分圆域等,从而简化重积分的计算.

♦ 定理 9.13

若函数 $f(x, y)$ 在有界闭区域 $\mathscr{D}$ 连续，函数组

$$x = x(u, v), \quad y = y(u, v) \tag{9.6}$$

将 uOv 平面区域 $\mathscr{D}^*$ 一对一地变换为 xOy 平面上的区域 $\mathscr{D}$. 且式 (9.6) 在 $\mathscr{D}^*$ 对 u, v 存在连续偏导数，$\forall (u, v) \in \mathscr{D}^*$，有

$$J(u, v) = \frac{\partial(x, y)}{\partial(u, v)} = \begin{vmatrix} \dfrac{\partial x}{\partial u} & \dfrac{\partial x}{\partial v} \\ \dfrac{\partial y}{\partial u} & \dfrac{\partial y}{\partial v} \end{vmatrix} \neq 0,$$

则

$$\iint\limits_{\mathscr{D}} f(x, y) \mathrm{d}\sigma = \iint\limits_{\mathscr{D}^*} f(x(u, v), y(u, v)) |J(u, v)| \mathrm{d}u \mathrm{d}v. \tag{9.7}$$

♦ 定理 9.14

若函数组 $u = u(x, y), v = v(x, y)$ 有连续偏导数，且 $\dfrac{\partial(u, v)}{\partial(x, y)} \neq 0$，则存在有连续偏导数的反函数组

$$x = x(u, v), \quad y = y(u, v),$$

且

$$\frac{\partial(x, y)}{\partial(u, v)} = \frac{1}{\dfrac{\partial(u, v)}{\partial(x, y)}}. \tag{9.8}$$

经典例题 9.8　曲边菱形面积. 求两条抛物线 $y^2 = mx$ 与 $y^2 = nx$ 和两条直线 $y = \alpha x$ 与 $y = \beta x (0 < m < n, 0 < \alpha < \beta)$ 所围成区域 $\mathscr{D}$ 的面积，如图 9.13 所示.

【解】　已知区域 $\mathscr{D}$ 的面积

$$A = \iint\limits_{\mathscr{D}} \mathrm{d}\sigma = \iint\limits_{\mathscr{D}} \mathrm{d}x \mathrm{d}y.$$

150 扫一扫

设 $u = \dfrac{y^2}{x}, v = \dfrac{y}{x}$. 这个函数组将 xOy 平面上的区域 $\mathscr{D}$ 变换为 uOv 平面上的区域 $\mathscr{D}^*$. $\mathscr{D}^*$ 是由直线 $u = m, u = n$ 和 $v = \alpha, v = \beta$ 所围成的矩形.

$$\frac{\partial(x, y)}{\partial(u, v)} = \frac{1}{\dfrac{\partial(u, v)}{\partial(x, y)}} = \frac{1}{\begin{vmatrix} -\dfrac{y^2}{x^2} & \dfrac{2y}{x} \\ -\dfrac{y}{x^2} & \dfrac{1}{x} \end{vmatrix}}$$

$$= \frac{x^3}{y^2} = \frac{y^2}{x} \left(\frac{x}{y} \right)^4 = \frac{u}{v^4}.$$

由式 (9.7)，有

$$A = \iint\limits_{\mathscr{D}} \mathrm{d}x \mathrm{d}y = \iint\limits_{\mathscr{D}^*} \left| \frac{\partial(x, y)}{\partial(u, v)} \right| \mathrm{d}u \mathrm{d}v = \int_{\alpha}^{\beta} \mathrm{d}v \int_{m}^{n} \frac{u}{v^4} \mathrm{d}u$$

$$= \frac{n^2 - m^2}{2} \int_\alpha^\beta \frac{\mathrm{d}v}{v^4} = \frac{(n^2 - m^2)(\beta^3 - \alpha^3)}{6\alpha^3\beta^3}.$$

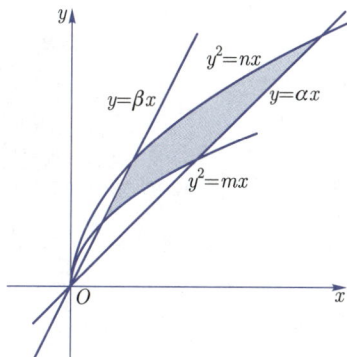

图 9.13　曲边菱形

经典例题 9.9　证明定理9.12.

【证明】　令 $x = r\cos\theta,\quad y = r\sin\theta$, 则

$$J(r, \theta) = \frac{\partial(x, y)}{\partial(r, \theta)} = \begin{vmatrix} \cos\theta & -r\sin\theta \\ \sin\theta & r\cos\theta \end{vmatrix} = r,$$

于是, 由式 (9.7), 有

$$\iint\limits_{\mathscr{D}} f(x, y)\mathrm{d}\sigma = \int_\alpha^\beta \int_a^b f(r\cos\theta, r\sin\theta)r\mathrm{d}r\mathrm{d}\theta.$$

经典例题 9.10　求球体 $x^2 + y^2 + z^2 \leqslant a^2$ 被圆柱面 $x^2 + y^2 = ax$ 所截的部分立体体积 $(a > 0)$.

【解】　如图 9.14 所示, 所截的部分立体体积关于 xOy 平面对称, 也关于 xOz 面对称. 于是所截部分立体体积 V 是第一卦限部分曲顶柱体体积的 4 倍, 即

$$V = 4\iint\limits_{\mathscr{D}} \sqrt{a - x^2 - y^2}\mathrm{d}x\mathrm{d}y,$$

其中 $\mathscr{D}$ 是圆 $x^2 + y^2 = ax$ 与直线 $y = 0$ (取 $y \geqslant 0$) 所围成的半圆域.

作极坐标变换, 令 $x = r\cos\theta,\quad y = r\sin\theta$,

区域 $\mathscr{D}$ 的边界曲线的极坐标方程是 $r = a\cos\theta, 0 \leqslant \theta \leqslant \dfrac{\pi}{2}$. 由公式 (9.5), 有

$$V = 4\iint\limits_{\mathscr{D}} \sqrt{a - x^2 - y^2}\mathrm{d}x\mathrm{d}y = 4\int_0^{\frac{\pi}{2}} \mathrm{d}\theta \int_0^{a\cos\theta} \sqrt{a^2 - r^2}r\mathrm{d}r$$

$$= \frac{4}{3}a^3 \int_0^{\frac{\pi}{2}} (1 - \sin^3\theta)\mathrm{d}\theta = \frac{4}{3}a^3 \left(\frac{\pi}{2} - \frac{2}{3}\right).$$

用类似方法可求 $x^2 + z^2 = a^2$ 与 $y^2 + x^2 = a^2$ 围成图形的体积 (图 9.15 给出了第一卦限的部分).

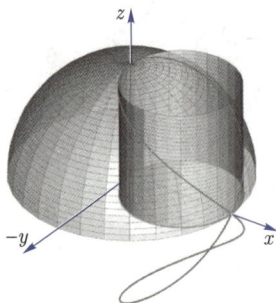

图 9.14　体积计算

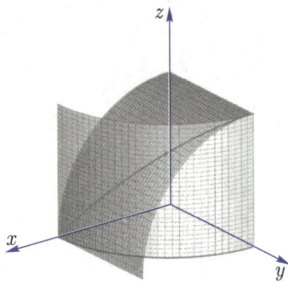

图 9.15　体积计算

151 扫一扫

9.1.4　三重积分的概念

三重积分不仅是二重积分的推广，也是解决某些实际问题所必须. 例如计算物体的质量等.

经典例题 9.11　设三维空间有可求体积的有界体 V，如果 V 上每一点 $P(x, y, z)$ 的密度是三元函数 $\rho(x, y, z)$，求体 V 的质量.

【解】　先将体 V 按任意分法分成 n 个小体：$V_1, V_2, \cdots, V_n$. 设小体 V_k 的体积为 ΔV_k. 在 V_k 上任取一点 $P_k(\xi_k, \eta_k, \zeta_k)$. 以点 P_k 的密度近似代替小体 V_k 上每一点的密度，则 $\rho(\xi_k, \eta_k, \zeta_k)\Delta V_k$ 是小体 V_k 质量的近似值 $(k = 1, 2, \cdots, n)$. 于是得 V 的质量的近似值

$$\sum_{k=1}^{n} \rho(\xi_k, \eta_k, \zeta_k)\Delta V_k,$$

设 n 个小体的直径最大者为 $||T||$，即

$$||T|| = \max\{d(V_1), d(V_2), \cdots, d(V_n)\}.$$

V 的质量 m 是

$$m = \lim_{||T|| \to 0} \sum_{k=1}^{n} \rho(\xi_k, \eta_k, \zeta_k)\Delta V_k. \tag{9.9}$$

◆ **定义 9.4　积分和式**

设函数 $f(x, y, z)$ 在有界闭体 V 上有定义. 用任意分法将 V 分成 n 个小体：$V_1, V_2, \cdots, V_n$. 设它们的体积分别为 $\Delta V_1, \Delta V_2, \cdots, \Delta V_n$. 在小体 V_k 上任取一点 $P_k(\xi_k, \eta_k, \zeta_k)\,(k = 1, 2, \cdots, n)$, 和式

$$\sum_{k=1}^{n} f(\xi_k, \eta_k, \zeta_k)\Delta V_k \tag{9.10}$$

称为函数 $f(x, y, z)$ 在体 V 的积分和式.

◆ **定义 9.5　三重积分**

设函数 $f(x, y, z)$ 在有界闭体 V 有定义. $||T|| = \max\{d(V_1), d(V_2), \cdots, d(V_n)\}$. $||T|| \to 0$ 时，函数 $f(x, y, z)$ 在体 V 的积分和式 (9.10) 存在极限 J (数 J 与分法无关，也与点 P_k 的取法无关)，记为

$$\lim_{||T|| \to 0} \sum_{k=1}^{n} f(\xi_k, \eta_k, \zeta_k) \Delta V_k = J, \tag{9.11}$$

则称函数 $f(x,y,z)$ 在 V 可积，J 是函数 $f(x,y,z)$ 在 V 的三重积分，记为

$$J = \iiint\limits_{V} f(x,y,z)\mathrm{d}V \quad \text{或} \quad J = \iiint\limits_{V} f(x,y,z)\mathrm{d}x\mathrm{d}y\mathrm{d}z, \tag{9.12}$$

其中体 V 称为积分区域，$f(x,y,z)$ 称为被积函数，$\mathrm{d}V$ 或 $\mathrm{d}x\mathrm{d}y\mathrm{d}z$ 称为体积微元.

由三重积分的定义不难看出，如果三维空间中体 V 上每点 $P(x,y,z)$ 的密度是三元函数 $\rho(x,y,z)$，则体 V 的质量 m 是三重积分，即

$$V = \sum_{k=1}^{n} \rho(\xi_k, \eta_k, \zeta_k) \Delta V_k = \iiint\limits_{V} \rho(x,y,z)\mathrm{d}x\mathrm{d}y\mathrm{d}z.$$

152 扫一扫

仿照二重积分的性质可得三重积分的性质，这里不再赘述.

特别地，若 $\forall (x,y,z) \in V$，有 $f(x,y,z) \equiv 1$，则三重积分

$$\iiint\limits_{V} \mathrm{d}x\mathrm{d}y\mathrm{d}z = V. \tag{9.13}$$

9.1.5 三重积分的计算

1. 三重积分化成三次定积分

计算三重积分的方法是将三重积分化成一次定积分与一次二重积分，进一步可将三重积分化成三次定积分.

设体 V 是上、下两个曲面及母线平行于 z 轴的柱面所围成，如图 9.16 所示. 体 V 在 xOy 平面上的投影区域是 $\mathscr{D}$. 上、下两个曲面分别是 $\mathscr{D}$ 上的连续函数

$$z = z_1(x,y) \quad \text{与} \quad z = z_2(x,y).$$

设区域 $\mathscr{D}$ 在 x 轴上的投影区间是 $[a,b]$. 围成区域 $\mathscr{D}$ 的上、下两条曲线分别是区间 $[a,b]$ 上的连续函数

$$y = \varphi_1(x) \quad \text{与} \quad y = \varphi_2(x).$$

函数 $f(x,y,z)$ 在体 V 上的三重积分可化为三次定积分，即

$$\iiint\limits_{V} f(x,y,z)\mathrm{d}x\mathrm{d}y\mathrm{d}z = \int_a^b \mathrm{d}x \int_{\varphi_1(x)}^{\varphi_2(x)} \mathrm{d}y \int_{z_1(x,y)}^{z_2(x,y)} f(x,y,z)\mathrm{d}z. \tag{9.14}$$

或者

$$\iiint\limits_{V} f(x,y,z)\mathrm{d}x\mathrm{d}y\mathrm{d}z = \iint\limits_{\mathscr{D}} \mathrm{d}x\mathrm{d}y \int_{z_1(x,y)}^{z_2(x,y)} f(x,y,z)\mathrm{d}z. \tag{9.15}$$

经典例题 9.12　求三重积分 $\iiint\limits_{V} z\mathrm{d}x\mathrm{d}y\mathrm{d}z$，其中体 $V: \dfrac{x^2}{a^2} + \dfrac{y^2}{b^2} + \dfrac{z^2}{c^2} \leqslant 1, z \geqslant 0$，如图 9.17 所示.

【解】 先对 z 积分, 将体 V 投影到 xOy 平面上, 投影区域 $\mathscr{D}$ 是椭圆 $\dfrac{x^2}{a^2} + \dfrac{y^2}{b^2} \leqslant 1$. 在区域 $\mathscr{D}$ 上任取一点 (x, y), 在体 V 内, z 的变化由 $z = 0$ 到 $z = c\sqrt{1 - \dfrac{x^2}{a^2} - \dfrac{y^2}{b^2}}$. 其次对 y 积分, 将区域 $\mathscr{D}$ 投影到 x 轴上是 $[-a, a]$. 在区域 $\mathscr{D}$ 内, $x \in [-a, a]$, y 的变化由 $y = -\dfrac{b}{a}\sqrt{a^2 - x^2}$ 变到 $y = \dfrac{b}{a}\sqrt{a^2 - x^2}$. 最后对 x 积分, x 由 $-a$ 变到 a, 即

$$
\begin{aligned}
\iiint\limits_{V} z \mathrm{d}x\mathrm{d}y\mathrm{d}z &= \int_{-a}^{a} \mathrm{d}x \int_{-\frac{b}{a}\sqrt{a^2-x^2}}^{\frac{b}{a}\sqrt{a^2-x^2}} \mathrm{d}y \int_{0}^{c\sqrt{1-\frac{x^2}{a^2}-\frac{y^2}{b^2}}} z \mathrm{d}z \\
&= \frac{c^2}{2} \int_{-a}^{a} \mathrm{d}x \int_{-\frac{b}{a}\sqrt{a^2-x^2}}^{\frac{b}{a}\sqrt{a^2-x^2}} \left(1 - \frac{x^2}{a^2} - \frac{y^2}{b^2}\right) \mathrm{d}y \\
&= c^2 \int_{-a}^{a} \mathrm{d}x \int_{0}^{\frac{b}{a}\sqrt{a^2-x^2}} \left(1 - \frac{x^2}{a^2} - \frac{y^2}{b^2}\right) \mathrm{d}y \\
&= \frac{2bc^2}{3a^3} \int_{-a}^{a} (a^2 - x^2)^{\frac{3}{2}} \mathrm{d}x = \frac{4bc^2}{3a^3} \int_{0}^{a} (a^2 - x^2)^{\frac{3}{2}} \mathrm{d}x = \frac{\pi}{4} abc^2.
\end{aligned}
$$

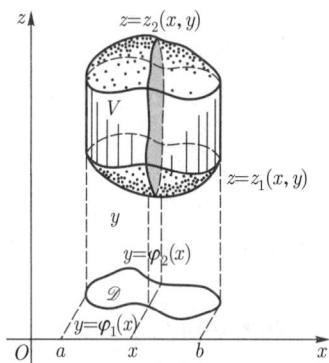

图 9.16

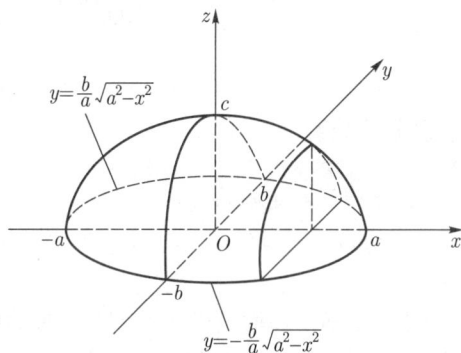

图 9.17

2. 三重积分的换元法

仿照二重积分换元公式可得三重积分换元公式. 证明从略.

若函数 $f(x, y, z)$ 在有界闭体 V 连续, 则三重积分

$$
\iiint\limits_{V} f(x, y, z) \mathrm{d}x\mathrm{d}y\mathrm{d}z
$$

存在. 设函数组

$$
\begin{cases}
x = x(u, v, w), \\
y = y(u, v, w), \\
z = z(u, v, w)
\end{cases}
\tag{9.16}
$$

在 uvw 空间体 V' 有定义. 若满足下列条件:

(1) 函数 $x = x(u, v, w)$, $y = y(u, v, w)$, $z = z(u, v, w)$ 所有的偏导数在 V' 连续;

(2) $\forall P'(u, v, w) \in V'$, 函数组 (9.16) 的行列式 $J(u, v, w)$ 不等于零, 即 $\dfrac{\partial(x, y, z)}{\partial(u, v, w)} \neq 0$;

(3) 函数组 (9.16) 将 uvw 空间中的体 V' 一一对应地变换为 xyz 空间中的体 V, 则有三重积分的换元公式

$$\iiint\limits_{V} f(x,y,z)\mathrm{d}x\mathrm{d}y\mathrm{d}z = \iiint\limits_{V'} f(x(u,v,w),y(u,v,w),z(u,v,w)) \left| \frac{\partial(x,y,z)}{\partial(u,v,w)} \right| \mathrm{d}u\mathrm{d}v\mathrm{d}w. \tag{9.17}$$

经典例题 9.13 求六个平面 $\begin{cases} a_1x + b_1y + c_1z = \pm h_1, \\ a_2x + b_2y + c_2z = \pm h_2, \\ a_3x + b_3y + c_3z = \pm h_3 \end{cases}$ $\left(\Delta = \begin{vmatrix} a_1 & b_1 & c_1 \\ a_2 & b_2 & c_2 \\ a_3 & b_3 & c_3 \end{vmatrix} \neq 0 \right)$ 所围成

的平行六面体 V 的体积, 其中 a_i, b_i, c_i, h_i 都是常数, 且 $h_i > 0$ $(i = 1,2,3)$.

【解】 已知平行六面体 V 的体积 I 是三重积分

$$I = \iiint\limits_{V} \mathrm{d}x\mathrm{d}y\mathrm{d}z.$$

设 $\begin{cases} u = a_1x + b_1y + c_1z, \\ v = a_2x + b_2y + c_2z, \\ w = a_3x + b_3y + c_3z, \end{cases}$ 则有 $\begin{cases} u = \pm h_1, \\ v = \pm h_2, \\ w = \pm h_3. \end{cases}$ 于是 xyz 空间中的平行六面体变换成 uvw 空间

中的长方体

$$-h_1 \leqslant u \leqslant h_1, \quad -h_2 \leqslant u \leqslant h_2, \quad -h_3 \leqslant u \leqslant h_3.$$

由函数行列式的性质, 有

$$\frac{\partial(x,y,z)}{\partial(u,v,w)} = \frac{1}{\dfrac{\partial(u,v,w)}{\partial(x,y,z)}} = \frac{1}{\Delta}.$$

由式 (9.17), 有

$$I = \iiint\limits_{V} \mathrm{d}x\mathrm{d}y\mathrm{d}z = \frac{1}{\Delta}\iiint\limits_{V'} \mathrm{d}u\mathrm{d}v\mathrm{d}w = \frac{1}{|\Delta|}\int_{-h_1}^{h_1}\mathrm{d}u\int_{-h_2}^{h_2}\mathrm{d}v\int_{-h_3}^{h_3}\mathrm{d}w = \frac{8}{|\Delta|}h_1h_2h_3.$$

在三重积分换元中有以下两个常用的变换:

(1) 柱坐标变换. 设

$$\begin{cases} x = r\cos\theta, \\ y = r\sin\theta, \\ z = z, \end{cases} \tag{9.18}$$

其中 $0 \leqslant r \leqslant +\infty$, $0 \leqslant \theta \leqslant 2\pi$, $-\infty \leqslant z \leqslant +\infty$, 如图 9.18 所示.

$$\frac{\partial(x,y,z)}{\partial(r,\theta,z)} = \begin{vmatrix} \cos\theta & -r\sin\theta & 0 \\ \sin\theta & r\cos\theta & 0 \\ 0 & 0 & 1 \end{vmatrix} = r,$$

$$\iiint\limits_{V} f(x,y,z)\mathrm{d}x\mathrm{d}y\mathrm{d}z = \iiint\limits_{V'} f(r\cos\theta, r\sin\theta, z)r\mathrm{d}r\mathrm{d}\theta\mathrm{d}z, \tag{9.19}$$

其中 V' 是体 V 在柱坐标变换 (9.18) 下所对应的空间中的体.

一般地，当围成体 V 的曲面的函数或被积函数含有 "$x^2 + y^2$" 时，可以考虑使用柱坐标变换 (9.18).

经典例题 9.14　求三重积分 $\iiint\limits_V z\mathrm{d}x\mathrm{d}y\mathrm{d}z$，其中体 V 由上半球面 $x^2 + y^2 + z^2 = 4$ $(z \geqslant 0)$ 和旋转面 $x^2 + y^2 = 3z$ 所围成，如图 9.19 所示.

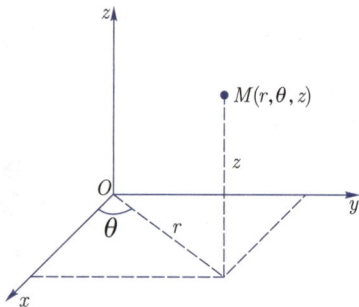

图 9.18　柱坐标

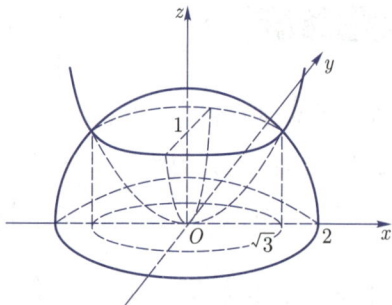

图 9.19

【解】　围成体 V 的上、下曲面分别是

$$z = \sqrt{4 - x^2 - y^2} \quad 与 \quad z = \frac{1}{3}(x^2 + y^2),$$

这两个曲面的交线 $\begin{cases} x^2 + y^2 = 3, \\ z = 1, \end{cases}$ 体 V 在 xOy 面上投影是圆域 $x^2 + y^2 \leqslant 3$. 作柱坐标变换

$$\begin{cases} x = r\cos\theta, \\ y = r\sin\theta, \\ z = z, \end{cases} \qquad \frac{\partial(x, y, z)}{\partial(r, \theta, z)} = r.$$

曲面方程和圆 $x^2 + y^2 = 3$ 分别是

$$z = \sqrt{4 - r^2}, \quad z = \frac{r^2}{3}, \quad r^2 = 3.$$

于是 $\dfrac{r^2}{3} \leqslant z \leqslant \sqrt{4 - r^2}$, $0 \leqslant r \leqslant \sqrt{3}$, $0 \leqslant \theta \leqslant 2\pi$. 由公式 (9.19), 有

$$\iiint\limits_V z\mathrm{d}x\mathrm{d}y\mathrm{d}z = \int_0^{2\pi} \mathrm{d}\theta \int_0^{\sqrt{3}} \mathrm{d}r \int_{\frac{r^2}{3}}^{\sqrt{4 - r^2}} zr\mathrm{d}z = \frac{13}{4}\pi.$$

经典例题 9.15　求抛物面 $x^2 + y^2 = az$ $(a > 0)$，柱面 $x^2 + y^2 = 2ax$ 与平面 $z = 0$ 所围成体 V 的体积.

【解】　体 V 在 xOy 面上的投影是圆域 $x^2 + y^2 \leqslant 2ax$. 作柱坐标变换, 设

$$\begin{cases} x = r\cos\theta, \\ y = r\sin\theta, \\ z = z, \end{cases} \qquad \frac{\partial(x, y, z)}{\partial(r, \theta, z)} = r,$$

于是 $0 \leqslant z \leqslant \dfrac{r^2}{a}$, $0 \leqslant r \leqslant 2a\cos\theta$, $-\dfrac{\pi}{2} \leqslant \theta \leqslant \dfrac{\pi}{2}$. 体 V 的体积为

$$I = \iiint\limits_{V} z\mathrm{d}x\mathrm{d}y\mathrm{d}z = \int_{-\frac{\pi}{2}}^{\frac{\pi}{2}}\mathrm{d}\theta \int_{0}^{2a\cos\theta} r\mathrm{d}r \int_{0}^{\frac{r^2}{a}}\mathrm{d}z = 2\int_{0}^{\frac{\pi}{2}}\mathrm{d}\theta \int_{0}^{2a\cos\theta} r\mathrm{d}r \int_{0}^{\frac{r^2}{a}}\mathrm{d}z$$

$$= \frac{2}{a}\int_{0}^{\frac{\pi}{2}}\mathrm{d}\theta \int_{0}^{2a\cos\theta} r^3\mathrm{d}r = 8a^3\int_{0}^{\frac{\pi}{2}}\cos^4\theta\mathrm{d}\theta = \frac{3}{2}\pi a^3,$$

(2) 球坐标变换. 设

$$\begin{cases} x = r\sin\varphi\cos\theta, \\ y = r\sin\varphi\sin\theta, \\ z = r\cos\varphi, \end{cases} \tag{9.20}$$

其中 $0 \leqslant r \leqslant +\infty$, $0 \leqslant \varphi \leqslant \pi$, $0 \leqslant \theta \leqslant 2\pi$, 如图 9.20 所示.

$$\frac{\partial(x,y,z)}{\partial(r,\varphi,\theta)} = \begin{vmatrix} \sin\varphi\cos\theta & r\cos\varphi\cos\theta & -r\sin\varphi\sin\theta \\ \sin\varphi\sin\theta & r\cos\varphi\sin\theta & r\sin\varphi\cos\theta \\ \cos\varphi & -r\sin\varphi & 0 \end{vmatrix} = r^2\sin\varphi.$$

因为 $0 \leqslant \varphi \leqslant \pi$, 所以 $|r^2\sin\varphi| = r^2\sin\varphi$. 有

$$\iiint\limits_{V} f(x,y,z)\mathrm{d}x\mathrm{d}y\mathrm{d}z = \iiint\limits_{V'} f(r\sin\varphi\cos\theta, r\sin\varphi\sin\theta, r\cos\varphi)r^2\sin\varphi\mathrm{d}r\mathrm{d}\varphi\mathrm{d}\theta, \tag{9.21}$$

其中体 V' 是体 V 在球坐标 (9.20) 下所对应的 $r\varphi\theta$ 空间中的体.

一般地, 当围成体 V 的曲面函数或被积函数含有 "$x^2 + y^2 + z^2$" 时, 可以考虑使用球坐标变换 (9.20). 特别地, 当体 V 是以原点为心以 a 为半径的球体 $x^2 + y^2 + z^2 \leqslant a^2$ 时, 应用球面坐标变换最为简单. 由球坐标变换 (9.20), 有

$$x^2 + y^2 + z^2 = r^2(\sin^2\varphi\cos^2\theta + \sin^2\varphi\sin^2\theta + \cos^2\varphi) = r^2.$$

于是, 球体 $x^2 + y^2 + z^2 \leqslant a^2$ 在球坐标变换下化为 $r\varphi\theta$ 空间的长方体

$$0 \leqslant r \leqslant a, \quad 0 \leqslant \varphi \leqslant \pi, \quad 0 \leqslant \theta \leqslant 2\pi.$$

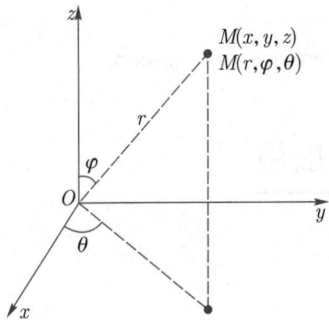

图 9.20　球坐标

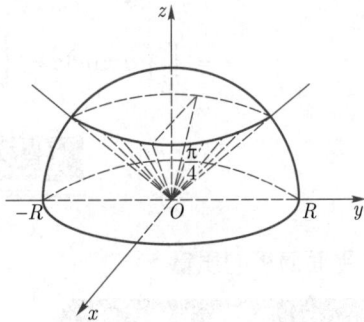

图 9.21

↗ **经典例题 9.16**　求三重积分 $\iiint\limits_{V}(x^2+y^2+z^2)\mathrm{d}x\mathrm{d}y\mathrm{d}z$，其中体 V 由圆锥 $x^2+y^2=z^2$ 与上半球面 $x^2+y^2+z^2=R^2$ $(z\geqslant 0)$ 所围成，如图 9.21 所示.

　　【解】　设

$$\begin{cases} x=r\sin\varphi\cos\theta, \\ y=r\sin\varphi\sin\theta, \\ z=r\cos\varphi, \end{cases} \qquad \dfrac{\partial(x,y,z)}{\partial(r,\varphi,\theta)}=r^2\sin\varphi.$$

158 扫一扫

圆锥面与上半球面在球坐标系中的方程分别是

$$\varphi=\frac{\pi}{4}, \qquad r=R.$$

于是，体 V 经过球坐标变换对应的体 V' 是

$$0\leqslant r\leqslant R, \qquad 0\leqslant\varphi\leqslant\frac{\pi}{4}, \qquad 0\leqslant\theta\leqslant 2\pi.$$

由式 (9.21)，有

$$\iiint\limits_{V}(x^2+y^2+z^2)\mathrm{d}x\mathrm{d}y\mathrm{d}z=\int_0^{2\pi}\mathrm{d}\theta\int_0^{\frac{\pi}{4}}\mathrm{d}\varphi\int_0^R r^2\cdot r^2\sin\varphi\mathrm{d}r$$

$$=\int_0^{2\pi}\mathrm{d}\theta\int_0^{\frac{\pi}{4}}\sin\varphi\mathrm{d}\varphi\int_0^R r^4\mathrm{d}r=\frac{2-\sqrt{2}}{5}\pi R^5.$$

↗ **经典例题 9.17**　求椭球体 $\dfrac{x^2}{a^2}+\dfrac{y^2}{b^2}+\dfrac{z^2}{c^2}\leqslant 1$ 的体积.

　　【解】　作球坐标变换

$$\begin{cases} x=ar\sin\varphi\cos\theta, \\ y=br\sin\varphi\sin\theta, \\ z=cr\cos\varphi, \end{cases} \qquad \dfrac{\partial(x,y,z)}{\partial(r,\varphi,\theta)}=abcr^2\sin\varphi.$$

159 扫一扫

椭球体在球坐标变换下对应于 $r\varphi\theta$ 空间的长方体

$$0\leqslant r\leqslant 1, \qquad 0\leqslant\varphi\leqslant\pi, \qquad 0\leqslant\theta\leqslant 2\pi.$$

由式 (9.17)，椭球体 $\dfrac{x^2}{a^2}+\dfrac{y^2}{b^2}+\dfrac{z^2}{c^2}\leqslant 1$ 的体积为

$$I=\iiint\limits_{V}\mathrm{d}x\mathrm{d}y\mathrm{d}z=\int_0^{2\pi}\mathrm{d}\theta\int_0^{\pi}\mathrm{d}\varphi\int_0^1 abcr^2\sin\varphi\mathrm{d}r=\frac{4}{3}abc\pi.$$

9.2　重积分的应用

9.2.1　平面薄板的质量

实际问题 9.1　变密度薄板质量

　　在 5.5 节，研究了不变密度薄板的质量和质心，现在有了二重积分作为工具，就可以研

究变密度薄板的质量和质心了. 这是有实际意义的工作, 因为在实际应用中, 有时需要求出变密度薄板的质量. 如求一个铝盘或一个三角形钢片的质量和质心.

【解】 设薄板位于 xOy 平面的区域 $\mathscr{D}$, 点 $P(x,y)$ 在 $\mathscr{D}$ 内密度为 $\rho(x,y)$, 点 $P(x,y)$ 在 $\mathscr{D}$ 外密度为 0, $\rho(x,y)$ 是区域 $\mathscr{D}$ 的连续函数.

为求变密度薄板质量, 用平行于 x 轴和 y 轴的直线将 $\mathscr{D}$ 分成 $m \times n$ 个小区域, 设第 i,j 个小区域 $\mathscr{D}_{ij}$ 的面积为 $\Delta\sigma_{ij}$, 将这个分法表示为 T. 于是, 这 $m \times n$ 个小矩形薄板质量之和即为大薄板的质量. 在每个小矩形薄板区域 $\mathscr{D}_{ij}$ 任取一点 $P_{ij}(\xi_{ij}, \eta_{ij})$, 则以 $\rho(\xi_{ij}, \eta_{ij})$ 为密度、以 $\Delta\sigma_{ij}$ 为面积的小矩形薄板的质量是 $\rho(\xi_{ij}, \eta_{ij})\Delta\sigma_{ij}$.

于是, 大薄板的质量为

$$m \approx \sum_{i=1}^{m}\sum_{j=1}^{n}\rho(\xi_{ij}, \eta_{ij})\Delta\sigma_{ij}.$$

160 扫一扫

显然, 当对区域 $\mathscr{D}$ 的划分越来越细时, 上式右端和式越来越逼近薄板的质量 m. 设分法 T 对应的 $m \times n$ 个小区域 $\mathscr{D}_{11}, \mathscr{D}_{12}, \cdots, \mathscr{D}_{mn}$ 的直径分别为 $d(\mathscr{D}_{11}), d(\mathscr{D}_{12}), \cdots, d(\mathscr{D}_{mn})$. 令 $||T|| = \max\{d(\mathscr{D}_{11}), d(\mathscr{D}_{12}), \cdots, d(\mathscr{D}_{mn})\}$, 则

$$m = \lim_{||T|| \to 0}\sum_{i=1}^{m}\sum_{j=1}^{n}f(\xi_{ij}, \eta_{ij})\Delta\sigma_{ij} = \iint\limits_{\mathscr{D}}\rho(x,y)\mathrm{d}\sigma = \iint\limits_{\mathscr{D}}\rho(x,y)\mathrm{d}x\mathrm{d}y.$$

实际问题 9.2　电荷量

变电荷密度的区域电荷量.

【解】 类似于实际问题 9.1, 区域 $\mathscr{D}$ 分布有电荷, 且 $\mathscr{D}$ 中点 (x,y) 处的电荷密度为 $\rho(x,y)$, 则该区域电荷量

$$Q = \iint\limits_{\mathscr{D}}\rho(x,y)\mathrm{d}\sigma = \iint\limits_{\mathscr{D}}\rho(x,y)\mathrm{d}x\mathrm{d}y.$$

9.2.2　质心的确定

1. 平面薄板的质心坐标

实际问题 9.3　薄板力矩

变密度薄板力矩.

【解】 设薄板位于 xOy 平面的区域 $\mathscr{D}$, 在点 (x,y) 处的密度为 $\rho(x,y)$, $\rho(x,y)$ 是区域 $\mathscr{D}$ 内的连续函数. 将区域 $\mathscr{D}$ 分成小矩形后, 每个小矩形薄板的质量为 $\rho(\xi_{ij}, \eta_{ij})\Delta\sigma_{ij}$, 对于 x 轴的力矩为 $\rho(\xi_{ij}, \eta_{ij})y_{ij}\Delta\sigma_{ij}$, 求和并取小矩形最大直径 $||T||$ 趋近于 0 时的极限, 得到对 x 轴的力矩

161 扫一扫

$$M_x = \lim_{||T|| \to 0}\sum_{i=1}^{m}\sum_{j=1}^{n}y_{ij}\rho(\xi_{ij}, \eta_{ij})\Delta\sigma_{ij} = \iint\limits_{\mathscr{D}}y\rho(x,y)\mathrm{d}\sigma = \iint\limits_{\mathscr{D}}y\rho(x,y)\mathrm{d}x\mathrm{d}y.$$

类似地，可得对 y 轴的力矩

$$M_y = \lim_{||T|| \to 0} \sum_{i=1}^{m} \sum_{j=1}^{n} x_{ij} \rho(\xi_{ij}, \eta_{ij}) \Delta\sigma_{ij} = \iint\limits_{\mathscr{D}} x\rho(x, y) \mathrm{d}\sigma = \iint\limits_{\mathscr{D}} x\rho(x, y) \mathrm{d}x\mathrm{d}y.$$

实际问题 9.4　薄板质心

变密度薄板质心.

【解】　在区域 $\mathscr{D}$，密度为 $\rho(x, y)$ 的薄板，质心坐标 (ξ, η) 的两个分量为

$$\xi = \frac{M_y}{m} = \frac{\iint\limits_{\mathscr{D}} x\rho(x, y)\mathrm{d}\sigma}{\iint\limits_{\mathscr{D}} \rho(x, y)\mathrm{d}\sigma}, \qquad \eta = \frac{M_x}{m} = \frac{\iint\limits_{\mathscr{D}} y\rho(x, y)\mathrm{d}\sigma}{\iint\limits_{\mathscr{D}} \rho(x, y)\mathrm{d}\sigma}.$$

实际问题 9.5　惯性矩

仿照一阶矩可以给出二阶矩 (惯性矩)

【解】　质点对轴的惯性矩定义为 mr^2，r 是质点到轴的距离. 利用前面关于一阶力矩的讨论，将这个定义推广到区域 $\mathscr{D}$，且具有密度函数 $\rho(x, y)$ 的薄板上. 将 $\mathscr{D}$ 分成小矩形，近似求出每个小矩形对 x 轴的惯性矩，对所有小矩形求和，并取小矩形最大直径 $||T||$ 趋近于 0 时的极限，其极限值是薄板对 x 轴的惯性矩.

$$I_x = \lim_{||T|| \to 0} \sum_{i=1}^{m} \sum_{j=1}^{n} y_{ij}^2 \rho(\xi_{ij}, \eta_{ij}) \Delta\sigma_{ij} = \iint\limits_{\mathscr{D}} y^2 \rho(x, y)\mathrm{d}\sigma.$$

同理可得，对 y 轴的惯性矩

$$I_y = \lim_{||T|| \to 0} \sum_{i=1}^{m} \sum_{j=1}^{n} x_{ij}^2 \rho(\xi_{ij}, \eta_{ij}) \Delta\sigma_{ij} = \iint\limits_{\mathscr{D}} x^2 \rho(x, y)\mathrm{d}\sigma.$$

162 扫一扫

对原点的惯性矩

$$I_o = \lim_{||T|| \to 0} \sum_{i=1}^{m} \sum_{j=1}^{n} (x_{ij}^2 + y_{ij}^2) \rho(\xi_{ij}, \eta_{ij}) \Delta\sigma_{ij} = \iint\limits_{\mathscr{D}} (x^2 + y^2) \rho(x, y)\mathrm{d}\sigma.$$

显然

$$I_o = I_x + I_y.$$

对直线 s 的惯性矩

$$I_s = \iint\limits_{\mathscr{D}} r^2(x, y)\rho(x, y)\mathrm{d}\sigma,$$

其中 $r(x, y)$ 是点 (x, y) 到直线 s 的距离.

实际问题 9.6　计算惯性矩

计算密度函数为 $\rho(x, y) = \rho$，以原点为圆心，半径为 a 的均匀圆盘的惯性矩 I_x, I_y 和 I_o.

【解】　$\mathscr{D}$ 的边界是 $x^2 + y^2 = a^2$，在极坐标系中，

$$\mathscr{D} = \{(r, \theta) | 0 \leqslant r \leqslant a, 0 \leqslant \theta \leqslant 2\pi\}.$$

$$I_o = \iint\limits_{\mathscr{D}} (x^2 + y^2)\rho(x, y)\mathrm{d}\sigma = \rho \int_0^{2\pi} \int_0^a r^3 \mathrm{d}r\mathrm{d}\theta$$

$$= \rho \int_0^{2\pi} \mathrm{d}\theta \int_0^a r^3 \mathrm{d}r = 2\pi\rho \left.\frac{r^4}{4}\right|_0^a = \frac{\pi\rho a^4}{2}.$$

由对称性，可知

$$I_x = I_y = \frac{1}{2}I_o = \frac{\pi\rho a^4}{4}.$$

因为圆盘的质量为 $m = \rho(\pi a^2)$，所以圆盘对原点的惯性矩可以写成

$$I_o = \frac{1}{2}ma^2.$$

轮子的惯性矩，是衡量轮子启动和停止难易程度的量.

经典例题 9.18 关于 x, y 轴和原点的旋转半径.

$$R_x = \sqrt{\frac{I_x}{m}}, \quad R_y = \sqrt{\frac{I_y}{m}}, \quad R_o = \sqrt{\frac{I_o}{m}}.$$

2. 物体的质心坐标

设三维空间有 n 个质量分别是 $m_1, m_2, \cdots, m_n$ 的质点构成质点组，它们的坐标分别是 $(\xi_1, \eta_1, \zeta_1), (\xi_2, \eta_2, \zeta_2), \cdots, (\xi_n, \eta_n, \zeta_n)$. 由静力学知，这个质点组的质心坐标 (ξ, η, ζ) 分别是

$$\xi = \frac{\sum\limits_{i=1}^n \xi_i m_i}{\sum\limits_{i=1}^n m_i}, \qquad \eta = \frac{\sum\limits_{i=1}^n \eta_i m_i}{\sum\limits_{i=1}^n m_i}, \qquad \zeta = \frac{\sum\limits_{i=1}^n \zeta_i m_i}{\sum\limits_{i=1}^n m_i}.$$

如果已知三维空间的有界闭体 V 上每一点 (x, y, z) 的密度是连续函数 $\rho(x, y, z)$. 将体 V 任意分成 n 个小体 $V_1, V_2, \cdots, V_n$，分法为 T. 设小体 V_i 的体积为 ΔV_i. 在小体 V_i 上任取一点 $P_i(\xi_i, \eta_i, \zeta_i)$. 于是，小体 V_i 的质量可以近似地表示为

$$\rho(\xi_i, \eta_i, \zeta_i)\Delta V_i.$$

将体 V 近似地看成是由 n 个质点组成，于是，体 V 的质心 (α, β, γ) 的坐标分别是

$$\alpha \approx \frac{\sum\limits_{i=1}^n \xi_i \rho(\xi_i, \eta_i, \zeta_i)\Delta V_i}{\sum\limits_{i=1}^n \rho(\xi_i, \eta_i, \zeta_i)\Delta V_i}, \quad \beta \approx \frac{\sum\limits_{i=1}^n \eta_i \rho(\xi_i, \eta_i, \zeta_i)\Delta V_i}{\sum\limits_{i=1}^n \rho(\xi_i, \eta_i, \zeta_i)\Delta V_i}, \quad \gamma \approx \frac{\sum\limits_{i=1}^n \zeta_i \rho(\xi_i, \eta_i, \zeta_i)\Delta V_i}{\sum\limits_{i=1}^n \rho(\xi_i, \eta_i, \zeta_i)\Delta V_i}. \tag{9.22}$$

当 $\|T\| \to 0$ 时，式 (9.22) 都存在极限，即

$$\alpha \approx \frac{\iiint\limits_V x\rho(x, y, z)\mathrm{d}V}{\iiint\limits_V \rho(x, y, z)\mathrm{d}V}, \quad \beta \approx \frac{\iiint\limits_V y\rho(x, y, z)\mathrm{d}V}{\iiint\limits_V \rho(x, y, z)\mathrm{d}V}, \quad \gamma \approx \frac{\iiint\limits_V z\rho(x, y, z)\mathrm{d}V}{\iiint\limits_V \rho(x, y, z)\mathrm{d}V}. \tag{9.23}$$

实际问题 9.7 物体的质心

求密度函数 $\rho(x, y, z) \equiv 1$ 的均匀上半球体 $V : x^2 + y^2 + z^2 \leqslant a^2$ 的质心.

【解】　因为均匀球体关于 yOz 坐标面与 zOx 坐标面都对称，所以在公式 (9.23) 中，$\alpha = \beta = 0$，下面求 γ. 设 I 是半径为 a 的半球体的体积，已知 $I = \dfrac{2}{3}\pi a^3$，求三重积分 $\iiint\limits_V z\mathrm{d}V$. 作柱坐标变换，设

$$
\begin{cases}
x = r\cos\theta, \\
y = r\sin\theta, \\
z = z.
\end{cases}
\qquad \frac{\partial(x,y,z)}{\partial(r,\theta,z)} = r.
$$

163 扫一扫

有

$$
\iiint\limits_V z\mathrm{d}V = \int_0^{2\pi}\mathrm{d}\theta\int_0^a r\mathrm{d}r\int_0^{\sqrt{a^2-r^2}} z\mathrm{d}z = \frac{1}{4}\pi a^4.
$$

$$
\gamma = \frac{1}{I}\iiint\limits_V z\mathrm{d}V = \frac{3}{8}a.
$$

于是均匀上半球体的质心是 $\left(0, 0, \dfrac{3}{8}a\right)$.

3. 物体的转动惯量

在三维空间有 n 个质量分别为 $m_1, m_2, \cdots, m_n$ 的质点构成质点组，它们的坐标分别是 $(\xi_1, \eta_1, \zeta_1), (\xi_2, \eta_2, \zeta_2), \cdots, (\xi_n, \eta_n, \zeta_n)$. 这个质点组绕着某一固定直线 l 旋转. 设这 n 个质点到直线 l 的距离分别是 $d_1, d_2, \cdots, d_n$. 由力学知，质点组对直线 l 的转动惯量

$$
J = \sum_{i=1}^n d_i^2 m_i.
$$

特别地，当 l 分别是 x 轴，y 轴，z 轴时，则质点组分别对 x 轴，y 轴，z 轴的转动惯量 J_x, J_y, J_z 分别是

$$
J_x = \sum_{i=1}^n (\eta_i^2 + \zeta_i^2)m_i, \quad J_y = \sum_{i=1}^n (\xi_i^2 + \zeta_i^2)m_i, \quad J_z = \sum_{i=1}^n (\xi_i^2 + \eta_i^2)m_i.
$$

以下设三维空间中有界闭体 V 上任意一点 (x, y, z) 的密度是连续函数 $\rho(x, y, z)$，求它对 x 轴，y 轴，z 轴的转动惯量.

应用微元法写出转动惯量的公式. 在体 V 上任意取一点 (x, y, z). 在该点的体积微元是 $\mathrm{d}V$，质量是 $\rho(x, y, z)\mathrm{d}V$. 到 x 轴的距离是 $\sqrt{x^2 + y^2}$，于是转动惯量是 $(x^2 + y^2)\rho(x, y, z)\mathrm{d}V$. 将体 V 上任意一点 (x, y, z) 处的质量关于 x 轴的转动惯量在体 V 上连续累加，得到体 V 对 x 轴的转动惯量 J_x，即

$$
J_x = \iiint\limits_V (y^2 + z^2)\rho(x, y, z)\mathrm{d}V. \tag{9.24}
$$

同理，可得体 V 对 y 轴和 z 轴的转动惯量 J_y 与 J_z 分别是

$$
J_y = \iiint\limits_V (z^2 + x^2)\rho(x, y, z)\mathrm{d}V, \tag{9.25}
$$

$$
J_z = \iiint\limits_V (x^2 + y^2)\rho(x, y, z)\mathrm{d}V. \tag{9.26}
$$

实际问题 9.8　均匀球的转动惯量

求密度函数 $\rho(x, y, z) \equiv 1$ 的均匀球体 $V : x^2 + y^2 + z^2 \leqslant 1$ 关于三个坐标轴的转动惯量.

【解】　由式 (9.24)～式 (9.26) 可知，球体 V 关于三个坐标轴的转动惯量分别是

$$J_x = \iiint\limits_V (y^2 + z^2)\mathrm{d}V, \qquad J_y = \iiint\limits_V (z^2 + x^2)\mathrm{d}V, \qquad J_z = \iiint\limits_V (x^2 + y^2)\mathrm{d}V.$$

由对称性易得 $J_x = J_y = J_z$，设 $J = J_x = J_y = J_z$，有

$$3J = \iiint\limits_V 2(x^2 + y^2 + z^2)\mathrm{d}V,$$

于是

$$J = \frac{2}{3} \iiint\limits_V (x^2 + y^2 + z^2)\mathrm{d}V.$$

作球坐标变换

$$\begin{cases} x = r\sin\varphi\cos\theta, \\ y = r\sin\varphi\sin\theta, \\ z = r\cos\varphi, \end{cases} \qquad \frac{\partial(x, y, z)}{\partial(r, \varphi, \theta)} = r^2\sin\varphi.$$

有

$$J = \frac{2}{3} \int_0^{2\pi} \mathrm{d}\theta \int_0^\pi \sin\varphi\,\mathrm{d}\varphi \int_0^1 r^4\mathrm{d}r = \frac{8}{15}\pi.$$

即 $J = J_x = J_y = J_z = \dfrac{8}{15}\pi$.

9.2.3　曲面的面积

前面已经介绍了用定积分求旋转曲面面积的方法，现在介绍用二重积分求定义在矩形区域 $\mathscr{D}$ 的一般曲面 $S : z = f(x, y) \geqslant 0$ 的面积. 用 $m \times n$ 条分别平行 x 轴、y 轴的直线，将矩形区域 $\mathscr{D}$ 分成 $m \times n$ 个小矩形区域 $\mathscr{D}_{ij}$，面积为 $\Delta\sigma_{ij} = \Delta x_i \Delta y_j$. 设 (x_i, y_j) 是 $\mathscr{D}_{ij}$ 中最接近原点的一个顶点，$P_{ij}(x_i, y_j, f(x_i, y_j))$ 表示曲面 S 上的点. S 在 P_{ij} 的切平面是对 P_{ij} 附近曲面 S 的一个近似. 因此，切平面在 $\mathscr{D}_{ij}$ 上方的面积 ΔT_{ij} 是对曲面 S 在 $\mathscr{D}_{ij}$ 上方面积 ΔS_{ij} 的一个近似. 于是

164 扫一扫

$$A \approx \sum_{i=1}^m \sum_{j=1}^n \Delta T_{ij}.$$

用 $\boldsymbol{a}$ 和 $\boldsymbol{b}$ 表示以 P_{ij} 为起点的向量，由 $\boldsymbol{a}$ 和 $\boldsymbol{b}$ 构成的平行四边形面积为 $\Delta T_{ij} = |\boldsymbol{a} \times \boldsymbol{b}|$.

$$\boldsymbol{a} = \Delta x\boldsymbol{i} + f_x'(x_i, y_j)\Delta x\boldsymbol{k},$$

$$\boldsymbol{b} = \Delta y\boldsymbol{j} + f_y'(x_i, y_j)\Delta y\boldsymbol{j},$$

$$\boldsymbol{a} \times \boldsymbol{b} = -f_x'(x_i, y_j)\Delta x\Delta y\boldsymbol{i} - f_y'(x_i, y_j)\Delta x\Delta y\boldsymbol{j} + \Delta x\Delta y\boldsymbol{k}$$

$$= (-f'_x(x_i, y_j)\boldsymbol{i} - f'_y(x_i, y_j)\boldsymbol{j} + \boldsymbol{k})\Delta x\Delta y.$$

于是

$$\Delta T_{ij} = |\boldsymbol{a} \times \boldsymbol{b}| = \sqrt{1 + f_x'^2(x_i, y_j) + f_y'^2(x_i, y_j)}\Delta x\Delta y,$$

所以

$$A = \lim_{||T||\to 0}\sum_{i=1}^{m}\sum_{j=1}^{n}\Delta T_{ij}$$

$$= \lim_{||T||\to 0}\sum_{i=1}^{m}\sum_{j=1}^{n}\sqrt{1 + f_x'^2(x_i, y_j) + f_y'^2(x_i, y_j)}\Delta x\Delta y,$$

其中 $||T||$ 是小矩形的最大直径.

利用二重积分定义可得曲面面积公式

$$A = \iint_{\mathscr{D}}\sqrt{1 + f_x'^2(x, y) + f_y'^2(x, y)}\mathrm{d}\sigma$$

$$= \iint_{\mathscr{D}}\sqrt{1 + f_x'^2(x, y) + f_y'^2(x, y)}\mathrm{d}x\mathrm{d}y. \tag{9.27}$$

经典例题 9.19　求在球面 $x^2 + y^2 + z^2 = a^2$ 上被柱面 $x^2 + y^2 - ax = 0$ 所截部分曲面 S 的面积.

【解】　曲面 S 关于 xOy 面对称, 如图 9.22 所示. 曲面 S 的面积 A 是第一卦限部分面积的四倍. 在第一卦限球面方程是

$$z = \sqrt{a^2 - x^2 - y^2},$$

定义域为

$$\mathscr{D} = \{(x, y)|x^2 + y^2 \leqslant ax, y \geqslant 0\}.$$

求得

$$z'_x = \frac{-x}{\sqrt{a^2 - x^2 - y^2}}, \quad z'_y = \frac{-y}{\sqrt{a^2 - x^2 - y^2}}.$$

由公式 (9.27), 曲面 S 的面积

$$A = 4\iint_{\mathscr{D}}\sqrt{1 + f_x'^2(x, y) + f_y'^2(x, y)}\mathrm{d}x\mathrm{d}y = 4a\iint_{\mathscr{D}}\frac{\mathrm{d}x\mathrm{d}y}{\sqrt{a^2 - x^2 - y^2}}.$$

作极坐标变换, $x = r\cos\theta, y = r\sin\theta$. 区域 $\mathscr{D}$ 的边界方程是

$$r = a\cos\theta\left(0 \leqslant \theta \leqslant \frac{\pi}{2}\right), \quad \theta = 0.$$

有

$$A = 4a\iint_{\mathscr{D}}\frac{\mathrm{d}x\mathrm{d}y}{\sqrt{a^2 - x^2 - y^2}} = 4a\int_0^{\frac{\pi}{2}}\mathrm{d}\theta\int_0^{a\cos\theta}\frac{r}{\sqrt{a^2 - r^2}}\mathrm{d}r$$

$$= 4a^2\int_0^{\frac{\pi}{2}}(1 - \sin\theta)\mathrm{d}\theta = 2a^2(\pi - 2).$$

165 扫一扫

用类似方法可求 $x^2 + z^2 = a^2 (z \geqslant 0)$ 与 $y^2 + x^2 = a^2$ 围成图形的面积 (图 9.23 给出了第一卦限的部分).

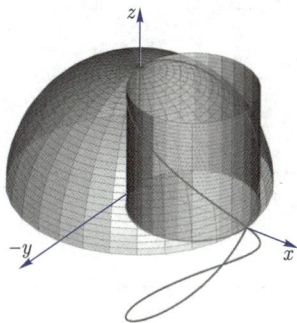

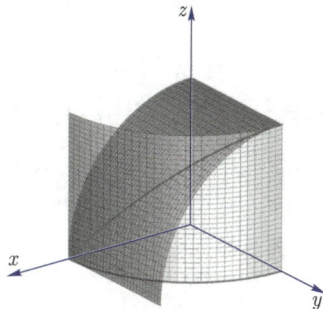

图 9.22　曲面面积　　　　　　　　　　图 9.23　曲面面积

9.3　曲线积分与曲面积分

9.3.1　曲线积分

1. 对弧的曲线积分

曲线积分与定积分相似. 曲线积分不是定义在区间 $[a, b]$，而是定义在光滑曲线 C. 19 世纪早期为解决流体、力、电和磁等问题提出了曲线积分.

166 扫一扫

实际问题 9.9　物质曲线的质量

设光滑曲线 C 的参数方程为

$$x = x(t), \quad y = y(t), \quad a \leqslant t \leqslant b,$$

向量方程为

$$\boldsymbol{r}(t) = x(t)\boldsymbol{i} + y(t)\boldsymbol{j}, \quad a \leqslant t \leqslant b,$$

已知曲线上点 (x, y) 的线密度为 $\rho(x, y)$, 求曲线 C 的质量.

【解】　在区间 $[a, b]$ 插入 $n - 1$ 个分点

$$a = t_0 < t_1 < t_2 < \cdots < t_n = b,$$

将区间 $[a, b]$ 分成 n 个子区间 $[t_{i-1}, t_i](i = 1, 2, \cdots, n)$, 设 $x_i = x(t_i), y_i = y(t_i)$, 相应的点 $P_i(x_i, y_i)$ 将曲线 C 分成 n 个子弧, 弧长分别为 $\Delta l_i (i = 1, 2, \cdots, n)$, 在第 i 个子弧上任取一点 $P_i^*(x_i^*, y_i^*)$. 对应于 $[t_{i-1}, t_i]$ 中一点 t_i^*. 算出一小段弧的质量为 $\rho(x_i^*, y_i^*)\Delta l_i$, 将所有小段弧的质量累加, 令 $\lambda = \max\{\Delta l_1, \Delta l_2, \cdots, \Delta l_n\}$, 取 $\lambda \to 0$ 时的极限即得曲线的质量

$$m = \lim_{\lambda \to 0} \sum_{i=1}^{n} \rho(x_i^*, y_i^*)\Delta l_i.$$

去掉实际背景可以定义对弧的曲线积分.

♦ **定义 9.6　对弧的曲线积分**

设函数 $f(x,y)$ 在光滑曲线 C 上有定义,将曲线 C 分成 n 个子弧,弧长分别为 $\Delta l_i (i = 1, 2, \cdots, n)$,在第 i 个子弧上任取一点 $P_i^*(x_i^*, y_i^*)$,$\lambda = \max\{\Delta l_1, \Delta l_2, \cdots, \Delta l_n\}$,若极限

$$\lim_{\lambda \to 0} \sum_{i=1}^{n} f(x_i^*, y_i^*) \Delta l_i = I$$

存在,则称 I 是函数 $f(x,y)$ 沿曲线 C 对弧的曲线积分,记为

$$\lim_{\lambda \to 0} \sum_{i=1}^{n} f(x_i^*, y_i^*) \Delta l_i = \int_C f(x,y) \mathrm{d}L, \tag{9.28}$$

其中 $\mathrm{d}L$ 是弧长微元.

根据对弧的曲线积分的定义,不难得出,对弧的曲线积分有下列性质.

2. 对弧的曲线积分的性质

(1) $\displaystyle\int_C (f(x,y) \pm g(x,y)) \mathrm{d}L = \int_C f(x,y) \mathrm{d}L \pm \int_C g(x,y) \mathrm{d}L$;

(2) $\displaystyle\int_C k f(x,y) \mathrm{d}L = k \int_C f(x,y) \mathrm{d}L$;

(3) $\displaystyle\int_C f(x,y) \mathrm{d}L = \int_{C_1} f(x,y) \mathrm{d}L + \int_{C_2} f(x,y) \mathrm{d}L \quad (C = C_1 + C_2)$.

3. 对弧的曲线积分的计算

(1) 设曲线 C 的方程为 $x = x(t), y = y(t), a \leqslant t \leqslant b$,利用在 5.4 节得到的弧长公式

$$\mathrm{d}L = \sqrt{x'^2(t) + y'^2(t)} \mathrm{d}t,$$

有

$$L = \int_a^b \sqrt{x'^2(t) + y'^2(t)} \mathrm{d}t,$$

于是,曲线积分的计算公式为

$$\int_C f(x,y) \mathrm{d}L = \int_a^b f(x(t), y(t)) \sqrt{x'^2(t) + y'^2(t)} \mathrm{d}t. \tag{9.29}$$

(2) 若曲线 C 的方程为 $y = f(x), a \leqslant x \leqslant b$,则

$$\int_C f(x,y) \mathrm{d}L = \int_a^b f(x, y(x)) \sqrt{1 + y'^2(x)} \mathrm{d}x. \tag{9.30}$$

(3) 若曲线 C 的方程为 $r = r(\theta), \alpha \leqslant \theta \leqslant \beta$,则

$$\int_C f(x,y) \mathrm{d}L = \int_\alpha^\beta f(r(\theta)\cos\theta, r(\theta)\sin\theta) \sqrt{r^2(\theta) + r'^2(\theta)} \mathrm{d}\theta. \tag{9.31}$$

实际问题 9.10　金属丝的质量

金属丝的线密度为 $\rho(x,y) = xy$,金属丝的曲线方程为

$$x = a\cos t, \quad y = b\sin t \quad \left(0 \leqslant t \leqslant \frac{\pi}{2}\right).$$

求金属丝的质量.

【解】 由 $x' = -a\sin t, \quad y' = b\cos t$ 得

$$\sqrt{x'^2 + y'^2} = \sqrt{a^2\sin^2 t + b^2\cos^2 t}.$$

于是，金属丝的质量

$$m = \int_0^{\frac{\pi}{2}} a\cos t \cdot b\sin t\sqrt{a^2\sin^2 t + b^2\cos^2 t}\,dt$$

$$= \frac{ab}{2}\int_0^{\frac{\pi}{2}} \sin 2t\sqrt{a^2\frac{1-\cos 2t}{2} + b^2\frac{1+\cos 2t}{2}}\,dt$$

设 $u = \cos 2t, du = -2\sin 2t\,dt$ 或 $\sin 2t\,dt = -\dfrac{1}{2}du$，得金属丝的质量

$$m = \frac{ab}{4}\int_{-1}^{1}\sqrt{\frac{a^2+b^2}{2} + \frac{b^2-a^2}{2}u}\,du$$

$$= \frac{ab}{4}\frac{2}{b^2-a^2}\frac{2}{3}\left(\frac{a^2+b^2}{2} + \frac{b^2-a^2}{2}u\right)^{\frac{3}{2}}\Bigg|_{-1}^{1} = \frac{ab}{3}\frac{a^2+ab+b^2}{a+b}.$$

类似地，在三维空间中光滑曲线 C 的参数方程为

$$x = x(t), \quad y = y(t), \quad z = z(t) \quad (a \leqslant t \leqslant b),$$

则曲线积分 (9.29) 可化成

$$\int_C f(x,y,z)dL = \int_a^b f(x(t),y(t),z(t))\sqrt{x'^2(t) + y'^2(t) + z'^2(t)}\,dt, \tag{9.32}$$

其中 $dL = \sqrt{x'^2(t) + y'^2(t) + z'^2(t)}\,dt$ 是空间曲线 C 的弧长微分.

4. 对坐标的曲线积分

实际问题 9.11 力场做功问题

若质点在常力 $\boldsymbol{F}$ 的作用下沿直线位移 $\boldsymbol{L}$，则常力 $\boldsymbol{F}$ 所做的功

$$W = \boldsymbol{F} \cdot \boldsymbol{L} = |\boldsymbol{F}| \cdot |\boldsymbol{L}|\cos\theta. \tag{9.33}$$

其中 θ 是 $\boldsymbol{F}$ 与 $\boldsymbol{L}$ 的夹角.

设有质点在力 (可以是重力或电磁力)

$$\boldsymbol{F} = P(x,y)\boldsymbol{i} + Q(x,y)\boldsymbol{j} + R(x,y)\boldsymbol{k}$$

的作用下，沿光滑有向曲线

$$C : \boldsymbol{r}(t) = x(t)\boldsymbol{i} + y(t)\boldsymbol{j} + z(t)\boldsymbol{k} \quad (a \leqslant t \leqslant b)$$

由 A 点到 B 点，求力 $\boldsymbol{F}$ 所做的功.

【解】 $\boldsymbol{F}$ 沿曲线 C 的积分，即是变力 $\boldsymbol{F}$ 从 A 到 B 对质点所做的功.

$$W = \int_a^b \boldsymbol{F} \cdot d\boldsymbol{L} = \int_a^b \boldsymbol{F} \cdot d\boldsymbol{r} = \int_a^b \boldsymbol{F} \cdot \frac{d\boldsymbol{r}}{dt}\,dt$$

$$= \int_a^b \left(P\frac{dx}{dt} + Q\frac{dy}{dt} + R\frac{dz}{dt}\right)dt = \int_a^b Pdx + Qdy + Rdz, \tag{9.34}$$

其中 $\mathrm{d}x$，$\mathrm{d}y$，$\mathrm{d}z$ 分别是弧微分 $\mathrm{d}\boldsymbol{L}$ 在 x 轴，y 轴与 z 轴上的投影，弧长微分 $\mathrm{d}\boldsymbol{L}$ 的方向就是曲线 C 的方向.

下面从应用的角度出发直接给出对坐标的曲线积分的定义 (而不是由极限方法给对坐标的曲线积分的定义).

167 扫一扫

◆ **定义 9.7　对坐标的曲线积分**

设 $\boldsymbol{F}$ 是定义在光滑曲线 C 的连续向量场. $\boldsymbol{F}$ 沿 $C: \boldsymbol{r} = \boldsymbol{r}(t)$，$a \leqslant t \leqslant b$ 的曲线积分

$$\int_a^b \boldsymbol{F} \cdot \mathrm{d}\boldsymbol{L} = \int_a^b \boldsymbol{F} \cdot \mathrm{d}\boldsymbol{r} = \int_a^b \boldsymbol{F} \cdot \frac{\mathrm{d}\boldsymbol{r}}{\mathrm{d}t}\mathrm{d}t = \int_a^b P\mathrm{d}x + Q\mathrm{d}y + R\mathrm{d}z, \tag{9.35}$$

称为对坐标的曲线积分 ($\boldsymbol{F} = \{P(x,y,z), Q(x,y,z), R(x,y,z)\}$).

5. 对坐标的曲线积分的性质

$$\int_{\overset{\frown}{AB}} P(x,y)\mathrm{d}x + Q(x,y)\mathrm{d}y = -\int_{\overset{\frown}{BA}} P(x,y)\mathrm{d}x + Q(x,y)\mathrm{d}y. \tag{9.36}$$

168 扫一扫

6. 两类曲线积分的关系

$$\int_C P(x,y)\mathrm{d}x + Q(x,y)\mathrm{d}y = \int_C (P(x,y)\cos\alpha + Q(x,y)\cos\beta)\mathrm{d}L, \tag{9.37}$$

其中 $\cos\alpha, \cos\beta$ 是曲线切向量的方向余弦.

7. 对坐标的曲线积分的计算

设 C 是起点为 A 终点为 B 的有向光滑曲线，$P(x,y), Q(x,y)$ 在曲线 C 上连续.

(1) 设曲线 C 的参数方程为 $x = x(t), y = y(t)$，曲线 C 的起点 A 对应的参数 $t = a$，曲线 C 的终点 B 对应的参数 $t = b$，当 t 从 A 变到 B 时，点 (x,y) 从 A 沿 C 运动到 B，则

$$\int_C P(x,y)\mathrm{d}x + Q(x,y)\mathrm{d}y = \int_a^b (P(x(t),y(t))x'(t) + Q(x(t),y(t))y'(t))\mathrm{d}t; \tag{9.38}$$

(2) 设曲线 C 的方程为 $y = f(x)$，则

$$\int_C P(x,y)\mathrm{d}x + Q(x,y)\mathrm{d}y = \int_a^b (P(x,y(x)) + Q(x,y(x))y'(x))\mathrm{d}x. \tag{9.39}$$

实际问题 9.12　变力沿光滑曲线做功

求质点在变力

$$\boldsymbol{F} = (y - x^2)\boldsymbol{i} + (z - y^2)\boldsymbol{j} + (x - z^2)\boldsymbol{k},$$

的作用下，沿曲线

$$\boldsymbol{r}(t) = t\boldsymbol{i} + t^2\boldsymbol{j} + t^3\boldsymbol{k} \quad (0 \leqslant t \leqslant 1),$$

从点 $(0,0,0)$ 运动到点 $(1,1,1)$ 所做的功.

【解】 把 $\boldsymbol{F}$ 变成 t 的函数

$$\boldsymbol{F} = (y - x^2)\boldsymbol{i} + (z - y^2)\boldsymbol{j} + (x - z^2)\boldsymbol{k}$$
$$= (t^2 - t^2)\boldsymbol{i} + (t^3 - t^4)\boldsymbol{j} + (t - t^6)\boldsymbol{k}, \tag{9.40}$$

而

$$\frac{\mathrm{d}\boldsymbol{r}}{\mathrm{d}t} = \frac{\mathrm{d}}{\mathrm{d}t}(t\boldsymbol{i} + t^2\boldsymbol{j} + t^3\boldsymbol{k}) = \boldsymbol{i} + 2t\boldsymbol{j} + 3t^2\boldsymbol{k}, \tag{9.41}$$

将式 (9.40) 和式 (9.41) 作点乘得

$$\begin{aligned}\boldsymbol{F} \cdot \frac{\mathrm{d}\boldsymbol{r}}{\mathrm{d}t} &= ((t^2 - t^2)\boldsymbol{i} + (t^3 - t^4)\boldsymbol{j} + (t - t^6)\boldsymbol{k}) \cdot (\boldsymbol{i} + 2t\boldsymbol{j} + 3t^2\boldsymbol{k}) \\ &= (t^3 - t^4)(2t) + (t - t^6)(3t^2) = 2t^4 - 2t^5 + 3t^3 - 3t^8.\end{aligned} \tag{9.42}$$

将式 (9.42) 从 $t = 0$ 到 $t = 1$ 积分，即得所要求的功

$$W = \int_0^1 (2t^4 - 2t^5 + 3t^3 - 3t^8)\mathrm{d}t = \left(\frac{2}{5}t^5 - \frac{1}{3}t^6 + \frac{3}{4}t^4 - \frac{1}{3}t^9\right)\Big|_0^1 = \frac{29}{60}.$$

实际问题 9.13　速度场流量

设 $\boldsymbol{V}$ 代表通过一空间区域流体速度场 (如一个潮汐小海湾或水力发电机的汽轮机箱内)，$\boldsymbol{V}$ 在区间内沿曲线的积分是流体沿曲线的流量. 求速度场 $\boldsymbol{V} = x\boldsymbol{i} + z\boldsymbol{j} + y\boldsymbol{k}$ 沿螺线 $\boldsymbol{r}(t) = \cos t\boldsymbol{i} + \sin t\boldsymbol{j} + t\boldsymbol{k}\left(0 \leqslant t \leqslant \frac{\pi}{2}\right)$ 的流量.

【解】 把 $\boldsymbol{V}$ 变成 t 的函数，得

$$\boldsymbol{V} = x\boldsymbol{i} + z\boldsymbol{j} + y\boldsymbol{k} = \cos t\boldsymbol{i} + t\boldsymbol{j} + \sin t\boldsymbol{k}, \tag{9.43}$$

求

$$\frac{\mathrm{d}\boldsymbol{r}}{\mathrm{d}t} = \frac{\mathrm{d}}{\mathrm{d}t}(\cos t\boldsymbol{i} + \sin t\boldsymbol{j} + t\boldsymbol{k}) = -\sin t\boldsymbol{i} + \cos t\boldsymbol{j} + \boldsymbol{k}, \tag{9.44}$$

将式 (9.43) 和式 (9.44) 作点乘，得

$$\begin{aligned}\boldsymbol{V} \cdot \frac{\mathrm{d}\boldsymbol{r}}{\mathrm{d}t} &= (\cos t\boldsymbol{i} + t\boldsymbol{j} + \sin t\boldsymbol{k}) \cdot (-\sin t\boldsymbol{i} + \cos t\boldsymbol{j} + \boldsymbol{k}) \\ &= -\sin t\cos t + t\cos t + \sin t.\end{aligned} \tag{9.45}$$

将式 (9.45) 从 $t = 0$ 到 $t = \frac{\pi}{2}$ 积分，即得所要求的流量

$$W = \int_0^{\frac{\pi}{2}} (-\sin t\cos t + t\cos t + \sin t)\mathrm{d}t = \left(\frac{\cos^2 t}{2} + t\sin t\right)\Big|_0^{\frac{\pi}{2}} = \frac{\pi}{2} - \frac{1}{2}.$$

169 扫一扫

实际问题 9.14　绕曲线的环流量

求速度场 $\boldsymbol{V} = (x - y)\boldsymbol{i} + x\boldsymbol{j}$ 绕曲线 $\boldsymbol{r}(t) = \cos t\boldsymbol{i} + \sin t\boldsymbol{j}(0 \leqslant t \leqslant 2\pi)$ 的流量.

【解】 把 $\boldsymbol{V}$ 变成 t 的函数

$$\boldsymbol{V} = (x - y)\boldsymbol{i} + x\boldsymbol{j} = (\cos t - \sin t)\boldsymbol{i} + \cos t\boldsymbol{j}, \tag{9.46}$$

而

$$\frac{\mathrm{d}\boldsymbol{r}}{\mathrm{d}t} = \frac{\mathrm{d}}{\mathrm{d}t}(\cos t\boldsymbol{i} + \sin t\boldsymbol{j}) = -\sin t\boldsymbol{i} + \cos t\boldsymbol{j}, \tag{9.47}$$

将式 (9.46) 和式 (9.47) 作点乘，得

$$\boldsymbol{V} \cdot \frac{\mathrm{d}\boldsymbol{r}}{\mathrm{d}t} = ((\cos t - \sin t)\boldsymbol{i} + \cos t\boldsymbol{j}) \cdot (-\sin t\boldsymbol{i} + \cos t\boldsymbol{j})$$

$$= -\sin t \cos t + \sin^2 t + \cos^2 t. \tag{9.48}$$

将式 (9.48) 从 $t = 0$ 到 $t = 2\pi$ 积分，即得所要求的流量

$$W = \int_0^{2\pi} (1 - \sin t \cos t) \mathrm{d}t = \left(t - \frac{\sin^2 t}{2} \right) \Big|_0^{2\pi} = 2\pi.$$

实际问题 9.15　穿过平面曲线的流量

若 C 是平面向量场 $\boldsymbol{F} = P(x,y)\boldsymbol{i} + Q(x,y)\boldsymbol{j}$ 定义域内的一条光滑闭曲线，$\boldsymbol{n}$ 为 C 的单位外法向量，则 $\boldsymbol{F}$ 穿过 C 的流量为

$$W = \oint_C \boldsymbol{F} \cdot \boldsymbol{n} \mathrm{d}s, \tag{9.49}$$

而

$$\boldsymbol{n} = \boldsymbol{T} \times \boldsymbol{k} = \left(\frac{\mathrm{d}x}{\mathrm{d}s}\boldsymbol{i} + \frac{\mathrm{d}y}{\mathrm{d}s}\boldsymbol{j} \right) \times \boldsymbol{k} = \frac{\mathrm{d}y}{\mathrm{d}s}\boldsymbol{i} - \frac{\mathrm{d}x}{\mathrm{d}s}\boldsymbol{j}.$$

于是

$$\boldsymbol{F} \cdot \boldsymbol{n} = P(x,y)\frac{\mathrm{d}y}{\mathrm{d}s} - Q(x,y)\frac{\mathrm{d}x}{\mathrm{d}s},$$

170 扫一扫

因此

$$\oint_C \boldsymbol{F} \cdot \boldsymbol{n} \mathrm{d}s = \oint_C P(x,y)\frac{\mathrm{d}y}{\mathrm{d}s} - Q(x,y)\frac{\mathrm{d}x}{\mathrm{d}s} = \oint_C P(x,y)\mathrm{d}y - Q(x,y)\mathrm{d}x.$$

经典例题 9.20　求 $\boldsymbol{F} = (x - y)\boldsymbol{i} + x\boldsymbol{j}$ 穿过圆 $C : x^2 + y^2 = 1$ 的流量.

【解】　把圆 C 写成向量式得

$$C : \boldsymbol{r}(t) = \cos t\boldsymbol{i} + \sin t\boldsymbol{j} \quad (0 \leqslant t \leqslant 2\pi),$$

$$P = x - y = \cos t - \sin t, \quad Q = x = \cos t,$$

$$\mathrm{d}x = -\sin t\mathrm{d}t, \qquad\qquad \mathrm{d}y = \cos t\mathrm{d}t,$$

于是

$$Q = \int_C P\mathrm{d}y - Q\mathrm{d}x = \int_0^{2\pi} (\cos^2 t - \sin t \cos t + \cos t \sin t)\mathrm{d}t$$

$$= \int_0^{2\pi} \cos^2 t\mathrm{d}t = \int_0^{2\pi} \frac{1 + \cos 2t}{2}\mathrm{d}t = \left(\frac{t}{2} + \frac{\sin 2t}{4} \right) \Big|_0^{2\pi} = \pi.$$

8. 曲线积分与路径无关的条件

经典例题 9.21　曲线积分与路径无关的例子. 求 $I = \int_C 2xy\mathrm{d}x + x^2\mathrm{d}y$，其中 C 分别是:

(1) 直线 $y = x$，(2) 抛物线 $y = x^2$，(3) 立方抛物线 $y = x^3$，都是从原点 $(0,0)$ 到点 $(1,1)$.

【解】　(1) 沿直线 $y = x, \mathrm{d}y = \mathrm{d}x$，有

$$I = \int_C 2xy\mathrm{d}x + x^2\mathrm{d}y = \int_0^1 2x^2\mathrm{d}x + \int_0^1 x^2\mathrm{d}x = \int_0^1 3x^2\mathrm{d}x = 1.$$

(2) 沿抛物线 $y = x^2, \mathrm{d}y = 2x\mathrm{d}x$，有

$$I = \int_C 2xy\mathrm{d}x + x^2\mathrm{d}y = \int_0^1 2x^3\mathrm{d}x + \int_0^1 2x^3\mathrm{d}x = \int_0^1 4x^3\mathrm{d}x = 1.$$

(3) 沿立方抛物线 $y = x^3, \mathrm{d}y = 3x^2\mathrm{d}x$，有

$$I = \int_C 2xy\mathrm{d}x + x^2\mathrm{d}y = \int_0^1 2x^4\mathrm{d}x + \int_0^1 3x^4\mathrm{d}x = \int_0^1 5x^4\mathrm{d}x = 1.$$

经典例题 9.22 曲线积分与路径有关的例子. 求 $I = \int_C xy\mathrm{d}x + (y-x)\mathrm{d}y$，其中 C 分别是：
(1) 直线 $y = x$，(2) 抛物线 $y = x^2$，(3) 立方抛物线 $y = x^3$，都是从原点 $(0,0)$ 到点 $(1,1)$.

【解】 (1) 沿直线 $y = x, \mathrm{d}y = \mathrm{d}x$，有

$$I = \int_C xy\mathrm{d}x + (y-x)\mathrm{d}y = \int_0^1 x^2\mathrm{d}x = \frac{1}{3}.$$

(2) 沿抛物线 $y = x^2, \mathrm{d}y = 2x\mathrm{d}x$，有

$$I = \int_C xy\mathrm{d}x + (y-x)\mathrm{d}y = \int_0^1 (3x^3 - 2x^2)\mathrm{d}x = \frac{1}{12}.$$

(3) 沿立方抛物线 $y = x^3, \mathrm{d}y = 3x^2\mathrm{d}x$，有

$$I = \int_C xy\mathrm{d}x + (y-x)\mathrm{d}y = \int_0^1 (3x^5 + x^4 - 3x^3)\mathrm{d}x = -\frac{1}{20}.$$

从上述两例可以看出，曲线积分有时与路径有关，有时与路径无关，那么在什么条件下曲线积分与路径无关呢？下面的定理回答了这个问题.

♦ 定理 9.15

若函数 $P(x,y), Q(x,y)$ 及 $Q'_x(x,y), P'_y(x,y)$ 在单连通区域 $\mathscr{G}$ 连续 (单连通区域是指，在 $\mathscr{G}$ 内连续无重点的任意闭曲线所围成的区域都在 $\mathscr{G}$ 内)，下面四个结论等价：

(1) 曲线积分 $\int_C P\mathrm{d}x + Q\mathrm{d}y$ 与路径无关，只与始点 A 和终点 B 有关.

(2) 在 $\mathscr{G}$ 存在一个函数 $u(x,y)$，使

$$\mathrm{d}u = P\mathrm{d}x + Q\mathrm{d}y.$$

(3) $\forall\, (x,y) \in \mathscr{G}$，有

$$\frac{\partial P}{\partial y} = \frac{\partial Q}{\partial x}.$$

(4) 对 $\mathscr{G}$ 内光滑或逐段光滑的闭曲线 Γ，有

$$\oint_\Gamma P\mathrm{d}x + Q\mathrm{d}y = 0.$$

♦ 定义 9.8 曲线积分与路径无关

设 $\boldsymbol{F}$ 是定义在开区域 $\mathscr{G}$ 的场，假设在开区域 $\mathscr{G}$ 内任意两点 A 与 B，从 A 到 B 所做的功 $\int_{\mathscr{G}} \boldsymbol{F} \cdot \mathrm{d}\boldsymbol{r}$ 对所有从 A 到 B 的路径都相同，称曲线积分 $\int_{\mathscr{G}} \boldsymbol{F} \cdot \mathrm{d}\boldsymbol{r}$ 与路径无关，并称 $\boldsymbol{F}$ 是定义在开区域 $\mathscr{G}$ 的保守场.

9. 格林公式

　　格林定理给出了沿一条简单闭曲线 C 的线积分与由 C 所围成的区域 $\mathscr{G}$ 上的二重积分之间的关系 (假设 $\mathscr{G}$ 由 C 内所有点组成). 为了确定闭曲线 C 的正方向, 先给出连通域的概念.

　　若平面区域 $\mathscr{G}$ 内任意两点的连线都在 $\mathscr{G}$ 内, 则称 $\mathscr{G}$ 为连通域. 若在 $\mathscr{G}$ 内连续无重点的任意闭曲线所围成的区域都在 $\mathscr{G}$ 内, 则称 $\mathscr{G}$ 为单连通域. 否则, 称 $\mathscr{G}$ 为复连通域.

　　在格林公式中, 如果 C 围成的区域 $\mathscr{G}$ 是单连通域, 则沿曲线 C 的逆时针方向为正. 如果 C 围成的区域 $\mathscr{G}$ 是复连通域, 则外侧边界曲线逆时针方向为正, 内侧边界曲线顺时针方向为正.

♦ **定理 9.16　格林定理**

　　若函数 $P(x,y)$ 与 $Q(x,y)$ 及 $P_y'(x,y)$ 与 $Q_x'(x,y)$ 在光滑或逐段光滑闭曲线 C 围成的闭区域 $\mathscr{G}$ 连续, 则

$$\iint\limits_{\mathscr{G}}\left(\frac{\partial Q}{\partial x}-\frac{\partial P}{\partial y}\right)\mathrm{d}x\mathrm{d}y=\oint_C P\mathrm{d}x+Q\mathrm{d}y. \tag{9.50}$$

公式 (9.50) 称为格林公式.

经典例题 9.23　求 $\oint_C xy^2\mathrm{d}y-x^2y\mathrm{d}x$, 其中 C 是圆周 $x^2+y^2=a^2$ 的正方向.

　　【解】　由格林公式, $P=-x^2y$, $Q=xy^2$, $\dfrac{\partial P}{\partial y}=-x^2$, $\dfrac{\partial Q}{\partial x}=y^2$, 有

$$\oint_C xy^2\mathrm{d}y-x^2y\mathrm{d}x=\iint\limits_{\mathscr{G}}(y^2+x^2)\mathrm{d}x\mathrm{d}y,$$

其中 $\mathscr{G}$ 是圆域 $x^2+y^2\leqslant a^2$. 设 $x=r\cos\theta, y=r\sin\theta$, 有

$$\oint_C xy^2\mathrm{d}y-x^2y\mathrm{d}x=\iint\limits_{\mathscr{G}}(y^2+x^2)\mathrm{d}x\mathrm{d}y=\int_0^{2\pi}\mathrm{d}\theta\int_0^a r^3\mathrm{d}r=\frac{\pi}{2}a^4.$$

实际问题 9.16　内燃机做功

　　如图 9.24 所示, 描述了四缸内燃机每一个缸的一系列工作过程. 每个活塞上下移动且和一个旋转机轴相连的转动臂相连. 设 $p(t)$ 和 $V(t)$ 分别是在任意时刻 t 汽缸内的压强和体积, 其中 $a\leqslant t\leqslant b$ 给出了整个过程中所需的时间. 图 9.25 给出了内燃机一次循环过程中 p 和 V 的变化过程. 在进入冲程中 (从①～②) 压强为一个大气压的空气和汽油的混合气体, 当活塞

向下移动的时候，通过进气阀门进入汽缸．而后在压缩冲程中 (②～③) 阀门关闭，活塞迅速压缩混合气体，在这个过程中，压强增大，体积收缩．在③点火装置点燃燃料，温度和压强升高，并且几乎保持相同体积直到④．然后，阀门关闭，在动力冲程中 (④～⑤ 体积迅速膨胀迫使活塞下移．排气阀门打开，温度和压强下降，储存在旋转飞轮中的机械能量推动活塞上移，迫使废气在排气冲程中排出排气阀门．排气阀门关闭，进气阀门打开．回到①重新开始．下面求内燃机做功．

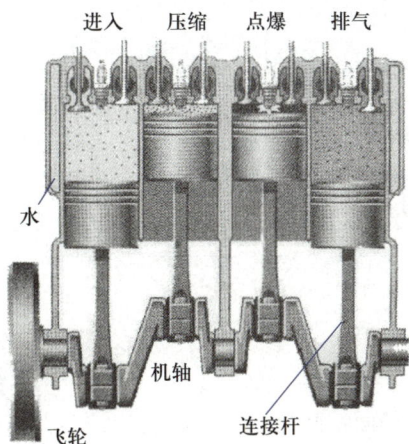

图 9.24　内燃机工作原理

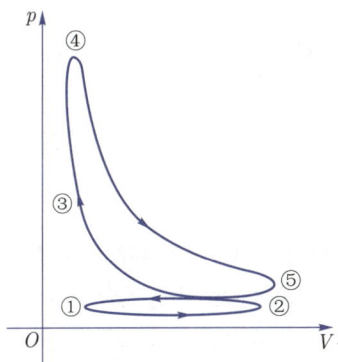

图 9.25　活塞做功情况

【解】　设 $x(t)$ 是活塞到汽缸顶部的距离，施加在活塞上的力为 $\boldsymbol{F} = Ap(t)\boldsymbol{i}$，其中 A 是活塞顶部的面积．于是

$$\boldsymbol{w} = \int_{C_1} \boldsymbol{F} \cdot \mathrm{d}\boldsymbol{r},$$

其中 C_1 由 $\boldsymbol{r}(t) = x(t)\boldsymbol{i}, a \leqslant t \leqslant b$ 给出．

由于 $\boldsymbol{F} = Ap(t)\boldsymbol{i}$，$\mathrm{d}V = A\mathrm{d}x(t)$，所以

$$\boldsymbol{w} = \int_{C_1} \boldsymbol{F} \cdot \mathrm{d}\boldsymbol{r} = \int_C AP(t)\mathrm{d}x(t) = \int_C p(t)\mathrm{d}V,$$

其中 C 是如图 9.25 所示在 pV 平面内的曲线．功的数值是曲线 C 所围图形的面积．由格林公式，功 W 是如图 9.25 所示两个圈所围图形面积之差．

9.3.2　曲面积分

1. 对面积的曲面积分

实际问题 9.17　质量

物质曲面质量

设函数 $f(x,y,z)$ 的定义域包含曲面 S．用一个曲线网将 S 分成面积为 $\Delta\sigma_{ij}$ 的小曲面片 S_{ij}．计算 $f(x,y,z)$ 在每个小曲面片上点 P_{ij}^* 的值，并乘以面积 $\Delta\sigma_{ij}$，如果将 $f(x,y)$ 看成曲面的密度，

则和式即是曲面质量的近似.

$$m_s \approx \sum_{i=1}^{m} \sum_{j=1}^{n} f(P_{ij}^*) \Delta \sigma_{ij}.$$

◆ 定义 9.9　对面积的曲面积分

设函数 $f(x, y, z)$ 的定义域包含曲面 S. 用一个曲线网将 S 分成面积为 $\Delta \sigma_{ij}$ 的小曲面片 S_{ij}. 计算 $f(x, y, z)$ 在每个小曲面片上点 P_{ij}^* 的值, 并乘以面积 $\Delta \sigma_{ij}$, 令 $||T||$ 表示小曲面片 S_{ij} 中最大直径. 若极限

$$\lim_{||T|| \to 0} \sum_{i=1}^{m} \sum_{j=1}^{n} f(P_{ij}^*) \Delta \sigma_{ij} = I$$

存在, 则称 I 为函数 $f(x, y)$ 在曲面 S 对面积的曲面积分, 记为

$$\lim_{||T|| \to 0} \sum_{i=1}^{m} \sum_{j=1}^{n} f(P_{ij}^*) \Delta \sigma_{ij} = \iint_S f(x, y, z) \mathrm{d}\sigma.$$

对面积的曲面积分有类似于对弧的曲线积分的性质.

2. 对面积的曲面积分的计算

利用公式 (9.27), 设曲面 S 为 $z = z(x, y)$, 于是可得面积微元

$$\mathrm{d}\sigma = \sqrt{1 + z_x'^2(x, y) + z_y'^2(x, y)} \mathrm{d}x\mathrm{d}y,$$

171 扫一扫

所以

$$\iint_S f(x, y, z) \mathrm{d}\sigma = \iint_{\mathscr{D}_{xy}} f(x, y, z(x, y)) \sqrt{1 + z_x'^2(x, y) + z_y'^2(x, y)} \mathrm{d}x\mathrm{d}y. \tag{9.51}$$

类似地, 设曲面 S 为 $x = x(y, z)$ 或 $y = y(z, x)$, 可得

$$\iint_S f(x, y, z) \mathrm{d}\sigma = \iint_{\mathscr{D}_{yz}} f(x(y, z), y, z) \sqrt{1 + x_y'^2(y, z) + x_z'^2(y, z)} \mathrm{d}y\mathrm{d}z. \tag{9.52}$$

$$\iint_S f(x, y, z) \mathrm{d}\sigma = \iint_{\mathscr{D}_{zx}} f(x, y(z, x), z) \sqrt{1 + y_x'^2(z, x) + y_z'^2(z, x)} \mathrm{d}z\mathrm{d}x. \tag{9.53}$$

经典例题 9.24　求曲面积分 $\iint_S \dfrac{\mathrm{d}\sigma}{z}$, 其中 S 是球面 $x^2 + y^2 + z^2 = a^2$ 被平面 $z = h\ (0 < h < a)$ 所截的顶部 $(z \geqslant h)$, 如图 9.26 所示.

【解】　曲面 S 的方程是

$$z = \sqrt{a^2 - x^2 - y^2}.$$

曲面 S 在 xOy 平面上的投影区域

$$\mathscr{D} = \{(x, y) | x^2 + y^2 \leqslant a^2 - h^2\}.$$

$$\mathrm{d}\sigma = \sqrt{1 + z_x'^2 + z_y'^2} \mathrm{d}x\mathrm{d}y.$$

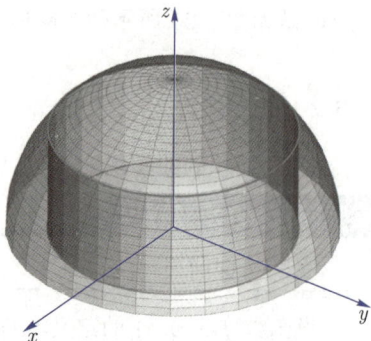

图 9.26　曲面积分

由式 (9.51)，有

$$\iint\limits_{S} \frac{\mathrm{d}\sigma}{z} = \iint\limits_{\mathscr{D}} \frac{a}{a^2 - x^2 - y^2} \mathrm{d}x\mathrm{d}y = a \int_0^{2\pi} \mathrm{d}\varphi \int_0^{\sqrt{a^2-h^2}} \frac{r}{a^2 - r^2} \mathrm{d}r$$

$$= -\pi a \ln(a^2 - r^2) \Big|_0^{\sqrt{a^2-h^2}} = 2a\pi \ln \frac{a}{h}.$$

3. 对坐标的曲面积分

对坐标的曲面积分的定义与对面积曲面积分的定义和计算完全类似. 已知对坐标的曲线积分与曲线的方向有关，同样，对坐标的曲面积分与曲面的方向也有关. 因此要讨论曲面的正向和负向 (或正侧和负侧).

在光滑曲面上任取一点 P_0 的法线有两个方向，选择一个方向为正向. 当动点 P 在曲面上连续变动 (不越过曲面的边界) 时，法线也连续变动. 当动点 P 从 P_0 出发沿曲面 S 上任意一条闭曲线又回到点 P_0 时，如果法线的正向与出发时的法线正向相同，这种曲面 S 称为双侧曲面，否则称为单侧曲面. 本节只讨论双侧曲面.

这里仿照对坐标的曲线积分的定义方法，也从实际应用的角度出发，直接给出对坐标的曲面积分的定义 (而不是用极限的方法给出对坐标的曲面积分的定义).

♦ **定义 9.10   对坐标的曲面积分**

设函数 $\boldsymbol{F}$ 是定义在单位法向量为 $\boldsymbol{n}$ 的有向曲面 S 的连续向量场，$\boldsymbol{F}$ 在 S 的曲面积分为

$$\iint\limits_{S} \boldsymbol{F} \cdot \mathrm{d}\boldsymbol{s} = \iint\limits_{S} \boldsymbol{F} \cdot \boldsymbol{n}\mathrm{d}\sigma,$$

称为对坐标的曲面积分，也称 $\boldsymbol{F}$ 穿过 S 的流量.

4. 对坐标的曲面积分的计算

当曲面由 $z = z(x,y)$ 给出时，$f(x,y,z) = z - z(x,y)$，于是

$$\boldsymbol{n} = \frac{\mathbf{grad}f(x,y,z)}{|\mathbf{grad}f(x,y,z)|} = \frac{-z_x'(x,y)\boldsymbol{i} - z_y'(x,y)\boldsymbol{j} + \boldsymbol{k}}{\sqrt{z_x'^2(x,y) + z_y'^2(x,y) + 1}}.$$

172 扫一扫

$$\boldsymbol{F}(x,y,z) = P(x,y,z)\boldsymbol{i} + Q(x,y,z)\boldsymbol{j} + R(x,y,z)\boldsymbol{k}.$$

于是

$$\iint\limits_{S} \boldsymbol{F} \cdot \mathrm{d}\boldsymbol{s} = \iint\limits_{S} \boldsymbol{F} \cdot \boldsymbol{n}\mathrm{d}\sigma = \iint\limits_{\mathscr{D}} (P\boldsymbol{i} + Q\boldsymbol{j} + R\boldsymbol{k}) \cdot \frac{-z_x'\boldsymbol{i} - z_y'\boldsymbol{j} + \boldsymbol{k}}{\sqrt{z_x'^2 + z_y'^2 + 1}} \sqrt{z_x'^2 + z_y'^2 + 1}\mathrm{d}x\mathrm{d}y$$

$$= \iint\limits_{\mathscr{D}} \left(-P\frac{\partial z}{\partial x} - Q\frac{\partial z}{\partial y} + R\right) \mathrm{d}x\mathrm{d}y. \tag{9.54}$$

对坐标的曲面积分与曲面侧向有关，即

$$\iint\limits_{-S} P\mathrm{d}y\mathrm{d}z + Q\mathrm{d}z\mathrm{d}x + R\mathrm{d}x\mathrm{d}y = -\iint\limits_{S} P\mathrm{d}y\mathrm{d}z + Q\mathrm{d}z\mathrm{d}x + R\mathrm{d}x\mathrm{d}y. \tag{9.55}$$

5. 两类曲面积分的关系

设 $\cos\alpha, \cos\beta, \cos\gamma$ 是曲面 S 法向量的方向余弦，于是

$$\mathrm{d}y\mathrm{d}z = \cos\alpha\mathrm{d}\sigma, \quad \mathrm{d}z\mathrm{d}x = \cos\beta\mathrm{d}\sigma, \quad \mathrm{d}x\mathrm{d}y = \cos\gamma\mathrm{d}\sigma,$$

所以

$$\iint\limits_S P\mathrm{d}y\mathrm{d}z + Q\mathrm{d}z\mathrm{d}x + R\mathrm{d}x\mathrm{d}y = \iint\limits_S (P\cos\alpha + Q\cos\beta + R\cos\gamma)\mathrm{d}\sigma. \tag{9.56}$$

如果 S 是闭曲面，则 $f(x,y,z)\mathrm{d}x\mathrm{d}y$ 在 S 的对坐标的曲面积分可表示为

$$\oiint\limits_S f(x,y,z)\mathrm{d}x\mathrm{d}y.$$

经典例题 9.25　求曲面积分 $\iint\limits_S xyz\mathrm{d}x\mathrm{d}y$，其中 S 是球面 $x^2+y^2+z^2=1\ (x\geqslant 0,y\geqslant 0)$ 的 $\dfrac{1}{4}$，取球面外侧为正侧.

【解】　曲面 S 在 xOy 面上、下两部分的方程分别是

$$S_1: z = \sqrt{1-x^2-y^2} \quad \text{与} \quad S_2: z = -\sqrt{1-x^2-y^2}.$$

曲面 S_1 外法线与 z 轴正向成锐角. 曲面 S_2 外法线与 z 轴正向成钝角，曲面 S_1 与 S_2 在 xOy 平面上的投影都是扇形区域

$$\mathscr{D} = \{(x,y)\,|\,x^2+y^2\leqslant 1, x\geqslant 0, y\geqslant 0\}.$$

于是

$$\iint\limits_S xyz\mathrm{d}x\mathrm{d}y = \iint\limits_{S_1} xyz\mathrm{d}x\mathrm{d}y + \iint\limits_{S_2} xyz\mathrm{d}x\mathrm{d}y$$

$$= \iint\limits_{\mathscr{D}} xy\sqrt{1-x^2-y^2}\mathrm{d}x\mathrm{d}y - \iint\limits_{\mathscr{D}} xy(-\sqrt{1-x^2-y^2})\mathrm{d}x\mathrm{d}y$$

$$= 2\iint\limits_{\mathscr{D}} xy\sqrt{1-x^2-y^2}\mathrm{d}x\mathrm{d}y = \int_0^{\frac{\pi}{2}} \sin 2\varphi\mathrm{d}\varphi \int_0^1 r^3\sqrt{1-r^2}\mathrm{d}r = \frac{2}{15}.$$

♣ 习　题　9 ♣

习题 9 答案

一、填空题

1. 设 $\mathscr{D}$ 是由圆环 $2\leqslant x^2+y^2\leqslant 4$ 所确定的闭区域，则 $\iint\limits_{\mathscr{D}}\mathrm{d}x\mathrm{d}y=$ _____.

2. 利用二重积分几何意义计算 $\iint\limits_{x^2+y^2\leqslant 1}\sqrt{1-x^2-y^2}\mathrm{d}x\mathrm{d}y=$ _____.

3. 设 $\mathscr{D}:|x|+|y|\leqslant 1$，估计二重积分 $I=\iint\limits_{\mathscr{D}}\dfrac{1}{1+\cos^2 x+\cos^2 y}\mathrm{d}\sigma$ 的值: _____.

4. 设区域 $\mathscr{D}$ 是由直线 $x+y=1$ 与坐标轴围成，试比较大小:

$$\iint\limits_{\mathscr{D}}(x+y)^2\mathrm{d}\sigma \qquad \iint\limits_{\mathscr{D}}(x+y)^3\mathrm{d}\sigma.$$

5. 已知 $\mathscr{D}$ 是长方形 $a\leqslant x\leqslant b, 0\leqslant y\leqslant 1$ 区域，又已知 $\iint\limits_{\mathscr{D}} yf(x)\mathrm{d}x\mathrm{d}y=1$，则 $\int_a^b f(x)\mathrm{d}x=$ _____.

6. 交换积分次序: $\int_1^2 \mathrm{d}x \int_{2-x}^{\sqrt{2x-x^2}} f(x,y)\mathrm{d}y=$ _____.

7. 交换积分次序: $\int_{-1}^{0} dy \int_{-y}^{1} f(x,y)dx + \int_{0}^{1} dy \int_{\sqrt{y}}^{1} f(x,y)dx=$ _____.

8. 积分 $\int_{0}^{2} dx \int_{x}^{2} e^{-y^2} dy=$ _____.

9. 将 $\int_{0}^{2} dx \int_{x}^{\sqrt{3}x} f(x^2+y^2)dy$ 转换为极坐标形式下的二次积分_____.

10. 已知 $\mathscr{D}$ 是由 $x^2+y^2=a^2$ $(a>0)$ 围成, 则积分 $\iint\limits_{\mathscr{D}} (x^2+y^2)d\sigma=$ _____.

11. 已知 $\mathscr{D}:x^2+y^2 \leqslant 2x$, 则积分 $\iint\limits_{\mathscr{D}} f(x,y)dxdy$ 在极坐标形式的二次积分为_____.

12. 设为椭圆 $\dfrac{x^2}{4} + \dfrac{y^2}{3} = 1$, 其周长为 a, 则 $\oint_C (2xy+3x^2+4y^2)ds=$ _____.

13. C 为任一条不通过且不包含原点的正向光滑闭曲线, 则 $\oint_C \dfrac{xdy-ydx}{x^2+y^2}=$ _____.

14. 设 $f'(x)$ 连续, C 是任意闭曲线, 若 $\oint_C xe^{2y}dx + f(x)e^{2y}dy = 0$, 则 $f(x)=$ _____.

二、选择题

1. $I_1 = \iint\limits_{\mathscr{D}} (x+y)^3 dxdy, I_2 = \iint\limits_{\mathscr{D}} (x+y)^2 dxdy$, 其中 $\mathscr{D}:(x-2)^2+(y-1)^2 \leqslant 2$ 的大小关系为 (　　).

(A) $I_1 = I_2$ (B) $I_1 > I_2$ (C) $I_1 < I_2$ (D) 无法判断

2. 若 $\iint\limits_{\mathscr{D}} \sqrt{a^2-x^2-y^2}dxdy = \pi$, 其中 $\mathscr{D}$ 是由 $x^2+y^2=a^2$ $(a>0)$ 围成, 则 (　　).

(A) 1   (B) $\sqrt[3]{\dfrac{1}{2}}$ (C) $\sqrt[3]{\dfrac{3}{4}}$ (D) $\sqrt[3]{\dfrac{3}{2}}$

3. 累次积分 $I = \int_{0}^{\frac{\pi}{2}} d\theta \int_{0}^{\cos\theta} f(r\cos\theta, r\sin\theta)rdr$, 可以写成 (　　).

(A) $\int_{0}^{1} dy \int_{0}^{\sqrt{y-y^2}} f(x,y)dx$ (B) $\int_{0}^{1} dy \int_{0}^{\sqrt{1-y^2}} f(x,y)dx$

(C) $\int_{0}^{1} dx \int_{0}^{1} f(x,y)dy$ (D) $\int_{0}^{1} dx \int_{0}^{\sqrt{x-x^2}} f(x,y)dy$

4. $\oint_C (x^2+y^2)^n ds =$ (　　), 其中 C 为圆周 $x^2+y^2=a^2$.

(A) $2\pi a^n$ (B) $2\pi a^{n+1}$ (C) $2\pi a^{2n}$ (D) $2\pi a^{2n+1}$

5. C 是圆域 $x^2+y^2 \leqslant -2x$ 的正向周界, 则 $\oint_C (x^3-y)dx - (x-y^3)dy =$ (　　).

(A) -2π (B) 0   (C) $\dfrac{3}{2}\pi$ (D) 2π

6. 设 S 为 $z = 2-x^2-y^2$ 在 Oxy 平面上方部分的曲面, 则 $\iint\limits_{S} ds=$ (　　).

(A) $\int_{0}^{2\pi} d\theta \int_{0}^{1} \sqrt{1+4r^2}rdr$ (B) $\int_{0}^{2\pi} d\theta \int_{0}^{2} \sqrt{1+4r^2}rdr$

(C) $\int_{0}^{2\pi} d\theta \int_{0}^{2} (2-r^2)\sqrt{1+4r^2}rdr$ (D) $\int_{0}^{2\pi} d\theta \int_{0}^{\sqrt{2}} \sqrt{1+4r^2}rdr$

7. 设曲面 S 为 $z=0, |x| \leqslant 1, |y| \leqslant 1$, 方向向下, $\mathscr{D}$ 为平面区域 $|x| \leqslant 1, |y| \leqslant 1$, 则 $\iint\limits_{S} dxdy =$ (　　).

(A) 0   (B) $\iint\limits_{\mathscr{D}} dxdy$ (C) $-\iint\limits_{\mathscr{D}} dxdy$ (D) 4

8. 已知曲面 S 的方程为 $x^2 + y^2 + z^2 = a^2$，则 $\iint\limits_{S} (x^2 + y^2 + z^2) \mathrm{d}s = ($　　$)$.

(A) 0　　　　　　　　(B) $2\pi a^4$　　　　　　　(C) $4\pi a^4$　　　　　　　(D) $6\pi a^4$

三、计算题

1. 设 $f(x, y)$ 在 Oxy 平面上连续，且 $f(0, 0) = a$，试求 $\lim\limits_{t \to 0^+} \dfrac{1}{\pi t^2} \iint\limits_{\mathscr{D}} f(x, y) \mathrm{d}x\mathrm{d}y$，其中 $\mathscr{D} : x^2 + y^2 \leqslant t^2$.

2. 化二重积分 $\iint\limits_{\mathscr{D}} f(x, y) \mathrm{d}x\mathrm{d}y$ 为二次积分 (写出两种积分次序)，其中积分区域 $\mathscr{D}$ 是

　(1) 由 x 轴 $x = \mathrm{e}$ 及 $y = \ln x$ 围成的区域；

　(2) 由 $y = x$ 及 $y^2 = 4x$ 围成的区域.

3. 把积分 $\iint\limits_{\mathscr{D}} f(x, y) \mathrm{d}x\mathrm{d}y$，其中积分区域 $\mathscr{D}$ 为：

　(1) $x^2 + y^2 \leqslant 4, y \geqslant 0$；(2) $x^2 + y^2 \leqslant 2x$.

4. 把下列积分化为极坐标形式，并计算积分值：

　(1) $\displaystyle\int_{-a}^{a} \mathrm{d}x \int_{-\sqrt{a^2 - x^2}}^{\sqrt{a^2 - x^2}} \mathrm{e}^{-(x^2 + y^2)} \mathrm{d}y$；(2) $\displaystyle\int_{0}^{2} \mathrm{d}x \int_{0}^{\sqrt{2x - x^2}} (x^2 + y^2) \mathrm{d}y$.

5. 选择适当的坐标系计算下列二重积分：

　(1) $\iint\limits_{\mathscr{D}} \dfrac{x^2}{y^2} \mathrm{d}\sigma$，其中 $\mathscr{D}$ 是直线 $y = 2, y = x$ 及曲线 $xy = 1$ 围成的区域；

　(2) $\iint\limits_{\mathscr{D}} \dfrac{\sin x}{x} \mathrm{d}\sigma$，其中 $\mathscr{D}$ 是直线 $y = x$ 及抛物线 $y = x^2$ 围成的区域；

　(3) $\iint\limits_{\mathscr{D}} \ln(1 + x^2 + y^2) \mathrm{d}\sigma$，其中 $\mathscr{D}$ 是由 $x^2 + y^2 \leqslant 1$ 及 $y \geqslant 0$ 围成的区域；

　(4) $\iint\limits_{\mathscr{D}} \arctan \dfrac{y}{x} \mathrm{d}\sigma$，其中 $\mathscr{D}$ 是由圆周 $x^2 + y^2 = 1, x^2 + y^2 = 4$ 及 $y = 0, y = x$ 围成的在第一象限内

的区域.

6. 求由曲面 $z = 6 - x^2 - y^2$ 及平面 $z = 0$ 围成的立体的体积.

7. 求由锥面 $z = 2 - \sqrt{x^2 + y^2}$ 及旋转抛物面 $z = x^2 + y^2$ 围成立体的体积.

8. 计算 $\displaystyle\int_{C} xy \mathrm{d}s$，其中 C 为圆周 $x^2 + y^2 = 4$ 上点 $(2, 0)$ 与 $(0, 2)$ 之间的四分之一圆弧.

9. 计算 $\displaystyle\oint_{C} \mathrm{e}^{(x+y)} \mathrm{d}s$，其中 C 为 $O(0, 0), A(1, 0), B(0, 1)$ 为顶点的三角形周界.

10. 计算 $\displaystyle\int_{C} xy \mathrm{d}x + (y - x) \mathrm{d}y$，其中 C 为

　(1) 抛物线 $xy^2 =$ 上从点 $(0, 0)$ 到点 $(1, 1)$ 的一段弧；

　(2) 先沿着直线从点 $(0, 0)$ 到点 $(1, 0)$，然后再沿直线到点 $(1, 1)$.

11. 计算 $\displaystyle\int_{C} (2a - y) \mathrm{d}x - (a - y) \mathrm{d}y$，其中 C 为摆线 $x = a(t - \sin t), y = a(1 - \cos t)$，从 $t = 0$ 到 $t = 2\pi$ 的一段弧.

12. 利用格林公式计算下列曲线积分：

　(1) $\displaystyle\oint_{C} (2xy - x^2) \mathrm{d}x + (x + y^2) \mathrm{d}y$，其中 C 是由抛物线 $y = x^2, x = y^2$ 所围成的正向边界曲线.

　(2) $\displaystyle\int_{C} (\mathrm{e}^x \sin y - my) \mathrm{d}x + (\mathrm{e}^x \cos y - m) \mathrm{d}y$ 为点 $A(a, 0)$ 到点 $O(0, 0)$ 的上半圆周 $x^2 + y^2 = ax \, (a > 0)$.

13. 验证曲线积分 $\displaystyle\int_{(0,0)}^{(2,3)} (2x \cos y - y^2 \sin x) \mathrm{d}x + (2y \cos x - x^2 \sin y) \mathrm{d}y$ 与积分路径无关，并求其值.

14. 计算曲面积分 $\displaystyle\iint\limits_{S} z^3 \mathrm{d}s$，其中 S 是半球面 $z = \sqrt{a^2 - x^2 - y^2}$ 在圆锥面 $z = \sqrt{x^2 + y^2}$ 内部的部分.

15. 计算 $\displaystyle\iint\limits_{S} x\mathrm{d}y\mathrm{d}z + z\mathrm{d}x\mathrm{d}y$，$S$ 是平面 $x + y + z = 1$ 在第一卦限部分的上侧.

16. 计算 $\displaystyle\iint\limits_{S} x^2 y^2 z \mathrm{d}x\mathrm{d}y$，其中 S 是球面 $x^2 + y^2 + z^2 = R^2$ 的下半部分的下侧.

四、证明题

1. 如果 $f(x, y) = f_1(x) \cdot f_2(y)$，积分区域 $\mathscr{D} = \{(x, y) | a \leqslant x \leqslant b, c \leqslant y \leqslant d\}$，试证明：

$$\iint\limits_{\mathscr{D}} f(x, y)\mathrm{d}x\mathrm{d}y = \left(\int_a^b f_1(x)\mathrm{d}x\right) \cdot \left(\int_c^d f_2(y)\mathrm{d}y\right).$$

2. 证明：
$$\int_0^a \mathrm{d}y \int_0^y f(x)g'(y)\mathrm{d}x = \int_0^a f(x)(g(a) - g(x))\mathrm{d}x.$$

五、应用题

1. 设有一圆心在原点、半径为 R 的圆形薄片，它在点 (x, y) 处的面密度与该点到圆心的距离成正比，且薄板边缘处的面密度为 ρ，求薄片的质量.

2. 求由抛物线 $y^2 = 4x$，直线 $y = 2$ 及 y 轴围成均匀薄片的重心.

3. 求平面 $\dfrac{x}{3} + \dfrac{y}{12} + \dfrac{z}{27} = 1$ 被三坐标面所割出部分的面积.

4. 求由锥面 $z = \sqrt{x^2 + y^2}$ 被柱面 $z^2 = 2x$ 所割下部分的面积.

参 考 文 献

[1] Thomas G B，Weir M D，Hass J. Thomas Calculus 11th textbook Solutions[M]. New York：Pearson Education，Inc.，publishing as Pearson Addison-Wesley，2004.

[2] Thomas G B，Weir M D，Hass J. Thomas calculus [M]．12th ed. New York：Pearson Education，Inc.，publishing as Pearson Addison-Wesley，2006.

[3] Stewart J. Calculus [M]. 7th ed. Boston：Cengage Learning，2012.

[4] Stewart J. Single Variable Calculus[M]. 7th ed. Boston：Cengage Learning，2012.

[5] Department of Mathematics，Harvard University. Advanced Calculus[M]. Rev. ed. Boston：Jones and Bartlett Publishers，1990.

[6] Thompson S P. Calculus Made Easy[M]. New York：Macmillan and Co. Limited，1914.

[7] Robert Weinstock. Calculus of Variations[M]. New York：Dover Publications，1974.

[8] T. W. Korner. Calculus for the Ambitious[M]. London：Cambridge University Press，2014.

[9] Jerry Shurman. Calculus and Analysis in Euclidean Space[M]. New York：Springer International Publishing，2016.

[10] Tunc Geveci. Calculus II[M]. New York：Cognella Inc. Limited，2010.

[11] Alexander Ioffe. Calculus of Variations and Optimal Control/Differential Equations[M]. New York：Chapman and Hall/CRC，1999.

[12] Clark, Patrick. Calculus I: The Derivative and Its Applications[M]. New York：Quantum Scientific Publishing，1999.

[13] Luigi Ambrosio Scuola Normale Superi. Calculus of Variations and Nonlinear Partial Differential Equations[M]. New York：Springer Berlin Heidelberg，1999.

[14] Kaplan W. 高等微积分学 (英文版) [M]．5 版. 北京：电子工业出版社，2004.

[15] 刘玉琏，傅沛仁，刘伟，等. 数学分析讲义 (上)[M]．6 版. 北京：高等教育出版社，2017.

[16] 刘玉琏，傅沛仁，刘伟，等. 数学分析讲义 (下)[M]．6 版. 北京：高等教育出版社，2017.

[17] 同济大学数学科学学院. 高等数学 (上)[M]．8 版. 北京：高等教育出版社，2023.

[18] 同济大学数学科学学院. 高等数学 (下)[M]．8 版. 北京：高等教育出版社，2023.

[19] 菲赫金哥尔茨. 微积分学教程：第一卷 [M]. 北京：人民教育出版社，1956.

[20] 菲赫金哥尔茨. 微积分学教程：第二卷 [M]. 北京：人民教育出版社，1956.

[21] 菲赫金哥尔茨. 微积分学教程：第三卷 [M]. 北京：人民教育出版社，1956.

[22] 王仲英. 高等数学 [M]．5 版. 北京：高等教育出版社，2024.

郑重声明

高等教育出版社依法对本书享有专有出版权。任何未经许可的复制、销售行为均违反《中华人民共和国著作权法》，其行为人将承担相应的民事责任和行政责任；构成犯罪的，将被依法追究刑事责任。为了维护市场秩序，保护读者的合法权益，避免读者误用盗版书造成不良后果，我社将配合行政执法部门和司法机关对违法犯罪的单位和个人进行严厉打击。社会各界人士如发现上述侵权行为，希望及时举报，我社将奖励举报有功人员。

反盗版举报电话　（010）58581999　58582371

反盗版举报邮箱　dd@hep.com.cn

通信地址　北京市西城区德外大街 4 号　高等教育出版社知识产权与法律事务部

邮政编码　100120

读者意见反馈

为收集对教材的意见建议，进一步完善教材编写并做好服务工作，读者可将对本教材的意见建议通过如下渠道反馈至我社。

咨询电话　400–810–0598

反馈邮箱　hepsci@pub.hep.cn

通信地址　北京市朝阳区惠新东街 4 号富盛大厦 1 座
　　　　　　高等教育出版社理科事业部

邮政编码　100029

资源服务提示

授课教师如需获得本书配套教辅资源，请登录"高等教育出版社产品信息检索系统"（http://xuanshu.hep.com.cn/）搜索下载，首次使用本系统的用户，请先进行注册完成教师资格认证。